非线性发展方程动力系统丛书 2

变分方法与非线性发展方程

丁彦恒 郭柏灵 郭 琪 肖亚敏 著

科学出版社

北京

内 容 简 介

本书讨论变分方法在非线性发展方程理论中的应用. 非线性发展方程主要关心局部解、全局解的存在性以及孤立波解的稳定性等问题. 利用变分方法我们可以寻找众多的非线性发展方程的稳态解, 之后根据对应的守恒律可以得到系统的轨道稳定性和不稳定性. 本书主要内容包括最优控制问题中的扩散方程、量子力学问题中的非线性 Schrödinger 方程和非线性 Dirac 方程、经典和无穷维 Hamilton 系统. 通过对这几类发展方程的研究, 我们以期建立非线性发展方程的变分理论.

本书适合高等院校数学、物理专业的研究生和教师以及相关领域的科研工作人员阅读.

图书在版编目 (CIP) 数据

变分方法与非线性发展方程/丁彦恒等著. —北京：科学出版社，2024.3
(非线性发展方程动力系统丛书; 2)
ISBN 978-7-03-077687-7

Ⅰ. ①变… Ⅱ. ①丁… Ⅲ. ①变分法–研究 ②非线性–研究 Ⅳ. ①O176
②O151.2

中国国家版本馆 CIP 数据核字 (2024) 第 020832 号

责任编辑：李 欣 李 萍 / 责任校对：彭珍珍
责任印制：吴兆东 / 封面设计：无极书装

科学出版社 出版
北京东黄城根北街 16 号
邮政编码：100717
http://www.sciencep.com
北京中石油彩色印刷有限责任公司印刷
科学出版社发行 各地新华书店经销
*
2024 年 3 月第 一 版 开本：720×1000 1/16
2025 年 1 月第二次印刷 印张：23 1/4
字数：466 000
定价：138.00 元
(如有印装质量问题，我社负责调换)

"非线性发展方程动力系统丛书"编委会

主　　编：郭柏灵

编　　委：（以姓氏拼音为序）

"非线性发展方程动力系统丛书"序

科学出版社出版的"纯粹数学与应用数学专著丛书"和"现代数学基础丛书"都取得了很好的效果, 使广大青年学子和专家学者受益匪浅.

"非线性发展方程动力系统丛书"的内容是针对当前非线性发展方程动力系统取得的最新进展, 由该领域处于第一线工作并取得创新成果的专家, 用简明扼要、深入浅出的语言描述该研究领域的研究进展、动态、前沿, 以及需要进一步深入研究的问题和对未来的展望.

我们希望这一套丛书能得到广大读者, 包括大学数学专业的高年级本科生、研究生、青年学者以及从事这一领域的各位专家的喜爱. 我们对于撰写丛书的作者表示深深的谢意, 也对编辑人员的辛勤劳动表示崇高的敬意, 我们希望这套丛书越办越好, 为我国偏微分方程的研究工作作出贡献.

郭柏灵

2023 年 3 月

前　言

在自然界中, 万物都在不断变化和运动. 为了理解和预测这些变化, 人们发展了许多数学理论和方法. 其中变分方法是一种重要的研究工具. 本书主要探讨非线性发展方程与变分方法的关系, 以期为解决实际问题提供有力支持.

非线性发展方程是用来描述随时间连续变化的系统的一类方程, 这个系统由方程 $\dot{z}(t) = f(z)$ 描述, 其中 $\dot{z}$ 表示 z 关于 t 的导数, f 是 Banach 空间 X 上的给定的向量场, $z(t) \in X$ 表示系统在时刻 t 的状态函数. 当 X 是有限维的时候, 此系统由常微分方程 (ODE) 系统来描述; 当 X 是无穷维的时候, 此系统由偏微分方程 (PDE) 系统来描述. 当 f 关于 z 是非线性时, 我们称此方程为非线性发展方程. 非线性发展方程的演化理论关注如下问题: 特殊解的存在性 (比如孤立波解、时间周期解等)、特殊解的稳定性问题、解的长时间渐近性、初值问题解的适定性等.

变分方法是研究泛函临界值问题的一个数学分支, 是处理非线性发展方程的有力工具. 它特别广泛地应用于具有变分结构的非线性发展方程. 比如, 考虑平坦 Hilbert 空间 $\mathcal{H}$ 上的 Hamilton 系统: $\dot{z}(t) = J\nabla_z H(t,z)$. 假设 $H(t,z) = (Lz,z)/2 + R(t,z)$, 其中 L 是 $\mathcal{H}$ 上的线性自伴算子, J 是 $\mathcal{H}$ 的辛结构. 于是该系统等价于

$$-(J\dot{z}(t) + Lz(t)) = \nabla_z R(t,z) \quad \text{或} \quad Az = N(z),$$

其中 $A = -(Jd/dt + L)$ 为 $L^2(\mathbb{R}, \mathcal{H})$ 上的自伴算子, N 是梯度型非线性映射. 一般而言, 我们的首要任务是: ①根据 A 的谱性质建立工作空间并给出对应泛函的表现形式 (此即所谓建立变分框架); ②针对性地发展和应用抽象的临界点理论处理该泛函 (见本书第 2 章).

本书主要研究一些非线性发展方程. 首先, 我们探讨了抛物控制系统中的扩散问题. 通过运用变分方法, 我们得到了非线性扩散方程的同宿解的存在性、多重性和集中性结果. 在量子力学问题中, 我们研究了非线性 Schrödinger 方程, 并

给出了其初值问题的结论. 接下来, 我们利用变分方法证明了驻波解的存在性. 此外, 我们还考虑了非线性 Schrödinger 方程的半经典解的存在性等问题. 对于非线性 Dirac 方程, 我们提供了其变分框架, 并介绍其半经典极限和非相对论极限的结果. 在第 5 章, 我们介绍了经典 Hamilton 系统和无穷维 Hamilton 系统的相关结果. 最后, 我们研究了非线性 Schrödinger 方程和 Korteweg-de Vries 类型方程的孤立波解的稳定性和不稳定性问题. 本书的部分结果得到了国家自然科学基金 (NSFC 12031015、12271508、12201625)、科技部重大专项 (2022YFA1005602)、中国博士后科学基金会 (CPSF 2022M713446) 的支持. 本书由中国科学院数学与系统科学研究院资助出版.

在此, 我们希望本书能为研究非线性发展方程及其变分方法的学者和研究生提供一定的参考价值. 同时, 我们也期待与广大读者共同探讨、交流和学习.

丁彦恒 (吉林大学数学学院, 中国科学院数学与系统科学研究院)

郭柏灵 (北京应用物理与计算数学研究所)

郭 琪 (中国人民大学)

肖亚敏 (河北师范大学)

2022 年 11 月于北京

目　　录

第 1 章 预 备 知 识

这一章我们主要回顾泛函分析和方程理论中的一些基本性质与定理. 这些结论在分析学中具有广泛应用, 在本书中主要用于建立临界点定理, 讨论方程的变分结构以及验证紧性条件.

1.1 函数空间理论

这节内容可以参考 [1, 28, 80, 157], 为了阅读方便, 我们主要介绍相关的结论, 部分证明省略.

命题 1.1.1 令 X, Y 是两个 Banach 空间, 使得 $X \hookrightarrow Y$, 并且 X 在 Y 中稠密, 那么

(i) $Y^\star \hookrightarrow X^\star$, 这个嵌入 i 定义为 $\langle i(f), x \rangle_{(X^\star, X)} := \langle f, x \rangle_{(Y^\star, Y)}, \forall x \in X,$ $f \in Y^\star$;

(ii) 如果 X 是自反的, 那么嵌入 $Y' \hookrightarrow X'$ 是稠密的.

这里我们用 $X^\star$, X' 分别表示 Banach 空间 X 的代数对偶空间与拓扑对偶空间.

引理 1.1.2 令 X, Y 是两个 Banach 空间, 使得 $X \hookrightarrow Y$, 考虑 $x \in X$, 以及序列 $\{x_n\}_{n \in \mathbb{N}} \subset X$. 如果在 X 中 $x_n \rightharpoonup x, n \to \infty$, 那么在 Y 中 $x_n \rightharpoonup x, n \to \infty$.

证明 根据 X 到 Y 的嵌入是连续的, 因此, 对于弱拓扑, X 到 Y 的嵌入也是连续的. ∎

引理 1.1.3 令 X, Y 是两个 Banach 空间, 使得 $X \hookrightarrow Y$. 假定 X 是自反的, 考虑 $y \in Y$ 以及有界序列 $\{x_n\} \subset X$. 如果在 Y 中 $x_n \rightharpoonup y, n \to \infty$, 那么 $y \in X$, 并且在 X 中 $x_n \rightharpoonup y, n \to \infty$.

证明 先证明 $y \in X$. 存在 $x \in X$, 以及子列 n_k, 使得在 X 中 $x_{n_k} \rightharpoonup x,$ $k \to \infty$. 因此, 根据引理 1.1.2, 在 Y 中 $x_{n_k} \rightharpoonup x, k \to \infty$. 因此, $y = x \in X$.

下面我们证明在 X 中 $x_n \rightharpoonup y$. 否则, 存在 $x' \in X'$, $\varepsilon > 0$ 以及子列 $\{x_{n_k}\}$ 使得

$$|\langle x', x_{n_k} - y\rangle| \geqslant \varepsilon, \quad \forall k \in \mathbb{N}.$$

另一方面, 存在 $x \in X$ 以及子列 $\{x_{n_{k_j}}\}$, 使得在 X 中 $x_{n_{k_j}} \rightharpoonup x$, $j \to \infty$. 根据之前的讨论, 我们有 $x = y$. 于是在 X 中 $x_{n_{k_j}} \rightharpoonup y$, $j \to \infty$, 矛盾. ■

推论 1.1.4　令 X, Y 是两个 Banach 空间, 使得 $X \hookrightarrow Y$. 假设 X 是自反的, 令 I 是 $\mathbb{R}$ 上的有界开区间. 考虑弱连续的函数 $u : \bar{I} \to Y$. 如果存在 I 的稠密子集 E 使得

(i) $u(t) \in X$, $\forall t \in E$;

(ii) $\sup\limits_{t \in E} \{\|u(t)\|_X\} = K < \infty$,

那么 $u(t) \in X$, 并且对任意的 $t \in \bar{I}$, 函数 $u : \bar{I} \to X$ 是弱连续的.

下面我们介绍演化方程理论中非常常用的两个引理.

引理 1.1.5　令 X 为一致凸的 Banach 空间, I 是 $\mathbb{R}$ 上的有界开区间. 假设 $u : \bar{I} \to X$ 是弱连续的. 如果映射 $t \mapsto \|u(t)\|_X$ 是从 $\bar{I}$ 到 $\mathbb{R}$ 的连续函数, 那么 $u \in \mathcal{C}(\bar{I}, X)$.

引理 1.1.6　令 X 为 Banach 空间, I 是 $\mathbb{R}$ 上的有界开区间. 假设 $u : \bar{I} \to X$ 是弱连续的. 如果存在 Banach 空间 B 使得 $X \subset\subset B$, 那么 $u \in \mathcal{C}(\bar{I}, B)$.

下面的紧性结论在考虑非线性演化方程时起到关键作用. 其证明可以参考 [30].

命题 1.1.7　令 X, Y 是两个 Banach 空间, 使得 $X \hookrightarrow Y$. 假设 X 是自反的, 令 I 是 $\mathbb{R}$ 上的有界开区间. 考虑 $\mathcal{C}(\bar{I}, Y)$ 上的有界序列 $\{f_n\}$. 假设对任意的 $(n, t) \in \mathbb{N} \times I$,

$$f_n(t) \in X, \qquad \sup_{(n,t) \in \mathbb{N} \times I} \{\|f_n(t)\|_Y\} = K < \infty,$$

并且 $\{f_n\}$ 在 Y 中是一致等度连续的 (即 $\forall \varepsilon > 0, \exists \delta > 0$, 使得 $\forall n, s, t \in \mathbb{N} \times I \times I$, 如果 $|t - s| \leqslant \delta$, $\|f_n(t) - f_n(s)\|_Y \leqslant \varepsilon$). 那么, 我们有

(i) 存在函数 $f \in \mathcal{C}(\bar{I}, Y)$ 是 $\bar{I}$ 到 X 上的弱连续函数. 并且存在子列 $\{f_{n_k}\}$ 使得在 X 中

$$f_{n_k}(t) \rightharpoonup f(t), \quad k \to \infty, \quad \forall t \in \bar{I}.$$

(ii) 如果存在一致凸的 Banach 空间 B 使得 $X \hookrightarrow B \hookrightarrow Y$, 并且如果 $\{f_n\} \subset \mathcal{C}(\bar{I}, B)$, 以及 $\|f_{n_k}(t)\|_B \to \|f(t)\|_B$, $k \to \infty$, 在 I 上是一致的, 那么 $f \in \mathcal{C}(\bar{I}, B)$,

并且在 $\mathcal{C}(\bar{I}, B)$ 中, $f_{n_k} \to f$, $k \to \infty$.

我们考虑 Banach 空间的交空间与和空间. 对于两个 Banach 空间 X_1, X_2, 并且它们都可以嵌入同一个 Hausdorff 拓扑向量空间 $\mathcal{X}$, 记

$$X_1 \cap X_2 = \{x \in \mathcal{X} : x \in X_1, x \in X_2\},$$

以及

$$X_1 + X_2 = \{x \in \mathcal{X} : \exists x_1 \in X_1, \exists x_2 \in X_2, x = x_1 + x_2\}.$$

其上的范数定义为

$$\|x\|_{X_1 \cap X_2} = \|x\|_{X_1} + \|x\|_{X_2}, \quad \forall x \in X_1 \cap X_2,$$

以及

$$\|x\|_{X_1 + X_2} = \inf\left\{\|x_1\|_{X_1} + \|x_2\|_{X_2} : x = x_1 + x_2\right\}, \quad \forall x \in X_1 + X_2.$$

于是, 我们有

命题 1.1.8 线性空间 $(X_1 \cap X_2, \|\cdot\|_{X_1 \cap X_2})$ 与 $(X_1 + X_2, \|\cdot\|_{X_1 + X_2})$ 都是 Banach 空间. 如果 $X_1 \cap X_2$ 在 X_1 和 X_2 中是稠密的, 那么 $(X_1 \cap X_2)' = X_1' + X_2'$ 并且 $(X_1 + X_2)' = X_1' \cap X_2'$.

1.2 Sobolev 空间与嵌入定理

首先, 我们回顾 L^p 空间理论. 在本节, 我们总假设 Ω 是 $\mathbb{R}^n$ 中的开集. 对于可测函数类 $u : \Omega \to \mathbb{C}$, 满足

$$\int_\Omega |u(x)|^p dx < \infty, \quad p \in [1, \infty),$$

$$\operatorname*{ess\,sup}_\Omega |u| < \infty, \quad p = \infty.$$

其对应的范数记为 $\|\cdot\|_{L^p}$, 定义为

$$\|u\|_{L^p} = \begin{cases} \left(\int_\Omega |u(x)|^p dx\right)^{1/p}, & p \in [1, \infty), \\ \operatorname*{ess\,sup}_\Omega |u|, & p = \infty. \end{cases}$$

实际上, $L^2(\Omega,\mathbb{C})$ 也可以看作实 Hilbert 空间, 其上内积定义为

$$(u,v)_{L^2} = \Re\left(\int_\Omega u(x)\overline{v(x)}dx\right).$$

命题 1.2.1　令 $1 < p \leqslant \infty$. 考虑函数 $u : \Omega \to \mathbb{R}$, 以及一族有界序列 $\{u_n\} \subset L^p(\Omega,\mathbb{R})$. 如果 $u_n \to u$ a.e., 那么 $u \in L^p(\Omega,\mathbb{R})$, 并且在 $L^q(\Omega',\mathbb{R})$ 中, $u_n \to u$, 这里 $\Omega' \subset \Omega$, 是有限测度的并且 $q \in [1,p)$. 特别地, 如果 $p < \infty$, 那么 u_n 在 $L^p(\Omega,\mathbb{R})$ 中弱收敛于 u. 如果 $p = \infty$, 那么 u_n 在 $L^p(\Omega,\mathbb{R})$ 中弱* 收敛于 u.

Pettis 定理说明了函数 f 可测当且仅当 f 是弱可测的 (即 $\forall x' \in X'$, $t \to \langle x', f(t)\rangle$ 是 I 到 X 上的可测函数), 并且存在 I 的零测子集 N, 使得 $f(I \setminus N)$ 是可分的. 因此, 我们有

- 如果 $f : I \to X$ 是弱连续的, 那么 f 是可测的.
- 令 $\{f_n\}$ 是从 I 到 X 的可测函数列, $f : I \to X$. 如果对几乎所有的 $t \in I$, 在 X 中 $f_n(t) \to f(t)$, $n \to \infty$, 那么 f 是可测的.

Bochner 定理告诉我们, 如果 $f : I \to X$ 是可测的, 那么 f 是可积的等价于 $\|f\| : I \to \mathbb{R}$ 是可积的. 并且我们有

$$\left\|\int_I f(t)dt\right\| \leqslant \int_I \|f(t)\|_X \, dt.$$

Bochner 定理使得我们可以像处理实值可积函数一样去处理向量值可积函数, 只需要对 $\|f\|$ 应用收敛性定理即可. 比如, 我们可以建立 I 到 X 的 Lebesgue 控制收敛定理:

命题 1.2.2　令 $\{f_n\}$ 为 I 到 X 的一族可积函数列. 令 $g \in L^1(I)$, $f : I \to X$. 假设对几乎所有的 $t \in I$, $n \in \mathbb{N}$, 都有

$$\|f_n(t)\| \leqslant g(t), \quad \lim_{n\to\infty} f_n(t) = f(t),$$

那么 f 是可积的, 并且

$$\int_I f(t)dt = \lim_{n\to\infty} \int_I f_n(t)dt.$$

对于 $p \in [1,\infty]$, 我们记 $L^p(I,X)$ 为可测函数类 $f : I \to X$ 的集合, 这里要求函数 $t \to \|f(t)\|_X$ 是 L^p 可积的. 对于 $f \in L^p(I,X)$, 我们定义

$$\|f\|_{L^p} = \begin{cases} \left(\int_I \|f(t)\|_X^p \, dt \right)^{1/p}, & p \in [1, \infty), \\ \operatorname*{ess\,sup}_{t \in I} \|f(t)\|_X, & p = \infty. \end{cases}$$

易见上面定义的 $\|\cdot\|_{L^p}$ 是空间 $L^p(I, X)$ 的范数, 这使得 $L^p(I, X)$ 成为一个 Banach 空间. 并且, 我们有

命题 1.2.3 (i) 可测函数 $f : I \to X$ 是 L^p 可积的等价于 $\exists g \in L^p(I, \mathbb{R})$, 使得 $\|f(t)\|_X \leqslant g(t)$, 对几乎所有的 $t \in I$ 都成立.

(ii) 如果 $f \in L^p(I, X)$, $g \in L^q(I, \mathbb{R})$, $1/p + 1/q = 1/r \leqslant 1$, 那么 $f \cdot g \in L^r(I, X)$, 并且

$$\|f \cdot g\|_{L^r} \leqslant \|f\|_{L^p} \|g\|_{L^q}.$$

(iii) 如果 $f \in L^p(I, X)$, $g \in L^q(I, X')$, $1/p + 1/q = 1/r \leqslant 1$, 那么函数

$$h(t) := \langle g(t), f(t) \rangle_{(X', X)} \in L^r(I, \mathbb{R}),$$

并且

$$\|h\|_{L^r} \leqslant \|f\|_{L^p} \|g\|_{L^q}.$$

(iv) 如果 $f \in L^p(I, X) \cap L^q(I, X)$, 以及 $p < q$, 那么对任意的 $r \in [p, q]$, 我们有 $f \in L^r(I, X)$, 并且

$$\|f\|_{L^r} \leqslant \|f\|_{L^p}^{\theta} \|f\|_{L^q}^{1-\theta},$$

其中 $1/r = \theta/p + (1 - \theta)/q$.

(v) 如果 I 是有界的, 并且 $p \leqslant q$, 那么 $L^q(I, X) \hookrightarrow L^p(I, X)$, 并且

$$\|f\|_{L^p} \leqslant |I|^{\frac{q-p}{qp}} \|f\|_{L^q}.$$

(vi) 如果 Y 是一个 Banach 空间, 算子 $A \in \mathcal{L}(X, Y)$, 那么 $Af \in L^p(I, Y)$, 并且对任意的 $f \in L^p(I, X)$,

$$\|Af\|_{L^p} \leqslant \|A\|_{\mathcal{L}(X,Y)} \|f\|_{L^p}.$$

特别地, 如果 $X \hookrightarrow Y$, 并且 $f \in L^p(I, X)$, 那么 $f \in L^p(I, Y)$.

(vii) 如果 Y 是一个 Banach 空间, 算子 $A \in \mathcal{L}(X, Y)$, 那么对任意的 $f \in$

$L^1(I,X)$, 我们有

$$\int_I Af(t)dt = A\left(\int_I f(t)dt\right).$$

特别地, 如果 $X \hookrightarrow Y$, 并且 $f \in L^1(I,X)$, 那么 f 在 X 上的积分也是 f 在 Y 上的积分.

下面的结论在应用非线性演化方程时是本质的.

定理 1.2.4 令 $1 \leqslant p \leqslant \infty$, $\{f_n\} \subset L^p(I,X)$ 是有界序列. 如果存在 f: $I \to X$ 使得对几乎所有的 $t \in I$, 在 X 中都有 $f_n(t) \rightharpoonup f(t)$, $n \to \infty$, 那么 $f \in L^p(I,X)$, 并且

$$\|f\|_{L^p} \leqslant \liminf_{n\to\infty}\|f_n\|_{L^p}.$$

令 Ω 是 $\mathbb{R}^n$ 的开子集, $\mathcal{D}(\Omega) = \mathcal{D}(\Omega,\mathbb{C})$ 上的拓扑由半度量 $d_{K,m}$ 诱导, 其中 K 是 Ω 的紧子集, $m \in \mathbb{N}$, 这里

$$d_{K,m}(\varphi) = \sup_{x\in K}\sum_{|\alpha|=m}|D^\alpha\varphi(x)|, \quad \forall\varphi \in \mathcal{D}(\Omega).$$

集合 Ω 上的分布空间 $\mathcal{D}'(\Omega)$ 为空间 $\mathcal{D}(\Omega)$ 的对偶空间. 如果 $T \in \mathcal{D}'(\Omega)$, 并且 $\alpha \in \mathbb{N}^n$, 我们可以定义分布

$$D^\alpha T = \frac{\partial^{\alpha_1}}{\partial x_1^{\alpha_1}}\cdots\frac{\partial^{\alpha_n}}{\partial x_n^{\alpha_n}}T \in \mathcal{D}'(\Omega)$$

为

$$\langle D^\alpha T, \varphi\rangle = (-1)^{|\alpha|}\langle T, D^\alpha\varphi\rangle, \quad \forall\varphi \in \mathcal{D}(\Omega).$$

函数 $f \in L^1_{\mathrm{loc}}(\Omega)$ 定义的分布 $T_f \in \mathcal{D}'(\Omega)$ 为

$$\langle T_f, \varphi\rangle = \Re\left(\int_\Omega f(x)\overline{\varphi(x)}dx\right), \quad \forall\varphi \in \mathcal{D}(\Omega).$$

显然如果 $T_f = T_g$, 那么 f 和 g 几乎处处相等. 如果存在 $f \in L^p(\Omega)$ 使得 $T = T_f$, 那么我们称分布 $T \in \mathcal{D}'(\Omega)$ 是属于 $L^p(\Omega)$ 的. 此时, f 是唯一确定的. 对于 $m \in \mathbb{N}$, $1 \leqslant p \leqslant \infty$, Sobolev 空间 $W^{m,p}(\Omega)$ 定义为

$$W^{m,p}(\Omega) = \{u \in L^p(\Omega) : D^\alpha u \in L^p(\Omega), |\alpha| \leqslant m\}.$$

易见 $W^{m,p}(\Omega)$ 是一个 Banach 空间, 其上范数 $\|\cdot\|_{W^{m,p}}$ 定义为

$$\|u\|_{W^{m,p}} = \sum_{0 \leqslant |\alpha| \leqslant m} \|D^\alpha u\|_{L^p(\Omega)}.$$

定义 $W^{m,p}(\Omega)$ 的闭子集 $W_0^{m,p}(\Omega)$ 为 $\mathcal{D}(\Omega)$ 在 $W^{m,p}(\Omega)$ 中的闭包. 当 $p = 2$ 时, 我们记 $W^{m,p}(\Omega) = H^m(\Omega)$, $W_0^{m,p}(\Omega) = H_0^m(\Omega)$, 这里 $H^m(\Omega)$ 有如下的等价范数:

$$\|u\|_{H^m} = \left(\sum_{0 \leqslant |\alpha| \leqslant m} \int_\Omega |D^\alpha u(x)|^2 \, dx \right)^{1/2}.$$

$H^m(\Omega)$ $(H_0^m(\Omega))$ 是 Hilbert 空间, 其上定义的内积为

$$(u, v)_{H^m} = \sum_{0 \leqslant |\alpha| \leqslant m} \Re \left(\int_\Omega D^\alpha u(x) \overline{D^\alpha v(x)} dx \right).$$

对于这些空间, 易见

命题 1.2.5 (i) 如果 $1 < p < \infty$, 那么空间 $W^{m,p}(\Omega)$ 和 $W_0^{m,p}(\Omega)$ 是自反的.

(ii) 如果 $\{u_n\}$ 是空间 $W^{1,p}(\Omega)$ 中的有界序列, $1 \leqslant p \leqslant \infty$, 那么 $\{u_n|_K\}$ 在 $L^1(K)$ 中是相对紧的, $\forall K \subset\subset \Omega$. 特别地, 存在子列 $\{u_{n_k}\}_{k \in \mathbb{N}}$ 在 K 上几乎处处收敛. 因此, 我们能构造子列 $\{u_n\}_{n \in \mathbb{N}}$ 在 Ω 上几乎处处收敛.

(iii) 假定 $m \geqslant 1$, $1 < p \leqslant \infty$. 考虑有界序列 $\{u_n\} \subset W^{m,p}(\Omega)$. 那么存在 $u \in W^{m,p}(\Omega)$ 使得 u_n 几乎处处收敛于 u, 并且

$$\|u\|_{W^{m,p}} \leqslant \liminf_{n \to \infty} \|u_n\|_{W^{m,p}}.$$

如果 $p < \infty$, 那么在 $W^{m,p}$ 中, 存在子列 $\{u_{n_k}\}$, 使得 $u_{n_k} \to u$. 如果 $p < \infty$, 并且 $\{u_n\} \subset W_0^{m,p}(\Omega)$, 那么 $u \in W_0^{m,p}(\Omega)$.

(iv) 令 $m \geqslant 0$, $1 < p \leqslant \infty$. 考虑有界序列 $\{u_n\} \subset W^{m,p}(\Omega)$, 假定存在 $u : \Omega \to \mathbb{R}$ 使得 u_n 几乎处处收敛于 u, 那么 $u \in W^{m,p}(\Omega)$, 并且

$$\|u\|_{W^{m,p}} \leqslant \liminf_{n \to \infty} \|u_n\|_{W^{m,p}}.$$

如果 $p < \infty$, 那么在 $W^{m,p}$ 中 $u_n \to u$. 如果 $p < \infty$, $\{u_n\} \subset W_0^{m,p}(\Omega)$, 那么 $u \in W_0^{m,p}(\Omega)$.

(v) 令 $F : \mathbb{C} \to \mathbb{C}$ 为 Lipschitz 连续函数, 并且 $F(0) = 0$. 把 F 看作 $\mathbb{R}^2 \to \mathbb{R}^2$ 的函数, 使得 $F'(u) = DF(u)$ 是一个 2×2 的实矩阵, 因此也是 $\mathbb{C} \to \mathbb{C}$ 的线性映射. 令 $p \in [1, \infty]$. 那么对任意的 $u \in W^{1,p}(\Omega)$, 我们有 $F(u) \in W^{1,p}(\Omega)$, $\partial_i F(u) =$

$F'(u)\partial_i u$ 几乎处处成立, $1 \leqslant i \leqslant n$. 特别地, 如果 L 是 F 的 Lipschitz 常数, 那么 $\|\nabla F(u)\|_{L^p} \leqslant L \|\nabla u\|_{L^p}$. 如果 $p < \infty$, $u \in W_0^{1,p}(\Omega)$, 那么 $F(u) \in W_0^{1,p}(\Omega)$, 并且映射 $u \to F(u)$ 是 $W_0^{1,p}(\Omega) \to W_0^{1,p}(\Omega)$ 的连续映射.

(vi) 令 $p \in [1, \infty]$, $u \in W^{1,p}(\Omega)$ (或 $W_0^{1,p}$). 那么 $|u| \in W^{1,p}(\Omega)$ (或 $W_0^{1,p}$, 此时需要额外要求 $1 < p < \infty$, $|\nabla|u|| \leqslant |\nabla u|$ 几乎处处成立). 进一步地, 映射 $u \to |u|$ 是 $W^{1,p}(\Omega) \to W^{1,p}(\Omega)$ 的连续映射 $(W_0^{1,p}(\Omega) \to W_0^{1,p}(\Omega),\ p < \infty)$.

(vii) 令 $F : \mathbb{C} \to \mathbb{C}$ 满足 $F(0) = 0$, 并且假设存在 $\alpha \geqslant 0$ 使得

$$|F(v) - F(u)| \leqslant L \left(|v|^\alpha + |u|^\alpha\right) |v - u|, \quad \forall u, v \in \mathbb{C}.$$

取 $1 \leqslant p, q, r \leqslant \infty$ 使得 $1/r = \alpha/p + 1/q$. 令 $u \in L^p(\Omega)$ 满足 $\nabla u \in L^q(\Omega)$. 那么,

$$\nabla F(u) \in L^r(\Omega), \quad \|\nabla F(u)\|_{L^r} \leqslant L \|u\|_{L^p}^\alpha \|\nabla u\|_{L^q}.$$

特别地, 如果 $p = \alpha + 2$, 那么对任意的 $u \in W^{1,p}(\Omega)$ $(W_0^{1,p})$, 我们有 $F(u) \in W^{1,p'}(\Omega)$ $(W_0^{1,p'})$ 并且 $\|\nabla F(u)\|_{L^{p'}} \leqslant L \|u\|_{L^p}^\alpha \|\nabla u\|_{L^p}$.

(viii) 令 $1 \leqslant p, q < \infty$, 并且 m, j 为非负整数. 那么 $\mathcal{D}(\mathbb{R}^n)$ 在 $W^{m,p}(\mathbb{R}^n) \cap W^{j,q}(\mathbb{R}^n)$ 中稠密. 特别地, $W_0^{m,p}(\mathbb{R}^n) = W^{m,p}(\mathbb{R}^n)$.

(iv) $H^m(\mathbb{R}^n)$ 可以自然定义在集合 $u \in \mathcal{S}'(\mathbb{R}^n)$ 上使得

$$\left(1 + |\xi|^2\right)^{m/2} \widehat{u} \in L^2(\mathbb{R}^n),$$

并且相应的范数是等价的. 更一般地, 对任意的 $s \in \mathbb{R}$, 我们可以定义 $H^s(\mathbb{R}^n)$ 为满足 $\left(1 + |\xi|^2\right)^{s/2} \widehat{u} \in L^2(\mathbb{R}^n)$ 的 $u \in \mathcal{S}'(\mathbb{R}^n)$ 构成的集合, 并自然赋予相应的范数.

下面我们讨论齐次 Sobolev 空间. 首先对于可测函数 $u : \mathbb{R}^n \to \mathbb{R}$, 令 $[u] := \{u + c : c \in \mathbb{R}\}$ 为函数 u 的等价类. 对于具有紧支集的光滑函数空间 $\mathcal{C}_c^\infty(\mathbb{R}^n, \mathbb{R})$, 我们记 $\dot{\mathcal{C}}_c^\infty(\mathbb{R}^n, \mathbb{R})$ 为 $\mathcal{C}_c^\infty(\mathbb{R}^n, \mathbb{R})$ 中等价类 $[u]$ 构成的空间. 定义 $u \in W_{\mathrm{loc}}^{1,p}$ 的等价类空间为

$$\dot{W}^{1,p} := \left\{ [u] : u \in W_{\mathrm{loc}}^{1,p}, \|[u]\|_{\dot{W}^{1,p}} < \infty \right\},$$

其中

$$\|[u]\|_{\dot{W}^{1,p}} := \|\nabla u\|_{L^p}, \quad u \in [u].$$

那么 $\dot{W}^{1,p}$ 是一个 Banach 空间, 并且当 $p \in (1, \infty)$, 或者 $p = 1$, $n > 1$ 时, $\dot{\mathcal{C}}_c^\infty$

在 $\dot{W}^{1,p}$ 中稠密. 假设 $n \geqslant 2$, $p \in (1,n)$, 根据 Sobolev 不等式, 存在只依赖于 n 和 p 的常数 $S > 0$, 使得对任意的 $u \in \dot{W}^{1,p}$, 都有

$$S\|u\|_{L^{p^*}} \leqslant \|\nabla u\|_{L^p},$$

其中 $p^* = np/(n-p)$, 假设 S 是最大的常数, 我们称之为最优 Sobolev 常数. 实际上,

$$S = \sqrt{\pi} n^{1/p} \left(\frac{n-p}{p-1}\right)^{(p-1)/p} \left(\frac{\Gamma(n/p)\Gamma(1+n-n/p)}{\Gamma(1+n/2)\Gamma(n)}\right)^{1/n}.$$

令

$$\mathcal{M} = \left\{v_{a,b,x_0}(x) = \frac{a}{\left(1 + b|x-x_0|^{\frac{p}{p-1}}\right)^{\frac{n-p}{p}}} : a \in \mathbb{R}\backslash\{0\}, b > 0, x_0 \in \mathbb{R}^n\right\}.$$

显然, $\mathcal{M}$ 是如下方程的不变号弱解构成的集合, 并且可以看成 $(n+2)$-维流形

$$-\Delta_p v = S^p\|v\|_{L^{p^*}}^{p-p^*}|v|^{p^*-2}v,$$

其中

$$-\Delta_p v = \text{div}\left(|\nabla v|^{p-2}\nabla v\right).$$

特别地, 我们有

$$\|\nabla v\|_{L^p(\mathbb{R}^n)} = S\|v\|_{L^{p^*}(\mathbb{R}^n)}, \quad \forall v \in \mathcal{M}.$$

1.3 基本不等式与常用引理

本节我们回顾线性空间的一些基本不等式, 并且这里假设 Ω 是 $\mathbb{R}^n$ 中的开集.

引理 1.3.1 令 a_j 为一列正实数, 那么

(i) $\left(\sum\limits_{j=1}^{\infty} a_j\right)^{\theta} \leqslant \sum\limits_{j=1}^{\infty} a_j^{\theta}$, 其中 $0 \leqslant \theta \leqslant 1$;

(ii) $\sum\limits_{j=1}^{\infty} a_j^{\theta} \leqslant \left(\sum\limits_{j=1}^{\infty} a_j\right)^{\theta}$, 其中 $1 \leqslant \theta < \infty$;

(iii) $\left(\sum\limits_{j=1}^{N} a_j\right)^{\theta} \leqslant N^{\theta-1}\sum\limits_{j=1}^{N} a_j^{\theta}$, 其中 $1 \leqslant \theta < \infty$;

(iv) $\sum\limits_{j=1}^{N} a_j^{\theta} \leqslant N^{1-\theta} \left(\sum\limits_{j=1}^{N} a_j \right)^{\theta}$, 其中 $0 \leqslant \theta \leqslant 1$.

引理 1.3.2 (Young 不等式)　(i) 如果 $a \geqslant 0, b \geqslant 0, p, q > 1$ 满足 $1/p + 1/q = 1$, 那么

$$ab \leqslant \frac{a^p}{p} + \frac{b^q}{q},$$

等号成立当且仅当 $a^p = b^q$;

(ii) 如果 $a > 0, b > 0, p, q > 1$ 满足 $1/p + 1/q = 1$, 那么

$$ab = \min_{0 < t < \infty} \left(\frac{t^p a^p}{p} + \frac{t^{-q} b^q}{q} \right);$$

(iii) 如果 $0 \leqslant p_i \leqslant 1$, 并且 $\sum\limits_i p_i = 1$, 那么

$$\prod_i a_i{}^{p_i} \leqslant \sum_i p_i a_i$$

等号成立当且仅当 a_i, 以及 p_i 都分别相等;

(iv) 如果 f 是实向量空间 X 上的函数, 记 $f^\star$ 为其凸共轭

$$(f^\star (x^\star) := \sup \{ \langle x^\star, x \rangle - f(x) : x \in X \}),$$

那么

$$\langle u, v \rangle \leqslant f^\star(u) + f(v),$$

其中 $\langle \cdot, \cdot \rangle : X^\star \times X \to \mathbb{R}$ 为对偶配对.

引理 1.3.3 (Hölder 不等式)　(i) 设 p, q, r 是正实数且满足 $1/p + 1/q = 1/r$. 如果 $f \in L^p(\Omega)$ 以及 $g \in L^q(\Omega)$, 那么 $f \cdot g \in L^r(\Omega)$ 且满足

$$\|f \cdot g\|_{L^r} \leqslant \|f\|_{L^p} \|g\|_{L^q},$$

等号成立当且仅当 $|f|^p$ 和 $|g|^q$ 在 L^1 中是线性相关的, 即存在不同时为 0 的非负实数 α, β 使得 $\alpha|f|^p$ 和 $\beta|g|^q$ 几乎处处相等.

(ii) 令 (S, Σ, μ) 为 σ-有限的测度空间, 并且假设 $f = (f_1, \cdots, f_n)$, $g = (g_1, \cdots, g_n)$ 是 S 上取值在 n-维欧氏空间上的 Σ-可测函数, 那么

$$\int_S \sum_{k=1}^n |f_k(x) g_k(x)| \, \mu(dx)$$

$$\leqslant \left(\int_S \sum_{k=1}^n |f_k(x)|^p \, \mu(dx) \right)^{1/p} \left(\int_S \sum_{k=1}^n |g_k(x)|^q \, \mu(dx) \right)^{1/q},$$

如果右边积分有限, 那么等号成立当且仅当存在不同时为 0 的非负实数 α, β 使得对几乎所有的 $x \in S$,

$$\alpha \left(|f_1(x)|^p, \cdots, |f_n(x)|^p\right) = \beta \left(|g_1(x)|^q, \cdots, |g_n(x)|^q\right).$$

推论 1.3.4 (i) 假设 $r \in (0, \infty]$, $p_1, \cdots, p_n \in (0, \infty]$ 满足

$$\sum_{k=1}^{n} \frac{1}{p_k} = \frac{1}{r},$$

这里我们约定 $1/\infty = 0$. 那么对于任意的可测函数 $f_1, \cdots, f_n$, 我们有

$$\left\| \prod_{k=1}^{n} f_k \right\|_{L^r} \leqslant \prod_{k=1}^{n} \|f_k\|_{L^{p_k}}.$$

特别地, 如果 $f_k \in L^{p_k}(\Omega)$, $\forall k \in \{1, \cdots, n\}$, 那么 $\prod\limits_{k=1}^{n} f_k \in L^r(\Omega)$.

(ii) 令 $p_1, \cdots, p_n \in (0, \infty]$, $\theta_1, \cdots, \theta_n \in (0, 1)$ 满足 $\theta_1 + \cdots + \theta_n = 1$. 令 $1/p = \sum\limits_{k=1}^{n} \theta_k / p_k$. 那么对于任意的可测函数 $f_1, \cdots, f_n$, 我们有

$$\left\| |f_1|^{\theta_1} \cdots |f_n|^{\theta_n} \right\|_{L^p} \leqslant \|f_1\|_{L^{p_1}}^{\theta_1} \cdots \|f_n\|_{L^{p_n}}^{\theta_n}.$$

特别地, 如果 $f_1 = \cdots = f_n =: f$, 那么

$$\|f\|_{L^p} \leqslant \prod_{k=1}^{n} \|f\|_{L^{p_k}}^{\theta_k}.$$

引理 1.3.5 (Minkowski 不等式) (i) 设 $1 < p < \infty$ 及 $f, g \in L^p(\Omega)$. 则 $f + g \in L^p(\Omega)$, 并且

$$\|f + g\|_{L^p} \leqslant \|f\|_{L^p} + \|g\|_{L^p},$$

等号成立当且仅当 f, g 是正线性相关的, 即 $f = \lambda g$, 对某个 $\lambda \geqslant 0$ 或 $g = 0$.

(ii) 设 $1 < p < \infty$, 假设 (S_1, μ_1), (S_2, μ_2) 为 σ-有限的测度空间, 并且 $F : S_1 \times S_2 \to \mathbb{R}$ 是可测的. 那么

$$\left(\int_{S_2} \left| \int_{S_1} F(x, y) \mu_1(dx) \right|^p \mu_2(dy) \right)^{1/p}$$
$$\leqslant \int_{S_1} \left(\int_{S_2} |F(x, y)|^p \mu_2(dy) \right)^{1/p} \mu_1(dx),$$

等号成立当且仅当 $|F(x,y)| = \varphi(x)\psi(y)$ 对某个非负可测函数 φ 和 ψ 几乎处处成立.

(iii) 如果 $0 < p < 1$, 那么如下不等式成立:

$$\|f + g\|_{L^p} \geqslant \|f\|_{L^p} + \|g\|_{L^p}.$$

引理 1.3.6 (卷积不等式)   (i) 设 p, q, r 是非负实数且满足 $1/p+1/q = 1+1/r$. 如果 $f \in L^p(\mathbb{R}^n)$, $g \in L^q(\mathbb{R}^n)$, 那么卷积 $f * g \in L^r(\mathbb{R}^n)$ 且满足

$$\|f * g\|_{L^r} \leqslant \|f\|_{L^p}\|g\|_{L^q},$$

其中

$$f * g(x) = \int_{\mathbb{R}^n} f(x - y)g(y)dy.$$

(ii) 如果 $p, q, r \geqslant 1$ 并且 $1/p+1/q+1/r = 2$, 那么

$$\left|\int_{\mathbb{R}^n}\int_{\mathbb{R}^n} f(x)g(x - y)h(y)dxdy\right|$$
$$\leqslant \left(\int_{\mathbb{R}^n} |f|^p dx\right)^{1/p} \left(\int_{\mathbb{R}^n} |g|^q dx\right)^{1/q} \left(\int_{\mathbb{R}^n} |h|^r dx\right)^{1/r}.$$

注 1.3.7   对于 $p, q > 1$, 卷积不等式的系数并不是最佳系数, 实际上, 我们可以得到

$$\|f * g\|_{L^r} \leqslant c_{p,q}\|f\|_{L^p}\|g\|_{L^q},$$

其中 $c_{p,q} < 1$. 当最优常数可达时, f, g 是多变量 Gauss 函数, 见 [26,75].

引理 1.3.8 (Clarkson 不等式)   令 (X, Σ, μ) 为测度空间, $f, g : X \to \mathbb{R}$ 是 L^p 可测函数. 那么, 对于 $2 \leqslant p < +\infty$,

$$\left\|\frac{f + g}{2}\right\|_{L^p}^p + \left\|\frac{f - g}{2}\right\|_{L^p}^p \leqslant \frac{1}{2}\left(\|f\|_{L^p}^p + \|g\|_{L^p}^p\right).$$

对于 $1 < p < 2$,

$$\left\|\frac{f + g}{2}\right\|_{L^p}^q + \left\|\frac{f - g}{2}\right\|_{L^p}^q \leqslant \left(\frac{1}{2}\|f\|_{L^p}^p + \frac{1}{2}\|g\|_{L^p}^p\right)^{q/p},$$

其中 $1/p + 1/q = 1$.

引理 1.3.9 (Poincaré 不等式)   (i) 假设 Ω 在至少一个方向上是有界的, 并

且 $1 \leqslant p \leqslant \infty$. 那么存在 $C = C(p, \Omega) > 0$, 使得对任意的 $u \in W_0^{1,p}(\Omega)$,

$$\|u\|_{L^p} \leqslant C\|\nabla u\|_{L^p}.$$

特别地, 在 $W_0^{1,p}(\Omega)$ 中, $\|\nabla u\|_{L^p}$ 等价于 $\|u\|_{W^{1,p}}$.

(ii) 假设 Ω 是有界的 Lipschitz 区域, $1 \leqslant p \leqslant \infty$. 那么存在 $C = C(p, \Omega)$, 使得对任意的 $u \in W^{1,p}(\Omega)$,

$$\|u - u_\Omega\|_{L^p} \leqslant C\|\nabla u\|_{L^p},$$

其中 $u_\Omega = \dfrac{1}{|\Omega|} \displaystyle\int_\Omega u(y) dy$.

注 1.3.10 上述 Poincaré 不等式 (i) 中最优的常数通常称为区域 Ω 的 Poincaré 常数. 比如对于光滑有界区域 Ω, $p = 2$, 此时区域 Ω 的 Poincaré 常数 $C = \lambda_1^{-1}$, 其中 λ_1 是 $-\Delta$ 在 $W_0^{1,2}(\Omega)$ 上的最小特征值.

引理 1.3.11 (Friedrichs 不等式) 假设 Ω 是 $\mathbb{R}^n$ 中直径为 d 的有界子集, 并且 $u \in W_0^{k,p}(\Omega)$, 那么

$$\|u\|_{L^p} \leqslant d^k \left(\sum_{|\alpha|=k} \|D^\alpha u\|_{L^p}^p \right)^{1/p}.$$

引理 1.3.12 (Korn 不等式) 假设 Ω 是 $\mathbb{R}^n$ 中的区域, $n \geqslant 2$. 那么存在 $C \geqslant 0$, 使得对任意的 $v = (v^1, \cdots, v^n) \in H^1(\Omega, \mathbb{R}^n)$,

$$\|v\|_{H^1}^2 \leqslant C \int_\Omega \sum_{i,j=1}^n \left(|v^i(x)|^2 + |(e_{ij}v)(x)|^2 \right) dx,$$

其中 $e_{ij}v = \dfrac{1}{2} \left(\partial_i v^j + \partial_j v^i \right)$ 为 v 的对称导数.

引理 1.3.13 (Kato 不等式) 如果 $u \in C^\infty(\mathbb{R}^n)$, 那么对几乎所有的 $x \in \mathbb{R}^n$, 我们有

$$\Delta|u| \geqslant \Re\left((\text{sgn } u) \Delta u \right),$$

其中

$$(\text{sgn } u)(x) = \begin{cases} 0, & u(x) = 0, \\ \bar{u}(x)/|u(x)|, & u(x) \neq 0. \end{cases}$$

引理 1.3.14 (Sobolev 嵌入不等式) 如果 Ω 有 Lipschitz 连续的边界, 那么如下结论成立:

(i) 如果 $1 \leqslant p < n$, 那么 $W^{1,p}(\Omega) \hookrightarrow L^q(\Omega)$, $\forall q \in \left[p, \dfrac{np}{n-p}\right]$;

(ii) 如果 $p = n > 1$, 那么 $W^{1,p}(\Omega) \hookrightarrow L^q(\Omega)$, $\forall q \in [p, \infty)$;

(iii) 如果 $p = n = 1$, 那么 $W^{1,p}(\Omega) \hookrightarrow L^q(\Omega)$, $\forall q \in [p, \infty]$;

(iv) 如果 $p > n$, 那么 $W^{1,p}(\Omega) \hookrightarrow L^{\infty}(\Omega)$;

(v) 如果 $p > n$, 并且 Ω 是一致 Lipschitz 区域, 那么 $W^{1,p}(\Omega) \hookrightarrow \mathcal{C}^{0,\alpha}(\bar{\Omega})$, 其中 $\alpha = \dfrac{p-n}{p}$.

注 1.3.15 如果 $p = n > 1$, 那么 $W^{1,p}(\Omega) \hookrightarrow L^q(\Omega)$, $\forall p < q < \infty$, 但是 $W^{1,p}(\Omega) \not\hookrightarrow L^{\infty}(\Omega)$. 然而, Sobolev 嵌入不等式可以通过 Trudinger 不等式来提升. 特别地, 如果 $n = 2$, 那么对任意的 M, 存在 $\mu > 0$, $K < \infty$, 使得

$$\int_{\Omega} \left(e^{\mu|u|^2} - 1 \right) dx \leqslant K,$$

对任意的 $u \in H_0^1(\Omega)$, $\|u\|_{H^1} \leqslant M$.

引理 1.3.16 (Gagliardo-Nirenberg 不等式) (i) 假设 $1 \leqslant q \leqslant \infty$, j, m 是非负整数, 并且 $j < m$. 如果 $1 \leqslant r \leqslant \infty$, $p \geqslant 1$, $\theta \in [0, 1]$, 满足

$$\frac{1}{p} = \frac{j}{n} + \theta \left(\frac{1}{r} - \frac{m}{n} \right) + \frac{1-\theta}{q}, \quad \frac{j}{m} \leqslant \theta \leqslant 1,$$

那么存在 $C = C(j, m, n, q, r, \theta) > 0$, 使得

$$\|D^j u\|_{L^p} \leqslant C \|D^m u\|_{L^r}^{\theta} \|u\|_{L^q}^{1-\theta},$$

对任意的 $u \in L^q(\mathbb{R}^n)$, $D^m u \in L^r(\mathbb{R}^n)$. 如果 $j = 0$, $q = \infty$, $rm < n$, 我们需要额外假设要么 $u(x) \to 0$, $x \to \infty$, 要么对某个有限数 s, $u \in L^s(\mathbb{R}^n)$. 如果 $r > 1$, $m - j - n/r$ 是非负整数, 我们需要额外假设 $j/m \leqslant \theta < 1$.

(ii) 如果 Ω 是全空间、半空间或者有界 Lipschitz 区域, $1 \leqslant p, p_1, p_2 \leqslant \infty$, s, s_1, s_2 是非负实数, $\theta \in (0, 1)$, 并且

$$s_1 \leqslant s_2, \quad s = \theta s_1 + (1-\theta) s_2, \quad \frac{1}{p} = \frac{\theta}{p_1} + \frac{1-\theta}{p_2}.$$

那么

$$\|u\|_{W^{s,p}} \leqslant C \|u\|_{W^{s_1,p_1}}^{\theta} \|u\|_{W^{s_2,p_2}}^{1-\theta},$$

对任意 $u \in W^{s_1,p_1}(\Omega) \cap W^{s_2,p_2}(\Omega)$ 成立当且仅当如下三个条件至少一个不成立:

(1) $s_2 \in \mathbb{N}$, $s_2 \geqslant 1$;

(2) $p_2 = 1$;

(3) $0 < s_2 - s_1 \leqslant 1 - 1/p_1$.

引理 1.3.17 (Hardy-Littlewood 不等式)   令 $0 < \alpha < n$, $I_\alpha = (-\Delta)^{-\alpha/2}$ 为 $\mathbb{R}^n$ 上的 Riesz 位势, 即

$$(I_\alpha f)(x) = \frac{1}{c_\alpha} \int_{\mathbb{R}^n} \frac{f(y)}{|x-y|^{n-\alpha}} dy, \quad c_\alpha = \pi^{n/2} 2^\alpha \frac{\Gamma(\alpha/2)}{\Gamma((n-\alpha)/2)}.$$

(i) 如果 $1 < p < q < \infty$, 那么对于 q 满足 $1/q = 1/p - \alpha/n$, 存在常数 $C = C(p) > 0$, 使得

$$\|I_\alpha f\|_{L^q} \leqslant C \|f\|_{L^p};$$

(ii) 如果 $p = 1$, 那么

$$m\{x : |I_\alpha f(x)| > \lambda\} \leqslant C \left(\frac{\|f\|_{L^1}}{\lambda} \right)^q,$$

并且

$$\|I_\alpha f\|_{L^q} \leqslant C \|Rf\|_{L^1},$$

其中 $1/q = 1 - \alpha/n$, Rf 表示 f 的 Riesz 变换.

引理 1.3.18 (Rellich 紧嵌入定理)   如果 Ω 是有界的 Lipschitz 区域, 那么如下的结论成立:

(i) 如果 $1 \leqslant p \leqslant n$, 那么

$$W^{1,p}(\Omega) \hookrightarrow L^q(\Omega) \text{ 是紧的}, \quad \forall q \in \left(p, \frac{np}{n-p} \right);$$

(ii) 如果 $p > n$, 那么

$$W^{1,p}(\Omega) \hookrightarrow L^\infty(\Omega) \text{ 是紧的};$$

(iii) 如果 $p > n$, 并且 Ω 是一致 Lipschitz 区域, 那么

$$W^{1,p}(\Omega) \hookrightarrow C^{0,\lambda}(\bar{\Omega}) \text{ 是紧的}, \quad \forall \lambda \in \left(0, \frac{p-n}{p} \right).$$

引理 1.3.19 (Grönwall 不等式)   对于区间 I 上的实值函数 α, β, u, 假设 β 和

u 是连续的, α 的负部在 I 的任意紧子区间上都是可积的, 并且

(1) 如果 $\beta \geqslant 0$ 以及 u 满足下面的积分不等式

$$u(t) \leqslant \alpha(t) + \int_a^t \beta(s)u(s)ds, \quad \forall t \in I,$$

则

$$u(t) \leqslant \alpha(t) + \int_a^t \alpha(s)\beta(s)e^{\int_s^t \beta(r)dr}ds, \quad \forall t \in I;$$

(2) 进一步地, 如果 $\alpha(t)$ 是单调递增的, 则

$$u(t) \leqslant \alpha(t)e^{\int_a^t \beta(s)ds}, \quad \forall t \in I.$$

引理 1.3.20 (Lebesgue 控制收敛定理)   设 $\{f_n\} \subset L^1(\Omega)$ 满足

(i) $f_n(x) \to f(x)$ a.e. $x \in \Omega$;

(ii) 存在 $g \in L^1(\Omega)$ 使得对所有的 n, 都有 $|f_n(x)| \leqslant g(x)$ a.e. $x \in \Omega$,

则 $f \in L^1(\Omega)$ 且 $\|f_n - f\|_{L^1} \to 0$.

引理 1.3.21   设 f_n 在 $L^1(\Omega)$ 中收敛到 f, 则存在子列 $\{f_{n(k)}\}$ 使得 $f_{n(k)}(x) \to f(x)$ a.e. $x \in \Omega$.

引理 1.3.22 (Fatou 引理)   设 $f_n \in L(\Omega)$ 且满足

(i) 对任意的 n, 都有 $f_n(x) \geqslant 0$ a.e. $x \in \Omega$;

(ii) $\sup\limits_n \int_\Omega f_n dx < \infty$;

(iii) $f(x) = \liminf\limits_{n \to \infty} f_n(x) \leqslant \infty$ a.e. $x \in \Omega$,

则 $f \in L^1(\Omega)$ 且

$$\int_\Omega f(x)dx \leqslant \liminf_{n \to \infty} \int_\Omega f_n(x)dx.$$

引理 1.3.23 (Brézis-Lieb 引理)   设 $\{u_n\} \subset L^p(\Omega), 1 \leqslant p < \infty$. 若

(i) $\{u_n\}$ 在 $L^p(\Omega)$ 中是有界的;

(ii) $u_n(x) \to u(x)$ a.e. $x \in \Omega$,

则

$$\lim_{n \to \infty} \int_\Omega \big(|u_n|^p - |u_n - u|^p\big)dx = \int_\Omega |u|^p dx.$$

下面我们考虑测度空间 (X, Σ, μ) 上的函数族 $\mathcal{F} \subset L^1(X, \mu)$, 那么 $\mathcal{F}$ 称为一致可积的, 如果

$$\forall \varepsilon > 0, \quad \exists M_\varepsilon > 0, \quad \sup_{f \in \mathcal{F}} \int_{\{|f| \geqslant M_\varepsilon\}} |f| d\mu < \varepsilon.$$

$\mathcal{F}$ 被称为有一致绝对连续的积分, 如果

$$\lim_{\mu(A) \to 0} \sup_{f \in \mathcal{F}} \int_A |f| d\mu = 0.$$

引理 1.3.24 (Vitali 收敛定理) (i) 令 (X, Σ, μ) 为测度空间, 假设 $\mu(X) < \infty$. 令 $\{f_n\} \subset L^p(X, \mu)$, f 是可测函数. 那么下面命题是等价的:

① $f \in L^p(X, \mu)$, 并且 $\{f_n\}$ 在 L^p 中收敛到 f;

② $\{f_n\}$ 依测度收敛到 f, 并且 $\{|f_n|^p\}$ 是一致可积的.

(ii) 如果 $1 \leqslant p < \infty$, $\{f_n\} \subset L^p(X, \mu)$, $f \in L^p(X, \mu)$. 那么 $\{f_n\}$ 在 L^p 中收敛到 f 当且仅当 $\{f_n\}$ 几乎处处收敛到 f, $\{f_n\}$ 有一致绝对连续的积分, 并且对于任意的 $\varepsilon > 0$, 存在 $X_\varepsilon \in \Sigma$, 使得 $\mu(X_\varepsilon) < \infty$, $\sup_{n \geqslant 1} \int_{X \setminus X_\varepsilon} |f_n|^p d\mu < \varepsilon$.

当 $1 \leqslant p < \infty$ 时, 我们定义 $W^{-m,p'}(\Omega)$ 为空间 $W_0^{m,p}(\Omega)$ 的拓扑对偶空间. 记 $H^{-m}(\Omega) = W^{-m,2}(\Omega)$, 这里 $H^{-m}(\Omega) = (H_0^m(\Omega))'$.

引理 1.3.25 (i) 根据嵌入 $W_0^{m,p}(\Omega) \hookrightarrow L^p(\Omega)$, 我们有 $L^{p'}(\Omega) \hookrightarrow W^{-m,p'}(\Omega)$. 如果 $p > 1$, 那么上述嵌入是稠密的. 特别地, $\mathcal{D}(\Omega)$ 在 $W^{-m,p'}(\Omega)$ 中稠密.

(ii) 假设 $1 \leqslant q \leqslant \infty$, 使得 $W_0^{m,p}(\Omega) \hookrightarrow L^q(\Omega)$, 那么 $L^{q'}(\Omega) \hookrightarrow W^{-m,p'}(\Omega)$. 如果 $p, q > 1$, 那么上述嵌入是稠密的.

(iii) 空间 $H^{-m}(\Omega)$ 是包含 $L^2(\Omega)$ 的 $\mathcal{D}'(\Omega)$ 中的子空间. 特别地, 对于任意的 $u \in H_0^m(\Omega)$, 我们有

$$\|u\|_{L^2}^2 \leqslant \|u\|_{H_0^m} \|u\|_{H^{-m}}.$$

(iv) Δ 定义了一个从 $H^1(\Omega)$ 到 $H^{-1}(\Omega)$ 的有界线性算子. 对于 $u \in H^1(\Omega)$, $\Delta u \in H^{-1}(\Omega)$ 定义为

$$\langle \Delta u, v \rangle = -\Re \left(\int_\Omega \nabla u(x) \overline{\nabla v(x)} dx \right), \quad \forall v \in H_0^1(\Omega).$$

假设 $I \subset \mathbb{R}$ 是开区间, $(X, \|\cdot\|)$ 是 Banach 空间. 我们记 $\mathcal{D}'(I, X)$ 为 $\mathcal{D}(I)$ 到 (X, w) 上的有界线性算子全体, 其中 (X, w) 为 X 考虑弱拓扑的空间. 那么对任意 $f \in L_{\text{loc}}^1(I, X)$, 定义分布 $T_f \in \mathcal{D}'(I, X)$ 为

$$\langle T_f, \varphi \rangle = \int_I f(t) \varphi(t) dt, \quad \forall \varphi \in \mathcal{D}(I).$$

对任意的 $1 \leqslant p \leqslant \infty$, 我们记 $W^{1,p}(I,X)$ 为所有使得 $f' \in L^p(I,X)$ 的 L^p 可积函数全体. 对任意的 $f \in W^{1,p}(I,X)$, 我们记

$$\|f\|_{W^{1,p}} = \|f\|_{L^p} + \|f'\|_{L^p}.$$

易见 $\|\cdot\|_{W^{1,p}}$ 使得 $W^{1,p}(I,X)$ 成为 Banach 空间. 对于 Banach 空间 Y, 如果 $A \in \mathcal{L}(X,Y)$, 那么对任意的 $f \in W^{1,p}(I,X)$, 我们有 $Af \in W^{1,p}(I,Y)$, 并且

$$\|Af\|_{W^{1,p}} \leqslant \|A\|_{\mathcal{L}(X,Y)}\|f\|_{W^{1,p}}.$$

引理 1.3.26 如果 $1 \leqslant p \leqslant \infty$, $f \in L^p(I,X)$, 那么如下性质是等价的:

(i) $f \in W^{1,p}(I,X)$;

(ii) 对几乎所有的 $s,t \in I$, $f(t) = f(s) + \int_s^t f'(x)dx$;

(iii) 存在 $g \in L^p(I,X)$, 使得对几乎所有的 $s,t \in I$, 我们有

$$f(t) = f(s) + \int_s^t g(x)dx;$$

(iv) 存在 $g \in L^p(I,X)$, $t_0 \in I$, $x_0 \in X$, 使得对几乎所有的 $t \in I$, 我们有

$$f(t) = x_0 + \int_{t_0}^t g(s)ds;$$

(v) f 是绝对连续, 几乎处处可微, 并且 $f' \in L^p(I,X)$;

(vi) f 是弱绝对连续的, 并且 $f' \in L^p(I,X)$.

注 1.3.27 根据上面的结论, 如果 $p > 1$, 我们有 $W^{1,p}(I,X) \hookrightarrow \mathcal{C}^{0,\alpha}(\bar{I},X)$, 其中 $\alpha = (p-1)/p$.

引理 1.3.28 假定 X 是自反的, $f \in L^p(I,X)$, 那么 $f \in W^{1,p}(I,X)$ 当且仅当存在 $\varphi \in L^p(I)$, 以及零测集 N, 使得

$$\|f(t) - f(s)\| \leqslant \left|\int_s^t \varphi(x)dx\right|, \quad \forall t,s \in I \setminus N.$$

特别地, 我们有 $\|f'\|_{L^p} \leqslant \|\varphi\|_{L^p}$.

推论 1.3.29 (i) 假设 X 是自反的, $f : I \to X$ 是有界的 Lipschitz 连续函数. 那么 $f \in W^{1,\infty}(I,X)$, 并且 $\|f'\|_{L^\infty} \leqslant L$, 其中 L 是 Lipschitz 常数.

(ii) 假设 X 是自反的, $1 < p \leqslant \infty$, $\{f_n\}$ 是 $W^{1,p}(I,X)$ 中的有界序列, 令 $f : I \to X$ 满足对几乎所有的 $t \in I$, $f_n(t)$ 在 X 中弱收敛于 $f(t)$. 那么 $f \in W^{1,p}(I,X)$, 并且

$$\|f\|_{W^{1,p}} \leqslant \liminf_{n\to\infty} \|f_n\|_{W^{1,p}}.$$

引理 1.3.30 令 I 是 $\mathbb{R}$ 中的有界区间, m 是非负整数, Ω 是 $\mathbb{R}^n$ 中的开子集, $\{f_n\}$ 是 $L^\infty(I, H_0^1(\Omega)) \cap W^{1,\infty}(I, H^{-m}(\Omega))$ 中的有界序列. 那么

(i) 存在 $f \in L^\infty(I, H_0^1(\Omega)) \cap W^{1,\infty}(I, H^{-m}(\Omega))$ 以及子列 $\{f_{n_k}\}$ 使得在 $H_0^1(\Omega)$ 中, 对任意的 $t \in \bar{I}$, 都有 $f_{n_k}(t) \rightharpoonup f(t)$, $k \to \infty$;

(ii) 如果 $\|f_{n_k}(t)\|_{L^2} \to \|f(t)\|_{L^2}$, $k \to \infty$, 在 I 上是一致的, 那么在 $C(\bar{I}, L^2(\Omega))$ 中 $f_{n_k} \to f$, $k \to \infty$;

(iii) 如果 $\{f_n\} \subset C(\bar{I}, H_0^1(\Omega))$, 并且 $\|f_{n_k}(t)\|_{H^1} \to \|f(t)\|_{H^1}$, $k \to \infty$, 在 I 上是一致的, 那么 $f \in C(\bar{I}, H_0^1(\Omega))$, 并且在 $C(\bar{I}, H_0^1(\Omega))$ 中 $f_{n_k} \to f$, $k \to \infty$.

1.4 算子半群理论

考虑复 Hilbert 空间 X, 其上范数为 $\|\cdot\|_X$ 以及内积 $\langle\cdot,\cdot\rangle_X$. 我们把 X 看作实 Hilbert 空间, 其上内积为 $(x,y)_X = \Re\langle u,v\rangle_X$. 令 $A: \mathscr{D}(A) \subset X \to X$ 为一个 $\mathbb{C}$-线性算子. 假定 A 是自伴的并且 $A \leqslant 0$ $((Ax,x) \leqslant 0, \forall x \in \mathscr{D}(A))$. A 生成了一个自伴的半群 $\{S(t)\}_{t\geqslant 0}$. $\mathscr{D}(A)$ 是一个 Hilbert 空间, 其上内积为 $(x,y)_{\mathscr{D}(A)} = (Ax,Ay)_X + (x,y)_X$, 范数为 $\|u\|^2_{\mathscr{D}(A)} = \|Au\|^2_X + \|u\|^2_X$. 我们有

$$\mathscr{D}(A) \hookrightarrow X \hookrightarrow (\mathscr{D}(A))'.$$

我们记 X_A 为 $\mathscr{D}(A)$ 关于范数 $\|x\|^2_A = \|x\|^2_X - (Ax,x)_X$ 的完备化. 因此, X_A 也是 Hilbert 空间, 其上内积为 $(x,y)_A = (x,y)_X - (Ax,y)_X$, $\forall x,y \in \mathscr{D}(A)$. 于是,

$$\mathscr{D}(A) \hookrightarrow X_A \hookrightarrow X \hookrightarrow X_A' \hookrightarrow (\mathscr{D}(A))'.$$

易见 A 能延拓为 $(\mathscr{D}(A))'$ 上定义域为 X 的自伴算子 $\bar{A}$. 因此, $\bar{A}|_{\mathscr{D}(A)} = A$, $\bar{A}|_{\mathscr{D}(A)} \in \mathcal{L}(\mathscr{D}(A), X)$, $\bar{A}|_{X_A} \in \mathcal{L}(X_A, X_A')$, $\bar{A}|_X \in \mathcal{L}(X, (\mathscr{D}(A))')$.

由于 A 是自伴的, 因此 $iA: \mathscr{D}(A) \subset X \to X$ 定义为 $(iA)x = iAx$, $x \in \mathscr{D}(A)$ 也是 $\mathbb{C}$-线性的, 并且是反自伴的. 特别地, iA 生成了 X 上的等距群 $\{T(t)\}_{t\in\mathbb{R}}$. 从 iA 的反自伴性可以看出 $T(t)^* = T(-t)$, $t \in \mathbb{R}$. 于是 $\{T(t)\}_{t\in\mathbb{R}}$ 可以延拓为 $(\mathscr{D}(A))'$ 上的等距群 $\{\bar{T}(t)\}_{t\in\mathbb{R}}$, 即由反自伴算子 $i\bar{A}$ 生成的群. 易见在 X 上, $\bar{T}(t) = T(t)$, 并且 $\{\bar{T}(t)\}_{t\in\mathbb{R}}$ 限制在 X_A', X, X_A, $\mathscr{D}(A)$ 上都是等距群. 对任意的 $x \in X$, $u(t) = T(t)x$ 是如下问题的唯一解:

$$\begin{cases} u \in \mathcal{C}(\mathbb{R}, X) \cap \mathcal{C}^1\left(\mathbb{R}, (\mathscr{D}(A))'\right), \\ i\dfrac{du}{dt} + \bar{A}u = 0, \quad \forall t \in \mathbb{R}, \\ u(0) = x. \end{cases}$$

除此之外, 我们有如下的正则性质. 如果 $x \in X_A$, 那么 $u \in \mathcal{C}\left(\mathbb{R}, X_A\right) \cap \mathcal{C}^1\left(\mathbb{R}, X_A'\right)$, 如果 $x \in \mathscr{D}(A)$, 那么 $u \in \mathcal{C}(\mathbb{R}, \mathscr{D}(A)) \cap \mathcal{C}^1(\mathbb{R}, X)$.

考虑如下的非齐次问题, 对任意的 $x \in X$, $f \in \mathcal{C}([0, T], X)$ $(T \in \mathbb{R})$, 非齐次问题存在唯一解

$$\begin{cases} u \in \mathcal{C}([0, T], X) \cap \mathcal{C}^1\left([0, T], (\mathscr{D}(A))'\right), \\ i\dfrac{du}{dt} + \bar{A}u + f = 0, \quad \forall t \in [0, T], \\ u(0) = x. \end{cases}$$

事实上, $u \in \mathcal{C}([0, T], X)$ 是上面问题的解当且仅当 u 满足如下的方程:

$$u(t) = T(t)x + i \int_0^t T(t - s)f(s)ds, \quad \forall t \in [0, T].$$

如果 $f \in W^{1,1}((0, T), X)$ (或者 $f \in L^1((0, T), \mathscr{D}(A))$), 那么 $u \in \mathcal{C}([0, T], \mathscr{D}(A)) \cap \mathcal{C}^1([0, T], X)$.

引理 1.4.1　(i) 如果 $x \in X$, $u \in W^{1,1}\left((0, T), (\mathscr{D}(A))'\right)$ 或者 $u \in L^1((0, T), X)$, 那么 u 满足

$$u(t) = T(t)x + i \int_0^t T(t - s)f(s)ds, \quad \forall t \in [0, T],$$

当且仅当 u 满足

$$\begin{cases} u \in L^1((0, T), X) \cap W^{1,1}\left((0, T), (D(A))'\right), \\ i\dfrac{du}{dt} + \bar{A}u + f = 0 \text{ a.e. } [0, T], \\ u(0) = x. \end{cases}$$

(ii) 如果 $x \in X$, $f \in \mathcal{C}\left([0, T], (\mathscr{D}(A))'\right)$, $u \in \mathcal{C}^1\left([0, T], (\mathscr{D}(A))'\right)$ 或者 $u \in \mathcal{C}([0, T], X)$, 那么

$$u(t) = T(t)x + i \int_0^t T(t - s)f(s)ds, \quad \forall t \in [0, T],$$

当且仅当 u 满足

$$
\begin{cases}
u \in \mathcal{C}([0,T], X) \cap \mathcal{C}^1\left([0,T], (\mathscr{D}(A))'\right), \\
i\dfrac{du}{dt} + \bar{A}u + f = 0, \quad \forall t \in [0,T], \\
u(0) = x.
\end{cases}
$$

(iii) 如果 $x \in X_A$, $f \in L^1([0,T], X_A')$, $u \in W^{1,1}((0,T), X_A')$ 或者 $u \in L^1((0,T), X_A)$, 那么 u 满足

$$
u(t) = T(t)x + i\int_0^t T(t-s)f(s)ds, \quad \forall t \in [0,T],
$$

当且仅当 u 满足

$$
\begin{cases}
u \in L^1((0,T), X_A) \cap W^{1,1}((0,T), X_A'), \\
i\dfrac{du}{dt} + \bar{A}u + f = 0 \text{ a.e. } [0,T], \\
u(0) = x.
\end{cases}
$$

(iv) 如果 $x \in X_A$, $f \in \mathcal{C}([0,T], X_A')$, $u \in \mathcal{C}^1([0,T], X_A')$ 或者 $u \in \mathcal{C}([0,T], X_A)$, 那么 u 满足

$$
u(t) = T(t)x + i\int_0^t T(t-s)f(s)ds, \quad \forall t \in [0,T],
$$

当且仅当 u 满足

$$
\begin{cases}
u \in \mathcal{C}([0,T], X_A) \cap \mathcal{C}^1([0,T], X_A'), \\
i\dfrac{du}{dt} + \bar{A}u + f = 0, \quad \forall t \in [0,T], \\
u(0) = x.
\end{cases}
$$

(v) 如果 $x \in \mathscr{D}(A)$, $f \in L^1([0,T], X)$, $u \in W^{1,1}((0,T), X)$ 或者 $u \in L^1((0,T), \mathscr{D}(A))$, 那么 u 满足

$$
u(t) = T(t)x + i\int_0^t T(t-s)f(s)ds, \quad \forall t \in [0,T],
$$

当且仅当 u 满足

$$
\begin{cases}
u \in L^1((0,T), \mathscr{D}(A)) \cap W^{1,1}((0,T), X), \\
i\dfrac{du}{dt} + Au + f = 0 \text{ a.e. } [0,T], \\
u(0) = x.
\end{cases}
$$

(vi) 如果 $x \in \mathscr{D}(A)$, $f \in \mathcal{C}([0,T], X)$, $u \in \mathcal{C}^1([0,T], X)$ 或者 $u \in \mathcal{C}([0,T],$

$\mathscr{D}(A))$，那么 u 满足

$$u(t) = T(t)x + i\int_0^t T(t-s)f(s)ds, \quad \forall t \in [0,T],$$

当且仅当 u 满足

$$\begin{cases} u \in \mathcal{C}([0,T], \mathscr{D}(A)) \cap \mathcal{C}^1([0,T], X), \\ i\dfrac{du}{dt} + Au + f = 0, \quad \forall t \in [0,T], \\ u(0) = x. \end{cases}$$

第 2 章　变 分 方 法

变分方法可以用来处理非线性发展方程的相关问题. 其主要思路是先将非线性发展方程解的相关问题转化为对应泛函的临界点问题, 之后考察泛函的几何结构, 利用抽象的临界点理论得到 $(PS)_c$-序列 (或 $(C)_c$-序列) 的存在性. 最后根据紧性结论, 得到此序列在特定意义下的收敛性, 从而可以得到对应问题的解. 在这一章中, 我们介绍变分方法中常用的临界点定理, 相关的证明可以参考 [49, 52, 138, 142].

2.1　经典变分方法

对于方程领域的问题一般可以写成如下的形式: $F(u) = 0$, 其中此问题的解 u 属于某个 Banach 空间 E. 当此方程问题具有如下形式:

$$\Phi'(u) = 0,$$

并且 $\Phi \in \mathcal{C}^1(E, \mathbb{R})$ 时, 我们称这类方程具有变分结构. 反之, 我们也可以从泛函出发来导出方程, 这在 Lagrange 力学中有所应用.

考虑自由度为 n 的力学系统 $(X, \mathcal{L})$, 其中 X 是一相空间, $\mathcal{L} = \mathcal{L}(t, \boldsymbol{q}, \boldsymbol{v})$ 为 Lagrange 量, 即关于 $\boldsymbol{q} \in X$ 的光滑实值函数. (如果 X 为光滑流形, $\mathcal{L} : \mathbb{R}_t \times TX \to \mathbb{R}$, 其中 TX 是 X 的切丛.) 记

$$\mathcal{P}(a, b, \boldsymbol{x}_a, \boldsymbol{x}_b) := \{\boldsymbol{q} \in \mathcal{C}^\infty([a, b], X) : \boldsymbol{q}(a) = \boldsymbol{x}_a, \boldsymbol{q}(b) = \boldsymbol{x}_b\}.$$

作用泛函 $S : \mathcal{P}(a, b, \boldsymbol{x}_a, \boldsymbol{x}_b) \to \mathbb{R}$ 定义为

$$S(\boldsymbol{q}) = \int_a^b \mathcal{L}(t, \boldsymbol{q}(t), \dot{\boldsymbol{q}}(t)) dt.$$

那么光滑道路 $\boldsymbol{q} \in \mathcal{P}(a, b, \boldsymbol{x}_a, \boldsymbol{x}_b)$ 是泛函 S 的临界点当且仅当 $\boldsymbol{q}$ 满足如下的 Euler-

Lagrange 方程

$$\frac{\partial \mathcal{L}}{\partial q^i}(t, \boldsymbol{q}(t), \dot{\boldsymbol{q}}(t)) - \frac{d}{dt}\frac{\partial \mathcal{L}}{\partial \dot{q}^i}(t, \boldsymbol{q}(t), \dot{\boldsymbol{q}}(t)) = 0, \quad i = 1, \cdots, n,$$

其中 $\dot{\boldsymbol{q}}(t)$ 为 $\boldsymbol{q}(t)$ 关于 t 的导数. 对于向量值函数 $f = (f_1, f_2, \cdots, f_m)$, 我们记泛函

$$S(f) = \int_{x_0}^{x_1} \mathcal{L}(x, f_1, f_2, \cdots, f_m, f_1', f_2', \cdots, f_m')\, dx,$$

其中 $f_i' := \dfrac{df_i}{dx}$, 那么此泛函对应的 Euler-Lagrange 方程为

$$\frac{\partial \mathcal{L}}{\partial f_i} - \frac{d}{dx}\left(\frac{\partial \mathcal{L}}{\partial f_i'}\right) = 0, \quad i = 1, 2, \cdots, m.$$

如果 $x = (x_1, \cdots, x_n) \in \mathbb{R}^n$, 记 Ω 为 n 维欧氏空间的超曲面, f 是定义在 Ω 上的函数, 考虑泛函:

$$S(f) = \int_{\Omega} \mathcal{L}(x_1, \cdots, x_n, f, f_1, \cdots, f_n)\, dx,$$

其中 $f_j := \dfrac{\partial f}{\partial x_j}$. 那么此泛函对应的 Euler-Lagrange 方程为

$$\frac{\partial \mathcal{L}}{\partial f} - \sum_{j=1}^{n} \frac{\partial}{\partial x_j}\left(\frac{\partial \mathcal{L}}{\partial f_j}\right) = 0.$$

当 $n = 2$, 泛函取相应的能量泛函时, 这个问题就变成了极小曲面问题. 如果 $x \in \mathbb{R}^n$, $f = (f_1, \cdots, f_m)$, 考虑如下的泛函:

$$S(f_1, f_2, \cdots, f_m) = \int_{\Omega} \mathcal{L}(x_1, \cdots, x_n, f_1, \cdots, f_m,$$

$$f_{1,1}, \cdots, f_{1,n}, \cdots, f_{m,1}, \cdots, f_{m,n})\, dx,$$

其中 $f_{i,j} := \dfrac{\partial f_i}{\partial x_j}$. 那么此泛函的 Euler-Lagrange 方程为

$$\frac{\partial \mathcal{L}}{\partial f_1} - \sum_{j=1}^{n} \frac{\partial}{\partial x_j}\left(\frac{\partial \mathcal{L}}{\partial f_{1,j}}\right) = 0,$$

$$\frac{\partial \mathcal{L}}{\partial f_2} - \sum_{j=1}^{n} \frac{\partial}{\partial x_j}\left(\frac{\partial \mathcal{L}}{\partial f_{2,j}}\right) = 0,$$

$$\vdots$$

$$\frac{\partial \mathcal{L}}{\partial f_m} - \sum_{j=1}^{n} \frac{\partial}{\partial x_j} \left(\frac{\partial \mathcal{L}}{\partial f_{m,j}} \right) = 0.$$

对于光滑流形 M, 令 $\mathcal{C}^{\infty}([a,b], M)$ 表示 $[a,b]$ 到 M 上所有光滑函数构成的集合. 那么泛函 $S : \mathcal{C}^{\infty}([a,b]) \to \mathbb{R}$ 定义为

$$S(f) = \int_a^b (\mathcal{L} \circ \dot{f})(t) dt,$$

其中 $\mathcal{L} : TM \to \mathbb{R}$ 为 Lagrange 量, $\delta S_f = 0$ 等价于对于任意的 $t \in [a,b]$, $\dot{f}(t)$ 的邻域的每个局部坐标 (x^i, X^i) 上成立如下 $\dim M$ 个方程:

$$\frac{d}{dt} \frac{\partial \mathcal{L}}{\partial X^i} \bigg|_{\dot{f}(t)} = \frac{\partial \mathcal{L}}{\partial x^i} \bigg|_{\dot{f}(t)}, \quad 1 \leqslant i \leqslant \dim M.$$

关于 Euler-Lagrange 方程的计算需要利用如下的变分基本引理:

引理 2.1.1 (变分基本引理)   (i) 如果 $f, g \in \mathcal{C}((a,b), \mathbb{R})$ 满足

$$\int_a^b (f(x)h(x) + g(x)h'(x)) \, dx = 0,$$

对任意紧支光滑函数 h 都成立, 那么 g 可微并且 $g' = f$ a.e..

(ii) 如果 $f \in \mathcal{C}(\Omega, \mathbb{R})$ $(f \in L^2(\Omega, \mathbb{R}))$ 满足

$$\int_{\Omega} f(x)h(x) dx = 0,$$

对任意紧支光滑函数 h 都成立, 那么 $f \equiv 0$ $(f \equiv 0$ a.e.$)$.

对于 Banach 空间 E 上的泛函 $\Phi \in \mathcal{C}(E, \mathbb{R})$, 如果 Φ 是下有界的, 那么此类泛函的临界点问题通常采用直接方法进行处理. 经典的变分理论表现在研究泛函的极值问题上. 下面列举一些常用的下有界泛函的结论.

定理 2.1.2   令 E 为 Hausdorff 的拓扑空间, 其上的泛函 $\Phi : E \to \mathbb{R} \cup \infty$ 满足如下的紧性条件:

$$K_\alpha := \{u \in E : \Phi(u) \leqslant \alpha\} \text{ 是紧的 (或列紧的)}, \quad \forall \alpha \in \mathbb{R},$$

那么 Φ 在 E 上是一致下有界的, 并且下确界是可达的.

推论 2.1.3   假设 E 是自反的 Banach 空间, $M \subset E$ 是弱闭子集. 如果 $\Phi : M \to \mathbb{R} \cup \infty$ 是强制的, 并且在 M 上是弱序列下半连续的, 即 Φ 满足

• 在 M 上, $\Phi(u) \to \infty$, $\|u\| \to \infty$;

- 对任意的 $\{u_n\} \subset M$, 存在 $u \in M$, 满足 $u_n \rightharpoonup u$, 都有

$$\Phi(u) \leqslant \liminf_{n \to \infty} \Phi(u_n),$$

那么 Φ 在 M 上是下有界的, 并且下确界可达.

设 X 是一个可分 Banach 空间的共轭空间 (例如, 自反 Banach 空间). 又设 $E \subset X$ 是一个弱* 序列闭非空子集. 若 $f : E \to \mathbb{R}$ 是弱* 序列下半连续且强制的 (即, $\forall x \in E$, 当 $\|x\| \to \infty$ 时, $f(x) \to \infty$), 则 f 在 E 上有极小值.

定理 2.1.4 (Ekeland 变分原理) 设 (X, d) 是一个完备的度量空间, $f : X \to \mathbb{R} \cup \infty$, $f \not\equiv \infty$, 下有界且下半连续. 若存在 $\varepsilon > 0$, $x_\varepsilon \in X$ 满足 $f(x_\varepsilon) < \inf_X f + \varepsilon$, 则存在 $y_\varepsilon \in X$ 满足

(1) $f(y_\varepsilon) \leqslant f(x_\varepsilon)$;

(2) $d(x_\varepsilon, y_\varepsilon) \leqslant 1$;

(3) $f(x) > f(y_\varepsilon) - \varepsilon d(y_\varepsilon, x)$, $\forall x \in X \setminus \{y_\varepsilon\}$.

例 2.1.5 假设 $\Omega \subset \mathbb{R}^n$ 有界, $p \in [2, \infty)$, q 是 p 的共轭数, 即 $1/p + 1/q = 1$, 令 $f \in H^{-1,q}(\Omega)$ ($H_0^{1,p}(\Omega)$ 的对偶空间), 那么如下问题在 $H_0^{1,p}(\Omega)$ 中存在弱解

$$\begin{cases} -\nabla \cdot (|\nabla u|^{p-2} \nabla u) = f, & x \in \Omega, \\ u = 0, & x \in \partial\Omega. \end{cases}$$

这个问题的泛函为

$$\Phi(u) = \frac{1}{p} \int_\Omega |\nabla u|^p dx - \int_\Omega f u dx,$$

容易证明 Φ 在 $E := H_0^{1,p}(\Omega)$ 上是强制的, 并且是弱序列下半连续的.

例 2.1.6 假设 Ω 是 $\mathbb{R}^n$ ($n \geqslant 3$) 中的光滑有界区域, $2 < p < 2^* := 2n/(n-2)$. 考虑如下的特征值问题:

$$\begin{cases} -\Delta u + \lambda u = |u|^{p-2} u, & x \in \Omega, \\ u > 0, & x \in \Omega, \\ u = 0, & x \in \partial\Omega. \end{cases}$$

记 $0 < \lambda_1 < \lambda_2 \leqslant \lambda_3 \leqslant \cdots$ 表示 $-\Delta$ 在 $H_0^{1,2}(\Omega)$ 上的特征值. 如果 $\lambda > -\lambda_1$, 那么上述特征值问题存在正解 $u \in \mathcal{C}^2(\Omega) \cap \mathcal{C}(\overline{\Omega})$.

对于紧性条件, 除了利用紧嵌入之外, 还可以利用补偿紧原理和集中紧原理

来处理.

引理 2.1.7 (补偿紧原理)　假设 Ω 是 $\mathbb{R}^n$ 中的区域, 并且假设

- 在 $L^2(\Omega, \mathbb{R}^N)$ 中 $u_m = (u_m^1, \cdots, u_m^N) \rightharpoonup u$;

- 集合 $\left\{ \sum_{j,k} a_{jk} \dfrac{\partial u_m^j}{\partial x_k} \right\}_{m \in \mathbb{N}}$ 在 $H_{\text{loc}}^{-1}(\Omega, \mathbb{R}^L)$ 中是相对紧的, $a_{jk} \in \mathbb{R}^L$, $1 \leqslant j \leqslant N$, $1 \leqslant k \leqslant n$.

令

$$\Lambda = \left\{ \lambda \in \mathbb{R}^N : \sum_{j,k} a_{jk} \lambda_j \xi_k = 0, \text{对某个 } \xi \in \mathbb{R}^n \setminus \{0\} \right\},$$

Q 是满足 $Q(\lambda) \geqslant 0$, $\forall \lambda \in \Lambda$ 的实二次型. 我们把 $Q(u_m) \in L^1(\Omega)$ 当作 Radon 测度 $Q(u_m)dx \in (\mathcal{C}(\Omega))^*$, 并且假设 $\{Q(u_m)\}$ 是局部弱* 收敛的.

那么, 对任意的 $\Omega' \subset\subset \Omega$, 在测度意义下成立

$$\text{弱}^*\text{-}\lim_{m \to \infty} Q(u_m) \geqslant Q(u).$$

特别地, 如果 $Q(\lambda) = 0$, $\forall \lambda \in \Lambda$, 那么局部上我们有

$$\text{弱}^*\text{-}\lim_{m \to \infty} Q(u_m) = Q(u).$$

补偿紧原理可以用来证明如下的 Div-Curl 引理:

引理 2.1.8 (Div-Curl 引理)　假设 Ω 是 $\mathbb{R}^3$ 中的区域, 在 $L^2(\Omega, \mathbb{R}^3)$ 中 $u_m \rightharpoonup u$, $v_m \rightharpoonup v$, 并且 $\{\text{div } u_m\}$, $\{\text{curl } v_m\}$ 在 $H^{-1}(\Omega)$ 中是相对紧的. 那么, 对任意的 $\varphi \in \mathcal{C}_0^\infty(\Omega)$, 我们有

$$\int_\Omega u_m \cdot v_m \varphi dx \to \int_\Omega u \cdot v \varphi dx, \quad m \to \infty.$$

下面我们介绍集中紧原理.

引理 2.1.9 (集中紧原理 I)　假设 μ_m 是 $\mathbb{R}^n$ 上的概率测度: $\mu_m \geqslant 0$, $\int_{\mathbb{R}^n} d\mu_m = 1$. 那么存在 $\{\mu_m\}$ 的子列, 使得如下三种情形之一必定成立:

(i) (紧性) 存在序列 $\{x_m\} \subset \mathbb{R}^n$, 使得 $\forall \varepsilon > 0$, $\exists R > 0$, 有

$$\int_{B_R(x_m)} d\mu_m \geqslant 1 - \varepsilon, \quad \forall m.$$

(ii) (消失) 对任意的 $R > 0$, 都有

$$\lim_{m\to\infty}\left(\sup_{x\in\mathbb{R}^n}\int_{B_R(x)}d\mu_m\right)=0.$$

(iii) (一分为二) 存在 $\lambda\in(0,1)$, 使得 $\forall\varepsilon>0$, $\exists R>0$, $\{x_m\}$ 满足给定 $R'>R$, 存在非负测度 μ_m^1, μ_m^2, 使得

$$0\leqslant\mu_m^1+\mu_m^2\leqslant\mu_m,$$

$$\mathrm{supp}(\mu_m^1)\subset B_R(x_m),\quad\mathrm{supp}(\mu_m^2)\subset\mathbb{R}^n\setminus B_R(x_m),$$

$$\limsup_{m\to\infty}\left(\left|\lambda-\int_{\mathbb{R}^n}d\mu_m^1\right|+\left|(1-\lambda)-\int_{\mathbb{R}^n}d\mu_m^2\right|\right)\leqslant\varepsilon.$$

引理 2.1.10 (集中紧原理 II) 令 $k\in\mathbb{N}$, $p\geqslant 1$, $kp<n$, $1/q=1/p-k/n$. 假设在 $D^{k,p}(\mathbb{R}^n)$ 中, $u_m\rightharpoonup u$, 并且 $\mu_m=|\nabla^k u_m|^p dx\rightharpoonup\mu$, $\nu_m=|u_m|^q dx\rightharpoonup\nu$, 其中 μ, ν 都是 $\mathbb{R}^n$ 上的非负有限测度. 那么,

(1) 存在可数集 J, $\{x^{(j)}:j\in J\}$ 是 $\mathbb{R}^n$ 中不同的点构成的集合, $\{\nu^{(j)}:j\in J\}$ 是一列正数, 满足

$$\nu=|u|^q dx+\sum_{j\in J}\nu^{(j)}\delta_{x^{(j)}},$$

其中 δ_x 是集中到 x 点的 Dirac 函数.

(2) 我们有

$$\mu\geqslant\left|\nabla^k u\right|^p dx+\sum_{j\in J}\mu^{(j)}\delta_{x^{(j)}},$$

对某个集合 $\{\mu^{(j)}:j\in J\}$, $\mu^{(j)}>0$ 满足 $S\left(\nu^{(j)}\right)^{p/q}\leqslant\mu^{(j)}$, $\forall j\in J$. 特别地, $\sum_{j\in J}\left(\nu^{(j)}\right)^{p/q}<\infty$.

根据集中紧原理, 我们有

推论 2.1.11 令 $k\in\mathbb{N}$, $p>1$, $kp<n$, $1/q=1/p-k/n$. 考虑极小化问题

$$S=\inf\{\|u\|_{D^{k,p}}^p:u\in W^{k,p}(\mathbb{R}^n),\|u\|_{L^q}=1\},$$

其中 $\|u\|_{D^{k,p}}^p=\sum_{|\alpha|=k}\int_\Omega|D^\alpha u|^p dx$. 假设 $\{u_m\}$ 是 S 在 $W^{k,p}=W^{k,p}(\mathbb{R}^n)$ 中的极小化序列, 并且 $\|u_m\|_{L^q}=1$. 那么 $\{u_m\}$ 在 $W^{k,p}$ 中商掉平移和伸缩变换后是相对紧的.

2.2　半定问题的变分方法

现代变分方法主要处理上下方均无界的泛函的临界点问题 (非极值问题). 重要内容包括:

- 极小极大方法;
- 指标理论;
- (无穷维) Morse 理论;
- 标志性工作: 山路定理 (1973), Hamilton 系统周期解 (1978), 对偶变分法 (1978), 集中紧原理 (1984), 对偶摄动方法 (1984), Floer 同调 (1988);
- 强不定问题的变分问题.

半线性问题在变分理论及其应用中, 人们感兴趣于下述形式的抽象方程的能量泛函:

$$Au = N(u), \quad u \in H, \tag{2.2.1}$$

其中 H 为 Hilbert 空间, A 是自伴算子, 其定义域 $\mathscr{D}(A) \subset H$, $N : \mathscr{D}(A) \to H$ 是 (非线性) 梯度型映射, 即存在函数 $\Psi : \mathscr{D}(A) \subset H \to H$ 使得 $N(u) = \nabla \Psi(u)$. 记 $\sigma(A), \sigma_e(A)$ 为 A 的谱集和本质谱. 一般而言, $\sigma(A)$ 的结构是复杂的, 这导致方程 (2.2.1) 有相当的难度. 如果对应地, $A \geqslant 0$, A 具有有限多个负特征值, $\sigma(A) \cap (-\infty, 0)$ 是无限集, A 同时具有负的和正的本质谱, 那么我们称此问题是正定的、半定的、强不定的、非常强不定的或本质强不定的. 形式上, 方程 (2.2.1) 的解是泛函

$$\Phi(u) = \frac{1}{2}(Au, u)_H - \Psi(u) \tag{2.2.2}$$

的临界点, 其中 $(\cdot, \cdot)_H$ 记 H 的内积 (其对应的范数记作 $\|\cdot\|_H$). 一般而言, 形式 (2.2.2) 没有提供足够的信息. 注意到, Φ 仅定义在 H 的一个真子空间上, 应用中很难对 Ψ 给出可验证的条件以保证 (2.2.1) 的解的存在. 通过选择合适的工作空间 E (既不能 "太大" 也不能 "太小"), 在 E 上重新恰当地表示 Φ 使得它的临界点对应问题 (2.2.1) 的解, 且具有易于研究的表达形式. 这就是建立变分框架 (或变分原理). 现代临界点理论初期, 大都处理半定或不定问题, 20 世纪 90 年代以来, 人们越来越对强不定问题感兴趣. 我们先介绍半定问题的一些结果.

对于有限维的情况, 我们有

定理 2.2.1 假设 $\Phi \in C^1(\mathbb{R}^n, \mathbb{R})$ 是强制的, 并且 Φ 有两个不同的严格局部极小值点 x_1 和 x_2. 那么存在 Φ 的非局部极小值点的临界点 x_3, 并且

$$\Phi(x_3) = \inf_{p \in P} \max_{x \in p} \Phi(x) =: \beta,$$

其中

$$P = \{p \subset \mathbb{R}^n : x_1, x_2 \in p, \ p \text{ 是紧的连通集}\}.$$

对于无穷维的情形, 我们先介绍如下的紧性条件

定义 2.2.2 (i) ($(PS)_c$-条件) 如果任意 $(PS)_c$-序列 $\{u_m\}$ (i.e. $\Phi(u_m) \to c$, $\|\Phi'(u_m)\| \to 0$) 都有收敛子列, 那么我们称泛函 Φ 在 E 上满足 $(PS)_c$-条件.

(ii) ($(C)_c$-条件) 如果任意 $(C)_c$-序列 $\{u_m\}$ (i.e. $\Phi(u_m) \to c$, $\|\Phi'(u_m)\|(1 + \|u_m\|) \to 0$) 都有收敛子列, 那么我们称泛函 Φ 在 E 上满足 $(C)_c$-条件.

首先, 我们有如下的结论:

定理 2.2.3 令 E 是 Banach 空间, S 是 E 的单位球面. 如果 $\Phi \in C^1(S, \mathbb{R})$ 是下有界的, 并且满足 (PS)-条件, 那么 $c := \inf_{u \in S} \Phi(u)$ 是可达的, 并且是 Φ 的临界值.

通过引入伪梯度向量场, 利用 Cauchy 问题解的存在唯一性, 我们可以得到如下的形变引理:

引理 2.2.4 (形变引理) 令 $\Phi \in C^1(E)$ 满足 $(PS)_c$-条件. 给定 $\beta \in \mathbb{R}$, $\bar{\varepsilon} > 0$, 并且记 N 为能量 β 的临界集 K_β 的邻域. 那么存在 $\varepsilon \in (0, \bar{\varepsilon})$ 以及 E 的单参同胚 $\eta(\cdot, t), 0 \leqslant t < \infty$, 满足

(i) $\Phi(u, t) = u$, 如果 $t = 0$, 或 $\Phi'(u) = 0$, 或 $|\Phi(u) - \beta| \geqslant \bar{\varepsilon}$;

(ii) $\Phi(\eta(u, t))$ 关于 t 是单调递减的, $\forall u \in V$;

(iii) $\eta(\Phi_{\beta+\varepsilon} \setminus N, 1) \subset \Phi_{\beta-\varepsilon}$, 并且 $\Phi(\Phi_{\beta+\varepsilon}, 1) \subset \Phi_{\beta-\varepsilon} \cup N$;

(iv) $\eta : E \times [0, \infty) \to E$ 具有半群性质, 即 $\eta(\cdot, t) \circ \eta(\cdot, s) = \eta(\cdot, s+t), \forall s, t \geqslant 0$.

形变引理构造的形变流是一类半流, 可以直观刻画泛函的拓扑结构. 我们考虑更一般的 Finsler 流形, 如果 $\eta : M \times [0, \infty) \to M$ 是流形 M 上的半流, 那么 M 的子集族 $\mathcal{F}$ 被称为 η-不变的. 如果 $\eta(F, t) \in \mathcal{F}, \forall F \in \mathcal{F}, t \geqslant 0$, 形变引理也可以用来证明如下的 Minimax 定理.

定理 2.2.5 (Minimax 定理) 令 M 为完备的 $C^{1,1}$-Finsler 流形, 并且假设 $\Phi \in C^1(M)$ 满足 (PS)-条件. 假设 $\mathcal{F} \subset \mathcal{P}(M)$ 是关于任何连续半流 η 都是不变的集

合族, 这里 $\eta : M \times [0, \infty) \to M$ 满足 $\eta(\cdot, 0) = \mathrm{id}$, $\eta(\cdot, t)$ 是 M 上的同胚映射, 对任意的 $t \geqslant 0$, 并且 $\Phi(\eta(u, t))$ 关于 t 是单调递减的. 于是如果

$$\beta = \inf_{F \in \mathcal{F}} \sup_{u \in F} \Phi(u)$$

是有限的, 那么 β 是 Φ 的临界值.

例 2.2.6 在前面定理的假设条件下, 我们有

(i) 如果 $\mathcal{F} = \{M\}$, 那么 $\mathcal{F}$ 是 η-不变的. 如果

$$\beta = \inf_{F \in \mathcal{F}} \sup_{u \in F} \Phi(u) = \sup_{u \in M} \Phi(u)$$

是有限的, 那么 $\beta = \max_{u \in M} \Phi(u)$ 是可达的.

(ii) 令 $\mathcal{F} = \{\{u\} : u \in M\}$, 如果

$$\beta = \inf_{F \in \mathcal{F}} \sup_{u \in F} \Phi(u) = \inf_{u \in M} \Phi(u)$$

是有限的, 那么 $\beta = \min_{u \in M} \Phi(u)$ 是可达的.

(iii) 令 X 是任何拓扑空间, 记 $[X, M]$ 为连续映射 $f : X \to M$ 的同伦类 $[f]$ 构成的集合. 给定 $[f] \in [X, M]$, 令

$$\mathcal{F} = \{g(X) : g \in [f]\},$$

由于 $[\eta \circ f] = [f]$, 我们有 $\mathcal{F}$ 是流不变的. 因此, 如果

$$\beta = \inf_{F \in \mathcal{F}} \sup_{u \in F} \Phi(u)$$

是有限的, 那么 β 是一个临界值.

(iv) 令 $H_k(M)$ 为流形 M 的 k-维同调群. 给定任意非平凡元素 $f \in H_k(M)$, 记 $\mathcal{F}$ 为所有 $F \subset M$ 的全体, F 是使得 f 在如下映射的像中

$$H_k(i_F) : H_k(F) \to H_k(M),$$

那么 $\mathcal{F}$ 是流不变的, 这里 $i_F : F \to M$ 为典则嵌入. 如果

$$\beta = \inf_{F \in \mathcal{F}} \sup_{u \in F} \Phi(u)$$

是有限的, 那么 β 是临界值.

(v) 令 H^k 为 k-维上同调函子, f 是非平凡元使得

$$f \in H^k(M), \quad f \neq 0,$$

记 $\mathcal{F}$ 为所有集合 $F \subset M$ 满足 f 在下面限制映射作用下不会消失

$$H^k(i_F) : H^k(M) \to H^k(F).$$

因此, 如果

$$\beta = \inf_{F \in \mathcal{F}} \sup_{u \in F} E(u)$$

是有限的, 那么 β 是一个临界值.

如果泛函有足够好的拓扑性质和几何性质, 我们可以证明其临界点的存在性. 这些几何性质常用的有山路结构、环绕结构等. 下面我们先介绍一类简单的山路引理:

引理 2.2.7 (山路引理) 考虑 Banach 空间 E, 假设 $\Phi \in \mathcal{C}^1(E, \mathbb{R})$ 满足 (PS)-条件, 如果

(1) $\Phi(0) = 0$;

(2) $\exists \rho > 0, \alpha > 0$, 使得当 $\|u\| = \rho$ 时, 都有 $\Phi(u) \geqslant \alpha$;

(3) $\exists u_1 \in E$, 使得当 $\|u_1\| \geqslant \rho$ 时, 都有 $\Phi(u_1) < \alpha$.

令 $P = \{p \in \mathcal{C}([0,1], E) : p(0) = 0, p(1) = u_1\}$, 那么

$$\beta = \inf_{p \in P} \sup_{u \in p} \Phi(u) \geqslant \alpha$$

是一个临界值.

除此之外, 山路引理还有一些变形, 比如

定理 2.2.8 假设 $\Phi \in \mathcal{C}^1(E)$ 满足 (PS)-条件. 令 $W \subset E$ 是一个有限维子空间, $w^* \in E \backslash W$, 并且令 $W^* = W \oplus \mathrm{span}\{w^*\}$, 令

$$W_+^* = \{w + tw^* : w \in W, t \geqslant 0\}.$$

假设 Φ 满足

(1) $\Phi(0) = 0$;

(2) $\exists R > 0, \forall u \in W : \|u\| \geqslant R \Rightarrow \Phi(u) \leqslant 0$;

(3) $\exists R^* \geqslant R, \forall u \in W^* : \|u\| \geqslant R^* \Rightarrow \Phi(u) \leqslant 0$.

并且令

$$\Gamma = \left\{ h \in \mathcal{C}(E, E) : h \text{ 是奇的}, \text{ 并且 } h(u) = u \text{ 如果 } \max\{\Phi(u), \Phi(-u)\} \leqslant 0 \right\}.$$

如果

$$\beta^* = \inf_{h \in \Gamma} \sup_{u \in W_+^*} \Phi(h^*(u)) > \beta = \inf_{h \in \Gamma} \sup_{u \in W} \Phi(h(u)) \geqslant 0,$$

泛函 Φ 有临界值 $c \geqslant \beta^*$.

下面我们介绍环绕结构, 这可以用来处理不定型泛函.

定义 2.2.9 (环绕结构) 令 S 为 Banach 空间 E 的闭子集, Q 是 E 带有边界 ∂Q 的子流形. 我们称 S 与 ∂Q 是环绕的, 如果

(1) $S \cap \partial Q = \varnothing$;

(2) 对任意满足 $h|_{\partial Q} = \text{id}$ 的映射 $h \in \mathcal{C}(E, E)$, 都有 $h(Q) \cap S \neq \varnothing$.

例 2.2.10 (1) 令 $E = E_1 \oplus E_2$, E_1, E_2 是闭子空间, 并且 $\dim E_2 < \infty$. 记 $S = E_1$, $Q = B_R(0, E_2)$, 其边界 $\partial Q = \{u \in E_2 : \|u\| = R\}$. 那么 S 和 ∂Q 是环绕的.

(2) 令 $E = E_1 \oplus E_2$, E_1, E_2 是闭子空间, 并且 $\dim E_2 < \infty$, 取 $\underline{u} \in E_1$, $\|\underline{u}\| = 1$. 假设 $0 < \rho < R_1$, $R_2 > 0$, 并且

$$S = \{u \in E_1 : \|u\| = \rho\},$$

$$Q = \{s\underline{u} + u_2 : 0 \leqslant s \leqslant R_1, u_2 \in E_2, \|u_2\| \leqslant R_2\},$$

其边界 $\partial Q = \{s\underline{u} + u_2 \in Q : s \in \{0, R_1\} \text{ 或 } \|u_2\| = R_2\}$. 那么 S 和 ∂Q 是环绕的.

定理 2.2.11 假设 $\Phi \in \mathcal{C}^1(E)$ 满足 (PS)-条件. 考虑闭子集 $S \subset E$, 并且 $Q \subset E$, 边界为 ∂Q. 如果

(1) S 和 ∂Q 是环绕的;

(2) $\alpha = \inf\limits_{u \in S} \Phi(u) > \sup\limits_{u \in \partial Q} \Phi(u) = \alpha_0$,

令

$$\Gamma = \left\{ h \in \mathcal{C}(E, E) : h|_{\partial Q} = \text{id} \right\}.$$

那么

$$\beta = \inf_{h \in \Gamma} \sup_{u \in Q} \Phi(h(u))$$

是 Φ 的临界值, 并且 $\beta \geqslant \alpha$.

对于 Banach 空间 E 上的泛函 $\Phi \in \mathcal{C}^1(E, \mathbb{R})$, 我们知道如果 $u \in E$ 是 Φ 的临界点, 那么 $\Phi'(u) = 0$ i.e. $\Phi'(u)v = 0$, 对任意的 $v \in E$ 都成立. 我们考虑如下的约束集, 即 Nehari 集

$$\mathcal{N} := \{u \in E \setminus \{0\} : \Phi'(u)u = 0\}.$$

在某些情况下, 我们可以利用正则值原像定理证明 $\mathcal{N}$ 是流形, 并且同胚于无穷维球面. 令

$$c := \inf_{u \in \mathcal{N}} \Phi(u) = \inf_{w \in E \setminus \{0\}} \max_{s > 0} \Phi(sw) = \inf_{w \in S} \max_{s > 0} \Phi(sw).$$

如果 Φ 具有某些合适的条件, 我们就可以得到 c 在某个 $u_0 \in \mathcal{N}$ 点可达, 此时 u_0 是 Φ 的临界点, 并且 u_0 是 Φ 的所有临界点里面对应临界值最小的点. 通常我们称这个解为极小能量解 (或基态解).

定理 2.2.12 假设 E 是实 Hilbert 空间, 并且 $\Phi(u) = \dfrac{1}{2}\|u\|^2 - \Psi(u)$, 如果 Ψ 满足

(1) $\Psi'(u) = o(\|u\|)$, $u \to 0$;

(2) $s \to \Psi'(su)u/s$ 关于 $s > 0$ 是严格单调递增的, $\forall u \neq 0$;

(3) $\Psi(su)/s^2 \to \infty$, $s \to \infty$, 关于 u 在 $E \setminus \{0\}$ 的弱紧子集上是一致的;

(4) Ψ' 是全连续的,

那么 $\Phi'(u) = 0$ 有基态解 u. 如果 Ψ 是关于 u 的偶函数, 那么泛函 Φ 有无穷多对临界点.

2.3　强不定问题的变分方法

假设存在实向量空间 E 上的范数 $\|\cdot\| : E \to \mathbb{R}$ 使得 $(E, \|\cdot\|)$ 是一个 Banach 空间, 并且对所有的 $p \in \mathcal{P}$, 有其形式 $p(u) = |u_p^*(u)|$, 其中 $u_p^* \in E^*$. 因此, 由 $\mathcal{P}$ 诱导的拓扑 $\mathcal{T}_{\mathcal{P}}$ 含于 E 的弱拓扑中. 为了便于区分, 记 $\mathcal{T}_{\mathcal{P}}$ 拓扑意义下的开集、闭集分别为 $\mathcal{P}$-开、$\mathcal{P}$-闭. 注意到, 如果 $f : (E, \|\cdot\|) \to (M, d)$ 是 (局部) Lipschitz 的, 则 $f : (E, \|\cdot\|) \to (M, d)$ 也是 (局部) Lipschitz 的, 其中 (M, d) 为度量空间. 在本节中, 我们总是假设 E 的每个 $\mathcal{P}$-开子集在 $\mathcal{P}$ 拓扑意义下是仿紧的和 Lipschitz 正规的.

我们先介绍局部凸拓扑向量空间上的形变引理. 令 E 是一个实的向量空间, $\mathcal{P}$ 是 E 上分离点的一族半范数. 对每个 $p \in \mathcal{P}$, 其对应的半度量定义为 $d_p(x, y) = p(x - y)$. 记 $\overline{\mathcal{P}}$ 为包含所有 $\mathcal{P}$ 中元素的有限最大元的集合. 则 $\overline{\mathcal{D}} = \{d_p : p \in \overline{\mathcal{P}}\}$. 在 E 上由 $\mathcal{P}$ 或 $\mathcal{D}$ 诱导的拓扑一致并且将 E 转化为一个局部凸的 Hausdorff 拓扑向量空间. 在应用中, E 是一个 Banach 空间, 其上的范数 $\|\cdot\| \notin \mathcal{P}$, 并且 $\mathcal{T}_{\mathcal{P}}$ 包含在弱拓扑中.

考虑 E 的开子集 W, 以及 W 上的局部有限的单位分解 $\{\pi_j : j \in J\}$ 和 E 中一族集合 $\{w_j : j \in J\}$. 设 $\pi_j : E \to [0, 1]$ 是局部 Lipschitz 连续的. 令

$$f : W \to E, \quad f(u) = \sum_{j \in J} \pi_j(u) w_j.$$

易知, 对于 $u \in W$, 下面的 Cauchy 问题

$$\begin{cases} \dfrac{d}{dt} \varphi(t, u) = f(\varphi(t, u)), \\ \varphi(0, u) = u \end{cases} \tag{2.3.1}$$

有唯一的解

$$\varphi(\cdot, u) : I_u = (T^-(u), T^+(u)) \to W,$$

其定义在一个极大区间 $I_u \subset \mathbb{R}$ 上. 实际上, 存在 u 的邻域 $U \subset W$ 使得

$$J_u := \{j \in J : U \cap \operatorname{supp} \pi_j \neq \varnothing\}$$

是有限的. 令 F_u 是 u 和 w_j 张成的空间, 其中 $j \in J_u$. 因为 $f|_U$ 是局部 Lipschitz 连续的, 则对充分小的 $\delta > 0$, 下面的 Cauchy 问题

$$\begin{cases} \dot{\eta}(t) = f(\eta(t)) = \displaystyle\sum_{j \in J_u} \pi_j(\eta(t)) w_j, \\ \eta(0) = u \end{cases}$$

有唯一解 $\eta_\delta : [-\delta, \delta] \to F_u$. 注意到, 对 $I \subset I_u$ 的紧集, 集合 $\varphi(I, u) = \{\varphi(t, u) : t \in I\}$ 包含在一个有限维子空间中. 令

$$\mathcal{O} := \{(t, u) : u \in W, t \in I_u\} \subset \mathbb{R} \times W,$$

则映射 $\varphi : \mathcal{O} \to W$ 是 W 上的一个流.

考虑在范数拓扑意义下是 $\mathcal{C}^1$ 的泛函 $\Phi : E \to \mathbb{R}$. 对于 $a, b \in \mathbb{R}$, 记 $\Phi^a :=$

$\{u \in E : \Phi(u) \leqslant a\}$, $\Phi_a := \{u \in E : \Phi(u) \geqslant a\}$, $\Phi_a^b := \Phi_a \cap \Phi^b$. 在实际应用中, 泛函 Φ 是 $\mathcal{P}$-上半连续的但不是 $\mathcal{P}$-连续的. 集合 Φ_a 在 $\mathcal{P}$ 拓扑下没有内点以及集合 Φ^a 不是 $\mathcal{P}$-闭的, 其中 $a \in \mathbb{R}$. 此外, 映射 $\Phi' : (E, \mathcal{T_P}) \to (E^*, \mathcal{T}_{w^*})$ 不是连续的, 除非限制在 Φ_a 上. 记 $\mathcal{T}_{w^*}$ 为 E^* 上的弱* 拓扑. 映射

$$\tau(u) := \sup\{t \geqslant 0 : \phi(t, u) \in \Phi^a\}$$

不是 $\mathcal{P}$-连续的, 并且不存在连续映射 $r : (\Phi^b, \mathcal{T_P}) \to (\Phi^a, \mathcal{T_P})$ 使得 r 在 Φ^a 上是恒同映射.

下面的定理是临界点理论中 $\mathcal{P}$ 拓扑版本的形变引理, 证明可以参考 [12].

定理 2.3.1 设 $a < b$, Φ_a 是 $\mathcal{P}$-闭的, $\Phi' : (\Phi_a^b, \mathcal{T_P}) \to (E^*, \mathcal{T}_{w^*})$ 是连续的. 此外, 假设

$$\alpha := \inf\{\|\Phi'(u)\| : u \in \Phi_a^b\} > 0. \tag{2.3.2}$$

则存在形变 $\eta : [0, 1] \times \Phi^b \to \Phi^b$ 满足:

(i) η 在 Φ^b 关于 $\mathcal{P}$-拓扑和范数拓扑上都是连续的;

(ii) 对每一个 t, 从 Φ^b 到 $\eta(t, \Phi^b)$ 上的映射 $u \mapsto \eta(t, u)$ 关于 $\mathcal{P}$-拓扑和范数拓扑都是同胚的;

(iii) $\eta(0, u) = u$, $\forall u \in \Phi^b$;

(iv) $\eta(t, \Phi^c) \subset \Phi^c$, $\forall c \in [a, b]$ 及 $\forall t \in [0, 1]$;

(v) $\eta(1, \Phi^b) \subset \Phi^a$;

(vi) 对每个 $u \in \Phi^b$, 有 $\mathcal{P}$-邻域 $U \subset \Phi^b$ 使得集合 $\{v - \eta(t, v) : v \in U, 0 \leqslant t \leqslant 1\}$ 包含在 E 的有限维子空间中;

(vii) 若有限群 G-等距作用于 E 且 Φ 是 G-不变的, 则 η 关于 u 是 G-等变的.

回顾, 如果当 $n \to \infty$ 时, 有 $\Phi(u_n) \to c$ 以及 $\Phi'(u_n) \to 0$, 则称 $\{u_n\} \subset E$ 是 Φ 的 $(PS)_c$-序列. 如果当 $n \to \infty$ 时, 有 $\Phi(u_n) \to c$ 以及 $(1 + \|u_n\|)\Phi'(u_n) \to 0$, 则称 $\{u_n\} \subset E$ 是 Φ 的 $(C)_c$-序列. 如果对任意的 $\varepsilon, \delta > 0$ 以及任意的 $(PS)_c$-序列 $\{u_n\}$, 存在 $n_0 \in \mathbb{N}$ 使得当 $n \geqslant n_0$ 时, 都有 $u_n \in U_\varepsilon(\mathscr{A} \cap \Phi_{c-\delta}^{c+\delta})$, 则称集合 $\mathscr{A} \subset E$ 为 $(PS)_c$-吸引集. 类似地, 如果这一性质对任何 $(C)_c$-序列成立, 则可定义 $(C)_c$-吸引集. $(PS)_c$-吸引集一定是 $(C)_c$-吸引集, 反之不对. 任给 $I \subset \mathbb{R}$, 我们称 $\mathscr{A}$ 是 $(PS)_I$-吸引集 (或 $(C)_I$-吸引集), 如果任给 $c \in I$, $\mathscr{A}$ 是 $(PS)_c$-吸引集

(或 $(C)_c$-吸引集).

从定理 2.3.1, 我们立即可得下面的推论:

推论 2.3.2 设 $c \in \mathbb{R}$ 是 Φ 的正则值, 且存在 $\varepsilon_0 > 0$ 使得对任意的 $0 < \varepsilon \leqslant \varepsilon_0$, $\Phi_{c-\varepsilon}$ 是 $\mathcal{P}$-闭的以及 $\Phi' : (\mathrm{clos}_{\mathcal{P}}(\Phi_{c-\varepsilon_0}^{c+\varepsilon_0}), \mathcal{T}_{\mathcal{P}}) \to (E^*, \mathcal{T}_{w^*})$ 是连续的. 如果 Φ 满足 $(PS)_c$-条件, 则存在 $\delta > 0$ 以及形变 $\eta : [0,1] \times \Phi^{c+\delta} \to \Phi^{c+\delta}$ 满足定理 2.3.1 的性质 (i)—(vii), 其中 $a := c - \delta, b := c + \delta$.

根据应用, 我们考虑如下的情况. 假定 $E = X \oplus Y$, 其中 X 和 Y 是 Banach 空间, X 是可分且自反的. 令 $\mathcal{S} \subset X^*$ 是稠密子集, $\mathcal{Q}$ 是在 X 上对应的半范数 $q_s(x) := |\langle x, s \rangle_{(X, X^*)}|$, $s \in \mathcal{S}$ 构成的集合, $\mathcal{D} = \{d_s : s \in \mathcal{S}\}$. $\mathcal{P}$ 是 E 上一族半范数且包含

$$p_s : E = X \oplus Y \to \mathbb{R}, \quad p_s(x + y) = q_s(x) + \|y\|, \quad s \in \mathcal{S}.$$

$\mathcal{P}$ 诱导了 E 上的乘积拓扑, 其 X 空间上的拓扑为 $\mathcal{Q}$-拓扑以及 Y 空间上的拓扑为范数拓扑. 这个拓扑包含在 E 上的乘积拓扑 $(X, \mathcal{T}_w) \times (Y, \|\cdot\|)$ 中. 易见, 乘积空间 $(X \times Y, \mathcal{D} \times \{\|\cdot\|\})$ 是一个乘积规度空间. 在本节, 假设每个 $\mathcal{P}$-开子集是仿紧的和 Lipschitz 正规的. 定义 $P_X : E = X \oplus Y \to X$ 为 X 上的连续投影映射, $P_Y := I - P_X : E \to Y$.

定理 2.3.3 设 $a < b$, Φ_a 是 $\mathcal{P}$-闭的, $\Phi' : (\Phi_a^b, \mathcal{T}_{\mathcal{P}}) \to (E^*, \mathcal{T}_{w^*})$ 是连续的. 又设

$$\alpha := \inf\{(1 + \|u\|)\|\Phi'(u)\| : u \in \Phi_a^b\} > 0 \tag{2.3.3}$$

且

$$\text{存在 } \gamma > 0 \text{ 使得 } \|u\| < \gamma \|P_Y u\|, \quad \forall u \in \Phi_a^b. \tag{2.3.4}$$

则存在形变 $\eta : [0,1] \times \Phi^b \to \Phi^b$ 满足定理 2.3.1 中的性质 (i)—(vii).

作为推论, 我们有

推论 2.3.4 设 $c \in \mathbb{R}$ 是 Φ 的正则值, 且存在 $\varepsilon_0 > 0$ 使得对任意的 $0 < \varepsilon \leqslant \varepsilon_0$, $\Phi_{c-\varepsilon}$ 是 $\mathcal{P}$-闭的以及 $\Phi' : (\mathrm{clos}_{\mathcal{P}}(\Phi_{c-\varepsilon_0}^{c+\varepsilon_0}), \mathcal{T}_{\mathcal{P}}) \to (E^*, \mathcal{P}_{w^*})$ 是连续的. 如果 Φ 满足 (2.3.4) 以及 $(C)_c$-条件, 则存在 $\delta > 0$ 以及形变 $\eta : [0,1] \times \Phi^{c+\delta} \to \Phi^{c+\delta}$ 满足定理 2.3.1 的性质 (i)—(vii), 其中 $a := c - \delta$, $b := c + \delta$.

现在我们将考虑 $(PS)_c$ 或 $(C)_c$-序列存在的情形, 其中 $c \in [a, b]$, 我们可以证

明 $\mathcal{P}$ 拓扑版本的形变引理.

定理 2.3.5 设 $a < b$, $I := [a,b]$, Φ_a 是 $\mathcal{P}$-闭的, $\Phi' : (\mathrm{clos}_{\mathcal{P}}(\Phi_a^b), \mathcal{T}_{\mathcal{P}}) \to (E^*, \mathcal{T}_{w^*})$ 是连续的, 且

$$\Phi'(u) \neq 0, \quad \forall u \in \mathrm{clos}_{\mathcal{P}}(\Phi_a^b). \tag{2.3.5}$$

则有下述断言:

(a) 若 Φ 有 $(PS)_I$-吸引集 $\mathscr{A}$ 使得 $P_X \mathscr{A} \subset X$ 有界, 且

$$\beta := \inf\{\|P_Y u - P_Y v\| : u, v \in \mathscr{A}, P_Y u \neq P_Y v\} > 0, \tag{2.3.6}$$

则存在形变 $\eta : [0,1] \times \Phi^b \to \Phi^b$ 满足定理 2.3.1 中的性质 (i), (iii)—(vii).

(b) 若 Φ 有 $(C)_I$-吸引集 $\mathscr{A}$ 使得 (2.3.6) 成立, 则 $P_Y \mathscr{A} \subset Y$ 有界. 此外, 若 (2.3.4) 也成立, 则存在与 (a) 同样的 η.

当临界点出现时, 有

定理 2.3.6 设 $a < b$, $I := [a,b]$, $\Phi : (\Phi_a^b, \mathcal{T}_{\mathcal{P}}) \to \mathbb{R}$ 是上半连续的以及 $\Phi' : (\Phi_a^b, \mathcal{T}_{\mathcal{P}}) \to (E^*, \mathcal{T}_{w^*})$ 连续.

(a) 若 Φ 有 $(PS)_I$-吸引集 $\mathscr{A}$, 则对每一个 $c \in (a, b)$ 以及 $\sigma > 0$, 存在形变 $\eta : [0,1] \times \Phi^b \to \Phi^b$ 满足定理 2.3.1 中的性质 (i)—(iv), (vi), (vii), (viii), $\eta(1, \Phi^{c+\delta}) \subset \Phi^{c-\delta} \cup U_\sigma$ 以及 $\eta(1, \Phi^{c+\delta} \setminus U_\sigma) \subset \Phi^{c-\delta}$ 对充分小的 $\delta > 0$ 成立, 其中 $U_\sigma = X \times U_\sigma(P_Y \mathscr{A})$.

(b) 若 Φ 有 $(C)_I$-吸引集 $\mathscr{A}$ 使得 $P_Y \mathscr{A} \subset Y$ 有界且 (2.3.4) 满足, 则在 (a) 中的结论也成立.

根据之前的形变引理, 我们可以得到相应的临界点定理. 令 X, Y 是 Banach 空间且 $E = X \oplus Y$, 其中 X 是可分的自反空间. 记 $\| \cdot \|$ 是 X, Y, E 上的范数. 取 $\mathcal{S} \subset X^*$ 为一稠密子集, 记 $\mathcal{D} = \{d_s : s \in \mathcal{S}\}$ 为 $X \cong X^{**}$ 上对应的半范数族. 如前令 $\mathcal{P}$ 记 E 上的半范数族: $p_s \in \mathcal{P}$ 当且仅当

$$p_s : E = X \oplus Y \to \mathbb{R}, \quad p_s(x + y) = |s(x)| + \|y\|, \qquad s \in S.$$

因此 $\mathcal{P}$ 诱导的 E 上的乘积拓扑由 X 上的 $\mathcal{D}$-拓扑和 Y 上的范数拓扑给出. 它包含在 $(X, \mathcal{T}_w) \times (Y, \| \cdot \|)$ 中. 由前面的讨论, $(X \times Y, \mathcal{D} \times \{\| \cdot \|\})$ 是规度空间. 相关的拓扑就是 $\mathcal{T}_{\mathcal{P}}$. 回顾, 如果 S 是可数可加的, 则任意开集是仿紧的和 Lipschitz 正规的. 显然 S 是可数的当且仅当 $\mathcal{P}$ 是可数的.

我们的基本假设如下:

(Φ_0) $\Phi \in \mathcal{C}^1(E,\mathbb{R})$; $\Phi : (E,\mathcal{T}_{\mathcal{P}}) \to \mathbb{R}$ 是上半连续的, 也就是, Φ_a 对任意的 $a \in \mathbb{R}$ 是 $\mathcal{P}$-闭的; 且 $\Phi' : (\Phi_a, \mathcal{T}_{\mathcal{P}}) \to (E^*, \mathcal{T}_{w^*})$ 对任意的 $a \in \mathbb{R}$ 是连续的.

事实上, 我们的临界点理论可以弱化 Φ' 的条件. 可以只要求 a 在一个区间内, Φ_a 可以换作 Φ_a^b. 下面的定理可以用于判断 (Φ_0) 是否成立.

定理 2.3.7 如果 $\Phi \in \mathcal{C}^1(E,\mathbb{R})$ 有形式

$$\Phi(u) = \frac{1}{2}\left(\|y\|^2 - \|x\|^2\right) - \Psi(u), \quad \forall u = x + y \in E = X \oplus Y$$

且满足:

(i) $\Psi \in \mathcal{C}^1(E,\mathbb{R})$ 下有界;

(ii) $\Psi : (E,\mathcal{T}_w) \to \mathbb{R}$ 下半序列连续, 也就是, 若在 E 中 $u_n \rightharpoonup u$, 就有 $\Psi(u) \leqslant \liminf\limits_{n\to\infty} \Psi(u_n)$;

(iii) $\Psi' : (E,\mathcal{T}_w) \to (E^*, \mathcal{T}_{w^*})$ 序列连续;

(iv) $\nu : E \to \mathbb{R}, \nu(u) = \|u\|^2$ 是 C^1 的, $\nu' : (E,\mathcal{T}_w) \to (E^*, \mathcal{T}_{w^*})$ 序列连续,

则 Φ 满足 (Φ_0). 此外, 对任意的可数稠子集 $\mathcal{S}_0 \subset \mathcal{S}$, Φ 满足 (Φ_0) 取对应的子拓扑.

下面我们引入无穷维空间中的有限环绕. 环绕本质上是从代数拓扑中 Brouwer 度理论方法的有限维概念中来的. 这里我们用更简单一般的方法来推广它. 给定 $A \subset Z$ 是一个局部凸的拓扑向量空间的子集, 我们记 $L(A) := \overline{\text{span}(A)}$ 为包含 A 的最小的闭线性子空间, 记 ∂A 为 A 在 $L(A)$ 中的边界. 对于线性子空间 $F \subset Z$, 我们令 $A_F := A \cap F$. 最后, 我们令 $I = [0,1]$.

定义 2.3.8 (有限环绕) 任给 $Q, S \subset Z$ 使得 $S \cap \partial Q = \varnothing$, 如果对任何与 S 相交的有限维线性子空间 $F \subset Z$, 以及任何连续的形变 $h : I \times Q_F \to F + L(S)$ 满足 $h(0,u) = u, \forall u, h(I \times \partial Q_F) \cap S = \varnothing$, 必有 $h(t,Q_F) \cap S \neq \varnothing, \forall t \in I$, 则称 Q 与 S 是有限环绕.

下面我们给出有限环绕的三个例子. 关于有限环绕的证明可以类比 Brouwer 度理论.

例 2.3.9 有限环绕的三个例子, 参见图 2.1:

(a) 给定一个开子集 $\mathcal{O} \subset Z, u_0 \in \mathcal{O}$ 且 $u_1 \in Z \setminus \overline{\mathcal{O}}$, 则 $Q = \{tu_1 + (1-t)u_0 : t \in I\}$ 和 $S := \partial\mathcal{O}$ 有限环绕.

(b) 设 Z 是两个线性子空间的拓扑直和, $Z = Z_1 \oplus Z_2, \mathcal{O} \subset Z_1$ 是开的且 $u_0 \in$

$\mathcal{O}$. 则 $Q = \overline{\mathcal{O}}$ 和 $S = \{u_0\} \times Z_2$ 有限环绕.

(c) 给定 $Z = Z_1 \oplus Z_2$, 两个开子集 $\mathcal{O}_1 \subset Z_1, \mathcal{O}_2 \subset Z_2$ 且 $u_1 \in \mathcal{O}_1, u_2 \in Z_2 \setminus \overline{\mathcal{O}_2}$. 则 $Q = \overline{\mathcal{O}_1} \times \{tu_2 : t \in I\}$ 和 $S = \{u_1\} \times \partial \mathcal{O}_2$ 有限环绕.

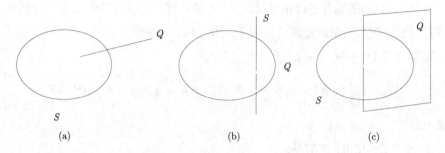

图 2.1　　三个有限环绕的例子

现在我们考虑泛函 $\Phi : E \to \mathbb{R}$. 如果 $Q \subset E$ 和 $S \subset E$ 有限环绕, 令

$$\Gamma_{Q,S} := \{h \in C(I \times Q, E) : h \text{ 满足 } (\mathrm{h}_1)\text{—}(\mathrm{h}_5)\},$$

其中

(h_1)　$h : I \times (Q, \mathcal{T}_\mathcal{P}) \to (E, \mathcal{T}_\mathcal{P})$ 是连续的;

(h_2)　$h(0, u) = u, \forall u \in Q$;

(h_3)　$\Phi(h(t, u)) \leqslant \Phi(u), \forall t \in I, u \in Q$;

(h_4)　$h(I \times \partial Q) \cap S = \varnothing$;

(h_5)　每一点 $(t, u) \in I \times Q$ 有 $\mathcal{P}$-开邻域 W 使得集合 $\{v - h(s, v) : (s, v) \in W \cap (I \times Q)\}$ 包含于 E 的有限维子空间中.

定理 2.3.10　设 Φ 满足 (Φ_0), $\mathcal{P}$ 可数; $Q, S \subset E$ 使得 Q 是 $\mathcal{P}$-紧的且 Q 与 S 有限环绕. 若 $\sup \Phi(\partial Q) \leqslant \inf \Phi(S)$, 则存在 $(PS)_c$-序列, 其中

$$c := \inf_{h \in \Gamma_{Q,S}} \sup_{u \in Q} \Phi(h(1, u)) \in [\inf \Phi(S), \sup \Phi(Q)].$$

如果 $c = \inf \Phi(S)$ 且对任何 $\delta > 0$ 集合 $S^\delta := \{u \in E : \mathrm{dist}_{\|\cdot\|}(u, S) \leqslant \delta\}$ 是 $\mathcal{P}$-闭的, 则存在 $(PS)_c$-序列 $\{u_n\}$ 满足 $u_n \to S$ (关于范数).

类似地, 有限环绕也能产生 $(C)_c$-序列. 这需要额外的假设:

(Φ_+) 存在 $\zeta > 0$ 使得 $\|u\| < \zeta \|P_Y u\|, \forall u \in \Phi_0$.

注 2.3.11　令 $\mathcal{S}_0 \subset \mathcal{S}$ 是 $\mathcal{P}_0$ 的任意可数稠密子集.

(1) 假设 (Φ_0) 和 (Φ_+) 蕴含了 Φ_a 是 $\mathcal{P}_0$-闭的且 $\Phi' : (\Phi_a, \mathcal{T}_{\mathcal{P}_0}) \to (E^*, \mathcal{T}_{w^*})$ 对每个 $a \geqslant 0$ 都是连续的 (见定理 2.3.7 的证明). 事实上, 令 Φ_a 中的序列 $\{u_n\}$ 按 $\mathcal{P}_0$-收敛到 $u \in E$. 记 $u_n = x_n + y_n$, $u = x + y \in X \oplus Y$, 则 $\|y_n - y\| \to 0$, 因此 y_n 是有界的. 由 (Φ_+) 可得 x_n 和 u_n 都是有界的. 于是 u_n 按照 $\mathcal{P}$ 拓扑收敛到 u. 由 (Φ_0), 我们有 $u \in \Phi_a$ 以及 $\Phi'(u_n)v \to \Phi'(u)v$, $\forall v \in E$.

(2) (Φ_+) 蕴含着 (2.3.4), 其中 $0 \leqslant a \leqslant b$.

(3) 由于每个 $\mathcal{P}_0$-开子集是仿紧的和 Lipschitz 正规的, 定理 2.3.1、定理 2.3.3、定理 2.3.5 及定理 2.3.6 可以应用到规度拓扑 $\mathcal{T}_{\mathcal{P}_0}$. 令 η 代表这些定理给定的形变, 注意到, 由性质 (vi) 可知 $\eta : [0, 1] \times \Phi^b \to \Phi^b$ 是 $\mathcal{P}$-连续的.

定理 2.3.12 设 Φ 满足 (Φ_0) 和 (Φ_+). 又设 Q, S 有限环绕且 Q 是 $\mathcal{P}$-紧的. 若 $\kappa := \inf \Phi(S) > 0$, $\sup \Phi(\partial Q) \leqslant \kappa$, 则 Φ 有 $(C)_c$-序列满足 $\kappa \leqslant c \leqslant \sup \Phi(Q)$.

作为定理 2.3.10 的推论, 我们得到了一个被广泛应用的临界点定理.

定理 2.3.13 考虑定理 2.3.7 中所述泛函 $\Phi : E \to \mathbb{R}$. 设 (Φ_0) 满足, $\mathcal{P}$ 可数. 又设存在 $R > r > 0$ 和 $e \in Y$, $\|e\| = 1$, 使得对于 $S := \{u \in Y : \|u\| = r\}$ 和 $Q = \{v + te \in E : v \in X, \|v\| < R, 0 < t < R\}$ 成立: $\inf \Phi(S) \geqslant \Phi(0) \geqslant \sup \Phi(\partial Q)$. 则存在 $(PS)_c$-序列, 其中

$$c := \inf_{h \in \Gamma_{Q,S}} \sup_{u \in Q} \Phi(h(1, u)) \in [\inf \Phi(S), \sup \Phi(Q)].$$

如果 $c = \inf \Phi(S)$, 则存在 $(PS)_c$-序列 $\{u_n\}$ 满足 $u_n \to S$ (关于范数).

文献 [104] 中处理的情况为 E 是 Hilbert 空间, Φ 满足定理 2.3.7 的条件, 并且

$$\inf \Phi(S) > \Phi(0) \geqslant \sup \Phi(\partial Q).$$

在 $c = \inf \Phi(S)$ 的条件下, $(PS)_c$-序列的存在性没有被得到. 在实际应用中, 为了构造非平凡临界点, 我们会要求 $c = \Phi(0)$. 如果更强的假设 $\inf \Phi(S) > \Phi(0)$ 成立, 则 $c > \Phi(0)$. 由此可以得到非平凡临界点的存在性.

作为定理 2.3.13 的推论, 我们有

定理 2.3.14 设 Φ 满足 (Φ_0) 和 (Φ_+), 且存在 $R > r > 0$ 和 $e \in Y$, $\|e\| = 1$, 使得对于 $S := \{u \in Y : \|u\| = r\}$ 和 $Q = \{v + te \in E : v \in X, \|v\| < R, 0 < t < R\}$ 有 $\kappa := \inf \Phi(S) > 0$ 和 $\sup \Phi(\partial Q) \leqslant \kappa$, 则 Φ 有 $(C)_c$-序列满足 $\kappa \leqslant c \leqslant \sup \Phi(Q)$.

下面我们考虑对称泛函. 考虑对称群 $G = \{e^{\frac{2k\pi i}{p}} : 0 \leqslant k < p\} \cong \mathbb{Z}/p$, 其中 p 是一个素数. 应用 [7] 的方法, 我们可以处理更一般的对称群. 设对称群作用是线性等距的. 也假设群在 $E \setminus \{0\}$ 上作用是自由的, 即不动点集 $E^G := \{u \in E : gu = u, \forall g \in G\}$ 是平凡的. 如果 A 是一个拓扑空间, G 连续作用在 A 上, 则我们可以定义 A 的亏格如下: $\mathrm{gen}(A) = \inf\{k \in \mathbb{N}_0 :$ 存在不变开子集 $U_1, \cdots, U_k \subset A$ 使得 $\bigcup U_k = A$ 以及存在等变映射 $U_j \to G, j = 1, \cdots, k\}$. 这里我们约定 $\mathrm{gen}(\varnothing) = \infty$. 并且如果 $A^G \neq \varnothing$, 我们约定 $\mathrm{gen}(A) = \infty$. 从 [7] 或 [33,127] 中, 可得这样定义的亏格有如下的性质:

$1°$ 正规性: 如果 $u \notin E^G$, 则 $\mathrm{gen}(Gu) = 1$;

$2°$ 映射性质: 如果 $f \in C(A, B)$ 且 f 是等变的, 也就是 $fg = gf, \forall g \in G$, 则 $\mathrm{gen}(A) \leqslant \mathrm{gen}(B)$;

$3°$ 单调性: 如果 $A \subset B$, 则 $\mathrm{gen}(A) \leqslant \mathrm{gen}(B)$;

$4°$ 次可加性: $\mathrm{gen}(A \cup B) \leqslant \mathrm{gen}(A) + \mathrm{gen}(B)$;

$5°$ 连续性: 如果 A 是紧的, 并且 $A \cap E^G = \varnothing$, 则 $\mathrm{gen}(A) < \infty$, 并且存在 A 的不变邻域 U 使得 $\mathrm{gen}(A) = \mathrm{gen}(U)$.

除了 (Φ_0) 之外, 我们还要求如下的条件:

(Φ_1) Φ 是 G-不变的;

(Φ_2) 存在 $r > 0$ 使得 $\kappa := \inf \Phi(S_r Y) > \Phi(0) = 0$, 其中 $S_r Y := \{y \in Y : \|y\| = r\}$;

(Φ_3) 存在有限维 G-不变子空间 $Y_0 \subset Y$ 和 $R > r$ 使得 $b := \sup \Phi(E_0) < \infty$ 且 $\sup \Phi(E_0 \setminus B_0) < \inf \Phi(B_r Y)$, 其中 $E_0 := X \times Y_0$, $B_0 := \{u \in E_0 : \|u\| \leqslant R\}$.

我们定义一种下水平集 Φ^c 的伪指标. 首先我们考虑满足如下性质的映射 $g : \Phi^c \to E$ 的集合 $\mathcal{M}(\Phi^c)$.

(P_1) g 是 $\mathcal{P}$-连续和等变的;

(P_2) $g(\Phi^a) \subset \Phi^a, \forall a \in [\kappa, b]$;

(P_3) 每个 $u \in \Phi^c$ 有一个 $\mathcal{P}$-开邻域 $W \subset E$ 使得集合 $(\mathrm{id} - g)(W \cap \Phi^c)$ 包含在 E 的有限维线性子空间中.

注意到, 如果 $g \in \mathcal{M}(\Phi^a)$, $h \in \mathcal{M}(\Phi^c)$, 其中 $a < c$, $h(\Phi^c) \subset \Phi^a$, 则 $g \circ h \in \mathcal{M}(\Phi^c)$. 于是 $g \circ h$ 满足性质 (P_1), (P_2). 由于 $\mathrm{id} - g \circ h = \mathrm{id} - h + (\mathrm{id} - g) \circ h$, 故性质 (P_3) 满足. 于是我们定义 Φ^c 的伪指标如下:

$$\psi(c) := \min\{\mathrm{gen}(g(\Phi^c) \cap S_r Y) : g \in \mathcal{M}(\Phi^c)\} \in \mathbb{N}_0 \cup \{\infty\}.$$

注意到, 在 Φ^c 上不管使用范数拓扑还是使用 $\mathcal{P}$-拓扑并不是本质的, 因为两者在 $S_r Y \subset Y$ 上诱导出相同的拓扑. 因此, 由亏格的单调性可知函数 $\psi : \mathbb{R} \to \mathbb{N}_0 \cup \{\infty\}$ 是不减的. 此外, 由 $\Phi^c \cap S_r Y = \varnothing$ 易见 $\psi(c) = 0$ 对任意的 $c < \kappa$ 成立.

引理 2.3.15 如果 Φ 满足 (Φ_0)—(Φ_3), 则 $\psi(c) \geqslant n := \dim Y_0$, 其中 $c \geqslant b = \sup \Phi(E_0)$.

最后, 我们引入了比较函数 $\psi_d : [0, d] \to \mathbb{N}_0$. 对固定的 $d > 0$, 令

$$\mathcal{M}_0(\Phi^d) := \{g \in \mathcal{M}(\Phi^d) : g \text{ 是从 } \Phi^d \text{ 到 } g(\Phi^d) \text{ 的同胚映射}\}.$$

对于 $c \in [0, d]$, 定义

$$\psi_d(c) := \min\{\mathrm{gen}(\Phi^c) \cap S_r Y : g \in \mathcal{M}_0(\Phi^d)\}.$$

由于 $\mathcal{M}_0(\Phi^d) \subset \mathcal{M}(\Phi^d) \hookrightarrow \mathcal{M}(\Phi^c)$, 我们有 $\psi(c) \leqslant \psi_d(c)$ 对所有的 $c \in [0, d]$ 成立.

定理 2.3.16 设 (Φ_0) 和 (Φ_1)—(Φ_3) 成立, 且要么 $\mathcal{P}$ 可数而 Φ 满足 $(PS)_c$-条件对任意 $c \in [\kappa, b]$, 要么 (Φ_+) 为真而 Φ 满足 $(C)_c$-条件对任意 $c \in [\kappa, b]$. 则 Φ 至少有 $n := \dim Y_0$ 条临界点 G-轨道.

我们的最后一个临界点理论是关于无界临界值序列的存在性 (在对称条件下). 我们总是假设 $G = \mathbb{Z}/p$ 在 E 上的作用是线性等距的且在 $E \setminus \{0\}$ 中没有不动点. 此外, (Φ_3) 被下面的 (Φ_4) 代替:

(Φ_4) 存在有限维 G 不变子空间 $Y_n \subset Y$ 的递增序列且存在 $R_n > r$ 使得 $\sup \Phi(X \times Y_n) < \infty$, 以及 $\sup \Phi(X \times Y_n \setminus B_n) < \beta := \inf \Phi(\{u \in Y : \|u\| \leqslant r\})$, 其中 $B_n = \{u \in X \times Y_n : \|u\| \leqslant R_n\}$, $r > 0$ 来自 (Φ_2).

我们也需要下面的紧性条件:

(Φ_I) 下面条件之一成立:

– $\mathcal{P}$ 是可数的且对任意的 $c \in I$, Φ 满足 $(PS)_c$-条件;

– $\mathcal{P}$ 是可数的, Φ 有一个 $(PS)_I$-吸引集 $\mathscr{A}$ 满足 $P_X \mathscr{A} \subset X \setminus \{0\}$ 是有界的且满足 (2.3.6);

– (Φ_+) 成立, (Φ) 有一个 $(C)_I$-吸引集 $\mathscr{A}$ 满足 $P_Y \mathscr{A} \subset Y \setminus \{0\}$ 是有界的且满足 (2.3.6).

定理 2.3.17　设 Φ 满足 (Φ_0)—(Φ_2), (Φ_4), 以及对任意的紧区间 $I \subset (0,\infty)$, (Φ_I) 成立. 则 Φ 有一个无界的临界值序列.

注 2.3.18　定理 2.3.17 早期版本在文献 [10], [11] 已被证明 (我们也可参见 [104]). 对于更一般的对称性, 上述定理也成立 (参见 [8]).

下面我们介绍一般的 Nehari 集. 令 E 是 Hilbert 空间, $\Phi \in \mathcal{C}^1(E, \mathbb{R})$, 并且 E 有如下的正交分解:

$$E = E^+ \oplus E^0 \oplus E^- = E^+ \oplus F,$$

其中 $\dim E^0 < \infty$, 记

$$u = u^+ + u^0 + u^- = u^+ + v, \quad u^\pm \in E^\pm, \quad u^0 \in E^0, \quad v \in F.$$

令

$$S^+ := S \cap E^+ = \{u \in E^+ : \|u\| = 1\},$$

$$E_u := \mathbb{R}u \oplus F \cong \mathbb{R}u^+ \oplus F, \quad \hat{E}_u := \mathbb{R}^+ u \oplus F \cong \mathbb{R}^+ u^+ \oplus F,$$

其中 $\mathbb{R}^+ := [0, \infty)$, 我们假设 Φ 满足如下的假设:

(1) 假设 $\Phi(u)$ 具有如下形式:

$$\Phi(u) = \frac{1}{2}\|u^+\|^2 - \frac{1}{2}\|u^-\|^2 - \Psi(u),$$

其中 $\Psi(0) = 0$, $\Psi'(u)u > 2\Psi(u) > 0$, $\forall u \neq 0$, Ψ 是弱下半连续的.

(2) 对任意的 $w \in E \backslash F$, 存在 $\Phi\big|_{\hat{E}_w}$ 的唯一的非平凡临界点 $\hat{m}(w)$, 并且 $\hat{m}(w)$ 是 $\Phi\big|_{\hat{E}_w}$ 的唯一的全局最大值点.

(3) 存在 $\delta > 0$, 使得 $\|\hat{m}(w)^+\| \geqslant \delta$, $\forall w \in E \backslash F$, 并且对 $E \backslash F$ 的任意紧子集 $\mathcal{W}$, 存在常数 $C_{\mathcal{W}}$, 使得 $\|\hat{m}(w)\| \leqslant C_{\mathcal{W}}$, $\forall w \in \mathcal{W}$.

因此, 我们定义一般的 Nehari 集如下:

$$\mathcal{M} := \left\{u \in E \backslash F : \Phi'(u)u = 0, \; \Phi'(u)v = 0, \; \forall v \in F\right\}.$$

如果 u 是 Φ 的非平凡临界点, 那么我们有

$$\Phi(u) = \Phi(u) - \frac{1}{2}\Phi'(u)u = \frac{1}{2}\Psi'(u)u - \Psi(u) > 0,$$

但是在 F 上我们有 $\Phi(u) \leqslant 0$, $\forall u \in F$. 因此 $\mathcal{M}$ 包含了所有 Φ 的临界点. 如

果 $\Phi \in \mathcal{C}^2(E, \mathbb{R})$, 并且 $\Phi''(\hat{m}(w))$ 限制在 E_w 上是负定的, $\forall w \in E \setminus F$, 那么 $\mathcal{M}$ 是一个 $\mathcal{C}^1$-流形. 根据前面的讨论, 我们可以自然定义

$$\hat{m}: E \setminus F \to \mathcal{M}, \quad m := \hat{m}|_{S^+}: S^+ \to \mathcal{M}.$$

易见 m 是双射, 其逆为

$$m^{-1}(u) = \frac{u^+}{\|u^+\|}.$$

如果 Φ 满足前面的假设, 那么我们可以证明 m 是 S^+ 到 $\mathcal{M}$ 的同胚映射. 令

$$\hat{I}: E^+ \setminus \{0\} \to \mathbb{R}, \quad \hat{I}(w) := \Phi(\hat{m}(w)), \quad I := \hat{I}|_{S^+}.$$

那么我们有

引理 2.3.19 如果关于 Φ 的假设成立, 那么 $\hat{I} \in \mathcal{C}^1(E^+ \setminus \{0\}, \mathbb{R})$, 并且

$$\hat{I}'(w)z = \frac{\|\hat{m}(w)^+\|}{\|w\|}\hat{I}'(\hat{m}(w))z, \quad \forall w, z \in E^+, \quad w \neq 0.$$

命题 2.3.20 如果关于 Φ 的假设成立, 那么

(i) $I \in \mathcal{C}^1(S^+, \mathbb{R})$, 并且

$$I'(w)z = \|m(w)^+\| \Phi'(m(w))z, \quad \forall z \in T_w(S^+).$$

(ii) 如果 $\{w_n\}$ 是 I 的 (PS)-序列, 那么 $\{m(w_n)\}$ 是 Φ 的 (PS)-序列. 反之, 如果 $\{u_n\} \subset \mathcal{M}$ 是 Φ 的有界 (PS)-序列, 那么 $\{m^{-1}(u_n)\}$ 是 I 的 (PS)-序列.

(iii) w 是 I 的临界点当且仅当 $m(w)$ 是 Φ 的非平凡临界点, I 和 Φ 的对应的临界值相等, 并且

$$\inf_{S^+} I = \inf_{\mathcal{M}} \Phi.$$

定理 2.3.21 假设 Φ 的假设 (1), (2) 成立, 并且约束泛函 I 满足

- $\Psi'(u) = o(\|u\|)$, $u \to 0$;
- $\Psi(su)/s^2 \to \infty$, $s \to \infty$, 关于 $E \setminus \{0\}$ 上的弱紧集是一致的;
- Ψ' 是全连续的,

那么 $\Phi'(u) = 0$ 有基态解 u. 如果 Ψ 是偶的, 那么泛函 Φ 有无穷多对临界点.

第 3 章　最优控制问题

最优控制理论是数学优化的一个分支, 主要研究如何在一段时间内找到动态系统的控制, 从而优化目标函数. 最优控制在科学、工程和运筹学中有着广泛的应用. 例如, 系统可以是一个航天器, 其控制与火箭推进器相对应, 目标可以是以最低燃料消耗到达月球. 系统也可以是一个国家的经济, 其目标是将失业率降至最低, 在这种情况下, 控制可能是财政和货币政策. 最优控制是一种推导控制策略的数学优化方法, 也是变分方法的一种推广.

最优控制理论的发展依赖下面的初始值:

(i) 控制 $u \in \mathcal{U}_{\mathrm{ad}}$, 其中 $\mathcal{U}_{\mathrm{ad}}$ 是给定的容许控制集;

(ii) 状态函数 $y(u)$, 对于给定的控制 u, 系统的状态函数由如下方程的解给定

$$\Lambda y(u) = f(u),$$

其中 f 是给定的关于 u 的函数, Λ 是已知的算子使得此系统被控制;

(iii) 观察函数 $z(u)$, 它是关于 $y(u)$ 的已知函数;

(iv) 成本函数 $J(u)$, 它是根据在观测空间上的函数 $z \to \Phi(z) \geqslant 0$ 来定义的, 记为

$$J(u) = \Phi(z(u)),$$

最优控制的问题是寻找如下问题的解

$$\inf_{u \in \mathcal{U}_{\mathrm{ad}}} J(u).$$

最优控制理论的目标有三个方面:

(1) 得到控制 u 是成本函数极值的必要或者充要条件;

(2) 研究表示相关条件的方程的结构和性质 (Λ 起到了阻碍的作用);

(3) 构造逼近最优控制的数值算法.

我们考虑状态函数 $y(u)$ 由偏微分方程的解给出, 对于发展方程, 我们需要给出合适的初值条件.

3.1 优化控制问题简介

令 $\mathcal{U}$ 为实 Hilbert 空间, 在最优控制理论中表示控制构成的空间. 记 $\|\cdot\|$ 为 $\mathcal{U}$ 上的范数. 我们有如下的设定:

(i) $\mathcal{U}$ 上连续对称的双线性形 $(u, v) \to \pi(u, v)$, $\forall u, v \in \mathcal{U}$;

(ii) $\mathcal{U}$ 上的连续线性映射 $v \to L(v)$;

(iii) $\mathcal{U}_{\mathrm{ad}}$ 是 $\mathcal{U}$ 的闭的凸子集.

在实际应用中, 我们会考虑如下二次泛函

$$J(v) = \pi(v, v) - 2L(v)$$

在容许控制集 $\mathcal{U}_{\mathrm{ad}}$ 上的极小化问题. 如果 $\pi(v, v) \geqslant c\|v\|^2$, $\forall v \in \mathcal{U}$, $c > 0$, 那么我们称 π 在 $\mathcal{U}$ 上是强制的.

定理 3.1.1 令 $\pi(u, v)$ 是 $\mathcal{U}$ 上的连续对称形并且是强制的. 那么存在唯一的 $u \in \mathcal{U}_{\mathrm{ad}}$, 使得

$$J(u) = \inf_{v \in \mathcal{U}_{\mathrm{ad}}} J(v).$$

证明 首先证明存在性. 令 $\{v_n\} \in \mathcal{U}_{\mathrm{ad}}$ 是极小化序列, 即

$$J(v_n) \to \inf_{v \in \mathcal{U}_{\mathrm{ad}}} J(v).$$

根据强制性假设, 我们有

$$J(v) \geqslant c\|v\|^2 - c_1\|v\|.$$

因此, $\|v_n\| \leqslant C$. 于是存在子列 $\{v_{n_k}\}$ 使得

$$v_{n_k} \rightharpoonup w \text{ 在 } \mathcal{U}.$$

由于 $\mathcal{U}_{\mathrm{ad}}$ 是闭凸集, 因此也是弱闭的. 根据映射 $(\mathcal{U}, w) \to \mathbb{R}$, $v \to \pi(v, v)$ 是下半连续的并且 L 是弱连续的, 我们有 $w \in \mathcal{U}_{\mathrm{ad}}$. 于是, 泛函 J 是弱下半连续的, 即

$$\liminf_{k \to \infty} J(v_{n_k}) \geqslant J(w).$$

因此, 我们有 $w \in \mathcal{U}_{\mathrm{ad}}$, 并且

$$J(w) \leqslant \inf_{v \in \mathcal{U}_{\mathrm{ad}}} J(v).$$

那么 $J(w) = \inf\limits_{v \in \mathcal{U}_{\mathrm{ad}}} J(v)$.

下面证明唯一性. 由于 $v \to \pi(v, v)$ 是严格凸的, 即

$$\pi((1-\theta)v_1+\theta v_2, (1-\theta)v_1+\theta v_2) < (1-\theta)\pi(v_1, v_1)+\theta\pi(v_2, v_2), \quad \theta \in (0,1), \quad v_1 \neq v_2.$$

因此函数 J 也是严格凸的. 令 $u_1 \neq u_2$ 满足 $J(u_1) = J(u_2) = \inf\limits_{v \in \mathcal{U}_{\mathrm{ad}}} J(v)$. 根据 $\mathcal{U}_{\mathrm{ad}}$ 是凸集, 我们有

$$\frac{u_1 + u_2}{2} \in \mathcal{U}_{\mathrm{ad}}, \quad J\left(\frac{u_1 + u_2}{2}\right) < \inf_{v \in \mathcal{U}_{\mathrm{ad}}} J(v).$$

矛盾. 因此, $u_1 = u_2$.　∎

考虑 $\pi(u, v) = (u, v)$, $L(v) = (g, v)$, 其中 $(\cdot, \cdot)$ 为 $\mathcal{U}$ 上的内积, $g \in \mathcal{U}$. 那么,

$$J(v) = \|v\|^2 - 2(g, v) = \|g - v\|^2 - \|g\|^2,$$

从而存在唯一的 $u \in \mathcal{U}_{\mathrm{ad}}$ 使得 $J(u) = \inf\limits_{v \in \mathcal{U}_{\mathrm{ad}}} J(v)$, 即

$$\|g - u\| \leqslant \|g - v\|, \quad \forall v \in \mathcal{U}_{\mathrm{ad}},$$

因此, u 是 g 在集合 $\mathcal{U}_{\mathrm{ad}}$ 上的投影. 根据前面的证明, 我们有如果 J 是 $\mathcal{U}_{\mathrm{ad}}$ 上的凸函数, 且

$$J(v) \to \infty, \quad \|v\| \to \infty, \quad v \in \mathcal{U}_{\mathrm{ad}},$$

且 $v \to J(v)$ 是强下半连续的, 那么存在 $u \in \mathcal{U}_{\mathrm{ad}}$ 使得

$$J(u) = \inf_{v \in \mathcal{U}_{\mathrm{ad}}} J(v).$$

下面给出极小元的刻画, 具体证明可以参考 [107].

定理 3.1.2　在定理 3.1.1 的假设下, $u \in \mathcal{U}_{\mathrm{ad}}$ 是极小元等价于

$$\pi(u, v - u) \geqslant L(v - u), \quad \forall v \in \mathcal{U}_{\mathrm{ad}}.$$

如果进一步假设 J 是可微的, 那么我们有

推论 3.1.3 假设 J 是严格凸的可微映射, 满足

$$J(v) \to \infty, \quad \|v\| \to \infty, \quad v \in \mathcal{U}_{\mathrm{ad}},$$

那么如下命题等价:

(1) 存在唯一的 $u \in \mathcal{U}_{\mathrm{ad}}$ 满足 $J(u) = \inf\limits_{v \in \mathcal{U}_{\mathrm{ad}}} J(v)$;

(2) $J'(u) \cdot (v - u) \geqslant 0, \forall v \in \mathcal{U}_{\mathrm{ad}}$;

(3) $J'(v) \cdot (v - u) \geqslant 0, \forall u \in \mathcal{U}_{\mathrm{ad}}$.

如果我们假设泛函 J 是强制的, 弱下半连续的并且是严格凸的, 那么存在 $u \in \mathcal{U}_{\mathrm{ad}}$ 使得

$$J(u) \leqslant J(v), \quad \forall u \in \mathcal{U}_{\mathrm{ad}}.$$

这种情况我们不能直接应用上面的判别法则, 但是上面的方法可以应用到 J 的可微部分.

定理 3.1.4 考虑严格凸的函数 $J(v) = J_1(v) + J_2(v)$, 假设 $J_i(v)$, $i = 1, 2$ 是连续的、凸的并且是弱下半连续的. 进一步假设

$$J(v) \to \infty, \quad \|v\| \to \infty, \quad v \in \mathcal{U}_{\mathrm{ad}}.$$

并且 J_1 是可微的. 那么, 存在唯一的 $u \in \mathcal{U}_{\mathrm{ad}}$, 使得 $J(u) = \inf\limits_{v \in \mathcal{U}_{\mathrm{ad}}} J(v)$ 等价于

$$J_1'(v) \cdot (v - u) + J_2(v) - J_2(u) \geqslant 0, \quad \forall u \in \mathcal{U}_{\mathrm{ad}}.$$

双线性性 $\pi(u, v)$ 满足

$$\pi(v, v) \geqslant c\|v\|^2, \quad \forall v \in \mathcal{U}, \quad c > 0.$$

假设 L 是 Hilbert 空间 $\mathcal{U}$ 上的连续线性映射, 并且在 $\mathcal{U}$ 的两个闭凸子集 $\mathcal{U}_{\mathrm{ad}}, \mathcal{U}_{\mathrm{ad}}^*$ 上是连续的. 那么存在 $\mathcal{U}_{\mathrm{ad}}$ ($\mathcal{U}_{\mathrm{ad}}^*$) 中唯一的 u (u^*) 使得

$$\pi(u, v - u) \geqslant L(v - u), \quad \forall v \in \mathcal{U}_{\mathrm{ad}},$$

$$\pi(u^*, v - u^*) \geqslant L(v - u^*), \quad \forall v \in \mathcal{U}_{\mathrm{ad}}^*.$$

定理 3.1.5 在上面的假设条件下, 存在 $w \in \mathcal{U}_{\mathrm{ad}}$, $w^* \in \mathcal{U}_{\mathrm{ad}}^*$, 使得

$$w + w^* = u + u^*, \quad \pi(w - u^*, w - u) = 0,$$

那么　$w = u,\ w^* = u^*$.

记 $X := \left\{ u \in \mathcal{U}_{\mathrm{ad}} : J(u) = \inf_{v \in \mathcal{U}_{\mathrm{ad}}} J(v) \right\}$. 集合 X 可能是空集, 但是如果 $\mathcal{U}_{\mathrm{ad}}$ 是有界的, 则 X 是非空的, 并且 X 是 $\mathcal{U}_{\mathrm{ad}}$ 的闭凸子集.

控制系统可以根据算子 Λ 分成三类, 即椭圆控制系统、抛物控制系统以及双曲控制系统. 为了简化讨论, 我们只介绍抛物控制系统. 令 $V,\ H$ 为两个实值 Hilbert 空间, 其上范数分别记为 $\|\cdot\|_V,\ \|\cdot\|_H$, 内积分别记为 $(\cdot,\cdot)_V,\ (\cdot,\cdot)_H$. 并且我们假设 V 连续嵌入到 H 中, 并且 V 在 H 中是稠密的. 记 V' 为 V 的对偶空间. H 和其对偶空间一致, 因此 $V \subset H \subset V'$. 变量 t 为时间变量. 我们假设 $t \in (0,T),\ T < \infty$. 有时候我们也会考虑 $T \to \infty$ 时的情况. 给定 V 上的一族双线性形

$$(\varphi,\psi) \to a(t,\varphi,\psi), \quad t \in (0,T).$$

我们假设

(i) $\forall \varphi,\psi \in V$, $t \to a(t,\varphi,\psi)$ 是 $(0,T)$ 上的可测函数, 并且 $|a(t,\varphi,\psi)| \leqslant c\|\varphi\| \cdot \|\psi\|$.

(ii) 存在 λ, 使得

$$a(t,\varphi,\psi) + \lambda\|\varphi\|_H^2 \geqslant \alpha\|\varphi\|_V^2, \quad \alpha > 0, \quad \forall \varphi \in V, \quad t \in (0,T).$$

因此, 双线性形具有如下的结构:

$$a(t,\varphi,\psi) = (A(t)\varphi,\psi), \quad A(t)\varphi \in V'.$$

其中 $A(t) \in \mathcal{L}\left(L^2((0,T),V), L^2((0,T),V')\right)$. 如果 $f \in L^2((0,T),V)$, 我们下面来定义 df/dt. 首先, 我们定义

$$\mathcal{D}'((0,T),V) = \mathcal{L}(\mathcal{D}(0,T),V).$$

即如果 $f \in \mathcal{D}'((0,T),V)$, 那么对任意的 $\varphi \in \mathcal{D}(0,T)$, $f(\varphi) \in V$, 并且 $\varphi \to f(\varphi)$ 是从 $\mathcal{D}(0,T)$ 到 V 上的连续映射. 记

$$f(\varphi) = \int_0^T f(t)\varphi(t)dt,$$

这里的积分是在 V 中取值的. 我们定义 $df/dt \in \mathcal{D}'((0,T),V)$ 如下:

$$\varphi \to \frac{df}{dt}(\varphi) = -f\left(\frac{d\varphi}{dt}\right).$$

如果 $f_n(\varphi) \to f(\varphi)$, $\forall \varphi \in \mathcal{D}(0,T)$, 那么我们称 f_n 在 $\mathcal{D}'((0,T),V)$ 中收敛到 f. 因此,

$$\frac{df_n}{dt} \to \frac{df}{dt} \text{ 在 } \mathcal{D}'((0,T),V) \text{ 上}.$$

如果 $f \in L^2((0,T),V)$, 那么我们可以类似定义 $f(\varphi)$. 显然有, $L^2((0,T),V) \subset \mathcal{D}'((0,T),V)$. 那么,

$$\frac{df}{dt} \in \mathcal{D}'((0,T),V).$$

我们记

$$W^1((0,T),V) := \left\{ f \in L^2((0,T),V) : \frac{df}{dt} \in L^2((0,T),V') \right\}.$$

其上的范数定义为

$$\|f\|_{W^1} := \left(\int_0^T \|f(t)\|_V^2 dt + \int_0^T \left\|\frac{df(t)}{dt}\right\|_{V'}^2 dt \right)^{\frac{1}{2}}.$$

并且在差一个零测集时, $W^1((0,T),V) \subset \mathcal{C}([0,T],H)$, 见 [108]. 考虑如下的演化问题:

寻找 $y \in W^1((0,T),V)$ 使得

$$\begin{cases} A(t)y + \dfrac{dy}{dt} = f, \\ y(0) = y_0, \end{cases}$$

其中 $f \in L^2((0,T),V')$, $y_0 \in H$. 那么我们有

定理 3.1.6 如果由 $A(t)$ 确定的双线性形 $a(t,\cdot,\cdot)$ 满足条件 (i), (ii), 那么上面的演化问题在 $W^1((0,T),V)$ 中存在唯一解 y. 并且 y 连续依赖于 f 和 y_0, 即 $y : L^2((0,T),V') \times H \to W^1(0,T)$.

如果 $T < \infty$, 那么我们不妨取假设条件中的 $\lambda = 0$. 实际上, 我们令 $y = e^{kt}z$, 那么问题等价于

$$\begin{cases} (A(t)+kI)z + \dfrac{dz}{dt} = e^{-kt}f, \\ z(0) = y_0. \end{cases}$$

即用 $A(t) + kI$ 来替换 $A(t)$, 并且选 $k = \lambda$. 给定算子 $B \in \mathcal{L}(\mathcal{U}, L^2((0,T),V'))$,

$f \in L^2((0,T), V')$, $y_0 \in H$. 并且我们记 $y(v)$ 为如下问题的解:

$$\begin{cases} \dfrac{dy(v)}{dt} + A(t)y(v) = f + Bv, \\ y(v)|_{t=0} = y_0, \\ y(v) \in L^2((0,T), V). \end{cases}$$

此时 $y(v)$ 是依赖于 t 的函数, 我们记为 $y(t,v)$. 函数 $y(v)$ 是系统的态, 系统的观测函数定义为

$$z(v) = Cy(v), \quad C \in \mathcal{L}(W^1(0,T), H).$$

给定 $N \in \mathcal{L}(\mathcal{U}, \mathcal{U})$ 满足

$$(Nu, u)_{\mathcal{U}} \geqslant v\|u\|_{\mathcal{U}}^2, \quad v > 0.$$

此时的价值函数为

$$J(v) = \|Cy(v) - z_d\|_H^2 + (Nv, v)_{\mathcal{U}}.$$

根据之前的结论, 如果 $\mathcal{U}_{\mathrm{ad}}$ 是 $\mathcal{U}$ 的闭凸子集, 并且有界, 则当 $N = 0$ 时, 最优控制构成了一个非空的闭凸集合. 下面我们讨论最优控制的一些性质. 显然, 如果 $u \in \mathcal{U}_{\mathrm{ad}}$ 是最优控制当且仅当

$$J'(u) \cdot (v - u) \geqslant 0, \quad \forall v \in \mathcal{U}_{\mathrm{ad}},$$

即

$$(Cy(u) - z_d, C(y(v) - y(u)))_H + (Nu, v - u)_{\mathcal{U}} \geqslant 0, \quad \forall v \in \mathcal{U}_{\mathrm{ad}}.$$

记 Λ ($\Lambda_{\mathcal{U}}$) 为 H ($\mathcal{U}$) 到 H' ($\mathcal{U}'$) 上的典则同构. 那么上面的法则等价于

$$(C^*\Lambda(Cy(u) - z_d), y(v) - y(u))_H + (Nu, v - u)_{\mathcal{U}} \geqslant 0, \quad \forall v \in \mathcal{U}_{\mathrm{ad}}.$$

抛物控制系统有一个例子就是考虑如下的扩散系统:

$$\begin{cases} \partial_t u + Au = H_v(t, x, u, v), \\ \partial_t v - A^* v = -H_u(t, x, u, v), \end{cases} \tag{P1}$$

其中 $(t, x) \in \mathbb{R} \times \mathbb{R}^n$. 对于某些特定的算子 A 以及 H, 我们由一般的变分框架来得到该问题的非平凡同宿解的存在性与多重性. 如果算子 $A = (-\Delta)^s + V(x)$, 那

么问题记为 (P2), 这也是一类非局部的扩散问题

$$\begin{cases} \partial_t\psi + (-\Delta)^s\psi + V(x)\psi = H_\phi(t,x,\psi,\phi), \\ -\partial_t\phi + (-\Delta)^s\phi + V(x)\phi = H_\psi(t,x,\psi,\phi), \end{cases} \tag{P2}$$

其中 $0 < s < 1, (t,x) \in \mathbb{R} \times \mathbb{R}^n$.

如果算子 $A = b \cdot \nabla + V(x)$, 那么此时扩散问题就变为

$$\begin{cases} \partial_t\psi + b \cdot \nabla\psi + V(x)\psi = H_\phi(t,x,\psi,\phi), \\ -\partial_t\phi - b \cdot \nabla\phi + V(x)\phi = H_\psi(t,x,\psi,\phi), \end{cases} \tag{P3}$$

其中 $(t,x) \in \mathbb{R}^{1+n}$.

我们考虑的问题 (P1) 是优化控制理论中的一类问题. 相应的控制问题是寻找非二次价值函数

$$J(v) = \int_Q |\psi(t,x,v)|^p dtdx + \alpha\|v\|_{L^p(Q)}^p, \quad \alpha > 0$$

的最优控制 $u \in L^p(Q)$. 这里, $Q = (0,T) \times \Omega$ 是 $\mathbb{R}^{n+1}$ 的一个开邻域, 其中 $\Omega \subset \mathbb{R}^n$, $\Sigma = (0,T) \times \partial\Omega$ 是 Q 的侧边界. 由微分方程 $\partial_t + A$ 确定的态 ψ 是 $\partial_t\psi + A\psi = u$, $\psi \in L^p(Q)$ 的解. 记 $A : L^2\left((0,T) \times \Omega, \mathbb{R}^{2M}\right) \to L^2\left((0,T) \times \Omega, \mathbb{R}^{2M}\right)$ 是一个线性算子. 当 $A = (-\Delta)^s + V$ 时, 这个问题等价于 (P2), 当 $A = b \cdot \nabla + V$ 时, 这个问题等价于 (P3).

定理 3.1.7 假定 $v \to J(v)$ 是严格凸的、可微的, 并且满足

$$J(v) \to \infty, \quad \|v\| \to \infty.$$

则存在唯一的 $u \in \mathcal{U}$ 使得 $J(u) = \inf_{v \in \mathcal{U}} J(v)$ 并且 $J'(u)(v - u) \geqslant 0, \forall v \in \mathcal{U}$.

对于非二次的价值函数, $J(u)$ 是严格凸的并且满足 $J(u) \to \infty, \|u\| \to \infty$. 对于任意的 $w \in \mathcal{U}$,

$$J'(u)w = p\int_Q |\psi|^{p-2}\psi\frac{\partial\psi}{\partial u}wdtdx + p\alpha\int_Q |u|^{p-2}uwdtdx.$$

于是存在唯一的 $u \in L^p(Q)$, 使得 $\exists\psi \in L^p(Q)$ 满足

$$\begin{cases} \partial_t\psi + A\psi = u, \\ J(u) = \inf_{v \in L^p(Q)} J(v), \\ \psi \in \mathcal{O}, \end{cases} \tag{Q1}$$

其中 $J(v) = \int_Q |\psi|^p dt dx + \alpha |v|_p^p$ 是价值函数, 并且

$$\mathcal{O} = \{\psi \in L^2\left((0, T) \times \Omega, \mathbb{R}^{2M}\right) : \psi(t, x, u)|_\Sigma = 0, \psi(0, x, u) = \psi_0(x) \text{ 在 } \Omega \text{ 上}\}$$

表示 ψ 的定义空间. 另一方面, 方程 $\partial_t \psi + A\psi = u$ 有至少一个解, 并且如果 $\psi_0(x) \neq 0$, 那么解是非平凡的. 由于

$$J(u) = \inf J(v) \Leftrightarrow J'(u)(v - u) \geqslant 0, \forall v \in L^p(Q),$$

我们不妨假设 $-\partial_t \phi + A^* \phi = |\psi|^{p-2}\psi$, 则

$$
\begin{aligned}
(\partial_t + A)\frac{\partial \psi}{\partial u}(u)w &= \lim_{\Delta \xi \to 0} \frac{(\partial_t + A)\psi(u + (\xi + \Delta\xi)w) - (\partial_t + A)\psi(u + \xi w)}{\Delta \xi} \\
&= \lim_{\Delta \xi \to 0} \frac{(u + (\xi + \Delta\xi)w) - (u + \xi w)}{\Delta \xi} \\
&= w.
\end{aligned}
$$

因此, 对于任意的 $w \in L^p(Q)$,

$$
\begin{aligned}
J'(u)(v - u) \geqslant 0 &\Leftrightarrow \int_Q \left[(-\partial_t + A^*)\phi\frac{\partial \psi}{\partial u}w + \alpha |u|^{p-2}uw\right] dt dx \geqslant 0 \\
&\Leftrightarrow \int_Q \phi w + \alpha |u|^{p-2}uw\, dt dx \geqslant 0 \\
&\Leftrightarrow \phi = -\alpha |u|^{p-2}u \\
&\Leftrightarrow u = -\frac{1}{\alpha^{q-1}}|\phi|^{q-2}\phi,
\end{aligned}
$$

其中 $\frac{1}{p} + \frac{1}{q} = 1$. 因此 (Q1) 等价于

$$
\begin{cases}
\partial_t \psi + A\psi = c|\phi|^{q-2}\phi, \\
-\partial_t \phi + A^* \phi = |\psi|^{p-2}\psi.
\end{cases}
\tag{Q2}
$$

在 Ω 上, $\psi(0, x) = \psi_0(x)$, $\phi(T, x) = 0$. 在 Σ 上, $\psi = 0, \phi = 0$, 并且 $c = -\frac{1}{\alpha^{q-1}}$. 通过选定 $\psi_0(x) \neq 0$, 我们得到 (Q2) 有至少一个非平凡解. 我们也可以考虑 (Q2) 有更一般的非线性项:

$$
\begin{cases}
\partial_t \psi + A\psi = H_\phi(t, x, \psi, \phi), \\
-\partial_t \phi + A^* \phi = H_\psi(t, x, \psi, \phi),
\end{cases}
$$

(Q2) 就是当 $H(t, x, \psi, \phi) = |\psi|^p + c|\phi|^q$ 时的情况. 考虑价值函数

$$\mathcal{J}(v) = \int_Q e^{\psi(t,x;v)} dtdx + \alpha \int_Q v(\ln v - 1)dtdx,$$

则这个优化控制问题变成寻找

$$u \in \mathcal{L} := \left\{ u \in L^p(Q) : \int_Q \ln u dtdx < \infty \right\},$$

使得存在 $\psi \in L^p(Q)$ 满足

$$\begin{cases} \partial_t \psi + A\psi = u \text{ in } Q, \\ J(u) = \inf_{v \in \mathcal{L}} J(v), \\ \psi \in \mathcal{O}. \end{cases} \tag{Q3}$$

令 $-\partial_t \phi + A^* \phi = e^\psi$, 同样的想法可以得到 (Q3) 等价于

$$\begin{cases} \partial_t \psi + A\psi = ce^\phi, \\ -\partial_t \phi + A^* \phi = e^\psi, \end{cases} \tag{Q4}$$

其中 $c = e^{-1/\alpha}$. 对于不同的价值函数, 我们可能得到不同的等价方程, 比如 (Q2) 和 (Q4).

3.2 扩散问题的解

本节的目的是研究扩散系统的存在性、多重性等问题. 反应-扩散系统 (也称为图灵方程) 已经被广泛地用于研究空间图案的形成机制. 大量的理论物理、化学以及生物模型都需要利用反应-扩散系统来刻画 (参见 [109, 130] 等). 作为一个含有两个以上非线性偏微分方程的系统, 反应-扩散系统描述了化学物质或成形因子之间的整个反应与扩散过程.

通常情况下, 作为描述两个化学物质之间反应与扩散行为的方程组, 反应-扩散系统具有如下形式:

$$\begin{cases} \partial_t U = D_U \Delta_x U + f(U, V), \\ \partial_t V = D_V \Delta_x V + g(U, V), \end{cases} \tag{3.2.1}$$

其中 U, V 分别代表不同化学物质的浓度分布, D_U 以及 D_V 作为扩散系数分别刻画了化学物质的扩散程度. 整个反应与扩散的动力学过程将被非线性函数 $f(U, V)$ 与 $g(U, V)$ 控制. 在反应过程中, 不妨以 (3.2.1) 中的第一个方程为例, 一个正的

扩散系数所对应的扩散项 $D_U \Delta_x U$ 描述了物质浓度 U 变化的规律: 当 U 的数值低于周边区域时, U 将增加 (这也就是 Fick 第一法则, 自由扩散将从高浓度向低浓度进行). 方程中的非线性函数 f 与 g 被称为反应项, 它们刻画了反应过程中的补充或消耗. 这些非线性函数随着不同的物理因素而改变, 且相关的参数将决定空间中浓度图像的分布.

Turing 在 1952 年指出: 由于扩散的不稳定机制, 耦合的扩散系统将给出空间中一系列有限波长斑图 (见 [145]). 这些所谓的 Turing 斑图现象以及一些相关的化学问题引发了后续的大量理论研究. 而正是由于扩散系统有着非常广泛的应用性, 理解或探寻扩散参数与空间斑图分布之间的关系成了最本质的问题.

3.2.1 扩散系统解的变分框架

考虑如下 $\mathbb{R}^N$ 上由 $2M$ 个分量组成的扩散系统:

$$\begin{cases} \partial_t u = \varepsilon^2 \Delta_x u - W(x)u + V(x)v + H_v(t, x, u, v), \\ -\partial_t v = \varepsilon^2 \Delta_x v - W(x)v + V(x)u + H_u(t, x, u, v), \end{cases} \tag{3.2.2}$$

其中 $(u, v) : \mathbb{R} \times \mathbb{R}^N \to \mathbb{R}^M \times \mathbb{R}^M$ 表示不同的化学物质的浓度场. 在这样的一个方程组里, 位势函数 $V : \mathbb{R}^N \to \mathbb{R}$ 刻画了化学位势的空间分布, 而非线性部分 (由函数 $H : \mathbb{R} \times \mathbb{R}^M \times \mathbb{R}^M \to \mathbb{R}$ 构成) 描述了物理与化学反应中的外界因素. 值得注意的是, 在 (3.2.2) 中的第二组方程里, 扩散系数取的是负值. 这说明第二组化学物质进行着所谓的反向扩散过程 (这样的扩散发生在相位分离的过程中, 粒子不断地聚集到高浓度的地方). 形如这样的反应-扩散过程有着广泛的应用, 特别地, 该系统展现出不同的化学物质之间的竞争关系. 一个很简单的例子就是对于双分量系统, 浓度函数 $u(t, x)$ 与 $v(t, x)$ 描述了两个不同的化学物质的浓度分布, 而方程 (3.2.2) 将阐述作为抗化剂的 u 与催化剂的 v 之间的竞争反应 (详见 [121]). 这里, 函数 H 所展现的是强电磁波通过介质后的非线性干扰, 它的出现使方程获得了具有类似非线性 Schrödinger 方程的结构.

关于系统 (3.2.2) 的研究工作并不是很多. Brézis 和 Nirenberg 在文献 [27] 中考虑了区域 $(0, T) \times \Omega$ 上具有类似结构的双分量系统:

$$\begin{cases} \partial_t u = \Delta_x u - v^5 + f(x), \\ \partial_t v = -\Delta_x v - u^3 + g(x), \end{cases} \tag{3.2.3}$$

其中 $\Omega \subset \mathbb{R}^N$ 是有界开集, $f, g \in L^\infty(\Omega)$, 其边界条件满足: 在 $(0, T) \times \partial\Omega$ 上, $u = v = 0$; 在 Ω 上, $u(0, x) = v(T, x) = 0$. 利用 Schauder 不动点定理, 他们获得了 (3.2.3) 的一对解 (u, v), $u \in L^4$ 以及 $v \in L^6$(参看 [27, 定理 V.4]). 而作为利用变分方法处理这一类方程组的代表性文献, Clément, Felmer 和 Mitidieri 在文献 [42] 中考虑如下问题:

$$\begin{cases} \partial_t u - \Delta_x u = |v|^{q-2}v, \\ -\partial_t v - \Delta_x v = |u|^{p-2}u, \end{cases} \tag{3.2.4}$$

其中 $(t, x) \in (-T, T) \times \Omega$, Ω 是 $\mathbb{R}^N$ 中光滑有界区域, 并且 p, q 满足

$$\frac{N}{N+2} < \frac{1}{p} + \frac{1}{q} < 1.$$

利用变分技巧, 他们证明了, 存在 $T_0 > 0$ 使得当 $T > T_0$ 时, (3.2.4) 至少有一个正解且满足边界条件:

$$u(t, \cdot)|_{\partial\Omega} = 0 = v(t, \cdot)|_{\partial\Omega}, \quad \text{对任意的 } t \in (-T, T) \text{ 都成立}, \tag{3.2.5}$$

以及周期性条件

$$u(-T, \cdot) = u(T, \cdot) \quad \text{和} \quad v(-T, \cdot) = v(T, \cdot).$$

利用 (3.2.4) 的特殊结构, Clément 等通过山路定理也得到这样的解. 另外, 通过取极限 $T \to \infty$, 他们还证明了 (3.2.4) 至少有一个定义在 $\mathbb{R} \times \Omega$ 上的正解, 并且满足: (3.2.5) 对任意的 $t \in \mathbb{R}$ 成立, 以及

$$\lim_{|t| \to \infty} u(t, x) = 0 = \lim_{|t| \to \infty} v(t, x) \quad \text{关于 } x \in \Omega \text{ 一致}.$$

为了研究系统 (3.2.2), 我们首先需要一些符号的说明. 设

$$\mathcal{J} = \begin{pmatrix} 0 & -I \\ I & 0 \end{pmatrix}, \quad \mathcal{J}_0 = \begin{pmatrix} 0 & I \\ I & 0 \end{pmatrix}, \quad \text{以及} \quad A = \mathcal{J}_0(-\Delta_x + W),$$

系统 (3.2.2) 可以写为下面的这种形式:

$$\mathcal{J}\partial_t z = -Az - V(x)z + H_z(t, x, z).$$

因此它可被视为 $L^2(\Omega, \mathbb{R}^{2M})$ 上的无穷维 Hamilton 系统.

我们在更一般的抽象框架下来讨论算子 $A = \mathcal{J}_0(-\Delta_x + W)$, $\mathcal{J}A$ 以及 $\mathcal{J}\partial_t + A$. 设 $\mathcal{H}_0$ 是一个 (强的) 辛 Hilbert 空间, 其辛形式记为 $\omega(\cdot, \cdot)$, 这诱导出了辛结构 $\mathcal{J} \in \mathcal{L}(\mathcal{J}_0)$, 通常定义为: 对任意的 $w, z \in \mathcal{H}_0$, $\omega(w, z) = \langle \mathcal{J}w, z \rangle$. 于是 $\mathcal{J}^* = -\mathcal{J}$, 但 $\mathcal{J}^2 = -I$ 并不成立. 为使其成立, 在 $\mathcal{J}_0$ 上的内积 $\langle w, z \rangle$ 被替换为 $\langle |\mathcal{J}|^{\frac{1}{2}}w, |\mathcal{J}|^{\frac{1}{2}}z \rangle$, 其中 $|\mathcal{J}| = \sqrt{\mathcal{J}^*\mathcal{J}} = \sqrt{-\mathcal{J}^2}$. 因此, 我们假设 $\mathcal{J}$ 满足 $\mathcal{J}^* = -\mathcal{J}$ 以及 $\mathcal{J}^2 = -\mathcal{J}^*\mathcal{J} = -I$. 现在我们考虑定义在 $\mathscr{D}(A) \subset \mathcal{J}_0$ 上的算子 A 使得

(A_1) A 是自伴的并且 $0 \notin \sigma(A)$;

(A_2) $\mathcal{J}A + A\mathcal{J} = 0$.

由 (A_1)—(A_2), 算子 $\mathcal{J}A$ 的定义域 $\mathscr{D}(\mathcal{J}A) = \mathscr{D}(A)$ 也是自伴的, 并且 $0 \notin \sigma(\mathcal{J}A)$. 因此, 存在 $\alpha < 0 < \beta$ 使得 $(\alpha, \beta) \cap \sigma(\mathcal{J}A) = \varnothing$. 从而我们有正交分解

$$\mathcal{H}_0 = \mathcal{H}_0^- \oplus \mathcal{H}_0^+, \quad z = z^- + z^+$$

分别对应算子 $\mathcal{J}A$ 的正谱和负谱. 设 $P^{\pm} : \mathcal{H}_0 \to \mathcal{H}_0^{\pm}$ 是正交投影, 并且 $\{E_\lambda\}_{\lambda \in \mathbb{R}}$ 是算子 $\mathcal{J}A$ 的谱族. 于是我们有

$$\mathcal{J}A = \int_{-\infty}^{\infty} \lambda \, dE_\lambda = \int_{-\infty}^{\alpha} \lambda \, dE_\lambda + \int_{\beta}^{\infty} \lambda \, dE_\lambda,$$

以及

$$P^- = \int_{-\infty}^{\alpha} dE_\lambda \quad 与 \quad P^+ = \int_{\beta}^{\infty} dE_\lambda.$$

设

$$U(t) = e^{t\mathcal{J}A} = \int_{-\infty}^{\infty} e^{t\lambda} dE_\lambda.$$

我们得到

$$\begin{cases} \|U(t)P^-U(s)^{-1}\|_{\mathcal{H}_0} \leqslant e^{-a(t-s)}, & t \geqslant s, \\ \|U(t)P^+U(s)^{-1}\|_{\mathcal{H}_0} \leqslant e^{-a(s-t)}, & t \leqslant s, \end{cases} \tag{3.2.6}$$

其中 $a = \min\{-\alpha, \beta\} > 0$. 设 $\mathcal{H} := L^2(\mathbb{R}, \mathcal{H}_0)$, 其内积和范数分别记为 $(\cdot, \cdot)_{\mathcal{H}}$ 和 $\|\cdot\|_{\mathcal{H}}$. 设 $L := \mathcal{J}\partial_t + A$ 是作用在 $\mathcal{H}$ 上的自伴算子, 其定义域为

$$\mathscr{D}(L) = \left\{ z \in W^{1,2}(\mathbb{R}, \mathcal{H}_0) : z(t) \in \mathscr{D}(A) \text{ a.e. } \int_{\mathbb{R}} \|Az(t)\|_{\mathcal{H}_0}^2 \, dt < \infty \right\},$$

范数为

$$\|Lz\|_{\mathcal{H}} = \left(\int_{\mathbb{R}} \left(\|z(t)\|_{\mathcal{H}_0}^2 + \|\partial_t z(t)\|_{\mathcal{H}_0}^2 \right) dt \right)^{\frac{1}{2}}.$$

命题 3.2.1 若 (A_1)—(A_2) 成立, 则 $0 \notin \sigma(L)$.

证明 若不然, 即假设 $0 \in \sigma(L)$. 则存在一个序列 $\{z_n\} \subset \mathscr{D}(L)$ 满足 $\|z_n\|_{\mathcal{H}} = 1$ 且 $\|Lz_n\|_{\mathcal{H}} \to 0$. 设 $w_n := Lz_n \in L^2(\mathbb{R}, \mathcal{H}_0)$, 我们注意到 $\partial_t z_n = \mathcal{J} A z_n - \mathcal{J} w_n$, 以及

$$z_n(t) = - \int_{-\infty}^t U(t) P^- U(s)^{-1} \mathcal{J} w_n(s) ds + \int_t^\infty U(t) P^+ U(s)^{-1} \mathcal{J} w_n(s) ds.$$

设 $\chi^\pm : \mathbb{R} \to \mathbb{R}$ 是 $\mathbb{R}_0^\pm$ 上的特征函数, 其中 $\mathbb{R}_0^- := (-\infty, 0]$ 以及 $\mathbb{R}_0^+ := [0, \infty)$. 于是我们可得

$$z_n(t) = - \int_{\mathbb{R}} U(t) P^- U(s)^{-1} \chi^+(t - s) \mathcal{J} w_n(s) ds$$
$$+ \int_{\mathbb{R}} U(t) P^+ U(s)^{-1} \chi^-(t - s) \mathcal{J} w_n(s) ds$$
$$=: z_n^-(t) + z_n^+(t).$$

利用 (3.2.6) 可以得到

$$\|z_n^-(t)\|_{\mathcal{H}_0} \leqslant \int_{\mathbb{R}} e^{-a(t-s)} \chi^+(t - s) \|w_n(s)\|_{\mathcal{H}_0} ds,$$

以及

$$\|z_n^+(t)\|_{\mathcal{H}_0} \leqslant \int_{\mathbb{R}} e^{-a(s-t)} \chi^-(t - s) \|w_n(s)\|_{\mathcal{H}_0} ds.$$

设 $g^+(\tau) = e^{-a\tau} \chi^+(\tau)$ 以及 $g^-(\tau) = e^{a\tau} \chi^-(\tau)$, 则

$$\|z_n^-(t)\|_{\mathcal{H}_0} \leqslant (g^+ * \|w_n\|_{\mathcal{H}_0})(t), \quad \|z_n^+(t)\|_{\mathcal{H}_0} \leqslant (g^- * \|w_n\|_{\mathcal{H}_0})(t),$$

其中 $*$ 表示卷积. 注意到

$$\int_{\mathbb{R}} g^+(\tau) d\tau = \int_{\mathbb{R}} g^-(\tau) d\tau = \frac{1}{a}.$$

故由卷积不等式 (引理 1.3.6) 可得, 当 $n \to \infty$ 时

$$\|z_n^\pm\|_{\mathcal{H}} \leqslant \frac{1}{a} \|w_n\|_{\mathcal{H}} \to 0,$$

矛盾. ∎

由命题 3.2.1, 存在正交分解

$$\mathcal{H} = L^2(\mathbb{R}, \mathcal{H}_0) = \mathcal{H}^- \oplus \mathcal{H}^+, \quad z = z^- + z^+,$$

使得 L 在 $\mathcal{H}^-$ 上是负定的, 在 $\mathcal{H}^+$ 上是正定的. 令 $E = \mathscr{D}(|L|^{\frac{1}{2}})$ 是 Hilbert 空间, 其内积为

$$(w, z)_E = (|L|^{\frac{1}{2}} w, |L|^{\frac{1}{2}} z)_{\mathcal{H}},$$

以及范数为

$$\|z\|_E = (z, z)_E^{\frac{1}{2}}.$$

则我们可以得到

$$E = E^- \oplus E^+, \quad \text{其中} \quad E^{\pm} = E \cap \mathcal{H}^{\pm}.$$

注 3.2.2   这里我们要指出的是, 如果条件 (A$_1$) 与 (A$_2$) 被下面条件 (A$'$) 替换, 则命题 3.2.1 中的结论仍然成立.

(A$'$) A 是有界自伴算子, 并且 $\sigma(\mathcal{J}A) \cap i\mathbb{R} = \varnothing$.

如果 A 是有界自伴算子, 那么 $L^2(\mathbb{R}, \mathcal{H}_0)$ 上的算子 L 只有连续谱. 事实上, 如果存在 $\lambda \in \mathbb{R}$ 以及 $0 \neq z \in L^2(\mathbb{R}, \mathcal{H}_0)$ 满足 $Lz = \lambda z$, 则 $z(t) = e^{t\mathcal{J}(A-\lambda)}z(0)$ 对任意的 $t \in \mathbb{R}$ 都成立. 由于 $z \in L^2(\mathbb{R}, \mathcal{H}_0)$, 于是可以得到 $z(0) = 0$, 因此 $z = 0$, 得到矛盾. 进一步, 如果 $\sigma(\mathcal{J}A) \cap i\mathbb{R} = \varnothing$, 则通过二分法的分析, 不难证明 $0 \notin \sigma(L)$.

对更一般的情形, 我们考虑连续的 T-周期的映射 $A : \mathbb{R} \to \mathcal{L}(\mathcal{H}_0, \mathcal{H}_0)$ 且对任意的 $t \in \mathbb{R}$, $A(t)$ 是自伴算子. 对应于微分方程 $\dot{z}(t) = \mathcal{J}A(t)z(t)$ 的单值算子记为 $U(T)$, 其定义是由在 $t = T$ 时 Cauchy 问题

$$\dot{U}(t) = \mathcal{J}A(t)U(t), \quad U(0) = I$$

的解给出的. 若 $U(T)$ 是对数形式, 则 $\sigma(L)$ 由连续谱组成. 进一步, 如果平均值 $\overline{A} := T^{-1} \int_0^T A(t)dt$ 满足 $\sigma(\mathcal{J}\overline{A}) \cap i\mathbb{R} = \varnothing$, 则 $0 \notin \sigma(L)$. 更多详细内容请参见 [61].

对任意的 $r \geqslant 1$, 我们引入 Banach 空间

$$B_r = B_r(\mathbb{R} \times \Omega, \mathbb{R}^{2M}) := W^{1,r}(\mathbb{R}, L^r(\Omega, \mathbb{R}^{2M})) \cap L^r(\mathbb{R}, W^{2,r} \cap W_0^{1,r}(\Omega, \mathbb{R}^{2M})),$$

且赋予的范数为

$$\|z\|_{B_r} = \left(\int_{\mathbb{R} \times \Omega} \left(|z|^r + |\partial_t z|^r + \sum_{j=1}^{N} \left| \partial_{x_j}^2 z \right|^r \right) dx dt \right)^{\frac{1}{r}}.$$

B_r 有时被称为各向异性空间. 显然 B_2 是 Hilbert 空间.

我们将扩散系统 (3.2.2) 在 ε 为 1 时记为 (DS).

下面我们将建立问题 (DS) 的变分框架. 假设 Hamilton 量满足

(A_3) 存在常数 $p \in \left(2, \dfrac{2(N+2)}{N} \right)$, 以及 $c_1 > 0$, 使得

$$|\nabla_z H(t, x, z)| \leqslant c_1 (1 + |z|^{p-1}).$$

我们也假设下面的嵌入成立, 也就是

(A_4) 若 $N = 1$, E 连续嵌入到 $L^r(\mathbb{R} \times \Omega, \mathbb{R}^{2M})$, 以及紧嵌入到 $L^r_{\text{loc}}(\mathbb{R} \times \Omega, \mathbb{R}^{2M})$ 对任意的 $r \geqslant 2$ 成立; 若 $N \geqslant 2$, E 连续嵌入到 $L^r(\mathbb{R} \times \Omega, \mathbb{R}^{2M})$ 对任意的 $r \in \left[2, \dfrac{2(N+2)}{N} \right]$ 成立, 以及紧嵌入到 $L^r_{\text{loc}}(\mathbb{R} \times \Omega, \mathbb{R}^{2M})$ 对任意的 $r \in \left[2, \dfrac{2(N+2)}{N} \right)$ 成立.

在 E 上定义泛函

$$\Phi_\varepsilon(z) = \frac{1}{2} \left(\|z^+\|^2 - \|z^-\|^2 \right) + \frac{1}{2} \int_{\mathbb{R} \times \Omega} V(x) |z|^2 dx dt - \int_{\mathbb{R} \times \Omega} H(t, x, z) dx dt, \quad (3.2.7)$$

其中 $z = z^+ + z^- \in E$. 若假设 (A_1)—(A_4) 成立, 则 $\Phi_\varepsilon \in \mathcal{C}^1(E, \mathbb{R})$ 且 z 是 Φ_ε 的临界点当且仅当 z 是方程 (DS) 的解.

现在我们将建立方程 (DS) 解的正则性: 首先, 令 $\mathcal{M}_{2M \times 2M}(\mathbb{R})$ 为所有 $2M \times 2M$ 实矩阵空间并赋予自然范数, 我们有

引理 3.2.3 设 $V \in L^\infty(\mathbb{R} \times \Omega, \mathcal{M}_{2M \times 2M}(\mathbb{R}))$, $H : \mathbb{R} \times \Omega \times \mathbb{R}^{2M} \to \mathbb{R}$ 满足

$$|\nabla_z H(t, x, z)| \leqslant |z| + c |z|^{p-1}, \quad (3.2.8)$$

其中 $c > 0$ 是一个常数, $p \in \left(2, \dfrac{2(N+2)}{N} \right)$. 如果 $z \in E$ 是下面方程的解:

$$Lz + V(t, x)z = \nabla_z H(t, x, z), \quad (3.2.9)$$

则对任意的 $r \geqslant 2$, 成立 $z \in B_r$, 以及

$$\|z\|_{B_r} \leqslant C(\|V\|_\infty, \|z\|, c, p, r).$$

证明　注意到, 从文献 [23] 知, 下面的嵌入:

$$B_r \hookrightarrow L^q \text{ 是连续的对所有的 } r > 1 \text{ 且 } 0 \leqslant \frac{1}{r} - \frac{1}{q} \leqslant \frac{2}{N+2} \text{ 成立.} \qquad (3.2.10)$$

令

$$\varphi(r) := \begin{cases} \dfrac{(N+2)r}{N+2-2r}, & \text{当 } 1 < r < \dfrac{N+2}{2}, \\ \infty, & \text{当 } r \geqslant \dfrac{N+2}{2}. \end{cases}$$

则 $B_r \hookrightarrow L^q$ 对所有的 $1 < r \leqslant q < \varphi(r)$ 成立, 且如果 $\varphi(r) < \infty$, 则对 $q = \varphi(r)$ 也成立.

取 $z \in E$ 为方程 (3.2.9) 的一个解, 并记 $w = -V(t,x)z + \nabla_z H(t,x,z)$. 则我们可将方程 (3.2.9) 重写为

$$z = L^{-1}w = L^{-1}(-V(t,x)z + \nabla_z H(t,x,z)).$$

定义 $\chi_z : \mathbb{R} \times \Omega \to \mathbb{R}$ 为

$$\chi_z(t,x) = \begin{cases} 1, & \text{当 } |z(t,x)| < 1, \\ 0, & \text{当 } |z(t,x)| \geqslant 1, \end{cases}$$

并令

$$w_1(t,x) = -V(t,x)z + \nabla_z H(t,x,\chi_z(t,x) \cdot z(t,x)),$$

以及

$$w_2(t,x) = \nabla_z H(t,x,(1 - \chi_z(t,x)) \cdot z(t,x)).$$

那么就有 $w = w_1 + w_2$, 由 V 和 H 的假设条件可得

$$|w_1(t,x)| \leqslant C_1 |z(t,x)|, \quad |w_2(t,x)| \leqslant C_2 |z(t,x)|^{p-1},$$

其中 C_1 仅依赖于 $\|V\|_\infty$, C_2 仅依赖于 (3.2.8) 中的常数 c. 因为 E 连续地嵌入到 L^q, 其中 $q \in [2, r_1]$, $r_1 = \dfrac{2(N+2)}{N}$, 我们就有 $w_1 \in L^r$ 对所有的 $[2, r_1]$ 成立, $w_2 \in L^r$ 对所有的 $[1, q_1]$ 成立, 其中 $q_1 = \dfrac{r_1}{p-1}$. 此处我们使用了下面的事实:

$$\left| \{ (t,x) \in \mathbb{R} \times \mathbb{R}^N : |z(t,x)| \geqslant 1 \} \right| \leqslant \iint_{\mathbb{R} \times \Omega} |z|^2 \, dz \, dt \leqslant \|z\|^2 < \infty.$$

注意到, 当 $r > 1$ 时, $L : B_r \to L^r$ 是一个同胚映射, 因此我们有

$$
\begin{cases}
z_1 := L^{-1}w_1 \in B_r, & \text{当 } r \in [2, r_1], \\
z_2 := L^{-1}w_2 \in B_r, & \text{当 } r \in [1, q_1].
\end{cases}
$$

我们考虑下面的两种情形.

情形 1 $q_1 \geqslant \dfrac{N+2}{2}$.

在这种情形, 由 (3.2.10) 可知 $z_2 \in L^r$ 对所有的 $r \in [q_1, \infty)$ 成立. 通过插值不等式, $z_2 \in L^r$ 对所有的 $r \in [2, \infty)$ 成立. 因为 $r_1 > q_1 \geqslant \dfrac{N+2}{2}$, 类似的讨论可得 $z_1 \in L^r$ 对所有的 $r \in [2, \infty)$ 成立.

情形 2 $q_1 < \dfrac{N+2}{2}$.

在这种情形, 我们定义迭代序列 $r_{k+1} := \varphi(q_k)$ 以及 $q_{k+1} = \dfrac{r_{k+1}}{p-1} < r_{k+1}$. 若 $z_1 \in B_r$ 对所有的 $[2, r_k]$ 成立, $z_2 \in B_r$ 对所有的 $[2, q_k]$ 成立, 则 $z_1 \in L^r$ 对所有的 $[2, \varphi(r_k)]$ 成立, $z_2 \in L^r$ 对所有的 $[2, \varphi(q_k)]$ 成立. 因此, 由 $\varphi(r_k) > r_{k+1} = \varphi(q_k)$ 可知, $z = z_1 + z_2 \in L^r$ 对所有的 $[2, q_{k+1}]$ 成立. 我们断言: 存在 $k_0 \geqslant 1$ 使得 $q_{k_0} \geqslant \dfrac{N+2}{2}$. 若此断言成立, 则返回情形 1 即可获得 $z \in L^q$ 对所有的 $q \geqslant 2$ 成立.

为了证明此断言, 通过迭代序列, 注意到

$$
r_k = \frac{2(N+2)}{N(p-1)^{k-1} - 4 \sum_{i=1}^{k-2}(p-1)^i} = \frac{2(N+2)(p-2)}{(p-1)^{k-1}(N(p-2)-4)+4}.
$$

因为 $2 < p < \dfrac{2(N+2)}{N} = 2 + \dfrac{4}{N}$, 我们可知存在 $k_0 > 1$ 使得 $r_{k_0} > 0$ 并且 $r_{k_0+1} = \infty$ 或 $r_{k_0+1} < 0$. 这就蕴含了 $q_{k_0} \geqslant \dfrac{N+2}{2}$ 正是所需要的. ∎

3.2.2 扩散问题的几何不同解

在这节, 我们考虑下面的系统:

$$
\begin{cases}
\partial_t u - \Delta_x u + V(x)u = H_v(t, x, u, v), \\
-\partial_t v - \Delta_x v + V(x)v = H_u(t, x, u, v),
\end{cases}
\tag{3.2.11}
$$

其中 $(t, x) \in \mathbb{R} \times \Omega$, $\Omega = \mathbb{R}^N$ 或 $\Omega \subset \mathbb{R}^N$ 是带有光滑边界 $\partial\Omega$ 的有界区域, $z = (u, v) : \mathbb{R} \times \Omega \to \mathbb{R}^M \times \mathbb{R}^M$, $V \in \mathcal{C}(\bar{\Omega}, \mathbb{R})$ 以及 $H \in \mathcal{C}^1(\mathbb{R} \times \bar{\Omega} \times \mathbb{R}^{2M}, \mathbb{R})$ 周期

地依赖于 t, x. 我们主要讨论两种情形: $\Omega = \mathbb{R}^N$ 或 $\Omega \subset \mathbb{R}^N$ 是光滑有界区域. 首先我们给出位势 V 的假设:

(V_1) $V \in \mathcal{C}(\bar{\Omega}, \mathbb{R})$; 如果 $\Omega = \mathbb{R}^N$, 则位势 V 关于 x_j 是 T_j-周期的, 其中 $j = 1, \cdots, N$.

由于 (V_1), 算子 $S = -\Delta_x + V$ 是 $L^2(\Omega)$ 中的自伴算子. 而算子 S 的定义域是 $\mathscr{D}(S) = W^{2,2} \cap W_0^{1,2}(\Omega, \mathbb{R}^{2M})$. 用 $\sigma(S)$ 来表示算子 S 的谱. 关于位势 V 的第二个假设:

(V_2) $0 \notin \sigma(S)$.

注意到, $\sigma(S) \subset \mathbb{R}$ 是下有界的. 如果 $\Omega = \mathbb{R}^N$, 那么 $\sigma(S)$ 都是连续谱. 算子 S 在 0 的下方允许有本质谱.

我们对 Hamilton 量 H 的假设条件是:

(H_1) $H \in \mathcal{C}^1(\mathbb{R} \times \Omega \times \mathbb{R}^{2M}, \mathbb{R})$ 关于 t 是 T_0-周期的; 如果 $\Omega = \mathbb{R}^N$, 则 H 关于 x_j 是 T_j-周期的, 其中 $j = 1, \cdots, N$;

(H_2) 存在常数 $\beta > 2$ 使得

$$0 < \beta H(t, x, z) \leqslant H_z(t, x, z)z, \quad \text{对任意的 } t \in \mathbb{R}, x \in \Omega, z \neq 0 \text{ 都成立};$$

(H_3) 存在常数 $\alpha \in \left(2, \dfrac{2(N+2)}{N}\right)$ 以及 $a_1 > 0$ 使得

$$|H_z(t, x, z)|^{\alpha'} \leqslant a_1 H_z(t, x, z)z, \quad \text{对任意的 } t \in \mathbb{R}, x \in \Omega, |z| \geqslant 1 \text{ 都成立},$$

其中 $\alpha' := \dfrac{\alpha}{\alpha - 1}$ 是共轭数;

(H_4) 当 $z \to 0$ 时, $H_z(t, x, z) = o(|z|)$ 关于 t 和 x 是一致的.

有很多的非线性项的模型满足 (H_1)—(H_4). 例如:

$$H(t, x, u, v) = a(t, x)|u|^p + b(t, x)|v|^q, \tag{3.2.12}$$

其中 $2 < p, q < \dfrac{2(N+2)}{N}$; 如果 $\Omega = \mathbb{R}^N$, 则函数 $a, b : \mathbb{R} \times \Omega \to (0, \infty)$ 需要关于变量 t 是 T_0-周期的, 关于 x_j 是 T_j-周期的. 根据 [11] 中的结论, 我们有

定理 3.2.4   设 $(V_1), (V_2)$ 以及 (H_1)—(H_4) 成立. 则系统 (3.2.11) 在 $B_r(\mathbb{R} \times \Omega, \mathbb{R}^{2M})$ 中至少存在一个解 z, 其中 $2 \leqslant r < \infty$.

为了得到解的多重性的结果, 我们需要进一步的假设条件:

(H_5) 存在 $p \in \left(2, \dfrac{2(N+2)}{N}\right)$ 以及 $\delta, a_2 > 0$ 使得

$$|H_z(t,x,z+w) - H_z(t,x,z)| \leqslant a_2(1+|z|^{p-1})|w|$$

对任意的 $(t,x,z) \in \mathbb{R} \times \Omega \times \mathbb{R}^{2M}$ 和 $|w| \leqslant \delta$ 都成立;

(H$_6$) H 关于 z 是偶的: $H(t,x,-z) = H(t,x,z)$ 对任意的 $(t,x,z) \in \mathbb{R} \times \Omega \times \mathbb{R}^{2M}$ 都成立.

非线性项的模型 (3.2.12) 满足假设 (H$_1$)—(H$_6$).

当 $\Omega = \mathbb{R}^N$ 时, 系统 (3.2.11) 的两个解 z_1 和 z_2 被称为在几何意义上是不同的, 如果 $z_1 \neq k * z_2$ 对所有的 $0 \neq k = (k_0, k_1, \cdots, k_N) \in \mathbb{Z}^{1+N}$ 成立, 其中

$$k * z(t,x) := z(t+k_0 T_0, x_1 + k_1 T_1, \cdots, x_N + k_N T_N).$$

当 Ω 为有界区域时, 系统 (3.2.11) 的两个解 z_1 和 z_2 被称为在几何意义上是不同的, 如果 $z_1 \neq k * z_2$ 对所有的 $0 \neq k \in \mathbb{Z}$ 成立, 其中

$$k * z(t,x) := z(t+kT_0, x).$$

定理 3.2.5 [11] 设 (V$_1$), (V$_2$) 以及 (H$_1$)—(H$_6$) 成立. 则系统 (3.2.11) 在 $B_r(\mathbb{R} \times \Omega, \mathbb{R}^{2M})$ 中有无穷多个几何意义上不同的解 z, 其中 $2 \leqslant r < \infty$.

我们只给出 $\Omega = \mathbb{R}^N$ 情况下的详细证明. 若 $\Omega \subset \mathbb{R}^N$ 有界, 定理可被类似地证明并且在某些地方更简单.

我们回到系统 (3.2.11), 作用在 $\mathcal{H}_0 = L^2(\Omega, \mathbb{R}^{2M})$ 上的算子 $A = \mathcal{J}_0 S = \mathcal{J}_0(-\Delta + V)$ 和 $\mathcal{J}A$ 都是自伴的, 其定义域为 $\mathscr{D}(A) = \mathscr{D}(\mathcal{J}A) = W^{2,2} \cap W_0^{1,2}(\Omega, \mathbb{R}^{2M})$.

引理 3.2.6 如果 $0 \notin \sigma(S)$, 则 $0 \notin \sigma(A) \cup \sigma(\mathcal{J}A)$.

证明 我们只需证明 $0 \notin \sigma(\mathcal{J}A)$, 同理可以证明 $0 \notin \sigma(A)$. 反证, 若 $0 \in \sigma(\mathcal{J}A)$. 则存在一列 $z_n = (u_n, v_n) \in \mathscr{D}(\mathcal{J}A)$ 满足

$$\|z_n\|_{L^2}^2 = \|u_n\|_{L^2}^2 + \|v_n\|_{L^2}^2 = 1, \quad \|\mathcal{J}Az_n\|_{L^2}^2 = \|Su_n\|_{L^2}^2 + \|Sv_n\|_{L^2}^2 \to 0.$$

不失一般性, 我们可假设 $\|u_n\|_{L^2} \geqslant \delta$ (其中 $\delta > 0$ 是常数). 令 $\tilde{u}_n := \dfrac{u_n}{\|u_n\|_{L^2}}$, 则 $\tilde{u}_n \in \mathscr{D}(S)$, $\|\tilde{u}_n\|_{L^2} = 1$ 并且当 $n \to \infty$ 时,

$$\|S\tilde{u}_n\|_{L^2} = \frac{\|Su_n\|_{L^2}}{\|u_n\|_{L^2}} \leqslant \frac{\|Su_n\|_{L^2}}{\delta} \to 0.$$

这意味着 $0 \in \sigma(S)$, 矛盾. ∎

由引理 3.2.6, 对任意的 $z \in W^{2,2} \cap W^{1,2}(\Omega, \mathbb{R}^{2M})$, 我们有

$$d_1 \|z\|_{W^{2,2}}^2 \leqslant \|Az\|_{L^2}^2 = \int_\Omega |Az|^2 dx \leqslant d_2 \|z\|_{W^{2,2}}^2, \qquad (3.2.13)$$

其中常数 $d_1, d_2 > 0$. 令 $\mathcal{H} := L^2(\mathbb{R}, \mathcal{H}_0)$. 那么, 在范数等价意义下

$$\mathcal{H} \cong L^2(\mathbb{R} \times \Omega, \mathbb{R}^{2M}) \cong \left(L^2(\mathbb{R} \times \Omega) \right)^{2M} \cong \left(L^2(\mathbb{R}) \otimes L^2(\Omega) \right)^{2M},$$

其中 $\otimes$ 是张量积. 回顾: 对任意的 $r \geqslant 1$, 集合

$$\mathcal{C}_0^\infty(\mathbb{R}) \otimes \mathcal{C}_0^\infty(\Omega, \mathbb{R}^{2M}) = \left\{ \sum_{i=1}^n f_i g_i : n \in \mathbb{N}, \ f_i \in \mathcal{C}_0^\infty(\mathbb{R}), \ g_i \in \mathcal{C}_0^\infty(\Omega, \mathbb{R}^{2M}) \right\}$$

在 $\mathcal{H}$ 和 $B_r(\mathbb{R} \times \Omega, \mathbb{R}^{2M})$ 中都稠密. 令 $L := \mathcal{J}\partial_t + A$ 是作用在 $\mathcal{H}$ 中的自伴算子且定义域为 $\mathscr{D}(L) = B_2(\mathbb{R} \times \Omega, \mathbb{R}^{2M})$. 下面的引理 3.2.8 就蕴含着在 $\mathscr{D}(L)$ 和 B_2 中的范数是等价. 显然 3.2.1 节的假设 (A$_2$) 成立. 另外, 若 $0 \notin \sigma(S)$, 则由引理 3.2.6 可知 (A$_1$) 也是成立的. 因此, 由命题 3.2.1 就可以得到下面的引理.

引理 3.2.7   如果 $0 \notin \sigma(S)$, 则 $0 \notin \sigma(L)$.

现在考虑算子 $L_0 := \mathcal{J}\partial_t + \mathcal{J}_0(-\Delta + 1)$. 这是 $\mathcal{H}$ 中的自伴算子, 其定义域为 $\mathscr{D}(L_0) = \mathscr{D}(L)$. 因为 $-\Delta + 1 \geqslant 1$, 所以引理 3.2.7 推出 $0 \notin \sigma(L_0)$. 注意到 $L = L_0 + \mathcal{J}_0(V - 1)$.

引理 3.2.8   对任意的 $r \geqslant 1$, 存在常数 $d_1, d_2 > 0$ 使得

$$d_1 \|z\|_{B_r}^r \leqslant \|L_0 z\|_{L^r}^r = \int_{\mathbb{R} \times \Omega} |L_0 z|^r dx dt \leqslant d_2 \|z\|_{B_r}^r, \quad \text{对所有的 } z \in B_r.$$

因此, $L_0 : B_r \to L^r$ 是同构的, $r \geqslant 1$.

证明   我们首先考虑 $\Omega = \mathbb{R}^N$. 令 $\mathcal{F}_t$ 和 $\mathcal{F}_x$ 分别是关于 t 和 x 的 Fourier 变换, 且 $\mathcal{F} := \mathcal{F}_t \circ \mathcal{F}_x$ 是关于 (t, x) 的 Fourier 变换. $z \in B_r(\mathbb{R} \times \mathbb{R}^N, \mathbb{R}^{2M})$ 当且仅当 $(1 + \tau^2 + |y|^4)^{\frac{1}{2}} |(\mathcal{F}z)(\tau, y)| \in L^r(\mathbb{R} \times \mathbb{R}^N)$. 后者又等价于 $(1 + \tau^2)^{\frac{1}{2}} |(\mathcal{F}_t z)(\tau, x)|$ 和 $(1 + |y|^4)^{\frac{1}{2}} |(\mathcal{F}_x z)(t, y)|$ 在 $L^r(\mathbb{R} \times \mathbb{R}^N)$ 中. 接下来我们看到下面的范数等价:

$$\|z\|_{B_r} \sim \left\| (1 + \tau^2 + |y|^4)^{\frac{1}{2}} (\mathcal{F}z)(\tau, y) \right\|_{L^r}$$
$$\sim \left\| (1 + \tau^2)^{\frac{1}{2}} (\mathcal{F}_t z)(\tau, x) \right\|_{L^r} + \left\| (1 + |y|^4)^{\frac{1}{2}} (\mathcal{F}_x z)(t, y) \right\|_{L^r}.$$

通过直接的计算得到

$$|(\mathcal{F}(L_0 z))(\tau, y)| = \left(\tau^2 + (1 + |y|^2)^2 \right)^{\frac{1}{2}} |(\mathcal{F}z)(\tau, y)|.$$

从而得到结论. 对于 Ω 有界的情况, 根据 $z \in B_r(\mathbb{R} \times \Omega, \mathbb{R}^{2M})$ 当且仅当 $\phi z \in B_r(\mathbb{R} \times \mathbb{R}^N, \mathbb{R}^{2M})$ 对所有的 $\phi \in \mathcal{C}_0^\infty(\mathbb{R} \times \Omega, \mathbb{R})$ 成立, 作相同的处理可以得到结论. ∎

现在我们回到自伴算子 L. 由引理 3.2.7, 存在 $b > 0$ 使得 $[-b, b] \cap \sigma(L) = \varnothing$. 令 $\{F_\lambda\}_{\lambda \in \mathbb{R}}$ 是 L 的谱族和 $U = 1 - 2F_0$. 则 U 是 $\mathcal{H}$ 的一个酉同构且有 $L = U|L| = |L|U$. 相应的正交分解为

$$\mathcal{H} = \mathcal{H}^- \oplus \mathcal{H}^+, \quad z = z^- + z^+,$$

其中 $\mathcal{H}^\pm = \{z \in \mathcal{H} : Uz = \pm z\}$. 由

$$\|Lz\|_{L^2}^2 = \int_{-\infty}^{-b} \lambda^2 d(F_\lambda z, z)_2 + \int_b^\infty \lambda^2 d(F_\lambda z, z)_2 \geqslant b^2 \|z\|_{L^2}^2$$

可以得到

$$\|Lz\|_{L^2}^2 \leqslant \|z\|_{L^2}^2 + \|Lz\|_{L^2}^2 \leqslant (1 + b^{-2})\|Lz\|_{L^2}^2. \tag{3.2.14}$$

因此, $\mathscr{D}(L)$ 是一个 Hilbert 空间, 其中内积为

$$(z_1, z_2)_L = (Lz_1, Lz_2)_2.$$

引理 3.2.9 如果 $0 \notin \sigma(S)$, 则对所有的 $z \in \mathscr{D}(L)$,

$$d_1 \|z\|_{B_2} \leqslant \|z\|_L \leqslant d_2 \|z\|_{B_2}.$$

证明 给定 $f_1, f_2 \in \mathcal{C}_0^\infty(\mathbb{R})$ 且 $g_1, g_2 \in \mathcal{C}_0^\infty(\Omega, \mathbb{R}^{2M})$, 分部积分得到

$$\int_{\mathbb{R} \times \Omega} \left(\langle (\partial_t f_1) J g_1, f_2 \cdot A g_2 \rangle + \langle f_1 \cdot A g_1, (\partial_t f_2) J g_2 \rangle \right)$$

$$= \left(\int_{\mathbb{R}} (\partial_t f_1) f_2 \right) \cdot \left(\int_\Omega \langle J g_1, A g_2 \rangle \right) + \left(\int_{\mathbb{R}} f_1 \partial_t f_2 \right) \cdot \left(\int_\Omega \langle A g_1, J g_2 \rangle \right)$$

$$= -\left(\int_{\mathbb{R}} f_1 \partial_t f_2 \right) \cdot \left(\int_\Omega \langle J g_1, A g_2 \rangle \right) + \left(\int_{\mathbb{R}} f_1 \partial_t f_2 \right) \cdot \left(\int_\Omega \langle J g_1, A g_2 \rangle \right)$$

$$= 0,$$

其中这里用到了 $J^{\mathrm{T}} A = A^{\mathrm{T}} J$. 则对 $z = \sum_{i=1}^n f_i g_i \in \mathcal{C}_0^\infty(\mathbb{R}) \otimes \mathcal{C}_0^\infty(\Omega, \mathbb{R}^{2M})$, 我们有

$$\|z\|_L^2 = \int_{\mathbb{R} \times \Omega} |Lz|^2 dx dt = \int_{\mathbb{R} \times \Omega} \left| \sum_{i=1}^n (J \partial_t (f_i g_i) + A(f_i g_i)) \right|^2 dx dt$$

$$= \int_{\mathbb{R}\times\Omega}(|\partial_t z|^2 + |Az|^2)dxdt$$

$$= \|\partial_t z\|_{L^2}^2 + \|Az\|_{L^2}^2. \tag{3.2.15}$$

因为 $\mathcal{C}_0^\infty(\mathbb{R}) \otimes \mathcal{C}_0^\infty(\Omega, \mathbb{R}^{2M})$ 在 $\mathscr{D}(L) = B_2(\mathbb{R}\times\Omega, \mathbb{R}^{2M})$ 中稠密, 等式 (3.2.15) 对所有的 $z \in \mathscr{D}(L)$ 都成立. ■

注 3.2.10　当 $\Omega = \mathbb{R}^N$ 时, 由引理 3.2.9 可知, 若 $N = 1$, 则 $\mathscr{D}(L)$ 连续嵌入到 $L^r(\mathbb{R}\times\mathbb{R}^N, \mathbb{R}^{2M})$ 以及紧嵌入到 $L_{\text{loc}}^r(\mathbb{R}\times\Omega, \mathbb{R}^{2M})$ 对任意的 $r \geqslant 2$ 成立; 若 $N \geqslant 2$, 则 $\mathscr{D}(L)$ 连续嵌入到 $L^r(\mathbb{R}\times\mathbb{R}^N, \mathbb{R}^{2M})$ 对任意的 r 满足 $0 \leqslant \left(\frac{1}{2} - \frac{1}{r}\right)\left(1 + \frac{N}{2}\right) \leqslant 1$ 成立, 以及紧嵌入到 $L_{\text{loc}}^r(\mathbb{R}\times\Omega, \mathbb{R}^{2M})$ 对任意的 $r \geqslant 2$ 且满足 $\left(\frac{1}{2} - \frac{1}{r}\right)\left(1 + \frac{N}{2}\right) < 1$ 成立. 当 Ω 为光滑有界区域时

$$\|u\|_{W^{s,r}(\Omega, \mathbb{R}^{2M})} = \inf_{\substack{g\in W^{k,r}(\mathbb{R}^N, \mathbb{R}^{2M}) \\ g|_\Omega = u}} \|g\|_{W^{k,r}(\mathbb{R}^N, \mathbb{R}^{2M})}.$$

因此, 上述嵌入结果对 Ω 有界仍然成立. 这里 "到 L_{loc}^r 中是紧的" 意味着嵌入 $\mathscr{D}(L) \to L^r((a,b)\times\Omega, \mathbb{R}^{2M})$ 是紧的对所有的 $-\infty < a < b < \infty$ 成立 (证明可参考 [42, 引理 A.1]).

令 $E = \mathscr{D}(|L|^{\frac{1}{2}})$ 且赋予内积为

$$(z_1, z_2) = (|L|^{\frac{1}{2}}z_1, |L|^{\frac{1}{2}}z_2)_{L^2},$$

以及范数为 $\|z\| = (z,z)^{\frac{1}{2}}$. 那么我们有如下分解:

$$E = E^- \oplus E^+, \quad \text{其中 } E^\pm = E \cap \mathcal{H}^\pm,$$

这是关于 $(\cdot,\cdot)_{L^2}$ 和 $(\cdot,\cdot)$ 的正交分解. 由此分解我们可以将 $z \in E$ 写为 $z = z^- + z^+$.

引理 3.2.11　若 $N = 1$, 则 E 连续嵌入到 $L^r(\mathbb{R}\times\Omega, \mathbb{R}^{2M})$ 以及紧嵌入到 $L_{\text{loc}}^r(\mathbb{R}\times\Omega, \mathbb{R}^{2M})$ 对任意的 $r \geqslant 2$ 成立; 若 $N \geqslant 2$, 则 E 连续嵌入到 $L^r(\mathbb{R}\times\Omega, \mathbb{R}^{2M})$ 对任意的 $r \in \left[2, \frac{2(N+2)}{N}\right]$ 成立, 以及紧嵌入到 $L_{\text{loc}}^r(\mathbb{R}\times\Omega, \mathbb{R}^{2M})$ 对任意的 $r \in \left[2, \frac{2(N+2)}{N}\right]$ 成立.

证明 我们仅仅考虑 $N \geqslant 2$ 且 $\Omega = \mathbb{R}^N$ 的情形. 由插值空间的定义可得

$$E = \mathscr{D}(|L|^{\frac{1}{2}}) \cong [\mathscr{D}(L), L^2]_{\frac{1}{2}}.$$

由注 3.2.10, 嵌入

$$E \cong [\mathscr{D}(L), L^2]_{\frac{1}{2}} \hookrightarrow [L^r, L^2]_{\frac{1}{2}} \hookrightarrow L^q$$

是连续的, 其中

$$r = \begin{cases} \infty, & N = 2, \\ \dfrac{2(N+2)}{N-2}, & N \geqslant 3 \text{ 且 } q \text{ 满足 } q = \dfrac{2(N+2)}{N}. \end{cases}$$

对于 $r \in (2, q)$, 由 Hölder 不等式推出

$$\|z\|_{L^r} \leqslant \|z\|_{L^2}^{1-\theta} \|z\|_{L^q}^{\theta}, \quad \theta = \frac{q(r-2)}{r(q-2)}.$$

因此, E 连续嵌入到 L^r 中对于 $r \in \left[2, \dfrac{2(N+2)}{N}\right]$ 成立. 类似地, 再次应用

注 3.2.10 得到 E 嵌入到 L^r_{loc} 中是紧的对于 $r \in \left[1, \dfrac{2(N+2)}{N}\right)$ 成立. ∎

引理 3.2.12 在定理 3.2.4 的假设下, 泛函 $\Phi: E \to \mathbb{R}$,

$$\Phi(z) = \frac{1}{2}\left(\|z^+\|^2 - \|z^-\|^2\right) - \int_{\mathbb{R} \times \Omega} H(t, x, z) dx dt$$

是 $\mathcal{C}^1(E, \mathbb{R})$ 的. Φ 的临界点是 (3.2.11) 的解并且是 $B_r(\mathbb{R} \times \Omega, \mathbb{R}^{2M})$ 中的元素, 其中 $2 \leqslant r < \infty$.

由引理 3.2.12, 只需证明 Φ 的临界点的存在性, 其中 Φ 定义在空间 $E = X \oplus Y$ 上, $X = E^+, Y = E^-$. 定理 3.2.4 的证明将借助于临界点定理 (定理 2.3.13). 首先我们验证泛函 Φ 满足定理 2.3.13 的条件.

因为 $H(t, x, z) \geqslant 0$, 所以泛函 $\Psi(z) = \int_{\mathbb{R} \times \Omega} H(t, x, z) dx dt$ 是下有界的. 令 $z_n \rightharpoonup z$. 则由引理 3.2.11 知在 L^2_{loc} 中 $z_n \to z$, 因此, $z_n(t, x) \to z(t, x)$ a.e. $(t, x) \in \mathbb{R} \times \Omega$. 由 Fatou 引理得到

$$\liminf_{n \to \infty} \int_{\mathbb{R} \times \Omega} H(t, x, z_n) dx dt \geqslant \int_{\mathbb{R} \times \Omega} \lim_{n \to \infty} H(t, x, z_n) dx dt$$
$$= \int_{\mathbb{R} \times \Omega} H(t, x, z) dx dt,$$

这就证明了 Ψ 的下半连续性. 对任意的 $\omega \in C_0^\infty$, 由 Lebesgue 控制收敛定理, 当 $n \to \infty$ 时得到

$$\Psi'(z_n)\omega = \int_{\mathbb{R} \times \Omega} H_z(t, x, z_n) \omega dx dt \to \Psi'(z)\omega.$$

再结合 (3.2.10) 推出 Ψ' 是弱序列连续的. 定理 2.3.7 的一个应用证明了 Φ 满足 (Φ_0).

注意到, 由 (H$_3$) 和 (H$_4$) 可得, 对任意的 $\varepsilon > 0$, 存在 c_ε 使得对所有的 (t, x, z),

$$H(t, x, z) \leqslant \varepsilon |z|^2 + c_\varepsilon |z|^\alpha. \tag{3.2.16}$$

因此, 对任意的 $z \in E^+$,

$$\Phi(z) \geqslant \frac{1}{2} \|z\|^2 - \varepsilon \|z\|_{L^2}^2 - c_\varepsilon \|z\|_{L^\alpha}^\alpha.$$

由 $\alpha > 2$, 我们不难验证 Φ 满足 (Φ_2): 存在 $r > 0$ 使得 $\kappa := \inf \Phi(S_r Y) > \Phi(0) = 0$.

选取 $e \in E^+$, $\|e\| = 1$. 由 (H$_2$) 和 (H$_3$) 可得, 对任意的 $\varepsilon > 0$, 存在 $c_\varepsilon > 0$ 使得对所有的 (t, x, z),

$$H(t, x, z) \geqslant c_\varepsilon |z|^\beta - \varepsilon |z|^2. \tag{3.2.17}$$

因此, 对 $z = z^- + \zeta e$, 我们有

$$\Phi(z) \leqslant \frac{1}{2}(\zeta^2 - \|z^-\|^2) + \varepsilon \|z\|_{L^2}^2 - c_\varepsilon \|z\|_{L^\beta}^\beta,$$

故存在 $R > r$ 使得 $\sup \Phi(\partial Q) = 0$, 其中 $Q := \{z + \zeta e : z \in E^-, \|z\| < R, 0 < \zeta < R\}$.

由定理 2.3.13 产生一列 $\{z_k\}$ 使得 $\Phi'(z_k) \to 0$ 且满足 $\Phi(z_k) \to c, \kappa \leqslant c \leqslant \sup \Phi(\bar{Q})$. 使用条件 (H$_2$)—(H$_4$), 不难验证 $\{z_k\}$ 是有界的. 我们断言: 存在 $a > 0$ 及 $\mathbb{R} \times \Omega$ 中的子列 $\{y_k\}$ 使得

$$\lim_{k \to \infty} \int_{B(y_k, 1)} |z_k|^2 dx dt \geqslant a. \tag{3.2.18}$$

若不然, 则由 Lions 集中紧原理的变形[106], 在 L^s 中 $z_k \to 0$ 对任意的 $s \in \left(2, \dfrac{2N+4}{N}\right)$ 成立. 由 (H$_3$) 和 (H$_4$) 可得, 对任意的 $\varepsilon > 0$, 存在 $c_\varepsilon > 0$ 使得对所有的 (t, x, z),

$$|H_z(t, x, z)| \leqslant c_\varepsilon |z|^{\alpha-1} + \varepsilon |z|.$$

因此, 由 Hölder 不等式我们得到

$$\lim_{k \to \infty} \int_{\mathbb{R}^{1+N}} H_z(t, x, z_k) z_k^{\pm} dx dt = 0,$$

则当 $k \to \infty$ 时

$$\|z_k^+\|^2 = \Phi'(z_k) z_k^+ + \int_{\mathbb{R} \times \Omega} H_z(t, x, z_k) z_k^+ dx dt \to 0.$$

这意味着 $\lim_{k \to \infty} \Phi(z_k) \leqslant 0$, 矛盾. 由 (3.2.18) 我们可以假设存在与 k 无关的常数 $\rho > 0$, 以及当 Ω 有界时, 存在 $y_k' \in T_0\mathbb{Z}$, 当 $\Omega = \mathbb{R}^N$ 时, 存在 $y_k' \in T_0\mathbb{Z} \times \cdots \times T_N\mathbb{Z}$ 使得

$$\int_{B(y_k', \rho)} |z_k|^2 dx dt > \frac{a}{2}. \tag{3.2.19}$$

我们通过 y_k' 改变 z_k 得到 $\bar{z}_k := y_k' * z_k$. 显然 $\|\bar{z}_k\| = \|z_k\|$, 并且我们可假设 $\bar{z}_k$ 在 E 中 $\bar{z}_k \rightharpoonup z$, 在 $L^2_{\mathrm{loc}}(\mathbb{R} \times \Omega, \mathbb{R}^{2M})$ 中 $\bar{z}_k \to z$. 由 (3.2.19) 和 H 的周期性, 我们得到 $z \neq 0$ 且 $\Phi'(z) = 0$.

接下来我们证明定理 3.2.5.

我们将应用定理 2.3.17. 前面我们已经证明了 (Φ_0) 和 (Φ_2). 因为 H 关于 z 是偶的, 并且 $H(t, x, 0) = 0$, 显然 (Φ_1) 满足. 正如定理 3.2.4 的证明中构造环绕结构一样, (Φ_4) 也满足. 若

$$\text{系统 (3.2.11) 只有有限多个几何意义上不同的解,} \tag{3.2.20}$$

我们将证明条件 (Φ_I) 满足. 那么应用定理 2.3.17, 我们能得到一列无界的临界值, 这与 (3.2.20) 矛盾. 因此, (3.2.20) 不成立, 并且系统 (3.2.11) 有无穷多个几何意义上不同的解. 因此我们现在假设 (3.2.20) 成立. 注意到, 存在 $\alpha > 0$ 使得

$$\inf \Phi(\mathcal{K}) > \alpha,$$

其中 $\mathcal{K} := \{z \in E \setminus \{0\} : \Phi'(z) = 0\}$. 令 $\mathcal{F} \subset \mathcal{K}$ 表示在 $\mathbb{Z}^{1+N}$ 的作用下任意选择的 $\mathcal{K}$ 的轨道所组成的集合. 由于 H 关于 z 是偶的, 我们可以假设 $\mathcal{F} = -\mathcal{F}$. 对任意的 r, 用 $[r]$ 表示 r 的整数部分. 我们有:

$(\star)$ 令 $\{z_n\}$ 是 Φ 的 $(PS)_c$-序列. 则 $c \geqslant 0, \{z_n\}$ 是有界的, 并且要么 $z_n \to 0$ (对应的 $c = 0$); 要么 $c \geqslant \alpha$, 并且存在 $l \leqslant \left[\dfrac{c}{\alpha}\right], w_i \in \mathcal{F}, i = 1, \cdots, \ell$, 以及若 Ω 是有界的, 存在 ℓ 个序列 $\{a_{in}\} \subset \mathbb{Z}$, 若 $\Omega = \mathbb{R}^N$, 存在 ℓ 个序列 $\{a_{in}\} \subset \mathbb{Z}^{1+N}$, $i = 1, \cdots, \ell$ 使得

$$\left\| z_n - \sum_{i=1}^{\ell} a_{in} * w_i \right\| \to 0, \quad n \to \infty,$$

$$|a_{in} - a_{jn}| \to \infty, \quad n \to \infty, \quad \text{若 } i \neq j,$$

并且

$$\sum_{i=\ell}^{\ell} \Phi(w_i) = c.$$

给定一个紧区间 $J \subset (0, \infty)$, $d := \max J$, 令 $\ell := \left[\dfrac{d}{\alpha}\right]$ 且当 Ω 有界时, 令

$$[\mathcal{F}, \ell] := \left\{ \sum_{i=1}^{j} k_i * w_i : 1 \leqslant j \leqslant l, k_i \in \mathbb{Z}, w_i \in \mathcal{F} \right\};$$

当 $\Omega = \mathbb{R}^N$ 时, 令

$$[\mathcal{F}, \ell] := \left\{ \sum_{i=1}^{j} k_i * w_i : 1 \leqslant j \leqslant l, k_i \in \mathbb{Z}^{1+N}, w_i \in \mathcal{F} \right\}.$$

作为 $(\star)$ 的结果, 我们知道 $[\mathcal{F}, \ell]$ 是一个 $(PS)_J$-吸引集. 不难证明

$$\inf\{\|u^+ - v^+\| : u, v \in [\mathcal{F}, \ell], u^+ \neq v^+\} > 0$$

(参看 [36]). 因此 (Φ_I) 满足并且定理 3.2.5 证明完.

3.3   扩散问题的集中行为

考虑下面的反应-扩散系统:

$$\begin{cases} \partial_t u = \varepsilon^2 \Delta_x u - u - V(x)u = \partial_v H(u, v), \\ \partial_t v = -\varepsilon^2 \Delta_x v + v + V(x)v = \partial_u H(u, v), \end{cases} \tag{3.3.1}$$

即考虑下面等价的系统

$$\begin{cases} \partial_t u = \Delta_x u - u - V_\varepsilon(x)u = \partial_v H(u, v), \\ \partial_t v = -\Delta_x v + v + V_\varepsilon(x)v = \partial_u H(u, v), \end{cases} \tag{3.3.2}$$

其中 $V_\varepsilon(x) = V(\varepsilon x)$. 假设 Hamilton 量 $H : \mathbb{R}^M \times \mathbb{R}^M \to \mathbb{R}$ 有 $H(\xi) = G(|\xi|) := \displaystyle\int_0^{|\xi|} g(s)s\,ds$ 的形式并且 g 满足

(H_1) $g \in \mathcal{C}[0,\infty) \cap \mathcal{C}^1(0,\infty)$ 且满足 $g(0)=0, g'(s) \geqslant 0, g'(s)s = o(s)$, 以及 存在常数 $C > 0$ 使得对任意的 $s \geqslant 1$, 我们有

$$g'(s) \leqslant Cs^{\frac{4-N}{N}}.$$

(H_2) 函数 $s \mapsto g(s) + g'(s)s$ 在 $\mathbb{R}^+$ 上是严格递增的.

(H_3) (i) 存在常数 $\beta > 2$ 使得 $0 < \beta G(s) \leqslant g(s)s^2, \forall s > 0$;

(ii) 存在常数 $\alpha > 2$ 以及 $p \in \left(2, \dfrac{2(N+2)}{N}\right)$ 使得 $g(s) \leqslant \alpha s^{p-2}, \forall s \geqslant 1$.

一般来说, 条件 (H_2) 可被替换为限制 $\nabla^2 H(\xi)$ 在原点以及无穷远处的增长性, 然而我们发现单调性将本质地成为证明中的关键所在. 假设条件 (H_3) 是关于 G 的标准超二次假设. 这样的假设也可以被替换为下面渐近二次假设: 我们首先记 $\hat{G}(s) := \dfrac{1}{2}g(s)s^2 - G(s)$, 并假设

(H_3') (i) 存在常数 $b > 1 + \sup|V|$ 使得当 $s \to \infty$ 时, $g(s) \to b$;

(ii) 当 $s > 0$ 时, $\hat{G}(s) > 0$ 且当 $s \to \infty$ 时, $\hat{G}(s) \to \infty$.

此时, 我们的结论为

定理 3.3.1 [59] 设 (V), (H_1)—(H_2) 以及 (H_3) 或 (H_3') 成立. 此外, 存在 $\mathbb{R}^N$ 中的一个有界开集 Λ 使得

$$\underline{c} := \min_\Lambda V < \min_{\partial\Lambda} V. \tag{3.3.3}$$

则对充分小的 $\varepsilon > 0$, 系统 (3.3.1) 拥有一个非平凡解 $\tilde{z}_\varepsilon = (u_\varepsilon, v_\varepsilon) \in B^r(\mathbb{R} \times \mathbb{R}^N, \mathbb{R}^{2M}), \forall r \geqslant 2$ 且满足

(i) 存在 $y_\varepsilon \in \Lambda$ 使得 $\lim\limits_{\varepsilon \to 0} V(y_\varepsilon) = \underline{c}$ 且对任意的 $\rho > 0$, 我们有

$$\liminf_{\varepsilon \to 0} \varepsilon^{-N} \int_\mathbb{R} \int_{B_{\varepsilon\rho}(y_\varepsilon)} |\tilde{z}_\varepsilon|^2 dxdt > 0,$$

以及对任意的 $t \in \mathbb{R}$, 我们有

$$\lim_{\substack{R \to \infty \\ \varepsilon \to 0}} \|\tilde{z}_\varepsilon(t, \cdot)\|_{L^\infty(\mathbb{R}^N \setminus B_{\varepsilon R}(y_\varepsilon))} = 0;$$

(ii) 记 $w_\varepsilon(t,x) = \tilde{z}_\varepsilon(t, \varepsilon x + y_\varepsilon)$, 则当 $\varepsilon \to 0$ 时, v_ε 在 $B^2(\mathbb{R} \times \mathbb{R}^N, \mathbb{R}^{2M})$ 中收敛到极限方程

$$\begin{cases} \partial_t u = \Delta_x u - u - \underline{c}v + \partial_v H(u,v), \\ \partial_t v = -\Delta_x v + v + \underline{c}u - \partial_u H(u,v) \end{cases}$$

的极小能量解.

作为定理 3.3.1 的一个推论, 参考 [59], 我们有

推论 3.3.2 设 (V), (H₁)—(H₂) 以及 (H₃) 或 (H₃') 成立. 此外, 存在 $\mathbb{R}^N$ 中互不相交的有界区域 $\Lambda_j, j = 1, \cdots, k$ 以及常数 $c_1 < c_2 < \cdots < c_k$, 使得

$$c_j := \min_{\Lambda_j} V < \min_{\partial \Lambda_j} V. \tag{3.3.4}$$

则对充分小的 $\varepsilon > 0$, 系统 (3.3.1) 至少拥有 k 个非平凡解 $\tilde{z}_\varepsilon^j = (u_\varepsilon^j, v_\varepsilon^j) \in B^r(\mathbb{R} \times \mathbb{R}^N, \mathbb{R}^{2M})(j = 1, \cdots, k), \forall r \geqslant 2$ 且满足

(i) 对每一个 Λ_j, 存在 $y_\varepsilon^j \in \Lambda^j$ 使得 $\lim\limits_{\varepsilon \to 0} V(y_\varepsilon^j) = c_j$, 且对任意的 $\rho > 0$, 我们有

$$\liminf_{\varepsilon \to 0} \varepsilon^{-N} \int_\mathbb{R} \int_{B_{\varepsilon\rho}(y_\varepsilon^j)} |\tilde{z}_\varepsilon^j|^2 dx dt > 0,$$

以及对任意的 $t \in \mathbb{R}$, 我们有

$$\lim_{\substack{R \to \infty \\ \varepsilon \to 0}} \|\tilde{z}_\varepsilon^j(t, \cdot)\|_{L^\infty(\mathbb{R}^N \setminus B_{\varepsilon R}(y_\varepsilon^j))} = 0;$$

(ii) 记 $w_\varepsilon^j(t, x) = \tilde{z}_\varepsilon^j(t, \varepsilon x + y_\varepsilon^j)$, 则当 $\varepsilon \to 0$ 时, v_ε 在 $B^2(\mathbb{R} \times \mathbb{R}^N, \mathbb{R}^{2M})$ 中收敛到极限方程

$$\begin{cases} \partial_t u = \Delta_x u - u - c_j v + \partial_v H(u, v), \\ \partial_t v = -\Delta_x v + v + c_j u - \partial_u H(u, v) \end{cases}$$

的极小能量解.

在叙述抽象定理之前, 我们介绍一些记号和定义. 记 E 是一个实 Hilbert 空间, 用 $\langle \cdot, \cdot \rangle$ 表示 E 上的标量内积, 并用 $\| \cdot \|$ 表示 E 上的范数. E 的对偶空间记作 E^*. 用 $\mathcal{C}^k(E, \mathbb{R})$, $k \geqslant 1$, 记作 k-次 Frechét 可微的泛函空间. 符号 $\mathscr{L}(E)$ 表示所有 E 上的有界线性映射, 并赋予一般的算子范数; 用 $\mathscr{L}_s(E)$ 表示上述空间赋予了强算子拓扑. 算子 A 在 $\mathscr{L}(E)$ 中的对偶算子记作 A^*. 用 E_w 表示空间 E 赋予的弱拓扑. 对于李群 G, 用 $\mathscr{T} : G \to U(E)$ 代表 G 到 E 上的酉算子. 记 $\mathscr{G} = \mathscr{T}(G)$, 在不发生混淆的时候, 直接用 $\mathscr{G}$ 代替 G 来表示该李群.

定义 3.3.3 设 $M \subset E$ 且对每个 $g \in \mathscr{G}$ 都有 $g(M) = M$, 则称 M 是 $\mathscr{G}$-不变的. 设 Φ 是定义在 E 上的泛函且对每个 $g \in \mathscr{G}$ 都有 $\Phi \circ g = \Phi$, 则称 Φ 是 $\mathscr{G}$-不变的. 设 $h : E \to E$ 是 E 上的映射且对每个 $g \in \mathscr{G}$ 都有 $h \circ g = g \circ h$, 则称映

射 h 是 $\mathscr{G}$-等变的.

设 $\{A_\varepsilon\}_{\varepsilon>0} \subset \mathscr{L}(E)$ 是一族 $\mathscr{G}$-等变的自伴算子. $\{\Psi_\varepsilon\}_{\varepsilon>0} \subset \mathcal{C}^2(E, \mathbb{R})$ 是一族 $\mathscr{G}$-不变泛函, 记 $\psi_\varepsilon := \nabla\Psi_\varepsilon : E \to E$. 考虑 E 上的直和分解 $E = X \oplus Y$ 满足 X 及 Y 都是 $\mathscr{G}$-不变正交子空间, 用 P^X 及 P^Y 分别表示对应的投影, 对于 $z \in E$, 记 $z^X := P^X z$ 以及 $z^Y := P^Y z$. 接下来, 对 $\varepsilon > 0$ 充分小时, 我们将考虑如下泛函的临界点

$$\Phi_\varepsilon : E \to \mathbb{R}, \quad \Phi_\varepsilon(z) := \frac{1}{2}\big(\|z^X\|^2 - \|z^Y\|^2\big) + \frac{1}{2}\langle A_\varepsilon z, z \rangle - \Psi_\varepsilon(z).$$

设 $A_0 \in \mathscr{L}(E)$ 是一个 $\mathscr{G}$-等变自伴算子且 Ψ_0 为 $\mathscr{G}$-不变的 $\mathcal{C}^2$ 泛函, 记 $\psi_0 := \nabla\Psi_0 : E \to E$. 则作为奇异极限泛函, 我们将考察

$$\Phi_0 : E \to \mathbb{R}, \quad \Phi_0(z) := \frac{1}{2}\big(\|z^X\|^2 - \|z^Y\|^2\big) + \frac{1}{2}\langle A_0 z, z \rangle - \Psi_0(z).$$

注意到, 我们考虑的是当参数 ε 充分小时的变分问题, 故可选取 $\mathcal{E} = [0, 1]$, 我们将考虑泛函族 $\{\Phi_\varepsilon\}_{\varepsilon\in\mathcal{E}} := \{\Phi_0\} \cup \{\Phi_\varepsilon\}_{\varepsilon\in(0,1]}$. 现在, 我们将假设这些泛函族满足

(A1) 存在 $\theta \in (0, 1)$ 使得 $\sup\limits_{\varepsilon\in(0,1]} \|A_\varepsilon\| \leqslant \theta$;

(A2) 在 $\mathscr{L}_s(E)$ 中, 当 $\varepsilon \to 0$ 时, $A_\varepsilon \to A_0$;

(N1) 对每个 $\varepsilon \in \mathcal{E}, \Psi_\varepsilon$ 是非负凸泛函且 $\psi_\varepsilon : E_w \to E_w$ 序列连续的;

(N2) 对每个 $z \in E$, 在 E 中, 当 $\varepsilon \to 0$ 时有 $\psi_\varepsilon(z) \to \psi_0(z)$;

(N3) 存在与 ε 无关的函数 $\kappa \in \mathcal{C}(\mathbb{R}^+, \mathbb{R}^+)$, 使得对所有 $z, v, w \in E$ 以及 $\varepsilon \in \mathcal{E}$ 都有

$$\big|\Psi_\varepsilon''(z)[v, w]\big| \leqslant \kappa(\|z\|) \cdot \|v\| \cdot \|w\|;$$

(N4) 对所有的 $\varepsilon \in \mathcal{E}$ 以及 $z \in E \setminus \{0\}, \widehat{\Psi}_\varepsilon(z) := \frac{1}{2}\Psi_\varepsilon'(z)z - \Psi_\varepsilon(z) > 0$, 并且 $\widehat{\Psi}_\varepsilon : E_w \to \mathbb{R}$ 是序列下半连续的;

(N5) 对任意的 $\varepsilon \in \mathcal{E}$, 任取 $z \in E \setminus \{0\}$ 及 $w \in E$ 都成立

$$\big(\Psi_\varepsilon''(z)[z, z] - \Psi_\varepsilon'(z)z\big) + 2\big(\Psi_\varepsilon''(z)[z, w] - \Psi_\varepsilon'(z)w\big) + \Psi_\varepsilon''(z)[w, w] > 0.$$

定义 3.3.4 一个 $\mathscr{G}$-不变泛函 $\Phi \in C^1(E, \mathbb{R})$ 称作满足 $\mathscr{G}$-弱 $(C)_c$-条件, 如果对任意 $(C)_c$-序列 $\{z_n\}$ 都存在相应的 $\{g_n\} \subset \mathscr{G}$ 使得 $\{g_n z_n\}$ 在子列意义下弱收敛并且弱极限在 $E \setminus \{0\}$ 中.

下面, 我们将利用上述引进的概念和条件对泛函族 $\{\Phi_\varepsilon\}_{\varepsilon\in\mathcal{E}}$ 作出下述抽象

定理:

定理 3.3.5　设泛函族 $\{\Phi_\varepsilon\}_{\varepsilon \in \mathcal{E}}$ 满足 (A1)—(A2), (N1)—(N5) 且

(I1) 存在与 ε 无关的常数 $\rho, \tau > 0$, 使得 $\Phi_\varepsilon|_{B_\rho^X} \geqslant 0$ 以及 $\Phi_\varepsilon|_{S_\rho^X} \geqslant \tau$, 其中 $B_\rho^X := B_\rho \cap X = \{z \in X : \|z\| \leqslant \rho\}$ 以及 $S_\rho^X := \partial B_\rho^X = \{z \in X : \|z\| = \rho\}$;

(I2) 对任意的 $e \in X \setminus \{0\}$, 记 $E_e = \mathbb{R}^+ e \oplus Y$, 则当 $z \in E_e$ 且 $\|z\| \to \infty$ 时, $\sup\limits_{z \in E_e} \Phi_0(z) = \infty$ 或 $\Phi_0(z) \to -\infty$.

此外, 对任意的 $c \in \mathbb{R} \setminus \{0\}$ 及 $\varepsilon \neq 0$, Φ_ε 还满足 $\mathscr{G}$-弱 $(C)_c$-条件, 以及

$$c_0 = \inf_{e \in X} \sup_{z \in E_e} \Phi_0(z) < \infty$$

是 Φ_0 的临界值, 那么

(1) 对充分小的 ε, Φ_ε 都有一个临界值

$$c_\varepsilon = \inf_{e \in X} \sup_{z \in E_e} \Phi_\varepsilon(z);$$

(2) c_ε 是 Φ_ε 的极小能量, 并且当 $\varepsilon \to 0$ 时, $c_\varepsilon \leqslant c_0 + o_\varepsilon(1)$.

注 3.3.6　定理 3.3.5 似乎是关于强不定奇异扰动的第一个抽象定理. 条件 (I1) 与 (I2) 是关于泛函族的几何假设, 它们刻画了强不定泛函的环绕结构. 条件 (I2) 放松了 [58, 62] 中关于非线性 Dirac 方程的假设.

注 3.3.7　定理 3.3.5 中, c_0 是 Φ_0 的临界值这一假设在应用中并不难验证. 事实上, 我们所面对的极限问题往往是一个自治系统, 如此一来其对应的能量泛函 Φ_0 将在一个包含 $\mathscr{G}$ 的更大的李群作用下不变. 因此, c_0 的存在性以及极小极大刻画将由标准的变分理论得到. 定理 3.3.5 中的第二个结论目前是最优的, 并在后续的应用中是关键的 (关于 Schrödinger 方程的研究参见 [45, 95] 等, 关于 Dirac 方程的研究参见 [58, 62]).

注 3.3.8　正如上面所说, Φ_0 虽然是 $\mathscr{G}$-不变的, 但我们不能期盼 Φ_0 满足 $\mathscr{G}$-弱 $(C)_c$-条件. 这是因为存在另一个李群 $\mathscr{G}'$ 使得 $\mathscr{G} \subsetneqq \mathscr{G}'$ 并且 Φ_0 是 $\mathscr{G}'$-不变的. 事实上, 在应用中, 我们会看到定理 3.3.5 并不是平凡的, 因为我们将处理的问题中 Φ_0 并不会像 Φ_ε 一样满足所谓的 $\mathscr{G}$-弱 $(C)_c$-条件. 因此, 我们的证明并不单单随着参数 ε 的变化取极限这么简单.

定理 3.3.5 的证明需要一些其他的引理. 在证明定理 3.3.5 之前, 我们总假设定理 3.3.5 的所有假设成立.

注意到 $\Psi_\varepsilon(z) \geqslant 0$, 并且由 (N1) 可推出

$$\Psi_\varepsilon''(z)[w, w] \geqslant 0, \quad \forall w \in E.$$

事实上, 上式利用了 $\Psi_\varepsilon \in \mathcal{C}^2(E, \mathbb{R})$ 以及 Ψ_ε 对每个 $\varepsilon \in \mathcal{E}$ 都满足凸性. 再由 (I1), 可得 $\Phi_\varepsilon(0) \geqslant 0$, 进而我们得到 $\Psi_\varepsilon(0) = 0$. 此外, 由 (N3) 可得

$$\Psi_\varepsilon(z) = \int_0^1 \int_0^t \Psi_\varepsilon''(sz)[z, z] ds dt \leqslant C(\kappa, \|z\|) \|z\|^2, \quad \forall z \in E, \tag{3.3.5}$$

其中 $C(\kappa, \|z\|) > 0$ 是仅依赖于函数 κ 以及 $\|z\|$ 的常数.

下面, 固定 $\varepsilon \in \mathcal{E}$, 我们定义非线性泛函 $\phi_v : Y \to \mathbb{R}$ 为

$$\phi_v(w) = \Phi_\varepsilon(v + w), \quad \forall v \in X.$$

由 (A1) 与 (A2) 我们得到 $\sup_{\varepsilon \in \mathcal{E}} \|A_\varepsilon\| \leqslant \theta < 1$, 进而可推出

$$\phi_v(w) \leqslant \frac{1 + \theta}{2} \|v\|^2 - \frac{1 - \theta}{2} \|w\|^2. \tag{3.3.6}$$

此外, 简单地估计可得

$$\phi_v''(w)[z, z] = -\|z\|^2 + \langle A_\varepsilon z, z \rangle - \Psi_\varepsilon''(v + w)[z, z]$$

$$\leqslant -(1 - \theta) \|z\|^2 \tag{3.3.7}$$

对任意的 $w, z \in Y$ 成立.

因此, 由 (3.3.6) 以及 (3.3.7), 我们得到 ϕ_v 是严格凹的且当 $\|w\| \to \infty$ 时, $\phi_v(w) \to -\infty$. 从而由 ϕ_v 的弱上半连续性即得存在 ϕ_v 的唯一的最大值点 $h_\varepsilon(v)$, 且 $h_\varepsilon(v)$ 为 ϕ_v 在 Y 上的唯一临界点. 如此定义的映射 $h_\varepsilon : X \to Y$ 可以看作 Φ_ε 在 X 上的一个约化映射且满足

$$\Phi_\varepsilon\big(v + h_\varepsilon(v)\big) = \phi_v\big(h_\varepsilon(v)\big) = \max_{w \in Y} \phi_v(w) = \max_{w \in Y} \Phi_\varepsilon(v + w). \tag{3.3.8}$$

由 (3.3.8), 我们就有

$$\begin{aligned}
0 \leqslant {} & \Phi_\varepsilon\big(v + h_\varepsilon(v)\big) - \Phi_\varepsilon(v) \\
= {} & -\frac{1}{2} \|h_\varepsilon(v)\|^2 + \frac{1}{2} \langle A_\varepsilon(v + h_\varepsilon(v)), v + h_\varepsilon(v) \rangle \\
& - \Psi_\varepsilon\big(v + h_\varepsilon(v)\big) - \frac{1}{2} \langle A_\varepsilon v, v \rangle + \Psi_\varepsilon(v) \\
\leqslant {} & -\frac{1}{2} \|h_\varepsilon(v)\|^2 + \frac{\theta}{2} \|h_\varepsilon(v)\|^2 + \frac{\theta}{2} \|v\|^2 + \frac{\theta}{2} \|v\|^2 + \Psi_\varepsilon(v)
\end{aligned}$$

对所有 $v \in X$ 成立. 因此

$$\|h_\varepsilon(v)\|^2 \leqslant \frac{2\theta}{1-\theta}\|v\|^2 + \frac{2}{1-\theta}\Psi_\varepsilon(v).$$

由上式以及 Ψ_ε 的有界性 (可见 (3.3.5)), 可得 h_ε 是有界映射. 如果 $v \in X$ 以及 $g \in \mathscr{G}$, 则由 Φ_ε 的不变性以及 (3.3.8), 可得

$$\begin{aligned}
\Phi_\varepsilon\big(gv + h_\varepsilon(gv)\big) &= \Phi_\varepsilon\big(v + g^{-1}h_\varepsilon(gv)\big) \leqslant \Phi_\varepsilon\big(v + h_\varepsilon(v)\big) \\
&= \Phi_\varepsilon\big(gv + gh_\varepsilon(v)\big) \leqslant \Phi_\varepsilon\big(gv + h_\varepsilon(gv)\big).
\end{aligned}$$

因此, 我们得到

$$\Phi_\varepsilon\big(gv + gh_\varepsilon(v)\big) = \Phi_\varepsilon\big(gv + h_\varepsilon(gv)\big).$$

再结合 (3.3.8) 就有 $g \circ h_\varepsilon = h_\varepsilon \circ g$, 即 h_ε 是 $\mathscr{G}$-等变映射.

下面我们定义 $\pi : X \times Y \to Y$ 为

$$\pi(v, w) = P^Y \circ \mathcal{R} \circ \Phi_\varepsilon'(v + w) = P^Y \circ \nabla\Phi_\varepsilon(v + w),$$

其中 P^Y 是正交投影以及 $\mathcal{R} : E^* \to E$ 表示由 Riesz 定理得到的同胚映射. 注意到, 对任意 $v \in X$, 由 h_ε 的定义得到

$$0 = \phi_v'\big(h_\varepsilon(v)\big)w = \Phi_\varepsilon'\big(v + h_\varepsilon(v)\big)w, \quad \forall w \in Y.$$

这就蕴含着

$$\pi\big(v, h_\varepsilon(v)\big) = 0, \quad \forall v \in X. \tag{3.3.9}$$

注意到, $\partial_w \pi(v, w) = P^Y \circ \mathcal{R} \circ \Phi_\varepsilon''(v + w)\big|_Y$ 是 Y 上的有界线性算子且由 (3.3.7), 我们立即得到 $\partial_w \pi(v, w)$ 是一个同胚映射并满足

$$\big\|\partial_w \pi(v, w)^{-1}\big\| \leqslant \frac{1}{1-\theta}, \quad \forall v \in X. \tag{3.3.10}$$

因此, 由 (3.3.9), (3.3.10) 以及隐函数定理, 我们就得到 $h_\varepsilon : X \to Y$ 具有 $\mathcal{C}^1$ 光滑性且

$$h_\varepsilon'(v) = -\partial_w \pi\big(v, h_\varepsilon(v)\big)^{-1} \circ \partial_v \pi\big(v, h_\varepsilon(v)\big), \quad \forall v \in X,$$

其中 $\partial_v \pi(v, w) = P^Y \circ \mathcal{R} \circ \Phi_\varepsilon''(v + w)\big|_X$.

现在, 记

$$I_\varepsilon : X \to \mathbb{R}, \quad I_\varepsilon(v) = \Phi_\varepsilon\big(v + h_\varepsilon(v)\big).$$

我们就有 $I_\varepsilon \in \mathcal{C}^1(X, \mathbb{R})$ 是良定义的 $\mathscr{G}$-不变泛函. 并且由之前的讨论, 我们有

命题 3.3.9 设 (A1)—(A2), (N1) 以及 (N3) 成立. 则对每个 $\varepsilon \in \mathcal{E}$ 都有 $I_\varepsilon \in \mathcal{C}^1(X, \mathbb{R})$, 并且 I_ε 的临界点与 Φ_ε 临界点之间存在 1-1 对应关系, 即 $v \mapsto v + h_\varepsilon(v)$ 是上述两个泛函的临界点集之间的同胚映射. 此外, 如果 $\{v_n\} \subset X$ 是 I_ε 的 $(C)_c$-序列, 则 $\{v_n + h_\varepsilon(v_n)\}$ 就是 Φ_ε 的 $(C)_c$-序列.

注 3.3.10 上述命题中的第二个结论似乎并不是直接看得出来的, 但是, 通过求 I_ε 的导数, 我们看到

$$I'_\varepsilon(v)w = \Phi'_\varepsilon\big(v + h_\varepsilon(v)\big)\big(w + h'_\varepsilon(v)w\big) = \Phi'_\varepsilon\big(v + h_\varepsilon(v)\big)(w + y)$$

对所有 $v, w \in X$ 以及 $y \in Y$ 成立. 因此 $\|I'_\varepsilon(v)\|_X = \big\|\Phi'_\varepsilon\big(v + h_\varepsilon(v)\big)\big\|_{E^*}$, 这就是命题 3.3.9 中的第二句话. 这里, 我们要指出关于强不定泛函在 E^+ 上的约化 (在强可微性条件下) 已经有广泛的应用, 可参见 [118, 119]. 约化方法可以分为两个步骤: 首先将约化到整个 E^+ 上然后再将新泛函约化到一个 E^+ 中的 Nehari 流形上. 我们将考察在几何条件 (I2) 下的泛函, 上述文献中的所谓的 Nehari 流形将不能完全定义在 E^+ 中的每个方向, 故而我们将利用截然不同的一些方法.

为了阐述我们的下一个结论, 首先给出一些观察. 事实上, 由 $h_\varepsilon(v)$ 的定义, 若记 $z = w - h_\varepsilon(v)$, 其中 $w \in Y$ 并令 $l(t) := \Phi_\varepsilon\big(v + h_\varepsilon(v) + tz\big)$, 我们就有 $l(1) = \Phi_\varepsilon(v + w)$, $l(0) = \Phi_\varepsilon\big(v + h_\varepsilon(v)\big)$ 以及 $l'(0) = 0$. 所以, 利用等式 $l(1) - l(0) = \int_0^1 (1-s)l''(s)ds$, 我们即得

$$\Phi_\varepsilon(v + w) - \Phi_\varepsilon\big(v + h_\varepsilon(v)\big) = \int_0^1 (1-s)\Phi''_\varepsilon\big(v + h_\varepsilon(v) + sz\big)[z, z]ds$$

$$= -\int_0^1 (1-s)\big(\|z\|^2 - \langle A_\varepsilon z, z\rangle\big)ds$$

$$- \int_0^1 (1-s)\Psi''_\varepsilon\big(v + h_\varepsilon(v) + sz\big)[z, z]ds.$$

因此,

$$\Phi_\varepsilon\big(v + h_\varepsilon(v)\big) - \Phi_\varepsilon(v + w)$$
$$= \frac{1}{2}\|z\|^2 - \frac{1}{2}\langle A_\varepsilon z, z\rangle + \int_0^1 (1-s)\Psi''_\varepsilon\big(v + h_\varepsilon(v) + sz\big)[z, z]ds \qquad (3.3.11)$$

对所有 $v \in X$ 以及 $w \in Y$ 成立.

引理 3.3.11　设 (A1)—(A2) 以及 (N1)—(N3) 成立, 则对每个 $v \in X$, 当 $\varepsilon \to 0$ 时, 在 Y 中都有 $h_\varepsilon(v) \to h_0(v)$.

证明　为了简化符号, 记 $z_\varepsilon = v + h_\varepsilon(v)$, $w = v + h_0(v)$ 以及 $v_\varepsilon = z_\varepsilon - w$. 当 $\varepsilon \to 0$ 时, 我们将证明 $\|v_\varepsilon\| \to 0$.

考虑到

$$\Phi_\varepsilon(z) = \Phi_0(z) + \frac{1}{2}\langle (A_\varepsilon - A_0)z, z \rangle - \big(\Psi_\varepsilon(z) - \Psi_0(z)\big), \quad \forall z \in E.$$

我们能推出

$$\begin{aligned}
&\big(\Phi_\varepsilon(z_\varepsilon) - \Phi_\varepsilon(w)\big) + \big(\Phi_0(w) - \Phi_0(z_\varepsilon)\big)\\
&= \frac{1}{2}\langle (A_\varepsilon - A_0)z_\varepsilon, z_\varepsilon \rangle - \frac{1}{2}\langle (A_\varepsilon - A_0)w, w \rangle + \big(\Psi_0(z_\varepsilon) - \Psi_0(w)\big)\\
&\quad - \big(\Psi_\varepsilon(z_\varepsilon) - \Psi_\varepsilon(w)\big).
\end{aligned} \tag{3.3.12}$$

注意到

$$\Psi_0(z_\varepsilon) - \Psi_0(w) = \Psi_0'(w)v_\varepsilon + \int_0^1 (1-s)\Psi_0''(w + sv_\varepsilon)[v_\varepsilon, v_\varepsilon]ds, \tag{3.3.13}$$

$$\Psi_\varepsilon(z_\varepsilon) - \Psi_\varepsilon(w) = \Psi_\varepsilon'(w)v_\varepsilon + \int_0^1 (1-s)\Psi_\varepsilon''(w + sv_\varepsilon)[v_\varepsilon, v_\varepsilon]ds, \tag{3.3.14}$$

以及由 (3.3.11) 能推出

$$\begin{aligned}
&\Phi_\varepsilon(z_\varepsilon) - \Phi_\varepsilon(w)\\
&= \frac{1}{2}\|v_\varepsilon\|^2 - \frac{1}{2}\langle A_\varepsilon v_\varepsilon, v_\varepsilon \rangle + \int_0^1 (1-s)\Psi_\varepsilon''(z_\varepsilon - sv_\varepsilon)[v_\varepsilon, v_\varepsilon]ds,
\end{aligned} \tag{3.3.15}$$

以及

$$\begin{aligned}
&\Phi_0(z_\varepsilon) - \Phi_0(w)\\
&= \frac{1}{2}\|v_\varepsilon\|^2 - \frac{1}{2}\langle A_0 v_\varepsilon, v_\varepsilon \rangle + \int_0^1 (1-s)\Psi_0''(w + sv_\varepsilon)[v_\varepsilon, v_\varepsilon]ds.
\end{aligned} \tag{3.3.16}$$

由上述 (3.3.12)—(3.3.16) 以及 Ψ_ε 的凸性, 即得

$$\begin{aligned}
&\|v_\varepsilon\|^2 - \frac{1}{2}\langle (A_\varepsilon + A_0)v_\varepsilon, v_\varepsilon \rangle\\
&\leqslant \frac{1}{2}\langle (A_\varepsilon - A_0)z_\varepsilon, z_\varepsilon \rangle - \frac{1}{2}\langle (A_\varepsilon - A_0)w, w \rangle + \Psi_0'(w)v_\varepsilon - \Psi_\varepsilon'(w)v_\varepsilon
\end{aligned}$$

$$= \frac{1}{2}\langle (A_\varepsilon - A_0)v_\varepsilon, v_\varepsilon \rangle + \langle (A_\varepsilon - A_0)w, v_\varepsilon \rangle + \Psi_0'(w)v_\varepsilon - \Psi_\varepsilon'(w)v_\varepsilon.$$

这说明

$$\|v_\varepsilon\|^2 - \langle A_\varepsilon v_\varepsilon, v_\varepsilon \rangle \leqslant \langle (A_\varepsilon - A_0)w, v_\varepsilon \rangle + \langle \psi_0(w) - \psi_\varepsilon(w), v_\varepsilon \rangle,$$

并且通过 (A2) 和 (N2), 我们还能得到

$$(1 - \theta)\|v_\varepsilon\|^2 \leqslant o_\varepsilon(1)\|v_\varepsilon\|,$$

进而证明所需结论.　■

作为引理 3.3.11 的一个推论, 我们先给出泛函族 I_ε 以及 I_0 的关系, 即:

推论 3.3.12　若条件 (A1)—(A2) 以及 (N1)—(N3) 成立, 则对每个 $v \in X$, 当 $\varepsilon \to 0$ 时, 我们有 $I_\varepsilon(v) \to I_0(v)$

证明　正如在引理 3.3.11 的证明中一样, 我们对取定的 $v \in X$, 记 $z_\varepsilon = v + h_\varepsilon(v)$, $w = v + h_0(v)$ 以及 $v_\varepsilon = z_\varepsilon - w$.

由 I_ε 的定义以及引理 3.3.11, 我们只需证明当 $\varepsilon \to 0$ 时, $\Psi_\varepsilon(z_\varepsilon) \to \Psi_0(w)$ 即可. 事实上, 当 $\varepsilon \to 0$ 时, 我们已经有

$$\langle A_\varepsilon z_\varepsilon, z_\varepsilon \rangle = \langle A_0 w, w \rangle + \langle (A_\varepsilon - A_0)w, w \rangle + O(\|v_\varepsilon\|),$$

以及 $\|v_\varepsilon\| = o_\varepsilon(1)$.

由 (3.3.5), 我们得到

$$\Psi_\varepsilon(z_\varepsilon) = \int_0^1 \Psi_\varepsilon'(tz_\varepsilon)z_\varepsilon dt = \int_0^1 \int_0^t \Psi_\varepsilon''(sz_\varepsilon)[z_\varepsilon, z_\varepsilon]dsdt, \tag{3.3.17}$$

$$\Psi_0(w) = \int_0^1 \Psi_0'(tw)w dt = \int_0^1 \int_0^t \Psi_0''(sw)[w, w]dsdt. \tag{3.3.18}$$

此外, 由 (N3), 我们不难推出函数族 $\{f_\varepsilon\}$ 是一致有界且等度连续的, 其中

$$f_\varepsilon : [0, 1] \to \mathbb{R}, \ f_\varepsilon(t) = \Psi_\varepsilon'(tz_\varepsilon)z_\varepsilon$$

则由 Arzelà-Ascoli 定理, 就得到 $\{f_\varepsilon\}$ 在 $\mathcal{C}[0, 1]$ 中是紧集. 注意到, 当 $\varepsilon \to 0$ 时, 在 E 中有 $z_\varepsilon \to w$, 进而我们就有 $f_\varepsilon(t) \to f_0(t)$ 在闭区间 $[0, 1]$ 上点点成立. 因此, f_ε 在 $\mathcal{C}[0, 1]$-拓扑下收敛到 f_0. 结合 (3.3.17) 与 (3.3.18), 当 $\varepsilon \to 0$ 时, 我们就有 $\Psi_\varepsilon(z_\varepsilon)$ 收敛到 $\Psi_0(w)$.　■

接下来, 对于 $\varepsilon \neq 0$, 我们将给出 I_ε 的几何结构. 首先回顾假设

$$c_0 = \inf_{e \in X \setminus \{0\}} \sup_{z \in E_e} \Phi_0(z), \tag{3.3.19}$$

是 Φ_0 的临界值, 则我们有

命题 3.3.13 在定理 3.3.5 的假设条件下, 当 $\varepsilon > 0$ 充分小时, I_ε 满足山路定理的条件:

(1) $I_\varepsilon(0) = 0$ 且存在与 ε 无关的常数 $r > 0$ 以及 $\tau > 0$ 使得 $I_\varepsilon|_{S_r X} \geqslant \tau$;

(2) 存在 $v_0 \in X$ 使得 $\|v_0\| > r$ 且 $I_\varepsilon(v_0) < 0$.

此外,

$$c'_\varepsilon = \inf_{\nu \in \Gamma_\varepsilon} \max_{t \in [0,1]} I_\varepsilon\big(\nu(t)\big) \tag{3.3.20}$$

是 I_ε 的一个临界值, 其中

$$\Gamma_\varepsilon = \big\{\nu \in \mathcal{C}([0,1], X) : \nu(0) = 0,\ I_\varepsilon\big(\nu(1)\big) < 0\big\}.$$

在证明命题 3.3.13 之前, 我们将先给出一些关于定义在 (3.3.19) 中 Φ_0 的临界值 c_0 的等价刻画. 这些等价刻画将在后续证明中起到至关重要的作用. 记

$$c'_0 = \inf_{\nu \in \Gamma_0} \max_{t \in [0,1]} I_0\big(\nu(t)\big),$$

以及

$$c''_0 = \inf_{e \in X \setminus \{0\}} \sup_{t \geqslant 0} I_0(te),$$

其中 $\Gamma_0 := \big\{\nu \in \mathcal{C}([0,1], X) : \nu(0) = 0,\ I_0\big(\nu(1)\big) < 0\big\}$.

引理 3.3.14 假设条件 (A1)—(A2), (N1)—(N5) 以及 (I1)—(I2) 成立. 如果 $c_0 < \infty$ 是 Φ_0 的临界值, 则 $c_0 = c'_0 = c''_0$.

证明 显然地, 由 (I2) 以及 $c_0 < \infty$, 直接从 I_0 的定义即有 $c'_0 \leqslant c''_0 \leqslant c_0$. 因此, 下面我们将仅仅证明 $c_0 \leqslant c'_0$.

断言 1 若 $v \in X \setminus \{0\}$ 满足 $I'_0(v)v = 0$, 则 $I''_0(v)[v, v] < 0$.

为了证明断言 1, 我们首先需要做一些基本的计算. 回顾 $h_0(v)$ 的定义 (它是 ϕ_v 在 Y 上的唯一临界点), 我们就有

$$-\langle h_0(v), y \rangle + \langle A_0(v + h_0(v)), y \rangle - \Psi'_0(v + h_0(v))y = 0, \quad \forall y \in Y. \tag{3.3.21}$$

记 $z = v + h_0(v)$ 以及 $w = h'_0(v)v - h_0(v)$, 则

$$I_0'(v)v = \|v\|^2 - \langle h_0(v), h_0'(v)v\rangle + \langle A_0\big(v + h_0(v)\big), v + h_0'(v)v\rangle$$
$$- \Psi_0'\big(v + h_0(v)\big)\big(v + h_0'(v)v\big)$$
$$= \|v\|^2 + \langle A_0\big(v + h_0(v)\big), v\rangle - \Psi_0'\big(v + h_0(v)\big)v$$
$$= \|v\|^2 - \langle h_0(v), z^Y + y\rangle + \langle A_0\big(v + h_0(v)\big), z + y\rangle$$
$$- \Psi_0'\big(v + h_0(v)\big)(z + y)$$
$$= \Phi_0'(z)(z + y) \tag{3.3.22}$$

对所有 $y \in Y$ 成立. 由于 (3.3.21) 对所有 $v \in X$ 都成立, 通过等式两边对 v 求导数, 我们得到

$$0 \equiv -\langle -h_0'(v)v, y\rangle + \langle A_0\big(v + h_0'(v)v\big), y\rangle$$
$$- \Psi_0''\big(v + h_0(v)\big)\big[(v + h_0'(v)v), y\big] \tag{3.3.23}$$

对所有 $y \in Y$ 成立. 因此, 我们在 (3.3.23) 中选取 $y = z^Y + w = h_0'(v)v$, 即有

$$I_0''(v)[v, v] = \|v\|^2 + \langle A_0(z + w), v\rangle - \Psi_0''(z)[z + w, v]$$
$$= \|v\|^2 - \|z^Y + w\|^2 - \langle A_0(z + w), z + w\rangle - \Psi_0''(z)[z + w, z + w]$$
$$= \Phi_0''(z)[z + w, z + w]. \tag{3.3.24}$$

考虑到 $\Phi_0'(z)z = I_0'(v)v = 0$ (可由 (3.3.22) 得到), 则由 (N5) 以及 $z \neq 0$, 我们就能推出

$$I_0''(v)[v, v] = \Phi_0''(z)[z + w, z + w]$$
$$= \Phi_0''(z)[z, z] + 2\Phi_0''(z)[z, w] + \Phi_0''(z)[w, w]$$
$$= \|z^X\|^2 - \|z^Y\|^2 + \langle A_0 z, z\rangle - \Psi_0''(z)[z, z]$$
$$+ 2\big(-\langle z^X, w\rangle + \langle A_0 z, w\rangle - \Psi_0''(z)[z, w]\big)$$
$$+ \big(-\|w\|^2 + \langle A_0 w, w\rangle - \Psi_0''(z)[w, w]\big)$$
$$= \big(\Psi_0'(z)z - \Psi_0''(z)[z, z]\big) + 2\big(\Psi_0'(z)w - \Psi_0''(z)[z, w]\big)$$
$$- \Psi_0''(z)[w, w] - \|w\|^2 + \langle A_0 w, w\rangle$$
$$< 0. \tag{3.3.25}$$

现取 $v \in X \setminus \{0\}$, 我们看出函数 $t \mapsto I_0(tv)$ 至多存在一个非平凡的临界

点 $t = t(v) > 0$, 其 (如果存在) 将是最大值点. 记

$$\mathscr{M} = \big\{ t(v)v : v \in X \setminus \{0\},\ t(v) < +\infty \big\}.$$

因为 c_0 是 Φ_0 的临界值, 所以 $\mathscr{M} \neq \varnothing$. 同时, 我们还注意到

$$c_0'' = \inf_{z \in \mathscr{M}} I_0(z).$$

此外, 由 (I₂) 以及 $\mathscr{M} \neq \varnothing$, 我们得到 $\Gamma_0 \neq \varnothing$.

断言 2 $c_0'' = c_0$.

取 $e \in \mathscr{M}$, 则 $\Phi_0'\big(e + h_0(e)\big)\big|_{E_e} = 0$. 因此 $c_0 \leqslant \max\limits_{z \in E_e} \Phi_0(z) = I_0(e)$, 这就可推出 $c_0 \leqslant c_0''$.

断言 3 $c_0'' \leqslant c_0'$.

我们仅需证明对于给定的 $\nu \in \Gamma_0$, 存在 $\bar{t} \in [0,1]$ 使得 $\nu(\bar{t}) \in \mathscr{M}$. 若不然, 也就是 $\nu([0,1]) \cap \mathscr{M} = \varnothing$. 由 (I1), 我们有

$$I_0'(\nu(t))\nu(t) > 0, \quad \text{当 } t > 0 \text{ 充分小}.$$

因为函数 $t \mapsto I_0'(\nu(t))\nu(t)$ 是连续的且 $I_0'(\nu(t))\nu(t) \neq 0$ 对所有 $t \in (0,1]$ 成立, 我们就得到

$$I_0'(\nu(t))\nu(t) > 0, \quad \forall t \in [0,1].$$

则由 (N4), 我们就能推得

$$\begin{aligned} I_0(\nu(t)) &= \frac{1}{2} I_0(\nu(t))\nu(t) + \widehat{\Psi}_0\big(\nu(t) + h_0(\nu(t))\big) \\ &\geqslant \frac{1}{2} I_0(\nu(t))\nu(t) > 0 \end{aligned}$$

对所有 $t \in (0,1]$ 都成立, 这就得到矛盾.

由上面断言 1、断言 2 以及断言 3, 我们就完成了引理 3.3.14 的证明. ■

命题 3.3.13 的证明 由于对任意的 $v \in X$, 我们有 $I_\varepsilon(v) \geqslant \Phi_\varepsilon(v)$. 因此, (1) 很容易地从 (I1) 得到.

为了证明 (2), 记 $w = w^X + w^Y \in E = X \oplus Y$ 为 Φ_0 的临界点, 使得 $\Phi_0(w) = c_0$. 则由命题 3.3.9 可得 $w^Y = h_0(w^X)$. 作为引理 3.3.14 的一个直接推论, 我们有

$$c_0 = I_0(w^X) = \max_{t \geqslant 0} I_0(t w^X),$$

且由 (I2), 我们得到存在充分大的 $t_0 > 0$ 使得

$$I_0\big(t_0 w^X\big) < -1.$$

结合推论 3.3.12, 当 $\varepsilon \to 0$ 时, 我们立即得到

$$I_\varepsilon\big(t_0 w^X\big) = I_0\big(t_0 w^X\big) + o(1) \leqslant -\frac{1}{2} + o_\varepsilon(1).$$

因此, 存在 $\varepsilon_0 > 0$ 使得 $I_\varepsilon\big(t_0 w^X\big) < 0$ 对所有 $\varepsilon \in (0, \varepsilon_0]$ 都成立.

在山路结构下, 我们可以得到 I_ε 的一列 $(C)_{c'_\varepsilon}$-序列 $\{v_\varepsilon^n\}_{n=1}^\infty$. 由命题 3.3.9 以及 Φ_ε 的 $\mathscr{G}$-弱 $(C)_{c'_\varepsilon}$-条件, 我们得出存在 $v_\varepsilon \neq 0$ 使得 $I'_\varepsilon(v_\varepsilon) = 0$. 此外, 由 (N4), 我们得到

$$\begin{aligned}
c'_\varepsilon &= \lim_{n\to\infty}\left(I_\varepsilon(v_\varepsilon^n) - \frac{1}{2}I'_\varepsilon(v_\varepsilon^n)v_\varepsilon^n\right)\\
&= \lim_{n\to\infty}\left(\Phi_\varepsilon\big(v_\varepsilon^n + h_\varepsilon(v_\varepsilon^n)\big) - \frac{1}{2}\Phi'_\varepsilon\big(v_\varepsilon^n + h_\varepsilon(v_\varepsilon^n)\big)\big(v_\varepsilon^n + h_\varepsilon(v_\varepsilon^n)\big)\right)\\
&= \lim_{n\to\infty}\left(\frac{1}{2}\Psi'_\varepsilon\big(v_\varepsilon^n + h_\varepsilon(v_\varepsilon^n)\big)\big(v_\varepsilon^n + h_\varepsilon(v_\varepsilon^n)\big) - \Psi_\varepsilon\big(v_\varepsilon^n + h_\varepsilon(v_\varepsilon^n)\big)\right)\\
&= \lim_{n\to\infty}\widehat{\Psi}_\varepsilon\left(v_\varepsilon^n + h_\varepsilon(v_\varepsilon^n)\right) \geqslant \widehat{\Psi}_\varepsilon\big(v_\varepsilon + h_\varepsilon(v_\varepsilon)\big)\\
&= I_\varepsilon(v_\varepsilon) - \frac{1}{2}I'_\varepsilon(v_\varepsilon)v_\varepsilon = I_\varepsilon(v_\varepsilon) > 0. \quad\quad (3.3.26)
\end{aligned}$$

令

$$c''_\varepsilon := \inf_{e\in X\setminus\{0\}}\sup_{t\geqslant 0} I_\varepsilon(te),$$

并回顾在定理 3.3.5 中定义的 c_ε,

$$c_\varepsilon := \inf_{e\in X\setminus\{0\}}\sup_{z\in E_e}\Phi_\varepsilon(z).$$

首先重复引理 3.3.14 中断言 1 的证明, 我们将得到: 对于 $e \in X\setminus\{0\}$, 函数 $t \mapsto I_\varepsilon(te)$ 至多存在一个非平凡临界点 $t = t(e) > 0$ 且其 (如果存在) 将是最大值点.

注意 (3.3.26) 以及 $v_\varepsilon \in X\setminus\{0\}$ 是 I_ε 的一个临界点, 说明

$$c''_\varepsilon \leqslant \sup_{t\geqslant 0} I_\varepsilon(tv_\varepsilon) = I_\varepsilon(v_\varepsilon) \leqslant c'_\varepsilon < \infty.$$

另一方面, 我们不难验证 $c'_\varepsilon \leqslant c''_\varepsilon$. 因此, 我们就有 $c'_\varepsilon = c''_\varepsilon$. 同时, 由 h_ε 的定义可知

$$I_\varepsilon(te) = \Phi_\varepsilon\big(te + h_\varepsilon(te)\big) = \max_{w\in Y}\Phi_\varepsilon(te + w),$$

进而有

$$\sup_{t \geqslant 0} I_\varepsilon(te) = \sup_{t \geqslant 0} \max_{w \in Y} \Phi_\varepsilon(te + w) = \sup_{z \in E_e} \Phi_\varepsilon(z).$$

这就蕴含着 $c_\varepsilon = c_\varepsilon''$. 通过对 $e \in X \setminus \{0\}$ 取下确界, 我们就得到 $c_\varepsilon = c_\varepsilon' = c_\varepsilon''$.

由上面的讨论, 如果我们能证明

$$I_\varepsilon(v_\varepsilon) \geqslant c_\varepsilon'', \tag{3.3.27}$$

则就能立即从 (3.3.26) 推出 $I_\varepsilon(v_\varepsilon) = c_\varepsilon'$.

事实上, 若记

$$\mathscr{M}_\varepsilon := \{t(v)v : v \in X \setminus \{0\}, 0 < t(v) < \infty \text{ 使得 } I_\varepsilon'(t(v)v)v = 0\}.$$

我们就有

$$c_\varepsilon'' = \inf_{z \in \mathscr{M}_\varepsilon} I_\varepsilon(z).$$

由于 $v_\varepsilon \in \mathscr{M}_\varepsilon$, (3.3.27) 显然成立. 这就完成了命题 3.3.13 的证明. ∎

由命题 3.3.13, 我们有

引理 3.3.15   取 $\varepsilon \in (0, \varepsilon_0]$ 使得命题 3.3.13 成立. 则 $c_\varepsilon = c_\varepsilon' = c_\varepsilon''$ 将刻画出 Φ_ε 的极小能量.

为了完成抽象定理 3.3.5 的证明, 我们将描述由命题 3.3.13 所找到的临界值的渐近收敛行为.

引理 3.3.16   取 $\varepsilon \in (0, \varepsilon_0]$ 使得命题 3.3.13 成立, 则当 $\varepsilon \to 0$ 时, $c_\varepsilon \leqslant c_0 + o(1)$.

证明   再次记 $w = w^X + w^Y \in E = X \oplus Y$ 为 Φ_0 的临界点使得 $\Phi_0(w) = I_0(w^X) = c_0$. 选取 $t_0 > 0$ 使得 $I_0(t_0 w^X) \leqslant -1$. 由引理 3.3.14 以及引理 3.3.15, 当 $\varepsilon \to 0$ 时, 我们仅需证明

$$I_\varepsilon(tw^X) = I_0(tw^X) + o_\varepsilon(1) \quad \text{关于 } t \in [0, t_0] \text{ 一致成立.} \tag{3.3.28}$$

如此一来, 我们仅需证明函数族 $\{f_\varepsilon\} \subset \mathcal{C}[0, t_0]$,

$$f_\varepsilon(t) := I_\varepsilon(tw^X)$$

是一致有界且等度连续的. 如果能够证明 $\{f_\varepsilon\}$ 在 $\mathcal{C}[0, t_0]$ 中是紧的, 则由推论 3.3.12 就能得到 (3.3.28) 成立.

显然, $f_\varepsilon \in C^1$ 并且 $\{f_\varepsilon\}$ 以及 $\{f_\varepsilon'\}$ 在闭区间 $[0, t_0]$ 上的一致有界性可直接

由 (A1)—(A2) 以及 (N3) 得到. 故利用 Arzelà-Ascoli 定理, 我们即得 $\{f_\varepsilon\}$ 在 $C[0, t_0]$ 中是紧集. 因此, 当 $\varepsilon \to 0$ 时, 由 (3.3.28) 我们就得到

$$c_\varepsilon \leqslant \sup_{t \geqslant 0} I_\varepsilon(tw^X) = \sup_{t \in [0, t_0]} I_\varepsilon(tw^X) = \sup_{t \in [0, t_0]} I_0(tw^X) + o_\varepsilon(1)$$

$$= \sup_{t \geqslant 0} I_0(tw^X) + o_\varepsilon(1) = I_0(w^X) + o_\varepsilon(1)$$

$$= c_0 + o_\varepsilon(1).$$

这就完成了定理 3.3.16 的证明. ∎

现在, 结合命题 3.3.13、引理 3.3.15 以及引理 3.3.16, 我们就可总结出下面的结论, 并结合命题 3.3.9 就可完成对抽象定理 3.3.5 的所有证明.

命题 3.3.17 在定理 3.3.5 的假设条件下, 对充分小的 $\varepsilon > 0$, I_ε 拥有一个非平凡临界值

$$c_\varepsilon = \inf_{e \in X \setminus \{0\}} \sup_{t \geqslant 0} I_\varepsilon(te).$$

此外, 当 $\varepsilon \to 0$ 时, $c_\varepsilon \leqslant c_0 + o(1)$.

我们将方程能重新写为

$$\mathcal{J} \partial_t z = -Az - V_\varepsilon(x)z + g(|z|)z, \quad z = (u, v),$$

或更一般的形式

$$Lz + V_\varepsilon(x)z = g(|z|)z, \quad z = (u, v), \tag{3.3.29}$$

其中 $L := \mathcal{J}\partial_t + A, A = \mathcal{J}_0(-\Delta_x + 1)$. 考虑下面的 Banach 空间

$$B_r(\mathbb{R} \times \mathbb{R}^N, \mathbb{R}^{2M}) := W^{1,r}(\mathbb{R}, L^r(\mathbb{R}^N, \mathbb{R}^{2M})) \cap L^r(\mathbb{R}, W^{2,r}(\mathbb{R}^N, \mathbb{R}^{2M}))$$

并赋予范数

$$\|z\|_{B_r} := \left(\iint_{\mathbb{R} \times \mathbb{R}^N} \left(|z|^r + |\partial_t z|^r + |\Delta_x z|^r \right) dx dt \right)^{\frac{1}{r}}. \tag{3.3.30}$$

在后文中, 如若不发生混淆, 我们将上述空间简记为 B_r.

现在我们将算子 L 作用在函数空间 $L^2 := L^2(\mathbb{R} \times \mathbb{R}^N, \mathbb{R}^{2M})$ 上. 不难发现, 此时 L 成为一个自伴微分算子并伴有定义域

$$\mathcal{D}(L) = B_2 := W^{1,2}(\mathbb{R}, L^2(\mathbb{R}^N, \mathbb{R}^{2M})) \cap L^2(\mathbb{R}, W^{2,2}(\mathbb{R}^N, \mathbb{R}^{2M})).$$

记 $\sigma(L)$ 与 $\sigma_e(L)$ 分别为算子 L 的谱集以及本质谱集

命题 3.3.18　　$\sigma(L) = \sigma_e(L) \subset \mathbb{R} \setminus (-1,1)$. 特别地, $\sigma(L)$ 关于原点对称.

证明　由 $V(x)$ 关于 x_j 是 T_j-周期的可知 L 与 $\mathbb{Z}$-作用是不变的, 因此, $\sigma(L) = \sigma_e(L)$.

假设 $\mu \in \sigma(L)$, 则存在 $z_n = (u_n, v_n) \in \mathcal{D}(L), |z_n|_2 = 1$ 使得 $|(L-\mu)z_n|_2 \to 0$. 则我们有

$$
((L-\mu)z_n, \mathcal{J}_0 z_n)_2
$$
$$
= (\mathcal{J}\partial_t z_n, \mathcal{J}_0 z_n)_2 + (\mathcal{J}_0(-\Delta_x + 1)z_n, \mathcal{J}_0 z_n)_2 - \mu(z_n, \mathcal{J}_0 z_n)_2
$$
$$
= ((-\Delta_x + 1)z_n, \bar{z}_n)_2 - \mu(z_n, \bar{z}_n)_2
$$
$$
\geqslant 1 - |\mu|.
$$

令 $n \to \infty$ 就有 $|\mu| \geqslant 1$, 即 $\sigma(L) \subset \mathbb{R} \setminus (-1,1)$.

令 $\lambda \in \sigma(L) \cap (0, \infty), z_n \in \mathcal{D}(L), |z_n|_2 = 1$ 使得 $|(L-\lambda)z_n|_2 \to 0$. 我们需要证明 $-\lambda \in \sigma(L)$. 定义 $\hat{z}_n = \mathcal{F}_1 z_n$, 其中

$$
\mathcal{F}_1 = \begin{pmatrix} -I & 0 \\ 0 & I \end{pmatrix}.
$$

则 $|\hat{z}_n|_2 = 1$. 显然 $\mathcal{F}_1 \mathcal{J} = -\mathcal{J}\mathcal{F}_1, \mathcal{F}_1 \mathcal{J}_0 = -\mathcal{J}_0 \mathcal{F}_1$ 且

$$
L\hat{z}_n = -\mathcal{F}_1 L z_n.
$$

因此, 当 $n \to \infty$ 时

$$
|L - (-\lambda)\hat{z}_n|_2 = |\mathcal{F}_1(L-\lambda)z_n|_2 = |(L-\lambda)z_n|_2 \to 0.
$$

这意味着 $-\lambda \in \sigma(L)$. 类似地, 若 $\lambda \in \sigma(L) \cap (-\infty, 0)$, 则 $-\lambda \in \sigma(L)$. 因此, $\sigma(L)$ 是对称的.　∎

由命题 3.3.18, 函数空间 L^2 将具有正交分解:

$$
L^2 = L^+ \oplus L^-, \quad z = z^+ + z^-, \tag{3.3.31}
$$

使得算子 L 分别在 L^+ 与 L^- 上是正定和负定的. 为了构造能量泛函使得其临界点成为方程 (3.3.1) 的解, 我们引入 $E := \mathscr{D}(|L|^{\frac{1}{2}})$ 并赋予内积

$$
\langle z_1, z_2 \rangle = \left(|L|^{\frac{1}{2}} z_1, |L|^{\frac{1}{2}} z_2 \right)_{L^2},
$$

以及诱导范数 $\|z\| = \langle z, z \rangle^{\frac{1}{2}}$, 其中 $|L|$ 以及 $|L|^{\frac{1}{2}}$ 分别表示算子 L 的绝对值以及 $|L|$ 的平方根. 作为介于函数空间 B_2 和 L^2 之间的插值空间, E(构成 Hilbert 空

间) 将具有直和分解

$$E = E^+ \oplus E^-, \quad \text{其中 } E^\pm = E \cap L^\pm,$$

此分解关于 $(\cdot, \cdot)_2$ 以及 $\langle \cdot, \cdot \rangle$ 都是正交的. 由上述空间分解, 我们记 $z = z^+ + z^- \in E$, 并引入下面的二次型

$$a(z_1, z_2) = \langle z_1^+, z_2^+ \rangle - \langle z_1^-, z_2^- \rangle, \quad \text{其中 } z_1, z_2 \in E.$$

如此定义的二次型 $a(\cdot, \cdot)$ 在 E 上是对称且连续的, 对于 $z_1, z_2 \in B_2$ 恰有

$$a(z_1, z_2) = \int_\mathbb{R} \int_{\mathbb{R}^N} Lz_1 \cdot z_2 dx dt.$$

我们在此引入次临界假设条件: $H : \mathbb{R}^M \times \mathbb{R}^M \to \mathbb{R}$ 满足 $H(\xi) = G(|\xi|) := \int_0^{|\xi|} g(s)s\, ds$, 且 $g(0) = 0$, 存在常数 $p \in \left(2, \frac{2(N+2)}{N}\right)$, $c_1 > 0$ 使得对所有 $s \geqslant 0$ 都有 $g(s) \leqslant c_1(1 + s^{p-2})$. 可见, 存在常数 a_1, a_2 使得

$$|\nabla H(z)| \leqslant a_1|z| + a_2|z|^{\frac{N+4}{N}}, \quad \text{其中 } z \in \mathbb{R}^{2M}.$$

注意到, 当 $N \geqslant 2$ 时, E 连续地嵌入到 L^r, $r \in \left[2, \frac{2(N+2)}{N}\right]$; 并紧嵌入到 L^r_{loc}, $r \in \left[1, \frac{2(N+2)}{N}\right)$. 因而, 标准的验证就可以得到

$$J_\varepsilon(z) = \frac{1}{2}a(z, z) + \frac{1}{2}\int_\mathbb{R} \int_{\mathbb{R}^N} V_\varepsilon(x)|z|^2 dx dt - \int_\mathbb{R} \int_{\mathbb{R}^N} G(|z|)dx dt, \quad z \in E$$

是 Frechét 可微的, 而且如此定义的泛函的所有临界点都将对应于方程 (3.3.29) 的解.

一个很自然的想法是通过定理 3.3.5 来寻找泛函的临界点, 并随后获得关于临界点的渐近行为. 但是, 很不幸, 正是由于 $\mathscr{G}$-弱 $(C)_c$-条件的缺失, 我们将发现抽象定理不难直接应用到泛函族上. 下面, 我们将转向对原问题的能量泛函族做一定的修正使之能够适应于抽象定理中的各项条件.

选取 $s_0 > 0$ 使得 $g'(s_0)s_0 + g(s_0) = \frac{a - \|V\|_\infty}{2}$, 于是我们将考察新的函数 $\tilde{g} \in \mathcal{C}^1(0, \infty)$, 其定义为

$$\frac{d}{ds}(\tilde{g}(s)s) = \begin{cases} g'(s)s + g(s), & \text{当 } s \leqslant s_0, \\ \dfrac{a - \|V\|_\infty}{2}, & \text{当 } s > s_0, \end{cases} \tag{3.3.32}$$

并且令

$$f(\cdot, s) = \chi_\Lambda g(s) + (1 - \chi_\Lambda)\tilde{g}(s), \tag{3.3.33}$$

其中 Λ 就是出现在定理 3.3.1 条件中的有界开集, χ_Λ 为特征函数. 不难验证, 由条件 (H_1) 与 (H_2) 就能得到 F 为 Carathéodory 函数, 并满足

(F_1) $f_s(x, s)$ 几乎处处存在, 当 $\lim\limits_{s \to 0} f(x, s) = 0$ 关于 $x \in \mathbb{R}^N$ 一致成立.

(F_2) 对所有 x, 有 $0 \leqslant f(x, s)s \leqslant g(s)s$.

(F_3) 对任意的 $x \notin \Lambda$ 以及 $s > 0$, 有 $0 < 2F(x, s) \leqslant f(x, s)s^2 \leqslant \dfrac{a - \|V\|_\infty}{2}s^2$, 其中 $F(x, s) = \displaystyle\int_0^s f(x, \tau)\tau d\tau$.

(F_4) (i) 如果 (H_3) 满足, 则对任意的 $x \notin \Lambda$ 以及 $s > 0$, 有 $0 < F(x, s) \leqslant \dfrac{1}{\theta}f(x, s)s^2$;

(ii) 如果 (H_3') 满足, 则对任意的 $s > 0$, 有 $\widehat{F}(x, s) > 0$, 其中 $\widehat{F}(x, s) = \dfrac{1}{2}f(x, s)s^2 - F(x, s)$.

(F_5) 对任意的 x 以及 $s > 0$, 有 $\dfrac{d}{ds}(f(x, s)s) \geqslant 0$.

(F_6) (H_3) 或 (H_3') 成立, 都有当 $s \to \infty$ 时, $\widehat{F}(x, s) \to \infty$ 关于 $x \in \mathbb{R}^N$ 一致成立.

为了符号使用方便, 我们分别用 $f_\varepsilon(x, s)$, $F_\varepsilon(x, s)$ 表示 $f(\varepsilon x, s)$, $F(\varepsilon x, s)$. 现在我们定义修正泛函 $\Phi_\varepsilon : E \to \mathbb{R}$ 如下:

$$\begin{aligned}
\Phi_\varepsilon(z) &= \frac{1}{2}a(z, z) + \frac{1}{2}\int_\mathbb{R}\int_{\mathbb{R}^N} V_\varepsilon(x)|z|^2 dx dt - \int_\mathbb{R}\int_{\mathbb{R}^N} F_\varepsilon(x, |z|) dx dt \\
&= \frac{1}{2}(\|z^+\|^2 - \|z^-\|^2) + \frac{1}{2}\int_\mathbb{R}\int_{\mathbb{R}^N} V_\varepsilon(x)|z|^2 dx dt - \Psi_\varepsilon(z), \quad z \in E.
\end{aligned}$$

则我们看到, $\Phi_\varepsilon \in \mathcal{C}^2(E, \mathbb{R})$ 且 Φ_ε 的临界点对应于下面方程的解:

$$Lz + V_\varepsilon(x)z = f_\varepsilon(x, |z|)z, \quad z = (u, v).$$

在后面, 我们假设 $0 \in \Lambda$, 因此对应的极限方程为

$$Lz + V_0 z = g(|z|)z, \quad z = (u, v),$$

对应的能量泛函为

$$\Phi_0(z) = \frac{1}{2}a(z, z) + \frac{1}{2}\int_\mathbb{R}\int_{\mathbb{R}^N} V_0|z|^2 dx dt - \int_\mathbb{R}\int_{\mathbb{R}^N} G(|z|) dx dt$$

$$= \frac{1}{2}(\|z^+\|^2 - \|z^-\|^2) + \frac{1}{2}\int_{\mathbb{R}}\int_{\mathbb{R}^N} V_0|z|^2 dxdt - \Psi_0(z), \quad z \in E,$$

其中 $V_0 := V(0)$.

为了应用之前建立的抽象定理, 我们将逐步分析所面对的泛函族. 如同在 6.2 节中所建立的框架, 我们有 $E = E^+ \oplus E^-$, 并且 A_ε 通过定义 $z \mapsto |L|^{-1}V_\varepsilon(\cdot)z$ 将自然地成为 E 上的自伴算子. 类似地, A_0 将定义为 $z \mapsto |L|^{-1}V_0 z$. 显然, 我们所面对的泛函 Φ_ε 以及 Φ_0 具有我们在抽象理论中需要的形式. 我们将在后续验证所有抽象定理中出现的条件.

3.3.1 群作用

我们用 $\star$ 表示 $\mathscr{G} := \mathbb{R}$ 在函数空间 E 上的平移作用: 对于 $z \in E$ 以及 $g \in \mathscr{G}$, 定义 $(g \star z)(t, x) = z(t - g, x)$. 注意到, V 以及 H 与时间变量 t 无关, 我们就得到, 对所有的 $\varepsilon > 0, \Phi_\varepsilon$ 都是 $\mathscr{G}$-不变的. 此外, 若用 $\bar{\star}$ 表示 $\mathscr{G}' = \mathbb{R} \times \mathbb{R}^N$ 在 E 上的作用: $(g' \bar{\star} z)(t, x) = z(t - g_1, x - g_2)$, 其中 $g' = (g_1, g_2) \in \mathscr{G}'$, 我们即得 Φ_0 在作用 $\mathscr{G}'$ 下是不变的.

二次型部分 从定义 $A_\varepsilon, A_0 \in \mathcal{L}(E)$ 可知

$$\|A_\varepsilon\| = \sup\{\langle A_\varepsilon z, z\rangle : u \in E, \|z\| = 1\}$$
$$= \sup\{(A_\varepsilon z, z)_2 : u \in E, \|z\| = 1\}$$
$$\leqslant \|V\|_\infty \cdot \sup\{(z, z)_2 : u \in E, \|z\| = 1\}$$
$$\leqslant \|V\|_\infty < 1.$$

因此 (A_1) 成立. 现验证 (A_2). 注意到, 当 $\varepsilon \to 0$ 时, $V_\varepsilon(x) \to V_0(x)$ 在有界集上一致成立. 因此, 对每一个 $z \in E$, 当 $\varepsilon \to 0$ 时, 我们得到

$$\|A_\varepsilon z - A_0 z\| = \sup_{\|w\|=1} \langle (A_\varepsilon - A_0)z, w\rangle$$
$$= \sup_{\|w\|=1} ((V_\varepsilon(\cdot) - V_0)z, w)_{L^2}$$
$$\leqslant \sup_{\|w\|=1} \|(V_\varepsilon(\cdot) - V_0)z\|_{L^2}\|w\|_{L^2}$$
$$\leqslant \|(V_\varepsilon(\cdot) - V_0)z\|_{L^2} = o(1).$$

因此 (A_2) 成立.

非线性部分 非线性部分的性质 (N1)—(N5) 将基于条件 (F$_1$)—(F$_6$).

$$G(|z|) = \int_0^{|z|} g(s)sds \geqslant \int_0^{|z|} f_\varepsilon(x,s)sds = F_\varepsilon(x,|z|),$$

即 $\Psi_0(z) \geqslant \Psi_\varepsilon(z) \geqslant 0$. 注意到 $\dfrac{d}{ds}(g(s)s) \geqslant 0$ 以及 $\dfrac{d}{ds}(f_\varepsilon(x,s)s) \geqslant 0$ 对所有 $x \in \mathbb{R}^N$ 成立, 我们就得到 $\Psi_\varepsilon''(z)[w,w] \geqslant 0$ 对所有 $z,w \in E$ 以及 $\varepsilon \in \mathcal{E}$ 成立.

回顾我们对非线性函数 H 的假设条件 (见 (H$_1$),(H$_3$) 或 (H$_3'$)). 结合嵌入 $E \hookrightarrow L^r, r \in \left[2, \dfrac{2(N+2)}{N}\right)$, 我们立即得出, 当 $z_n \rightharpoonup z$ 时就有 $\{z_n\}$ 在 L^r 有界, 并在 L^r_{loc} 中收敛到 $z, r \in \left[1, \dfrac{2(N+2)}{N}\right)$. 此外, 注意到我们假设 $0 \in \Lambda$, 故 $\chi_\Lambda(\varepsilon x) \to 1$ a.e. $x \in \mathbb{R}^N$. 进而, 不难直接验证对于 $\Psi_\varepsilon, \varepsilon \in \mathcal{E}$, 条件 (N1) 及 (N2) 均满足. 此处, 我们值得注意的是 $|L|^{-1} : E^* \to E$ 就是由 Riesz 表示定理所诱导的同胚映射.

(N3) 的成立较为显然, 这是因为我们修正后的非线性函数满足

$$|f_\varepsilon(x,s)| \leqslant |\chi_\Lambda(\varepsilon x)g(s)| + |1 - \chi_\Lambda(\varepsilon x)\tilde{g}(s)| \leqslant |g(s)| + |\tilde{g}(s)|$$

对所有 $z \in \mathbb{R}^{2M}$ 都成立. 因此, 由 (H$_1$) 以及嵌入 $E \hookrightarrow L^{\frac{2(N+2)}{N}}$, 我们就有

$$|\Psi_\varepsilon''(z)[v,w]| \leqslant C_1\|v\| \cdot \|w\| + C_2\|z\|^{\frac{4}{N}} \cdot \|v\| \cdot \|w\|,$$

进而 (N3) 成立.

接下来仅剩 (N4) 与 (N5) 的验证. 由于对泛函 Ψ_0 的验证过程与对 Ψ_ε 的验证类似, 我们将仅对后者做详细说明. 首先, 注意到 (F$_3$) 和 (F$_4$) 说明

$$\hat{F}(x,s) := \frac{1}{2}f(x,s)s^2 - F(x,s) > 0,$$

直接计算发现, 当 $z \neq 0$ 时,

$$\hat{\Psi}_\varepsilon(z) = \int_\mathbb{R}\int_{\mathbb{R}^N} \frac{1}{2}f_\varepsilon(x,|z|)|z|^2 - F_\varepsilon(x,|z|)dxdt > 0,$$

并且序列下半连续将直接地由 Fatou 引理给出. 接下来, 为了验证 (N5), 我们注意到对任意 $z,v,w \in E$,

$$\Psi_\varepsilon'(z)w = \int_\mathbb{R}\int_{\mathbb{R}^N} f_\varepsilon(x,|z|)z \cdot wdxdt,$$

以及

$$\Psi_\varepsilon''(z)[v,w] = \int_{\mathbb{R}}\int_{\mathbb{R}^N} f_\varepsilon(x,|z|)v\cdot w + \partial_s f_\varepsilon(x,|z|)|z|\frac{z\cdot v}{|z|}\cdot\frac{z\cdot w}{|z|}dxdt.$$

我们就得到

$$(\Psi_\varepsilon''(z)[z,z] - \Psi_\varepsilon'(z)z) + 2(\Psi_\varepsilon''(z)[z,w] - \Psi_\varepsilon'(z)w) + \Psi_\varepsilon''(z)[w,w]$$

$$= \int_{\mathbb{R}}\int_{\mathbb{R}^N} f_\varepsilon(x,|z|)|w|^2 + \partial_s f_\varepsilon(x,|z|)|z|\left(|z| + \frac{z\cdot w}{|z|}\right)^2 dxdt. \qquad (3.3.34)$$

结合 (F₁), 我们立马由上述等式得到 (N5).

3.3.2 几何结构与 $\mathscr{G}$-弱紧性

从条件 (H₁) 以及 F 的定义, 我们得到, 存在 $C > 0$ 使得

$$|G(|z|)| \leqslant \frac{1 - \|V\|_\infty}{4}|z|^2 + C|z|^{\frac{2(N+2)}{N}}, \qquad (3.3.35)$$

以及

$$|F(x,|z|)| \leqslant \frac{1 - \|V\|_\infty}{4}|z|^2 + C|z|^{\frac{2(N+2)}{N}} \qquad (3.3.36)$$

对所有 $(x,z) \in \mathbb{R} \times \mathbb{R}^{2M}$ 都成立. 因此, 我们就有

引理 3.3.19 存在 $\rho, \tau > 0$, 均与 $\varepsilon \in \mathcal{E}$ 无关, 使得 $\Phi_\varepsilon|_{B_\rho^+} \geqslant 0$ 并且 $\Phi_\varepsilon|_{S_\rho^+} \geqslant \tau$, 其中

$$B_\rho^+ := B_\rho \cap E^+ = \{z \in E^+ : \|z\| \geqslant \rho\},$$

$$S_\rho^+ := \partial B_\rho^+ = \{z \in E^+ : \|z\| = \rho\}.$$

证明 为了方便, 记 $2^* = \frac{2(N+2)}{N}$. 注意到, 通过嵌入 $E \hookrightarrow L^{2^*}$, 对于 $z \in E$, 我们有 $\|z\|_{L^{2^*}} \leqslant C\|z\|$. 引理的证明将显而易见, 这是因为对于 $z \in E^+$,

$$\Phi(z) = \frac{1}{2}\|z\|^2 + \frac{1}{2}\int_{\mathbb{R}}\int_{\mathbb{R}^N} V_\varepsilon(x)|z|^2 dxdt - \Psi_\varepsilon(z)$$

$$\geqslant \frac{1}{2}\|z\|^2 - \frac{\|V\|_\infty}{2}\int_{\mathbb{R}}\int_{\mathbb{R}^N}|z|_2^2 dxdt - \left(\frac{1 - \|V\|_\infty}{4}\|z\|_{L^2}^2 + C\|z\|_{L^{2^*}}^{2^*}\right)$$

$$\geqslant \frac{1 - \|V\|_\infty}{4}\|z\|^2 - C'\|z\|^{2^*},$$

其中 $C, C' > 0$ 与 ε 无关, 由 $2^* > 2$ 立即得到所要结论. ∎

上述引理直接说明条件 (I1) 对于泛函族 $\{\Phi_\varepsilon\}_{\varepsilon\in\mathcal{E}}$ 成立. 条件 (I2) 的证明则将分成下面两个引理来叙述:

引理 3.3.20　对于超二次非线性问题, 即 (H_3) 成立. 对 $e \in E^+ \setminus \{0\}$, 当 $z \in E_e$ 且 $\|z\| \to \infty$ 时, $\Phi_0(z) \to -\infty$.

证明　首先由 (H_1) 以及 $(H_3)(i)$ 可知, 对任意 $\delta > 0$ 存在 $c_\delta > 0$ 使得

$$G(|z|) \geqslant c_\delta |z|^\beta - \delta |z|^2, \quad \forall z \in \mathbb{R}^{2M}.$$

任取 $e \in E^+ \setminus \{0\}$, 对于 $z = se + v \in E_e$, 我们有

$$
\begin{aligned}
\Phi_0(z) &= \frac{1}{2}\|se\|^2 - \frac{1}{2}\|v\|^2 + \frac{1}{2}\int_{\mathbb{R}}\int_{\mathbb{R}^N} V_\varepsilon(x)|se+v|^2 dx dt - \Psi_0(se+v) \\
&\leqslant \frac{s^2}{2}\|e\|^2 - \frac{1}{2}\|v\|^2 + \frac{\|V\|_\infty}{2}\|se+v\|_{L^2}^2 + \delta\|se+v\|_{L^2}^2 - c_\delta\|se+v\|_{L^\beta}^\beta \\
&\leqslant \frac{1+\|V\|_\infty+2\delta}{2}s^2\|e\|^2 - \frac{1-\|V\|_\infty-2\delta}{2}\|v\|^2 - c_\delta s^\beta\|e\|_{L^\beta}^\beta.
\end{aligned}
$$

由于 $\beta > 2$, 取 δ 充分小, 我们就得到所要结论. ∎

引理 3.3.21　对于渐近二次非线性问题, 即 (H_3') 成立. 当 $z \in E_e$ 且 $\|z\| \to \infty$ 时, 就有 $\sup\limits_{z\in E_e} \Phi_0(z) = +\infty$ 或 $\Phi_0(z) \to -\infty$.

证明　首先我们假设 $\sup\limits_{z\in E_e} \Phi_0(z) = C < \infty$. 则由引理 3.3.19, 不妨取 $C > 0$. 若不然, 存在序列 $\{z_n\} \subset E_e$ 满足 $\|z_n\| \to \infty$ 且存在 $C_0 > 0$ 使得 $\Phi_0(z_n) \geqslant -C_0$ 对所有 n 成立. 记 $v_n = \frac{z_n}{\|z_n\|}$, 则 $\|v_n\| = 1$. 因此, 存在 $v \in E$ 使得 $v_n \rightharpoonup v, v_n^- \to v^-, v_n^+ \to v^+ \in \mathbb{R}^+ e$, 以及

$$-\frac{C_0}{\|z_n\|} \leqslant \frac{\Phi_0(z_n)}{\|z_n\|} \leqslant \frac{1}{2}\|v_n^+\|^2 - \frac{1}{2}\|v_n^-\|^2 + \frac{\|V\|_\infty}{2}|v_n|_2^2. \tag{3.3.37}$$

我们断言 $v^+ \neq 0$. 事实上, 若不然, 则当 $n \to \infty$ 时, 由 (3.3.37) 得到

$$\frac{1-\|V\|_\infty}{2}\|v_n^-\|^2 \leqslant \frac{1+\|V\|_\infty}{2}\|v_n^+\|^2 + \frac{C_0}{\|z_n\|} \to 0,$$

于是得到矛盾.

通过计算得到, 对于 $\lambda > 0$,

$$
\begin{aligned}
\frac{d}{d\lambda}\Phi_0(\lambda v_n) &= \frac{1}{\lambda}\Phi_0'(\lambda v_n)(\lambda v_n) = \frac{1}{\lambda}(2\Phi_0(\lambda v_n) - 2\hat{\Psi}_0(\lambda v_n)) \\
&\leqslant \frac{2C}{\lambda} - \frac{2}{\lambda}\int_{\mathbb{R}}\int_{\mathbb{R}^N}\hat{G}(\lambda|v_n|)dx dt.
\end{aligned}
$$

同时, 对于充分小的 $\delta > 0$, 我们有

$$\int_{\mathbb{R}} \int_{\mathbb{R}^N} \hat{G}(\lambda|v_n|) dx dt \geqslant \iint_{\{(t,x) \in \mathbb{R} \times \mathbb{R}^N : |v_n| \geqslant \delta\}} \hat{G}(\lambda|v_n|) dx dt$$

$$\geqslant \tilde{G}_\delta(\lambda) \cdot \left| \{(t,x) \in \mathbb{R} \times \mathbb{R}^N : |v_n| \geqslant \delta\} \right|, \qquad (3.3.38)$$

其中

$$\tilde{G}_\delta(\lambda) := \inf\{\hat{G}(|z|) : z \in \mathbb{R}^{2M}, |z| \geqslant \delta\}.$$

此外, 不难验证当 δ 取得充分小时, $\left| \{(t,x) \in \mathbb{R} \times \mathbb{R}^N : |v_n| \geqslant \delta\} \right| \geqslant r_0$ 对于适当的 $r_0 > 0$ 及所有 n 都成立. 事实上, 如果这样的 r_0 不存在, 我们就有 $v_n \rightharpoonup 0$. 但是这将与 $v^+ \neq 0$ 的事实矛盾. 现在, 由 (3.3.38) 以及 $(H_3')(ii)$, 当 $\lambda \to \infty$ 时, 我们推得 $\tilde{G}_\delta(\lambda) \to +\infty$, 并且

$$\frac{d}{d\lambda} \Phi_0(\lambda v_n) \leqslant \frac{2C}{\lambda} - 2r_0 \frac{\tilde{G}_\delta}{\lambda}$$

$$\leqslant \frac{2C}{\lambda} - \frac{3C}{\lambda}$$

$$= -\frac{C}{\lambda}$$

对所有 n 以及 $\lambda \geqslant \lambda_0$ 成立, 其中 $\lambda_0 > 0$ 充分大. 因此, 当 $n \to \infty$ 时, 我们有

$$\Phi_0(z_n) = \Phi_0(\|z_n\| v_n) = \int_0^{\|z_n\|} \frac{d}{d\lambda} \Phi_0(\lambda v_n) d\lambda$$

$$\leqslant \Phi_0(\lambda_0 v_n) - \int_{\lambda_0}^{\|z_n\|} \frac{C}{\lambda} d\lambda$$

$$\leqslant C - C \int_{\lambda_0}^{\|z_n\|} \frac{1}{\lambda} d\lambda \to -\infty.$$

这就得到矛盾. ∎

下面的引理将致力于证明修正后的泛函 Φ_ε 的 $\mathscr{G}$-弱紧性. 由 $(F_4)(i)$, 我们不难得到当 $(H_3)(i)$ 满足时,

$$\hat{F}(x,s) \geqslant \frac{\beta-2}{2\beta} f(x,s)s^2 \geqslant \frac{\beta-2}{2} F(x,s) > 0 \qquad (3.3.39)$$

对所有 $x \in \Lambda$ 及 $s > 0$ 成立. 结合 $(H_3)(ii)$ 可得

$$(f(x,s)s)^\sigma \leqslant a_1 f(x,s)s^2 \leqslant a_2 \hat{F}(x,s) \qquad (3.3.40)$$

对所有 $|z| \geqslant r_1$ 以及 $x \in \Lambda$ 成立, 其中 $\sigma = \dfrac{p}{p-1}$ 以及 r_1 取得适当小使得

$$|f(x,s)| \leqslant \frac{1-\|V\|_\infty}{4}, \quad \forall s \leqslant s_1, \quad x \in \mathbb{R}^N. \tag{3.3.41}$$

引理 3.3.22 对任意 $\varepsilon > 0, c \in \mathbb{R} \setminus \{0\}$, Φ_ε 满足 $\mathscr{G}$-弱 $(C)_c$-条件.

证明 我们将从任意 Φ_ε 的 $(C)_c$-序列的有界性开始证明. 事实上, 取序列 $\{z_n\}$ 满足

$$\Phi_\varepsilon(z_n) \to c \ \text{以及} \ (1+\|z_n\|)\Phi'_\varepsilon(z_n) \to 0 \ (n \to \infty).$$

因此, 存在 $C > 0$ 使得

$$C \geqslant \Phi_\varepsilon(z_n) - \frac{1}{2}\Phi'_\varepsilon(z_n)z_n = \int_\mathbb{R}\int_{\mathbb{R}^N} \hat{F}_\varepsilon(x,|z_n|)dxdt > 0, \tag{3.3.42}$$

以及

$$o_n(1) = \Phi'_\varepsilon(z_n)(z_n^+ - z_n^-)$$
$$= \|z_n\|^2 + \int_\mathbb{R}\int_{\mathbb{R}^N} V_\varepsilon(x)z_n \cdot (z_n^+ - z_n^-)dxdt$$
$$- \int_\mathbb{R}\int_{\mathbb{R}^N} f_\varepsilon(x,|z_n|)z_n \cdot (z_n^+ - z_n^-)dxdt. \tag{3.3.43}$$

情形 1 超二次非线性条件 由 F 的定义以及 (3.3.43), 我们立即得到

$$\|z_n\|^2 - \|V\|_\infty \int_\mathbb{R}\int_{\mathbb{R}^N} |z_n| \cdot |z_n^+ - z_n^-|dxdt$$
$$\leqslant \int_\mathbb{R}\int_{\mathbb{R}^N} f_\varepsilon(x,|z_n|)|z_n| \cdot |z_n^+ - z_n^-|dxdt + o_n(1)$$
$$\leqslant \int_\mathbb{R}\int_{\Lambda_\varepsilon} f_\varepsilon(x,|z_n|)|z_n| \cdot |z_n^+ - z_n^-|dxdt$$
$$+ \frac{1-\|V\|_\infty}{2} \int_\mathbb{R}\int_{\mathbb{R}^N} |z_n| \cdot |z_n^+ - z_n^-|dxdt + o_n(1), \tag{3.3.44}$$

其中 $\Lambda_\varepsilon := \{x \in \mathbb{R}^N : \varepsilon x \in \Lambda\}$. 因此, 再由 (3.3.40) 及 (3.3.41), 我们不难验证

$$\frac{1-\|V\|_\infty}{4}\|z_n\|^2$$
$$\leqslant \iint_{\{(t,x)\in\mathbb{R}\times\Lambda_\varepsilon:|z_n|\geqslant r_1\}} f_\varepsilon(x,|z_n|)|z_n| \cdot |z_n^+ - z_n^-|dxdt + o_n(1)$$
$$\leqslant \left(\iint_{\{(t,x)\in\mathbb{R}\times\Lambda_\varepsilon:|z_n|\geqslant r_1\}} (f_\varepsilon(x,|z_n|)|z_n|)^\sigma dxdt\right)^{\frac{1}{\sigma}} \|z_n^+ - z_n^-\|_{L^p} + o_n(1).$$

由 (3.3.40),(3.3.42) 以及 Sobolev 嵌入定理, 我们得到

$$\frac{1-\|V\|_\infty}{4}\|z_n\|^2 \leqslant C_1\|z_n\| + o_n(1).$$

因此 $\{z_n\}$ 在 E 中是有界的.

情形 2　渐近二次非线性条件　在这种情形, 假设当 $n \to \infty$ 时, $\|z_n\| \to \infty$ 并记 $v_n = \dfrac{z_n}{\|z_n\|}$. 则 $\|v_n\|_{L^2}^2 \leqslant C_2$ 且 $\|v_n\|_{L^{2^*}}^2 \leqslant C_3$, 其中 $2^* := \dfrac{2(N+2)}{N}$.
由 (3.3.43), 我们得出

$$
\begin{aligned}
o(1) = \|z_n\|^2 \bigg(&\|v_n\|^2 + \int_{\mathbb{R}} \int_{\mathbb{R}^N} V_\varepsilon(x) v_n \cdot (v_n^+ - v_n^-) dx dt \\
&- \int_{\mathbb{R}} \int_{\mathbb{R}^N} f_\varepsilon(x, |z_n|) v_n \cdot (v_n^+ - v_n^-) dx dt \bigg) \\
\geqslant \|z_n\|^2 \bigg(&(1 - |V|_\infty) - \int_{\mathbb{R}} \int_{\mathbb{R}^N} f_\varepsilon(x, |z_n|) v_n \cdot (v_n^+ - v_n^-) dx dt \bigg).
\end{aligned}
$$

因此

$$
\liminf_{n \to \infty} \int_{\mathbb{R}} \int_{\mathbb{R}^N} f_\varepsilon(x, |z_n|) v_n \cdot (v_n^+ - v_n^-) dx dt \geqslant \ell := 1 - \|V\|_\infty. \tag{3.3.45}
$$

为了得到矛盾, 我们首先记

$$
d(r) := \inf\{\hat{F}(x, s) : x \in \mathbb{R}^N \ \text{且}\ s > r\},
$$

$$
\Omega_n(\rho, r) := \{(t, x) \in \mathbb{R} \times \mathbb{R}^N : \rho \leqslant |z_n(t, x)| \leqslant r\},
$$

以及

$$
c_\rho^r := \inf \left\{ \frac{\hat{F}(x, s)}{s^2} : x \in \mathbb{R}^N \ \text{且}\ \rho \leqslant s \leqslant r \right\},
$$

由 (F6) 知, 当 $r \to \infty$ 时, $d(r) \to \infty$. 因此

$$
\hat{F}_\varepsilon(x, |z_n(t, x)|) \geqslant c_\rho^r |z_n(t, x)|^2, \quad \forall (t, x) \in \Omega_n(\rho, r).
$$

再由 (3.3.42), 我们就有

$$
C \geqslant \iint_{\Omega_n(0, \rho)} \hat{F}(\varepsilon x, |z_n|) dx dt + c_\rho^r \iint_{\Omega_n(0, \rho)} |z_n|^2 dx dt + d(r) \cdot |\{\Omega_n(r, \infty)\}|.
$$

注意到, 上述估计式说明当 $r \to \infty$ 时, $|\{\Omega_n(r, \infty)\}| \leqslant \dfrac{C}{d(r)} \to 0$ 关于 n 一致成立, 并且对于任意取定的 $0 < \rho < r$, 当 $n \to \infty$ 时

$$
\iint_{\Omega_n(\rho, r)} |v_n|^2 dx dt = \frac{1}{\|z_n\|^2} \iint_{\Omega_n(\rho, r)} |z_n|^2 dx dt \leqslant \frac{C}{c_\rho^r \|z_n\|^2} \to 0.
$$

现在, 我们选取 $0 < \delta < \dfrac{\ell}{3}$. 由 (F$_1$) 可得, 存在 $\rho_\delta > 0$ 使得

$$f_\varepsilon(x,s) < \frac{\delta}{C_2}$$

对所有 $x \in \mathbb{R}^N$ 以及 $s \in [0, \rho_\delta]$ 成立. 因此,

$$\iint_{\Omega_n(0,\rho_\delta)} f_\varepsilon(x,|z_n|)|v_n| \cdot |v_n^+ - v_n^-| dx dt \leqslant \frac{\delta}{C_2} \|v_n\|_{L^2}^2 \leqslant \delta$$

对所有 n 成立. 由 (H_1), $(H_3')(i)$ 以及 F 的定义, 存在 $\tilde{C} > 0$ 使得 $0 \leqslant f(x,z) \leqslant \tilde{C}$ 对所有 (x,z) 成立. 利用 Hölder 不等式, 我们可选取 r_δ 充分大使得

$$\iint_{\Omega_n(r_\delta,\infty)} f_\varepsilon(x,|z_n|)|v_n| \cdot |v_n^+ - v_n^-| dx dt$$

$$\leqslant \tilde{C} \iint_{\Omega_n(r_\delta,\infty)} |v_n| \cdot |v_n^+ - v_n^-| dx dt$$

$$\leqslant \tilde{C} \cdot \big| \{\Omega_n(r_\delta,\infty)\} \big|^{\frac{1}{N+2}} \cdot \|v_n\|_{L^2} \cdot \|v_n^+ - v_n^-\|_{L^2}$$

$$\leqslant \tilde{C}' \cdot \big| \{\Omega_n(r_\delta,\infty)\} \big|^{\frac{1}{N+2}} \leqslant \delta$$

对所有 n 成立. 此外, 存在充分大的 n_0 使得

$$\iint_{\Omega_n(\rho_\delta,r_\delta)} f_\varepsilon(x,|z_n|)|v_n| \cdot |v_n^+ - v_n^-| dx dt$$

$$\leqslant \tilde{C} \iint_{\Omega_n(\rho_\delta,r_\delta)} |v_n| \cdot |v_n^+ - v_n^-| dx dt$$

$$\leqslant \tilde{C} \cdot \|v_n\|_{L^2} \left(\iint_{\Omega_n(\rho_\delta,r_\delta)} |v_n|^2 dx dt \right)^{\frac{1}{2}} \leqslant \delta$$

对所有 $n \geqslant n_0$ 成立. 因此, 当 n 充分大时, 我们就有

$$\int_{\mathbb{R}} \int_{\mathbb{R}^N} f_\varepsilon(x,|z_n|)|v_n| \cdot |v_n^+ - v_n^-| dx dt \leqslant 3\delta < \ell,$$

这就得到矛盾. 因此 $\{z_n\}$ 的有界性得到证明.

下一步, 我们将证明 $(C)_c$-序列 $\{z_n\}$ 的 $\mathscr{G}$-弱紧性, 其中 $c \neq 0$. 固定 $\varepsilon > 0$, 选取 $\varphi \in \mathcal{C}_0^\infty(\mathbb{R}^N)$ 使得 $\overline{\Lambda_\varepsilon} \subset \operatorname{supp}\varphi$, 并且

$$\varphi(x) = \begin{cases} 1, & x \in \overline{\Lambda_\varepsilon}, \\ 0, & x \notin N_1(\overline{\Lambda_\varepsilon}), \end{cases}$$

其中 $N_1(\overline{\Lambda_\varepsilon}) := \{x \in \mathbb{R}^N : \operatorname{dist}(x, \overline{\Lambda_\varepsilon}) < 1\}$. 记 $z_n' = \varphi \cdot z_n$, 则由 $\{z_n\}$ 的有界性知, $\{z_n'\}$ 在 E 中也是有界的. 我们断言存在 $\{g_n\} \subset \mathscr{G} := \mathbb{R}$ 以及 $t_0, \delta_0 > 0$ 使得

$$\int_{g_n-t_0}^{g_n+t_0} \int_{N_1(\overline{\Lambda}_\varepsilon)} |z_n'|^2 dxdt \geqslant \delta_0, \quad \forall n \geqslant 1. \tag{3.3.46}$$

则由紧嵌入 $E \hookrightarrow L_{\text{loc}}^2$, 我们就得到新序列 $\{g_n \star z_n\}$ 拥有一列弱收敛子列, 并满足其弱极限在 $E \setminus \{0\}$ 中 (此处我们利用到 $|z_n| \geqslant |z_n'|$).

现在我们证明 (3.3.46). 若不然, 也就是

$$\lim_{n\to\infty} \sup_{g\in\mathbb{R}} \int_{g-r}^{g+r} \int_{N_1(\overline{\Lambda}_\varepsilon)} |z_n'|^2 dxdt = 0, \quad \forall r > 0.$$

由于 Λ_ε 是有界集, 结合 z_n' 的定义, 我们可得到 $\{z_n'\}$ 是消失的. 由 Lions 集中紧原理[106], 我们就有 $|z_n'|_q \to 0$ 对所有 $q \in \left(2, \dfrac{2(N+2)}{N}\right)$ 都成立. 此时, 由 (3.3.41), (3.3.43) 及 F 的定义, 我们即得

$$\frac{1 - \|V\|_\infty}{4} \|z_n\|^2$$
$$\leqslant \iint_{\{(t,x)\in\mathbb{R}\times\Lambda_\varepsilon:\, |z_n|\geqslant r_1\}} f_\varepsilon(x,|z_n|)|z_n| \cdot |z_n^+ - z_n^-| dxdt + o_n(1)$$
$$\leqslant \iint_{\{(t,x)\in\mathbb{R}\times N_1(\overline{\Lambda}_\varepsilon):\, |z_n'|\geqslant r_1\}} f_\varepsilon(x,|z_n'|)|z_n'| \cdot |z_n^+ - z_n^-| dxdt + o_n(1).$$

值得注意的是, 上面的估计对于超二次与渐近二次非线性条件都是成立的. 此外, 必定存在常数 $C_0 > 0$ 以及 $p_0 \in \left(2, \dfrac{2(N+2)}{N}\right)$ 使得

$$|f(x,s)| \leqslant C_0 s^{p_0-2}, \quad \forall x \in \mathbb{R}^N \text{ 以及 } s \geqslant r_1.$$

事实上, 对于超二次非线性条件, 我们可选取 $p_0 = p$; 对于渐近二次非线性条件, 我们可选取 $p_0 = q \in \left(2, \dfrac{2(N+2)}{N}\right)$. 则由 Hölder 不等式以及 $\|z_n'\|_{L^q} \to 0$ 对所有 $q \in \left(2, \dfrac{2(N+2)}{N}\right)$ 成立的事实, 我们就得到在 E 中 $z_n \to 0$, 这就蕴含着 $\Phi_\varepsilon(z_n) \to 0$. 这将与我们的假设 ($\{z_n\}$ 是 $(C)_c$-序列满足 $c \neq 0$) 矛盾. ∎

3.3.3 自治系统

接下来, 我们还需验证在条件 (H$_1$), (H$_2$) 以及 (H$_3$) 或 (H$_3'$) 下, 泛函 Φ_0 具有临界值

$$c_0 = \inf_{r\in E^+\setminus\{0\}} \sup_{z\in E_e} \Phi_0(z) < \infty,$$

其中 $E_e = \mathbb{R}^+ e \oplus E^-$.

我们考察如下的自治系统:

$$\begin{cases} \partial_t u = \Delta_x u - v - \mu u + H_v(u,v), \\ -\partial_t v = \Delta_x v - u - \mu u + H_u(u,v), \end{cases} \tag{3.3.47}$$

其中 $\mu \in (-1,1)$. 注意到 $H(\xi) = \int_0^{|\xi|} g(s)s\,ds, \ \forall \xi \in \mathbb{R}^{2M}$, 则 (3.3.47) 能写为如下形式:

$$Lz + \mu z = g(|z|)z,$$

其中 $z = (u,v)$. 方程 (3.3.47) 的解对应于下列 $\mathscr{G}'$-不变泛函的临界点

$$\mathscr{T}_\mu := \frac{1}{2}\big(\|z^+\|^2 - \|z^-\|^2\big) + \frac{\mu}{2}\int_{\mathbb{R}}\int_{\mathbb{R}^N} |z|^2 dx dt - \Psi_0(z),$$

其中 $z = z^+ + z^- \in E = E^+ \oplus E^-$. 显然地, 当 $\mu = V_0$ 时, 我们所定义的 $\mathscr{T}_{V_0}$ 恰好就是 Φ_0. 下面, 为了记号上的方便, 我们记

$$\mathscr{H}_\mu := \big\{ z \in E \setminus \{0\} : \mathscr{T}'_\mu(z) = 0 \big\} \text{ 以及 } \gamma_\mu := \inf\big\{ \mathscr{T}_\mu(z) : z \in \mathscr{H}_\mu \big\}.$$

下面的两个命题, 作为已知的关于系统 (3.3.47) 的存在性结论, 将在后续证明中用到.

命题 3.3.23 设 (H_1) 及 (H_3) 成立, 则超二次非线性系统 (3.3.47) 存在一个非平凡解 z, 且对所有 $r \geqslant 2, z$ 属于 $B_r(\mathbb{R} \times \mathbb{R}^N, \mathbb{R}^{2M})$.

命题 3.3.24 设 (H_1) 及 (H'_3) 成立, 则渐近二次非线性系统存在一个非平凡解 z, 且对所有 $r \geqslant 2, z$ 属于 $B_r(\mathbb{R} \times \mathbb{R}^N, \mathbb{R}^{2M})$.

上述命题的证明将通过应用强不定泛函的环绕定理得到, 相关的证明可在文献中完全查到.

对于固定的 $v \in E^+$, 令 $\phi_v : E^- \to \mathbb{R}$, 定义为 $\phi_v(w) = \mathscr{T}_\mu(v+w)$. 我们有

$$\phi_v(w) \leqslant \frac{1+|\mu|}{2}\|v\|^2 - \frac{1-|\mu|}{2}\|w\|^2. \tag{3.3.48}$$

此外, 对于任意的 $w, z \in E^-$,

$$\phi''_v(w)[z,z] = -\|z\|^2 - \mu\int_{\mathbb{R}}\int_{\mathbb{R}^N}|z|^2 dx dt - \Psi''_0(v+w)[z,z]$$

$$\leqslant -(1-|\mu|)\|z\|^2, \tag{3.3.49}$$

上式利用到了 Ψ_0 的凸性. 作为 (3.3.48) 以及 (3.3.49) 的直接推论, 我们得到, 存在唯一的 C^1 映射 $\mathscr{T}_\mu : E^+ \to E^-$ 使得

$$\mathscr{T}_\mu\big(v + \mathscr{T}_\mu(v)\big) = \max_{w \in E^-} \mathscr{T}_\mu(v + w).$$

我们也可得到 $\mathscr{T}_\mu$ 的有界性以及 C^1 光滑性.

现在, 我们考察新定义的泛函

$$\mathscr{R}_\mu : E^+ \to \mathbb{R}, \quad \mathscr{R}_\mu(v) = \mathscr{T}_\mu\big(v + \mathscr{J}_\mu(v)\big).$$

此处, 值得注意的是, 泛函 $\mathscr{R}_\mu$ 以及 $\mathscr{J}_\mu$ 的临界点直接存在 1-1 对应关系, 即映射 $v \mapsto v + \mathscr{J}_\mu(v)$. 记

$$\Gamma_\mu = \big\{ \nu \in \mathcal{C}([0,1], E^+) : \nu(0) = 0, \mathscr{R}_\mu(\nu(1)) < 0 \big\},$$

并考虑下面的极小极大刻画

$$d_\mu^1 = \inf_{\nu \in \Gamma_\mu} \max_{t \in [0,1]} \mathscr{R}_\mu(\nu(t)) \quad \text{以及} \quad d_\mu^2 = \inf_{v \in E^+ \setminus \{0\}} \max_{t \geqslant 0} \mathscr{R}_\mu(tv),$$

我们就有如下结论.

引理 3.3.25 对于自治系统 (3.3.47), 设 (H_1), (H_2) 以及 (H_3) 或 (H_3') 成立, 则

(1) $\gamma_\mu > 0$ 可达, 且 $\gamma_\mu = d_\mu^1 = d_\mu^2$;

(2) 当 $\mu_1 > \mu_2$ 时, 就有 $\gamma_{\mu_1} > \gamma_{\mu_2}$.

证明 首先证明 (1), 我们取 $\{z_n\} \subset \mathscr{H}_\mu$ 使得 $\mathscr{T}_\mu(z_n) \to \gamma_\mu$. 显然, $\{z_n\}$ 是一个 $(C)_{\gamma_\mu}$-序列, 进而是有界序列.

断言 $\inf\{\|z\| : z \in \mathscr{H}_\mu\} > 0$.

事实上, 对于 $z \in \mathscr{H}_\mu$, 我们有

$$0 = \|z\|^2 + \mu \int_{\mathbb{R}} \int_{\mathbb{R}^N} z \cdot (z^+ - z^-) dx dt - \Psi_0(z)(z^+ - z^-).$$

利用 (H_1), 对于充分小的 $\delta > 0$,

$$(1 - |\mu|)\|z\|^2 \leqslant \Psi_0(z)(z^+ - z^-) \leqslant \delta\|z\|_{L^2}^2 + C_\delta \|z\|_{L^{2^*}}^{2^*},$$

这说明 $\|z\|^2 \leqslant C_\delta' \|z\|^{2^*}$ 或者等价地, $C_\delta'' \leqslant \|z\|^{2^*-2}$, 进而断言得到证明.

我们不难得到 $\gamma_\mu \geqslant 0$, 并且如果 $\gamma_\mu = 0$, 立即得到

$$(1 - |\mu|)\|z_n\|^2 \leqslant \Psi_0(z_n)(z_n^+ - z_n^-)$$

$$= \int_{\mathbb{R}} \int_{\mathbb{R}^N} g(|z_n|)z_n \cdot (z_n^+ - z_n^-)dxdt, \qquad (3.3.50)$$

以及

$$o(1) = \mathscr{T}_\mu(z_n) = \mathscr{T}_\mu(z_n) - \frac{1}{2}\mathscr{T}_\mu'(z_n)z_n = \int_{\mathbb{R}} \int_{\mathbb{R}^N} \widehat{G}(|z_n|)dxdt. \qquad (3.3.51)$$

对于超二次非线性项来说, 采用类似于引理 3.3.22(见情形 1) 的讨论, 我们就有

$$\frac{1 - |\mu|}{4}\|z_n\|^2$$

$$\leqslant \left(\iint_{\{(t,x) \in \mathbb{R} \times \Lambda_\varepsilon : |z_n| \geqslant r_1\}} (g(|z_n|)|z_n|)^\sigma dxdt\right)^{\frac{1}{\sigma}} \|z_n^+ - z_n^-\|_{L^p} + o_n(1)$$

$$\leqslant C\left(\int_{\mathbb{R}} \int_{\mathbb{R}^N} \widehat{G}(|z_n|)dxdt\right)^{\frac{1}{\sigma}} \|z_n\| + o_n(1).$$

结合 (3.3.51), 我们就推得当 $n \to \infty$ 时, $\|z_n\| \to 0$, 得到矛盾. 对于渐近二次非线性条件, 由 (3.3.50) 以及 $\inf_{n \geqslant 1} \|z_n\| > 0$ 就可得 $\{z_n\}$ 非消失. 再根据 $\mathscr{T}_\mu$ 是 $\mathscr{G}'$-不变的, 平移变换意义之下, 我们不妨设 $z_n \rightharpoonup z_0 \in \mathscr{H}_\mu$. 因为对任意的 $z \in \mathbb{R}^{2M}$ 成立 $\widehat{G}(|z|) \geqslant 0$, 故由 Fatou 引理, 我们就有 $\int_{\mathbb{R}} \int_{\mathbb{R}^N} \widehat{G}(|z_0|)dxdt = 0$. 这与 $z_0 \neq 0$ 矛盾.

上述证明得出 $\{z_n\}$ 是 $\mathscr{H}_\mu$ 中的一列非消失序列且满足 $\mathscr{T}_\mu(z_n) \to \gamma_\mu$. 由集中紧原理以及 $\mathscr{T}_\mu$ 的 $\mathscr{G}'$-不变性, 我们即得 γ_μ 是可达的.

注意到 γ_μ 是 $\mathscr{H}_\mu$ 的极小能量, 则不难验证 $\gamma_\mu \leqslant d_\mu^1 \leqslant d_\mu^2$. 为了证明 $d_\mu^2 \leqslant \gamma_\mu$, 我们注意到: 对于 $v \in E^+ \setminus \{0\}$, 函数 $t \mapsto \mathscr{R}_\mu(tv)$ 至多存在一个非平凡临界点 $t = t(v) > 0$, 且若此临界点存在, 则其将成为该函数的最大值点. 记

$$\mathscr{M}_\mu := \{t(v)v : v \in E^+ \setminus \{0\}, t(v) < \infty\},$$

则我们就有 $\mathscr{M}_\mu \neq \varnothing$(这是因为 γ_μ 可以取到). 同时,

$$d_\mu^2 = \inf_{v \in \mathscr{M}_\mu} \mathscr{R}_\mu(v).$$

注意到, 对 $z \in \mathscr{H}_\mu$ 满足 $\mathscr{T}_\mu(z) = \gamma_\mu$, 则由引理 3.3.20 以及引理 3.3.21, 我们有 $\mathscr{R}_\mu(tz^+) \to -\infty$, 并且 $z^+ \in \mathscr{M}_\mu$ 满足 $\mathscr{R}(z^+) = \gamma_\mu$. 因此, $d_\mu^2 \leqslant \mathscr{R}(z^+) = \gamma_\mu$.

现在证明 (2). 取 $z \in \mathscr{H}_{\mu_1}$ 满足 $\mathscr{T}_{\mu_1}(z) = \gamma_{\mu_1}$, 我们就有 z^+ 是 $\mathscr{R}_{\mu_1}$ 的临界

点且

$$\gamma_{\mu_1} = \mathscr{R}_{\mu_1}(z^+) = \max_{t \geqslant 0} \mathscr{R}_{\mu_1}(tz^+).$$

取 $\tau > 0$ 使得 $\mathscr{R}_{\mu_2}(\tau z^+) = \max\limits_{t \geqslant 0} \mathscr{R}_{\mu_2}(tz^+)$, 我们就有

$$
\begin{aligned}
\gamma_{\mu_1} = \mathscr{R}_{\mu_1}(z^+) &= \max_{t \geqslant 0} \mathscr{R}_{\mu_1}(tz^+) \\
&\geqslant \mathscr{R}_{\mu_1}(\tau z^+) = \mathscr{T}_{\mu_1}\big(\tau z^+ + \mathscr{J}_{\mu_1}(\tau z^+)\big) \\
&\geqslant \mathscr{T}_{\mu_1}\big(\tau z^+ + \mathscr{J}_{\mu_2}(\tau z^+)\big) \\
&= \mathscr{T}_{\mu_2}\big(\tau z^+ + \mathscr{J}_{\mu_2}(\tau z^+)\big) + \frac{\mu_1 - \mu_2}{2}\big\|\tau z^+ + \mathscr{J}_{\mu_2}(\tau z^+)\big\|_{L^2}^2 \\
&= \mathscr{R}_{\mu_2}(\tau z^+) + \frac{\mu_1 - \mu_2}{2}\big\|\tau z^+ + \mathscr{J}_{\mu_2}(\tau z^+)\big\|_{L^2}^2 \\
&\geqslant \gamma_{\mu_2} + \frac{\mu_1 - \mu_2}{2}\big\|\tau z^+ + \mathscr{J}_{\mu_2}(\tau z^+)\big\|_{L^2}^2.
\end{aligned}
$$
■

此外, 映射 $\mathscr{J}_\mu$ 的定义说明

$$\mathscr{R}_\mu(te) = \mathscr{T}_\mu\big(te + \mathscr{J}_\mu(te)\big) = \max_{w \in E^-} \mathscr{T}_\mu(te + w),$$

进而

$$\sup_{t \geqslant 0} \mathscr{R}_\mu(te) = \sup_{t \geqslant 0} \max_{w \in E^-} \mathscr{T}_\mu(te + w) = \sup_{z \in E_e} \mathscr{T}_\mu(z).$$

通过对所有 $e \in E^+ \setminus \{0\}$ 取下确界, 我们就有

$$\gamma_\mu = \inf_{e \in E^+ \setminus \{0\}} \sup_{z \in E_e} \mathscr{T}_\mu(z).$$

因此, 对于 $\mu = V_0$ 的情形, 我们得到 Φ_0 具有临界值

$$c_0 = \inf_{e \in E^+ \setminus \{0\}} \sup_{z \in E_e} \Phi_0(z) < \infty,$$

而这就恰是我们所需要的.

由之前的准备工作, 通过应用抽象定理 (定理 3.3.5), 我们就得到下面的命题:

命题 3.3.26 设 (V), (H$_1$), (H$_2$) 以及 (H$_3$) 或 (H$_3'$) 满足. 当 $\varepsilon > 0$ 充分小时, 修正泛函 Φ_ε 具有一个非平凡临界值, 该临界值可表示为

$$c_\varepsilon = \inf_{e \in E^+ \setminus \{0\}} \sup_{z \in E_e} \Phi_\varepsilon(z).$$

此外, c_ε 是 Φ_ε 的极小能量, 并且当 $\varepsilon \to 0$ 时, 有 $c_\varepsilon \leqslant c_0 + o(1)$, 其中

$$c_0 = \inf_{e \in E^+ \setminus \{0\}} \sup_{z \in E_e} \Phi_0(z).$$

下面, 我们将着手证明反应-扩散系统 (3.3.2) 的集中现象. 取 $\{x_\varepsilon\}$ 为 Λ_ε 中这样的点使得 $V_\varepsilon(x_\varepsilon) = \underline{c}$, 我们将考察下面的方程

$$Lz + \hat{V}_\varepsilon(x)z = f_\varepsilon(x + x_\varepsilon, |z|)z, \tag{3.3.52}$$

以及其能量泛函 $\hat{\Phi}_\varepsilon : E \to \mathbb{R}$ 为

$$\hat{\Phi}_\varepsilon(z) = \frac{1}{2}\left(\|z^+\|^2 - \|z^-\|^2\right) + \frac{1}{2}\int_{\mathbb{R}}\int_{\mathbb{R}^N} \hat{V}_\varepsilon(x)|z|^2 dxdt$$
$$- \int_{\mathbb{R}}\int_{\mathbb{R}^N} F_\varepsilon(x + x_\varepsilon, |z|)dxdt,$$

其中 $\hat{V}_\varepsilon(x) = V\big(\varepsilon(x + x_\varepsilon)\big)$. 注意到, 令 $z_\varepsilon \in E$ 是方程

$$Lz + V_\varepsilon(x)z = f(x, |z|)z$$

的解且能量为 $\Phi_\varepsilon(z_\varepsilon) = c_\varepsilon$, 记 $w_\varepsilon(t, x) = z_\varepsilon(t, x + x_\varepsilon)$, 则不难得到 w_ε 就是方程 (3.3.52) 的解且能量为 $\hat{\Phi}_\varepsilon(w_\varepsilon) = \Phi_\varepsilon(z_\varepsilon) = c_\varepsilon$. 注意到, 当 $\varepsilon \to 0$ 时, $\hat{V}_\varepsilon(x) \to \underline{c}$ 在关于 x 的有界集上一致成立, 故定理 3.3.5 将同样适用于新的泛函族 $\{\hat{\Phi}_\varepsilon\}_{\varepsilon>0} \cup \{\mathscr{T}_{\underline{c}}\}$. 综上所述, 我们就得到下面的关于 c_ε 上界的另一刻画:

引理 3.3.27　对于命题 3.3.26 中所得到的 c_ε, 我们有

$$\limsup_{\varepsilon \to 0} c_\varepsilon \leqslant \gamma_{\underline{c}}.$$

不失一般性, 可假设 $V_0 := V(0) = \underline{c}$. 为了方便记号, 我们记

$$\mathscr{H}_\varepsilon := \big\{z \in E \setminus \{0\} : \Phi'_\varepsilon(z) = 0\big\}, \quad \mathscr{L}_\varepsilon := \big\{z \in \mathscr{H}_\varepsilon : \Phi_\varepsilon(z) = c_\varepsilon\big\},$$

以及

$$\mathscr{A} := \big\{x \in \Lambda : V(x) = V_0\big\}.$$

则下面的引理成立:

引理 3.3.28　在命题 3.3.26 的假设下, 则对所有充分小的 $\varepsilon > 0$ 以及 $z_\varepsilon \in \mathscr{H}_\varepsilon$, 函数 $|z_\varepsilon(t, \cdot)|$ 拥有一个 (全局) 最大值点 $x_\varepsilon \in \Lambda_\varepsilon$ 满足

$$\lim_{\varepsilon \to 0} V(\varepsilon x_\varepsilon) = c_\varepsilon.$$

此外, 记 $w_\varepsilon(t, x) = z_\varepsilon(t, x + x_\varepsilon)$, 则 $|w_\varepsilon|$ 在无穷远处一致衰减且 $\{w_\varepsilon\}$ 在 $B_2(\mathbb{R} \times \mathbb{R}^N, \mathbb{R}^{2M})$ 中收敛到极限方程

$$Lz + \underline{c}z = g(|z|)z$$

的极小能量解.

证明　我们的证明将建立在 $\{z_\varepsilon\}_{\varepsilon>0}$ 的有界性上 (有界性可参见引理 3.3.22).
接下来的证明将分为六个步骤.

第一步　$\{z_\varepsilon\}$ 是非消失序列.

若不然, 则对所有 $R > 0$, 当 $\varepsilon \to 0$ 时都有

$$\sup_{(t,x)\in\mathbb{R}\times\mathbb{R}^N} \int_{t-R}^{t+R} \int_{B_R(x)} |z_\varepsilon|^2 dx dt \to 0.$$

则根据 Lions 集中紧原理[106], 对所有 $q \in \left(2, \dfrac{2(N+2)}{N}\right)$ 都有 $\|z_\varepsilon\|_{L^q} \to 0$. 注意
到, 类似于引理 3.3.22 的证明, 存在常数 $C_0 > 0$ 以及 $p_0 \in \left(2, \dfrac{2(N+2)}{N}\right)$ 使得
对充分小的 $r_1 > 0$ 就有

$$|f(x,s)| \leqslant C_0 s^{p_0-2}, \quad \forall x \in \mathbb{R}^N \text{以及 } s \geqslant r_1.$$

因此

$$\frac{1-\|V\|_\infty}{4}\|z_\varepsilon\|^2 \leqslant \iint_{\{(t,x)\in\mathbb{R}\times\mathbb{R}^N : |z_\varepsilon|\geqslant r_1\}} f_\varepsilon(x,|z_\varepsilon|)|z_\varepsilon| \cdot |z_\varepsilon^+ - z_\varepsilon^-| dx = o_\varepsilon(1),$$

这就蕴含着 $\Phi_\varepsilon(z_\varepsilon) \to 0$, 得到矛盾.

第二步　$\{\chi_{\Lambda_\varepsilon} \cdot z_\varepsilon\}$ 非消失, 即存在 $(t_\varepsilon, x_\varepsilon) \in \mathbb{R} \times \overline{\Lambda_\varepsilon}$ 以及常数 $R, \delta > 0$ 使得

$$\int_{t_\varepsilon-R}^{t_\varepsilon+R} \int_{B_R(x_\varepsilon)} |\chi_{\Lambda_\varepsilon} \cdot z_\varepsilon|^2 dx dt \geqslant \delta.$$

事实上, 如果 $\{\chi_{\Lambda_\varepsilon} \cdot z_\varepsilon\}$ 是消失的, 由第一步, 我们就有 $\{(1 - \chi_{\Lambda_\varepsilon}) \cdot z_\varepsilon\}$ 非消失.
则存在 $(t_\varepsilon, x_\varepsilon) \in \mathbb{R} \times (\mathbb{R}^N \setminus \bar{\Lambda}_\varepsilon)$ 以及常数 $R, \delta > 0$ 使得

$$\int_{t_\varepsilon-R}^{t_\varepsilon+R} \int_{B_R(x_\varepsilon)} |z_\varepsilon|^2 dx dt \geqslant \delta.$$

记 $w_\varepsilon(t,x) = z_\varepsilon(t, x + x_\varepsilon)$, 那么 w_ε 将满足方程

$$Lw_\varepsilon + \hat{V}_\varepsilon(x)w_\varepsilon = f_\varepsilon(x + x_\varepsilon, |w_\varepsilon|)w_\varepsilon, \tag{3.3.53}$$

其中 $\hat{V}_\varepsilon(x) := V(\varepsilon(x + x_\varepsilon))$. 此外, 在 E 中有 $w_\varepsilon \rightharpoonup w \neq 0$, 并且在 L^q_{loc} 中,
$q \in \left[1, \dfrac{2(N+2)}{N}\right)$, 有 $w_\varepsilon \to w$. 注意到, $\{\chi_{\Lambda_\varepsilon} \cdot z_\varepsilon\}$ 消失说明在所有 L^q 中,

$q \in \left(2, \dfrac{2(N+2)}{N}\right)$，都有 $\chi_{\Lambda_\varepsilon} \cdot z_\varepsilon \rightharpoonup 0$．现在，不失一般性，我们假设 $V(\varepsilon x_\varepsilon) \to V_\infty$，任取 $\psi \in C_0^\infty(\mathbb{R} \times \mathbb{R}^N, \mathbb{R}^{2M})$ 作为试验函数代入 (3.3.53) 中，就有

$$0 = \lim_{\varepsilon \to 0} \int_{\mathbb{R}} \int_{\mathbb{R}^N} \left(Lw_\varepsilon + \hat{V}_\varepsilon(x)w_\varepsilon - f_\varepsilon(x + x_\varepsilon, |w_\varepsilon|)w_\varepsilon\right) \cdot \psi \, dx dt$$

$$= \int_\varepsilon \int_{\varepsilon^N} \left(Lw + V_\infty w - (1 - \chi_\infty)\tilde{g}(|w|)w\right) \cdot \psi \, dx dt,$$

其中 χ_∞ 是 $\mathbb{R}^N$ 中某个半空间的特征函数当

$$\limsup_{\varepsilon \to 0} \operatorname{dist}(x_\varepsilon, \partial \Lambda_\varepsilon) < \infty$$

或者 $\chi_\infty \equiv 0$（这是由于 Λ 是带有光滑边界的开集，则我们就有 $\chi_\Lambda(\varepsilon(\cdot + x_\varepsilon))$ 在 $\mathbb{R}^N$ 上几乎点点收敛到 $\chi_\infty(\cdot)$，并且 $x_\varepsilon \in \mathbb{R}^N \setminus \overline{\Lambda_\varepsilon}$．进而 w 将满足方程

$$Lw + V_\infty w = (1 - \chi_\infty)\tilde{g}(|w|)w. \tag{3.3.54}$$

然而，选取 $w^+ - w^-$ 作为试验函数代入 (3.3.54) 后，我们就有

$$0 = \|w\|^2 + V_\infty \int_{\mathbb{R}} \int_{\mathbb{R}^N} w \cdot (w^+ - w^-) dx dt$$

$$- \int_{\mathbb{R}} \int_{\mathbb{R}^N} (1 - \chi_\infty)\tilde{g}(|w|)w \cdot (w^+ - w^-) dx dt$$

$$\geqslant \|w\|^2 - \|V\|_\infty \|w\|^2 - \frac{1 - \|V\|_\infty}{2} \|w\|^2$$

$$= \frac{1 - \|V\|_\infty}{2} \|w\|^2.$$

因此，$w = 0$，得到矛盾．

第三步　若 $x_\varepsilon \in \mathbb{R}^N$ 以及 $R, \delta > 0$ 使得

$$\int_{\mathbb{R}} \int_{B_R(x_\varepsilon)} |\chi_{\Lambda_\varepsilon} \cdot z_\varepsilon|^2 dx dt \geqslant \delta,$$

那么就有 $\varepsilon x_\varepsilon \to \mathscr{A}$．

首先，由第二步，我们已经得知满足上式的 x_ε 确实存在，并且可选取 $x_\varepsilon \in \Lambda_\varepsilon$（即 $\varepsilon x_\varepsilon \in \Lambda$）．在子列意义下，当 $\varepsilon \to 0$ 时可假设 $\varepsilon x_\varepsilon \to x_0 \in \overline{\Lambda}$．再次记 $w_\varepsilon(t, x) = z_\varepsilon(t, x + x_\varepsilon)$，则在 E 中 $w_\varepsilon \rightharpoonup w \neq 0$，并且 w 满足方程

$$Lw + V(x_0)w = f_\infty(x, |w|)w, \tag{3.3.55}$$

其中 $f_\infty(x, s) = \chi_\infty g(s) + (1 - \chi_\infty)\tilde{g}(s)$，并且 χ_∞ 是 $\mathbb{R}^N$ 中某个半空间的特征函

数当

$$\limsup_{\varepsilon \to 0} \operatorname{dist}(x_\varepsilon, \partial \Lambda_\varepsilon) < \infty$$

或者 $\chi_\infty \equiv 1$(可根据 $x_\varepsilon \in \Lambda_\varepsilon$ 得到). 用 S_∞ 表示 (3.3.55) 的对应能量泛函:

$$S_\infty := \frac{1}{2}\big(\|z^+\|^2 - \|z^-\|^2\big) + \frac{V(x_0)}{2}\|z\|_{L^2}^2 - \Psi_\infty(z),$$

其中

$$\Psi_\infty(z) := \int_{\mathbb{R}} \int_{\mathbb{R}^N} F_\infty(x, |z|)dxdt.$$

注意到 $\Psi_\infty(z) \leqslant \Psi_0(z)$, 我们有

$$S_\infty(z) \geqslant \mathcal{J}_{V(x_0)}(z) = \mathcal{J}_{V_0}(z) + \frac{V(x_0) - V_0}{2}\|z\|_{L^2}^2, \quad \forall z \in E.$$

并且利用 Ψ_∞ 的凸性, 对于 $z \in E \setminus \{0\}$ 以及 $w \in E$, 我们就有

$$\big(\Psi_\infty''(z)[z, z] - \Psi_\infty'(z)z\big) + 2\big(\Psi_\infty''(z)[z, w] - \Psi_\infty'(z)w\big) + \Psi_\infty''(z)[w, w] > 0.$$

定义 $h_\infty : E^+ \to E^-$ 以及 $I_\infty : E^+ \to \mathbb{R}$ 为

$$S_\infty\big(v + h_\infty(v)\big) = \max_{z \in E^-} S_\infty(v + z),$$

$$I_\infty(v) = S_\infty\big(v + h_\infty(v)\big).$$

因为 $w \neq 0$ 是 S_∞ 的一个临界点, 我们得到 w^+ 就是 I_∞ 的临界点, 并且 $I_\infty(w^+) = \max_{t \geqslant 0} I_\infty(tw^+)$. 取 $\tau > 0$ 使得 $\mathscr{R}_{V_0}(\tau w^+) = \max_{t \geqslant 0} \mathscr{R}_{V_0}(tw^+)$, 则

$$
\begin{aligned}
S_\infty(w) = I_\infty(w^+) &= \max_{t \geqslant 0} I_\infty(tw^+) \\
&\geqslant I_\infty(\tau w^+) = S_\infty\big(\tau w^+ + h_\infty(\tau w^+)\big) \\
&\geqslant S_\infty\big(\tau w^+ + \mathscr{J}_{V_0}(\tau w^+)\big) \\
&\geqslant \mathscr{T}_{V_0}\big(\tau w^+ + \mathscr{J}_{V_0}(\tau w^+)\big) + \frac{V(x_0) - V_0}{2}\big\|\tau w^+ + \mathscr{J}_{V_0}(\tau w^+)\big\|_{L^2}^2 \\
&= \mathscr{R}_{V_0}(\tau w^+) + \frac{V(x_0) - V_0}{2}\big\|\tau w^+ + \mathscr{J}_{V_0}(\tau w^+)\big\|_{L^2}^2 \\
&\geqslant \gamma_{V_0} + \frac{V(x_0) - V_0}{2}\big\|\tau w^+ + \mathscr{J}_{V_0}(\tau w^+)\big\|_{L^2}^2. \qquad (3.3.56)
\end{aligned}
$$

另一方面, 由 Fatou 引理可得

$$\liminf_{\varepsilon\to 0} c_\varepsilon = \liminf_{\varepsilon\to 0}\left(\Phi_\varepsilon(z_\varepsilon) - \frac{1}{2}\Phi_\varepsilon'(z_\varepsilon)z_\varepsilon\right)$$

$$= \liminf_{\varepsilon\to 0}\int_{\mathbb{R}}\int_{\mathbb{R}^N}\hat{F}_\varepsilon(x,|z_\varepsilon|)dxdt$$

$$= \liminf_{\varepsilon\to 0}\int_{\mathbb{R}}\int_{\mathbb{R}^N}\hat{F}_\varepsilon(x+x_\varepsilon,|w_\varepsilon|)dxdt$$

$$\geqslant \int_{\mathbb{R}}\int_{\mathbb{R}^N}\hat{F}_\infty(x,|w|)dxdt$$

$$= S_\infty(w) - \frac{1}{2}S_\infty'(w)w = S_\infty(w),$$

其中 $\hat{F}_\infty(x,s) := \frac{1}{2}f_\infty(x,s)s^2 - F_\infty(x,s)$. 因此, 结合(3.3.56), 我们就有

$$\liminf_{\varepsilon\to 0} c_\varepsilon \geqslant \gamma_{V_0}.$$

特别地, 当 $V(x_0) \neq V_0$ 时, $\liminf\limits_{\varepsilon\to 0} c_\varepsilon > \gamma_{V_0}$. 则结合 $V_0 = \underline{c}$ 以及 $c_\varepsilon \leqslant \gamma_{\underline{c}} + o(1)$ 可得 $x_0 \in \mathscr{A}$ 及 $\chi_\infty \equiv 1$(即 $f_\infty(x,s) \equiv g(s)$).

第四步　若 w_ε 是由第三步得出的基态解, 则在 E 中 $w_\varepsilon \to w$.

我们只需要证明存在子列 $\{w_{\varepsilon_j}\}$ 满足 $w_{\varepsilon_j} \to w$. 注意到, 我们已经得到 w 是下列方程的基态解

$$Lw + V_0 w = g(|w|)w, \tag{3.3.57}$$

并且

$$\lim_{\varepsilon\to 0}\int_{\mathbb{R}}\int_{\mathbb{R}^N}\hat{F}_\varepsilon(x+x_\varepsilon,|w_\varepsilon|)dxdt = \int_{\mathbb{R}}\int_{\mathbb{R}^N}\hat{G}(|w|)dxdt.$$

取 $\eta : [0,\infty) \to [0,1]$ 为一光滑函数满足当 $s \leqslant 1$ 时, $\eta(s) = 1$; 当 $s \geqslant 2$ 时, $\eta(s) = 0$. 定义 $\tilde{w}_j(t,x) = \eta\left(\frac{2|(t,x)|}{j}\right)w(t,x)$, 这里 $|(t,x)| = (t^2 + |x|^2)^{\frac{1}{2}}$. 则当 $j \to \infty$ 时,

$$\|\tilde{w}_j - w\| \to 0, \quad \|\tilde{w}_j - w\|_{L^q} \to 0 \tag{3.3.58}$$

对所有的 $q \in \left[2, \frac{2(N+2)}{N}\right]$ 成立. 记 $B_d := \{(t,x) \in \mathbb{R} \times \mathbb{R}^N : |(t,x)| \leqslant d\}$. 则存在子列 $\{w_{\varepsilon_j}\}$ 使得: 对任意 $\delta > 0$ 都存在 $r_\delta > 0$ 满足

$$\limsup_{j\to\infty}\iint_{B_j\setminus B_r}|w_{\varepsilon_j}|^q dxdt \leqslant \delta$$

对所有 $r \geqslant r_\delta$ 成立. 这里我们不妨取

$$q = \begin{cases} p, & \text{当超二次非线性条件满足,} \\ 2, & \text{当渐近二次非线性条件满足,} \end{cases}$$

其中 $p \in \left(2, \dfrac{2(N+2)}{N}\right)$ 是条件 (H$_2$) 中的固定常数. 记 $v_j = w_{\varepsilon_j} - \tilde{w}_j$, 则 $\{v_j\}$ 在 E 中是有界的且

$$\lim_{j \to \infty} \left| \int_{\mathbb{R}} \int_{\mathbb{R}^N} F_{\varepsilon_j}(x + x_{\varepsilon_j}, |w_{\varepsilon_j}|) \right.$$
$$\left. - F_{\varepsilon_j}(x + x_{\varepsilon_j}, |v_j|) - F_{\varepsilon_j}(x + x_{\varepsilon_j}, |\tilde{w}_j|) dx dt \right| = 0, \tag{3.3.59}$$

以及

$$\lim_{j \to \infty} \left| \int_{\mathbb{R}} \int_{\mathbb{R}^N} \left[f_{\varepsilon_j}(x + x_{\varepsilon_j}, |w_{\varepsilon_j}|) w_{\varepsilon_j} - f_{\varepsilon_j}(x + x_{\varepsilon_j}, |v_j|) v_j \right. \right.$$
$$\left. \left. - f_{\varepsilon_j}(x + x_{\varepsilon_j}, |\tilde{w}_j|) \tilde{w}_j \right] \cdot \varphi dx dt \right| = 0 \tag{3.3.60}$$

关于 $\varphi \in E$ 且 $\|\varphi\| \leqslant 1$ 一致成立. 利用 w 的衰减性以及当 $j \to \infty$ 时, $\hat{V}_{\varepsilon_j}(x) \to V_0$, $F_{\varepsilon_j}(x + x_{\varepsilon_j}, |w|) \to G(|w|)$ 在 $\mathbb{R}^N$ 的有界集上一致成立, 我们不难验证

$$\int_{\mathbb{R}} \int_{\mathbb{R}^N} \hat{V}_{\varepsilon_j}(x) w_{\varepsilon_j} \cdot \tilde{w}_j dx dt \to \int_{\mathbb{R}} \int_{\mathbb{R}^N} V_0 \cdot |w|^2 dx dt,$$

$$\int_{\mathbb{R}} \int_{\mathbb{R}^N} F_{\varepsilon_j}(x + x_{\varepsilon_j}, |\tilde{w}_j|) dx dt \to \int_{\mathbb{R}} \int_{\mathbb{R}^N} G(|w|) dx dt.$$

再利用 w_{ε_j} 满足

$$L w_{\varepsilon_j} + \hat{V}_{\varepsilon_j}(x) w_{\varepsilon_j} = f_\varepsilon(x + x_\varepsilon, |w_{\varepsilon_j}|) w_{\varepsilon_j}, \tag{3.3.61}$$

并且记 $\hat{\Phi}_\varepsilon$ 为 (3.3.61) 对应的能量泛函, 则当 $j \to \infty$ 时, 我们就有

$$\hat{\Phi}_{\varepsilon_j}(v_j) = \hat{\Phi}_{\varepsilon_j}(w_{\varepsilon_j}) - S_\infty(w)$$
$$+ \int_{\mathbb{R}} \int_{\mathbb{R}^N} F_{\varepsilon_j}(x + x_{\varepsilon_j}, |w_{\varepsilon_j}|) - F_{\varepsilon_j}(x + x_{\varepsilon_j}, |v_j|)$$
$$- F_{\varepsilon_j}(x + x_{\varepsilon_j}, |\tilde{w}_j|) dx dt + o(1)$$
$$= o(1),$$

这就蕴含着 $\hat{\Phi}_{\varepsilon_j}(v_j) \to 0$. 类似地, 当 $j \to \infty$ 时

$$
\begin{aligned}
\hat{\Phi}'_{\varepsilon_j}(v_j)\varphi &= \int_{\mathbb{R}}\int_{\mathbb{R}^N}\big[f_{\varepsilon_j}(x+x_{\varepsilon_j},|w_{\varepsilon_j}|)w_{\varepsilon_j}-f_{\varepsilon_j}(x+x_{\varepsilon_j},|v_j|)v_j \\
&\quad -f_{\varepsilon_j}(x+x_{\varepsilon_j},|\tilde{w}_j|)\tilde{w}_j\big]\cdot\varphi\,dxdt+o(1) \\
&= o(1)
\end{aligned}
$$

关于 $\|\varphi\|\leqslant 1$ 一致成立, 这就蕴含着 $\hat{\Phi}'_{\varepsilon_j}(v_j)\to 0$. 因此,

$$
o(1)=\hat{\Phi}_{\varepsilon_j}(v_j)-\frac{1}{2}\hat{\Phi}'_{\varepsilon_j}(v_j)v_j=\int_{\mathbb{R}}\int_{\mathbb{R}^N}\widehat{F}_{\varepsilon_j}\big(x+x_{\varepsilon_j},|v_j|\big)dxdt. \tag{3.3.62}
$$

根据 (F_6) 以及正则性结论, 我们就得到 $\{|v_j|_\infty\}$ 是有界的, 并且对于固定的 $r>0$ 成立

$$
\int_{\mathbb{R}}\int_{\mathbb{R}^N}\widehat{F}_{\varepsilon_j}\big(x+x_{\varepsilon_j},|v_j|\big)dxdt\geqslant C_r\iint_{\{(t,x)\in\mathbb{R}\times\mathbb{R}^N:\,|v_j|\geqslant r\}}|v_j|^2dxdt,
$$

其中 C_r 仅依赖于 r. 故当 $j\to\infty$ 时

$$
\iint_{\{(t,x)\in\mathbb{R}\times\mathbb{R}^N:\,|v_j|\geqslant r\}}|v_j|^2dxdt\to 0
$$

对任意固定的 $r>0$ 成立. 注意到, $\{|v_j|_\infty\}$ 是有界的, 则

$$
\begin{aligned}
(1-\|V\|_\infty)\|v_j\|^2 &\leqslant \|v_j\|^2+\int_{\mathbb{R}}\int_{\mathbb{R}^N}\hat{V}_{\varepsilon_j}(x)v_j\cdot(v_j^+-v_j^-)dxdt \\
&= \hat{\Phi}'_{\varepsilon_j}(v_j)(v_j^+-v_j^-) \\
&\quad +\int_{\mathbb{R}}\int_{\mathbb{R}^N}f_{\varepsilon_j}\big(x+x_{\varepsilon_j},|v_j|\big)v_j\cdot(v_j^+-v_j^-)dxdt \\
&\leqslant o_j(1)+\frac{1-\|V\|_\infty}{2}\|v_j\|^2 \\
&\quad +C_\infty\iint_{\{(t,x)\in\mathbb{R}\times\mathbb{R}^N:\,|v_j|\geqslant r\}}|v_j|\cdot|v_j^+-v_j^-|dxdt \\
&\leqslant o_j(1)+\frac{1-\|V\|_\infty}{2}\|v_j\|^2,
\end{aligned}
$$

即 $\|v_j\|=o_j(1)$. 结合 (3.3.58) 就有在 E 中 $w_{\varepsilon_j}\to w$.

第五步 当 $\varepsilon\to 0$ 时, 在 $B_2(\mathbb{R}\times\mathbb{R}^N,\mathbb{R}^{2M})$ 中有 $w_\varepsilon\to w$.

我们只需证明当 $\varepsilon\to 0$ 时, $\|L(w_\varepsilon-w)\|_{L^2}\to 0$(这是因为 $\|Lz\|_{L^2}$ 是 B_2 上的等价范数). 由 (3.3.57) 和 (3.3.61), 我们有

$$
L(w_\varepsilon-w)=f_\varepsilon\big(x+x_\varepsilon,|w_\varepsilon|\big)w_\varepsilon-g(|w|)w-\big(\hat{V}_\varepsilon(x)w_\varepsilon-V_0w\big).
$$

利用第四步的结论以及一致 L^∞ 估计, 则不难得到, 当 $\varepsilon \to 0$ 时, $\|L(w_\varepsilon - w)\|_{L^2} \to 0$.

第六步 当 $|(t,x)| \to \infty$ 时, $w_\varepsilon(t,x) \to 0$ 关于充分小的 ε 一致成立.

注意到, 如果 $w_\varepsilon = (w_\varepsilon^1, w_\varepsilon^2) : \mathbb{R} \times \mathbb{R}^N \to \mathbb{R}^{2M}$ 是 (3.3.61) 的解, 则 $\widehat{w}_\varepsilon(t,x) := \left(w_\varepsilon^1(t,x), w_\varepsilon^2(-t,x)\right)$ 满足下面形式的方程:

$$\partial_t \widehat{w}_\varepsilon - \Delta_x \widehat{w}_\varepsilon + \widehat{w}_\varepsilon = \widehat{f}_\varepsilon(t,x), \quad (t,x) \in \mathbb{R} \times \mathbb{R}^N.$$

由引理 3.2.3, 我们得到 $\widehat{f}_\varepsilon \in L^q$ 对所有 $q \geqslant 2$ 都成立. 再根据第五步以及算子插值理论, 我们就有 $w_\varepsilon \to w$ 在所有 $B^r(\mathbb{R} \times \mathbb{R}^N, \mathbb{R}^{2M})$ 中, $q \geqslant 2$ 都成立. 故而, 不难得出在 L^q 中 $\widehat{f}_\varepsilon \to \widehat{f}_0, q \geqslant 2$. 那么当 $|(t,x)| \to \infty$ 时, 有 $|\widehat{w}_\varepsilon(t,x)| \to 0$, 即我们所需要的 $\{w_\varepsilon\}$ 的一致衰减性结论.

现在, 由上述的六个步骤, 我们就完全证明所需结论. ∎

定理 3.3.1 的证明 定义

$$\tilde{z}_\varepsilon(t,x) = z_\varepsilon\left(t, \frac{x}{\varepsilon}\right), \quad y_\varepsilon = \varepsilon x_\varepsilon.$$

则 $\tilde{z}_\varepsilon = (\tilde{u}, \tilde{v})$ 是下面系统的解:

$$\begin{cases} \partial_t u = \varepsilon^2 \Delta_x u - u - V(x)v + f(x, |z|)v, \\ -\partial_t v = \varepsilon^2 \Delta_x v - v - V(x)u + f(x, |z|)u, \\ z = (u,v) \in B^2(\mathbb{R} \times \mathbb{R}^N, \mathbb{R}^{2M}). \end{cases}$$

由 y_ε 是最大值点以及下面的事实

$$\lim_{\substack{R \to \infty \\ \varepsilon \to 0}} \|z_\varepsilon(t, \cdot)\|_{L^\infty(\mathbb{R}^N \setminus B_R(x_\varepsilon))} = 0,$$

可得

$$\lim_{\substack{R \to \infty \\ \varepsilon \to 0}} \|\tilde{z}_\varepsilon(t, \cdot)\|_{L^\infty(\mathbb{R}^N \setminus B_{\varepsilon R}(y_\varepsilon))} = 0. \tag{3.3.63}$$

注意到, 当 $\varepsilon \to 0$ 时, $y_\varepsilon \to \mathscr{A}$. 此外, 假设条件

$$\min_\Lambda V < \min_{\partial\Lambda} V,$$

以及 (3.3.63) 蕴含着: 对充分小的 $\varepsilon > 0$, 当 $x \notin \Lambda$ 时, 都成立 $|\tilde{z}_\varepsilon(t,x)| < s_0$. 因

此, 由 F 的定义, 当 $\varepsilon > 0$ 充分小时, 我们有 $F(x, \tilde{z}_\varepsilon) = H(\tilde{z}_\varepsilon)$. 注意到, 我们实际上已经证明了, 当 $\varepsilon > 0$ 充分小时, $\tilde{z}_\varepsilon$ 是 (3.3.47) 的解. 因此, 结合 (3.3.63) 及引理 3.3.28, 我们就完成定理的证明. ∎

3.3.4 扩散问题的一些扩展

在这节, 我们将介绍一些相关的结果.

更一般的非线性

若 Hamilton 量满足更多一般的非线性假设, 定理 3.2.4 和定理 3.2.5 的结果仍然成立. 为简单起见, 我们只考虑 $\Omega = \mathbb{R}^N$ 的情况. 令

$$\tilde{H}(t, x.z) := \frac{1}{2} H_z(t, x, z) z - H(t, x, z),$$

条件 $(H_2), (H_3)$ 可以被下面的渐近性条件代替:

(A_1) 当 $|z| \to \infty$ 时, $H_z(t, x, z) - V_\infty(t, z) = o(|z|)$ 关于 (t, x) 是一致的, 其中 $\inf V_\infty > \sup V$;

(A_2) 若 $z \neq 0$, 则 $\tilde{H}(t, x, z) > 0$, 此外, 当 $|z| \to \infty$ 时, $\tilde{H}(t, x.z) \to \infty$ 关于 (t, x) 是一致的.

或被下面的超线性条件代替:

(S_1) 当 $|z| \to \infty$ 时, $\dfrac{H(t, x, z)}{|z|^2} \to \infty$ 关于 (t, x) 是一致的;

(S_2) 若 $z \neq 0$, 则 $\tilde{H}(t, x, z) > 0$, 此外, 存在 $r > 0$ 且若 $N = 1, \sigma > 1$; 若 $N \geqslant 2, \sigma > 1 + \dfrac{N}{2}$, 使得当 $|z| \geqslant r$ 时, 有 $|H_z(t, x, z)|^\sigma \leqslant c_1 \tilde{H}(t, x.z)|z|^\sigma$.

定理 3.3.29 设 $(V_1), (V_2), (H_1)$ 和 (H_4) 成立. 此外, 假设 (A_1)—(A_2) 或 (S_1)—(S_2) 成立. 则 (3.3.47) 至少有一个非平凡解 $z \in B_r, r \geqslant 2$. 进而若 $H(t, x, z)$ 关于 z 是偶的, 则 (3.3.47) 有无穷多个几何意义上不同的解 $z \in B_r, r \geqslant 2$.

证明定理 3.2.4 和定理 3.2.5 时, 其主要不同点在于 $(PS)_c$-序列被 C_c-序列代替. 然而, 这点可以沿着第 4 章 Schrödinger 方程的研究进行下去.

更一般的系统

首先, 我们考虑下面在 $\mathbb{R} \times \mathbb{R}^N$ 上反应-扩散方程的同宿型解的存在性和多重性

$$\begin{cases} \partial_t u - \Delta_x u + b(t, x) \cdot \nabla_x u + V(x) u = H_v(t, x, u, v), \\ -\partial_t v - \Delta_x u - b(t, x) \cdot \nabla_x v + V(x) v = H_u(t, x, u, v). \end{cases} \tag{3.3.64}$$

(V_0) $a := \min V > 0$ 且 V 关于 x_j 是 T_j-周期的, $j = 1, \cdots, N$;

(B_0) $b \in C^1(\mathbb{R} \times \mathbb{R}^N, \mathbb{R}^N)$, $\operatorname{div} b(t, x) = 0$ 且 b 关于 t 是 T_0-周期的, 以及关于 x_j 是 T_j-周期的, $j = 1, \cdots, N$.

根据 [122], 假设 (B_0) 是一个技巧上所必需的规范条件. 下面的结果来自 [64].

定理 3.3.30 设 (V_0), (B_0), (H_1) 和 (H_4) 成立. 并且设 (A_1)—(A_2) 或 (S_1)—(S_2) 成立. 则系统 (3.3.64) 至少有一个非平凡解 $z \in B_r, r \geqslant 2$. 此外, 若 $H(t, x, z)$ 关于 z 是偶的, 则系统 (3.3.64) 有无穷多个几何意义上不同的解 $z \in B_r, r \geqslant 2$.

证明定理 3.3.29 和定理 3.3.30 时, 其主要不同点在于变分框架的建立. 我们概述如下.

令 $L := \mathcal{J}(\partial_t + b \cdot \nabla_x) + A$. 由于条件 (B_0), L 是作用在 $L^2(\mathbb{R} \times \mathbb{R}^N, \mathbb{R}^{2M})$ 上且定义域为 $\mathscr{D}(L) = B_2(\mathbb{R} \times \mathbb{R}^N, \mathbb{R}^{2M})$ 的自伴算子. 令 $\underline{\lambda} := \inf(\sigma(L) \cap (0, \infty))$.

已经知道 $\mathcal{S} = -\Delta_x + V$ 是 $L^2(\mathbb{R}^N, \mathbb{R})$ 上的自伴算子. 由 (V_0) 可得 $\sigma(\mathcal{S}) \subset [a, \infty)$.

引理 3.3.31 设 (V_0) 和 (B_0) 成立. 则

(1°) $\sigma(L) = \sigma_e(L)$, i.e., L 只有本质谱;

(2°) $\sigma(L) \subset \mathbb{R} \setminus (-a, a)$;

(3°) $\sigma(L)$ 关于 0 是对称的, 即 $\sigma(L) \cap (-\infty, 0) = -\sigma(L) \cap (0, \infty)$;

(4°) $a \leqslant \underline{\lambda} \leqslant \max V$.

证明 由 (V_0) 和 (B_0) 可知 L 与 $\mathbb{Z}$-作用 $*$ 是交换的, 所以 $\sigma(L) = \sigma_e(L)$, 因此 (1°) 成立.

为了证明 (2°) 我们利用反证法, 若不然, 则存在 $\mu \in (-a, a) \cap \sigma(L)$. 令 $z_n = (u_n, v_n) \in \mathscr{D}(L)$, $\|z_n\|_{L^2} = 1$ 使得 $\|(L - \mu)z_n\|_{L^2} \to 0$. 记

$$\bar{z}_n = \mathcal{J}_0 z_n = (v_n, u_n),$$

我们得到

$$((L - \mu)z_n, \bar{z}_n)_2 = (\mathcal{J}(\partial_t + b\partial \cdot \nabla_x)z_n, \bar{z}_n)_2 + (\mathcal{S}z_n, \bar{z}_n)_2 - \mu(z_n, \bar{z}_n)_2$$

$$= (\mathcal{S}z_n, \bar{z}_n)_2 - \mu(z_n, \bar{z}_n)_2 \geqslant a - |\mu|,$$

因此, $a = |\mu|$, 这就得到矛盾, 从而证明了 (2°).

现在验证 (3°). 令 $\lambda \in \sigma(L) \cap (0, \infty), z_n \in \mathscr{D}(L), |z_n|_2 = 1$ 且在 L^2 中 $z_n \rightharpoonup 0$ 使得 $|(L - \lambda)z_n|_2 \to 0$. 我们将证明 $-\lambda \in \sigma(L)$. 定义 $\hat{z}_n = \mathcal{F}_1 z_n$, 其中

$$\mathcal{F}_1 = \begin{pmatrix} -I & 0 \\ 0 & I \end{pmatrix}.$$

则 $\|\hat{z}_n\|_{L^2} = 1$ 且在 L^2 中 $\hat{z}_n \to 0$. 显然 $\mathcal{F}_1\mathcal{J} = -\mathcal{J}\mathcal{F}_1, \mathcal{F}_1\mathcal{J}_0 = -\mathcal{J}_0\mathcal{F}_1$ 且

$$L\hat{z}_n = -\mathcal{F}_1 L z_n.$$

因此, 当 $n \to \infty$ 时

$$\|(L - (-\lambda)\hat{z}_n\|_{L^2} = \|\mathcal{F}_1(L-\lambda)z_n\|_{L^2} = \|(L-\lambda)z_n\|_{L^2} \to 0.$$

这意味着 $-\lambda \in \sigma(L)$. 类似地, 若 $\lambda \in \sigma(L) \cap (-\infty, 0)$, 则 $-\lambda \in \sigma(L)$. 这就证明
了 $(3°)$.

最后, 我们证明 $(4°)$. 由 $(2°)$ 可知, $\underline{\lambda} \geqslant a$. 为进一步讨论, 我们视 $\mathcal{J}\partial_t$ 为
$L^2(\mathbb{R}, \mathbb{R}^{2m})$ 上的自伴算子, 并且类似地将 $-\Delta_x$ 也视为 $L^2(\mathbb{R}^N, \mathbb{R})$ 上的自伴算子.
由 Fourier 变换可以看出 $\sigma(\mathcal{J}\partial_t) = \mathbb{R}$. 令 $f_n \in \mathscr{D}(\mathcal{J}\partial_t), \|f_n\|_{L^2}^2 = \int_{\mathbb{R}} |f_n|^2 dt = 1$
且 $\|\mathcal{J}\partial_t f_n\|_{L^2} \to 0$. 因为 $\sigma(-\Delta_x) = [0, \infty)$, 我们可以选择 $g_n \in \mathscr{D}(-\Delta_x)$,
$\|g_n\|_{L^2}^2 = \int_{\mathbb{R}^N} |g_n|^2 dt = 1$ 且 $\|\Delta_x g_n\|_{L^2} \to 0$. 令 $z_n = f_n g_n$. 则 $\|z_n\|_{L^2} = 1$ 且
满足

$$\|L z_n\|_{L^2} \leqslant \|\mathcal{J}\partial_t f_n\|_{L^2} + \|b\|_\infty \|\nabla_x g_n\|_{L^2} + \|\Delta_x g_n\|_{L^2} + \max V \to \max V.$$

这就蕴含着 $\lambda \in \sigma(L), a \leqslant |\lambda| \leqslant \max V$. 由 $(3°)$ 知 $\pm\lambda \in \sigma(L)$. 因此, $\underline{\lambda} \leqslant$
$\max V$. ■

回顾: $L_0 := \mathcal{J}\partial_t + \mathcal{J}_0(-\Delta_x + 1)$ 且

$$d_1\|z\|_{B_r}^r \leqslant |L_0 z|_r^r \leqslant d_2\|z\|_{B_r}^r \tag{3.3.65}$$

对所有的 $z \in B_r$ 成立 (见引理 3.2.8).

引理 3.3.32　设 (V_0) 和 (B_0) 成立. 则

$$c_1\|L_0 z\|_{L^2}^2 \leqslant \|L z\|_{L^2}^2 \leqslant c_2\|L_0 z\|_{L^2}^2$$

对所有的 $z \in B_2$ 成立. 进而,

$$c_1'\|z\|_{B_2}^2 \leqslant |L z|_2^2 \leqslant c_2'\|z\|_{B_2}^2$$

对所有的 $z \in B_2$ 成立.

证明 由 (3.3.65) 中第二个不等式以及下面的关系式

$$Lz = L_0 z + \mathcal{J}_0 (V-1)z + \mathcal{J}b \cdot \nabla_x z$$

就可以推出

$$\|Lz\|_{L^2}^2 \leqslant \|L_0 z\|_{L^2}^2 + d_3(\|z\|_{L^2}^2 + \|\nabla_x z\|_{L^2}^2) \leqslant c_2 \|L_0 z\|_{L^2}^2.$$

我们现在证明左边的不等式. 若不然, 存在一列 $\{z_n\} \subset B_2$, $\|L_0 z_n\|_{L^2} = 1$, $\|Lz_n\|_{L^2} \to 0$. 正如之前, 令 $\bar{z}_n = \mathcal{J}_0 z_n$, 我们有

$$(Lz_n, \bar{z}_n)_{L^2} = (\mathcal{S}z_n, z_n)_{L^2} = \int_{\mathbb{R} \times \mathbb{R}^N} (|\nabla_x z_n|^2 + V|z_n|^2) dx dt,$$

因此,

$$\int_{\mathbb{R} \times \mathbb{R}^N} (|\nabla_x z_n|^2 + V|z_n|^2) dx dt \leqslant \|Lz_n\|_{L^2} \|\bar{z}_n\|_{L^2} = \|Lz_n\|_{L^2} \to 0.$$

特别地, $\|z_n\|_{L^2} \to 0$ 且 $\|\mathcal{J}b \cdot \nabla_x z_n\|_{L^2} \to 0$. 注意到

$$(\mathcal{J}_0 \mathcal{S}z_n, \mathcal{J}\partial_t z_n)_{L^2} = (\mathcal{J}\partial_t \mathcal{J}_0 \mathcal{S}z_n, z_n)_{L^2} = (\mathcal{J}_0 \mathcal{S}\mathcal{J}\partial_t z_n, z_n)_{L^2}$$
$$= (\mathcal{J}\partial_t z_n, \mathcal{J}_0 \mathcal{S}z_n)_{L^2}.$$

所以,

$$\|Lz_n\|_{L^2}^2 = \|\mathcal{J}(\partial_t + b \cdot \nabla_x)z_n + \mathcal{J}_0 \mathcal{S}z_n\|_{L^2}^2$$
$$= \|L_0 z_n\|_{L^2}^2 + o_n(1),$$

即, $1 = \|L_0 z_n\|_{L^2}^2 = \|Lz_n\|_{L^2}^2 + o_n(1) \to 0$, 矛盾. 因此, $c_1 \|L_0 z\|_{L^2}^2 \leqslant \|Lz\|_{L^2}^2$ 对所有的 $z \in B_2$ 成立. ∎

由引理 3.3.31 可以得到 $L^2 = L^2(\mathbb{R} \times \mathbb{R}^N, \mathbb{R}^{2M})$ 有正交分解

$$L^2 = L^- \oplus L^+, \quad z = z^- + z^+,$$

使得 L 在 L^+ 和 L^- 上分别是正定的和负定的.

令 $E := \mathscr{D}(|L|^{\frac{1}{2}})$ 是 Hilbert 空间, 其内积为

$$(z_1, z_2) = (|L|^{\frac{1}{2}} z_1, |L|^{\frac{1}{2}} z_2)_{L^2},$$

范数为 $\|z\| = (z,z)^{\frac{1}{2}}$. E 有正交分解

$$E = E^- \oplus E^+, \quad \text{其中 } E^{\pm} = E \cap L^{\pm}.$$

清楚地, $\|z\|^2 \geqslant a\|z\|_{L^2}^2$ 对所有的 $z \in E$ 成立.

作为引理 3.3.32 的一个结论, 我们有

引理 3.3.33 E 连续嵌入到 L^r, 对任意的 $r \geqslant 2$, 若 $N = 1$, 且对任意的 $r \in [2, N^*]$, 若 $N \geqslant 2$. E 紧嵌入到 L_{loc}^r, 对任意的 $r \in [1, N^*)$.

在 E 上我们定义泛函

$$\Phi(z) := \frac{1}{2}\|z^+\|^2 - \frac{1}{2}\|z^-\|^2 - \Psi(z), \quad \text{其中} \int_{\mathbb{R} \times \mathbb{R}^N} H(t, x, z)dxdt.$$

由 H 的假设可知, $\Phi \in \mathcal{C}^1(E, \mathbb{R})$, 并且其临界点是 (3.3.64) 的 (弱) 解.

下面的结果来源于 [65]. 首先, 考虑下面关于分数阶反应-扩散系统无穷多几何不同解的存在性

$$\begin{cases} \partial_t u + (-\Delta)^s u + V(x)u = H_v(t, x, u, v), \\ -\partial_t v + (-\Delta)^s v + V(x)v = H_u(t, x, u, v), \end{cases} \tag{3.3.66}$$

其中 $0 < s < 1, (t, x) \in \mathbb{R} \times \mathbb{R}^N$. 分数阶 Laplacian 算子 $(-\Delta)^s$ 定义为

$$(-\Delta)^s z = C(n, s)p.v. \int_{\mathbb{R}^n} \frac{z(t, x) - z(t, y)}{|x - y|^{n+2s}}dy.$$

我们假设非线性位势 V 满足

(V_0) $V \in \mathcal{C}(\mathbb{R}^N, \mathbb{R}), a := \min V > 0$ 且 V 关于 x_j 是 T_j-周期的, 其中 $j = 1, \cdots, N$.

对于 Hamilton 量 H 的假设条件是

(H_0) $H \in \mathcal{C}^1(\mathbb{R} \times \mathbb{R}^N \times \mathbb{R}^{2M}, \mathbb{R}), H(t, x, 0) = 0, H \geqslant 0$ 关于 t 是 T_0-周期的, 关于 x_j 是 T_j-周期的, 其中 $j = 1, \cdots, N$;

(H_1) 当 $z \to 0$ 时, $H_z(t, x, z) = o(|z|)$ 关于 t 和 x 是一致的.

下面考虑渐近情形:

(H_2) 当 $|z| \to \infty$ 时, $H_z(t, x, z) - V_\infty(t, z) = o(|z|)$ 关于 (t, x) 是一致的, 其中 $\inf V_\infty > \sup V$;

(H_3) 若 $z \neq 0$, 则 $\tilde{H}(t, x, z) > 0$, 此外, 当 $|z| \to \infty$ 时, $\tilde{H}(t, x.z) \to \infty$ 关于 (t, x) 是一致的, 其中 $\tilde{H}(t, x, z) = \frac{1}{2}H_z(t, x, z)z - H(t, x, z)$.

我们注意到, 这里部分指标和 $s = 1$ 的情形有些不一样, 首先我们定义

$$N^* = \begin{cases} \dfrac{4Ns+2N}{2Ns+N-2s}, & \text{当 } N > \max\{2,4s\}, \\[3mm] \dfrac{2N+8s}{N+2s}, & \text{当 } 4s < N \leqslant 2 \left(0 < s < \dfrac{1}{2}\right), \\[3mm] \dfrac{2(N+2)}{N+1}, & \text{当 } 2 < N \leqslant 4s \left(\dfrac{1}{2} < s < 1\right), \\[3mm] \dfrac{8}{3}, & \text{当 } N \leqslant \min\{2,4s\}. \end{cases}$$

对于超线性情形, 假设

(H$_2'$) 存在常数 $\beta > 2$ 使得

$0 < \beta H(t,x,z) \leqslant H_z(t,x,z)z$, 对任意的 $t \in \mathbb{R}, x \in \mathbb{R}^N, z \neq 0$ 都成立;

(H$_3'$) 存在常数 $\alpha \in (2, N^*)$ 以及 $c > 0$ 使得

$|H_z(t,x,z)|^{\alpha'} \leqslant cH_z(t,x,z)z$, 对任意的 $t \in \mathbb{R}, x \in \mathbb{R}^N, |z| \geqslant 1$ 都成立,

其中 $\alpha' := \dfrac{\alpha}{\alpha-1}$ 是共轭数.

我们的第一个结果如下:

定理 3.3.34 设 $(V_0), (H_0)$—(H_1) 以及 (H_2)—(H_3) 或 (H_2')—(H_3') 成立, $0 < s < 1$. 则系统 (3.3.66) 至少有一个非平凡解 $z \in B_2^s$. 此外, 若 $H(t,x,z)$ 关于 z 是偶的, 则系统 (3.3.66) 有无穷多个几何意义上不同的解 $z \in B_2^s$.

在定理 3.3.34 中,

$$B_r^s = B_r^s(\mathbb{R} \times \mathbb{R}^N, \mathbb{R}^{2M}) := W^{1,r}(\mathbb{R}, L^r(\mathbb{R}^N, \mathbb{R}^{2M})) \cap L^r(\mathbb{R}, W^{2s,r}(\mathbb{R}^N, \mathbb{R}^{2M})),$$

这是一个 Banach 空间, 赋予范数

$$\|z\| = \max\left\{\|z\|_{W^{1,r}(\mathbb{R}, L^r(\mathbb{R}^N, \mathbb{R}^{2M}))}, \|z\|_{L^r(\mathbb{R}, W^{2s,r}(\mathbb{R}^N, \mathbb{R}^{2M}))}\right\}.$$

下面我们考虑关于分数阶反应-扩散系统半经典的集中现象

$$\begin{cases} \partial_t u + \varepsilon^{2s}(-\Delta)^s u + u + V(x)v = H_v(u,v), \\ -\partial_t v + \varepsilon^{2s}(-\Delta)^s v + v + V(x)u = H_u(u,v). \end{cases} \tag{3.3.67}$$

假设 V 满足

(H$_2'$) V 是局部 Hölder 连续的且 $\max|V| < 1$.

假设 $H: \mathbb{R}^M \times \mathbb{R}^M \to \mathbb{R}$ 有 $H(\xi) = G(|\xi|) := \int_0^{|\xi|} g(s)sds$ 的形式, 并且 g 满足

(H$_1$) $g \in \mathcal{C}[0,\infty) \cap \mathcal{C}^1(0,\infty)$ 且满足 $g(0) = 0, g'(s) \geqslant 0, g'(s)s = o(s)$, 以及

存在常数 $C > 0$ 使得对任意的 $s \geqslant 1$, 成立

$$g'(s) \leqslant Cs^{N^*-3}.$$

(H$_2$) 函数 $s \mapsto g(s) + g'(s)s$ 在 $\mathbb{R}^+$ 是严格递增的.

此外, 考虑超线性情形:

(H$_3$) 存在常数 $\beta > 2$ 使得 $0 < \beta G(s) \leqslant g(s)s^2, \forall s > 0$.

(H$_4$) 存在常数 $\alpha > 2$ 以及 $p \in (2, N^*)$ 使得 $g(s) \leqslant \alpha s^{p-2}, \forall s \geqslant 1$.

对于渐近情形:

(H$_3'$) 存在 $b > \max|V| + a$ 使得 $g(s) \to b$ 当 $s \to \infty$.

(H$_4'$) 当 $s > 0$ 时, $\widehat{G}(s) > 0$, 并且当 $s \to \infty$ 时有 $\widehat{G}(s) \to \infty$.

定理 3.3.35　设 (V), (H$_1$)—(H$_2$) 以及 (H$_3$)—(H$_4$) 或 (H$_3'$)—(H$_4'$) 成立, $0 < s < 1$. 此外, 存在 $\mathbb{R}^N$ 中的一个有界开集 Λ 使得

$$\underline{c} := \min_\Lambda V < \min_{\partial\Lambda} V.$$

则对充分小的 $\varepsilon > 0$, 系统 (3.3.67) 拥有一个非平凡解 $\tilde{z}_\varepsilon = (u_\varepsilon, v_\varepsilon) \in B_2^s$ 且满足

(i) 存在 $y_\varepsilon \in \Lambda$ 使得 $\lim\limits_{\varepsilon \to 0} V(y_\varepsilon) = \underline{c}$ 且对任意的 $\rho > 0$, 我们有

$$\liminf_{\varepsilon \to 0} \varepsilon^{-N} \int_{\mathbb{R}} \int_{B_{\varepsilon\rho}(y_\varepsilon)} |\tilde{z}_\varepsilon|^2 dxdt > 0,$$

以及对任意的 $t \in \mathbb{R}$, 我们有

$$\lim_{\substack{R \to \infty \\ \varepsilon \to 0}} \|\tilde{z}_\varepsilon(t, \cdot)\|_{L^\infty(\mathbb{R}^N \setminus B_{\varepsilon R}(y_\varepsilon))} = 0;$$

(ii) 记 $w_\varepsilon(t, x) = \tilde{z}_\varepsilon(t, \varepsilon x + y_\varepsilon)$, 则当 $\varepsilon \to 0$ 时, v_ε 在 B_2^s 中收敛到极限方程

$$\begin{cases} \partial_t u + (-\Delta)^s u + u + \underline{c}v = \partial_v H(u, v), \\ -\partial_t v + (-\Delta)^s v + v + \underline{c}u = \partial_u H(u, v) \end{cases}$$

的极小能量解.

作为定理 3.3.35 的一个推论, 我们有

推论 3.3.36　设 (V), (H$_1$)—(H$_2$) 以及 (H$_3$)—(H$_4$) 或 (H$_3'$)—(H$_4'$) 成立, $0 < s < 1$. 此外, 存在 $\mathbb{R}^N$ 中互不相交的有界区域 $\Lambda_j, j = 1, \cdots, k$, 以及常数 $c_1 < c_2 < \cdots < c_k$ 使得

$$c_j := \min_{\Lambda_j} V < \min_{\partial \Lambda_j} V.$$

则对充分小的 $\varepsilon > 0$, 系统 (3.3.67) 至少拥有 k 个非平凡解 $\tilde{z}_\varepsilon^j = (u_\varepsilon^j, v_\varepsilon^j) \in B_2^s$ 且满足

(i) 对每一个 Λ_j, 存在 $y_\varepsilon^j \in \Lambda^j$ 使得 $\lim\limits_{\varepsilon \to 0} V(y_\varepsilon^j) = c_j$ 且对任意的 $\rho > 0$, 我们有

$$\liminf_{\varepsilon \to 0} \varepsilon^{-N} \int_{\mathbb{R}} \int_{B_{\varepsilon\rho}(y_\varepsilon^j)} |\tilde{z}_\varepsilon^j|^2 dx dt > 0,$$

以及对任意的 $t \in \mathbb{R}$, 我们有

$$\lim_{\substack{R \to \infty \\ \varepsilon \to 0}} \|\tilde{z}_\varepsilon^j(t, \cdot)\|_{L^\infty(\mathbb{R}^N \setminus B_{\varepsilon R}(y_\varepsilon^j))} = 0;$$

(ii) 记 $w_\varepsilon^j(t, x) = \tilde{z}_\varepsilon^j(t, \varepsilon x + y_\varepsilon^j)$, 则当 $\varepsilon \to 0$ 时, v_ε 在 B_2^s 中收敛到极限方程

$$\begin{cases} \partial_t u + (-\Delta)^s u + u + c_j v = \partial_v H(u, v), \\ -\partial_t v + (-\Delta)^s v + v + c_j u = \partial_u H(u, v) \end{cases}$$

的极小能量解.

证明定理 3.3.34 和定理 3.3.35 时, 其主要不同点在于工作空间和线性算子的分解. 我们就主要概述工作空间, 其线性算子具体的分解我们可参看文献 [65]. 回顾

$$B_r^s = B_r^s(\mathbb{R} \times \mathbb{R}^N, \mathbb{R}^{2M}) := W^{1,r}(\mathbb{R}, L^r(\mathbb{R}^N, \mathbb{R}^{2M})) \cap L^r(\mathbb{R}, W^{2s,r}(\mathbb{R}^N, \mathbb{R}^{2M})),$$

则当 $0 < s < \dfrac{1}{2}$ 时, $\|\cdot\|$ 范数等价于

$$\|z\|_{B_r^s} = \left(\int_{\mathbb{R}^N} \left(\int_{\mathbb{R}^N} |z|^r + |\partial_t z|^r + \int_{\mathbb{R}^N} \int_{\mathbb{R}^N} \frac{|z(t,x) - z(t,y)|^r}{|x - y|^{N+2sr}} dx dy \right) dt \right)^{\frac{1}{r}};$$

则当 $\dfrac{1}{2} < s < 1$ 时, $\|\cdot\|$ 范数等价于

$$\|z\|_{B_r^s} = \left(\|z\|_{L^r}^r + \|\partial_t z\|_{L^r}^r + \|Dz\|_{L^r}^r + \int_{\mathbb{R}^N} \int_{\mathbb{R}^N \times \mathbb{R}^N} \frac{|z(t,x) - z(t,y)|^r}{|x - y|^{N+\{2s\}r}} dx dy dt \right)^{\frac{1}{r}},$$

其中 Dz 是 z 关于 x 的导数, $2s = [2s] + 2s$, $[2s]$ 为取整, $0 < \{2s\} = 2s - 1 < 1$.

注意到, $B_r^{\frac{1}{2}} = W^{1,r}(\mathbb{R} \times \mathbb{R}^N, \mathbb{R}^{2M})$, 这就蕴含着 $\|z\|_{B_r^{\frac{1}{2}}} = (\|z\|_{L^r}^r + \|\partial_t z\|_{L^r}^r + \|Dz\|_{L^r}^r)^{\frac{1}{r}} = \|z\|_{W^{1,r}(\mathbb{R} \times \mathbb{R}^N, \mathbb{R}^{2M})}$. B_r^s 是 $\mathcal{C}_0^\infty(\mathbb{R} \times \mathbb{R}^N, \mathbb{R}^{2M})$ 关于范数 $\|\cdot\|_{B_r^s}$ 的完

备化空间. 特别地, B_2^s 是 Hilbert 空间.

引理 3.3.37　B_2^s 连续嵌入到 $L^r(\mathbb{R} \times \mathbb{R}^N, \mathbb{R}^{2M})$, 对任意的 $r \in [2, p_*]$ 以及 B_2^s 紧嵌入到 $L_{\mathrm{loc}}^r(\mathbb{R} \times \mathbb{R}^N, \mathbb{R}^{2M})$, 对任意的 $r \in [2, p_*)$, 其中

$$p_* := p_*(N, s) = \begin{cases} \dfrac{4Ns + 2N}{2Ns + N - 4s}, & \text{当 } N > \max\{2, 4s\}, \\[3mm] \dfrac{2N + 4}{N}, & \text{当 } 4s < N \leqslant 2, \\[3mm] 4, & \text{当 } N \leqslant \min\{2, 4s\}. \end{cases}$$

令 $E := \mathscr{D}(|L|^{\frac{1}{2}})$ 是 Hilbert 空间, 其内积为

$$(z_1, z_2) = (|L|^{\frac{1}{2}} z_1, |L|^{\frac{1}{2}} z_2)_{L^2},$$

范数为 $\|z\| = (z, z)^{\frac{1}{2}}$.

引理 3.3.38　E 连续嵌入到 $L^r(\mathbb{R} \times \mathbb{R}^N, \mathbb{R}^{2M})$, 对任意的 $r \in [2, N^*]$, 以及 E 紧嵌入到 $L_{\mathrm{loc}}^r(\mathbb{R} \times \mathbb{R}^N, \mathbb{R}^{2M})$, 对任意的 $r \in [2, N^*)$.

在 E 上我们定义泛函

$$\Phi(z) := \frac{1}{2}\|z^+\|^2 - \frac{1}{2}\|z^-\|^2 - \Psi(z), \quad \text{其中 } \Psi(z) = \int_{\mathbb{R} \times \mathbb{R}^N} H(t, x, z) dx dt,$$

以及

$$\Phi_\varepsilon(z) := \frac{1}{2}\|z^+\|^2 - \frac{1}{2}\|z^-\|^2 + \frac{1}{2}\int_{\mathbb{R}} \int_{\mathbb{R}^N} V_\varepsilon(x)|z|^2 dx dt - \Psi_\varepsilon(z),$$

$$\text{其中 } \Psi_\varepsilon(z) = \int_{\mathbb{R} \times \mathbb{R}^N} H(|z|) dx dt.$$

由假设知, $\Phi, \Phi_\varepsilon \in \mathcal{C}^1(E, \mathbb{R})$. 此外, Φ 的临界点是系统 (3.3.66) 的解, Φ_ε 的临界点是系统 (3.3.67) 的解.

第 4 章　量子力学问题

在量子力学中, 求解一个系统的基态并且求解基态能量是非常重要的一个问题. 这是因为量子力学系统的态直接决定了其宏观行为. 实际上能够精确求解的量子力学系统非常少, 因此物理上发展了一些能够近似计算的方法, 变分方法就是处理量子力学系统的有效方法. 本章从两个例子出发来介绍变分方法在量子力学问题中的应用. 首先, 我们先介绍非线性 Schrödinger 方程的相关结论, 包括稳态系统的基态、激发态的存在性、对应波函数的正则性与无穷远衰减性. 之后, 我们讨论非线性 Dirac 方程的相关结果, 包括 Dirac 方程基本解的构造、非线性 Dirac 方程的稳态解问题、非线性 Dirac 方程的非相对论极限和半经典极限. 这里我们讨论的态都是指束缚态, 即在无穷远处为 0 的波函数所描述的态.

4.1　非线性 Schrödinger 方程

在理论物理中, 非线性 Schrödinger 方程是 Schrödinger 方程的非线性变形. 它是一个经典的场方程, 主要应用于非线性光纤、平面波导中的光传播和 Bose-Einstein 凝聚态. 此外, 非线 Schrödinger 方程还出现在无黏质表面小振幅引力波的研究、热等离子体中的 Langmuir 波、平面-衍射波束在电离层聚焦区的传播等问题中. 一般来说, 非线 Schrödinger 方程是描述具有色散的弱非线性介质中准单色波包的缓慢变化的通用方程之一. 在量子力学中, Schrödinger 方程是量子 Schrödinger 方程的经典极限. 当经典 Schrödinger 场被规范量化时, 它就变成了量子场论. 当粒子的数量是有限的时候, 这个量子场论就相当于 Lieb-Liniger 模型.

4.1.1　算子理论回顾

令 Ω 为 $\mathbb{R}^n$ 的一个开子集. 记 $A = \Delta$, 定义域为 $\mathscr{D}(A) = \{u \in H_0^1(\Omega, \mathbb{C}) : \Delta u \in L^2(\Omega, \mathbb{C})\}$. 显然, 如果 Ω 正则性足够好, 则 $\mathscr{D}(A) = H^2(\Omega, \mathbb{C}) \cap H_0^1(\Omega, \mathbb{C})$.

A 是一个负定的自伴算子, 其形式域为 $H_0^1(\Omega)$. 算子 $\bar{A} \in \mathcal{L}(L^2(\Omega), \mathscr{D}'(A))$ 定义为

$$\langle \bar{A}u, v\rangle_{\mathscr{D}'(A), \mathscr{D}(A)} = (u, \Delta v)_{L^2}, \quad u \in L^2(\Omega), \quad v \in \mathscr{D}(A).$$

记 $\{T(t)\}_{t\in\mathbb{R}}$ 为由 iA 生成的等距群, 那么我们有

命题 4.1.1　令 $\varphi \in L^2(\Omega)$. 那么 $u(t) = T(t)\varphi$ 是如下 Cauchy 问题的唯一解:

$$\begin{cases} u \in \mathcal{C}(\mathbb{R}, L^2(\Omega)) \cap \mathcal{C}^1(\mathbb{R}, \mathscr{D}'(A)), \\ iu_t + \Delta u = 0, \text{ 在} \mathscr{D}'(A), \forall t \in \mathbb{R}, \\ u(0) = \varphi. \end{cases}$$

并且我们有 $\|u(t)\|_{L^2} = \|\varphi\|_{L^2}, \forall t \in \mathbb{R}$. 如果 $\varphi \in H_0^1(\Omega)$, 那么 $u \in \mathcal{C}(\mathbb{R}, H_0^1(\Omega))$ $\cap \mathcal{C}^1(\mathbb{R}, H^{-1}(\Omega))$, $\|\nabla u(t)\|_{L^2} = \|\nabla\varphi\|_{L^2}, \forall t \in \mathbb{R}$.

实际上, 对任意的 $t \in \mathbb{R}$ 都有 $T(t)^* = T(-t)$. 取 $v(t) = \bar{u}(-t)$. 我们有

$$\begin{cases} iv_t + \Delta v = 0, \\ v(0) = \bar{\varphi}, \end{cases}$$

因此, $T(-t)\varphi = \overline{T(t)\bar{\varphi}}, \forall \varphi \in L^2(\Omega)$.

引理 4.1.2　给定 $t \neq 0$, 核 K_t 定义为

$$K_t(x) = \left(\frac{1}{4\pi it}\right)^{\frac{n}{2}} e^{\frac{i|x|^2}{4t}},$$

其中 $x \in \mathbb{R}^n$. 那么

$$T(t)\varphi = K_t * \varphi,$$

对任意的 $t \neq 0$, 以及 $\varphi \in \mathcal{S}(\mathbb{R}^n)$ 都成立.

证明　令 $\varphi \in \mathcal{S}(\mathbb{R}^n)$, 并且 $u \in \mathcal{C}(\mathbb{R}, \mathcal{S}(\mathbb{R}^n))$ 满足

$$\widehat{u(t)}(\xi) = e^{-4\pi^2 i|\xi|^2 t}\widehat{\varphi}(\xi), \quad \xi \in \mathbb{R}^n.$$

因此,

$$i\hat{u}_t - 4\pi^2|\xi|^2\hat{u} = 0, \quad \text{在} \mathbb{R} \times \mathbb{R}^n.$$

于是,

$$iu_t + \Delta u = 0, \quad \text{在} \mathbb{R} \times \mathbb{R}^n.$$

根据 $u(0) = \varphi$, 我们有 $u(t) = T(t)\varphi$. 另一方面, $\widehat{K_t}(\xi) = e^{-i4\pi^2|\xi|^2 t}$. 因此结论成立. ∎

根据上面的引理, 我们有

命题 4.1.3 如果 $p \in [2, \infty]$, $t \neq 0$, 那么 $T(t) : L^{p'}(\mathbb{R}^n) \to L^p(\mathbb{R}^n)$ 是连续的, 并且

$$\|T(t)\varphi\|_{L^p} \leqslant (4\pi|t|)^{-n\left(\frac{1}{2}-\frac{1}{p}\right)} \|\varphi\|_{L^{p'}},$$

对任意的 $\varphi \in L^{p'}(\mathbb{R}^n)$ 都成立.

命题 4.1.3 的估计很重要, 但是对于解决非线性问题并不方便, 这是因为 L^p 在 $T(t)$ 作用下是不稳定的. 但是从这个估计可以得到更本质的时空估计. 我们称 (q, r) 是相容的, 如果

$$2 \leqslant r < \frac{2n}{n-2}(2 \leqslant r \leqslant \infty, n = 1, 2), \quad \frac{2}{q} = n\left(\frac{1}{2} - \frac{1}{r}\right).$$

定理 4.1.4 (i) 对任意的 $\varphi \in L^2(\mathbb{R}^n)$, 以及相容对 (q, r), 映射 $t \to T(t)\varphi$ 属于 $L^q(\mathbb{R}, L^r(\mathbb{R}^n)) \cap \mathcal{C}(\mathbb{R}, L^2(\mathbb{R}^n))$. 并且存在只依赖于 q 的常数 C, 使得

$$\|T(\cdot)\varphi\|_{L^q(\mathbb{R}, L^r)} \leqslant C\|\varphi\|_{L^2},$$

对任意的 $\varphi \in L^2(\mathbb{R}^n)$ 都成立.

(ii) 令 I 为 $\mathbb{R}$ 的一个区间, 令 $J = \bar{I}$, $t_0 \in J$. 假设 (γ, ρ) 相容, 令 $f \in L^{\gamma'}(I, L^{\rho'}(\mathbb{R}^n))$. 那么对任意的相容对 (q, r),

$$t \to \Phi_f(t) = \int_{t_0}^t T(t-s)f(s)ds, \quad t \in I,$$

属于 $L^q(I, L^r(\mathbb{R}^n)) \cap \mathcal{C}(J, L^2(\mathbb{R}^n))$. 并且存在只依赖于 γ 和 q 的常数 C, 使得

$$\|\Phi_f\|_{L^q(I,L^r)} \leqslant C\|f\|_{L^{\gamma'}(I,L^{\rho'})},$$

对任意的 $f \in L^{\gamma'}(I, L^{\rho'}(\mathbb{R}^n))$ 都成立

推论 4.1.5 令 $\varphi \in H^1(\mathbb{R}^n)$, $r \in (2, 2n/(n-2))$, 那么, $\|T(t)\varphi\|_{L^r} \to 0$, $t \to \pm\infty$.

4.1.2 非线性 Schrödinger 方程的初值问题

我们假设非线性项 g 满足

(1) $g \in \mathcal{C}\left(H_0^1(\Omega), H^{-1}(\Omega)\right)$, 存在 $G \in \mathcal{C}^1\left(H_0^1(\Omega), \mathbb{R}\right)$ 使得 $g = G'$.

(2) 存在 $r, \rho \in [2, 2n/(n-2))$ $(r, \rho \in [2, \infty)$, 如果 $n = 1, 2)$, 使得 $g :$ $H_0^1(\Omega) \to L^{\rho'}(\Omega)$.

(3) 对任意的 $M > 0$, 存在 $C(M) < \infty$ 使得

$$\|g(v) - g(u)\|_{L^{\rho'}} \leqslant C(M)\|v - u\|_{L^r}, \quad \forall u, v \in H_0^1(\Omega),$$

并且 $\|u\|_{H^1} + \|v\|_{H^1} \leqslant M$, $\Im(g(u)\bar{u}) = 0$ a.e. $x \in \Omega$, $\forall u \in H_0^1(\Omega)$.

我们定义能量 E 为

$$E(u) = \frac{1}{2} \int_\Omega |\nabla u|^2 dx - G(u), \quad \forall u \in H_0^1(\Omega).$$

于是 $E \in \mathcal{C}^1\left(H_0^1(\Omega), \mathbb{R}\right)$, 并且

$$E'(u) = -\Delta u - g(u), \quad \forall u \in H_0^1(\Omega).$$

定理 4.1.6　假设 g 满足上面的假设条件. 对任意的 $M > 0$, 存在 $T(M) > 0$, 对任意的 $\varphi \in H_0^1(\Omega)$ 满足 $\|\varphi\|_{H^1} \leqslant M$, 存在如下问题的解 $u \in L^\infty\left(I, H_0^1(\Omega)\right) \cap W^{1, \infty}\left(I, H^{-1}(\Omega)\right)$,

$$\begin{cases} iu_t + \Delta u + g(u) = 0 \text{ a.e. } t \in I, \\ u(0) = \varphi, \end{cases}$$

使得 $I = (-T(M), T(M))$, 并且

$$\|u\|_{L^\infty(-T(M), T(M), H^1)} \leqslant 2M.$$

除此之外, 我们有

$$\|u(t)\|_{L^2} = \|\varphi\|_{L^2},$$

$$E(u(t)) \leqslant E(\varphi),$$

对任意 $t \in (-T(M), T(M))$ 都成立.

定理 4.1.7　假设 g 满足上面的假设条件. 并且假设 Cauchy 问题的解是唯一的. 那么, 我们有

(i) 对任意的 $\varphi \in H_0^1(\Omega)$, 存在 $T_*(\varphi), T^*(\varphi) > 0$, 并且非线性 Schrödinger 方程的 Cauchy 问题存在唯一的最大解

$$u \in \mathcal{C}\left((-T_*(\varphi), T^*(\varphi)), H_0^1(\Omega)\right) \cap \mathcal{C}^1\left((-T_*(\varphi), T^*(\varphi)), H^{-1}(\Omega)\right).$$

这里 u 被称为最大的是指 $T^*(\varphi) < \infty$ (或 $T_*(\varphi) < \infty$), 那么 $\|u(t)\|_{H^1} \to \infty$, $t \to T^*(\varphi)-$ (或 $t \to -T_*(\varphi)+$).

(ii) 我们有如下的电荷和质量守恒:

$$\|u(t)\|_{L^2} = \|\varphi\|_{L^2}, \quad E(u(t)) = E(\varphi),$$

对任意的 $t \in (-T_*(\varphi), T^*(\varphi))$ 都成立.

(iii) Cauchy 问题的解对初值是连续依赖的, 即函数 $T_*(\varphi)$ 和 $T^*(\varphi)$ 是下半连续的, 并且如果在 $H_0^1(\Omega)$ 中 $\varphi_m \to \varphi$, 且 $[-T_1, T_2] \subset (-T_*(\varphi), T^*(\varphi))$, 那么初值为 φ_m 的非线性 Schrödinger 方程的 Cauchy 问题的最大解 u_m 在 $\mathcal{C}([-T_1, T_2], H_0^1(\Omega))$ 中有 $u_m \to u, m \to \infty$.

对于全局解的存在性, 我们有如下结论:

定理 4.1.8 假设 g 满足上面的假设条件. 令 $M > 0, C(M) > 0, \varepsilon \in (0,1)$ 使得

$$G(u) \leqslant \frac{1-\varepsilon}{2}\|u\|_{H^1}^2 + C(M),$$

对任意的 $u \in H_0^1(\Omega)$ 满足 $\|u\|_{L^2} \leqslant M$ 都成立. 令 $\varphi \in H_0^1(\Omega)$ 使得 $\|\varphi\|_{L^2} \leqslant M$, 并且令

$$u \in \mathcal{C}\left((-T_*(\varphi), T^*(\varphi)), H_0^1(\Omega)\right) \cap \mathcal{C}^1\left((-T_*(\varphi), T^*(\varphi)), H^{-1}(\Omega)\right)$$

为定理 4.1.7 中给出的最大解, 那么 u 是全局解 (即 $T_*(\varphi) = T^*(\varphi) = \infty$), 并且

$$\sup\{\|u(t)\|_{H^1} : t \in \mathbb{R}\} < \infty.$$

证明 根据电荷和能量守恒, 我们有

$$\|u(t)\|_{H^1}^2 \leqslant \|\varphi\|_{H^1}^2 - 2G(\varphi) + 2G(u(t)),$$

对任意的 $t \in (-T_*(\varphi), T^*(\varphi))$ 都成立. 根据定理关于 G 的假设条件, 我们有

$$\|u(t)\|_{H^1}^2 \leqslant \|\varphi\|_{H^1}^2 - 2G(\varphi) + (1-\varepsilon)\|u\|_{H^1}^2 + 2C\|\varphi\|_{L^2}.$$

因此,

$$\varepsilon\|u(t)\|_{H^1}^2 \leqslant \|\varphi\|_{H^1}^2 - 2G(\varphi) + 2C\|\varphi\|_{L^2},$$

对任意的 $t \in (-T_*(\varphi), T^*(\varphi))$ 都成立. 因此根据定理 4.1.7 (i), 我们有结论

成立. ■

前一个定理我们对非线性项提出了一些条件, 进而得到 Cauchy 问题解是全局解. 下面我们考虑关于非线性项不同的假设, 当假设初值在 $H_0^1(\Omega)$ 中足够小时, Cauchy 问题的解也是全局解.

定理 4.1.9　令 $g \in \mathcal{C}(H_0^1(\Omega), H^{-1}(\Omega))$, 假设 $g = g_1 + \cdots + g_k$, 其中 g_j 满足假设条件 (1)—(3). 并且假设存在 $\varepsilon > 0$ 以及非负函数 $\theta \in \mathcal{C}([0, \varepsilon), \mathbb{R}^+)$, $\theta(0) = 0$, 使得

$$G(u) \leqslant \frac{1-\varepsilon}{2} \|u\|_{H^1}^2 + \theta \|u\|_{L^2},$$

对所有满足 $\|u\|_{H^1} \leqslant \varepsilon$ 的 $u \in H_0^1(\Omega)$ 都成立. 那么, 存在 $\delta > 0$ 使得对任意的 $\varphi \in H_0^1(\Omega)$, $\|\varphi\|_{H^1} \leqslant \delta$, 我们有 Cauchy 问题的最大解

$$u \in \mathcal{C}\left((-T_*(\varphi), T^*(\varphi)), H_0^1(\Omega)\right) \cap \mathcal{C}^1\left((-T_*(\varphi), T^*(\varphi)), H^{-1}(\Omega)\right)$$

是全局解 (即 $T_*(\varphi) = T^*(\varphi) = \infty$), 并且 $\sup\{\|u(t)\|_{H^1} : t \in \mathbb{R}\} < \infty$.

证明　首先我们不妨假设 $G(0) = 0$. 考虑 $\varphi \in H_0^1(\Omega)$, 假设在某个包含 0 的区间 $[-T_1, T_2]$ 上, 我们有 $\|u(t)\|_{H^1} \leqslant \varepsilon$. 根据电荷和能量守恒, 我们有

$$\|u(t)\|_{H^1}^2 \leqslant \|\varphi\|_{H^1}^2 - 2G(\varphi) + 2\theta \|\varphi\|_{L^2} + (1-\varepsilon)\|u(t)\|_{H^1}^2,$$

因此,

$$\|u(t)\|_{H^1}^2 \leqslant \frac{1}{\varepsilon}\left(\|\varphi\|_{H^1}^2 - 2G(\varphi) + 2\theta \|\varphi\|_{L^2}\right),$$

对任意的 $t \in [-T_1, T_2]$ 都成立. 注意到上述不等式的右边关于 φ 在 $H_0^1(\Omega)$ 中是连续的, 并且如果 $\varphi = 0$ 时取值为 0. 因此, 存在 $\delta > 0$, 使得当 $\|\varphi\|_{H^1} \leqslant \delta$ 时,

$$\frac{1}{\varepsilon}\left(\|\varphi\|_{H^1}^2 - 2G(\varphi) + 2\theta \|\varphi\|_{L^2}\right) \leqslant \frac{\varepsilon^2}{4}.$$

因此, 如果假设 $\|\varphi\|_{H^1} \leqslant \delta$, 那么在每个满足 $\|u(t)\|_{H^1} \leqslant \varepsilon$ 并且包含 0 的区间 $[-T_1, T_2]$ 上, 我们有

$$\|u(t)\|_{H^1} \leqslant \frac{\varepsilon}{2}.$$

根据连续性方法我们有 $\|u(t)\|_{H^1} \leqslant \varepsilon/2$, $\forall t \in (-T_*(\varphi), T^*(\varphi))$, 这与定理 4.1.7 (i) 矛盾. 于是, $T_*(\varphi) = T^*(\varphi) = \infty$, 结论成立. ■

4.1.3 非线性 Schrödinger 方程的驻波解

本节致力于研究非线性 Schrödinger 方程稳态解的存在性和多重性等问题. 我们先考虑下面的非线性 Schrödinger 方程:

$$
\begin{cases}
-\Delta u + V(x)u = g(x, u), & x \in \mathbb{R}^n, \\
u(x) \to 0, & |x| \to \infty,
\end{cases}
\tag{NLS}
$$

其中 $V: \mathbb{R}^n \to \mathbb{R}$ 是位势函数, $g: \mathbb{R}^n \times \mathbb{R} \to \mathbb{R}$ 是非线性项, 在无穷远处要么是渐近线性的, 要么是超线性的. 考虑带有周期位势及周期非线性项且 0 位于线性算子谱隙中的方程的驻波解. 方程 (NLS) 来源于下面非线性 Schrödinger 方程的驻波解:

$$
i\hbar \frac{\partial \varphi}{\partial t} = -\frac{\hbar^2}{2m} \Delta \varphi + W(x)\varphi - f(x, |\varphi|)\varphi.
\tag{4.1.1}
$$

方程 (4.1.1) 的驻波解是形如 $\varphi(x, t) = u(x)e^{-\frac{iEt}{\hbar}}$ 的解. 如果在 (NLS) 中令

$$
V(x) = \frac{2m}{\hbar^2}(W(x) - E), \quad g(x, u) = \frac{2m}{\hbar^2} f(x, |u|)u,
$$

则 $\varphi(x, t)$ 是 (4.1.1) 的解当且仅当 $u(x)$ 是 (NLS) 的解.

近年来, 带有周期位势及非线性项的 Schrödinger 方程受到很大的关注, 不仅是因为它在物理上有广泛的应用, 而且它也是数学上的一个很重要的模型, 可参见 [2,5,6,10,29,34,36,41,53,57,90,94,104,105,146,155] 以及相关文献. 众所周知, 在 $L^2(\mathbb{R}^n)$ 上的自伴算子 $A := -\Delta + V$ 的谱 $\sigma(A)$ 是闭区间的并集 (参见 [128]).

情形 1 $0 < \inf \sigma(A)$. 在文献 [36] 中, 通过山路引理讨论, 当 $g \in C^2(\mathbb{R}^n \times \mathbb{R}, \mathbb{R})$ 且满足下面的超线性条件以及次临界条件时, Coti-Zelati 和 Rabinowitz 证明了 (NLS) 有无穷多解. 这里的超线性条件是指, 存在 $\mu > 2$ 使得对任意的 $x \in \mathbb{R}^n, u \in \mathbb{R} \setminus \{0\}$, 成立

$$
0 < \mu G(x, u) \leqslant g(x, u)u.
\tag{4.1.2}
$$

次临界条件是指存在 $s \in (2, 2^*)$ 使得对任意的 $(x, u) \in \mathbb{R}^n \times \mathbb{R}$, 成立

$$
|g_u(x, u)| \leqslant c_1 + c_2 |u|^{s-2},
\tag{4.1.3}
$$

其中 $G(x, u) = \int_0^u g(x, t)dt$, 如果 $n = 1, 2$, $2^* = \infty$; 如果 $n \geqslant 3$, $2^* = 2n/(n-2)$ 以及 c_i 表示正常数, 对于一般的非线性项, 特别渐近线性情形, 上述的结论也

是对的, 参见 [57, 89].

情形 2　0 属于 $\sigma(A)$ 的谱隙中, 也就是

$$\underline{\Lambda} := \sup(\sigma(A) \cap (-\infty, 0)) < 0 < \overline{\Lambda} := \inf(\sigma(A) \cap (0, \infty)). \tag{4.1.4}$$

再次假设 (4.1.2) 及 (4.1.3) 成立. 若 $G(x, u)$ 是严格凸的, 则通过山路约化, (NLS) 解的存在性和多重性可参见 [5, 6] 以及 [29]. 若无凸性, 当 $g(x, u)$ 关于 u 是奇函数时, 通过一般的环绕讨论, (NLS) 解的存在性和多重性被以下文献获得, 参见 [104, 146], 也可以参见 [2, 34, 54].

情形 3　$0 \in \sigma(A)$ 以及 $(0, \overline{\Lambda}) \cap \sigma(A) = \varnothing$. 在 (4.1.2) 以及其他条件之下, Bartsch 和 Ding 在文献 [10] 中证明了至少有一个非平凡解, 以及当 $g(x, u)$ 关于 u 是奇函数时证明了无穷多解的存在性. 之后, 存在性结果被延拓到更一般的超线性情形, 参见 [155].

注意到, 条件 (4.1.2)—(4.1.3) 在证明 (PS)-序列是有界时是至关重要的.

首先我们将处理渐近线性问题. 之后, 记 $\tilde{G}(x, u) := \frac{1}{2} g(x, u) u - G(x, u)$, $\lambda_0 := \min\{-\underline{\Lambda}, \overline{\Lambda}\}$, 其中 $\underline{\Lambda}$ 和 $\overline{\Lambda}$ 是由 (4.1.4) 给出的数. 假设

(V_0) $V(x)$ 关于 $x_j (j = i, \cdots, n)$ 是 1-周期的且 $0 \notin \sigma(-\Delta + V)$;

(N_0) $g(x, u)$ 关于 $x_j (j = i, \cdots, n)$ 是 1-周期的且 $G(x, u) \geqslant 0$, $\lim\limits_{u \to 0} \dfrac{g(x, u)}{u} = 0$ 关于 x 是一致的;

(N_1) $\lim\limits_{u \to \infty} \dfrac{g(x, u) - V_\infty(x) u}{u} = 0$ 关于 x 是一致的 且 $\inf V_\infty > \overline{\Lambda}$;

(N_2) $\tilde{G}(x, u) \geqslant 0$ 且存在 $\delta_0 \in (0, \lambda_0)$ 使得当 $g(x, u)/u \geqslant \lambda_0 - \delta_0$ 时, 成立 $\tilde{G}(x, u) \geqslant \delta_0$.

在文献 [105] 中, 当 (V_0) 以及 (N_0)—(N_2) 满足时, 作者证明了 (NLS) 至少有一个解. 注意到, 由于 V 和 g 的周期性, 如果 u 是 (NLS) 的解, 则对每一个 $k = (k_1, \cdots, k_n) \in \mathbb{Z}^n$, $k * u$ 也是其解, 其中 $(k * u)(x) = u(x + k)$. 对任意的 $k \in \mathbb{Z}^n$, 如果两个解 u_1, u_2 满足 $k * u_1 = u_2$, 则称 u_1 和 u_2 为几何不同解. 我们将证明下面的多重性结果.

定理 4.1.10　设 (V_0) 以及 (N_0)—(N_2) 成立, 则 (NLS) 至少有一个解. 此外, 如果 $g(x, u)$ 关于 u 是奇函数且存在 $\delta > 0$, 当 $0 < |u| \leqslant \delta$ 时成立 $\tilde{G}(x, u) > 0$, 则 (NLS) 拥有无穷多个几何不同解.

接下来我们将处理超线性情形. 假设

(N_3) $\displaystyle\lim_{|u|\to\infty}\frac{G(x,u)}{u^2}=\infty$ 关于 x 是一致的;

(N_4) 对 $u\neq 0$, 成立 $\tilde{G}(x,u)>0$ 且存在 $r_0>0$ 以及 $\sigma>\max\{1,n/2\}$, 使得当 $|u|\geqslant r_0$ 时, 成立 $|g(x,u)|^{\sigma}\leqslant c_0\tilde{G}(x,u)|u|^{\sigma}$.

定理 4.1.11 设 $(\mathrm{V}_0),(\mathrm{N}_0)$ 以及 (N_3)—(N_4) 成立, 则 (NLS) 至少有一个非平凡解. 此外, 如果 $g(x,u)$ 关于 u 是奇函数, 则 (NLS) 拥有无穷多个几何不同解.

下面的函数满足所有的渐近线性条件 (N_0)—(N_2):

例 4.1.12 (i) $g(x,u)=V_{\infty}(x)u\left(1-\dfrac{1}{\ln(e+|u|)}\right)$, 其中 $V_{\infty}(x)$ 关于 $x_j(j=i,\cdots,n)$ 是 1-周期的, $\inf V_{\infty}>\overline{\Lambda}$.

(ii) $g(x,u)=h(x,|u|)u$, 其中 $h(x,s)$ 关于 x_j 是 1-周期的且在 $[0,\infty)$ 上是递增的; 此外, $\displaystyle\lim_{s\to 0}h(x,s)=0,\ \lim_{s\to\infty}h(x,s)=V_{\infty}(x),V_{\infty}(x)>\overline{\Lambda}$ 关于 x 是一致的.

下面的函数满足超线性条件 (N_0) 及 (N_3)—(N_4), 其中 $V_{\infty}(x)>0,V_{\infty}$ 关于 x_j 是 1-周期的.

例 4.1.13 (i) $g(x,u)=V_{\infty}(x)u\ln(1+|u|)$.

(ii) $G(x,u)=V_{\infty}(x)\left(|u|^{\mu}+(\mu-2)|u|^{\mu-\epsilon}\sin^2\left(\dfrac{|u|^{\epsilon}}{\epsilon}\right)\right)$, 其中 $\mu>2$, 如果 $n=1,2$, ϵ 满足 $\epsilon\in(0,\mu-2)$; 如果 $n\geqslant 3$, ϵ 满足 $\epsilon\in\left(0,\mu+n-\dfrac{n\mu}{2}\right)$.

注意到, 这些函数并不满足 (4.1.2).

引理 4.1.14 如果 $g(x,u)$ 满足下面的条件, 则 $g(x,u)$ 满足 (N_4):

(1°) 存在 $r_1>0$ 及 $p\in(2,2^*)$ 使得当 $|u|\geqslant r_1$ 时, 成立 $|g(x,u)|\leqslant c_1|u|^{p-1}$.

(2°) 对 $u\neq 0$, 成立 $2G(x,u)<g(x,u)u$; 此外, 存在 $r_1>0$ 以及如果 $n=1$, 存在 $\nu\in(0,2)$, 如果 $n\geqslant 2$, 存在 $\nu\in\left(0,n+p-\dfrac{pn}{2}\right)$, 使得当 $|u|\geqslant r_1$ 时, 成立

$$g(x,u)\leqslant\left(\frac{1}{2}-\frac{1}{c_2|u|^{\nu}}\right)g(x,u)u.$$

证明 从 (2°) 知, 当 $u\neq 0$ 时, $\tilde{G}(x,u)>0$, 这就蕴含了 $G(x,u)\geqslant cu^2$. 因此, 当 $|u|\geqslant 1$ 时, $g(x,u)u\geqslant 2cu^2$. 再次从 (2°) 知, 当 $|u|$ 充分大时成立

$$\frac{g(x,u)u}{c_2|u|^{\nu}}\leqslant\tilde{G}(x,u).$$

因此

$$\frac{2c|u|^{2-\nu}}{c_2}\leqslant\frac{g(x,u)u}{c_2|u|^{\nu}}\leqslant\tilde{G}(x,u).$$

这就蕴含了, 当 $|u| \to \infty$ 时, $\tilde{G}(x, u) \to \infty$ 关于 x 一致成立. 注意到, 当 $|u|$ 充分大时

$$|g(x, u)|^\sigma \leqslant c\tilde{G}(x, u)|u|^\sigma \Leftrightarrow \frac{(g(x, u)u)^\sigma}{c|u|^{2\sigma}} \leqslant \tilde{G}(x, u)$$

$$\Leftrightarrow G(x, u) \leqslant \left(\frac{1}{2} - \frac{(g(x, u)u)^{\sigma-1}}{c|u|^{2\sigma}} \right) g(x, u)u$$

$$\Leftrightarrow \frac{(g(x, u)u)^{\sigma-1}}{c|u|^{2\sigma}} \leqslant \frac{1}{2} - \frac{G(x, u)}{g(x, u)u}.$$

令 $\sigma = \dfrac{p - \nu}{p - 2}$. 则 $\sigma > \dfrac{n}{2}$, 且由 (1°) 得

$$\frac{(g(x, u)u)^{\sigma-1}}{c|u|^{2\sigma}} \leqslant \frac{1}{a_1|u|^{2\sigma - p(\sigma-1)}} = \frac{1}{a_1|u|^\nu},$$

由 (2°) 得

$$\frac{1}{c_2|u|^\nu} \leqslant \frac{1}{2} - \frac{G(x, u)}{g(x, u)u}.$$

因此 (N_4) 成立.　　　　　　　　　　　　　　　　　　　　　　　■

　　显然, 如果 $g(x, u)$ 满足 (4.1.2)—(4.1.3), 则 $g(x, u)$ 满足 (1°)—(2°), 从而满足 (N_3)—(N_4). 这个事实结合例 4.1.12 和例 4.1.13 表明了定理 4.1.11 中的超线性假设的确比 (4.1.2)—(4.1.3) 更一般. 设 (V_0) 成立, 令 $A = -\Delta + V$, 其定义域为 $\mathscr{D}(A) = H^2(\mathbb{R}^n, \mathbb{R})$. 则 (NLS) 能够重新写为在 $L^2(\mathbb{R}^n, \mathbb{R})$ 上的方程

$$Au = g(x, u). \tag{4.1.5}$$

　　由于 (V_0), 我们有下面的直和分解

$$L^2 = L^2(\mathbb{R}^n, \mathbb{R}) = L^- \oplus L^+, \quad u = u^- + u^+$$

使得 A 在 L^- 中是负定的, 在 L^+ 中是正定的.

　　令 $E = \mathscr{D}(|A|^{\frac{1}{2}})$ 且在 E 中赋予内积

$$(u, v) = (|A|^{\frac{1}{2}}u, |A|^{\frac{1}{2}}v)_{L^2},$$

以及范数 $\|u\| = \||A|^{\frac{1}{2}}u\|_{L^2}$. 由于 (V_0), E 上的范数和 $H^1(\mathbb{R}^n, \mathbb{R})$ 上的范数是等价的. 因此, 如果 $n = 1, 2$, E 连续嵌入到 $L^p(p \geqslant 2)$; 如果 $n \geqslant 3$, E 连续嵌入到 $L^p(2 \leqslant p \leqslant 2^*)$ 且紧嵌入到 $L^p_{\mathrm{loc}}(1 \leqslant p < 2^*)$. 此外, 有下面关

于 $(\cdot,\cdot)_{L^2}$ 和 $(\cdot,\cdot)$ 的直和分解

$$E = E^- \oplus E^+, \quad \text{其中 } E^\pm = E \cap L^\pm.$$

在 E 上我们定义如下泛函:

$$\Phi(u) := \frac{1}{2}\|u^+\|^2 - \frac{1}{2}\|u^-\|^2 - \Psi(u), \quad \text{其中 } \Psi(u) = \int_{\mathbb{R}^n} G(x,u)dx.$$

注意到, 由 (4.1.4) 知

对于 $u \in E^-$ 成立 $-\underline{\Lambda}|u|_2^2 \leqslant \|u\|^2$, 对于 $u \in E^+$ 成立 $-\overline{\Lambda}|u|_2^2 \leqslant \|u\|^2$. (4.1.6)

g 的假设蕴含 $\Phi \in \mathcal{C}^1(E, \mathbb{R})$. 此外, Φ 的临界点就是 (NLS) 的解. 我们将寻找 Φ 的临界点.

注意到, 假设 (N_0) 成立, 且 (N_1) 或者 (N_4) 成立, 则对任意的 $\varepsilon > 0$, 存在 $C_\varepsilon > 0$ 使得对任意的 (x,u), 我们有

$$|g(x,u)| \leqslant \varepsilon|u| + C_\varepsilon|u|^{p-1}, \tag{4.1.7}$$

以及

$$|G(x,u)| \leqslant \varepsilon|u|^2 + C_\varepsilon|u|^p, \tag{4.1.8}$$

其中在情形 (N_1) 中 $p > 2$, 在情形 (N_4) 中 $p \geqslant \dfrac{2\sigma}{\sigma - 1}$. 注意到, 在情形 (N_4) 中 $\dfrac{2\sigma}{\sigma - 1} < 2^*$. 使用这个事实和 Sobolev 嵌入定理, 我们能够容易得到下面的引理:

引理 4.1.15 设 $(V_0), (N_0)$ 成立且 (N_1)—(N_2) 或者 (N_3)—(N_4) 成立, 则 Ψ 是非负的、弱序列下半连续的且 Ψ' 是弱序列连续的.

下面我们讨论泛函 Φ 的环绕结构. 首先有下面的引理.

引理 4.1.16 在引理 4.1.15 的假设下, 存在 $r > 0$ 使得 $\kappa := \inf\Phi(S_\rho^+) > 0$, 其中 $S_r^+ = \partial B_r \cap E^+$.

证明 由 (4.1.8) 以及 Sobolev 嵌入定理知, 对任意的 $\varepsilon > 0$, 存在 $C_\varepsilon > 0$, 使得对任意的 $u \in E$, 成立

$$\Psi(u) \leqslant \varepsilon|u|_2^2 + C_\varepsilon|u|_p^p \leqslant C(\varepsilon\|u\|^2 + C_\varepsilon\|u\|^p),$$

结合 Φ 的定义, 这就完成了此引理的证明. ∎

之后, 对于渐近二次情形令 $\omega = \inf V_\infty$, 对于超二次情形令 $\omega = 2\overline{\Lambda}$. 选

取 $\bar{\mu}$ 满足

$$\overline{\Lambda} < \bar{\mu} < \omega. \tag{4.1.9}$$

因为算子 A 只有连续谱 (参见 [129]), 子空间 $Y_0 := (P_{\bar{\mu}} - P_0)L^2$ 是无穷维的, 其中 $\{P_\lambda\}_{\lambda \in \mathbb{R}}$ 表示 A 的谱族. 由定义以及 (4.1.6) 知

$$Y_0 \subset E^+ \text{ 且 } \overline{\Lambda}|w|_2^2 \leqslant \|w\|^2 \leqslant \bar{\mu}|w|_2^2, \quad w \in Y_0. \tag{4.1.10}$$

对 Y_0 的任意有限维子空间 Y, 令 $E_Y = E^- \oplus Y$.

引理 4.1.17 在引理 4.1.15 的假设下, 则对于 Y_0 的任意有限维子空间 Y, $\sup \Phi(E_Y) < \infty$ 以及存在 $R_Y > r$ 使得对任意的 $u \in E_Y$ 且 $\|u\| \geqslant R_Y$, 有 $\Phi(u) < \inf \Phi(B_r)$.

证明 只需证明当 $u \in E_Y$ 且 $\|u\| \to \infty$ 时, 成立 $\Phi(u) \to \infty$. 通过反证, 假设 $\{u_j\} \subset E_Y, \|u_j\| \to \infty$ 且存在 $M > 0$ 使得对所有的 j 有 $\Phi(u_j) \geqslant -M$. 令 $w_j = \dfrac{u_j}{\|u_j\|}$, 则 $\|w_j\| = 1$, 以及存在 $w \in E_Y$ 使得 $w_j \rightharpoonup w, w_j^- \to w^-, w_j^+ \to w_j^+ \in Y$, 以及

$$-\frac{M}{\|u_j\|^2} \leqslant \frac{\Phi(u_j)}{\|u_j\|^2} = \frac{1}{2}\|w_j^+\|^2 - \frac{1}{2}\|w_j^-\|^2 - \int_{\mathbb{R}^N} \frac{G(x, u_j)}{\|u_j\|^2} dx. \tag{4.1.11}$$

接下来断言 $w^+ \neq 0$. 若不然, 则从 (4.1.11) 可得

$$0 \leqslant \frac{1}{2}\|w_j^-\|^2 + \int_{\mathbb{R}^N} \frac{G(x, u_j)}{\|u_j\|^2} dx \leqslant \frac{1}{2}\|w_j^+\|^2 + \frac{M}{\|u_j\|^2} \to 0,$$

特别地, $\|w_j^-\| \to 0$. 因此, $\|w_j\| \to 0$, 这与 $\|w_j\| = 1$ 矛盾.

首先考虑渐近线性情形, 也就是假设 (N_1) 成立. 再次由 (4.1.9)—(4.1.10) 知

$$\|w^+\|^2 - \|w^-\|^2 - \int_{\mathbb{R}^N} V_\infty(x)w^2 dx \leqslant \|w^+\|^2 - \|w^-\|^2 - \omega\|w\|_{L^2}^2$$

$$\leqslant -\left((\omega - \bar{\mu})\|w^+\|_{L^2}^2 + \|w^-\|^2\right) < 0.$$

因此, 存在有界区域 $\Omega \subset \mathbb{R}^n$ 使得

$$\|w^+\|^2 - \|w^-\|^2 - \int_\Omega V_\infty(x)w^2 dx < 0. \tag{4.1.12}$$

令

$$f(x, u) := g(x, u) - V_\infty(x)u, \quad F(x, u) = \int_0^u f(x, s)ds. \tag{4.1.13}$$

由 (N₁) 知, $|F(x,u)| \leqslant Cu^2$ 以及 $\lim\limits_{u \to \infty} \dfrac{F(x,u)}{u^2} = 0$ 关于 x 是一致成立的. 因此, 由 Lebesgue 控制收敛定理以及 $\|w_j - w\|_{L^2(\Omega)} \to 0$ 可得

$$\lim_{j \to \infty} \int_{\Omega} \frac{F(x, u_j)}{\|u_j\|^2} dx = \lim_{j \to \infty} \int_{\Omega} \frac{F(x, u_j)|w_j|^2}{|u_j|^2} dx = 0.$$

因此, (4.1.11)—(4.1.12) 蕴含了

$$0 \leqslant \lim_{j \to \infty} \left(\frac{1}{2}\|w_j^+\|^2 - \frac{1}{2}\|w_j^-\|^2 - \int_{\Omega} \frac{G(x, u_j)}{\|u_j\|^2} dx \right)$$
$$\leqslant \frac{1}{2}\left(\|w^+\|^2 - \|w^-\|^2 - \int_{\Omega} V_{\infty}(x)w^2 dx \right) < 0,$$

这就得到矛盾.

接下来我们考虑超线性情形, 也就是假设 (N₃)—(N₄) 成立. 存在 $r > 0$ 使得当 $|u| \geqslant r$ 时有 $G(x, u) \geqslant \omega|u|^2$. 此外, 由 (4.1.9)—(4.1.10) 可得

$$\|w^+\|^2 - \|w^-\|^2 - \omega \int_{\mathbb{R}^N} w^2 dx \leqslant \bar{\mu}\|w^+\|_{L^2}^2 - \|w^-\|^2 - \omega\|w^+\|_{L^2}^2 - \omega\|w^-\|_{L^2}^2$$
$$\leqslant -\left((\omega - \bar{\mu})\|w^+\|_{L^2}^2 + \|w^-\|^2 \right) < 0.$$

因此, 存在有界区域 $\Omega \subset \mathbb{R}^n$ 使得

$$\|w^+\|^2 - \|w^-\|^2 - \omega \int_{\Omega} w^2 dx < 0. \tag{4.1.14}$$

注意到

$$\frac{\Phi(u_j)}{\|u_j\|^2} \leqslant \frac{1}{2}\left(\|w_j^+\|^2 - \|w_j^-\|^2 \right) - \int_{\Omega} \frac{G(x, u_j)}{\|u_j\|^2} dx$$
$$= \frac{1}{2}\left(\|w_j^+\|^2 - \|w_j^-\|^2 \right) - \omega \int_{\Omega} |w_j|^2 dx - \omega \int_{\Omega} \frac{G(x, u_j) - \frac{\omega}{2}|u_j|^2}{\|u_j\|^2} dx$$
$$\leqslant \frac{1}{2}\left(\|w_j^+\|^2 - \|w_j^-\|^2 \right) - \omega \int_{\Omega} |w_j|^2 dx + \frac{\omega r^2 |\Omega|}{2\|u_j\|^2}.$$

因此, (4.1.11) 以及 (4.1.14) 蕴含了

$$0 \leqslant \lim_{j \to \infty} \left(\frac{1}{2}\|w_j^+\|^2 - \frac{1}{2}\|w_j^-\|^2 - \omega \int_{\Omega} \frac{G(x, u-j)}{\|w_j\|^2} dx \right)$$
$$= \frac{1}{2}\left(\|w^+\|^2 - \|w^-\|^2 - \omega \int_{\Omega} w^2 dx \right) < 0,$$

这就得到矛盾. 从而完成了引理的证明. ∎

作为一个特殊的情形, 我们有

引理 4.1.18　在引理 4.1.15 的假设下, 令 $e \in Y_0$ 且 $\|e\| = 1$, 则存在 $r_0 > 0$ 使得 $\sup \Phi(\partial Q) = 0$, 其中 $Q := \{u = u^- + se : u^- \in E^-, s \geqslant 0, \|u\| \leqslant r_0\}$.

下面我们考虑 $(C)_c$-序列的有界性. 首先有

引理 4.1.19　在引理 4.1.15 的假设下, 任意的 $(C)_c$-序列是有界的.

证明　令 $\{u_j\} \subset E$ 满足

$$\Phi(u_j) \to c, \quad (1 + \|u_j\|)\Phi'(u_j) \to 0. \tag{4.1.15}$$

注意到, 对 j 充分大时

$$C_0 \geqslant \Phi(u_j) - \frac{1}{2}\Phi'(u_j)u_j = \int_{\mathbb{R}^n} \tilde{G}(x, u_j)dx. \tag{4.1.16}$$

我们利用反证法来证明, 假设 $\|u_j\| \to \infty$. 令 $v_j = \dfrac{u_j}{\|u_j\|}$, 则 $\|v_j\| = 1$ 且对任意的 $s \in [2, 2^*)$ 有 $\|v_j\|_{L^s} \leqslant \gamma_s\|v_j\| = \gamma_s$. 由 (4.1.15) 以及

$$\Phi'(u_j)(u_j^+ - u_j^-) = \|u_j\|^2 \left(1 - \int_{\mathbb{R}^n} \frac{g(x, u_j)(v_j^+ - v_j^-)}{\|u_j\|}dx\right),$$

可得

$$\int_{\mathbb{R}^N} \frac{g(x, u_j)(v_j^+ - v_j^-)}{\|u_j\|}dx \to 1. \tag{4.1.17}$$

首先我们考虑渐近线性情形, 也就是假设 (N_1)—(N_2) 成立. 由 Lions 集中紧原理[106] 知, $\{v_j\}$ 要么消失$\Big($在这种情形下 $\|v_j\|_{L^s} \to 0$ $(s \in (2, 2^*))$, 要么非消失, 也就是存在 $r, \eta > 0$ 以及 $\{a_j\} \subset \mathbb{Z}^n$ 使得 $\limsup\limits_{j \to \infty} \int_{B(a_j, r)} |v_j|^2 dx \geqslant \eta\Big)$. 我们将证明 $\{v_j\}$ 既不消失也不非消失.

假设 $\{v_j\}$ 消失. 由于 (N_2), 令

$$\Omega_j := \left\{x \in \mathbb{R}^n : \frac{g(x, u_j(x))}{u_j(x)} \leqslant \lambda_0 - \delta_0\right\}.$$

则 $\lambda_0\|v_j\|_{L^2}^2 \leqslant \|v_j\|^2 = 1$ 且对任意 j, 成立

$$\left|\int_{\Omega_j} \frac{g(x, u_j)(v_j^+ - v_j^-)}{\|u_j\|}dx\right| = \left|\int_{\Omega_j} \frac{g(x, u_j)(v_j^+ - v_j^-)|v_j|}{|u_j|}dx\right|$$

$$\leqslant (\lambda_0 - \delta_0)\|v_j\|_{L^2}^2 \leqslant \frac{\lambda_0 - \delta_0}{\lambda_0} < 1.$$

结合 (4.1.17), 我们有

$$\lim_{j\to\infty} \int_{\Omega_j^c} \frac{g(x,u_j)(v_j^+ - v_j^-)}{\|u_j\|} dx > 1 - \frac{\lambda_0 - \delta_0}{\lambda_0} = \frac{\delta_0}{\lambda_0},$$

其中 $\Omega_j^c = \mathbb{R}^n \setminus \Omega_j$. 由 (N_0) 以及 (N_1) 可得

$$|g(x,u)| \leqslant C|u|, \quad \text{对任意的} (x,u) \text{成立}. \tag{4.1.18}$$

因此, 对任意的 $s \in (2, 2^*)$, 可得

$$\int_{\Omega_j^c} \frac{g(x,u_j)(v_j^+ - v_j^-)}{\|u_j\|} dx \leqslant C \int_{\Omega_j^c} |v_j^+ - v_j^-||v_j|dx$$

$$\leqslant C\|v_j\|_{L^2} |\Omega_j^c|^{\frac{s-2}{2s}} \|v_j\|_{L^s} \leqslant C\gamma_2 |\Omega_j^c|^{\frac{s-2}{2s}} \|v_j\|_{L^s}.$$

因为 $\|v_j\|_{L^s} \to 0$, 我们有 $|\Omega_j^c| \to \infty$. 由 (N_2), 在 Ω_j^c 上成立 $\tilde{G}(x,u_j) \geqslant \delta_0$, 因此

$$\int_{\mathbb{R}^n} \tilde{G}(x,u_j)dx \geqslant \int_{\Omega_j^c} \tilde{G}(x,u_j)dx \geqslant \delta_0 |\Omega_j^c| \to \infty,$$

这与 (4.1.16) 矛盾.

假设 $\{v_j\}$ 非消失. 令 $\tilde{u}_j(x) = u_j(x+a_j), \tilde{v}_j(x) = v_j(x+a_j)$ 以及 $\varphi_j(x) = \varphi(x-a_j)$, 其中 $\varphi \in \mathcal{C}_0^\infty$. 由 (N_1), 对任意的 $f(x,u)$, 我们有

$$\Phi'(u_j)\varphi_j = (u_j^+ - u_j^-, \varphi_j) - (V_\infty u_j, \varphi_j)_{L^2} - \int_{\mathbb{R}^n} f(x,u_j)\varphi_j dx$$

$$= \|u_j\|\left((v_j^+ - v_j^-, \varphi_j) - (V_\infty v_j, \varphi_j)_{L^2} - \int_{\mathbb{R}^n} f(x,u_j)\varphi_j \frac{|v_j|}{|u_j|}dx\right)$$

$$= \|u_j\|\left((\tilde{v}_j^+ - \tilde{v}_j^-, \varphi) - (V_\infty \tilde{v}_j, \varphi)_{L^2} - \int_{\mathbb{R}^n} f(x,\tilde{u}_j)\varphi \frac{|\tilde{v}_j|}{|\tilde{u}_j|}dx\right).$$

因此

$$(\tilde{v}_j^+ - \tilde{v}_j^-, \varphi) - (V_\infty \tilde{v}_j, \varphi)_{L^2} - \int_{\mathbb{R}^N} f(x,\tilde{u}_j)\varphi \frac{|\tilde{v}_j|}{|\tilde{u}_j|}dx \to 0.$$

因为 $\|\tilde{v}_j\| = \|v_j\| = 1$, 我们可假设在 E 中, $\tilde{v}_j \rightharpoonup \tilde{v}$, 在 L_{loc}^2 中, $\tilde{v}_j \to \tilde{v}$, 以及在 $\mathbb{R}^n$ 中, $\tilde{v}_j(x)$ 几乎处处收敛于 $\tilde{v}(x)$. 由 $\lim_{j\to\infty} \int_{B(0,r)} |\tilde{v}_j|^2 dx \geqslant \eta$ 可知 $\tilde{v} \neq 0$. 由 (4.1.18) 可得

$$\left| f(x,\tilde{u}_j)\varphi \frac{|\tilde{v}_j|}{|\tilde{u}_j|} \right| \leqslant C|\varphi||\tilde{v}_j|.$$

因此, 由 (N_1) 以及 Lebesgue 控制收敛定理可得

$$\int_{\mathbb{R}^n} f(x,\tilde{u}_j)\varphi \frac{|\tilde{v}_j|}{|\tilde{u}_j|}dx \to 0,$$

从而有

$$(\tilde{v}_j^+ - \tilde{v}_j^-, \varphi) - (V_\infty \tilde{v}_j, \varphi)_{L^2} = 0.$$

因此, $\tilde{v}$ 是算子 $\tilde{A} := -\Delta + (V - V_\infty)$ 的特征函数. 这就与 $\tilde{A}$ 仅有连续谱矛盾.

接下来我们考虑超线性情形, 也就是假设 (N$_3$)—(N$_4$) 成立. 对任意 $r \geqslant 0$, 定义

$$h(r) := \inf\left\{\tilde{G}(x,u) : x \in \mathbb{R}^n, u \in \mathbb{R} \text{ 且 } |u| \geqslant r\right\}.$$

由 (N$_4$) 知, 对任意的 $r > 0$ 有 $h(r) > 0$ 以及当 $r \to \infty$ 时有 $h(r) \to \infty$. 对 $0 \leqslant a < b$, 令

$$\Omega_j(a,b) = \{x \in \mathbb{R}^n : a \leqslant |u_j(x)| < b\},$$

以及

$$c_a^b := \inf\left\{\frac{\tilde{G}(x,u)}{u^2} : x \in \mathbb{R}^n, u \in \mathbb{R} \text{ 且 } a \leqslant |u| \leqslant b\right\}.$$

因为 $G(x,u)$ 关于 x 是周期的, 以及当 $u \neq 0$ 时, $\tilde{G}(x,u) > 0$, 我们有 $c_a^b > 0$ 以及

$$\tilde{G}(x,u_j(x)) \geqslant c_a^b |u_j(x)|^2, \quad x \in \Omega_j(a,b).$$

由 (4.1.16) 有

$$C_0 \geqslant \int_{\Omega_j(0,a)} \tilde{G}(x,u_j(x))dx + \int_{\Omega_j(a,b)} \tilde{G}(x,u_j(x))dx + \int_{\Omega_j(b,\infty)} \tilde{G}(x,u_j(x))dx$$
$$\geqslant \int_{\Omega_j(0,a)} \tilde{G}(x,u_j(x))dx + c_a^b \int_{\Omega_j(a,b)} |u_j|^2 dx + h(b)|\Omega_j(b,\infty)|. \tag{4.1.19}$$

令 $\tau := \dfrac{2\sigma}{\sigma-1}, \sigma' = \dfrac{\tau}{2}$, 其中 σ 由 (N$_4$) 给出. 因为 $\sigma > \max\{1,n/2\}$, 我们有 $\tau \in (2,2^*)$. 此外由 (4.1.19) 可知当 $b \to \infty$ 时

$$|\Omega_j(b,\infty)| \leqslant \frac{C_0}{h(b)} \to 0$$

关于 j 是一致成立的. 因此由 Hölder 不等式, 当 $b \to \infty$ 时

$$\int_{\Omega_j(b,\infty)} |v_j|^2 dx \leqslant \gamma_{\hat\tau}^\tau |\Omega_j(b,\infty)|^{1-\frac{\tau}{\hat\tau}} \to 0 \tag{4.1.20}$$

关于 j 是一致的, 其中 $\hat\tau \in (\tau,2^*)$ 是固定的常数. 再次由 (4.1.19), 对任意固定

的 $0 < a < b$, 当 $j \to \infty$ 时

$$\int_{\Omega_j(a,b)} |v_j|^2 dx = \frac{1}{\|u_j\|^2} \int_{\Omega_j(a,b)} |u_j|^2 dx \leqslant \frac{C_0}{c_a^b \|u_j\|^2} \to 0. \qquad (4.1.21)$$

对 $0 < \varepsilon < \dfrac{1}{3}$, 由 (N_0) 知, 存在 $a_\varepsilon > 0$ 使得对任意的 $|u| \leqslant a_\varepsilon$ 成立 $|g(x,u)| < \dfrac{\varepsilon}{\gamma_2}|u|$, 因此, 对任意的 j, 成立

$$\int_{\Omega_j(0,a_\varepsilon)} \frac{g(x,u_j)}{|u_j|} |v_j||v_j^+ - v_j^-| dx \leqslant \int_{\Omega_j(0,a_\varepsilon)} \frac{\varepsilon}{\gamma_2} |v_j^+ - v_j^-||v_j| dx$$
$$\leqslant \frac{\varepsilon}{\gamma_2} \|v_j\|_{L^2}^2 \leqslant \varepsilon. \qquad (4.1.22)$$

由 (N_4) 以及 $(4.1.20)$, 我们能取 $b_\varepsilon \geqslant r_0$ 充分大, 使得对任意的 j, 成立

$$\int_{\Omega_j(b_\varepsilon,\infty)} \frac{g(x,u_j)}{|u_j|} (v_j^+ - v_j^-)|v_j| dx$$
$$\leqslant \left(\int_{\Omega_j(b_\varepsilon,\infty)} \frac{|g(x,u_j)|^\sigma}{|u_j|^\sigma} dx \right)^{\frac{1}{\sigma}} \left(\int_{\Omega_j(b_\varepsilon,\infty)} (|v_j^+ - v_j^-||v_j|)^{\sigma'} dx \right)^{\frac{1}{\sigma'}}$$
$$\leqslant \left(\int_{\mathbb{R}^n} c_0 \tilde{G}(x,u_j) dx \right)^{\frac{1}{\sigma}} \left(\int_{\mathbb{R}^n} |v_j^+ - v_j^-|^\tau dx \right)^{\frac{1}{\tau}} \left(\int_{\Omega_j(b_\varepsilon,\infty)} |v_j|^\tau dx \right)^{\frac{1}{\tau}}. \qquad (4.1.23)$$

此外, 存在与 j 无关的常数 $\gamma = \gamma(\varepsilon) > 0$, 使得对任意的 $x \in \Omega_j(a_\varepsilon, b_\varepsilon)$, 成立 $|g(x,u_j)| \leqslant \gamma|u_j|$. 由 $(4.1.21)$, 存在 $j_0 \in \mathbb{N}$, 当 $j \geqslant j_0$ 时有

$$\int_{\Omega_j(a_\varepsilon,b_\varepsilon)} \frac{g(x,u_j)}{|u_j|} |v_j||v_j^+ - v_j^-| dx \leqslant \gamma \int_{\Omega_j(a_\varepsilon,b_\varepsilon)} |v_j||v_j^+ - v_j^-| dx$$
$$\leqslant \gamma \|v_j\|_{L^2} \left(\int_{\Omega_j(a_\varepsilon,b_\varepsilon)} |v_j|^2 dx \right)^{\frac{1}{2}} < \varepsilon. \qquad (4.1.24)$$

因此, 由 $(4.1.22)$—$(4.1.24)$ 知, 当 $j \geqslant j_0$ 时有

$$\int_{\mathbb{R}^n} \frac{g(x,u_j)(v_j^+ - v_j^-)}{\|u_j\|^2} dx < 3\varepsilon < 1,$$

这与 $(4.1.17)$ 矛盾. 这就完成了引理 4.1.19 的证明. ∎

下面的引理将更进一步地讨论 $(C)_c$-序列 $\{u_j\} \subset E$ 的性质. 由引理 4.1.19 知, $\{u_j\}$ 是有界的. 不失一般性, 可假设 $u_j \rightharpoonup u$. 显然, u 是 Φ 的临界点. 令 $u_j^1 = u_j - u$.

引理 4.1.20 在引理 4.1.15 的假设下, 当 $j \to \infty$ 时, 我们有

(1) $\Phi(u_j^1) \to c - \Phi(u)$;

(2) $\Phi'(u_j^1) \to 0$.

证明 如果 $g \in C^1$ 以及 $|g_u(x,u)| \leqslant c_1(1+|u|^{p-2})$, $(x,u) \in \mathbb{R}^n \times \mathbb{R}$, 其中 $c_1 > 0$ 是一个常数, $p \in (2,2^*)$. 则类似于 [36] 的讨论可得结论. 然而, 在我们的情形中, 正则性条件并不满足, 因此我们需要使用其他的方法. (1) 的证明类似于 (2) 且比 (2) 要简单, 因此我们仅仅证明 (2).

注意到, 对任意的 $\varphi \in E$,

$$\Phi'(u_j^1)\varphi = \Phi'(u_j)\varphi + \int_{\mathbb{R}^n} \left(g(x,u_j) - g(x,u_j^1) - g(x,u)\right)\varphi dx.$$

因为 $\Phi'(u_j) \to 0$, 它是充分地证明

$$\sup_{\|\varphi\| \leqslant 1} \left| \int_{\mathbb{R}^n} \left(g(x,u_j) - g(x,u_j^1) - g(x,u)\right)\varphi dx \right| \to 0. \tag{4.1.25}$$

由 (4.1.7), 我们能选取 $p \geqslant 2$ 使得对任意的 (x,u), 成立 $|g(x,u)| \leqslant |u| + C_1|u|^{p-1}$. 定义集合 $B_a := \{x \in \mathbb{R}^n : |x| \leqslant a\}$, 其中 $a > 0$. 存在子列 $\{u_{j_k}\}$ 使得, 对任意的 $\varepsilon > 0$, 存在 $r_\varepsilon > 0$, 当 $r \geqslant r_\varepsilon$ 时, 成立

$$\limsup_{k\to\infty} \int_{\mathbb{R}^n \setminus B_r} |u_{j_k}|^q dx \leqslant \varepsilon. \tag{4.1.26}$$

取光滑函数 $\eta : [0,\infty) \to [0,1]$ 且满足

$$\eta(t) = \begin{cases} 1, & \text{当 } t \leqslant 1, \\ 0, & \text{当 } t \geqslant 2. \end{cases}$$

定义 $\tilde{u}_k(x) = \eta(2|x|/k)u(x)$ 以及令 $h_k := u - \tilde{u}_k$. 则 $h_k \in H^2$ 且当 $k \to \infty$ 时满足

$$\|h_k\| \to 0, \quad \|h_k\|_{L^q} \to 0. \tag{4.1.27}$$

注意到, 对任意的 $\varphi \in E$,

$$\int_{\mathbb{R}^n} \left(g(x,u_{j_k}) - g(x,u_{j_k}^1) - g(x,u)\right)\varphi dx$$
$$= \int_{\mathbb{R}^n} \left(g(x,u_{j_k}) - g(x,u_{j_k} - \tilde{u}_k) - g(x,\tilde{u}_k)\right)\varphi dx$$
$$+ \int_{\mathbb{R}^n} \left(g(x,u_{j_k}^1 + h_k) - g(x,u_{j_k}^1)\right)\varphi dx + \int_{\mathbb{R}^n} \left(g(x,\tilde{u}_k) - g(x,u)\right)\varphi dx,$$

且由 (4.1.27) 得

$$\lim_{k \to \infty} \left| \int_{\mathbb{R}^n} \big(g(x, \tilde{u}_k) - g(x, u) \big) \varphi dx \right| = 0$$

关于 $\|\varphi\| \leqslant 1$ 是一致成立的. 为了证明 (4.1.25), 仍然需要证明

$$\lim_{k \to \infty} \left| \int_{\mathbb{R}^n} \big(g(x, u_{j_k}) - g(x, u_{j_k} - \tilde{u}_k) - g(x, \tilde{u}_k) \big) \varphi dx \right| = 0, \tag{4.1.28}$$

以及

$$\lim_{k \to \infty} \left| \int_{\mathbb{R}^n} \big(g(x, u_{j_k}^1 + h_k) - g(x, u_{j_k}^1) \big) \varphi dx \right| = 0 \tag{4.1.29}$$

关于 $\|\varphi\| \leqslant 1$ 是一致成立的. 定义 $f(x, 0) = 0$ 以及

$$f(x, u) = \frac{g(x, u)}{|u|}, \quad u \neq 0.$$

f 是连续的且关于 x_j 是 1-周期的. 对任意的 $a > 0$, 这就蕴含了 f 在 $\mathbb{R}^n \times I_a$ 上是一致连续的, 其中 $I_a := \{u \in \mathbb{R} : |u| \leqslant a\}$. 此外, $|f(x, u)| \leqslant c_1(1 + |u|^{p-2})$. 令

$$C_k^a := \{x \in \mathbb{R}^n : |u_{j_k}^1| \leqslant a\}, \quad D_k^a := \mathbb{R}^n \setminus C_k^a.$$

因为 $\{u_j^1\}$ 是有界的以及 $\|u_j^1\|_{L^2}^2 \leqslant C$, 当 $a \to \infty$ 时, 我们有

$$|D_k^a| \leqslant \frac{1}{a^p} \int_{D_k^a} |u_{j_k}^1|^p dx \leqslant \frac{C}{a^p} \to 0.$$

此外, 由 Hölder 不等式有

$$\left| \int_{D_k^a} \big(g(x, u_{j_k}^1 + h_k) - g(x, u_{j_k}^1) \big) \varphi dx \right|$$

$$\leqslant c_1 \int_{D_k^a} \big(|u_{j_k}^1| + |u_{j_k}^1|^{p-1} + |h_k| + ||h_k|^{p-1}) |\varphi| dx$$

$$\leqslant c_1 \big(|D_k^a|^{\frac{2^*-2}{2^*}} |u_{j_k}^1|_{2^*} |\varphi|_{2^*} + |D_k^a|^{\frac{2^*-p}{2^*}} |u_{j_k}^1|_{2^*}^{p-1} |\varphi|_{2^*} \big)$$

$$+ c_1 \big(|D_k^a|^{\frac{2^*-2}{2^*}} |u_{j_k}^1|_{2^*} |\varphi|_{2^*} + |D_k^a|^{\frac{2^*-p}{2^*}} \big) \|\varphi\|.$$

对任意的 $\varepsilon > 0$, 存在 $\hat{a} > 0$ 使得

$$\left| \int_{D_k^a} \big(g(x, u_{j_k}^1 + h_k) - g(x, u_{j_k}^1) \big) \varphi dx \right| \leqslant \varepsilon \tag{4.1.30}$$

关于 $\|\varphi\| \leqslant 1$ 以及 $n \in \mathbb{N}$ 是一致成立的. 由 f 在 $\mathbb{R}^N \times I_{\hat{a}}$ 上是一致连续的, 存

在 $\delta > 0$ 使得对任意 $(x, u) \in \mathbb{R}^n \times I_{\hat{a}}$ 以及 $|h| \leqslant \delta$, 成立

$$|f(x, u + h) - f(x, u)| < \varepsilon.$$

令

$$V_k^{\delta} := \{x \in \mathbb{R}^n : |h_k(x)| \leqslant \delta\}, \quad W_k^{\delta} := \mathbb{R}^n \setminus V_k^{\delta}.$$

显然, 当 $k \to \infty$ 时

$$|W_k^{\delta}| \leqslant \frac{1}{\delta^2} \int_{W_k^{\delta}} |h_k|^2 dx \leqslant \frac{1}{\delta^2} |h_k|_2^2 \to 0.$$

因为 $|C_k^{\hat{a}} \cap W_k^{\delta}| \leqslant |W_k^{\delta}| \to 0$, 则由 Hölder 不等式, 存在 k_0, 当 $k \geqslant k_0$ 时有

$$\left| \int_{C_k^{\hat{a}} \cap W_k^{\delta}} (g(x, u_{j_k}^1 + h_k) - g(x, u_{j_k}^1)) \varphi dx \right| \leqslant \varepsilon$$

关于 $\|\varphi\| \leqslant 1$ 是一致成立的. 此外, 对所有的 $x \in C_k^{\hat{a}} \cap V_k^{\delta}$, 成立

$$|f(x, u_{j_k}^1 + h_k) - f(x, u_{j_k}^1)| < \varepsilon.$$

注意到

$$\left(g(x, u_{j_k}^1 + h_k) - g(x, u_{j_k}^1)\right) \varphi$$

$$= f(x, u_{j_k}^1 + h_k)\left(|u_{j_k}^1 + h_k| - |u_{j_k}^1|\right)\varphi + \left(f(x, u_{j_k}^1 + h_k) - f(x, u_{j_k}^1)\right)|u_{j_k}^1|\varphi$$

且由 (4.1.27), 存在 $k_1 \geqslant k_0$, 当 $k \geqslant k_1$ 时有 $\|h_k\|_{L^p} < \varepsilon$. 因此, 对任意的 $\|\varphi\| \leqslant 1$ 以及 $k \geqslant k_1$, 有

$$\left| \int_{C_k^{\hat{a}} \cap W_k^{\delta}} (g(x, u_{j_k}^1 + h_k) - g(x, u_{j_k}^1)) \varphi dx \right|$$

$$\leqslant \int_{C_k^{\hat{a}} \cap W_k^{\delta}} c_1(1 + |u_{j_k}^1 + h_k|^{p-2})|h_k||\varphi| dx + \varepsilon \int_{C_k^{\hat{a}} \cap W_k^{\delta}} |u_{j_k}^1||\varphi| dx$$

$$\leqslant c_2 \|h_k\|_{L^2} \|\varphi\|_{L^2} + c_2 \|u_{j_k}^1 + h_k\|_{L^p}^{p-2} \|h_k\|_{L^p} \|\varphi\|_{L^p} + \varepsilon \|u_{j_k}^1\|_{L^2} \|\varphi\|_{L^2}$$

$$\leqslant c_3 \varepsilon.$$

因为 $C_k^{\hat{a}} = (C_k^{\hat{a}} \cap V_k^{\delta}) \cup (C_k^{\hat{a}} \cap W_k^{\delta})$, 上面的估计式蕴含了当 $k \geqslant k_1$ 时

$$\left| \int_{C_k^{\hat{a}}} (g(x, u_{j_k}^1 + h_k) - g(x, u_{j_k}^1)) \varphi dx \right| \leqslant (c_3 + 1)\varepsilon$$

关于 $\|\varphi\| \leqslant 1$ 是一致成立的. 结合 (4.1.30) 可得, 当 $k \geqslant k_1$ 时

$$\sup_{\|\varphi\| \leqslant 1} \left| \int_{C_k^{\bar{a}}} \left(g(x, u_{j_k}^1 + h_k) - g(x, u_{j_k}^1) \right) \varphi dx \right| \leqslant c_4 \varepsilon,$$

这就完成了 (4.1.29) 的证明. ∎

令 $\mathcal{K} := \{u \in E \setminus \{0\} : \Phi'(u) = 0\}$ 为 Φ 的非平凡临界点集.

引理 4.1.21 在引理 4.1.15 的假设下, 则

(a) $\nu := \inf\{\|u\| : u \in \mathcal{K}\} > 0$;

(b) $\theta := \inf\{\Phi(u) : u \in \mathcal{K}\} > 0$, 其中在渐近线性情形下还需满足: 存在 $\delta > 0$ 使得当 $0 < |z| \leqslant \delta$ 时, $\tilde{G}(t, z) > 0$.

证明 (a) 假设存在序列 $\{u_j\} \subset \mathcal{K}$ 且 $u_j \to 0$. 则

$$0 = \|u_j\|^2 - \int_{\mathbb{R}^n} g(x, u_j)(u_j^+ - u_j^-) dx.$$

由 (4.1.7), $p > 2$ 以及 $\varepsilon > 0$ 充分小, 我们有

$$\|u_j\|^2 \leqslant \varepsilon \|u_j\|_{L^2}^2 + C_\varepsilon \|u_j\|_{L^p}^p,$$

这就蕴含了 $\|u_j\|^2 \leqslant c_1 \|u_j\|^p$, 因此 $\|u_j\|^{2-p} \leqslant c_1$, 这与假设矛盾.

(b) 假设存在序列 $\{u_j\} \subset \mathcal{K}$ 使得 $\Phi(u_j) \to 0$. 则

$$\|u_j\|^2 = \int_{\mathbb{R}^n} g(x, u_j)(u_j^+ - u_j^-) dx, \qquad (4.1.31)$$

以及

$$o(1) = \Phi(u_j) = \Phi(u_j) - \frac{1}{2}\Phi'(u_j)u_j = \int_{\mathbb{R}^n} \tilde{G}(x, u_j) dx. \qquad (4.1.32)$$

显然, $\{u_j\}$ 是 $(C)_0$-序列, 从而由引理 4.1.19 知 $\{u_j\}$ 是有界的. 此外, 由 (a) 知, $\|u_j\| \geqslant \nu$.

首先我们考虑渐近线性情形. 从 (4.1.7) 以及 (4.1.31) 知, $\{u_j\}$ 是非消失的. 因为 Φ 是 $\mathbb{Z}^n$ 不变的, 我们能够假设 $u_j \rightharpoonup u \in \mathcal{K}$. 由 g 的假设知 $G(x, u) \geqslant 0$ 以及 $\tilde{G}(x, u) \geqslant 0$, 从而 $g(x, u) = 0$. 这就蕴含了 u 是算子 A 的特征函数, 这与算子 A 只有连续谱矛盾.

接下来我们考虑超线性情形. 由 (4.1.32) 以及引理 4.1.19 的证明过程知, 对任意的 $0 < a < b, s \in (2, 2^*)$, 当 $j \to \infty$ 时, 成立 $\int_{\Omega_j(a,b)} |u_j|^2 dx \to 0$ 以及 $\int_{\Omega_j(b,\infty)} |u_j|^s dx \to 0$. 因此, 从 (4.1.7) 以及 (4.1.31) 知, 对任意的 $\varepsilon > 0$, 成立

$$\limsup_{j\to\infty}\|u_j\|^2 \leqslant \varepsilon,$$

这与 (a) 矛盾. ∎

令 $[r]$ 表示 $r \in \mathbb{R}$ 的整数部分. 由引理 4.1.19 — 引理 4.1.21, 我们有下面的引理 (参见 [36, 104]).

引理 4.1.22 在引理 4.1.15 的假设下, 设 $\{u_j\}$ 是 $(C)_c$-序列, 则下面结论之一成立:

(i) $u_j \to 0$(从而 $c = 0$);

(ii) $c \geqslant \theta$ 且存在正整数 $\ell \leqslant \left[\dfrac{c}{\theta}\right]$, 点列 $\bar{u}_1, \cdots, \bar{u}_\ell \in \mathcal{K}$, $\{u_j\}$ 的子列 (仍然表示为 $\{u_j\}$) 以及序列 $\{a_j^i\} \subset \mathbb{Z}^n$, 使得当 $j \to \infty$ 时

$$\left\|u_j - \sum_{i=1}^{\ell}(a_j^i * \bar{u}_i)\right\| \to 0,$$

$$|u_j^i - u_j^k| \to \infty \quad (i \neq k),$$

以及

$$\sum_{i=1}^{\ell}\Phi(\bar{u}_i) = c.$$

现在证明我们的主要结论. 为了把泛函 Φ 应用到第 3 章中针对强不定问题的临界点定理, 我们选取 $X = E^-$ 以及 $Y = E^+$. 因为 X 是可分的和自反的, 我们选取 $\mathcal{S}$ 为 X^* 的可数稠密子集.

定理 4.1.10 和定理 4.1.11 的证明 (存在性) 取 $X = E^-, Y = E^+$. 由引理 4.1.15 可知条件 (Φ_0) 成立. 由 Φ 的形式可知条件 (Φ_+) 也成立. 此外, 引理 4.1.16 以及引理 4.1.18 表明了泛函具有环绕结构. 因此, Φ 存在 $(C)_c$- 序列 $\{u_k\}$, 其中 $\kappa \leqslant c \leqslant \sup\Phi(Q) < \infty$, Q 由引理 4.1.18 中给出. 由引理 4.1.19 知序列 $\{u_k\}$ 是有界的. 因此, $\Phi'(u_k) \to 0$. 由标准的讨论知, $\{z_k\}$ 是非消失序列 (参见 [106]), 也就是对 $r, \eta > 0$, 存在 $\{a_k\} \subset \mathbb{Z}^n$ 使得

$$\limsup_{k\to\infty}\int_{D(a_k,r)}|z_k|^2 dx \geqslant \eta,$$

其中 $D(a_k, r)$ 表示在 $\mathbb{R}^n$ 上中心在 a_k、半径为 r 的球. 令 $w_k := a_k * u_k$. 由范数以及泛函在 $\mathbb{Z}$-作用的不变性可得 $\|w_k\| = \|u_k\| \leqslant C$ 以及

$$\Phi(w_k) \to c \geqslant \kappa, \quad \Phi'(w_n) \to 0.$$

因此在 E 中 $w_k \rightharpoonup w$, $w \neq 0$ 且 $\Phi'(w) = 0$, 也就是 w 是 (NLS) 的非平凡解. 从而定理 4.1.10 及定理 4.1.11 的存在性部分得证.

(多重性) 通过反证, 也就是假设

$$\mathcal{K}/\mathbb{Z}^n \text{ 是有限集}, \tag{†}$$

我们将证明 Φ 有一个无界的临界值序列, 这就导出矛盾.

假设 $g(x, -u) = g(x, u), (x, u) \in \mathbb{R}^n \times \mathbb{R}$. 则 $\Phi(0) = 0$ 且 Φ 是偶的, 也就是 (Φ_1) 满足. (Φ_2) 可由引理 4.1.16 得到. 回忆 $\dim(Y_0) = \infty$. 令 $\{f_k\}$ 是 Y_0 的基且 $Y_k := \mathrm{span}\{f_1, \cdots, f_k\}, E_k := E^- \oplus Y_k$. 条件 (Φ_4) 可由引理 4.1.17 得到.

给定 $\ell \in \mathbb{N}$ 以及有限集 $\mathcal{B} \subset E$, 令

$$[\mathcal{B}, \ell] := \left\{ \sum_{i=1}^{\ell} (a_i * u_i) : 1 \leqslant j \leqslant l, a_i \in \mathbb{Z}^n, u_i \in \mathcal{B} \right\}.$$

从文献 [36] 的讨论我们有

$$\inf\{\|u - u'\| : u, u' \in [\mathcal{B}, \ell], u \neq u'\} > 0. \tag{4.1.33}$$

令 $\mathcal{F}$ 表示任意选取轨道的代表元. 则 (†) 蕴含了 $\mathcal{F}$ 是有限集. 因为 Φ' 是奇的, 我们可假设 $\mathcal{F}$ 是对称的. 注意到, 在引理 4.1.22 中的点 $\bar{u}_i$ 能够被选取属于 $\mathcal{F}$. 对任意的紧区间 $I \Subset (0, \infty)$, 定义 $b := \max I$ 且令 $\mathscr{A} = [\mathcal{F}, \ell]$, 则 $P^+\mathscr{A} = [P^+\mathcal{F}, \ell]$. 显然地, $P^+\mathcal{F}$ 是有限集且对任意的 $u \in \mathscr{A}$ 有

$$\|u\| \leqslant \ell \max\{\|\bar{u}\| : \bar{u} \in \mathcal{F}\},$$

也就是 $\mathscr{A}$ 是有界的. 此外, 由引理 4.1.22 知 $\mathscr{A}$ 是 $(C)_I$-吸引集, 以及由 (4.1.33) 有

$$\inf\{\|u_1^+ - u_2^+\| : u_1, u_2 \in \mathscr{A}, u_1^+ \neq u_2^+\}$$
$$= \inf\{\|u - u'\| : u, u' \in P^+\mathscr{A}, u \neq u'\} > 0.$$

以上的讨论表明了 Φ 拥有下面的性质: 若 (†) 是真的, 则对任意的紧区间 $I \Subset (0, \infty)$, 存在 $(C)_I$-吸引集 $\mathscr{A}$ 满足 $P^+\mathscr{A}$ 是有界的以及 $\inf\{\|u_1^+ - u_2^+\| : u_1, u_2 \in \mathscr{A}, u_1^+ \neq u_2^+\} > 0$. 因此条件 (Φ_1) 得以验证. 从而应用定理 2.3.17 可得多重性部分的证明. ∎

4.1.4　非线性 Schrödinger 系统半经典解

本节的内容来源于 [55]. 我们研究下面扰动 Hamilton 系统型 Schrödinger 方程半经典解的存在性和多重性

$$\begin{cases} -\varepsilon^2\Delta\varphi + \alpha(x)\varphi = \beta(x)\psi + F_\psi(x,\varphi,\psi), \\ -\varepsilon^2\Delta\psi + \alpha(x)\psi = \beta(x)\varphi + F_\varphi(x,\varphi,\psi), \\ w := (\varphi,\psi) \in H^1(\mathbb{R}^n,\mathbb{R}^2), \end{cases}$$

其中 α,β 在 $\mathbb{R}^n$ 上是连续的且 $F: \mathbb{R}^n \times \mathbb{R}^2 \to \mathbb{R}$ 是 $\mathcal{C}^1$ 的, $n \geqslant 3$. 令

$$\mathscr{J} = \begin{pmatrix} 0 & 1 \\ 1 & 0 \end{pmatrix}, \quad \tilde{F}(x,w) = \frac{1}{2}\beta(x)|w|^2 + F(x,w),$$

则这个系统可变为下面的形式

$$-\varepsilon^2\Delta w + \alpha(x)w = \mathscr{J}\tilde{F}_w(x,w), \quad w \in H^1(\mathbb{R}^n,\mathbb{R}^2),$$

上面的方程能够被看作下面非线性向量 Schrödinger 方程的稳态系统

$$i\hbar\frac{\partial\phi}{\partial t} = -\frac{\hbar^2}{2m}\Delta\phi + \gamma(x)\phi - \mathscr{J}f(x,|\phi|)\phi,$$

其中 $\phi(x,t) = w(x)e^{-\frac{iEt}{\hbar}}, \alpha(x) = \gamma(x) - E, \varepsilon^2 = \dfrac{\hbar^2}{2m}$, 以及 $\tilde{F}_w(x,w) = f(x,|w|)w$.

我们假设 $\alpha(x),\beta(x)$ 满足下面的条件:

(A_0) 对所有的 $x \in \mathbb{R}^n$ 成立 $|\beta(x)| \leqslant \alpha(x)$ 且存在 $x_0 \in \mathbb{R}^n$ 使得 $\alpha(x_0) = \beta(x_0)$, 以及存在 $b > 0$ 使得集合 $\{x \in \mathbb{R}^n : \alpha(x) - |\beta(x)| < b\}$ 为有限测度.

对于非线性项, 我们考虑两种情形: 次临界超线性和临界超线性.

首先我们考虑次临界问题. 为了符号一致, 我们使用 $G(x,w)$ 而不用 $F(x,w)$ 且把系统重新写为

$$\begin{cases} -\varepsilon^2\Delta\varphi + \alpha(x)\varphi - \beta(x)\psi = G_\psi(x,w), \\ -\varepsilon^2\Delta\psi + \alpha(x)\psi - \beta(x)\varphi = G_\varphi(x,w), \\ w := (\varphi,\psi) \in H^1(\mathbb{R}^n,\mathbb{R}^2). \end{cases} \tag{P}$$

我们假设

(G_0) (g_1) $G \in \mathcal{C}^1(\mathbb{R}^n \times \mathbb{R}^2)$ 且 $\lim\limits_{w\to 0}\dfrac{G_w(x,w)}{w} = 0$ 关于 x 是一致的;

(g_2) 存在 $c_0 > 0$ 以及 $\nu > \dfrac{2n}{n+2}$ 使得对所有的 (x,w), 都有 $|G_w(x,w)|^\nu \leqslant c_0(1 + G_w(x,w)w)$;

(g_3) 存在 $a_0 > 0, p > 2$ 以及 $\mu > 2$ 使得对所有的 (x,w), 都有 $G(x,w) \geqslant a_0|w|^p, \mu G(x,w) \leqslant G_w(x,w)w$.

注意到, 令 $q := \dfrac{\nu}{\nu - 1}$, 则由 ($g_2$) 我们有 $q < 2^*$ 且 $|G_w(x,w)| \leqslant c_1(1 + |w|^{q-1})$. 因此 $G(x,w)$ 是次临界的. 对于 (P) 的解 $w_\varepsilon = (\varphi_\varepsilon, \psi_\varepsilon)$, 它的能量泛函表示为

$$E(w_\varepsilon) := \int_{\mathbb{R}^n} \left(\varepsilon^2 \nabla\varphi_\varepsilon \nabla\psi_\varepsilon + \alpha(x)\varphi_\varepsilon\psi_\varepsilon\right)dx - \int_{\mathbb{R}^N} \left(\frac{1}{2}\beta(x)|w_\varepsilon|^2 + G(x,w_\varepsilon)\right)dx.$$

根据 [56] 中的结论, 我们有

定理 4.1.23 设 (A_0) 以及 (G_0) 成立, 则

(1) 对任意的 $\sigma > 0$, 存在 $\mathcal{E}_\sigma > 0$ 使得当 $\varepsilon \leqslant \mathcal{E}_\sigma$ 时, (P) 至少有一个非平凡解 ω_ε 且满足 (i) $\displaystyle\int_{\mathbb{R}^n} G(x,\omega_\varepsilon)dx \leqslant \frac{2\sigma}{\mu - 2}\varepsilon^n$ 和 (ii) $0 < E(\omega_\varepsilon) \leqslant \sigma\varepsilon^n$.

(2) 另外, 如果 $G(x,w)$ 关于 w 是偶的, 则对任意的 $m \in \mathbb{N}$ 以及 $\sigma > 0$, 存在 $\mathcal{E}_{m\sigma} > 0$ 使得当 $\varepsilon \leqslant \mathcal{E}_{m\sigma}$ 时, (P) 至少有 m 对解 ω_ε 且满足估计式 (i) 和 (ii).

接下来我们考虑临界问题:

$$\begin{cases} -\varepsilon^2\Delta\varphi + \alpha(x)\varphi - \beta(x)\psi = G_\psi(x,w) + K(x)|w|^{2^*-2}\psi, \\ -\varepsilon^2\Delta\psi + \alpha(x)\psi - \beta(x)\varphi = G_\varphi(x,w) + K(x)|w|^{2^*-2}\varphi, \\ w := (\varphi,\psi) \in H^1(\mathbb{R}^n, \mathbb{R}^2). \end{cases} \quad (Q)$$

假设 $K(x)$ 是有界的, 也就是

(K_0) $K \in \mathcal{C}(\mathbb{R}^n), 0 < \inf K \leqslant \sup K < \infty$.

问题 (Q) 的解 $w_\varepsilon = (\varphi_\varepsilon, \psi_\varepsilon)$ 的能量表示为

$$\begin{aligned} E(w_\varepsilon) := &\int_{\mathbb{R}^n} \left(\varepsilon^2 \nabla\varphi_\varepsilon \nabla\psi_\varepsilon + \alpha(x)\varphi_\varepsilon\psi_\varepsilon\right)dx \\ &- \int_{\mathbb{R}^n} \left(\frac{1}{2}\beta(x)|w_\varepsilon|^2 + G(x,w_\varepsilon) + \frac{1}{2^*}K(x)|w_\varepsilon|^{2^*}\right)dx. \end{aligned}$$

根据 [56] 中的结论, 我们有

定理 4.1.24 设 (A_0),(K_0) 以及 (G_0) 成立, 则对于问题 (Q), 定理 4.1.23 的结论 (1) 和 (2) 也成立, 其中 (i) 被替换为

$$\frac{\mu-2}{2}\int_{\mathbb{R}^n}G(x,w_\varepsilon)dx+\frac{1}{n}\int_{\mathbb{R}^n}K(x)|w_\varepsilon|^{2^*}dx\leqslant\sigma\varepsilon^n.$$

等价的变分问题

令

$$u=\frac{\varphi+\psi}{2},\quad v=\frac{\varphi-\psi}{2},\quad z=(u,v),$$

$$V(x)=\alpha(x)-\beta(x),\quad W=\alpha(x)+\beta(x),$$

以及

$$H(x,z)=H(x,u,v)=\frac{1}{2}G\left(x,\frac{u+v}{2},\frac{u-v}{2}\right).$$

则问题 (P) 变为

$$\begin{cases}-\varepsilon^2\Delta u+V(x)\varphi=H_u(x,z),\\ -\varepsilon^2\Delta v+W(x)\varphi=-H_v(x,z),\\ z=(u,v)\in H^1(\mathbb{R}^n,\mathbb{R}^2),\end{cases}\tag{P1}$$

以及问题 (Q) 变为

$$\begin{cases}-\varepsilon^2\Delta u+V(x)\varphi=H_u(x,z)+K(x)|z|^{2^*-2}u,\\ -\varepsilon^2\Delta v+W(x)\varphi=-\big(H_v(x,z)+K(x)|z|^{2^*-2}v\big),\\ z=(u,v)\in H^1(\mathbb{R}^n,\mathbb{R}^2).\end{cases}\tag{Q1}$$

条件 (A_0) 蕴含了 V 和 K 满足

(V_0) $V(x_0)=\min V=0$ 以及集合 $\{x\in\mathbb{R}^n:V(x)<b\}$ 为有限测度;

(W_0) $W\geqslant 0$ 以及集合 $\{x\in\mathbb{R}^n:W(x)<b\}$ 为有限测度.

条件 (G_0) 蕴含了 $H(x,z)$ 满足

(H_0) (h_1) $\lim\limits_{z\to0}\dfrac{H_z(x,z)}{z}=0$ 关于 x 是一致成立的;

(h_2) 存在 $c_0>0$ 以及 $\nu>\dfrac{2n}{n+2}$ 使得对所有的 (x,z), 都有 $|H_z(x,z)|^\nu\leqslant c_0(1+H_z(x,z)z)$;

(h_3) 存在 $a_0>0,p>2$ 以及 $\mu>2$ 使得对所有的 (x,z), 都有 $H(x,z)\geqslant a_0|z|^p,\mu H(x,z)\leqslant H_z(x,z)z$.

令 $\lambda=\varepsilon^{-2}$, 则 (P1) 等价于

$$\begin{cases} -\Delta u + \lambda V(x)\varphi = \lambda H_u(x,z), \\ -\Delta v + \lambda W(x)\varphi = -\lambda H_v(x,z), \\ z = (u,v) \in H^1(\mathbb{R}^n, \mathbb{R}^2), \end{cases} \tag{P2}$$

且 (Q1) 等价于

$$\begin{cases} -\Delta u + \lambda V(x)\varphi = \lambda\big(H_u(x,z) + K(x)|z|^{2^*-2}u\big), \\ -\Delta v + \lambda W(x)\varphi = -\lambda\big(H_v(x,z) + K(x)|z|^{2^*-2}v\big), \\ z = (u,v) \in H^1(\mathbb{R}^n, \mathbb{R}^2). \end{cases} \tag{Q2}$$

问题 (P2) 解 $z_\lambda = (u_\lambda, v_\lambda)$ 的能量表示为

$$E(z_\lambda) = \frac{1}{2}\int_{\mathbb{R}^n}\big(|\nabla u_\lambda|^2 + \lambda V(x)|u_\lambda|^2\big)dx - \int_{\mathbb{R}^n}\big(|\nabla v_\lambda|^2 + \lambda V(x)|v_\lambda|^2\big)dx$$
$$- \lambda\int_{\mathbb{R}^n} H(x,z_\lambda)dx.$$

相似地, 问题 (Q2) 解 $z_\lambda = (u_\lambda, v_\lambda)$ 的能量表示为

$$E(z_\lambda) = \frac{1}{2}\int_{\mathbb{R}^n}\big(|\nabla u_\lambda|^2 + \lambda V(x)|u_\lambda|^2\big)dx - \int_{\mathbb{R}^n}\big(|\nabla v_\lambda|^2 + \lambda V(x)|v_\lambda|^2\big)dx$$
$$- \lambda\int_{\mathbb{R}^n}\big(H(x,z_\lambda) + \frac{1}{2^*}K(x)|z_\lambda|^{2^*}\big)dx.$$

定理 4.1.25 设 (V_0), (W_0) 以及 (H_0) 成立, 则

(1) 对任意的 $\sigma > 0$, 存在 $\Lambda_\sigma > 0$ 使得当 $\lambda \geqslant \Lambda_\sigma$ 时, (P2) 至少有一个非平凡解 z_λ 且满足 (i) $\int_{\mathbb{R}^n} H(x,z_\lambda)dx \leqslant \frac{2\sigma}{\mu-2}\lambda^{-\frac{n}{2}}$ 和 (ii) $0 < E(z_\lambda) \leqslant \sigma\lambda^{1-\frac{n}{2}}$.

(2) 另外, 如果 $H(x,z)$ 关于 z 是偶的, 则对任意的 $m \in \mathbb{N}$ 以及 $\sigma > 0$, 存在 $\Lambda_{m\sigma} > 0$ 使得当 $\lambda \geqslant \Lambda_{m\sigma}$ 时, (P2) 至少有 m 对解 z_λ 且满足估计式 (i) 和 (ii).

定理 4.1.26 设 (V_0), (W_0), (H_0) 以及 (K_0) 成立, 则对于问题 (Q2), 定理 4.1.25 的结论 (1) 和 (2) 也成立, 其中 (i) 被替换为

$$\frac{\mu-2}{2}\int_{\mathbb{R}^n} H(x,z_\lambda)dx + \frac{1}{n}\int_{\mathbb{R}^n} K(x)|z_\lambda|^{2^*}dx \leqslant \sigma\lambda^{-\frac{n}{2}}.$$

为了证明上面的定理, 我们引入子空间

$$E_+ := \Big\{u \in H^1(\mathbb{R}^n) : \int_{\mathbb{R}^n} V(x)u^2dx < \infty\Big\},$$

这是一个 Hilbert 空间且赋予内积

$$(u_1, u_2)_+ := \int_{\mathbb{R}^n} (\nabla u_1 \nabla u_2 + V(x)u_1 u_2)dx,$$

以及范数 $\|u\|_+^2 = (u, u)_+$. 由 (V_0) 可知 E_+ 连续嵌入到 $H^1(\mathbb{R}^n)$. 注意到, 范数 $\|\cdot\|_+$ 等价于由下面的内积诱导的范数 $\|\cdot\|_{+\lambda}$:

$$(u_1, u_2)_{+\lambda} := \int_{\mathbb{R}^n} (\nabla u_1 \nabla u_2 + \lambda V(x)u_1 u_2)dx,$$

其中 $\lambda > 0$. 显然, 对每一个 $s \in [2, 2^*]$, 存在与 λ 无关的常数 $\gamma_s > 0$, 使得当 $\lambda \geqslant 1$ 时有

$$\|u\|_{L^s} \leqslant \gamma_s \|u\|_+ \leqslant \gamma_s \|u\|_{+\lambda}, \quad u \in E_+.$$

令 $A_\lambda := -\Delta + \lambda V$ 表示在 $L^2(\mathbb{R}^n)$ 上的自伴算子. $\sigma(A_\lambda)$, $\sigma_e(A_\lambda)$, $\sigma_d(A_\lambda)$ 分别表示算子 A_λ 的谱、本质谱以及在 $\lambda_e := \inf \sigma_e(A_\lambda)$ 之下的特征值. 可能会出现 $\lambda_e = \infty$, 从而 $\sigma(A_\lambda) = \sigma_d(A_\lambda)$, 例如, 如果当 $|x| \to \infty$ 时, $V(x) \to \infty$.

引理 4.1.27 设 (V_0) 成立, 则 $\lambda_e \geqslant \lambda b$.

证明 令 $V_\lambda(x) = \lambda(V(x) - b)$, $V_\lambda^\pm = \max\{\pm V_\lambda, 0\}$ 以及 $D_\lambda = -\Delta + \lambda b + V_\lambda^+$. 由 (V_0) 知, 多重算子 V_λ^- 相对于 D_λ 是紧算子, 因此, 由引理 2.2.26 知

$$\sigma_e(A_\lambda) = \sigma_e(D_\lambda) \subset [\lambda b, \infty).$$

这就完成了引理的证明.   ■

令 k_λ 为特征值的个数. 记 η_{λ_i} 和 $f_{\lambda_i}(1 \leqslant i \leqslant k_i)$ 分别是特征值和特征函数. 令

$$L_\lambda^d := \text{span}\{f_{\lambda_1}, \cdots, f_{\lambda_{k_\lambda}}\}.$$

我们有直和分解

$$L^2(\mathbb{R}^n) = L_\lambda^d \oplus L_\lambda^e, \quad u = u^d + u^e.$$

因此, E_+ 有分解

$$E_+ = E_{+\lambda}^d \oplus E_{+\lambda}^e, \quad \text{其中 } E_{+\lambda}^d = L_\lambda^d, \ E_{+\lambda}^e = E_+ \cap L_\lambda^e$$

且关于内积 $(\cdot, \cdot)_{L^2}$ 和 $(\cdot, \cdot)_{+\lambda}$ 是正交的.

令 S 表示最佳嵌入常数: $S\|u\|_{L^{2^*}}^2 \leqslant \int_{\mathbb{R}^n} |\nabla u|^2$, 显然, 对任意的 $u \in E$, 我

们有

$$S\|u\|_{L^{2^*}}^2 \leqslant \|u\|_{+\lambda}^2.$$

由引理 4.1.27, 对任意的 $u \in E_{+\lambda}^e$, 可知

$$\|u\|_{L^2}^2 \leqslant \frac{1}{\lambda b}\|u\|_{+\lambda}^2,$$

结合插值不等式, 对每一个 $s \in [2, 2^*]$, 我们有

$$\|u\|_{L^s}^s \leqslant a_s \lambda^{\frac{s-2^*}{2^*-2}}\|u\|_{+\lambda}^s, \quad u \in E_{+\lambda}^e, \tag{4.1.34}$$

其中 a_s 是与 λ 无关的常数.

类似地, 用 $W(x)$ 代替 $V(x)$, 定义 Hilbert 空间 E_-、内积 $(\cdot,\cdot)_-$, 以及 $(\cdot,\cdot)_{-\lambda}$ 且有分解 $E_- = E_{-\lambda}^d \oplus E_{-\lambda}^e$.

令

$$E := E_+ \times E_-$$

且记 $z = (u,v) \in E$, $z^+ = (u,0)$, $z^- = (0,v)$. 在 E 上的内积表示为

$$(z_1, z_2) = (u_1, u_2)_+ + (v_1, v_2)_-,$$

以及范数为

$$\|z\|^2 = \|u\|_+^2 + \|v\|_-^2.$$

在 E 上有等价范数

$$\|z\|_\lambda^2 = \|u\|_{+\lambda}^2 + \|v\|_{-\lambda}^2.$$

E 有直和分解

$$E = E_\lambda^d \oplus E_\lambda^e, \quad \text{其中 } E_\lambda^d = E_{+\lambda}^d \times E_{-\lambda}^d, \ E_\lambda^e = E_{+\lambda}^e \times E_{-\lambda}^e.$$

对于 $z = (u,v) \in E$, 记 $z = z^d + z^e$, 其中 $z^d = (u^d, v^d), z^e = (u^e, v^e)$. 注意到, $\dim E_\lambda^d < \infty$. 由 (4.1.34), 对每一个 $s \in [2, 2^*]$, 我们有

$$|z|_2^2 \leqslant \frac{1}{\lambda b}\|z\|_{+\lambda}^2, \quad |z|_s^s \leqslant a_s \lambda^{\frac{s-2^*}{2^*-2}}\|z\|_{+\lambda}^s, \quad z \in E_\lambda^e, \tag{4.1.35}$$

其中 a_s 是与 λ 无关的常数.

对 $z = (u,v) \in E$, 定义泛函

$$\Phi_\lambda(z) = \frac{1}{2} \int_{\mathbb{R}^n} \left((|\nabla u|^2 + \lambda V(x)u^2) \right.$$

$$\left. - (|\nabla v|^2 + \lambda W(x)\lambda v^2) \right) dx - \lambda \int_{\mathbb{R}^n} H(x,z) dx$$

$$= \frac{1}{2}\|u\|_{+\lambda}^2 - \frac{1}{2}\|v\|_{-\lambda}^2 - \lambda \int_{\mathbb{R}^n} H(x,z) dx.$$

由假设 (A_0) 以及 (H_0), $\Phi_\lambda \in \mathcal{C}^1(E,\mathbb{R})$ 且 Φ_λ 的临界点对应于 (P2) 的解.

类似地, 考虑泛函

$$\Psi_\lambda(z) = \frac{1}{2} \int_{\mathbb{R}^n} \left((|\nabla u|^2 + \lambda V(x)u^2) - (|\nabla v|^2 + \lambda W(x)\lambda v^2) \right) dx$$

$$- \lambda \int_{\mathbb{R}^n} \left(H(x,z) + \frac{K(x)}{2^*}|z|^{2^*} \right) dx$$

$$= \frac{1}{2}\|u\|_{+\lambda}^2 - \frac{1}{2}\|v\|_{-\lambda}^2 - \lambda \int_{\mathbb{R}^n} \left(H(x,z) + \frac{K(x)}{2^*}|z|^{2^*} \right) dx.$$

则 $\Psi_\lambda \in \mathcal{C}^1(E,\mathbb{R})$ 且 Ψ_λ 的临界点对应于 (Q2) 的解.

首先我们不难证明下面的引理成立.

引理 4.1.28　令 f_λ 代表 Φ_λ 或 Ψ_λ. 则

(1°) f_λ 是弱序列上半连续的且 f_λ' 是弱序列连续的. 此外, 存在 $\varsigma > 0$ 使得对任意的 $c > 0$, 有 $\|z\|_\lambda \leqslant \varsigma\|u\|_\lambda$, $z \in (f_\lambda)_c$.

(2°) 对每一个 $\lambda \geqslant 1$, 存在 $\rho_\lambda > 0$ 使得 $\kappa_\lambda := \inf \Psi_\lambda(S_{\rho_\lambda} E_+) > 0$, 其中 $S_{\rho_\lambda} = \{z \in E_+ : \|z\|_\lambda = \rho_\lambda\}$.

(3°) 对任意 $e \in E_+$, 存在 $R > \rho_\lambda$ 使得 $(\Psi_\lambda)|_{\partial Q} \leqslant 0$, 其中 $Q := \{z = (se_1, v) : v \in E_-, s \geqslant 0, \|z\|_\lambda \leqslant R\}$.

(4°) 对任意有限维子空间 $F \subset E_+$, 存在 $R_F > \rho_\lambda$ 使得对任意的 $u \in F \times E_- \setminus B_{R_F}$, 成立 $\Psi_\lambda(u) < \inf \Psi_\lambda(B_{\rho_\lambda} \cap E_+)$.

(5°) f_λ 任意的 $(C)_c$-序列是有界的且 $c \geqslant 0$.

下面我们将处理次临界问题 (P2), 因此考虑泛函 Φ_λ.

注意到, 由 (H_0), 对 $|z|$ 充分大时, 有 $c_1|z|^p \leqslant H(x,z) \leqslant c_2|z|^q$, 其中 $q = \dfrac{\nu}{\nu-1}$. 因为 $p > 2$, 得 $\nu \leqslant \dfrac{p}{p-1} < 2$. 令 $\tau = \dfrac{\nu}{2-\nu}$. 则对任意的 $\delta > 0$, 存在 $\rho_\delta > 0$ 以及 $c_\delta > 0$, 使得

当 $|z| \leqslant \rho_\delta$ 时, $\dfrac{|H_z(x,z)|}{|z|} \leqslant \delta$; 当 $|z| \geqslant \rho_\delta$ 时, $\dfrac{|H_z(x,z)|^\tau}{|z|^\tau} \leqslant c_\delta H_z(x,z)z.$

$$(4.1.36)$$

事实上, 当 $|z| \geqslant \rho_\delta$ 时, 成立 $|H_z(x,z)|^\nu \leqslant a_\delta H_z(x,z)z$ 以及

$$|H_z(x,z)|^\tau = |H_z(x,z)|^{\tau-\nu}|H_z(x,z)|^\nu \leqslant a'_\delta|z|^{\frac{\tau-\nu}{\nu-1}}H_z(x,z)z = a'_\delta|z|^\tau H_z(x,z)z.$$

此外, 令

$$\tilde{H}(x,z) := \frac{1}{2}H_z(x,z)z - H(x,z).$$

我们有

$$\tilde{H}(x,z) \geqslant \frac{\mu-2}{2\mu}H_z(x,z)z \geqslant \frac{\mu-2}{2}H(x,z) \geqslant \frac{a_0(\mu-2)}{2}|z|^p. \tag{4.1.37}$$

接下来, 设 $\{z_j\}$ 表示 $(C)_c$-序列. 由引理 4.1.28 (5°) 知 $\{z_j\}$ 是有界的. 不失一般性, 我们可假设在 E 中 $z_j \rightharpoonup z$, 在 L^s_{loc} 中 $z_j \to z$ 以及 $z_j(x) \to z(x)$ a.e. $x \in \mathbb{R}^n$. 显然, z 是 Φ_λ 的临界点. 子列意义下, 对任意的 $\varepsilon > 0$, 存在 $r_\varepsilon > 0$ 使得当 $r \geqslant r_\varepsilon$ 以及对每一个 $s \in [2, 2^*]$ 时, 有

$$\limsup_{k\to\infty} \int_{B_{j_k}\setminus B_r} |z_{j_k}|^s dx \leqslant \varepsilon. \tag{4.1.38}$$

取光滑函数 $\eta : [0, \infty) \to [0, 1]$ 且满足

$$\eta(t) = \begin{cases} 1, & \text{当 } t \leqslant 1, \\ 0, & \text{当 } t \geqslant 2. \end{cases}$$

定义 $\tilde{z}_k(x) = \eta(2|x|/k)z(x)$. 显然, 当 $k \to \infty$ 时

$$\|z - \tilde{z}_k\| \to 0. \tag{4.1.39}$$

此外, 类似于 (4.1.28), 我们有

$$\lim_{k\to\infty} \left| \int_{\mathbb{R}^n} (H_z(x, z_{j_k}) - H_z(x, z_{j_k} - \tilde{z}_k) - H_z(x, \tilde{z}_k))dx \right| = 0.$$

关于 $\varphi \in E$, $\|\varphi\| \leqslant 1$ 是一致成立的. 重复引理 4.1.20 的讨论, 我们有下面的引理:

引理 4.1.29 我们有

(1) $\Phi_\lambda(z_{j_k} - \tilde{z}_k) \to c - \Phi_\lambda(z)$;

(2) $\Phi'_\lambda(z_{j_k} - \tilde{z}_k) \to 0$.

我们现在利用分解 $E = E^d_\lambda \oplus E^e_\lambda$. 回忆 $\dim(E^d_\lambda) < \infty$. 记

$$y_k := z_{j_k} - \tilde{z}_k = y_k^d + y_k^e.$$

则 $y_k^d = (z_{j_k}^d - z^d) + (z^d - \tilde{z}_k^d) \to 0$, 且由引理 4.1.29 知, $\Phi_\lambda(y_k) \to c - \Phi_\lambda(z)$, $\Phi_\lambda'(y_k) \to 0$. 因此从

$$\Phi_\lambda(y_k) - \frac{1}{2}\Phi_\lambda'(y_k)y_k = \lambda \int_{\mathbb{R}^n} \tilde{H}(x, y_k)dx$$

可得

$$\lambda \int_{\mathbb{R}^n} \tilde{H}(x, y_k)dx \to c - \Phi_\lambda(z).$$

注意到, $y_k = (u_{j_k} - \tilde{u}_k, v_{j_k} - \tilde{v}_k)$, 令 $\bar{y}_k = (u_{j_k} - \tilde{u}_k, -v_{j_k} + \tilde{v}_k)$. 我们有 $|y_k| = |\bar{y}_k|$ 以及

$$
\begin{aligned}
o(1) &= \Phi_\lambda'(y_k)\bar{y}_k = \|y_k\|_\lambda^2 - \lambda \int_{\mathbb{R}^n} H_z(x, y_k)\bar{y}_k dx \\
&= o(1) + \|y_k^e\|_\lambda^2 - \lambda \int_{\mathbb{R}^n} H_z(x, y_k)\bar{y}_k dx.
\end{aligned}
$$

由 (4.1.35)—(4.1.37), 对任意的 $\delta > 0$, 我们有

$$
\begin{aligned}
\|y_k^e\|_\lambda^2 + o_k(1) &= \lambda \int_{\mathbb{R}^n} H_z(x, y_k)\bar{y}_k dx \\
&\leqslant \lambda \int_{\mathbb{R}^n} \frac{|H_z(x, y_k)|}{|y_k|}|\bar{y}_k|^2 dx \\
&\leqslant o_k(1) + \lambda\delta\|y_k\|_{L^2}^2 + \lambda c_\delta' \left(\int_{|y_k| \geqslant \rho_\delta} \left(\frac{|H_z(x, y_k)|}{|y_k|} \right)^\tau dx \right)^{\frac{1}{\tau}} \|y_k\|_{L^q}^2 \\
&\leqslant o_k(1) + \lambda\delta\|y_k^e\|_{L^2}^2 + \lambda c_\delta'' \left(\frac{c - \Phi_\lambda(z) + o_k(1)}{\lambda} \right)^{\frac{1}{\tau}} \|y_k^e\|_{L^q}^2 \\
&\leqslant o_k(1) + \frac{\delta}{b}\|y_k^e\|_\lambda^2 + C_\delta \lambda^{1 - \frac{1}{\tau} - \frac{2(2^* - q)}{q(2^* - 2)}} (c - \Phi_\lambda(z))^{\frac{1}{\tau}} \|y_k^e\|_\lambda^2 \\
&= o_k(1) + \frac{\delta}{b}\|y_k^e\|_\lambda^2 + C_\delta \lambda^{\frac{(n-2)(q-2)}{2q}} (c - \Phi_\lambda(z))^{\frac{1}{\tau}} \|y_k^e\|_\lambda^2. \qquad (4.1.40)
\end{aligned}
$$

注意到 $z_{j_k} - z = y_k + (\tilde{z}_k - z)$, 因此由 (4.1.39) 我们有

$$z_{j_k} - z \to 0 \text{ 当且仅当 } y_k^e \to 0.$$

引理 4.1.30 存在与 λ 无关的常数 $\alpha_0 > 0$ 使得, 对任意 Φ_λ 的 $(C)_c$-序列 $\{z_j\}$ 且满足 $z_j \rightharpoonup z$, 则要么 $z_j \to z$ (子列意义下), 要么

$$c - \Phi_\lambda(z) \geqslant \alpha_0 \lambda^{1 - \frac{n}{2}}.$$

证明 假设 z_j 不收敛, 则 $\liminf\limits_{k \to \infty} \|y_k^e\|_\lambda > 0$ 以及 $c - \Phi_\lambda(z) > 0$. 选取 $\delta = \dfrac{b}{4}$, 则从 (4.1.40) 可得

$$\frac{3}{4}\|y_k^e\|_\lambda^2 \leqslant o_k(1) + c_1 \lambda^{\frac{(n-2)(q-2)}{2q}} (c - \Phi_\lambda(z))^{\frac{1}{\tau}} \|y_k^e\|_\lambda^2.$$

这蕴含了

$$1 \leqslant c_2 \lambda^{\frac{n}{2}-1}(c - \Phi_\lambda(z)),$$

这就完成了引理的证明. ∎

特别地, 我们有下面的引理:

引理 4.1.31 对所有的 $c < \alpha_0 \lambda^{1-\frac{n}{2}}$, Φ_λ 满足 $(C)_c$-条件.

注意到, (H_0) 蕴含了

$$\Phi_\lambda(z) \leqslant \frac{1}{2}\|u\|_{+\lambda}^2 - \frac{1}{2}\|v\|_{-\lambda}^2 - a_0 \lambda \int_{\mathbb{R}^n} |z|^p dx$$

$$\leqslant \frac{1}{2}\|u\|_{+\lambda}^2 - \frac{1}{2}\|v\|_{-\lambda}^2 - a_0 \lambda \int_{\mathbb{R}^n} |u|^p dx.$$

定义如下泛函 $J_\lambda \in \mathcal{C}^1(E_+, \mathbb{R})$:

$$J_\lambda(u) = \frac{1}{2}\int_{\mathbb{R}^n} (|\nabla u|^2 + \lambda V(x)u^2)dx - a_0 \lambda \int_{\mathbb{R}^n} |u|^p dx.$$

则

$$\Phi_\lambda(z) \leqslant J_\lambda(u) - \frac{1}{2}\|v\|_{-\lambda}^2, \quad z \in E. \tag{4.1.41}$$

由假设 (V_0) 可知, 存在 $x_0 \in \mathbb{R}^n$ 使得 $V(x_0) = \min\limits_{x \in \mathbb{R}^n} V(x) = 0$. 不失一般性, 我们可假设 $x_0 = 0$.

众所周知

$$\inf \left\{ \int_{\mathbb{R}^n} |\nabla \varphi|^2 dx : \varphi \in \mathcal{C}_0^\infty(\mathbb{R}^n), \|\varphi\|_{L^p} = 1 \right\} = 0.$$

对任意的 $\delta > 0$, 存在 $\varphi_\delta \in \mathcal{C}_0^\infty(\mathbb{R}^n)$ 且 $\|\varphi_\delta\|_{L^p} = 1$, $\mathrm{supp}\varphi_\delta \subset B_{r_\delta}(0)$, 使得 $\|\nabla \varphi_\delta\|_{L^2}^2 < \delta$. 令

$$e_\lambda(x) := \varphi_\delta(\lambda^{\frac{1}{2}} x). \tag{4.1.42}$$

则

$$\mathrm{supp} e_\lambda \subset B_{\lambda^{-\frac{1}{2}} r_\delta}(0).$$

对 $t \geqslant 0$, 我们有

$$
\begin{aligned}
J_\lambda(te_\lambda) &= \frac{t^2}{2} \int_{\mathbb{R}^n} (|\nabla e_\lambda|^2 + \lambda V(x)e_\lambda^2)dx - a_0\lambda t^p \int_{\mathbb{R}^n} |e_\lambda|^p dx \\
&= \lambda^{1-\frac{n}{2}} \left(\frac{t^2}{2} \int_{\mathbb{R}^n} (|\nabla \varphi_\delta|^2 + V(\lambda^{-\frac{1}{2}}x)|\varphi_\delta|^2)dx - a_0 t^p \int_{\mathbb{R}^N} |\varphi_\delta|^p \right) \\
&= \lambda^{1-\frac{n}{2}} I_\lambda(t\varphi_\delta),
\end{aligned}
$$

其中 $I_\lambda \in \mathcal{C}^1(E_+, \mathbb{R})$ 定义为

$$
I_\lambda(u) := \frac{1}{2} \int_{\mathbb{R}^n} (|\nabla u|^2 + V(\lambda^{-\frac{1}{2}}x)|u|^2)dx - a_0 \int_{\mathbb{R}^n} |u|^p dx.
$$

不难验证

$$
\max_{t \geqslant 0} I_\lambda(t\varphi_\delta) = \frac{p-2}{2p(pa_0)^{\frac{2}{p-2}}} \left(\int_{\mathbb{R}^n} \left(|\nabla \varphi_\delta|^2 + V(\lambda^{-\frac{1}{2}}x)|\varphi_\delta|^2 \right) dx \right)^{\frac{p}{p-2}}.
$$

因为 $V(0) = 0$, $\mathrm{supp}\varphi_\delta \subset B_{r_\delta}(0)$, 存在 $\hat{\Lambda}_\delta > 0$ 使得对任意的 $|x| \leqslant r_\delta$ 以及 $\lambda \geqslant \hat{\Lambda}_\delta$, 成立

$$
V(\lambda^{-\frac{1}{2}}x) \leqslant \frac{\delta}{|\varphi_\delta|_2^2}.
$$

这就蕴含了

$$
\max_{t \geqslant 0} I_\lambda(t\varphi_\delta) \leqslant \frac{p-2}{2p(pa_0)^{\frac{2}{p-2}}} (2\delta)^{\frac{p}{p-2}}.
$$

因为 $I_\lambda(u)$ 关于 u 是偶的, 则对任意的 $\lambda \geqslant \hat{\Lambda}_\delta$, 有

$$
\max_{t \in \mathbb{R}} J_\lambda(te_\lambda) \leqslant \frac{p-2}{2p(pa_0)^{\frac{2}{p-2}}} (2\delta)^{\frac{p}{p-2}} \lambda^{1-\frac{n}{2}}. \tag{4.1.43}
$$

因此, 我们有

引理 4.1.32　对任意的 $\sigma > 0$, 存在 $\Lambda_\sigma > 0$ 使得当 $\lambda \geqslant \Lambda_\sigma$ 时, 存在 $e_\lambda \in E_+ \setminus \{0\}$ 使得

$$
\max_{z \in F_{\sigma\lambda}} \Phi_\lambda(z) \leqslant \sigma \lambda^{1-\frac{n}{2}},
$$

其中 $F_{\sigma\lambda} := \mathbb{R}e_\lambda \times E_-$.

证明　选取 $\delta > 0$ 充分小使得

$$
\frac{p-2}{2p(pa_0)^{\frac{2}{p-2}}} (2\delta)^{\frac{p}{p-2}} \leqslant \sigma.
$$

令 $\Lambda_\sigma = \hat{\Lambda}_\delta$. 则由 (4.1.43), 对任意的 $z \in F_{\sigma\lambda}$, 我们有

$$\Phi_\lambda(z) \leqslant J_\lambda(re_\lambda) - \frac{1}{2}\|v\|_{-\lambda}^2 \leqslant \sigma\lambda^{1-\frac{n}{2}},$$

其中 e_λ 由 (4.1.42) 给出. 这就完成了引理的证明. ■

一般地, 对任意的 $m \in \mathbb{N}$, 我们能够选取 m 个函数 $\varphi_\delta^j \in C_0^\infty(\mathbb{R}^n)$ 使得当 $i \neq k$ 时, $\mathrm{supp}\varphi_\delta^i \cap \mathrm{supp}\varphi_\delta^k = \varnothing$ 以及 $\|\varphi_\delta^j\|_{L^p} = 1$, $\|\nabla\varphi_\delta^j\|_{L^2}^2 < \delta$. 令

$$e_\lambda^j(x) = \varphi_\delta^j(\lambda^{\frac{1}{2}}x) \quad (j = 1, \cdots, m),$$

以及

$$H_{\lambda\delta}^m = \mathrm{span}\{e_\lambda^1, \cdots, e_\lambda^m\}.$$

注意到, 当 $u = \sum\limits_{j=1}^m c_j e_\lambda^j \in H_{\lambda\delta}^m$ 时, 我们有

$$J_\lambda(u) = \sum_{j=1}^m J_\lambda(c_j e_\lambda^j) = \lambda^{1-\frac{n}{2}}\sum_{j=1}^m I_\lambda(|c_j|e_\lambda^j).$$

令

$$\beta_\delta := \max\{|\varphi_\delta^j|_2^2 : j = 1, \cdots, m\},$$

并且选取 $\hat{\Lambda}_{m\delta}$ 使得对任意的 $|x| \leqslant r_\delta^m$ 以及 $\lambda \geqslant \hat{\Lambda}_{m\delta}$, 成立

$$V(\lambda^{-\frac{1}{2}}x) \leqslant \frac{\delta}{\beta_\delta}.$$

正如前面的证明, 对任意的 $\lambda \geqslant \hat{\Lambda}_{m\delta}$, 我们有

$$\sup_{u \in H_{\lambda\delta}^m} J_\lambda(u) \leqslant \frac{m(p-2)}{2p(pa_0)^{\frac{2}{p-2}}}(2\delta)^{\frac{p}{p-2}}\lambda^{1-\frac{n}{2}}. \tag{4.1.44}$$

由这个估计, 我们能够证明下面的引理.

引理 4.1.33   对任意的 $m \in \mathbb{N}, \sigma > 0$, 存在 $\Lambda_{m\sigma} > 0$ 使得当 $\lambda \geqslant \Lambda_{m\sigma}$ 时, 存在 m 维子空间 $F_{\lambda m} \subset E_+$ 满足

$$\sup_{z \in F_{\sigma\lambda} \times E} \Phi_\lambda(z) \leqslant \sigma\lambda^{1-\frac{n}{2}}.$$

证明   选取 $\delta > 0$ 充分小使得

$$\frac{m(p-2)}{2p(pa_0)^{\frac{2}{p-2}}}(2\delta)^{\frac{p}{p-2}} \leqslant \sigma,$$

且令 $F_{\lambda m} = H_{\lambda\delta}^m$. 则从 (4.1.44) 可得此引理的证明. ∎

定理 4.1.25 的证明　首先我们证明存在性. 取 $Y = E_+$, $X = E_-$, 则条件 (Φ_0) 以及 (Φ_+) 成立, 且由引理 4.1.28 知 Φ_λ 具有环绕结构. 结合引理 4.1.32, 对任意的 $\sigma \in (0, \alpha_0)$, 存在 $\Lambda_\sigma > 0$, 使得当 $\lambda \geqslant \Lambda_\sigma$ 时, Φ_λ 有 $(C)_c$-序列且满足 $\kappa_\lambda \leqslant c_\lambda \leqslant \sigma\lambda^{1-\frac{n}{2}}$. 因此, 由引理 4.1.31, 存在临界点 z_λ 满足

$$\kappa_\lambda \leqslant \Phi_\lambda(z_\lambda) \leqslant \sigma\lambda^{1-\frac{n}{2}}. \tag{4.1.45}$$

因为 $E(z_\lambda) = \Phi_\lambda(z_\lambda)$, (4.1.45) 蕴含了估计 (ii) 成立. 此外, 由 (H_0) 知

$$\sigma\lambda^{1-\frac{n}{2}} \geqslant \Phi_\lambda(z_\lambda) = \Phi_\lambda(z_\lambda) - \frac{1}{2}\Phi_\lambda'(z_\lambda)z_\lambda \geqslant \lambda\left(\frac{\mu}{2}-1\right)\int_N H(x, z_\lambda)dx,$$

从而得到 (i).

现在我们证明多重性. 设 $H(x, z)$ 关于 z 是偶的. 则 Φ_λ 是偶的, 从而 (Φ_1) 成立. 此外, 从引理 4.1.28 知 (Φ_2) 也成立. 由于引理 4.1.33, 对任意的 $m \in \mathbb{N}$ 以及 $\sigma \in (0, \alpha_0)$, 存在 $\Lambda_{m\sigma}$ 使得对每一个 $\lambda \geqslant \Lambda_{m\sigma}$, 我们能选取一个 m 维子空间 $F_{\lambda m} \subset E_+$ 且满足 $b := \max\Phi_\lambda(F_{\lambda m} \times E_-) < \sigma\lambda^{1-\frac{n}{2}}$. 因此, Φ_λ 满足 (Φ_3). 从引理 4.1.31 知, 对所有的 $c \in [0, b]$, Φ_λ 满足 $(C)_c$-条件. 因此应用第 2 章的临界点定理可得多重性的证明. ∎

现在我们考虑临界情形, 也就是证明定理 4.1.26, 从而证明定理 4.1.24.

令

$$Q(x, z) = H(x, z) + \frac{1}{2^*}K(x)|z|^{2^*},$$

以及

$$\tilde{Q}(x, z) = \frac{1}{2}Q_z(x, z) - Q(x, z).$$

从 (H_0) 以及 (K_0) 可得, 对任意的 $\delta > 0$, 存在 $\rho_\delta > 0$ 以及 $c_\delta > 0$ 使得

$$\text{当 } |z| \leqslant \rho_\delta \text{ 时, } \frac{|Q_z(x, z)|}{|z|} \leqslant \delta; \text{ 当 } |z| \geqslant \rho_\delta \text{ 时, } \frac{|Q_z(x, z)|^{\frac{n}{2}}}{|z|^{\frac{n}{2}}} \leqslant c_\delta\tilde{Q}(x, z). \tag{4.1.46}$$

引理 4.1.34　存在与 λ 无关的常数 $\alpha_0 > 0$, 使得满足 $c < \alpha_0\lambda^{1-\frac{n}{2}}$ 的任意 $(C)_c$-序列有收敛子列.

证明 令 $z_j = (u_j, v_j)$ 是 $(C)_c$-序列: $\Psi_\lambda(z_j) \to c$, $(1 + \|z_j\|_\lambda)\Psi'_\lambda(z_j) \to 0$. 显然

$$\Psi_\lambda(z_j) - \frac{1}{2}\Psi'_\lambda(z_j)z_j = \lambda \int_{\mathbb{R}^n} \tilde{Q}(x, z_j)dx, \tag{4.1.47}$$

且由引理 4.1.28 知, $c \geqslant 0$ 以及 $\{z_j\}$ 是有界的. 不失一般性, 我们可假设 $z_j \to z$, 其中 z 是 (Q2) 的解. 此外, 存在子列 $\{z_{j_k}\}$ 满足 (4.1.38). 定义 $\tilde{z}_k(x) = \eta\left(\frac{2|x|}{k}\right)z(x)$, 其中 $\eta : [0, \infty) \to [0, 1]$ 为光滑函数且

$$\eta(t) = \begin{cases} 1, & \text{当 } t \leqslant 1, \\ 0, & \text{当 } t \geqslant 2. \end{cases}$$

正如之前的证明我们有

$$\Psi_\lambda(z_{j_k} - \tilde{z}_k) \to c - \Psi_\lambda(z), \quad \Psi'_\lambda(z_{j_k} - \tilde{z}_k) \to 0. \tag{4.1.48}$$

断言 存在与 λ 无关的常数 $\alpha_0 > 0$, 使得要么 $z_j \to z$, 要么 $c - \Psi_\lambda(z) \geqslant \alpha_0\lambda^{1-\frac{n}{2}}$.

记 $y_k := z_{j_k} - \tilde{z}_k = y_k^d + y_k^e \in E_\lambda^d \oplus E_\lambda^e$. 则由 (4.1.48) 有 $\Psi_\lambda(y_k) \to c - \Phi_\lambda(z)$, $\Psi'_\lambda(y_k) \to 0$. 类似于 (4.1.47), 从 (4.1.48) 可得

$$\lambda \int_{\mathbb{R}^n} \tilde{Q}(x, y_k)dx \to c - \Psi_\lambda(z). \tag{4.1.49}$$

注意到 $y_k := (u_{j_k} - \tilde{u}_k, v_{j_k} - \tilde{v}_k)$, 令 $\bar{y}_k = (u_{j_k} - \tilde{u}_k, -v_{j_k} + \tilde{v}_k)$. 则 $|y_k| = |\bar{y}_k|$. 由 $y_k^d \to 0$, (4.1.35), (4.1.46), (4.1.49) 以及 Hölder 不等式, 对任意的 $\delta > 0$, 我们有

$$\|y_k^e\|_\lambda^2 + o_k(1) = \lambda \int_{\mathbb{R}^n} Q_z(x, y_k)\bar{y}_k dx \leqslant \lambda \int_{\mathbb{R}^n} \frac{|Q_z(x, y_k)|}{|y_k|}|\bar{y}_k||y_k|dx$$

$$\leqslant o_k(1) + \lambda\delta\|y_k\|_{L^2}^2 + \lambda c'_\delta\left(\int_{|y_k| \geqslant \rho_\delta} \left(\frac{|Q_z(x, y_k)|}{|y_k|}\right)^{\frac{n}{2}}dx\right)^{\frac{2}{n}}\|y_k\|_{L^{2^*}}^2$$

$$\leqslant o_k(1) + \lambda\delta\|y_k^e\|_{L^2}^2 + \lambda c''_\delta\left(\frac{c - \Phi_\lambda(z)}{\lambda}\right)^{\frac{2}{n}}\|y_k^e\|_{L^{2^*}}^2$$

$$= o_k(1) + \frac{\delta}{b}\|y_k^e\|_\lambda^2 + C_\delta\lambda^{1-\frac{2}{n}}(c - \Phi_\lambda(z))^{\frac{2}{n}}\|y_k^e\|_\lambda^2. \tag{4.1.50}$$

注意到 $z_{j_k} - z = y_k + (\tilde{z}_k - z)$, 因此 $z_{j_k} - z \to 0$ 当且仅当 $y_k^e \to 0$. 假设 z_j 没有

收敛子列, 则 $\liminf\limits_{k\to\infty}\|y_k^e\|_\lambda > 0$ 且 $c - \Phi_\lambda(z) > 0$. 选取 $\delta = \dfrac{b}{4}$, 则从 (4.1.50) 可得

$$\frac{3}{4}\|y_k^e\|_\lambda^2 \leqslant o(1) + c_1\lambda^{1-\frac{2}{n}}(c - \Psi_\lambda(z))^{\frac{2}{n}}\|y_k^e\|_\lambda^2.$$

这就蕴含了

$$1 \leqslant c_2\lambda^{\frac{2}{n}-1}(c - \Psi_\lambda(z)).$$

从而断言成立. ∎

引理 4.1.35　对任意的 $\sigma > 0$, 存在 $\Lambda_\sigma > 0$ 使得当 $\lambda \geqslant \Lambda_\sigma$ 时, 存在 $e_\lambda \in E_+ \setminus \{0\}$ 使得

$$\max_{z \in F_{\sigma\lambda}} \Psi_\lambda(z) \leqslant \sigma\lambda^{1-\frac{n}{2}},$$

其中 $F_{\sigma\lambda} := \mathbb{R}e_\lambda \times E_-$.

证明　从 (4.1.43) 以及

$$\Psi_\lambda(z) \leqslant J_\lambda(z) - \frac{1}{2}\|v\|_\lambda^2, \quad z = (u, v) \tag{4.1.51}$$

可得此引理. ∎

从 (4.1.44) 以及 (4.1.51) 可得下面的引理.

引理 4.1.36　对任意的 $m \in \mathbb{N}, \sigma > 0$, 存在 $\Lambda_{m\sigma} > 0$ 使得当 $\lambda \geqslant \Lambda_{m\sigma}$ 时, 存在 m 维子空间 $F_{\lambda m} \subset E_+$ 满足

$$\sup_{z \in F_{\sigma\lambda} \times E_-} \Phi_\lambda(z) \leqslant \sigma\lambda^{1-\frac{n}{2}}.$$

定理 4.1.26 的证明　重复定理 4.1.25 的讨论以及引理 4.1.31 — 引理4.1.33 分别被引理 4.1.34 — 引理 4.1.36 替代, 则可得定理的证明. ∎

4.2　非线性 Dirac 方程

本节的目的是研究非线性 Dirac 方程在不同假设条件下解的存在性及集中性等问题. 我们首先给出了 Dirac 方程的物理背景和变分框架. 之后, 我们分别研究带有非线性位势 Dirac 方程的集中性与非线性 Dirac 方程的非相对论极限.

4.2.1 物理背景

为了解决负能量与负几率问题, Dirac 认为二次的质能关系可使 Klein-Gordon 方程成为一个二阶方程, 这是负能量和负几率问题出现的原因. Dirac 想找到一个一次的质能关系 $E = \sqrt{\boldsymbol{p}^2 + m^2}$. 于是, Dirac 提出 $E = \boldsymbol{\alpha} \cdot \boldsymbol{p} + \beta m$, 并要求

$$
\begin{aligned}
E^2 &= (\boldsymbol{\alpha} \cdot \boldsymbol{p} + \beta m)^2 \\
&= \sum_{ij} \alpha_i \alpha_j p_i p_j + \sum_i (\alpha_i \beta + \beta \alpha_i) p_i m + \beta^2 m^2 \\
&= p^2 + m^2,
\end{aligned}
$$

对应的系数有如下关系:

$$
\begin{aligned}
&\alpha_1^2 = \alpha_2^2 = \alpha_3^2 = \beta^2 = I, \\
&\alpha_j \beta + \beta \alpha_j = 0, \\
&\alpha_j \alpha_k + \alpha_k \alpha_j = 0, \quad j \neq k,
\end{aligned}
$$

满足上面条件的矩阵 $\{\alpha_1, \alpha_2, \alpha_3, \beta\}$, 称为 Dirac 矩阵. 显然, Dirac 矩阵是四个互相反对称且平方为单位阵的矩阵, 并且有如下性质:

- $\mathrm{tr}(\alpha_i) = \mathrm{tr}(\beta) = 0$;
- 特征值为 ± 1;
- $\alpha_i^\dagger = \alpha_i$, $\beta^\dagger = \beta$.

考虑到本征值为 ± 1, 且迹是零的矩阵必定是偶数维的. 在 2 维情况下, 互相反对易的矩阵为 Pauli 矩阵. 在 4 维情况下, 矩阵 $\alpha_1, \alpha_2, \alpha_3$ 以及 β 有如下形式:

$$
\beta = \begin{pmatrix} I_2 & 0 \\ 0 & -I_2 \end{pmatrix}, \quad \alpha_k = \begin{pmatrix} 0 & \sigma_k \\ \sigma_k & 0 \end{pmatrix}, \quad k = 1, 2, 3,
$$

其中

$$
\sigma_1 = \begin{pmatrix} 0 & 1 \\ 1 & 0 \end{pmatrix}, \quad \sigma_2 = \begin{pmatrix} 0 & -i \\ i & 0 \end{pmatrix}, \quad \sigma_3 = \begin{pmatrix} 1 & 0 \\ 0 & -1 \end{pmatrix},
$$

以及 I_2 是 2×2 单位矩阵. 很容易验证 $\{\alpha_1, \alpha_2, \alpha_3, \beta\}$ 满足反交换性质

$$
\begin{cases}
\alpha_k \alpha_l + \alpha_l \alpha_k = 2\delta_{kl} I_4, \\
\alpha_k \beta + \beta \alpha_k = 0, \\
\beta^2 = I_4.
\end{cases}
$$

在相对论下自由 (即无外力场) Dirac 方程具有如下的形式:

$$-i\hbar\partial_t\psi = ic\hbar\sum_{k=1}^{3}\alpha_k\partial_k\psi - mc^2\beta\psi, \qquad \psi:\mathbb{R}\times\mathbb{R}^3\to\mathbb{C}^4,$$

上述方程已经被公认为是用于描述有质量的基本费米子的模型. 方程中的 c 是光速, $\hbar$ 是 Planck 常数, m 是带电粒子的质量, 这一自由模型很好地给出了自然界许多真实粒子的近似描述. 在此基础上, 为了更进一步地刻画真实的粒子运动, 我们就必须引入 (新的) 非线性项. 一般说来, 在非线性外力场下的 Dirac 方程可表示为

$$-i\hbar\partial_t\psi = ic\hbar\sum_{k=1}^{3}\alpha_k\partial_k\psi - mc^2\beta\psi - V(x)\psi + \nabla_\psi F(x,\psi). \tag{4.2.1}$$

在方程 (4.2.1) 中出现的函数 $M(x)$ 与 $\nabla_\psi F(x,\psi)$ 来自非线性粒子物理中的数学模型, 主要用于逼近刻画真实的外力场. 其中非线性耦合项 $\nabla_\psi F(x,\psi)$ 可以刻画量子电动力学中的自耦合作用, 这给出了一个与真实粒子非常接近的描述. 关于非线性项 F 的多种例子可以在标量自耦合作用理论中找到, 其中 F 既可以是多项式型的, 也可以是非多项式型的函数 (这里就包括了 $|\psi|^\lambda$, $\sin|\psi|$ 等特殊情形). 大量的非线性函数已经被公认为是统一场论中合理的基本数学模型 (参见 [77, 78, 93] 等).

对于 Dirac 方程的研究, 从变分学的角度来谈, 我们关心的是形如

$$\psi(t,x) = e^{\frac{-i\omega t}{\hbar}}u(x)$$

的稳态解 (也可称为驻波解). 在研究稳态问题中, 一个自然的前提假设就是

$$\nabla_\psi F(x, e^{i\xi}\phi) = e^{i\xi}\nabla_\psi F(x,\phi),$$

对所有的 $\xi\in\mathbb{R}$ 和 $\phi\in\mathbb{C}^4$ 成立. 记 $\alpha\cdot\nabla = \sum_{k=1}^{3}\alpha_k\partial_k$, $\hbar=1$, 此时, 稳态解 ψ 满足方程 (4.2.1) 当且仅当函数 u 满足方程

$$-ic\alpha\cdot\nabla u + mc^2\beta u - \omega u + V(x)u = \nabla_\psi F(x,\phi). \tag{4.2.2}$$

稳态 Dirac 方程吸引着众多学者的关注, 在假设外力场 $V(x)$ 与非线性项 $F(x,u)$ 满足一定条件后, 大量文献致力于研究方程 (4.2.2) 解的存在性问题, 见 [13,

14, 32, 46, 47, 51, 71, 72, 76, 117, 149]. 当非线性函数 F 满足

$$F(x,u) = \frac{1}{2}G(\beta u \cdot u), \quad G \in \mathcal{C}^1(\mathbb{R}, \mathbb{R}), \tag{4.2.3}$$

其中 $\beta u \cdot u := (\beta u, u)_{\mathbb{C}}$ 时, 文献 [14, 32, 72, 117] 在对 G 提出了适当的假设后, 对非线性 Dirac 方程进行了细致的研究. 此处, 形如 (4.2.3) 的非线性函数 F 称为 Soler 模型 (详见 [141]), 而在这样一个特殊模型下, 我们将探寻具有如下表示的特解:

$$u(x) = \begin{pmatrix} v(r) \\ 0 \\ iw(r)\cos\vartheta \\ iw(r)e^{i\phi}\sin\vartheta \end{pmatrix}, \tag{4.2.4}$$

其中 (r, ϑ, ϕ) 是 $\mathbb{R}^3$ 的球面坐标系. 假设 $V \equiv 0$, $c = 1$, 此时, (4.2.2) 将等价地转化成一个常微分方程组:

$$\begin{cases} w' + \dfrac{2w}{r} = v\left(g(v^2 - w^2) - (m - \omega)\right), \\ v' = w\left(g(v^2 - w^2) - (m + \omega)\right), \end{cases} \tag{4.2.5}$$

其中 $g(s) = G'(s)$. 在假设 $V(r)$ 为常数并且 $\hbar = 1$ 后, 文献 [14, 32, 117] 利用打靶法获得了方程 (4.2.5) 的无穷多个解. 文献 [72] 中, 在假设了 $V(x) \in (-a, 0)$ 后, M. Esteban 和 E. Séré 率先将变分法引入到 Soler 模型的研究中, 建立了一套整体的变分技巧. 由于在文献 [72] 中, 对非线性项 g 没有增长性限制, 作者利用截断方法获得了方程 (4.2.5) 的无穷多个束缚态解. 并在此基础上, 利用变分方法的一般性, 在文献 [72] 中, 作者还考虑了一些更一般的非线性模型 (此时特殊表示 (4.2.4) 不再满足), 例如

$$F(u) = \frac{1}{2}|\beta u \cdot u|^{p_1} + b|\beta u \cdot \gamma^5 u|^{p_2},$$

其中 $b \neq 0$, $1 < p_1, p_2 < \dfrac{3}{2}$,

$$\gamma^5 = \begin{pmatrix} 0 & I_2 \\ I_2 & 0 \end{pmatrix}$$

(更多的例子可参见 [144]). 在这样的非线性条件下, 作者回到问题的原型 (4.2.2), 利用集中紧原理, 获得了在一般性条件下的存在性结论. 作为后续的研究, 特

别是对非自治问题的研究, 典型的文献如 [51, 62]. 在建立严格的变分框架后, 当 $V(x)$ 是 4×4 对称矩阵值函数且 $F(u) \sim |u|^p$, $p \in (2,3)$ 时, 文献 [51,62] 对非自治方程 (4.2.2) 获得了一系列解的存在性与多重性结论.

4.2.2　Dirac 算子的谱

记 $H_0 = -i\alpha \cdot \nabla + a\beta$ 为 $L^2 \equiv L^2(\mathbb{R}^3, \mathbb{C}^4)$ 上的 Dirac 算子, 其定义域为 $\mathscr{D}(H_0) = H^{1/2} \equiv H^{1/2}(\mathbb{R}^3, \mathbb{C}^4)$ (空间相等都是在范数等价的意义下). 根据 Fourier 变换, 我们可以计算 Dirac 算子的谱, 得到下面的引理.

命题 4.2.1　$\sigma(H_0) = \sigma_e(H_0) = \mathbb{R} \setminus (-a, a)$.

证明　由于 $\mathcal{F} H_0 z = \hat{H}_0 \mathcal{F} z$, 其中 $\hat{H}_0$ 是 H_0 相应的乘性算子, 若 $\lambda \in \sigma(H_0)$, 则

$$\det(\lambda I_4 - \hat{H}_0) = 0.$$

因此,

$$\det \begin{pmatrix} (\lambda - a)I_2 & -\sum\limits_{k=1}^{3} \zeta_k \sigma_k \\ -\sum\limits_{k=1}^{3} \zeta_k \sigma_k & (\lambda + a)I_2 \end{pmatrix} = 0.$$

对于 σ_k, $k = 1, 2, 3$,

$$\sigma_i \sigma_j + \sigma_j \sigma_i = 2\delta_{ij} I_2, \quad 1 \leqslant i, j \leqslant 3, \quad \text{其中 } \delta_{ij} = \begin{cases} 1, & i = j, \\ 0, & i \neq j. \end{cases} \tag{4.2.6}$$

那么,

$$\left(\sum_{k=1}^{3} \zeta_k \sigma_k \right) \left(\sum_{k=1}^{3} \zeta_k \sigma_k \right) = |\zeta|^2 I_2,$$

其中 $\zeta = (\zeta_1, \zeta_2, \zeta_3)$. 所以, 若 $\lambda \neq a$, 我们有

$$(\lambda - a)^2 \det \left((\lambda + a)I_2 - \left(\sum_{k=1}^{3} \zeta_k \sigma_k \right) ((\lambda - a)^{-1} I_2) \left(\sum_{k=1}^{3} \zeta_k \sigma_k \right) \right) = 0,$$

这意味着

$$((\lambda^2 - a^2) - |\zeta|^2)^2 = 0.$$

若 $\lambda = a$, 则 $\lambda \neq -a$, 经过类似的讨论可推出相同的结果. 因此, 我们可以得到

$$\sigma(H_0) = \overline{\{\lambda \in \mathbb{R} : \lambda^2 = a^2 + |\zeta|^2, \zeta \in \mathbb{R}^3\}},$$

所以 $\sigma(H_0) = \sigma_e(H_0) = \mathbb{R} \setminus (-a, a)$. ∎

接下来考虑带不同位势函数的 Dirac 算子的谱.

周期位势

记 $A := H_0 + V(x)\beta$, 假设

(V_p) $V \in \mathcal{C}^1 (\mathbb{R}^3, [0, \infty))$, 且 $V(x)$ 是关于 x_k $(k = 1, 2, 3)$ 以 1 为周期的位势函数.

那么, 我们可以得到算子 A 的谱.

命题 4.2.2 若 (V_p) 成立, 那么 $\sigma(A) = \sigma_c(A) \subset (-\infty, -a] \cup [a, \infty)$ 并且 $\inf \sigma(|A|) \leqslant a + \sup\limits_{x \in \mathbb{R}^3} V(x)$.

证明 为了得到算子 A 的谱, 我们首先考虑 A^2:

$$A^2 = -\Delta + (V + a)^2 + i \sum_{k=1}^{3} \beta \alpha_k \partial_k V.$$

因为

$$\begin{aligned}
(A^2 u, u)_{L^2} &= \left(\left(-i \sum_{k=1}^{3} \alpha_k \partial_k + V\beta \right) u, \left(-i \sum_{k=1}^{3} \alpha_k \partial_k + V\beta \right) u \right)_{L^2} \\
&\quad + a^2 (u, u)_{L^2} + 2a(Vu, u)_{L^2} \\
&\geqslant a^2 (u, u)_{L^2} + 2a(Vu, u)_{L^2},
\end{aligned} \tag{4.2.7}$$

所以 $\sigma(A^2) \subset [a^2, \infty)$.

现在考虑算子 A. 令 $\{E_\gamma\}_{\gamma \in \mathbb{R}}$ 和 $\{F_\gamma\}_{\gamma \geqslant 0}$ 分别表示 A 和 A^2 的谱族. 那么,

$$F_\gamma = E_{\gamma^{1/2}} - E_{-\gamma^{1/2}-0} = E_{[-\gamma^{1/2}, \gamma^{1/2}]}, \quad \forall \gamma \geqslant 0. \tag{4.2.8}$$

进而, 对于 $0 \leqslant \gamma < a^2$,

$$\dim \left(E_{[-\gamma^{1/2}, \gamma^{1/2}]} L^2 \right) = \dim (F_\gamma L^2) = 0.$$

因此, $\sigma(A) \subset \mathbb{R} \setminus (-a, a)$. 若 A 有一个特征值 η 对应的特征向量为 $u \neq 0$, 那么 $A^2 u = \eta^2 u$, 所以 η^2 是 A^2 的特征值, 这与已知的 $\sigma(A^2) = \sigma_c(A^2)$ (见 [129])

矛盾. 这说明了 A 只有连续谱. 最后, 因为 $\sigma\left(-i\sum\limits_{k=1}^{3}\alpha_k\partial_k\right) = \mathbb{R}$, 存在一列 $u_n \in H^1$, $\|u_n\|_{L^2} = 1$ 使得 $\left\|-i\sum\limits_{k=1}^{3}\alpha_k\partial_k u_n\right\|_{L^2} \to 0$. 这意味着

$$\|Au_n\|_{L^2} \leqslant \left\|-i\sum_{k=1}^{3}\alpha_k\partial_k u_n\right\|_{L^2} + \|(V+a)u_n\|_{L^2} \leqslant o(1) + a + \sup_{x\in\mathbb{R}^3} V(x). \quad \blacksquare$$

强制型位势

依然考虑算子 $A = H_0 + V(x)\beta$, 假设

(V_s) $V \in \mathcal{C}^1(\mathbb{R}^3, \mathbb{R})$, 对任意的 $b > 0$, 集合 $V^b := \{x \in \mathbb{R}^3 : V(x) \leqslant b\}$ 有有限 Lebesgue 测度.

例如, 若当 $|x| \to \infty$ 时 $V(x) \to \infty$, 那么 $V(x)$ 满足上述条件.

命题 4.2.3 若 (V_s) 成立, 那么 $\sigma(A) = \sigma_d(A) = \left\{\pm\mu_n^{1/2} : n \in \mathbb{N}\right\}$, 其中 $0 < \mu_1 \leqslant \mu_2 \leqslant \cdots \leqslant \mu_n \to \infty$.

证明 定义

$$W(x) := (V(x) + a)^2 + i\sum_{k=1}^{3}\beta\alpha_k\partial_k V(x).$$

记 $W_b := W - b$, $W_b^+ = \max\{0, W_b\}$, $W_b^- = \min\{0, W_b\}$ 且 $S_b = -\Delta + (a^2 + b) + W_b^+$, 我们有 $A^2 = S_b + W_b^-$. 记 $S = \{W_b^- u : u \in H^1, \|u\|_{H^1} \leqslant 1\}$. 则 S 在 L^2 上是预紧的. 事实上, 固定 $\epsilon > 0$, 对任意的 $b \geqslant 1$, 我们有

$$\Lambda := \left\{x \in \mathbb{R}^3 : \sup_{|\xi|=1}(W(x)\xi, \bar{\xi})_{\mathbb{C}^4} < b\right\} \subset V^b.$$

根据假设 (V_s), 存在 $R = R(\epsilon) > 0$, 使得 $\mathrm{meas}(\Lambda \cap B_R^c) < \epsilon$, 其中 $B_R^c = \mathbb{R}^3 \setminus B_R(0)$, $B_R(0)$ 是以 0 为中心、R 为半径的球. 令 χ 为 $B_R(0)$ 上的示性函数, $\chi^c = 1 - \chi$ 为 B_R^c 的示性函数. 选取 $s \in (1, 3)$, 以及 $s' = s/(s-1)$ 为 s 的对偶数. 对于 $u \in H^1$, $\|u\|_{H^1} \leqslant 1$, 我们有

$$\begin{aligned}
\|\chi^c W_b^- u\|_{L^2}^2 &= \int_{\Lambda\cap B_R^c} |W_b^- u|^2 dx \\
&\leqslant \left(\int_{\Lambda\cap B_R^c} |u|^{2s} dx\right)^{\frac{1}{s}}\left(\int_{\Lambda\cap B_R^c} |W_b^-|^{2s'} dx\right)^{\frac{1}{s'}} \\
&\leqslant C\epsilon^{\frac{1}{s'}}\|u\|_{H^1} \\
&\leqslant C\epsilon^{\frac{1}{s'}}.
\end{aligned}$$

另一方面, 由于 $H^1 \subset L^2_{\text{loc}}$ 是紧的, 我们有 $\hat{S} = \{\chi W_b^- u : u \in H^1, \|u\|_{H^1} \leqslant 1\}$ 在 L^2 上是预紧的. 由于 S 位于预紧集 $\hat{S}$ 的 $C\epsilon^{\frac{1}{s'}}$-邻域, $\forall \epsilon > 0$, 那么 S 在 L^2 上是预紧的. 这等价于 $H^1 \to L^2 : u \to W_b^- u$ 是紧的. 那么根据

$$\mathscr{D}(A^2) \hookrightarrow H^1 \hookrightarrow L^2 \hookrightarrow H^{-1} \hookrightarrow \mathscr{D}(A^2)^*,$$

我们有 $\mathscr{D}(A^2) \to \mathscr{D}(A^2)^* : u \to W_b^- u$ 是紧的. 因此, $\sigma_e(A^2) = \sigma_e(S_b) \subset [a^2 + b, \infty)(\forall b > 0)$, 所以 $\sigma(A^2) = \sigma_d(A^2)$. 最后, 再根据 A^2 的谱上方无界, 可得 $\sigma(A^2) = \sigma_d(A^2) = \{\mu_n : n \in \mathbb{N}\}$ 且 $0 < \mu_1 \leqslant \mu_2 \leqslant \cdots \leqslant \mu_n \to \infty$. 回到算子 A 的谱上, 对所有的 $\gamma \geqslant 0$, 可得

$$\dim\left(E_{[-\gamma^{1/2},\gamma^{1/2}]}L^2\right) = \dim\left(F_\gamma L^2\right) < \infty.$$

对于 $\gamma = \mu_n$,

$$0 \neq F_\gamma - F_{\gamma-0} = \left(E_{\gamma^{1/2}} - E_{\gamma^{1/2}-0}\right) + \left(E_{-\gamma^{1/2}} - E_{-\gamma^{1/2}-0}\right).$$

假设 $\gamma^{1/2}$ 是 A 的特征值, 那么 $E_{\gamma^{1/2}} - E_{\gamma^{1/2}-0} \neq 0$. 令 u 是对应的特征向量并且记

$$\mathcal{J} := \begin{pmatrix} 0 & I_2 \\ -I_2 & 0 \end{pmatrix},$$

其中 I_2 是 $\mathbb{C}^2$ 中的单位矩阵. 则

$$\alpha_k \mathcal{J} = -\mathcal{J}\alpha_k, \quad 对于 \ k = 1, 2, 3, \quad 并且 \ \beta\mathcal{J} = -\mathcal{J}\beta.$$

令 $v = \mathcal{J}u$,

$$Av = A\mathcal{J}u = -\mathcal{J}Au = -\mathcal{J}\gamma^{1/2}u = -\gamma^{1/2}v.$$

即 $-\gamma^{1/2}$ 是 A 的特征值. 类似地, 若 $-\gamma^{1/2}$ 是 A 的特征值, 那么 $\gamma^{1/2}$ 也是 A 的特征值. 因此 $\sigma(A) = \sigma_d(A) \subset \left\{\pm\mu_n^{1/2} : n \in \mathbb{N}\right\}$. ∎

深阱位势

考虑含参变量的 Dirac 算子 $A_\lambda := H_0 + \lambda V(x)\beta$. 易知, A_λ 在 $L^2 = L^2(\mathbb{R}^3, \mathbb{C}^4)$ 中是自伴的且

$$A_\lambda^2 = -\Delta + (\lambda V + a)^2 + i\lambda \sum_{k=1}^{3} \beta\alpha_k \partial_k V,$$

其中矩阵值函数 $x \mapsto (\lambda V(x)+a)^2 + i\lambda \sum_{k=1}^{3} \beta\alpha_k\partial_k V(x)$ 可能是负定的. 令 $\{E_\gamma^\lambda\}_{\gamma\in\mathbb{R}}$ 和 $\{F_\gamma^\lambda\}_{\gamma\geqslant 0}$ 分别表示 A_λ 和 A_λ^2 的谱族. 定义

$$\mu_e\left(A_\lambda^2\right) := \inf\left\{\mu : \mu \in \sigma_e\left(A_\lambda^2\right)\right\},$$

$$\ell_\lambda := \dim\left(F_{\gamma-}^\lambda\left(L^2\right)\right), \quad \text{其中 } \gamma = \mu_e\left(A_\lambda^2\right).$$

假设

(V$_c$) $V \in \mathcal{C}^1\left(\mathbb{R}^3, \mathbb{R}\right), V \geqslant 0$ 且满足

(i) $\Omega := \operatorname{int} V^{-1}(0) \neq \varnothing$;

(ii) $\nabla V \in L^\infty$ 且存在 $b > 0$ 使得集合 $V^b := \{x \in \mathbb{R}^3 : V(x)^2 - |\nabla V(x)| \leqslant b\}$ 有有限 Lebesgue 测度.

类似于前面的思路, 首先得到算子 A_λ^2 谱的性质.

命题 4.2.4　若 (V$_c$) 成立, 那么

(a) 对任意的 $\lambda \geqslant 0$, $\sigma\left(A_\lambda^2\right) \subset [a^2, \infty)$;

(b) 对任意的 $\lambda \geqslant 1$, $\sigma_e\left(A_\lambda^2\right) \subset [a^2 + \lambda^2 b, \infty)$ 且 $\sigma\left(A_\lambda^2\right) \cap [0, \mu_e\left(A_\lambda^2\right)) \subset \sigma_d\left(A_\lambda^2\right)$.

证明　(a) 类似于 (4.2.7), 对于 $u \in \mathscr{D}\left(A_\lambda^2\right)$,

$$\left(A_\lambda^2 u, u\right)_{L^2} = (A_\lambda u, A_\lambda u)_{L^2} \geqslant a^2(u,u)_{L^2} + 2a\lambda(Vu,u)_{L^2}.$$

所以对于 $\lambda \geqslant 0$, $\sigma\left(A_\lambda^2\right) \subset [a^2, \infty)$.

(b) 固定 $\lambda \geqslant 1$, 定义 $W_\lambda(x) = \lambda\left(\lambda V(x)^2 - \lambda b + 2aV(x) + i\sum_{k=1}^{3}\beta\alpha_k\partial_k V(x)\right)$. 则

$$A_\lambda^2 = -\Delta + a^2 + \lambda^2 b + W_\lambda^+ + W_\lambda^- = S_\lambda + W_\lambda^-,$$

其中 $S_\lambda = -\Delta + a^2 + \lambda^2 b + W_\lambda^+$. 显然, 由于 $W_\lambda^+ \geqslant 0$, $\sigma(S_\lambda) \subset [a^2 + \lambda^2 b, \infty)$. 因为

$$W_\lambda(x) = \lambda(\lambda-1)\left(V(x)^2 - b\right) + \lambda\left(V(x)^2 + 2aV(x) + i\sum_{k=1}^{3}\beta\alpha_k\partial_k V(x) - b\right),$$

再由 (V$_c$) 可以得到 $\operatorname{supp} W_\lambda^- \subset V^b$. 所以, W_λ^- 是 S_λ-紧的 (见 [9]). 因此, 对所有

的 $\lambda \geqslant 1$,

$$\sigma_e\left(A_\lambda^2\right) = \sigma_e\left(S_\lambda\right) \subset \sigma\left(S_\lambda\right) \subset \left[a^2 + \lambda^2 b, \infty\right).$$

最后, 所有小于 $\mu_e\left(A_\lambda^2\right)$ 的谱都是有限重特征值. ∎

根据命题 4.2.4, A_λ^2 有 ℓ_λ 个特征值小于其本质谱的下确界.

命题 4.2.5 [13]   当 $\lambda \to \infty$ 时, $\ell_\lambda \to \infty$.

命题 4.2.6   对于 $\lambda \geqslant 1$, 我们有

(a) $\sigma\left(A_\lambda\right) \subset \mathbb{R}\backslash(-a, a)$;

(b) $\lambda_e := \inf\sigma_e\left(|A_\lambda|\right) = \mu_e\left(A_\lambda^2\right)^{1/2} \geqslant \left(a^2 + \lambda^2 b\right)^{1/2}$;

(c) $\lambda_e^- := \sup\sigma_e\left(A_\lambda\right) \cap (-\infty, 0) = -\lambda_e$ 且 $\lambda_e^+ := \inf\sigma_e\left(A_\lambda\right) \cap (0, \infty) = \lambda_e$;

(d) A_λ 有 $2\ell_\lambda$ 个特征值: $\mu_{\lambda j}^\pm$ 位于 $(-\lambda_e, \lambda_e)$ 中, 其对应的特征值记为 $e_{\lambda j}^\pm$, $j = 1, \cdots, \ell_\lambda$.

证明   (a) 可以直接根据命题 4.2.4 得到. 正如前面证明, 利用 (4.2.8) 可以得到对每一个 $\gamma \in [0, \mu_e\left(A_\lambda^2\right))$:

$$\dim\left(E_{[-\gamma^{1/2}, \gamma^{1/2}]}^\lambda L^2\right) = \dim\left(F_\gamma^\lambda L^2\right) < \infty,$$

所以 $\pm\lambda_e^\pm \geqslant \mu_e\left(A_\lambda^2\right)^{1/2}$. 取 $\gamma = \mu_e\left(A_\lambda^2\right)$, 对任意的 $\varepsilon > 0$,

$$\dim\left(\left(F_{\gamma+\varepsilon}^\lambda - F_{\gamma-\varepsilon}^\lambda\right) L^2\right) = \infty. \tag{4.2.9}$$

根据 (4.2.8) 可以推出

$$F_{\gamma+\varepsilon}^\lambda - F_{\gamma-\varepsilon}^\lambda = \left(E_{(\gamma+\varepsilon)^{1/2}}^\lambda - E_{(\gamma-\varepsilon)^{1/2}}^\lambda\right) + \left(E_{-(\gamma-\varepsilon)^{1/2}-0}^\lambda - E_{-(\gamma+\varepsilon)^{1/2}-0}^\lambda\right).$$

若 $\dim\left(\left(E_{(\gamma+\varepsilon)^{1/2}}^\lambda - E_{(\gamma-\varepsilon)^{1/2}}^\lambda\right) L^2\right) < \infty$, 则 $\gamma^{1/2} \in \sigma_d\left(A_\lambda\right)$ 且 $-\gamma^{1/2} \in \sigma_d\left(A_\lambda\right)$. 这意味着

$$\dim\left(\left(F_{\gamma+\varepsilon}^\lambda - F_{\gamma-\varepsilon}^\lambda\right) L^2\right) < \infty,$$

与 (4.2.9) 矛盾. 所以, $\dim\left(\left(E_{(\gamma+\varepsilon)^{1/2}}^\lambda - E_{(\gamma-\varepsilon)^{1/2}}^\lambda\right) L^2\right) = \infty$, 即 $\gamma^{1/2} \in \sigma_e\left(A_\lambda\right)$. 类似地, 可以验证对于很小的 $\varepsilon > 0$,

$$\dim\left(\left(E_{-(\gamma-\varepsilon)^{1/2}-0}^\lambda - E_{-(\gamma+\varepsilon)^{1/2}-0}^\lambda\right) L^2\right) = \infty,$$

所以 $-\gamma^{1/2} \in \sigma_e\left(A_\lambda\right)$. 现在就容易证明 (b)—(d). ∎

Coulomb 型位势

若 V 满足

$$\lim_{|x|\to\infty} V(x) = 0; \tag{4.2.10}$$

$$-\frac{\nu}{|x|} - K_1 \leqslant V \leqslant K_2 = \sup_{x\in\mathbb{R}^3} V(x); \tag{4.2.11}$$

$$K_1, K_2 \geqslant 0, \quad K_1 + K_2 - a < \sqrt{a^2 - \nu^2 a}, \tag{4.2.12}$$

其中 $\nu \in (0, \sqrt{a}), K_1, K_2 \in \mathbb{R}$, 那么 $H_0 + V$ 在区间 $(-a, a)$ 中的第一特征值 $\lambda_1(V)$ 为

$$\lambda_1(V) = \inf_{\varphi\neq 0} \sup_{\chi} \frac{(\psi, (H_0 + V)\psi)_{L^2}}{(\psi, \psi)_{L^2}}, \quad \psi = \begin{pmatrix} \varphi \\ \chi \end{pmatrix}.$$

事实上, 在假设 (4.2.10)—(4.2.12) 成立的情况下, 算子 $H_0 + V$ 有一列收敛于 a 的特征值序列 $\{\lambda_k(V)\}_{k\geqslant 1}$, 并且在文献 [69] 中证明了这列特征值的每一个都可以由极小极大原理产生.

定理 4.2.7 设 V 是满足条件 (4.2.10)—(4.2.12) 的标量位势函数. 那么, 对于所有的 $k \geqslant 1$, 算子 $H_0 + V$ 的第 k 个特征值 $\lambda_k(V)$ 由下面的极小极大公式给出:

$$\lambda_k(V) = \inf_{\substack{Y \text{ 是} \mathcal{C}_0^\infty(\mathbb{R}^3, \mathbb{C}^2) \text{的子空间,} \\ \dim Y = k}} \sup_{\varphi\in Y\backslash\{0\}} \lambda^T(V, \varphi),$$

其中

$$\lambda^T(V, \varphi) := \sup_{\substack{\psi = \begin{pmatrix} \varphi \\ \chi \end{pmatrix} \\ \chi\in\mathcal{C}_0^\infty(\mathbb{R}^3, \mathbb{C}^2)}} \frac{((H_0 + V)\psi, \psi)_{L^2}}{(\psi, \psi)_{L^2}}$$

是在 $(K_2 - a, \infty)$ 中唯一一个满足下式的数:

$$\lambda^T(V, \varphi) \int_{\mathbb{R}^3} |\varphi|^2 dx = \int_{\mathbb{R}^3} \left(\frac{|(\sigma\cdot\nabla)\varphi|^2}{a - V + \lambda^T(V, \varphi)} + (a + V)|\varphi|^2 \right) dx.$$

令 V 是一个满足 (4.2.10) 的标量位势并且除去两个有限维孤立点集 $\{x_i^+\}$, $\{x_j^-\}$ $(i = 1, \cdots, I, j = 1, \cdots, J)$ 外 V 连续, 以及

$$\lim_{x\to x_i^+} V(x) = \infty, \quad \lim_{x\to x_i^+} V(x)|x - x_i^+| \leqslant v_i, \tag{4.2.13}$$

$$\lim_{x \to x_j^-} V(x) = -\infty, \quad \lim_{x \to x_j^-} V(x) \left| x - x_j^- \right| \geqslant -v_j, \tag{4.2.14}$$

其中 $v_i, v_j \in (0,1), \forall i, j$. 则 $H_0 + V$ 有一个自伴延拓 A, 其中 $\mathscr{D}(A)$ 满足

$$H^1 \left(\mathbb{R}^3, \mathbb{C}^4 \right) \subset \mathscr{D}(A) \subset H^{1/2} \left(\mathbb{R}^3, \mathbb{C}^4 \right),$$

并且 A 的本质谱与 H_0 相同:

$$\sigma_e(A) = (-\infty, -a] \cup [a, \infty)$$

(见 [144]).

根据 Dirac 算子的谱分解, 有正交分解: $\mathcal{H} := L^2 \left(\mathbb{R}^3, \mathbb{C}^4 \right) = \mathcal{H}_+ \oplus \mathcal{H}_-$. 记 Λ^+, Λ^- 分别是 $\mathcal{H}_+, \mathcal{H}_-$ 上的正交投影. 对于 $\mathscr{D}(A)$ 关于范数 $\| \cdot \|_{\mathscr{D}(A)}$ 的稠密子空间 F, 记 $F_+ = \Lambda^+ F, F_- = \Lambda^- F$. 令

$$a^- := \sup_{x_- \in F_- \backslash \{0\}} \frac{(x_-, Ax_-)_{L^2}}{\|x_-\|_{\mathcal{H}}^2}, \quad a^+ := \inf_{x_+ \in F_+ \backslash \{0\}} \frac{(x_+, Ax_+)_{L^2}}{\|x_+\|_{\mathcal{H}}^2}. \tag{4.2.15}$$

考虑如下两列极小极大和极大极小序列:

$$\lambda_k^+ := \inf_{\substack{V \text{ 是} F_+ \text{的子空间} \\ \dim V = k}} \sup_{x \in (V \oplus F_-) \backslash \{0\}} \frac{(x, Ax)_{L^2}}{\|x\|_{\mathcal{H}}^2},$$

$$\lambda_k^- := \sup_{\substack{V \text{ 是} F_- \text{的子空间} \\ \dim V = k}} \inf_{x \in (V \oplus F_+) \backslash \{0\}} \frac{(x, Ax)_{L^2}}{\|x\|_{\mathcal{H}}^2}.$$

定理 4.2.8 A 是如上定义的算子 $H_0 + V$ 的延拓, 其中 V 是满足 (4.2.13) (4.2.14) 的标量位势函数. 则 A 包含在 $\mathbb{R} \backslash [a^+, a^-]$ 中的谱为

$$(-\infty, -a] \cup \{\lambda_k^\epsilon : k \geqslant 1, \epsilon = \pm\} \cup [a, \infty).$$

类似地, 我们还可以考虑算子 $A_\tau := H_0 + \tau V, \tau > 0$, 其中 V 满足 (4.2.13)和 (4.2.14), 只要 τ 不是很大, 同样可定义 A_τ 的特征值 $\lambda_k^{\tau, \pm}$, 详见文献 [70]. 进而,

$$\lim_{\tau \to 0^+} \lambda_k^{\tau, \pm} = \pm 1, \quad \forall\, k \geqslant 1.$$

接下来, 考虑在环面上的 Dirac 算子. 令

$$L_T^q(Q) := \left\{ u \in L_{\mathrm{loc}}^q \left(\mathbb{R}^3, \mathbb{C}^4 \right) : u \left(x + \hat{e}_i \right) = u(x) \text{ a.e. } i = 1, 2, 3 \right\},$$

其中 $\hat{e}_1 = (1, 0, 0)$, $\hat{e}_2 = (0, 1, 0)$, $\hat{e}_3 = (0, 0, 1)$. 回顾 $H_0 = -i\alpha \cdot \nabla + a\beta$, $H_V = H_0 + V$ 在 $L^2_T(Q)$ 上是自伴的, 定义域为

$$\mathscr{D}(H_V) = \mathscr{D}(H_0) = H^1_T(Q)$$

$$:= \left\{ u \in H^1_{\mathrm{loc}}\left(\mathbb{R}^3, \mathbb{C}^4\right) : u(x + \hat{e}_i) = u(x) \text{ a.e. } i = 1, 2, 3 \right\}.$$

命题 4.2.9　假设 V 满足 $(\mathrm{V_p})$. 则

$$\sigma(H_V) = \sigma(H_0) = \sigma_d(H_0) = \left\{ \pm\mu_n^{1/2} : n \in \mathbb{N} \right\},$$

其中 $0 < \mu_1 \leqslant \mu_2 \leqslant \cdots \leqslant \mu_n \to \infty$.

Coulomb-型矩阵位势

考虑 Coulomb-型矩阵位势时, 为了方便, 任意的实函数 $U(x)$ 都可以被看作对称矩阵 $U(x)I_4$. 对于一个实对称矩阵值函数 $L(x)$, 记 $\underline{\lambda}_L(x)$ ($\bar{\lambda}_L(x)$) 是算子 $L(x)$ 的最小 (最大) 特征值, $|L|_\infty := \operatorname*{ess\,sup}_{x \in \mathbb{R}^3}|L(x)|$, 其中 $|L(x)| := \max\{\underline{\lambda}_L(x), \bar{\lambda}_L(x)\}$, 并且 $L(\infty) := \lim_{|x| \to \infty} L(x)$ 当且仅当 $|L(x) - L(\infty)| \to 0$ $(|x| \to \infty)$. 对于两个给定的实对称矩阵值函数 $L_1(x)$ 和 $L_2(x)$, 记 $L_1(x) \leqslant L_2(x)$ 当且仅当

$$\max_{\xi \in \mathbb{C}^4, |\xi|=1} (L_1(x) - L_2(x))\xi \cdot \xi \leqslant 0.$$

对称实矩阵值函数 M 做如下假设:

$(\mathrm{M_1})$ M 是定义在 $\mathbb{R}^3 \backslash \{0\}$ 上对称连续实 4×4 矩阵函数, 并且满足 $0 > M(x) \geqslant -\dfrac{\kappa}{|x|}$, 其中 $\kappa < \dfrac{1}{2}$.

$(\mathrm{M_2})$ M 是定义在 $\mathbb{R}^3$ 上对称连续实 4×4 矩阵函数, 满足 $|M|_\infty < a$, $M(x) < M(\infty), \forall x \in \mathbb{R}^3$, 并且 (i) $M(\infty) \leqslant 0$ 或者 (ii) $M(\infty) = m_\infty I_4$, 其中 m_∞ 是一个常数.

那么, 我们可以得到如下结论.

命题 4.2.10　M 是一个对称实矩阵函数, 记 $H_M = H_0 + M$.

(1) 若 M 满足 $(\mathrm{M_1})$, 那么 H_M 是自伴的, 其定义域 $\mathscr{D}(H_M) = H^1(\mathbb{R}^3, \mathbb{C}^4)$, 并且 $\sigma(H_M) \subset \mathbb{R} \backslash (-(1-2\kappa)a, (1-2\kappa)a)$;

(2) 若 M 满足 $(\mathrm{M_2})$, 那么 H_M 是自伴的, 其定义域 $\mathscr{D}(H_M) = H^1(\mathbb{R}^3, \mathbb{C}^4)$, 并且 $\sigma(H_M) \subset \mathbb{R} \backslash (-a + |M|_\infty, a - |M|_\infty)$.

证明　我们首先验证 (1). 记 $V_\kappa(x) := \kappa/|x|$, 根据假设 $(\mathrm{M_1})$ 可知, $\|Mu\|^2_{L^2} \leqslant$

$\|V_\kappa u\|_{L^2}^2$. 因为 $a > 0$, 由 Kato 不等式可推出 $\|V_\kappa u\|_{L^2}^2 \leqslant 4\kappa^2 \|\nabla u\|_{L^2}^2 \leqslant 4\kappa^2 \|H_0 u\|_{L^2}^2$ (见 [43]). 因为 $2\kappa < 1$, 再根据 Kato-Rellich 定理可得 H_M 是自伴的. 进而,

$$\|H_M u\|_{L^2} \geqslant \|H_0 u\|_{L^2} - \|Mu\|_{L^2} \geqslant (1 - 2\kappa)\|H_0 u\|_{L^2} \geqslant (1 - 2\kappa)a\|u\|_{L^2},$$

因此, $\sigma(H_M) \subset \mathbb{R}\backslash(-(1 - 2\kappa)a, (1 - 2\kappa)a)$. 类似地可以验证 (2). ■

4.2.3 非线性 Dirac 方程的变分框架

考虑非线性 Dirac 方程

$$-ic\hbar\alpha \cdot \nabla u + mc^2\beta u = G_u(x, u). \tag{4.2.16}$$

方程中的 c 是光速, $\hbar$ 是 Planck 常数, m 是带电粒子的质量, α_1, α_2, α_3 以及 β 是 4×4 的 Pauli 矩阵:

$$\beta = \begin{pmatrix} I_2 & 0 \\ 0 & -I_2 \end{pmatrix}, \quad \alpha_k = \begin{pmatrix} 0 & \sigma_k \\ \sigma_k & 0 \end{pmatrix}, \quad k = 1, 2, 3,$$

其中

$$\sigma_1 = \begin{pmatrix} 0 & 1 \\ 1 & 0 \end{pmatrix}, \quad \sigma_2 = \begin{pmatrix} 0 & -i \\ i & 0 \end{pmatrix}, \quad \sigma_3 = \begin{pmatrix} 1 & 0 \\ 0 & -1 \end{pmatrix},$$

以及 I_2 是 2×2 单位矩阵. 取 $\hbar = 1$, 记 $a = mc^2$, $H_0 = -ic\alpha \cdot \nabla + a\beta$ 为 $L^2 \equiv L^2(\mathbb{R}^3, \mathbb{C}^4)$ 上的自伴微分算子, 其定义域为 $\mathscr{D}(H_0) = H^1 \equiv H^1(\mathbb{R}^3, \mathbb{C}^4)$ (空间相等都是在范数等价的意义下). 根据命题 4.2.1, $\sigma(H_0) = \sigma_e(H_0) = \mathbb{R} \setminus (-a, a)$. 因此, L^2 将有如下的正交分解:

$$L^2 = L^+ \oplus L^-, \quad u = u^+ + u^-,$$

使得 H_0 在 L^+ 和 L^- 上分别是正定的和负定的. 取 $E := \mathscr{D}(|H_0|^{\frac{1}{2}})$, 内积

$$(u, v)_0 = \Re(|H_0|^{\frac{1}{2}}u, |H_0|^{\frac{1}{2}}v)_2 + (u, v)_2,$$

以及诱导范数 $\|u\|_0 = (u, u)_0^{1/2}$, 这里 $|H_0|$ 和 $|H_0|^{1/2}$ 分别表示算子 H_0 的绝对值和 $|H_0|$ 的平方根. 因此,

$$E := \mathscr{D}(|H_0|^{\frac{1}{2}}) = H^{\frac{1}{2}}(\mathbb{R}^3, \mathbb{C}^4).$$

即如此定义的范数与 $H^{1/2}$-范数等价. 因此, 我们得到下面的空间嵌入定理.

定理 4.2.11　E 连续地嵌入到 L^q, $\forall q \in [2,3]$, 并且紧嵌入到 L^q_{loc}, $\forall q \in [1,3)$. 令

$$P^- = \int_{-\infty}^{-a} dE_\lambda, \quad P^+ = \int_a^{+\infty} dE_\lambda,$$

则 $I = P^- + P^+$, $E^\pm = P^\pm L^2$. 为方便起见, 通常在 E 上定义下述等价内积:

$$(u,v) = \Re(|H_0|^{\frac{1}{2}}u, |H_0|^{\frac{1}{2}}v)_{L^2}.$$

此时, 以 $\|\cdot\|$ 记由 $(\cdot,\cdot)$ 导出的范数, Φ 可表示为

$$\Phi(u) = \frac{1}{2}(\||H_0|^{\frac{1}{2}}u^+\|_H^2 - \||H_0|^{\frac{1}{2}}u^-\|_H^2) - \Psi(u)$$
$$= \frac{1}{2}(\|u^+\|^2 - \|u^-\|^2) - \Psi(u).$$

显然, 通过 E 的定义不难看出其具有如下正交分解:

$$E = E^+ \oplus E^-, \quad \text{其中 } E^\pm = E \cap L^\pm, \tag{4.2.17}$$

并且该分解关于 $(\cdot,\cdot)_{L^2}$ 和 $(\cdot,\cdot)$ 都是正交的.

由于 $\sigma(H_0) = \mathbb{R} \setminus (-a,a)$, 我们可以得到: 对所有 $u \in E$,

$$a\|u\|_{L^2}^2 \leqslant \|u\|^2. \tag{4.2.18}$$

在没有歧义的前提下, 仍记 $P^\pm$ 为 E 上的正交投影算子, 定义为

$$\widehat{P^\pm u}(\xi) = \frac{1}{2}U^{-1}(\xi)(I_4 \pm \beta)U(\xi)\hat{u}(\xi) = \frac{1}{2}\left(I_4 \pm \frac{mc^2}{\lambda}\beta \pm \frac{c}{\lambda}\alpha\cdot\xi\right)\hat{u}(\xi).$$

所以, 我们有

$$\widehat{P^+u}(\xi) = a(\xi)\begin{pmatrix} I_2 & \sum_k \frac{\xi_k}{b(\xi)}\sigma_k \\ \sum_k \frac{\xi_k}{b(\xi)}\sigma_k & A(\xi)I_2 \end{pmatrix}\begin{pmatrix}\hat{U}\\\hat{V}\end{pmatrix},$$

$$\widehat{P^-u}(\xi) = a(\xi)\begin{pmatrix} A(\xi)I_2 & -\sum_k \frac{\xi_k}{b(\xi)}\sigma_k \\ -\sum_k \frac{\xi_k}{b(\xi)}\sigma_k & I_2 \end{pmatrix}\begin{pmatrix}\hat{U}\\\hat{V}\end{pmatrix},$$

其中 $u = (u_1,u_2,u_3,u_4)^{\mathrm{T}} = (U,V)^{\mathrm{T}} \in \mathbb{C}^4$, $U = (u_1,u_2)^{\mathrm{T}}$, $V = (u_3,u_4)^{\mathrm{T}}$, I_2 是 2×2 单位矩阵, 并且

$$a(\xi) = \frac{1}{2}\left(1 + \frac{mc^2}{\lambda}\right) = \frac{mc^2 + \sqrt{m^2c^4 + c^2|\xi|^2}}{2\sqrt{m^2c^4 + c^2|\xi|^2}},$$

$$A(\xi) = \frac{\lambda - mc^2}{\lambda + mc^2} = \frac{\sqrt{m^2c^4 + c^2|\xi|^2} - mc^2}{mc^2 + \sqrt{m^2c^4 + c^2|\xi|^2}},$$

$$b(\xi) = \frac{\lambda + mc^2}{c} = mc + \sqrt{m^2c^2 + |\xi|^2}.$$

并且

$$1 - a(\xi) - a(\xi)A(\xi) = 0, \quad A(\xi) = \frac{|\xi|^2}{b^2(\xi)}, \quad 1 + A(\xi) = \frac{1}{a(\xi)}.$$

通过直接计算可以得到

$$\widehat{u_1^+}(\xi) = a(\xi)\left(\hat{u}_1 + \frac{\xi_1 - i\xi_2}{b(\xi)}\hat{u}_4 + \frac{\xi_3}{b(\xi)}\hat{u}_3\right),$$

$$\widehat{u_2^+}(\xi) = a(\xi)\left(\hat{u}_2 + \frac{\xi_1 + i\xi_2}{b(\xi)}\hat{u}_3 - \frac{\xi_3}{b(\xi)}\hat{u}_4\right),$$

$$\widehat{u_3^+}(\xi) = a(\xi)\left(\frac{\xi_1 - i\xi_2}{b(\xi)}\hat{u}_2 + \frac{\xi_3}{b(\xi)}\hat{u}_1 + A(\xi)\hat{u}_3\right),$$

$$\widehat{u_4^+}(\xi) = a(\xi)\left(\frac{\xi_1 + i\xi_2}{b(\xi)}\hat{u}_1 - \frac{\xi_3}{b(\xi)}\hat{u}_2 + A(\xi)\hat{u}_4\right),$$

并且

$$\widehat{u_1^-}(\xi) = a(\xi)\left(A(\xi)\hat{u}_1 - \frac{\xi_1 - i\xi_2}{b(\xi)}\hat{u}_4 - \frac{\xi_3}{b(\xi)}\hat{u}_3\right),$$

$$\widehat{u_2^-}(\xi) = a(\xi)\left(A(\xi)\hat{u}_2 - \frac{\xi_1 + i\xi_2}{b(\xi)}\hat{u}_3 + \frac{\xi_3}{b(\xi)}\hat{u}_4\right),$$

$$\widehat{u_3^-}(\xi) = a(\xi)\left(-\frac{\xi_1 - i\xi_2}{b(\xi)}\hat{u}_2 - \frac{\xi_3}{b(\xi)}\hat{u}_1 + \hat{u}_3\right),$$

$$\widehat{u_4^-}(\xi) = a(\xi)\left(-\frac{\xi_1 + i\xi_2}{b(\xi)}\hat{u}_1 + \frac{\xi_3}{b(\xi)}\hat{u}_2 + \hat{u}_4\right).$$

进而, $L^p = L^p(\mathbb{R}^3, \mathbb{C}^4)$ 也有相应的空间分解.

引理 4.2.12 记 $E_p^\pm := E^\pm \cap L^p$, $p \in (1, \infty)$, 则

$$L^p = \mathrm{cl}_p E_p^+ \oplus \mathrm{cl}_p E_p^-,$$

其中 cl_p 表示 L^p 中关于其范数的闭包. 并且对任意的 $p \in (1, \infty)$, 存在常数 $\tau_p > 0$ 使得

$$\tau_p \|u^\pm\|_{L^p} \leqslant \|u\|_{L^p}, \quad \forall u \in E \cap L^p.$$

证明　令 $m_\pm(\xi) = \dfrac{1}{2}\left(I_4 \pm \dfrac{mc^2}{\lambda}\beta \pm \dfrac{c}{\lambda}\alpha \cdot \xi\right)$, 其中 $\lambda = \sqrt{m^2c^4 + c^2|\xi|^2}$, 则 $\widehat{u^\pm}(\xi) = m_\pm(\xi)\hat{u}(\xi)$. 因为 $|\alpha \cdot \xi|_2 = 2|\xi|$, 我们有

$$|m_\pm(\xi)|_2 \leqslant \frac{1}{2}\left(2 + \frac{2mc^2}{\lambda(\xi)} + \frac{2c|\xi|}{\lambda(\xi)}\right) \leqslant 1 + 1 + 1 = 3.$$

显然 $\dfrac{\partial}{\partial \xi_i}\dfrac{1}{\lambda} = \dfrac{\partial}{\partial \xi_i}\dfrac{1}{\sqrt{m^2c^4 + c^2|\xi|^2}} = -\dfrac{c^2\xi_i}{\lambda^3}$. 那么,

$$\begin{aligned}
\frac{\partial m_\pm(\xi)}{\partial \xi_i} &= \pm\frac{1}{2}mc^2\beta\left(\frac{\partial}{\partial \xi_i}\frac{1}{\lambda}\right) \pm \frac{1}{2}\left(c\alpha \cdot \xi\left(\frac{\partial}{\partial \xi_i}\frac{1}{\lambda}\right) + \frac{c}{\lambda}\alpha_i\right) \\
&= \pm\frac{1}{2}\left(\frac{c}{\lambda}\alpha_i - \frac{mc^4\xi_i}{\lambda^3}\beta - \frac{c^3\xi_i}{\lambda^3}\alpha \cdot \xi\right).
\end{aligned}$$

所以,

$$\begin{aligned}
\left|\frac{\partial m_\pm(\xi)}{\partial \xi_i}\right|_2 &\leqslant \frac{mc^4\xi_i}{\lambda^3} + \frac{c^3\xi_i|\xi|}{\lambda^3} + \frac{c}{\lambda} \leqslant mc^4\frac{2}{3\sqrt{3}m^2c^4c} + \frac{c^3|\xi|^2}{\lambda^3} + \frac{1}{mc} \\
&\leqslant \frac{2}{3\sqrt{3}mc} + \frac{2}{3\sqrt{3}mc} + \frac{1}{mc} \leqslant \frac{2}{mc}.
\end{aligned}$$

并且

$$\left|\frac{\partial m_\pm(\xi)}{\partial \xi_i}\right|_2 \leqslant \frac{mc^4\xi_i}{\lambda^3} + \frac{c^3\xi_i|\xi|}{\lambda^3} + \frac{c}{\lambda} \leqslant \frac{C_m}{\sqrt{m^2c^2 + |\xi|^2}} \leqslant \frac{C_m}{|\xi|}.$$

同样地, 还可以得到

$$\left|\frac{\partial^2 m_\pm(\xi)}{\partial \xi_i \partial \xi_j}\right|_2 \leqslant \frac{C_m}{|\xi|^2}, \quad \left|\frac{\partial^3 m_\pm(\xi)}{\partial \xi_1 \partial \xi_2}\right|_2 \leqslant \frac{C_m}{|\xi|^3}.$$

因此, $m_\pm$ 满足 Mihlin 条件, 则 $m_\pm \in \mathcal{M}_p(\mathbb{R}^3, \mathbb{C}^4)$, 并且存在不依赖于 c 的 τ_p, 使得

$$\tau_p\|u^\pm\|_{L^p} \leqslant \|u\|_{L^p}, \quad \forall u \in E \cap L^p. \qquad\blacksquare$$

最后, 在 E 上定义泛函

$$\Phi(u) = \frac{1}{2}\left(\|u^+\|^2 - \|u^-\|^2\right) - \Psi(u), \quad \forall u = u^- + u^+ \in E = E^- \oplus E^+,$$

其中 $\Psi(u) = \displaystyle\int_{\mathbb{R}^3} G(x, u)dx$.

命题 4.2.13　$u \in E$ 是 Φ 的临界点当且仅当 u 是 Dirac 方程 (4.2.16) 的 (弱) 解.

4.2.4 非线性 Dirac 方程的半经典极限

为了记号方便, 记 $\varepsilon = \hbar$, $a = mc$, $\alpha = (\alpha_1, \alpha_2, \alpha_3)$, $\alpha \cdot \nabla = \sum_{k=1}^{3} \alpha_k \partial_k$, 我们将考虑如下形式的稳态非线性 Dirac 方程:

$$-i\varepsilon\alpha \cdot \nabla w + a\beta w + V(x)w = g(|w|)w. \tag{4.2.19}$$

做变量替换 $x \mapsto \varepsilon x$, 则方程 (4.2.19) 等价于方程

$$-i\alpha \cdot \nabla u + a\beta u + V_\varepsilon(x)u = g(|u|)u. \tag{4.2.20}$$

即 u 是方程 (4.2.19) 的解 $\Leftrightarrow$ $w_\varepsilon(x) := u\left(\dfrac{x}{\varepsilon}\right)$ 是方程 (4.2.20) 的解, 其中 $V_\varepsilon(x) = V(\varepsilon x)$. 因此, 要研究方程 (4.2.19), 仅需研究方程 (4.2.20) 即可.

记 $H_0 = -i\alpha \cdot \nabla + a\beta$ 为 $L^2 \equiv L^2(\mathbb{R}^3, \mathbb{C}^4)$ 上的自伴微分算子, 其定义域为 $\mathscr{D}(H_0) = H^1 \equiv H^1(\mathbb{R}^3, \mathbb{C}^4)$. 众所周知, $\sigma(H_0) = \sigma_c(H_0) = \mathbb{R} \setminus (-a, a)$. 因此, L^2 将有如下的正交分解:

$$L^2 = L^+ \oplus L^-, \quad u = u^+ + u^-, \tag{4.2.21}$$

使得 H_0 在 L^+ 和 L^- 上分别是正定的和负定的. 取 $E := \mathscr{D}(|H_0|^{\frac{1}{2}}) = H^{\frac{1}{2}}(\mathbb{R}^3, \mathbb{C}^4)$, 并赋予内积

$$(u, v) = \Re(|H_0|^{\frac{1}{2}}u, |H_0|^{\frac{1}{2}}v)_{L^2},$$

以及诱导范数 $\|u\| = (u, u)^{\frac{1}{2}}$, 这里 $|H_0|$ 和 $|H_0|^{\frac{1}{2}}$ 分别表示算子 H_0 的绝对值和 $|H_0|$ 的平方根. 由于 $\sigma(H_0) = \mathbb{R} \setminus (-a, a)$, 我们可以得到: 对所有 $u \in E$,

$$a\|u\|_{L^2}^2 \leqslant \|u\|^2. \tag{4.2.22}$$

注意到, 如此定义的范数与 $H^{\frac{1}{2}}$-范数等价, 所以 E 连续地嵌入到 L^q, $\forall q \in [2, 3]$, 并且紧嵌入到 L^q_{loc}, $\forall q \in [1, 3)$.

显然, 通过 E 的定义不难看出其具有如下正交分解:

$$E = E^+ \oplus E^-, \quad \text{其中 } E^\pm = E \cap L^\pm, \tag{4.2.23}$$

并且该分解关于 $(\cdot, \cdot)_{L^2}$ 和 $(\cdot, \cdot)$ 都是正交的.

下面将建立问题 (4.2.20) 的变分框架, 假设非线性项 g 满足

(i) 存在常数 $p \in (2,3)$ 以及 $c_1 > 0$ 使得

$$|g(s)| \leqslant c_1(1 + |s|^{p-2}).$$

在 E 上定义泛函

$$\Phi_\varepsilon(u) = \frac{1}{2}\int_{\mathbb{R}^3} H_0 u \cdot \bar{u}dx + \frac{1}{2}\int_{\mathbb{R}^3} V_\varepsilon(x)|u|^2 dx - \int_{\mathbb{R}^3} G(|u|)dx$$
$$= \frac{1}{2}(\|u^+\|^2 - \|u^-\|^2) + \frac{1}{2}\int_{\mathbb{R}^3} V_\varepsilon(x)|u|^2 dx - \int_{\mathbb{R}^3} G(|u|)dx, \qquad (4.2.24)$$

其中 $u = u^+ + u^- \in E$, 以及

$$G(|u|) = \int_0^{|u|} g(t)tdt.$$

则 $\Phi_\varepsilon \in \mathcal{C}^1(E, \mathbb{R})$. 进一步, $u \in \mathscr{D}(H_0)$ 是 Φ_ε 的临界点当且仅当 u 是方程 (4.2.20) 的解. 此外, 对任意的 $u, v \in E$, 有

$$\Phi_\varepsilon'(u)v = (u^+ - u^-, v) + \Re\int_{\mathbb{R}^3} V_\varepsilon(x)u \cdot \bar{v}dx - \Re\int_{\mathbb{R}^3} g(|u|)u \cdot \bar{v}dx$$
$$= \Re\int_{\mathbb{R}^3} \big(H_0 u + V_\varepsilon(x)u + g(|u|)u\big) \cdot \bar{v}dx.$$

现在将建立方程 (4.2.20) 的解的正则性. 设 $\mathscr{K}_\varepsilon := \{u \in E : \Phi_\varepsilon'(u) = 0\}$ 是 Φ_ε 的临界点集. 如果 $\inf\{\Phi_\varepsilon(u) : u \in \mathscr{K}_\varepsilon \backslash \{0\}\}$ 在 u_0 点可达, 则称 u_0 为极小能量解. 类似文献 [63, 引理 3.19] 以及 [72, 命题 3.2] 中的迭代讨论, 我们有下列引理:

引理 4.2.14 *如果 $u \in \mathscr{K}_\varepsilon$ 且 $|\Phi_\varepsilon(u)| \leqslant C_1$ 以及 $\|u\|_{L^2} \leqslant C_2$, 则对任意的 $q \in [2, \infty)$, 我们有 $u \in W^{1,q}(\mathbb{R}^3)$, 其中 $\|u\|_{W^{1,q}} \leqslant \Lambda_q$, 这里 Λ_q 仅依赖于 C_1, C_2 以及 q.*

令 $\mathscr{S}_\varepsilon$ 为 Φ_ε 所有的基态解 (极小能量解). 如果 $u \in \mathscr{S}_\varepsilon$, 则 $\mathscr{S}_\varepsilon$ 在 E 中是有界的 (这在后面将证明), 因此对任意的 $u \in \mathscr{S}_\varepsilon$, 成立 $\|u\|_{L^2} \leqslant C_2$, 其中 C_2 为与 ε 的无关的正常数. 因此, 从引理 4.2.14 可知, 对每一个 $q \in [2, \infty)$, 存在与 ε 无关的常数 $C_q > 0$ 使得

$$\|u\|_{W^{1,q}} \leqslant C_q, \quad \forall u \in \mathscr{S}_\varepsilon.$$

结合 Sobolev 嵌入定理可知, 存在与 ε 无关的常数 $C_\infty > 0$ 使得

$$\|u\|_\infty \leqslant C_\infty, \quad \forall u \in \mathscr{S}_\varepsilon. \qquad (4.2.25)$$

本节最后, 我们给出一些符号的说明, 将会在后面的几节中使用到.

对任意 $r > 0$, 令 $B_r := \{u \in E : \|u\| \leqslant r\}$, 以及

$$B_r^+ = B_r \cap E^+ = \{u \in E^+ : \|u\| \leqslant r\},$$

$$S_r^+ = \partial B_r^+ = \{u \in E^+ : \|u\| = r\}.$$

正如在文献 [138, 139] 中, 对任意的 $e \in E^+$, 令

$$E_e := E^- \oplus \mathbb{R}^+ e,$$

其中 $\mathbb{R}^+ := [0, \infty)$.

带有非线性位势 Dirac 方程解的集中性

在这节, 我们研究如下带有非线性位势的 Dirac 方程:

$$-i\varepsilon \sum_{k=1}^{3} \alpha_k \partial_k u + a\beta u = P(x)|u|^{p-2}u, \quad x \in \mathbb{R}^3. \tag{4.2.26}$$

即考虑下面等价的方程:

$$-i\alpha \cdot \nabla u + a\beta u = P_\varepsilon(x)|u|^{p-2}u, \quad x \in \mathbb{R}^3, \tag{4.2.27}$$

其中 $P_\varepsilon(x) = P(\varepsilon x)$, 假设 P 满足

(P_0) $\displaystyle\inf_{x \in \mathbb{R}^3} P(x) > 0$ 以及 $\displaystyle\limsup_{|x| \to \infty} P(x) < \max_{x \in \mathbb{R}^3} P(x)$.

令 $m := \displaystyle\max_{x \in \mathbb{R}^3} P(x)$ 以及

$$\mathscr{P} := \{x \in \mathbb{R}^3 : P(x) = m\}.$$

定理 4.2.15 设 $p \in (2, 3)$ 以及 (P_0) 成立. 则对充分小的 $\varepsilon > 0$:

(i) 方程 (4.2.26) 至少有一个极小能量解 w_ε 且满足 $w_\varepsilon \in W^{1,q}(\mathbb{R}^3, \mathbb{C}^4), \forall q \geqslant 2$.

(ii) $\mathscr{J}_\varepsilon$ 在 $H^1(\mathbb{R}^3, \mathbb{C}^4)$ 中是紧的.

(iii) 存在 $|w_\varepsilon|$ 的最大值点 x_ε 使得 $\displaystyle\lim_{\varepsilon \to 0} \text{dist}(x_\varepsilon, \mathscr{P}) = 0$. 此外, 对任意这种最大值序列 x_ε, 则 $u_\varepsilon(x) := w_\varepsilon(\varepsilon x + x_\varepsilon)$ 收敛到下面极限方程

$$-i\alpha \cdot \nabla u + a\beta u = m|u|^{p-2}u$$

的极小能量解.

(iv) 存在与 ε 无关的正常数 C_1, C_2 使得

$$|\omega_\varepsilon(x)| \leqslant C_1 e^{-\frac{C_2}{\varepsilon}|x - x_\varepsilon|}, \quad \forall x \in \mathbb{R}^3.$$

对应于方程 (4.2.27) 的能量泛函定义为

$$\Phi_\varepsilon(u) := \frac{1}{2} \int_{\mathbb{R}^3} H_0 u \cdot \bar{u} dx - \Psi_\varepsilon(u) = \frac{1}{2}\|u^+\|^2 - \frac{1}{2}\|u^-\|^2 - \Psi_\varepsilon(u),$$

其中 $u = u^+ + u^- \in E$ 以及

$$\Psi_\varepsilon(u) := \frac{1}{p} \int_{\mathbb{R}^3} P_\varepsilon(x)|u|^p dx.$$

不难验证, $\Phi_\varepsilon \in \mathcal{C}^1(E, \mathbb{R})$ 且知泛函 Φ_ε 的临界点是方程 (4.2.27) 的解.

不难验证:

引理 4.2.16 Ψ_ε 是弱序列下半连续的以及 Ψ_ε' 是弱序列连续的.

引理 4.2.17   泛函 Φ_ε 拥有下面的性质:

(i) 存在与 $\varepsilon > 0$ 无关的常数 $r > 0$ 以及 $\rho > 0$, 使得 $\Phi_\varepsilon|_{B_r^+} \geqslant 0$ 以及 $\Phi_\varepsilon|_{S_r^+} \geqslant \rho$;

(ii) 对任意的 $e \in E^+ \setminus \{0\}$, 存在与 $\varepsilon > 0$ 无关的常数 $R = R_e > 0$ 以及 $C = C_e > 0$, 使得 $\Phi_\varepsilon(u) < 0, \forall u \in E_e \setminus B_R$ 以及 $\max \Phi_\varepsilon(E_e) \leqslant C$.

证明   (i) 对任意 $u \in E^+$, 由可得

$$\Phi_\varepsilon(u) = \frac{1}{2}\|u\|^2 - \Psi_\varepsilon(u) \geqslant \frac{1}{2}\|u\|^2 - \frac{1}{p}m\|u\|^p,$$

因为 $p > 2$, 我们可知 (i) 成立.

(ii) 取 $e \in E^+ \setminus \{0\}$. 对任意的 $u = se + v \in E_e$, 有

$$\begin{aligned}
\Phi_\varepsilon(u) &= \frac{1}{2}\|se\|^2 - \frac{1}{2}\|v\|^2 - \Psi_\varepsilon(u) \\
&\leqslant \frac{1}{2}s^2\|e\|^2 - \frac{1}{2}\|v\|^2 - \frac{\pi_p s^p}{p} \inf P \cdot \|e\|_{L^p}^p,
\end{aligned} \tag{4.2.28}$$

因为 $p > 2$, 我们可知 (ii) 也成立. ∎

正如 [138], 定义

$$c_\varepsilon := \inf_{e \in E^+ \setminus \{0\}} \max_{u \in E_e} \Phi_\varepsilon(u).$$

引理 4.2.18   存在与 $\varepsilon > 0$ 无关的常数 C 使得 $\rho \leqslant c_\varepsilon < C$.

证明   一方面, 由引理 4.2.17 以及 c_ε 的定义, 不难看出 $c_\varepsilon \geqslant \rho$. 另一方面, 任

取 $e \in E^+$ 且满足 $\|e\| = 1$, 则从 (4.2.28) 可得

$$c_\varepsilon \leqslant C \equiv C_e. \qquad \blacksquare$$

对任意的 $u \in E^+$, 类似于文献 [3] 中的约化, 定义如下映射 $\phi_u : E^- \to \mathbb{R}$,

$$\phi_u(v) = \Phi_\varepsilon(u + v).$$

对任意 $v, w \in E^-$, 简单的计算有

$$\phi_u''(v)[w, w] = -\|w\|^2 - \Psi_\varepsilon''(u + v)[w, w] \leqslant -\|w\|^2.$$

此外,

$$\phi_u(v) \leqslant \frac{1}{2}(\|u\|^2 - \|v\|^2).$$

因此, 存在唯一的 $h_\varepsilon : E^+ \to E^-$ 使得

$$\phi_u(h_\varepsilon(u)) = \max_{v \in E^-} \phi_u(v).$$

显然, 对任意 $v \in E^-$, 我们有

$$0 = \phi_u'(h_\varepsilon(u))v = -(h_\varepsilon(u), v) - \Psi_\varepsilon'(u + h_\varepsilon(u))v,$$

以及

$$v \neq h_\varepsilon(u) \Leftrightarrow \Phi_\varepsilon(u + v) < \Phi_\varepsilon(u + h_\varepsilon(u)).$$

注意到, 对任意的 $u \in E^+$ 以及 $v \in E^-$,

$$\phi_u(v) - \phi_u\big(h_\varepsilon(u)\big)$$
$$= \int_0^1 (1-t)\phi_u''\big(h_\varepsilon(u) + t(v - h_\varepsilon(u))\big)[v - h_\varepsilon(u), v - h_\varepsilon(u)]dt$$
$$= -\int_0^1 (1-t)\bigg(\|v - h_\varepsilon(u)\|^2 + (p-1)$$
$$\int_{\mathbb{R}^3} P_\varepsilon(x)|u + h_\varepsilon(u) + t(v - h_\varepsilon(u))|^{p-2}|v - h_\varepsilon(u)|^2 dx\bigg)dt.$$

进而, 我们能推出

$$(p-1)\int_0^1 \int_{\mathbb{R}^3}(1-t)P_\varepsilon(x)|u + h_\varepsilon(u) + t(v - h_\varepsilon(u))|^{p-2}$$

$$\cdot |v - h_\varepsilon(u)|^2 dxdt + \frac{1}{2}\|v - h_\varepsilon(u)\|^2$$

$$= \Phi_\varepsilon\big(u + h_\varepsilon(u)\big) - \Phi_\varepsilon(u + v). \tag{4.2.29}$$

定义 $I_\varepsilon : E^+ \to \mathbb{R}$ 为

$$I_\varepsilon(u) = \Phi_\varepsilon(u + h_\varepsilon(u)) = \frac{1}{2}(\|u\|^2 - \|h_\varepsilon(u)\|^2) - \Psi_\varepsilon(u + h_\varepsilon(u)).$$

令

$$\mathscr{N}_\varepsilon := \{u \in E^+ \setminus \{0\} : I_\varepsilon'(u)u = 0\}.$$

引理 4.2.19　对任意的 $u \in E^+ \setminus \{0\}$, 存在唯一的 $t_\varepsilon = t_\varepsilon(u) > 0$ 使得 $t_\varepsilon u \in \mathscr{N}_\varepsilon$.

证明　注意到, 如果 $z \in E^+ \setminus \{0\}$ 且满足 $I_\varepsilon'(z)z = 0$, 则不难验证

$$I_\varepsilon''(z)[z, z] < 0 \tag{4.2.30}$$

(可参见 [3, 定理 5.1]). 对任意的 $u \in E^+ \setminus \{0\}$, 令 $\alpha(t) = I_\varepsilon(tu)$, 则 $\alpha(0) = 0$, 以及对充分小的 $t > 0$, 我们有 $\alpha(t) > 0$. 此外, 不难看出, 当 $t \to \infty$ 时, $\alpha(t) \to -\infty$. 因此, 存在 $t_\varepsilon = t_\varepsilon(u) > 0$ 使得

$$I_\varepsilon(t_\varepsilon(u)u) = \max_{t \geqslant 0} I_\varepsilon(tu).$$

注意到,

$$\frac{dI_\varepsilon(tu)}{dt}\bigg|_{t=t_\varepsilon(u)} = I_\varepsilon'(t_\varepsilon(u)u)u = \frac{1}{t_\varepsilon(u)} I_\varepsilon'(t_\varepsilon(u)u)(t_\varepsilon(u)u) = 0.$$

故由 (4.2.30) 知

$$I_\varepsilon''(t_\varepsilon(u)u)(t_\varepsilon(u)u) < 0.$$

因此, $t_\varepsilon(u)$ 是唯一的. ∎

定义

$$d_\varepsilon = \inf_{u \in \mathscr{N}_\varepsilon} I_\varepsilon(u).$$

引理 4.2.20　$d_\varepsilon = c_\varepsilon$, 因此存在与 ε 无关的常数 $C > 0$ 使得 $d_\varepsilon \leqslant C$.

证明　事实上, 给定 $e \in E^+$, 如果 $u = v + se \in E_e$ 且 $\Phi_\varepsilon(u) = \max_{z \in E_e} \Phi_\varepsilon(z)$, 则 Φ_ε 在 E_e 上的限制 $\Phi_\varepsilon|_{E_e}$ 满足 $(\Phi_\varepsilon|_{E_e})'(u) = 0$, 这意味着 $v = h_\varepsilon(se)$ 以

及 $I_\varepsilon'(se)(se) = \Phi_\varepsilon'(u)(se) = 0$, 即 $se \in \mathscr{N}_\varepsilon$. 因此 $d_\varepsilon \leqslant c_\varepsilon$. 另一方面, 如果 $w \in \mathscr{N}_\varepsilon$, 则 $(\Phi_\varepsilon|_{E_w})'(w + h_\varepsilon(w)) = 0$, 故 $c_\varepsilon \leqslant \max\limits_{u \in E_w} \Phi_\varepsilon(u) = I_\varepsilon(w)$. 因此 $d_\varepsilon \geqslant c_\varepsilon$. 这就证明了 $d_\varepsilon = c_\varepsilon$. 现在, 结合引理 4.2.18 立刻推出想要的结论. ■

引理 4.2.21 任给 $e \in E^+ \setminus \{0\}$, 存在与 $\varepsilon > 0$ 无关的常数 $T_e > 0$, 使得 $t_\varepsilon \leqslant T_e$, 其中 $t_\varepsilon > 0$ 满足 $t_\varepsilon e \in \mathscr{N}_\varepsilon$.

证明 由 $I_\varepsilon'(t_\varepsilon e)(t_\varepsilon e) = 0$ 易知, Φ_ε 的限制满足 $(\Phi_\varepsilon|_{E_e})'(t_\varepsilon e + h_\varepsilon(t_\varepsilon e)) = 0$. 因此

$$\Phi_\varepsilon(t_\varepsilon e + h_\varepsilon(t_\varepsilon e)) = \max_{w \in E_e} \Phi_\varepsilon(w).$$

结合引理 4.2.20 以及 (4.2.28), 即可推出结论. ■

极限方程

我们将充分使用极限方程来证明我们的主要结果. 对任意 $b > 0$, 考虑下面的常系数方程

$$-i\alpha \cdot \nabla u + a\beta u = b|u|^{p-2}u, \quad u \in H^1(\mathbb{R}^3, \mathbb{C}^4). \tag{4.2.31}$$

方程 (4.2.31) 的解是下面泛函的临界点

$$\Gamma_b(u) := \frac{1}{2}(\|u^+\|^2 - \|u^-\|^2) - \frac{1}{p}b\int_{\mathbb{R}^3}|u|^p dx = \frac{1}{2}(\|u^+\|^2 - \|u^-\|^2) - \Psi_b(u),$$

其中 $u = u^- + u^+ \in E = E^- \oplus E^+$ 以及

$$\Psi_b(u) = \frac{1}{p}b\int_{\mathbb{R}^3}|u|^p dx.$$

下面的集合分别表示 Γ_b 的临界点集、极小能量以及极小能量集:

$$\mathscr{L}_b := \{u \in E : \Gamma_b'(u) = 0\},$$

$$\gamma_b := \inf\{\Gamma_b(u) : u \in \mathscr{L}_b \setminus \{0\}\},$$

$$\mathscr{R}_b := \{u \in \mathscr{L}_b : \Gamma_b(u) = \gamma_b, |u(0)| = |u|_\infty\}.$$

下面的引理来源于文献 [51].

引理 4.2.22 下面的结论成立:

(i) $\mathscr{L}_b \neq \varnothing, \gamma_b > 0$ 以及对任意的 $q \geqslant 2$, 成立 $\mathscr{L}_b \subset \bigcap\limits_{q \geqslant 2} W^{1,q}$;

(ii) γ_b 是可达的以及 $\mathscr{R}_b$ 在 $H^1(\mathbb{R}^3, \mathbb{C}^4)$ 中是紧的;

(iii) 对任意的 $u \in \mathscr{R}$, 存在常数 $C, c > 0$ 使得

$$|u(x)| \leqslant Ce^{-c|x|}, \quad \forall x \in \mathbb{R}^3.$$

正如之前, 我们介绍一些记号:

$$\mathscr{J}_b : E^+ \to E^- : \ \Gamma_b(u + \mathscr{J}_b(u)) = \max_{v \in E^-} \Gamma_b(u + v),$$

$$J_b : E^+ \to \mathbb{R} : \ J_b(u) = \Gamma_b(u + \mathscr{J}_b(u)),$$

$$\mathscr{M}_b := \{u \in E^+ \setminus \{0\} : J_b'(u)u = 0\}.$$

显然, 通过从 E^+ 到 E 上的单映射 $u \to u + \mathscr{J}_b(u)$ 可知, J_b 和 Γ_b 的临界点是一一对应的.

注意到, 类似于 (4.2.29), 对任意的 $u \in E^+$ 以及 $v \in E^-$, 成立

$$(p-1)\int_0^1 \int_{\mathbb{R}^3} (1-t)b|u + h_\varepsilon(u) + t(v - \mathscr{J}_b(u))|^{p-2}|v - h_\varepsilon(u)|^2 dx dt$$
$$+ \frac{1}{2}\|v - \mathscr{J}_b(u)\|^2$$
$$= \Gamma_b(u + \mathscr{J}_b(u)) - \Gamma_b(u + v). \tag{4.2.32}$$

也类似于引理 4.2.21, 对每一个 $u \in E^+ \setminus \{0\}$, 存在唯一的 $t = t(u) > 0$ 使得 $tu \in \mathscr{M}_b$.

显然, J_b 拥有山路结构. 令

$$b_1 := \inf\{J_b(u) : u \in \mathscr{M}_b\},$$

$$b_2 := \inf_{\gamma \in \Omega_b} \max_{t \in [0,1]} J_b(\gamma(t)),$$

$$b_3 := \inf_{\gamma \in \tilde{\Omega}_b} \max_{t \in [0,1]} J_b(\gamma(t)),$$

其中

$$\Omega_b := \{\gamma \in \mathcal{C}([0,1], E^+) : \gamma(0) = 0, J_b(\gamma(1)) < 0\},$$

以及

$$\tilde{\Omega}_b := \{\gamma \in \mathcal{C}([0,1], E^+) : \gamma(0) = 0, \gamma(1) = u_0\},$$

这里 $u_0 \in E^+$ 且满足 $J_b(u_0) < 0$. 则

$$\gamma_b = b_1 = b_2 = b_3.$$

可参见 [51, 引理 3.8].

引理 4.2.23 令 $u \in \mathscr{M}_b$ 使得 $J_b(u) = \gamma_b$, 则

$$\max_{w \in E_u} \Gamma_b(w) = J_b(u).$$

证明 首先, 由 $u + \mathscr{J}_b(u) \in E_u$ 知

$$J_b(u) = \Gamma_b(u + \mathscr{J}_b(u)) \leqslant \max_{w \in E_u} \Gamma_b(w).$$

另一方面, 对任意的 $w = v + su \in E_u$, 我们有

$$\Gamma_b(w) := \frac{1}{2}\|su\|^2 - \frac{1}{2}\|v\|^2 - \Psi_b(u + sv) \leqslant \Gamma_b(su + \mathscr{J}_b(su)) = J_b(su).$$

因此, 由 $u \in \mathscr{M}_b$ 可得

$$\max_{w \in E_u} \Gamma_b(w) \leqslant \max_{s \geqslant 0} J_b(su) = J_b(u). \qquad \blacksquare$$

下面的引理描述了对不同参数之间极小能量值的比较, 这对证明解的存在性是非常重要的.

引理 4.2.24 如果 $b_1 < b_2$, 则 $\gamma_{b_1} > \gamma_{b_2}$.

证明 令 $u \in \mathscr{L}_{b_1}$ 满足 $\Gamma_{b_1}(u) = \gamma_{b_1}$ 并且取 $e = u^+$. 则

$$\gamma_{b_1} = \Gamma_{b_1}(u) = \max_{w \in E_e} \Gamma_{b_1}(w).$$

令 $u_1 \in E_e$ 使得 $\Gamma_{b_2}(u_1) = \max_{w \in E_e} \Gamma_{b_2}(w)$. 我们有

$$\gamma_{b_1} = \Gamma_{b_1}(u) \geqslant \Gamma_{b_1}(u_1) = \Gamma_{b_2}(u_1) + \frac{1}{p}(b_2 - b_1)|u_1|_p^p$$

$$\geqslant \gamma_{b_2} + \frac{1}{p}(b_2 - b_1)|u_1|_p^p. \qquad \blacksquare$$

引理 4.2.25 对任意的 $\varepsilon > 0$, 我们有 $d_\varepsilon \geqslant \gamma_m$.

证明 若不然, 则存在 $\varepsilon_0 > 0$ 使得 $d_{\varepsilon_0} < \gamma_m$. 由定义以及引理 4.2.20, 我们能选择 $e \in E^+ \setminus \{0\}$ 使得 $\max_{u \in E_e} \Phi_{\varepsilon_0}(u) < \gamma_m$. 再次由定义可得 $\gamma_m \leqslant \max_{u \in E_e} \Gamma_m(u)$. 因为 $P_{\varepsilon_0}(x) \leqslant m, \Phi_{\varepsilon_0}(u) \geqslant \Gamma_m(u), \forall u \in E$, 我们得到

$$\gamma_m > \max_{u \in E_e} \Phi_{\varepsilon_0}(u) \geqslant \max_{u \in E_e} \Gamma_m(u) \geqslant \gamma_m,$$

矛盾.　　　　　　　　　　　　　　　　　　　　　　　　　　■

极小能量解的存在性

现在我们将证明方程 (4.2.27) 基态解的存在性. 关键的一步是证明, 当 $\varepsilon \to 0$ 时, $d_\varepsilon \to \gamma_m$, 也就是下面的引理 4.2.26.

引理 4.2.26　当 $\varepsilon \to 0$ 时, $d_\varepsilon \to \gamma_m$.

证明　令 $W^0(x) = m - P(x), W_\varepsilon^0(x) = W^0(\varepsilon x)$. 则

$$\Phi_\varepsilon(v) = \Gamma_m(v) + \frac{1}{p}\int_{\mathbb{R}^3} W_\varepsilon^0(x)|v|^p dx. \tag{4.2.33}$$

由引理 4.2.22, 令 $u = u^- + u^+ \in \mathscr{R}_m$ 是方程 (4.2.31) 对应于 $b = m$ 的一个极小能量解, 且令 $e = u^+$. 显然, $e \in \mathscr{M}_m, \mathscr{J}_m(e) = u^-$ 以及 $J_m(e) = \gamma_m$. 则存在唯一的 $t_\varepsilon > 0$ 使得 $t_\varepsilon e \in \mathscr{N}_\varepsilon$. 从而就有

$$d_\varepsilon \leqslant I_\varepsilon(t_\varepsilon e).$$

由引理 4.2.21 知 $\{t_\varepsilon\}$ 是有界的, 不失一般性, 当 $\varepsilon \to 0$ 时, 可假设 $t_\varepsilon \to t_0$. 注意到, 从 (4.2.29), (4.2.32) 可得

$$\frac{1}{2}\|\mathscr{J}_m(t_\varepsilon e) - h_\varepsilon(t_\varepsilon e)\|^2 + (\mathrm{I})$$
$$\leqslant \Phi_\varepsilon(t_\varepsilon e + h_\varepsilon(t_\varepsilon e)) - \Phi_\varepsilon(t_\varepsilon e + \mathscr{J}_m(t_\varepsilon e))$$
$$= \Gamma_m(t_\varepsilon e + h_\varepsilon(t_\varepsilon e)) + \frac{1}{p}\int_{\mathbb{R}^3} W_\varepsilon^0(x)|t_\varepsilon e + h_\varepsilon(t_\varepsilon e)|^p dx$$
$$- \Gamma_m(t_\varepsilon e + \mathscr{J}_m(t_\varepsilon e)) - \frac{1}{p}\int_{\mathbb{R}^3} W_\varepsilon^0(x)|t_\varepsilon e + \mathscr{J}_m(t_\varepsilon e)|^p dx$$
$$= -\Big(\Gamma_m(t_\varepsilon e + \mathscr{J}_m(t_\varepsilon e)) - \Gamma_m(t_\varepsilon e + h_\varepsilon(t_\varepsilon e))\Big)$$
$$+ \frac{1}{p}\int_{\mathbb{R}^3} W_\varepsilon^0(x)\Big(|t_\varepsilon e + h_\varepsilon(t_\varepsilon e)|^p - |t_\varepsilon e + \mathscr{J}_m(t_\varepsilon e)|^p\Big)dx.$$

因此

$$\|h_\varepsilon(t_\varepsilon e) - \mathscr{J}_m(t_\varepsilon e)\|^2 + (\mathrm{I}) + (\mathrm{II})$$
$$\leqslant \frac{1}{p}\int_{\mathbb{R}^3} W_\varepsilon^0(x)\Big(|t_\varepsilon e + \mathscr{J}_m(t_\varepsilon e)|^p - |t_\varepsilon e + \mathscr{J}_m(t_\varepsilon e)|^p\Big)dx, \tag{4.2.34}$$

其中

$$(\mathrm{I}) := (p-1)\int_{\mathbb{R}^3}\int_0^1 (1-s)P_\varepsilon(x)\bigg(\big|t_\varepsilon e + h_\varepsilon(t_\varepsilon e)$$
$$+ s\big(\mathscr{I}_m(t_\varepsilon e) - h_\varepsilon(t_\varepsilon e)\big)\big|^{p-2}\cdot\big|\mathscr{I}_m(t_\varepsilon e) - h_\varepsilon(t_\varepsilon e)\big|^2\bigg)dsdx,$$

$$(\mathrm{II}) := (p-1)\int_{\mathbb{R}^3}\int_0^1 (1-s)m\bigg(\big|t_\varepsilon e + \mathscr{I}_m(t_\varepsilon e)$$
$$+ s\big(h_\varepsilon(t_\varepsilon e) - \mathscr{I}_m(t_\varepsilon e)\big)\big|^{p-2}\cdot\big|h_\varepsilon(t_\varepsilon e) - \mathscr{I}_m(t_\varepsilon e)\big|^2\bigg)dsdx.$$

注意到

$$|t_\varepsilon e + h_\varepsilon(t_\varepsilon e)|^p - |t_\varepsilon e + \mathscr{I}_m(t_\varepsilon e)|^p$$
$$= |t_\varepsilon e + \mathscr{I}_m(t_\varepsilon e)|^{p-2}\langle t_\varepsilon e + \mathscr{I}_m(t_\varepsilon e), h_\varepsilon(t_\varepsilon e) - \mathscr{I}_m(t_\varepsilon e)\rangle$$
$$+ (p-1)\int_0^1 (1-s)\bigg(\big|t_\varepsilon e + \mathscr{I}_m(t_\varepsilon e) + s\big(h_\varepsilon(t_\varepsilon e)$$
$$- \mathscr{I}_m(t_\varepsilon e)\big)\big|^{p-2}\cdot|h_\varepsilon(t_\varepsilon e) - \mathscr{I}_m(t_\varepsilon e)|^2\bigg)ds.$$

代入 (4.2.34), 就有

$$\|h_\varepsilon(t_\varepsilon e) - \mathscr{I}_m(t_\varepsilon e)\|^2 + (\mathrm{I}) + \left(1-\frac{1}{p}\right)(\mathrm{II})$$
$$\leqslant \frac{1}{p}\int_{\mathbb{R}^3} W_\varepsilon^0(x)|t_\varepsilon e + \mathscr{I}_m(t_\varepsilon e)|^{p-1}|h_\varepsilon(t_\varepsilon e) - \mathscr{I}_m(t_\varepsilon e)|dx$$
$$\leqslant \left(\int_{\mathbb{R}^3}\big(W_\varepsilon^0(x)\big)^{\frac{p}{p-1}}|t_\varepsilon e + \mathscr{I}_m(t_\varepsilon e)|^p dx\right)^{\frac{p}{p-1}}|h_\varepsilon(t_\varepsilon e) - \mathscr{I}_m(t_\varepsilon e)|_p. \qquad (4.2.35)$$

由 $t_\varepsilon \to t_0$ 以及 e 的指数衰减, 可得

$$\limsup_{R\to\infty}\int_{|x|\geqslant R}|t_\varepsilon e + \mathscr{I}_m(t_\varepsilon e)|^p dx = 0,$$

这就蕴含着, 当 $\varepsilon \to 0$ 时

$$\int_{\mathbb{R}^3}\big(W_\varepsilon^0(x)\big)^{\frac{p}{p-1}}|t_\varepsilon e + \mathscr{I}_m(t_\varepsilon e)|^p dx$$
$$= \left(\int_{|x|\leqslant R} + \int_{|x|>R}\right)\big(W_\varepsilon^0(x)\big)^{\frac{p}{p-1}}|t_\varepsilon e + \mathscr{I}_m(t_\varepsilon e)|^p dx$$
$$\leqslant \int_{|x|\leqslant R}\big(W_\varepsilon^0(x)\big)^{\frac{p}{p-1}}|t_\varepsilon e + \mathscr{I}_m(t_\varepsilon e)|^p dx + m^{\frac{p}{p-1}}\int_{|x|>R}|t_\varepsilon e + \mathscr{I}_m(t_\varepsilon e)|^p dx$$
$$= o_\varepsilon(1).$$

因此, 由 (4.2.35) 可得 $\|h_\varepsilon(t_\varepsilon e) - \mathscr{J}_m(t_\varepsilon e)\|^2 \to 0.$ 也就是 $h_\varepsilon(t_\varepsilon e) \to \mathscr{J}_m(t_0 e).$ 故当 $\varepsilon \to 0$ 时

$$\int_{\mathbb{R}^3} W_\varepsilon^0(x)|t_\varepsilon e + h_\varepsilon(t_\varepsilon e)|^p dx \to 0.$$

结合 (4.2.33) 可得

$$\Phi_\varepsilon(t_\varepsilon e + h_\varepsilon(t_\varepsilon e)) = \Gamma_m(t_\varepsilon e + h_\varepsilon(t_\varepsilon e)) + o_\varepsilon(1) = \Gamma_m(t_0 e + \mathscr{J}_m(t_0 e)) + o_\varepsilon(1),$$

也就是

$$I_\varepsilon(t_\varepsilon e) = J_m(t_0 e) + o_\varepsilon(1).$$

由引理 4.2.23 知

$$J_m(t_0 e) \leqslant \max_{v \in E_e} \Gamma_m(v) = J_m(e) = \gamma_m.$$

引理 4.2.25 以及 $d_\varepsilon \leqslant I_\varepsilon(t_\varepsilon e)$ 蕴含着

$$\gamma_m \leqslant \lim_{\varepsilon \to 0} d_\varepsilon \leqslant \lim_{\varepsilon \to 0} I_\varepsilon(t_\varepsilon e) = J_m(t_0 e) \leqslant \gamma_m.$$

因此 $d_\varepsilon \to \gamma_m.$ ∎

引理 4.2.27 对充分小的 $\varepsilon > 0$, c_ε 是可达的.

证明 给定 $\varepsilon > 0$, 令 $u_n \in \mathcal{N}_\varepsilon$ 是 I_ε 的极小化序列: $I_\varepsilon(u_n) \to d_\varepsilon$. 由 Eke-land 变分原理, 我们可假设 $\{u_n\}$ 是 I_ε 在 $\mathcal{N}_\varepsilon$ 上的 $(PS)_{d_\varepsilon}$-序列. 由标准的讨论可知, $\{u_n\}$ 实际上是 I_ε 在 E^+ 上的 $(PS)_{d_\varepsilon}$-序列 (参见 [124, 154]). 则 $w_n = u_n + \mathscr{J}_\varepsilon(u_n)$ 是 Φ_ε 在 E 上的 $(PS)_{c_\varepsilon}$-序列. 不难验证, $\{w_n\}$ 是有界的. 不失一般性, 可假设在 E 中 $w_n \rightharpoonup w_\varepsilon = z_\varepsilon^+ + z_\varepsilon^- \in \mathcal{H}$. 如果 $w_\varepsilon \neq 0$, 则易证 $\Phi_\varepsilon(w_\varepsilon) = d_\varepsilon$. 接下来我们只需仅仅证明, 对充分小的 $\varepsilon > 0$, 有 $w_\varepsilon \neq 0$.

取 $\limsup_{|x| \to \infty} P(x) < b < m$ 且定义

$$P^b(x) = \min\{b, P(x)\}.$$

考虑下面的泛函

$$\Phi_\varepsilon^b(u) = \frac{1}{2}(\|u^+\|^2 - \|u^-\|^2) - \frac{1}{p}\int_{\mathbb{R}^3} P_\varepsilon^b(x)|u|^p dx,$$

正如之前, 定义 $h_\varepsilon^b : E^+ \to E^-, I_\varepsilon^b : E^+ \to \mathbb{R}, \mathcal{N}_\varepsilon, d_\varepsilon^b$ 等. 从前面的证明, 不难看到, 当 $\varepsilon \to 0$ 时

$$\gamma_b \leqslant d_\varepsilon^b \to \gamma_b. \tag{4.2.36}$$

若不然, 即假设存在序列满足 $\varepsilon_j \to 0$ 且 $w_{\varepsilon_j} = 0$. 则在 E 中 $w_n = u_n + h_{\varepsilon_j}(u_n) \rightharpoonup 0$, 在 $L_{\mathrm{loc}}^t(\mathbb{R}^3, \mathbb{C}^4)$ 中 $u_n \to 0$, $t \in [1,3)$, 以及 $w_n(x) \to 0$ a.e. $x \in \mathbb{R}^3$. 设 $t_n > 0$ 使得 $t_n u_n \in \mathcal{N}_{\varepsilon_j}^b$. 则 $\{t_n\}$ 是有界的, 故当 $n \to \infty$ 时, 可假设 $t_n \to t_0$. 由假设 (P_0) 知, 集合 $A_\varepsilon := \{x \in \mathbb{R}^3 : P_\varepsilon(x) > b\}$ 是有界的. 注意到, 当 $n \to \infty$ 时, 在 E 中 $h_{\varepsilon_j}^b(t_n u_n) \rightharpoonup 0$ 以及在 $L_{\mathrm{loc}}^t(\mathbb{R}^3, \mathbb{C}^4)$ 中 $h_{\varepsilon_j}^b(t_n u_n) \to 0$. 此外, 由引理 4.2.23 可知, $\Phi_{\varepsilon_j}(t_n u_n + h_{\varepsilon_j}^b t_n u_n) \leqslant I_{\varepsilon_j}(u_n)$. 因此, 当 $n \to \infty$ 时

$$
\begin{aligned}
d_{\varepsilon_j}^b &\leqslant I_{\varepsilon_j}^b(t_n u_n) = \Phi_{\varepsilon_j}^b(t_n u_n + h_{\varepsilon_j}^b(t_n u_n)) \\
&= \Phi_{\varepsilon_j}(t_n u_n + h_{\varepsilon_j}^b(t_n u_n)) + \frac{1}{p}\int_{\mathbb{R}^3}\left(P_{\varepsilon_j}(x) - P_{\varepsilon_j}^b(x)\right)|t_n u_n + h_{\varepsilon_j}^b(t_n u_n)|^p dx \\
&\leqslant I_{\varepsilon_j}(u_n) + \frac{1}{p}\int_{A_{\varepsilon_j}}\left(P_{\varepsilon_j}(x) - P_{\varepsilon_j}^b(x)\right)|t_n u_n + h_{\varepsilon_j}^b(t_n u_n)|^p dx \\
&= d_{\varepsilon_j} + o_n(1),
\end{aligned}
$$

故 $d_{\varepsilon_j}^b \leqslant d_{\varepsilon_j}$. 令 $\varepsilon_j \to 0$ 可得

$$\gamma_b \leqslant \gamma_m,$$

这与 $\gamma_m < \gamma_b$ 矛盾. ■

引理 4.2.28 对充分小的 $\varepsilon > 0$, $\mathcal{J}_\varepsilon$ 是紧的.

证明 若不然, 即假设存在序列满足 $\varepsilon_j \to 0$ 且 $\mathcal{J}_{\varepsilon_j}$ 是非紧的. 设 $u_n^j \in \mathcal{J}_{\varepsilon_j}$ 且满足 $u_n^j \rightharpoonup 0 (n \to \infty)$. 正如引理 4.2.27 证明, 我们可以得到矛盾. ■

为了记号使用方便, 记

$$D = -i\sum_{k=1}^{3}\alpha_k \partial_k,$$

则 (4.2.27) 可以改写成

$$Du = -a\beta u + P_\varepsilon(x)|u|^{p-2}u.$$

对任意的 $u \in \mathcal{H}_\varepsilon$, 由引理 4.2.14 知 $u \in \bigcap_{q \geqslant 2} W^{1,q}$. 算子 D 作用在上式的两边以

及使用事实 $D^2 = -\Delta$ 可得

$$-\Delta u = -a^2 u + r_\varepsilon(x, |u|),$$

其中

$$r_\varepsilon(x, |u|) = |u|^{p-2}\bigg(D(P_\varepsilon(x)) - i(p-2)P_\varepsilon(x)\sum_{k=1}^{3}\alpha_k\frac{\Re\langle\partial_k u, u\rangle}{|u|^2} + P_\varepsilon^2(x)|u|^{p-2}\bigg).$$

令

$$\operatorname{sgn} u = \begin{cases} \dfrac{\bar{u}}{|u|}, & \text{如果 } u \neq 0, \\[2mm] 0, & \text{如果 } u = 0. \end{cases}$$

则由 Kato 不等式 [43] 可得

$$\Delta|u| \geqslant \Re[\Delta u(\operatorname{sgn} u)].$$

注意到

$$\Re\bigg[\bigg(D(P_\varepsilon(x)) - i(p-2)P_\varepsilon(x)\sum_{k=1}^{3}\alpha_k\frac{\Re\langle\partial_k u, u\rangle}{|u|^2}\bigg)u\frac{\bar{u}}{|u|}\bigg] = 0.$$

因此

$$\Delta|u| \geqslant (a^2 - (P_\varepsilon(x)|u|^{p-2})^2)|u|. \tag{4.2.37}$$

因为 $u \in W^{1,q}$ 对任意的 $q \geqslant 2$ 成立, 由下解估计 [80,136] 我们有

$$|u(x)| \leqslant C_0 \int_{B_1(x)} |u(y)|dy, \tag{4.2.38}$$

其中 C_0 与 $x, u \in \mathscr{H}_\varepsilon, \varepsilon > 0$ 无关.

引理 4.2.29　存在 $|u_\varepsilon|$ 的最大值点 x_ε 使得 $\lim_{\varepsilon\to 0}\operatorname{dist}(y_\varepsilon, \mathscr{P}) = 0$, 其中 $y_\varepsilon = \varepsilon x_\varepsilon$. 此外, 对任意的这种 x_ε, $v_\epsilon(x) := u_\varepsilon(x + x_\varepsilon)$ 在 E 中收敛到下面极限方程

$$-i\alpha \cdot \nabla u + a\beta u = m|u|^{p-2}u$$

的极小能量解.

证明　令 $\varepsilon_j \to 0$ 以及 $u_j \in \mathscr{S}_j$, 其中 $\mathscr{S}_j = \mathscr{S}_{\varepsilon_j}$. 则 $\{u_j\}$ 是有界的. 由标准

的集中紧讨论可知, 存在序列 $\{x_j\} \subset \mathbb{R}^3$ 以及常数 $R > 0, \delta > 0$ 使得

$$\liminf_{j \to \infty} \int_{B(x_j, R)} |u_j|^2 dx \geqslant \delta.$$

令

$$v_j(x) := u_j(x + x_j).$$

则 v_j 是下面方程的解

$$-i\alpha \cdot \nabla v_j + a\beta v_j = \hat{P}_{\varepsilon_j}(x)|v_j|^{p-2}v_j, \tag{4.2.39}$$

其能量为

$$\begin{aligned}
\mathcal{E}(v_j) &= \frac{1}{2}\|v_j^+\|^2 - \frac{1}{2}\|v_j^-\|^2 - \frac{1}{p}\int_{\mathbb{R}^3} \hat{P}_{\varepsilon_j}(x)|v_j|^p dx \\
&= \Phi_{\varepsilon_j}(u_j) = \left(\frac{1}{2} - \frac{1}{p}\right)\int_{\mathbb{R}^3} \hat{P}_{\varepsilon_j}(x)|v_j|^p dx \\
&= d_{\varepsilon_j},
\end{aligned} \tag{4.2.40}$$

其中 $\hat{P}_{\varepsilon_j}(x) = P(\varepsilon_j(x + x_j))$. 此外由 v_j 的有界性, 我们可设在 E 中 $v_j \rightharpoonup v$, 在 L^t_{loc} 中 $v_j \to v$, $t \in [1, 3)$ 且 $v \neq 0$.

接下来我们断言 $\{\varepsilon_j x_j\}$ 在 $\mathbb{R}^3$ 中是有界的. 若不然, 在子列意义下, 我们可假设 $|\varepsilon_j x_j| \to \infty$. 不失一般性, 不妨假设 $P(\varepsilon_j x_j) \to P_\infty$. 显然, 由假设 (P_0) 知 $m > P_\infty$. 注意到, 对任意的 $\varphi \in \mathcal{C}_0^\infty$, 成立

$$\begin{aligned}
0 &= \lim_{j \to \infty} \int_{\mathbb{R}^3} \langle H_0 v_j - \hat{P}_{\varepsilon_j}(x)|v_j|^{p-2}v_j, \varphi \rangle dx \\
&= \int_{\mathbb{R}^3} \langle H_0 v - P_\infty |v|^{p-2}v, \varphi \rangle dx.
\end{aligned}$$

因此 v 是下面方程的解

$$-i\alpha \cdot \nabla v + a\beta v = P_\infty |v|^{p-2}v, \tag{4.2.41}$$

以及其能量满足

$$\mathcal{E}(v) := \frac{1}{2}(\|v^+\|^2 - \|v^-\|^2) - \frac{1}{p}\int_{\mathbb{R}^3} P_\infty |v|^p dx \geqslant \gamma_{P_\infty}.$$

注意到, 由引理 4.2.24 以及 $m > P_\infty$ 可知 $\gamma_m < \gamma_{P_\infty}$. 此外, 由 Fatou 引理可得

$$\lim_{j\to\infty}\left(\frac{1}{2}-\frac{1}{p}\right)\int_{\mathbb{R}^3}\hat{P}_{\varepsilon_j}|v_j|^p dx \geqslant \left(\frac{1}{2}-\frac{1}{p}\right)\int_{\mathbb{R}^3}P_\infty|v|^p dx = \mathcal{E}(v).$$

结合 (4.2.40) 便可得

$$\gamma_m < \gamma_{P_\infty} \leqslant \mathcal{E}(v) \leqslant \lim_{\varepsilon\to 0}d_{\varepsilon_j} = \gamma_m,$$

这就得到一个矛盾.

因此 $\{\varepsilon_j x_j\}$ 是有界的. 不妨假设 $y_j = \varepsilon_j x_j \to y_0$. 则 v 是下面方程的解

$$-i\alpha\cdot\nabla v + a\beta v = P(y_0)|v|^{p-2}v.$$

因为 $P(y_0) \leqslant m$, 则能量满足

$$\mathcal{E}(v) := \frac{1}{2}(\|v^+\|^2 - \|v^-\|^2) - \frac{1}{p}\int_{\mathbb{R}^3}P(y_0)|v|^p dx \geqslant \gamma_{P_\infty} \geqslant \gamma_m.$$

再次使用引理 4.2.29 可得

$$\mathcal{E}(v) = \left(\frac{1}{2}-\frac{1}{p}\right)\int_{\mathbb{R}^3}P(y_0)|v|^p dx \leqslant \lim_{j\to\infty}d_{\varepsilon_j} = \gamma_m.$$

这就蕴含着 $\mathcal{E}(v) = \gamma_m$. 因此 $P(y_0) = m$, 则由引理 4.2.24 可知 $y_0 \in \mathscr{P}$.

从上面的讨论也可知

$$\lim_{j\to\infty}\int_{\mathbb{R}^3}\hat{P}_{\varepsilon_j}|v_j|^p dx = \int_{\mathbb{R}^3}P(y_0)|v|^p dx = \frac{2p\gamma_m}{p-2},$$

则由 Brezis-Lieb 引理可得 $|v_j - v|_p \to 0$, 进而有 $\|(v_j-v)^\pm\|_{L^p} \to 0$. 为了证明 v_j 在 E 中收敛到 v, 记 $z_j = v_j - v$. 注意到, $z_j^\pm$ 在 L^p 中收敛到 0, 用 z_j^+ 在方程 (4.2.39) 中作为检验函数可得

$$(v^+, z_j^+) = o_j(1).$$

类似地, 由 v 的衰减性、(4.2.41) 以及 $z_j^\pm$ 在 L^2_{loc} 中收敛到 0 可得

$$\|z_j^+\|^2 = o_j(1).$$

类似地

$$\|z_j^-\|^2 = o_j(1).$$

这就证明了 v_j 在 E 中收敛到 v.

现在我们验证 v_j 在 H^1 中收敛到 v. 由 (4.2.39) 以及 (4.2.41), 我们有

$$H_0 z_j = \hat{P}_{\varepsilon_j}(x)(|v_j|^{p-2}v_j - |v|^{p-2}v) + (\hat{P}_{\varepsilon_j}(x) - m)|v|^{p-2}v,$$

以及由 v 的衰减性可知

$$\lim_{R\to\infty} \int_{|x|\leqslant R} \left|(\hat{P}_{\varepsilon_j}(x) - m)|v|^{p-2}v\right|^2 dx = 0.$$

结合一致估计 (4.2.25) 就有 $\|H_0 z_j\|_{L^2} \to 0$. 因此, v_j 在 H^1 中收敛到 v.

由于 (4.2.38), 我们不妨假设 $x_j \in \mathbb{R}^3$ 是 $|u_j|$ 的最大值点. 此外, 从上面的讨论我们很容易看到, 任意这种满足 $y_j = \varepsilon_j x_j$ 的序列收敛到 $\mathscr{P}$ 中. ∎

下面我们考虑解的衰减性.

引理 4.2.30 当 $|x| \to \infty$ 时, $v_j(x) \to 0$ 关于 $j \in \mathbb{N}$ 一致成立.

证明 假设这个引理的结论不成立, 则从 (4.2.38) 知存在 $\kappa > 0$ 以及 $x_j \in \mathbb{R}^3$ 且 $|x_j| \to \infty$, 使得

$$\kappa \leqslant |v_j(x_j)| \leqslant C_0 \int_{B_1(x_j)} |v_j(x)| dx.$$

由 v_j 在 H^1 中收敛到 v 可得

$$\begin{aligned}
\kappa &\leqslant C_0 \int_{B_1(x_j)} |v_j| dx \leqslant C_0 \left(\int_{B_1(x_j)} |v_j(x)|^2 dx \right)^{\frac{1}{2}} \\
&\leqslant C_0 \left(\int_{\mathbb{R}^3} |v_j - u|^2 dx \right)^{\frac{1}{2}} + C_0 \left(\int_{B_1(x_j)} |u(x)|^2 dx \right)^{\frac{1}{2}} \to 0,
\end{aligned}$$

这就得到矛盾. ∎

引理 4.2.31 存在常数 $C > 0$ 使得

$$|u_j(x)| \leqslant Ce^{-\frac{a}{\sqrt{\tau}}|x|}, \quad \forall x \in \mathbb{R}^3$$

关于 $j \in \mathbb{N}$ 一致成立.

证明 由引理 4.2.30, 选取 $\delta > 0$ 以及 $R > 0$ 使得 $|v_j(x)| \leqslant \delta$, 且对任意的 $R > 0, j \in \mathbb{N}$, 我们有

$$\left| \Re\left[r_{\varepsilon_j}(x, |v_j|) v_j \frac{\overline{v_j}}{|v_j|} \right] \right| \leqslant \frac{a^2}{2} |v_j|.$$

结合 (4.2.37) 可得

$$\Delta |v_j| \geqslant \frac{a^2}{2}|v_j|, \quad \forall\, |x| \geqslant R, \quad j \in \mathbb{N}.$$

令 $\Gamma(x) = \Gamma(x,0)$ 是 $-\Delta + \dfrac{a^2}{2}$ 的基本解 (参见 [136]). 使用一致有界估计, 我们能够选取 Γ 使得 $|v_j(x)| \leqslant \dfrac{a^2}{2}\Gamma(x)$ 对 $|x| = R$ 以及任意的 $j \in \mathbb{N}$ 上成立. 令 $z_j = |v_j| - \dfrac{a^2}{2}\Gamma$. 则

$$\Delta z_j = \Delta|v_j| - \frac{a^2}{2}\Delta\Gamma \geqslant \frac{a^2}{2}\left(|v_j| - \frac{a^2}{2}\Gamma\right) = \frac{a^2}{2}z_j.$$

由极大值原理可得 $z_j(x) \leqslant 0$ 在 $|x| \geqslant R$ 上成立. 众所周知, 存在常数 $C' > 0$ 使得 $\Gamma(x) \leqslant C'e^{-\frac{a}{\sqrt{2}}|x|}$ 在 $|x| \geqslant 1$ 上成立. 因此,

$$|u_j(x)| \leqslant Ce^{-\frac{a}{\sqrt{2}}|x - x_j|}, \quad \forall x \in \mathbb{R}^3$$

关于 $j \in \mathbb{N}$ 一致成立. 这就完成了引理 4.2.31 的证明. ■

定义 $\omega_j(x) := u_j\left(\dfrac{x}{\varepsilon_j}\right)$, 则 ω_j 是方程组 (4.2.26) 的极小能量解, $x_{\varepsilon_j} := \varepsilon_j y_j$ 是 $|\omega_j|$ 最大值点且由引理4.2.27—引理4.2.29, 我们知定理 4.2.15(i)—(iii) 成立. 此外,

$$|\omega_j(x)| = \left|u_j\left(\frac{x}{\varepsilon_j}\right)\right| = \left|v_j\left(\frac{x}{\varepsilon_j} - y_j\right)\right| \leqslant Ce^{-c|\frac{x}{\varepsilon_j} - y_j|} = Ce^{-\frac{c}{\varepsilon_j}|x - \varepsilon_j y_j|} = Ce^{-\frac{c}{\varepsilon_j}|x - x_j|}.$$

因此, 这就完成了定理 4.2.15 的证明.

带有局部线性位势 Dirac 方程解的集中性

在这节, 我们研究如下带有局部线性位势的 Dirac 方程:

$$-i\varepsilon\sum_{k=1}^{3}\alpha_k\partial_k u + a\beta u + V(x)u = g(|u|)u, \quad x \in \mathbb{R}^3, \tag{4.2.42}$$

即考虑下面等价的方程:

$$-i\alpha\cdot\nabla u + a\beta u + V_\varepsilon(x)u = g(|u|)u, \quad x \in \mathbb{R}^3, \tag{4.2.43}$$

其中 $V_\varepsilon(x) = V(\varepsilon x)$.

假设线性位势函数 V 满足

(V_1) V 满足局部 Hölder 连续性, 并且 $\max|V| < a$.

对于非线性项, 我们首先引入超二次增长假设:

(g_1) $g(0) = 0, g \in \mathcal{C}^1(0, \infty), g'(s) > 0$;

(g_2) (i) 存在 $p \in (2, 3), c_1 > 0$, 使得对所有的 $s \geqslant 0$, 有 $g(s) \leqslant c_1(1 + s^{p-2})$;

(ii) 存在 $\theta > 2$ 使得, 当 $s > 0$ 时有 $0 < G(s) \leqslant \frac{1}{\theta} g(s) s^2$;

(g_3) $s \mapsto g'(s)s + g(s)$ 是单调递增函数.

此时, 我们的第一个结论为

定理 4.2.32 [60] 设 (V_1) 以及 (g_1)—(g_3) 成立. 此外, 存在 $\mathbb{R}^3$ 中的有界开集 Λ 使得

$$\underline{c} := \min_{\Lambda} V < \min_{\partial \Lambda} V. \tag{4.2.44}$$

则对充分小的 $\varepsilon > 0$,

(i) 方程 (4.2.42) 存在一个解 $w_\varepsilon \in \bigcap_{q \geqslant 2} W^{1,q}$;

(ii) $|w_\varepsilon|$ 在 Λ 中拥有 (全局) 最大值点 x_ε 满足

$$\lim_{\varepsilon \to 0} V(x_\varepsilon) = \underline{c},$$

以及存在与 ε 无关的常数 $C, c > 0$ 使得

$$|w_\varepsilon(x)| \leqslant C e^{-\frac{c}{\varepsilon}|x - x_\varepsilon|}, \quad \forall x \in \mathbb{R}^3;$$

(iii) 记 $v_\varepsilon(x) = w_\varepsilon(\varepsilon x + x_\varepsilon)$, 则当 $\varepsilon \to 0$ 时, v_ε 在 H^1 中收敛到下面极限方程

$$-i\alpha \cdot \nabla v + a\beta v + \underline{c}v = g(|v|)v$$

的极小能量解.

我们的下一个结论是关于渐近二次的非线性项的. 记 $\widehat{G}(s) := \frac{1}{2} g(s) s^2 - G(s)$, 把条件 ($g_2$) 换为

(g_2') (i) 存在 $b > \max |V| + a$ 使得当 $s \to \infty$ 时有 $g(s) \to b$;

(ii) 当 $s > 0$ 时, $\widehat{G}(s) > 0$, 并且当 $s \to \infty$ 时有 $\widehat{G}(s) \to \infty$.

那么, 我们的结论如下 (见 [60]):

定理 4.2.33 设 (V_1), (g_1), (g_2') 以及 (g_3) 成立, 并且 (4.2.44) 成立, 也就是存在 $\mathbb{R}^3$ 中的有界开集 Λ 使得

$$\underline{c} := \min_{\Lambda} V < \min_{\partial \Lambda} V.$$

则对充分小的 $\varepsilon > 0$, 就有

(i) 方程 (4.2.42) 存在一个解 $w_\varepsilon \in \bigcap_{q \geqslant 2} W^{1,q}$;

(ii) $|w_\varepsilon|$ 在 Λ 中拥有 (全局) 最大值点 x_ε 满足

$$\lim_{\varepsilon \to 0} V(x_\varepsilon) = \underline{c},$$

以及存在与 ε 无关的常数 $C, c > 0$ 使得

$$|w_\varepsilon(x)| \leqslant C e^{-\frac{c}{\varepsilon}|x - x_\varepsilon|}, \quad \forall x \in \mathbb{R}^3;$$

(iii) 记 $v_\varepsilon(x) = w_\varepsilon(\varepsilon x + x_\varepsilon)$, 则当 $\varepsilon \to 0$ 时, v_ε 在 H^1 中收敛到极限方程

$$-i\alpha \cdot \nabla v + a\beta v + \underline{c}v = g(|v|)v$$

的极小能量解.

这里有很多满足 (g_1)—(g_3) 或 (g_1), (g_2'), (g_3) 的例子. 例如

(1) 对于超线性情形, $G(s) = s^p$, 其中 $p \in (2, 3)$;

(2) 对于渐近线性情形, $G(s) = \dfrac{b}{2} s^2 \left(1 - \dfrac{1}{\ln(e + s)} \right)$.

推论 4.2.34 设 (V_1), (g_1), (g_3) 成立, 以及 (g_2) 或 (g_2') 成立. 如果存在互不相交的有界区域 Λ_j, $j = 1, \cdots, k$ 以及常数 $c_1 < \cdots < c_k$ 使得

$$c_j := \min_{\Lambda_j} V < \min_{\partial \Lambda_j} V, \tag{4.2.45}$$

则对充分小的 $\varepsilon > 0$, 就有

(i) 方程 (4.2.42) 至少存在 k 个解 $w_\varepsilon^j \in \bigcap_{q \geqslant 2} W^{1,q}(\mathbb{R}^3, \mathbb{C}^4)$, $j = 1, \cdots, k$;

(ii) $|w_\varepsilon^j|$ 在 Λ_j 中拥有 (全局) 最大值点 x_ε^j 满足

$$\lim_{\varepsilon \to 0} V(x_\varepsilon^j) = c_j,$$

以及存在与 ε 无关的常数 $C, c > 0$ 使得

$$|w_\varepsilon^j(x)| \leqslant C \exp\left(-\frac{c}{\varepsilon}|x - x_\varepsilon^j| \right);$$

(iii) 记 $v_\varepsilon^j(x) = w_\varepsilon^j(\varepsilon x + x_\varepsilon^j)$, 则当 $\varepsilon \to 0$ 时, v_ε^j 在 H^1 中收敛到极限方程

$$-i\alpha \cdot \nabla v + a\beta v + c_j v = g(|v|)v$$

的极小能量解.

注 4.2.35 注意到, 因为 Λ_j 是互不相交的, 故当 ε 充分小时, 推论 4.2.34 获得的解是不相同的. 此外, 如果在 (4.2.45) 中的 c_1 是 V 的全局最小值, 则推论 4.2.34 描述了多解的集中现象.

注 4.2.36 注意到, 对任意的 $x_0 \in \mathbb{R}^3$, $\tilde{V}_\varepsilon(x) = V(\varepsilon(x + x_0))$, 如果 $\tilde{u}$ 是下面方程的解:

$$-i\alpha \cdot \nabla \tilde{u} + a\beta \tilde{u} + \tilde{V}_\varepsilon(x)\tilde{u} = g(|\tilde{u}|)\tilde{u},$$

则 $u(x) = \tilde{u}(x - x_0)$ 是 (4.2.43) 的解. 因此, 不失一般性, 可假设 $0 \in \Lambda$ 以及 $V(0) = \min\limits_{x \in \Lambda} V(x)$.

对应于方程 (4.2.43) 的能量泛函定义为

$$\Phi_\varepsilon(u) = \frac{1}{2}\int_{\mathbb{R}^3} H_0 u \cdot \bar{u}dx + \frac{1}{2}\int_{\mathbb{R}^3} V_\varepsilon(x)|u|^2 dx - \int_{\mathbb{R}^3} G(|u|)dx$$

$$= \frac{1}{2}\left(\|u^+\|^2 - \|u^-\|^2\right) + \frac{1}{2}\int_{\mathbb{R}^3} V_\varepsilon(x)|u|^2 dx - \Psi(u),$$

其中 $u = u^+ + u^- \in E$ 以及

$$\Psi(u) := \int_{\mathbb{R}^3} G(|u|)dx.$$

不难验证, $\Phi_\varepsilon \in \mathcal{C}^1(E, \mathbb{R})$ 且知泛函 Φ_ε 的临界点是方程 (4.2.43) 的解.

接下来, 我们引入泛函 Φ_ε 的改进泛函, 在之后, 我们将证明改进泛函满足 $(C)_c$-条件. 选取 $\xi > 0$ 使得 $g'(\xi)\xi + g(\xi) = \dfrac{a - \|V\|_\infty}{2}$. 现在我们将考虑新的函数 $\tilde{g} \in \mathcal{C}^1(0, \infty)$ 满足

$$\frac{d}{ds}(\tilde{g}(s)s) = \begin{cases} g'(s)s + g(s), & \text{当 } s < \xi, \\ \dfrac{a - \|V\|_\infty}{2}, & \text{当 } s > \xi, \end{cases}$$

并且令

$$f(\cdot, s) = \chi_\Lambda g(s) + (1 - \chi_\Lambda)\tilde{g}(s), \tag{4.2.46}$$

其中 χ_Λ 表示特征函数. 不难验证, 由条件 (g_1) 与 (g_3) 就能得到 f 为 Carathéodory 函数且满足

(f_1) $f_s(x, s)$ 几乎处处存在, 当 $\lim\limits_{s \to 0} f(x, s) = 0$ 关于 $x \in \mathbb{R}^3$ 一致成立.

(f_2) 对所有 x 有 $0 \leqslant f(x, s)s \leqslant g(s)s$.

(f_3) 对任意的 $x \notin \Lambda$ 以及 $s > 0$, 有 $0 < 2F(x, s) \leqslant f(x, s)s^2 \leqslant \dfrac{a - \|V\|_\infty}{2}s^2$,

其中 $F(x,s) = \displaystyle\int_0^s f(x,\tau)\tau d\tau$.

(f$_4$) (i) 如果 (g$_2$) 满足, 则对任意的 $x \notin \Lambda$ 以及 $s > 0$, 有 $0 < F(x,s) \leqslant \dfrac{1}{\theta} f(x,s)s^2$;

(ii) 如果 (g$_2'$) 满足, 则对任意的 $s > 0$, 有 $\widehat{F}(x,s) > 0$, 其中 $\widehat{F}(x,s) = \dfrac{1}{2} f(x,s)s^2 - F(x,s)$.

(f$_5$) 对任意的 x 以及 $s > 0$, 有 $\dfrac{d}{ds}\big(f(x,s)s\big) \geqslant 0$.

(f$_6$) (g$_2$) 或 (g$_2'$) 成立, 都有当 $s \to \infty$ 时, $\widehat{F}(x,s) \to \infty$ 关于 $x \in \mathbb{R}^3$ 一致成立.

现在, 我们定义改进的泛函 $\widetilde{\Phi}_\varepsilon : E \to \mathbb{R}$ 为

$$\widetilde{\Phi}_\varepsilon(u) = \frac{1}{2}\big(\|u^+\|^2 - \|u^-\|^2\big) + \frac{1}{2}\int_{\mathbb{R}^3} V_\varepsilon(x)|u|^2 dx - \Psi_\varepsilon(u),$$

其中 $\Psi_\varepsilon(u) = \displaystyle\int_{\mathbb{R}^3} F(\varepsilon x, |u|)dx$. 不难验证, $\widetilde{\Phi}_\varepsilon \in \mathcal{C}^2(E, \mathbb{R})$.

接下来我们将证明 $\widetilde{\Phi}_\varepsilon$ 满足紧性条件. 由于 (f$_4$)(i), 当 (g$_2$) 满足时, 对任意的 $x \in \Lambda$ 以及 $s > 0$, 我们有

$$\widehat{F}(x,s) \geqslant \frac{\theta - 2}{2\theta} f(x,s)s^2 \geqslant \frac{\theta - 2}{2} F(x,s) > 0. \tag{4.2.47}$$

此外, 由 (f$_1$) 以及 (f$_2$) 知, 存在常数 $a_1 > 0$ 以及充分小的 $r_1 > 0$ 使得, 对任意的 $s \leqslant r_1, x \in \mathbb{R}^3$, 我们有

$$f(x,s) \leqslant \frac{a - \|V\|_\infty}{4}, \tag{4.2.48}$$

并且如果 (g$_2$) 满足, 则对任意的 $s \geqslant r_1$, 我们有 $f(x,s) \leqslant a_1 s^{p-2}$, 从而就有 $(f(x,s)s)^{\sigma_0 - 1} \leqslant a_2 s$, 其中 $\sigma_0 := \dfrac{p}{p-1}$. 结合 (f$_4$)(i) 便可得, 对任意的 $s \geqslant r_1$ 以及 $x \in \Lambda$, 我们有

$$(f(x,s)s)^{\sigma_0} \leqslant a_2 f(x,s)s^2 \leqslant a_3 \widehat{F}(x,s). \tag{4.2.49}$$

引理 4.2.37   对任意 $\varepsilon > 0$, 令序列 $\{u_n\}$ 使得 $\widetilde{\Phi}_\varepsilon(u_n)$ 有界, 并且 $(1 + \|u_n\|)\widetilde{\Phi}_\varepsilon'(u_n) \to 0$, 则 $\{u_n\}$ 有收敛子列.

证明   首先我们证明序列 $\{u_n\}$ 在 E 中是有界的. 事实上, 由泛函 $\widetilde{\Phi}_\varepsilon$ 的表达式可推出存在 $C > 0$ 使得

$$C \geqslant \widetilde{\Phi}_\varepsilon(u_n) - \frac{1}{2}\widetilde{\Phi}_\varepsilon'(u_n)u_n = \int_{\mathbb{R}^3} \widehat{F}(\varepsilon x, |u_n|)dx > 0, \tag{4.2.50}$$

以及

$$o(1) = \tilde{\Phi}'_\varepsilon(u_n)(u_n^+ - u_n^-) = \|u_n\|^2 + \Re \int_{\mathbb{R}^3} V_\varepsilon(x) u_n \cdot (u_n^+ - u_n^-) dx$$
$$- \Re \int_{\mathbb{R}^3} f(\varepsilon x, |u_n|) u_n \cdot (u_n^+ - u_n^-) dx. \qquad (4.2.51)$$

情形 1 (f₄)(i) 成立.

由 F 的定义以及 (4.2.51), 我们立即得到

$$\|u_n\|^2 - \|V\|_\infty \int_{\mathbb{R}^3} |u_n| \cdot |u_n^+ - u_n^-| dx$$
$$\leqslant \int_{\mathbb{R}^3} f(\varepsilon x, |u_n|) |u_n| \cdot |u_n^+ - u_n^-| dx + o_n(1)$$
$$\leqslant \int_{\Lambda_\varepsilon} f(\varepsilon x, |u_n|) |u_n| \cdot |u_n^+ - u_n^-| dx$$
$$+ \frac{a - \|V\|_\infty}{2} \int_{\mathbb{R}^3} |u_n| \cdot |u_n^+ - u_n^-| dx + o_n(1), \qquad (4.2.52)$$

其中 $\Lambda_\varepsilon := \{x \in \mathbb{R}^3 : \varepsilon x \in \Lambda\}$. 因此, 由 (4.2.48) 及 (4.2.49), 不难验证

$$\frac{a - \|V\|_\infty}{4a} \|u_n\|^2 \leqslant \int_{\{x \in \Lambda_\varepsilon : |u_n(x)| \geqslant r_1\}} f(\varepsilon x, |u_n|) |u_n| \cdot |u_n^+ - u_n^-| dx + o_n(1)$$
$$\leqslant \left(\int_{\{x \in \Lambda_\varepsilon : |u_n(x)| \geqslant r_1\}} (f(\varepsilon x, |u_n|) |u_n|)^{\sigma_0} dx \right)^{\frac{1}{\sigma_0}} \|u_n^+ - u_n^-\|_{L^p} + o_n(1).$$

由 (4.2.47), (4.2.50) 以及 E 连续嵌入到 L^p, 我们得到

$$\frac{a - \|V\|_\infty}{4a} \|u_n\|^2 \leqslant C_1 \|u_n\| + o_n(1).$$

因此, $\{u_n\}$ 在 E 中是有界的.

情形 2 (f₄)(ii) 成立.

在这种情形, 假设 $\{u_n\}$ 是无界的, 也就是当 $n \to \infty$ 时, $\|u_n\| \to \infty$. 令 $v_n = \frac{u_n}{\|u_n\|}$. 则 $\|v_n\|_{L^2}^2 \leqslant C_2$ 且 $\|v_n\|_{L^3}^3 \leqslant C_3$. 由 (4.2.22) 以及 (4.2.51), 我们得出

$$o_n(1) = \|u_n\|^2 \left(\|v_n\|^2 + \Re \int_{\mathbb{R}^3} V_\varepsilon(x) v_n \cdot \overline{(v_n^+ - v_n^-)} dx \right.$$
$$\left. - \Re \int_{\mathbb{R}^3} f(\varepsilon x, |u_n|) v_n \cdot \overline{(v_n^+ - v_n^-)} dx \right)$$
$$\geqslant \|u_n\|^2 \left(\frac{a - \|V\|_\infty}{a} - \Re \int_{\mathbb{R}^3} f(\varepsilon x, |u_n|) v_n \cdot \overline{(v_n^+ - v_n^-)} dx \right).$$

因此

$$\liminf_{n\to\infty} \Re \int_{\mathbb{R}^3} f(\varepsilon x, |u_n|) v_n \cdot \overline{(v_n^+ - v_n^-)} dx \geqslant \ell := \frac{a - \|V\|_\infty}{a}. \tag{4.2.53}$$

为了得到矛盾, 我们首先记

$$d(r) := \inf\{\widehat{F}(\varepsilon x, s) : x \in \mathbb{R}^3 \text{ 且 } s > r\},$$

$$\Omega_n(\rho, r) := \{x \in \mathbb{R}^3 : \rho \leqslant |u_n(x)| \leqslant r\},$$

以及

$$c_\rho^r := \inf\left\{\frac{\widehat{F}(x, s)}{s^2} : x \in \mathbb{R}^3 \text{ 且 } \rho \leqslant s \leqslant r\right\}.$$

由 (f_6) 知, 当 $r \to \infty$ 时, $d(r) \to \infty$. 此外, 我们还能得到

$$\widehat{F}(\varepsilon x, |u_n(x)|) \geqslant c_\rho^r |u_n(x)|^2, \quad \forall x \in \Omega_n(\rho, r).$$

由 (4.2.50), 我们有

$$C \geqslant \int_{\Omega_n(0,\rho)} \widehat{F}(\varepsilon x, |u_n|) dx + c_\rho^r \int_{\Omega_n(0,\rho)} |u_n|^2 dx + d(r) \cdot |\Omega_n(r, \infty)|.$$

这就蕴含着当 $r \to \infty$ 时, $|\Omega_n(r, \infty)| \leqslant \dfrac{C}{d(r)} \to 0$ 关于 n 一致成立, 且对于任意取定的 $0 < \rho < r$, 当 $n \to \infty$ 时, 我们有

$$\int_{\Omega_n(\rho, r)} |v_n|^2 dx = \frac{1}{\|u_n\|^2} \int_{\Omega_n(\rho, r)} |u_n|^2 dx \leqslant \frac{C}{c_\rho^r \|u_n\|^2} \to 0.$$

现在, 我们选取 $0 < \delta < \dfrac{\ell}{3}$. 由 ($f_1$) 知, 存在 $\rho_\delta > 0$ 使得 $f(\varepsilon x, s) < \dfrac{\delta}{C_2}$ 对所有 $x \in \mathbb{R}^3$ 以及 $s \in [0, \rho_\delta]$ 都成立. 因此,

$$\int_{\Omega_n(0,\rho_\delta)} |f(\varepsilon x, |u_n|)| \cdot |v_n| \cdot |v_n^+ - v_n^-| dx \leqslant \frac{\delta}{C_2} \|v_n\|_{L^2}^2 \leqslant \delta$$

对所有 n 成立. 注意到, 由 (g_1), (g_2') 以及 (4.2.46) 可知, $0 \leqslant f(\varepsilon x, s) \leqslant b$ 对所有 (x, s) 成立. 利用 Hölder 不等式, 我们可选取充分大的 r_δ 使得

$$\int_{\Omega_n(r_\delta, \infty)} f_\varepsilon(x, |u_n|) |v_n| \cdot |v_n^+ - v_n^-| dx$$

$$\leqslant b \int_{\Omega_n(r_\delta, \infty)} |v_n| \cdot |v_n^+ - v_n^-| dx$$

$$\leqslant b \cdot |\Omega_n(r_\delta, \infty)|^{\frac{1}{6}} \cdot \|v_n\|_{L^2} \cdot \|v_n^+ - v_n^-\|_{L^3}$$

$$\leqslant C_b \big| \Omega_n(r_\delta, \infty) \big|^{\frac{1}{6}} \leqslant \delta$$

对所有 n 成立. 此外, 存在充分大的 n_0 使得当 $n \geqslant n_0$ 时

$$\int_{\Omega_n(\rho_\delta, r_\delta)} |f(\varepsilon x, |u_n|)| \cdot |v_n| \cdot |v_n^+ - v_n^-| dx$$

$$\leqslant b \int_{\Omega_n(\rho_\delta, r_\delta)} |v_n| \cdot |v_n^+ - v_n^-| dx$$

$$\leqslant b \cdot \|v_n\|_{L^2} \left(\int_{\Omega_n(\rho_\delta, r_\delta)} |v_n|^2 dx \right)^{\frac{1}{2}} \leqslant \delta.$$

因此, 当 $n \geqslant n_0$ 时, 我们就有

$$\int_{\mathbb{R}^3} |f(\varepsilon x, |u_n|)| \cdot |v_n| \cdot |v_n^+ - v_n^-| dx \leqslant 3\delta < \ell,$$

这与 (4.2.53) 矛盾. 因此, $\{u_n\}$ 的有界性得到证明.

现在我们证明紧性条件. 由 $\{u_n\}$ 的有界性, 存在 $u \in E$ 使得, 子列意义下, 在 E 中 $u_n \rightharpoonup u$, 在 $L_{\text{loc}}^q (q \in [1,3))$ 中 $u_n \to u$. 记 $z_n = u_n - u$, 我们就有 $\{z_n\}$ 有界且 $z_n \rightharpoonup 0$, 并在 L_{loc}^q 中 $z_n \to 0$.

下面我们将取 $\{u_n\}$ 为一有界 (PS)-序列, 则有

$$o_n(1) = (u_n^+, z_n^+) + \Re \int V_\varepsilon(x) u_n \cdot \overline{z_n^+} dx - \Re \int f(\varepsilon x, |u_n|) u_n \cdot \overline{z_n^+} dx, \quad (4.2.54)$$

$$0 = (u^+, z_n^+) + \Re \int V_\varepsilon(x) u \cdot \overline{z_n^+} dx - \Re \int f(\varepsilon x, |u|) u \cdot \overline{z_n^+} dx, \quad (4.2.55)$$

$$o_n(1) = -(u_n^-, z_n^-) + \Re \int V_\varepsilon(x) u_n \cdot \overline{z_n^-} dx - \Re \int f(\varepsilon x, |u_n|) u_n \cdot \overline{z_n^-} dx, \quad (4.2.56)$$

$$0 = -(u^-, z_n^-) + \Re \int V_\varepsilon(x) u \cdot \overline{z_n^-} dx - \Re \int f(\varepsilon x, |u|) u \cdot \overline{z_n^-} dx. \quad (4.2.57)$$

另一方面, 我们还知道

$$\begin{cases} \Re \int f(\varepsilon x, |u|) u \cdot \overline{z_n^+} dx = o_n(1), \\ \Re \int f(\varepsilon x, |u|) u \cdot \overline{z_n^-} dx = o_n(1), \\ \Re \int f(\varepsilon x, |u_n|) u \cdot \overline{(z_n^+ - z_n^-)} dx = o_n(1). \end{cases} \quad (4.2.58)$$

因此, 由 f 的定义, 我们从 (4.2.54)—(4.2.58) 可推出

$$\frac{a - \|V\|_\infty}{4a}\|z_n\|^2 \leqslant \Re \int_{\Lambda_\varepsilon} f(\varepsilon x, |u_n|)z_n \cdot \overline{(z_n^+ - z_n^-)}dx + o_n(1).$$

注意到, 对固定的 ε, $\Lambda_\varepsilon := \{x \in \mathbb{R}^3 : \varepsilon x \in \Lambda\}$ 是有界的, 因此 $\|z_n\| = o_n(1)$. ■

注意到, 从条件 (g_1) 以及 (f_2), 存在常数 $C > 0$ 使得

$$F(x,s) \leqslant \frac{a - \|V\|_\infty}{4}s^2 + Cs^p, \quad s \geqslant 0. \tag{4.2.59}$$

因此我们有下面的引理:

引理 4.2.38　*存在与 $\varepsilon > 0$ 无关的常数 $r > 0, \tau > 0$ 使得 $\tilde{\Phi}_\varepsilon\big|_{B_r^+} \geqslant 0$ 以及 $\tilde{\Phi}_\varepsilon\big|_{S_r^+} \geqslant \tau$.*

证明　由 Sobolev 嵌入定理以及 (4.2.14), 我们有

$$\begin{aligned}
\tilde{\Phi}_\varepsilon(u) &= \frac{1}{2}\|u\|^2 - \frac{1}{2}\int_{\mathbb{R}^3} V_\varepsilon(x)|u|^2 dx - \Psi_\varepsilon(u)\\
&\leqslant \frac{1}{2}\|u\|^2 - \frac{\|V\|_\infty}{2}|u|_2^2 - \left(\frac{a - \|V\|_\infty}{4}|u|_2^2 + C\|u\|_{L^p}^p\right)\\
&\geqslant \frac{a - \|V\|_\infty}{4}\|u\|^2 - C'\|u\|^p.
\end{aligned}$$

因为 $p > 2$, 故可得到结论. ■

对任意的 $u \in E^+$, 类似于文献 [3], 定义如下映射 $\phi_u : E^- \to \mathbb{R}$,

$$\phi_u(v) = \Phi_\varepsilon(u + v).$$

$$\phi_u(v) \leqslant \frac{a + \|V\|_\infty}{2a}\|u\|^2 - \frac{a - \|V\|_\infty}{2a}\|v\|^2. \tag{4.2.60}$$

对任意 $v, w \in E^-$, 简单计算, 有

$$\begin{aligned}
\phi_u''(v)[w,w] &= -\|w\|^2 - \int_{\mathbb{R}^3} V_\varepsilon(x)|w|^2 dx - \Psi_\varepsilon''(u+v)[w,w]\\
&\leqslant -\frac{a - \|V\|_\infty}{a}\|w\|^2. \tag{4.2.61}
\end{aligned}$$

事实上, 直接计算, 便有

$$\begin{aligned}
\Psi_\varepsilon''(u+v)[w,w] = \int_{\mathbb{R}^3} &\left[f_s(\varepsilon x, |u+v|)|u+v|\left(\frac{(u+v)\cdot \bar{w}}{|u+v|\cdot|w|}\right)^2\right.\\
&\left.+ f(\varepsilon x, |u+v|)\right]|w|^2 dx.
\end{aligned}$$

则从 (f_5) 以及 $\left(\dfrac{(u+v)\cdot \bar{w}}{|u+v|\cdot|w|}\right)^2 \leqslant 1$ 可得 $\Psi_\varepsilon''(u+v)[w,w] \geqslant 0$. 因此, 由 (4.2.60) 和

(4.2.61) 可知, 存在唯一的 $h_\varepsilon : E^+ \to E^-$ 使得

$$\tilde{\Phi}_\varepsilon(u + h_\varepsilon(u)) = \max_{v \in E^-} \tilde{\Phi}_\varepsilon(u + v).$$

从 h_ε 的定义, 对任意的 $u \in E^+$, 我们有

$$
\begin{aligned}
0 \leqslant = & \tilde{\Phi}_\varepsilon(u + h_\varepsilon(u)) - \tilde{\Phi}_\varepsilon(u) \\
= & -\frac{1}{2}\|h_\varepsilon(u)\|^2 + \frac{1}{2}\int_{\mathbb{R}^3} V_\varepsilon(x)|u + h_\varepsilon(u)|^2 dx - \Psi_\varepsilon(u + h_\varepsilon(u)) \\
& -\frac{1}{2}\int_{\mathbb{R}^3} V_\varepsilon(x)|u|^2 dx + \Psi_\varepsilon(u) \\
\leqslant & -\frac{a - \|V\|_\infty}{2a}\|h_\varepsilon \varepsilon(u)\|^2 + \frac{\|V\|_\infty}{a}\|u\|^2 + \Psi_\varepsilon(u). \quad (4.2.62)
\end{aligned}
$$

因此, Ψ_ε 的有界性蕴含着 h_ε 的有界性. 定义 $\pi : E^+ \oplus E^- \to E^-$ 为

$$\pi(u, v) = P^- \circ \mathcal{R} \circ \tilde{\Phi}_\varepsilon'(u + v),$$

其中 $P^- : E \to E^-$ 是正交投影以及 $\mathcal{R} : E^* \to E$ 表示由 Riesz 表示定理得到的同胚映射. 注意到, 对每一个 $u \in E^+$, 我们有

$$\pi(u, h_\varepsilon(u)) = 0. \quad (4.2.63)$$

因为由 $\pi_v(u, v) = P^- \circ \mathcal{R} \circ \tilde{\Phi}_\varepsilon'(u + v)\big|_{E^-}$ 以及 (4.2.61) 知, $\pi_v(u, h_\varepsilon(u))$ 是一个同胚且满足

$$\left\| \pi_v(u, h_\varepsilon(u))^{-1} \right\| \leqslant \frac{a}{a - \|V\|_\infty} \quad (4.2.64)$$

对每一个 $u \in E^+$ 都成立. 所以, (4.2.63), (4.2.64) 以及隐函数定理就蕴含着唯一定义的映射 $h_\varepsilon : E^+ \to E^-$ 是 $\mathcal{C}^1$ 的且

$$h_\varepsilon'(u) = -\pi_v(u, h_\varepsilon(u))^{-1} \circ \pi_u(u, h_\varepsilon(u)), \quad (4.2.65)$$

其中 $\pi_u(u, v) = P^- \circ \mathcal{R} \circ \tilde{\Phi}_\varepsilon'(u + v)\big|_{E^+}$. 定义

$$I_\varepsilon : E^+ \to \mathbb{R}, \quad I_\varepsilon(u) = \tilde{\Phi}_\varepsilon(u + h_\varepsilon(u)).$$

显然, 从 E^+ 到 E 上的单映射 $u \to u + h_\varepsilon(u)$ 可知, I_ε 和 $\tilde{\Phi}_\varepsilon$ 的临界点是一一对应的.

对任意的 $u \in E^+$ 以及 $v \in E^-$, 令 $z = v - h_\varepsilon(u)$ 以及 $\ell(t) = \tilde{\Phi}_\varepsilon(u + h_\varepsilon(u) +$

$tz)$, 我们就有 $\ell(1) = \tilde{\Phi}_\varepsilon(u+v), \ell(0) = \tilde{\Phi}_\varepsilon(u+h_\varepsilon(u))$ 以及 $\ell'(0) = 0$. 因此, 我们
得到 $\ell(1) - \ell(0) = \int_0^1 (1-s)\ell''(s)ds$. 从而

$$\widetilde{\Phi}_\varepsilon(u+v) - \widetilde{\Phi}_\varepsilon(u+h_\varepsilon(u)) = \int_0^1 (1-s)\tilde{\Phi}_\varepsilon''(u+h_\varepsilon(u)+sz)[z,z]ds$$
$$= -\int_0^1 (1-s)\left(\|z\|^2 + \int_{\mathbb{R}^3} V_\varepsilon(x)|z|^2 dx\right)ds$$
$$- \int_0^1 (1-s)\widetilde{\Psi}_\varepsilon''(u+h_\varepsilon(u)+sz)[z,z]ds,$$

这就蕴含了

$$\widetilde{\Phi}_\varepsilon(u+h_\varepsilon(u)) - \tilde{\Phi}_\varepsilon(u+v)$$
$$= \int_0^1 (1-s)\Psi_\varepsilon''(u+h_\varepsilon(u)+sz)[z,z]ds + \frac{1}{2}\|z\|^2 + \frac{1}{2}\int_{\mathbb{R}^3} V_\varepsilon(x)|z|^2 dx. \quad (4.2.66)$$

下面利用极限方程来证明我们的主要结果. 设 g 满足 (g_1), (g_3) 以及 (g_2) 或 (g_2').
对任意的 $\mu \in (-a, a)$, 考虑下面的常系数方程

$$-i\alpha \cdot \nabla u + a\beta u + \mu u = g(|u|)u, \quad x \in \mathbb{R}^3. \quad (4.2.67)$$

方程 (4.2.67) 的解是下面泛函的临界点:

$$\mathscr{T}_\mu(u) := \frac{1}{2}\left(\|u^+\|^2 - \|u^-\|^2\right) + \frac{\mu}{2}\int_{\mathbb{R}^3} |u|^2 dx - \Psi(u),$$

这里 $u = u^+ + u^- \in E = E^+ \oplus E^-$. 下面的集合分别表示 $\mathscr{T}_\mu$ 的临界点集、极小
能量以及极小能量集.

$$\mathscr{H}_\mu := \{u \in E : \mathscr{T}_\mu'(u) = 0\},$$
$$\gamma_\mu := \inf\{\mathscr{T}_\mu(u) : u \in \mathscr{H}_\mu \setminus \{0\}\},$$
$$\mathscr{R}_\mu := \{u \in \mathscr{H}_\mu : \mathscr{T}_\mu(u) = \gamma_\mu, |u(0)| = |u|_\infty\}.$$

正如之前, 我们介绍一些记号:

$$\mathscr{J}_\mu : E^+ \to E^- : \mathscr{T}_\mu(u + \mathscr{J}_\mu(u)) = \max_{v \in E^-} \mathscr{T}_\mu(u+v),$$
$$J_\mu : E^+ \to \mathbb{R} : J_\mu(u) = \mathscr{T}_\mu(u + \mathscr{J}_\mu(u)).$$

从 $\mathscr{J}_\mu$ 的定义知, 对任意的 $z \in E^-$,

$$\mathscr{T}'_\mu(u + \mathscr{J}_\mu(u))z = 0. \tag{4.2.68}$$

类似于 (4.2.62), 成立

$$\|\mathscr{T}_\mu(u)\|^2 \leqslant \frac{2|\mu|}{a - |\mu|}\|u\|^2 + \frac{2a}{a - |\mu|}\Psi_\varepsilon(u). \tag{4.2.69}$$

超线性情形 下面的引理我们可以参见 [49](也可参见 [51]).

引理 4.2.39 对于方程 (4.2.67), 我们有

(1) $\mathscr{K}_\mu \setminus \{0\} \neq \varnothing, \gamma_\mu > 0$ 且 $\mathscr{K}_\mu \subset \bigcap_{q \geqslant 2} W^{1,q}$;

(2) γ_μ 是可达的且 $\mathscr{R}_\mu$ 在 $H^1(\mathbb{R}^3, \mathbb{C}^4)$ 是紧的;

(3) 存在与 ε 无关的常数 $C, c > 0$ 使得对任意的 $w \in \mathscr{R}_\mu$, 我们有

$$|w(x)| \leqslant Ce^{-c|x|}, \quad \forall x \in \mathbb{R}^3.$$

注意到, 由条件 $(g_2)(ii)$ 可知, 对任意的 $\delta > 0$, 存在 $c_\delta > 0$ 使得

$$G(s) \geqslant c_\delta s^\theta - \delta s^2, \quad s \geqslant 0.$$

对 $v \in E^-, u = te + v \in E_e$, 简单地估计, 我们有

$$
\begin{aligned}
\mathscr{T}_\mu(u) &= \frac{t^2}{2}\|e\|^2 - \frac{\|v\|^2}{2} + \frac{\mu}{2}\int_{\mathbb{R}^3}|te + v|^2 dx - \int_{\mathbb{R}^3} G(|te + v|)dx \\
&\leqslant \frac{a + |\mu + 2\delta|}{2a}t^2\|e\|^2 - \frac{a - |\mu + 2\delta|}{2a}\|v\|^2 - c_\delta \int_{\mathbb{R}^3}|te + v|^\theta dx.
\end{aligned}
$$

因此,

$$\mathscr{T}_\mu(u) \leqslant \frac{a + |\mu + 2\delta|}{2a}t^2\|e\|^2 - \frac{a - |\mu + 2\delta|}{2a}\|v\|^2 - C_{\delta,\theta}t^\theta\|e\|^\theta_{L^\theta}.$$

由上面这个估计, 下面的引理成立, 具体证明可参见 [46,51].

引理 4.2.40 下面的结论成立:

(1) 对任意的 $e \in E^+ \setminus \{0\}$, 当 $u \in E_e$ 且满足 $\|u\| \to \infty$ 时, 我们有 $\mathscr{T}_\mu(u) \to -\infty$;

(2) 令 $\Gamma_\mu = \{\nu \in \mathcal{C}([0,1], E^+) : \nu(0) = 0, J_\mu(\nu(1)) < 0\}$, 则

$$\gamma_\mu = \inf_{\nu \in \Gamma_\mu} \max_{t \in [0,1]} J_\mu(\nu(t)) = \inf_{u \in E^+ \setminus \{0\}} \max_{t \geqslant 0} J_\mu(tu);$$

(3) 如果 $\mu_1 > \mu_2$, 则 $\gamma_{\mu_1} > \gamma_{\mu_2}$.

类似于 (4.2.66), 对任意的 $u \in E^+, v \in E^-$ 以及 $z = v - \mathscr{J}_\mu(u)$, 我们有

$$
\mathscr{T}_\mu(u + \mathscr{J}_\mu(u)) - \mathscr{T}_\mu(u + v)
$$

$$
= \int_0^1 (1-s)\Psi''(u + \mathscr{J}_\mu(u) + sz)[z, z]ds + \frac{1}{2}\|z\|^2 + \frac{\mu}{2}\int_{\mathbb{R}^3} |z|^2 dx. \tag{4.2.70}
$$

渐近线性情形   首先, 令 $\{E_\lambda\}_{\lambda \in \mathbb{R}}$ 表示算子 H_0 的谱族. 选取常数 $\kappa \in (a + \|V\|_\infty, b)$. 因为 H_0 在 $\mathbb{Z}^3$-作用下是不变的, 子空间 $Y_0 := (E_\kappa - E_0)L^2$ 是无穷维的, 以及

$$
a\|u\|_{L^2}^2 \leqslant \|u\|^2 \leqslant \kappa\|u\|_{L^2}^2, \quad \forall u \in Y_0. \tag{4.2.71}
$$

选取任意的元素 $e \in Y_0$, 我们有

引理 4.2.41   下面的结论成立:

(1) 当 $u \in E_e$ 且满足 $\|u\| \to \infty$ 时, 我们有 $\sup \mathscr{T}_\mu(E_e) < \infty$ 以及 $\mathscr{T}_\mu(u) \to -\infty$;

(2) 对任意的 $u \in E^+ \setminus \{0\}$, 则当 $t \to \infty$ 时, $\mathscr{T}_\mu(tu) \to \infty$ 或 $\mathscr{T}_\mu(tu) \to -\infty$.

证明   对于 (1) 的证明, 我们可参见 [49, 引理 7.7]. 为了证明 (2), 首先我们假设 $\sup\limits_{t \geqslant 0} J_\mu(tu) = M < \infty$. 利用 (4.2.68), 直接计算, 便有

$$
\begin{aligned}
\frac{d}{dt}\mathscr{T}_\mu(tu) &= \frac{1}{t}J_\mu'(tu)tu = \frac{1}{t}\mathscr{T}_\mu'(tu + \mathscr{J}_\mu(tu))(tu + \mathscr{J}_\mu'(tu)tu) \\
&= \frac{1}{t}\mathscr{T}_\mu'(tu + \mathscr{J}_\mu(tu))(tu + \mathscr{J}_\mu(tu)) \\
&= \frac{2J_\mu(tu)}{t} - \frac{2}{t}\int_{\mathbb{R}^3} \widehat{G}(|tu + \mathscr{J}_\mu(tu)|)dx. \tag{4.2.72}
\end{aligned}
$$

对 $r > 0$, 我们有

$$
\begin{aligned}
\int_{\mathbb{R}^3} \widehat{G}(|tu + \mathscr{J}_\mu(tu)|)dx &\geqslant \int_{\{x \in \mathbb{R}^3 : |u + \frac{\mathscr{J}_\mu(tu)}{t}| \geqslant r\}} \widehat{G}(|tu + \mathscr{J}_\mu(tu)|)dx \\
&\geqslant \widehat{G}(rt) \cdot \left|\left\{x \in \mathbb{R}^3 : \left|u + \frac{\mathscr{J}_\mu(tu)}{t}\right| \geqslant r\right\}\right|. \tag{4.2.73}
\end{aligned}
$$

由 (4.2.69) 以及 (g_2')(i) 可知, 集族 $\left\{\dfrac{\mathscr{J}_\mu(tu)}{t}\right\}_{t>0} \subset E^-$ 是有界的, 则一定存在常数 $\bar{\delta} > 0$, 使得当 $r > 0$ 充分小时, $\left|\left\{x \in \mathbb{R}^3 : \dfrac{\mathscr{J}_\mu(tu)}{t} \geqslant r\right\}\right| \geqslant \bar{\delta}$ 对任意的 $t > 0$ 成立. 事实上, 如果不存在这样的 $\bar{\delta}$, 则存在序列 $\{t_j\}$ 使得在 E 中

$$\frac{\mathscr{J}_\mu(t_j u)}{t_j} \rightharpoonup -u.$$

然而由 $u \in E^+$ 可得 $u = 0$, 这就得到一个矛盾. 现在, 从 (4.2.73) 和 (g'$_2$)(ii) 可得

$$\frac{d}{dt} J_\mu(tu) \leqslant \frac{2 J_\mu(tu)}{t} - 2\bar{\delta} \cdot \frac{\widehat{G}(rt)}{t} \leqslant \frac{2 J_\mu(tu)}{t} - \frac{3M}{t} = -\frac{M}{t}$$

对充分大的 t 成立. 因此, 当 $t \to \infty$ 时, $J_\mu(tu) = \int_0^t \frac{d}{dt} J_\mu(tu) dt \to -\infty$. ■

正如引理 4.2.40, 我们考虑

$$\Gamma_\mu = \{\nu \in \mathcal{C}([0,1], E^+) : \nu(0) = 0, J_\mu(\nu(1)) < 0\},$$

以及极小极大刻画

$$d_\mu^1 = \inf_{\nu \in \Gamma_\mu} \max_{t \in [0,1]} J_\mu(\nu(t)), \quad d_\mu^2 = \inf_{u \in E^+ \setminus \{0\}} \max_{t \geqslant 0} J_\mu(tu).$$

引理 4.2.42　在渐近线性情形下, 下面的结论成立:

(1) $\mathscr{K}_\mu \setminus \{0\} \neq \varnothing, \gamma_\mu > 0$ 且 $\mathscr{K}_\mu \subset \bigcap_{q \geqslant 2} W^{1,q}$;

(2) γ_μ 是可达的且 $\gamma_\mu = d_\mu^1 = d_\mu^2$;

(3) 如果 $\mu_1 > \mu_2$, 则 $\gamma_{\mu_1} > \gamma_{\mu_2}$.

证明　(1) 是 [49, 引理 7.3] 的直接结论, 我们仅仅需要证明 (2) 和 (3).

为了证明 (2), 假设 $\{u_n\} \subset \mathscr{K}_\mu \setminus \{0\}$ 使得 $\mathscr{T}_\mu(u_n) \to \gamma_\mu$. 显然, $\{u_n\}$ 是一个 $(C)_c$-序列, 因此是有界的. 正如 [49], $\{u_n\}$ 是非消失的. 因为 $\mathscr{T}_\mu$ 是 $\mathbb{Z}^3$-不变的, 平移变换意义下, 我们可假设 $u_n \rightharpoonup u \in \mathscr{K}_\mu \setminus \{0\}$. 从而由 Fatou 引理可得

$$\gamma_\mu \leqslant \mathscr{T}_\mu(u) = \mathscr{T}_\mu(u) - \frac{1}{2} \mathscr{T}_\mu'(u)u = \int_{\mathbb{R}^3} \widehat{G}(|u|)dx$$

$$\geqslant \liminf_{n \to \infty} \int_{\mathbb{R}^3} \widehat{G}(|u_n|)dx = \liminf_{n \to \infty} \left(\mathscr{T}_\mu(u_n) - \frac{1}{2} \mathscr{T}_\mu'(u_n)u_n \right).$$

$$= \gamma_\mu.$$

因此, γ_μ 是可达的. 注意到, γ_μ 也是 J_μ 的极小能量, 不难验证 $\gamma_\mu \leqslant d_\mu^1 \leqslant d_\mu^2$. 为了证明 $d_\mu^2 \leqslant \gamma_\mu$, 首先注意到, 如果 $s > 0$, 则由 (g$_1$) 可得 $g'(s)s > 0$. 因此, 如果 $u \in E \setminus \{0\}, v \in E$, 我们有

$$\left(\Psi''(u)[u,u] - \Psi'(u)u \right) + 2 \left(\Psi''(u)[u,v] - \Psi'(u)v \right) + \Psi''(u)[v,v]$$

$$= \int_{\mathbb{R}^3} g(|u|)|v|^2 dx + \int_{\mathbb{R}^3} g'(|u|)|u| \left(|u| + \frac{\Re u \cdot v}{|u|} \right)^2 dx > 0.$$

正如文献 [3, 定理 5.1], 如果 $u \in E \setminus \{0\}$ 满足 $J_\mu'(z)z = 0$, 则 $J_\mu''(z)[z, z] < 0$. 因此, 对固定的 $u \in E^+ \setminus \{0\}$, 函数 $t \mapsto J_\mu(tu)$ 至多有一个非平凡临界点 $t = t(u) > 0$. 记

$$\mathscr{M}_\mu := \{t(u)u : u \in E^+ \setminus \{0\}, t(u) < \infty\}.$$

因为 γ_μ 是可达的, 我们有 $\mathscr{M}_\mu \neq \varnothing$. 注意到

$$d_\mu^2 = \inf_{z \in \mathscr{M}_\mu} J_\mu(z).$$

因此, 当 $u \in \mathscr{R}_\mu$ 时, 就成立 $d_\mu^2 \leqslant \gamma_\mu$(因为 $u^+ \in \mathscr{M}_\mu$).

最后, 我们证明 (3). 如果 $u \in \mathscr{R}_{\mu_1}$, 可知 u^+ 是 J_{μ_1} 的临界点且满足 $\gamma_{\mu_1} = J_{\mu_1}(u^+) = \max_{t \geqslant 0} J_{\mu_1}(tu^+)$. 令 $\tau > 0$ 使得 $J_{\mu_2}(\tau u^+) = \max_{t \geqslant 0} J_{\mu_2}(tu^+)$, 我们有

$$\begin{aligned}
\gamma_{\mu_1} &= J_{\mu_1}(u^+) = \max_{t \geqslant 0} J_{\mu_1}(tu^+) \\
&\geqslant J_{\mu_1}(\tau u^+) = \mathscr{T}_{\mu_1}\big(\tau u^+ + \mathscr{J}_{\mu_1}(\tau u^+)\big) \\
&\geqslant \mathscr{T}_{\mu_1}\big(\tau u^+ + \mathscr{J}_{\mu_2}(\tau u^+)\big) \\
&\geqslant \mathscr{T}_{\mu_2}\big(\tau u^+ + \mathscr{J}_{\mu_2}(\tau u^+)\big) + \frac{\mu_1 - \mu_2}{2}\big\|\tau u^+ + \mathscr{J}_{\mu_2}(\tau u^+)\big\|_{L^2}^2 \\
&= J_{\mu_2}(\tau u^+) + \frac{\mu_1 - \mu_2}{2}\big\|\tau u^+ + \mathscr{J}_{\mu_2}(\tau u^+)\big\|_{L^2}^2 \\
&\geqslant \gamma_{\mu_2} + \frac{\mu_1 - \mu_2}{2}\big\|\tau u^+ + \mathscr{J}_{\mu_2}(\tau u^+)\big\|_{L^2}^2.
\end{aligned}$$

这就完成了证明. ∎

注意到, 由条件 (V_1) 知, 当 $\varepsilon \to 0$ 时, $V_\varepsilon(x) \to V(0)$ 在 $\mathbb{R}^3$ 上的有界区域一致成立. 记 $V_0 = V(0)$, 令 $V^0(x) = V(x) - V(0)$ 以及 $V_\varepsilon^0(x) = V^0(\varepsilon x)$, 则

$$\tilde{\Phi}_\varepsilon(u) = \mathscr{T}_{V_0}(u) + \frac{1}{2}\int_{\mathbb{R}^3} V_\varepsilon^0(x)|u|^2 dx - \int_{\mathbb{R}^3} \big(F(\varepsilon x, |u|) - G(|u|)\big) dx. \qquad (4.2.74)$$

引理 4.2.43　若 (f_1)—(f_5) 成立. 则对每一个 $u \in E^+$, 当 $\varepsilon \to 0$ 时, 有 $h_\varepsilon(u) \to \mathscr{J}_{V_0}(u)$.

证明　由 (4.2.74) 可得

$$\big(\tilde{\Phi}_\varepsilon(z_\varepsilon) - \tilde{\Phi}_\varepsilon(w)\big) + \big(\mathscr{T}_{V_0}(w) - \mathscr{T}_{V_0}(z_\varepsilon)\big)$$

$$= \frac{1}{2} \int_{\mathbb{R}^3} V_\varepsilon^0(x)(|z_\varepsilon|^2 - |w|^2)dx + \int_{\mathbb{R}^3} (G(|z_\varepsilon|) - G(|w|))dx$$

$$- \int_{\mathbb{R}^3} (F(\varepsilon x, |z_\varepsilon|) - F(\varepsilon x, |w|))dx, \tag{4.2.75}$$

其中 $z_\varepsilon = u + h_\varepsilon(u), w = u + \mathscr{J}_{V_0}(u)$. 记 $v_\varepsilon = z_\varepsilon - w$, 则

$$\int_{\mathbb{R}^3} V_\varepsilon^0(x)(|z_\varepsilon|^2 - |w|^2)dx = \int_{\mathbb{R}^3} V_\varepsilon^0(x)|v_\varepsilon|^2 dx + 2\Re \int_{\mathbb{R}^3} V_\varepsilon^0(x)w \cdot \bar{v}_\varepsilon dx,$$

以及

$$\int_{\mathbb{R}^3} (G(|z_\varepsilon|) - G(|w|))dx - \int_{\mathbb{R}^3} (F(\varepsilon x, |z_\varepsilon|) - F(\varepsilon x, |w|))dx$$

$$= \Re \int_{\mathbb{R}^3} g(|w|)w \cdot \bar{v}_\varepsilon dx - \Re \int_{\mathbb{R}^3} f(\varepsilon x, |w|)w \cdot \bar{v}_\varepsilon dx$$

$$+ \int_0^1 (1-s)\Psi''(w + sv_\varepsilon)[v_\varepsilon, v_\varepsilon]ds$$

$$- \int_0^1 (1-s)\Psi_\varepsilon''(w + sv_\varepsilon)[v_\varepsilon, v_\varepsilon]ds.$$

类似于 (4.2.66) 以及 (4.2.70) 得

$$\int_0^1 (1-s)\Psi_\varepsilon''(z_\varepsilon - sv_\varepsilon)[v_\varepsilon, v_\varepsilon]ds + \frac{1}{2}\|v_\varepsilon\|^2 + \frac{1}{2}\int_{\mathbb{R}^3} V_\varepsilon(x)|v_\varepsilon|^2 dx = \tilde{\Phi}_\varepsilon(z_\varepsilon) - \tilde{\Phi}_\varepsilon(w),$$

以及

$$\int_0^1 (1-s)\Psi''(w + sv_\varepsilon)[v_\varepsilon, v_\varepsilon]ds + \frac{1}{2}\|v_\varepsilon\|^2 + \frac{V_0}{2}\int_{\mathbb{R}^3} |v_\varepsilon|^2 dx = \mathscr{T}_{V_0}(w) - \mathscr{T}_{V_0}(z_\varepsilon).$$

因此结合 (4.2.75), (4.2.59) 以及 f 的定义, 我们有

$$\|v_\varepsilon\|^2 + V_0\|v_\varepsilon\|_{L^2}^2 \leqslant \Re \int_{\mathbb{R}^3} V_\varepsilon^0(x)w \cdot \bar{v}_\varepsilon dx + \Re \int_{\mathbb{R}^3} g(|w|)w \cdot \bar{v}_\varepsilon dx$$

$$- \Re \int_{\mathbb{R}^3} f(\varepsilon x, |w|)w \cdot \bar{v}_\varepsilon dx$$

$$\leqslant \int_{\mathbb{R}^3} |V_\varepsilon^0(x)| \cdot |w| \cdot |v_\varepsilon|dx + c_1 \int_{\mathbb{R}^3 \setminus \Lambda_\varepsilon} |w| \cdot |v_\varepsilon|dx$$

$$+ c_1 \int_{\mathbb{R}^3 \setminus \Lambda_\varepsilon} |w|^{p-1} \cdot |v_\varepsilon|dx + \frac{a - \|V\|_\infty}{2} \int_{\mathbb{R}^3 \setminus \Lambda_\varepsilon} |w| \cdot |v_\varepsilon|dx$$

$$\leqslant \left(\int_{\mathbb{R}^3} |V_\varepsilon^0(x)|^2|w|^2 dx \right)^{\frac{1}{2}} |v_\varepsilon|_2 + c_2 \left(\int_{\mathbb{R}^3 \setminus \Lambda_\varepsilon} |w|^2 dx \right)^{\frac{1}{2}} \|v_\varepsilon\|_{L^2}$$

$$+ c_1 \left(\int_{\mathbb{R}^3 \setminus \Lambda_\varepsilon} |w|^p dx \right)^{\frac{p-1}{p}} \|v_\varepsilon\|_{L^p}. \tag{4.2.76}$$

因为当 $\varepsilon \to 0$ 时, $V_\varepsilon^0(x) \to 0$ 在 $\mathbb{R}^3$ 的有界集上一致成立, 这就有

$$\int_{\mathbb{R}^3} |V_\varepsilon^0(x)|^2 |w|^2 dx = o_\varepsilon(1).$$

此外, 由 w 在无穷远处的衰减性可知

$$\limsup_{R \to \infty} \int_{|x| \geqslant R} |w|^q dx = 0,$$

其中 $q = 2, p$. 因此, 由于 $0 \in \Lambda$, 故当 $\varepsilon \to 0$ 时, 这就蕴含着

$$\int_{\mathbb{R}^3 \setminus \Lambda_\varepsilon} |w|^2 dx = o_\varepsilon(1),$$

$$\int_{\mathbb{R}^3 \setminus \Lambda_\varepsilon} |w|^p dx = o_\varepsilon(1).$$

结合 (4.2.76) 就得 $\|v_\varepsilon\| = \|h_\varepsilon(u) - \mathscr{J}_{V_0}(u)\| = o_\varepsilon(1)$. 这就完成了引理的证明. ■

引理 4.2.44　设 (f_1)—(f_6) 成立. 则对充分小的 $\varepsilon > 0$, 泛函 I_ε 拥有山路结构:
(i) $I_\varepsilon(0) = 0$, 存在与 $\varepsilon > 0$ 无关的常数 $r > 0$, 以及 $\tau > 0$, 使得 $\Phi_\varepsilon|_{S_r^+} \geqslant \tau$;
(ii) 存在与 $\varepsilon > 0$ 无关的元素 $u_0 \in E^+$, 使得 $\|u_0\| > r$ 以及 $I_\varepsilon(u_0) < 0$.

证明　(1) 很容易地从引理 4.2.38 得到. 为了证明 (2), 令 $w = w^+ + w^- \in \mathscr{R}_{V_0}$ 是下面方程的极小能量解

$$-i\alpha \cdot \nabla u + a\beta u + V_0 u = g(|u|)u$$

且满足 $|w(0)| = \max\limits_{x \in \mathbb{R}^3} |w(x)|$. 从引理 4.2.40(2) 以及引理 4.2.42(2) 可知

$$\gamma_{V_0} = \inf_{\gamma \in \Gamma_0} \max_{t \in [0,1]} J_{V_0}(\gamma(t)) = \inf_{e \in E^+ \setminus \{0\}} \max_{t \geqslant 0} J_{V_0}(tu),$$

其中 $\Gamma_0 := \{\gamma \in \mathcal{C}([0,1], E^+) : \gamma(0) = 0, J_{V_0}(\gamma(1)) < 0\}$. 从引理 4.2.40(1) 以及 4.2.41(2) 可知, 存在充分大的 $t_0 > 0$ 使得

$$J_{V_0}(t_0 w^+) = \frac{1}{2}\left(\|t_0 w^+\|^2 - \|\mathscr{J}_{V_0}(t_0 w^+)\|^2\right) + \frac{V_0}{2} \int_{\mathbb{R}^3} |t_0 w^+ + \mathscr{J}_{V_0}(t_0 w^+)|^2 dx$$

$$- \int_{\mathbb{R}^3} G(|t_0 w^+ + \mathscr{J}_{V_0}(t_0 w^+)|) dx < -1.$$

因此, 存在充分大的 $R_0 > 0$ 使得

$$\frac{1}{2}\big(\|t_0 w^+\|^2 - \|\mathscr{I}_{V_0}(t_0 w^+)\|^2\big) + \frac{V_0}{2}\int_{\mathbb{R}^3}|t_0 w^+ + \mathscr{I}_{V_0}(t_0 w^+)|^2 dx$$
$$- \int_{B_{R_0}} G(|t_0 w^+ + \mathscr{I}_{V_0}(t_0 w^+)|) dx \leqslant -\frac{1}{2}. \tag{4.2.77}$$

注意到, $V_\varepsilon(x) \to V_0$ 在 $\mathbb{R}^3$ 的有界集上一致成立, 结合引理 4.2.43 和 (4.2.77), 当 $\varepsilon \to 0$ 时,

$$\begin{aligned}
I_\varepsilon(t_0 w^+) &= \frac{1}{2}\big(\|t_0 w^+\|^2 - \|h_\varepsilon(t_0 w^+)\|^2\big) + \frac{1}{2}\int_{\mathbb{R}^3} V_\varepsilon(x)|t_0 w^+ + h_\varepsilon(t_0 w^+)|^2 dx \\
&\quad - \int_{\mathbb{R}^3} F(\varepsilon x, |t_0 w^+ + h_\varepsilon(t_0 w^+)|) dx \\
&\leqslant \frac{1}{2}\big(\|t_0 w^+\|^2 - \|h_\varepsilon(t_0 w^+)\|^2\big) + \frac{1}{2}\int_{\mathbb{R}^3} V_\varepsilon(x)|t_0 w^+ + h_\varepsilon(t_0 w^+)|^2 dx \\
&\quad - \int_{\Lambda_\varepsilon} G(|t_0 w^+ + h_\varepsilon(t_0 w^+)|) dx \\
&\leqslant \frac{1}{2}\big(\|t_0 w^+\|^2 - \|\mathscr{I}_{V_0}(t_0 w^+)\|^2\big) + \frac{V_0}{2}\int_{\mathbb{R}^3}|t_0 w^+ + \mathscr{I}_{V_0}(t_0 w^+)|^2 dx \\
&\quad - \int_{B_{R_0}} G(|t_0 w^+ + \mathscr{I}_{V_0}(t_0 w^+)|) dx \\
&\leqslant -\frac{1}{2} + o_\varepsilon(1).
\end{aligned}$$

因此, 存在 $\varepsilon_0 > 0$ 使得对任意的 $\varepsilon \in (0, \varepsilon_0]$ 成立 $I_\varepsilon(t_0 w^+) < 0$. ∎

引理 4.2.45 设 (f_1)—(f_6) 成立. 则对任意的 $\varepsilon > 0$, I_ε 满足 $(C)_c$-条件.

证明 首先, 从 h_ε 的定义有

$$\widetilde{\Phi}_\varepsilon'(u + h_\varepsilon(u))z = 0, \quad \forall u \in E^+, \quad z \in E^-. \tag{4.2.78}$$

直接计算, 便有

$$\begin{aligned}
I_\varepsilon'(u)u &= \widetilde{\Phi}_\varepsilon'(u + h_\varepsilon(u))(u + h_\varepsilon'(u)u) \\
&= \widetilde{\Phi}_\varepsilon'(u + h_\varepsilon(u))(u + h_\varepsilon(u)) \\
&= \widetilde{\Phi}_\varepsilon'(u + h_\varepsilon(u))(u - h_\varepsilon(u)). \tag{4.2.79}
\end{aligned}$$

现在令 $\{w_n\} \subset E^+$ 是 I_ε 的一个 $(C)_c$- 序列, 且定义 $u_n := w_n + h_\varepsilon(w_n)$. 从引理 4.2.37, 不难验证 $\{u_n\}$ 拥有收敛子列. 因此, I_ε 满足 $(C)_c$-条件. ∎

定义

$$c_\varepsilon := \inf_{v \in \Gamma_\varepsilon} \max_{t \in [0,1]} I_\varepsilon(\nu(t)),$$

其中 $\Gamma_\varepsilon := \{\nu \in \mathcal{C}([0,1], E^+) : \nu(0) = 0, I_\varepsilon(\nu(1)) < 0\}$. 则 $\tau \leqslant c_\varepsilon < \infty$ 是良定义的且是 I_ε 的临界值 (也是 $\widetilde{\Phi}_\varepsilon$ 的临界值).

引理 4.2.46　$c_\varepsilon = \inf\limits_{u \in E^+ \setminus \{0\}} \max\limits_{t \geqslant 0} I_\varepsilon(tu)$.

证明　令 $d_\varepsilon = \inf\limits_{u \in E^+ \setminus \{0\}} \max\limits_{t \geqslant 0} I_\varepsilon(tu)$, 则由 (f_6) 以及引理 4.2.41 的证明知 $d_\varepsilon \geqslant c_\varepsilon$. 接下来我们证明另外一个不等式. 注意到, 如果 $s > 0$, 则由 $(g_1),(g_3)$ 以及 f 的定义可得 $f_s(x,s)s > 0$. 因此, 如果 $u \in E \setminus \{0\}, v \in E$, 我们有

$$(\Psi_\varepsilon''(u)[u,u] - \Psi_\varepsilon'(u)u) + 2(\Psi_\varepsilon''(u)[u,v] - \Psi_\varepsilon'(u)v) + \Psi_\varepsilon''(u)[v,v]$$

$$= \int_{\mathbb{R}^3} f(\varepsilon x, |u|)|v|^2 dx + \int_{\mathbb{R}^3} f_s(\varepsilon x, |u|)|u|\left(|u| + \frac{\Re u \cdot v}{|u|}\right)^2 dx > 0.$$

正如文献 [3], 如果 $z \in E^+ \setminus \{0\}$ 满足 $I_\varepsilon'(z)z = 0$, 则 $I_\varepsilon''(z)[z,z] < 0$. 因此, 对固定的 $u \in E^+ \setminus \{0\}$, 函数 $t \mapsto I_\varepsilon(tu)$ 至多有一个非平凡临界点 $t = t(u) > 0$. 记

$$\mathcal{N} := \{t(u)u : u \in E^+ \setminus \{0\}, t(u) < \infty\},$$

由于引理 4.2.44 和引理 4.2.45, 我们有 $\mathcal{N} \neq \varnothing$. 注意到

$$d_\varepsilon = \inf_{z \in \mathcal{N}} I_\varepsilon(z).$$

因此, 我们仅仅需证明对任给的 $\nu \in \Gamma_\varepsilon$, 存在 $\bar{t} \in [0,1]$ 使得 $\nu(\bar{t}) \in \mathcal{N}$. 若不然, 即假设 $\nu([0,1]) \cap \mathcal{N} = \varnothing$. 由 (f_1) 以及引理 4.2.38 可知

$$I_\varepsilon'(\nu(t))v(t) > 0$$

对充分小的 $t > 0$ 成立. 因为函数 $t \mapsto I_\varepsilon'(\nu(t))v(t)$ 是连续的以及 $I_\varepsilon'(\nu(t))v(t) \neq 0, \forall t \in (0,1]$, 我们有

$$I_\varepsilon(\nu(t)) = \frac{1}{2}I_\varepsilon'(\nu(t))\nu(t) + \int_{\mathbb{R}^3} \widehat{F}(\varepsilon x, |\nu(t) + h_\varepsilon(\nu(t))|)dx$$

$$\geqslant \frac{1}{2}I_\varepsilon'(\nu(t))\nu(t) > 0,$$

这与 Γ_ε 的定义矛盾. 因此, 当 $\nu \in \Gamma_\varepsilon$ 时, $\nu(t)$ 必定穿过 $\mathcal{N}$, 从而就有 $d_\varepsilon \leqslant c_\varepsilon$. ∎

引理 4.2.47　$c_\varepsilon \leqslant \gamma_{V_0} + o_\varepsilon(1)$.

证明 令 $w = w^+ + w^- \in \mathscr{R}_{V_0}$ 且设 $t_0 > 0$ 使得 $J_{V_0}(t_0 w^+) \leqslant -1$. 由于引理 4.2.43 以及引理 4.2.46, 我们只需证明

$$I_\varepsilon(tw^+) = J_{V_0}(tw^+) + o_\varepsilon(1) \tag{4.2.80}$$

关于 $t \in [0, t_0]$ 一致成立. 为了证明这个, 我们仅仅只需证明下面的集族 $\{H_\varepsilon\} \subset \mathcal{C}([0, t_0])$,

$$H_\varepsilon : [0, t_0] \to \mathbb{R}, \quad t \mapsto I_\varepsilon(tw^+) - J_{V_0}(tw^+) \tag{4.2.81}$$

是等度连续的即可. 注意到, 由 (4.2.64), (4.2.65) 可知, h_ε 和 $\tilde{\Phi}_\varepsilon''$ 的有界性蕴含着 h_ε' 的有界性. 因此, 定义在 (4.2.81) 中的集族的导数是一致有界的. 从而应用 Arzelà-Ascoli 定理即可得到想要的结论. ∎

下面我们将证明改进方程在超线性和渐近线性两种情形下解的存在性, 也就是考虑下面的方程:

$$-i\alpha \cdot \nabla u + a\beta u + V_\varepsilon(x)u = f(\varepsilon x, |u|)u, \tag{4.2.82}$$

其中 f 定义在 (4.2.46) 中. 为了符号方便, 记

$$\mathscr{A} = \{x \in \Lambda : V(x) = V_0\}.$$

令

$$D = -i \sum_{k=1}^{3} \alpha_k \partial_k,$$

则 (4.2.82) 可以改写成

$$Du = -a\beta u - V_\varepsilon(x)u + f(\varepsilon x, |u|)u.$$

算子 D 作用在上式的两边以及使用事实 $D^2 = -\Delta$ 可得

$$\Delta u = (a^2 - V_\varepsilon^2(x))u - f^2(\varepsilon x, |u|)u + D(V_\varepsilon(x) - f(\varepsilon x, |u|))u.$$

注意到

$$\Re\left[\left(D(P_\varepsilon(x)) - f^2(\varepsilon x, |u|)u \cdot \frac{\bar{u}}{|u|}\right)\right] = 0.$$

因此, 由 Kato 不等式可得

$$\Delta |u| \geqslant (a^2 - V_\varepsilon^2(x))|u| - f^2(\varepsilon x, |u|)|u|. \tag{4.2.83}$$

故由 (4.2.83) 以及 u 的正则性可知, 存在与 ε 无关的常数 $M > 0$ 使得

$$\Delta |u| \geqslant -M|u|.$$

因此, 由下解估计 [80,136], 我们有

$$|u(x)| \leqslant C_0 \int_{B_1(x)} |u(y)|dy,$$

其中 $C_0 > 0$ 与 x, ε 以及 $u \in \mathscr{L}_\varepsilon$ 无关.

引理 4.2.48　假设 (f_1)—(f_6) 成立. 对充分小的 $\varepsilon > 0$, 令 $u_\varepsilon \in \mathscr{L}_\varepsilon$, 则 $|u_\varepsilon|$ 拥有 (全局) 最大值点 $x_\varepsilon \in \Lambda_\varepsilon$ 使得

$$\lim_{\varepsilon \to 0} V(\varepsilon x_\varepsilon) = V_0 = \min_{x \in \Lambda} V(x).$$

此外, 记 $v_\varepsilon = u_\varepsilon(x + x_\varepsilon)$, 则 $|v_\varepsilon|$ 在无穷远处一致衰减且 v_ε 在 H^1 中收敛到下面方程

$$-i\alpha \cdot \nabla v + a\beta v + V_0 v = g(|v|)v$$

的极小能量解.

证明　设 $u_\varepsilon \in E$ 是 $\widetilde{\Phi}_\varepsilon$ 的临界点且满足 $\widetilde{\Phi}_\varepsilon(u_\varepsilon) = c_\varepsilon$. 则 $\{u_\varepsilon\}$ 在 E 中是有界的. 我们通过下面的五步来证明此引理.

第一步　$\{u_\varepsilon\}$ 是非消失的.

若不然, 则对所有的所有 $R > 0$, 当 $\varepsilon \to 0$ 时, 成立

$$\sup_{x \in \mathbb{R}^3} \int_{B_R(x)} |u_\varepsilon|^2 dx \to 0.$$

则由集中紧原理, 我们就得到对所有 $q \in (2,3)$ 都有 $\|u_\varepsilon\|_{L^q} \to 0$. 因为 $\{u_\varepsilon\}$ 在 E 中是有界的, 则对固定的 $r > 0$ 以及所有的 $\varepsilon > 0$, 我们有 $|\{x \in \mathbb{R}^3 : |u_\varepsilon(x)| \geqslant r\}|$ 是一致有界的. 因此, 当 $\varepsilon \to 0$ 时,

$$\int_{\{x \in \mathbb{R}^3 : |u_\varepsilon(x)| \geqslant r\}} |u_\varepsilon|^2 dx \to 0.$$

从而就有

$$c_\varepsilon = \widetilde{\Phi}_\varepsilon(u_\varepsilon) - \frac{1}{2}\widetilde{\Phi}'_\varepsilon(u_\varepsilon)u_\varepsilon = \int_{\mathbb{R}^3} \widehat{F}(\varepsilon x, |u_\varepsilon|)dx = o_\varepsilon(1),$$

这与 $c_\varepsilon \geqslant \tau > 0$ 矛盾.

第二步 $\{\chi_{\Lambda_\varepsilon} \cdot u_\varepsilon\}$ 是非消失的.

事实上, 如果 $\{\chi_{\Lambda_\varepsilon} \cdot u_\varepsilon\}$ 是消失的, 由第一步我们就有 $\{(1 - \chi_{\Lambda_\varepsilon}) \cdot u_\varepsilon\}$ 是非消失的. 则存在常数 $R, \delta > 0$ 使得 $B_R(x_\varepsilon) \subset \mathbb{R}^3 \setminus \Lambda_\varepsilon$, 以及

$$\int_{B_R(x_\varepsilon)} |u_\varepsilon|^2 dx \geqslant \delta.$$

记 $v_\varepsilon(x) = u_\varepsilon(x + x_\varepsilon)$, 那么 v_ε 将满足方程

$$-i\alpha \cdot \nabla v_\varepsilon + a\beta v_\varepsilon + \hat{V}_\varepsilon(x)v_\varepsilon = f(\varepsilon(x + x_\varepsilon), |v_\varepsilon|)v_\varepsilon, \qquad (4.2.84)$$

其中 $\hat{V}_\varepsilon(x) := V(\varepsilon(x + x_\varepsilon))$. 此外, 在 E 中有 $v_\varepsilon \rightharpoonup v \neq 0$ 并且在 L^q_{loc} 中 $v_\varepsilon \to v$, $q \in [1, 3)$. 不失一般性, 我们假设 $V(\varepsilon x_\varepsilon) \to V_\infty$, 任取 $\psi \in \mathcal{C}_0^\infty(\mathbb{R}^3, \mathbb{C}^4)$ 作为试验函数代入 (4.2.84) 中, 就有

$$0 = \lim_{\varepsilon \to 0} \int_{\mathbb{R}^3} \left(-i\alpha \cdot \nabla v_\varepsilon + a\beta v_\varepsilon + \hat{V}_\varepsilon(x)v_\varepsilon - f(\varepsilon(x + x_\varepsilon), |v_\varepsilon|)v_\varepsilon \right)\bar{\psi}dx$$

$$= \int_{\mathbb{R}^3} \left(-i\alpha \cdot \nabla v + a\beta v + V_\infty v - \tilde{g}(|v|)v \right) \cdot \bar{\psi}dx.$$

进而 v 将满足方程

$$-i\alpha \cdot \nabla v + a\beta v + V_\infty v = \tilde{g}(|v|)v. \qquad (4.2.85)$$

然而, 选取 $v^+ - v^-$ 作为试验函数代入 (4.2.85) 后, 我们立得

$$0 = \|v\|^2 + V_\infty \int_{\mathbb{R}^3} v \cdot \overline{(v^+ - v^-)}dx - \int_{\mathbb{R}^3} \tilde{g}(|v|)v \cdot \overline{(v^+ - v^-)}dx$$

$$\geqslant \|v\|^2 - \frac{\|V\|_\infty}{a}\|v\|^2 - \frac{a - \|V\|_\infty}{2a}\|v\|^2$$

$$= \frac{a - \|V\|_\infty}{2a}\|v\|^2.$$

因此, 就有 $v = 0$, 得到矛盾.

第三步 若 $x_\varepsilon \in \mathbb{R}^3$ 以及 $R, \delta > 0$ 满足

$$\int_{B_R(x_\varepsilon)} |\chi_{\Lambda_\varepsilon} \cdot u_\varepsilon|^2 dx \geqslant \delta,$$

那么就有 $\varepsilon x_\varepsilon \to \mathscr{A}$.

首先, 由第二步, 我们已经得知满足上式的 x_ε 确实存在, 并且我们可选取 $x_\varepsilon \in \Lambda_\varepsilon$. 假设, 在子列意义下, 当 $\varepsilon \to 0$ 时, $\varepsilon x_\varepsilon \to x_0 \in \overline{\Lambda}$. 再次, 记 $v_\varepsilon(x) = u_\varepsilon(x + x_\varepsilon)$, 我们得到 $v_\varepsilon \rightharpoonup v \neq 0$, 并且 v 满足方程

$$-i\alpha \cdot \nabla v + a\beta v + V(x_0)v = f_\infty(x, |v|)v, \tag{4.2.86}$$

其中 $f_\infty(x, s) = \chi_\infty g(s) + (1 - \chi_\infty)\tilde{g}(s)$, 并且 χ_∞ 是 $\mathbb{R}^3$ 中某个半空间的特征函数当

$$\limsup_{\varepsilon \to 0} \operatorname{dist}(x_\varepsilon, \partial\Lambda_\varepsilon) < \infty$$

或者 $\chi_\infty \equiv 1$ (可根据 $x_\varepsilon \in \Lambda_\varepsilon$ 得到). 记 S_∞ 表示 (4.2.86) 的对应能量泛函:

$$S_\infty := \frac{1}{2}\big(\|u^+\|^2 - \|u^-\|^2\big) + \frac{V(x_0)}{2}\|u\|_{L^2}^2 - \Psi_\infty(u),$$

其中

$$\Psi_\infty(u) := \int_{\mathbb{R}^3} F_\infty(x, |u|)dx, \quad F_\infty(x, s) := \int_0^s f_\infty(x, \tau)\tau d\tau.$$

注意到 $\Psi_\infty(u) \leqslant \Psi(u)$, 我们立即推出

$$S_\infty(u) \geqslant \mathscr{T}_{V(x_0)}(u) = \mathscr{T}_{V_0}(u) + \frac{V(x_0) - V_0}{2}\|u\|_{L^2}^2, \quad \forall u \in E.$$

此外, 如果 $s > 0$, 则从 $(g_1), (g_3)$ 以及 $\tilde{g}$ 的定义可得 $\tilde{g}'(s)s > 0$. 因此, 对任意的 $u \in E \setminus \{0\}$ 以及 $v \in E$, 我们就有

$$\big(\Psi_\infty''(u)[u, u] - \Psi_\infty'(u)u\big) + 2\big(\Psi_\infty''(u)[u, v] - \Psi_\infty'(u)v\big) + \Psi_\infty''(u)[v, v]$$

$$= \int_{\mathbb{R}^3} f_\infty(x, |u|)|v|^2 dx + \int_{\mathbb{R}^3} \partial_s f_\infty(x, |u|)|u|\left(|u| + \frac{\Re u \cdot v}{|u|}\right)^2 dx > 0.$$

下面我们定义 $h_\infty : E^+ \to E^-$ 以及 $I_\infty : E^+ \to \mathbb{R}$ 为

$$S_\infty\big(u + h_\infty(u)\big) = \max_{v \in E^-} S_\infty(u + v),$$

$$I_\infty(u) = S_\infty\big(u + h_\infty(u)\big).$$

同样地, 对任意的 $u \in E^+ \setminus \{0\}$ 且满足 $I_\infty'(u)u = 0$, 就成立 $I_\infty''(u)[u, u] < 0$(参见 [3]). 由于我们已经有 $v \neq 0$ 是 S_∞ 的一个临界点, 我们就得到 v^+ 就是 I_∞ 的临界点, 并且 $I_\infty(v^+) = \max_{t \geqslant 0} I_\infty(tv^+)$. 取 $\tau > 0$ 使得 $J_{V_0}(\tau v^+) = \max_{t \geqslant 0} J_{V_0}(tv^+)$,

我们推出

$$
S_\infty(v) = I_\infty(v^+) = \max_{t \geqslant 0} I_\infty(tv^+)
$$

$$
\geqslant I_\infty(\tau v^+) = S_\infty\big(\tau v^+ + h_\infty(\tau v^+)\big)
$$

$$
\geqslant S_\infty\big(\tau v^+ + \mathscr{J}_{V_0}(\tau v^+)\big)
$$

$$
\geqslant \mathscr{T}_{V_0}\big(\tau v^+ + \mathscr{J}_{V_0}(\tau v^+)\big) + \frac{V(x_0) - V_0}{2}\big\|\tau v^+ + \mathscr{J}_{V_0}(\tau v^+)\big\|_{L^2}^2
$$

$$
= J_{V_0}(\tau v^+) + \frac{V(x_0) - V_0}{2}\big\|\tau v^+ + \mathscr{J}_{V_0}(\tau v^+)\big\|_{L^2}^2
$$

$$
\geqslant \gamma_{V_0} + \frac{V(x_0) - V_0}{2}\big\|\tau v^+ + \mathscr{J}_{V_0}(\tau v^+)\big\|_{L^2}^2. \tag{4.2.87}
$$

与此同时, 由 Fatou 引理, 我们得到

$$
\liminf_{\varepsilon \to 0} c_\varepsilon = \liminf_{\varepsilon \to 0}\left(\widetilde{\Phi}_\varepsilon(u_\varepsilon) - \frac{1}{2}\widetilde{\Phi}'_\varepsilon(u_\varepsilon)u_\varepsilon\right)
$$

$$
= \liminf_{\varepsilon \to 0} \int_{\mathbb{R}^3} \widehat{F}_\varepsilon(x, |x_\varepsilon|)dx
$$

$$
= \liminf_{\varepsilon \to 0} \int_{\mathbb{R}^3} \widehat{F}_\varepsilon(x + x_\varepsilon, |v_\varepsilon|)dx
$$

$$
\geqslant \int_{\mathbb{R}^3} \widehat{F}_\infty(x, |v|)dx
$$

$$
= S_\infty(v) - \frac{1}{2}S'_\infty(v)v = S_\infty(v),
$$

其中 $\widehat{F}_\infty(x,s) := \frac{1}{2}f_\infty(x,s)s^2 - F_\infty(x,s), (x,s) \in \mathbb{R}^3 \times \mathbb{R}^+$. 因此, 结合 (4.2.87), 我们就有

$$
\liminf_{\varepsilon \to 0} c_\varepsilon \geqslant \gamma_{V_0},
$$

以及当 $V(x_0) \neq V_0$ 时, $c_\varepsilon > \gamma_{V_0}$. 因此, 由引理 4.2.47 立即就有 $x_0 \in \mathscr{A}$ 及 $\chi_\infty \equiv 1$ (即 $f_\infty(x,s) \equiv g(s)$).

第四步 若 v_ε 是由第三步得到的基态解, 则在 E 中 $v_\varepsilon \to v$.

我们只需要证明存在子列 $\{v_{\varepsilon_j}\}$ 满足在 E 中 $v_{\varepsilon_j} \to v$. 注意到, 我们已经得到 v 是下列方程的基态解

$$
-i\alpha \cdot \nabla v + a\beta v + V_0 v = g(|v|)v, \tag{4.2.88}
$$

并且

$$\lim_{\varepsilon \to 0} \int_{\mathbb{R}^3} \widehat{F}_\varepsilon(x + x_\varepsilon, |v_\varepsilon|)dx = \int_{\mathbb{R}^3} \widehat{G}(|v|)dx.$$

取 $\eta : [0, \infty) \to [0, 1]$ 为一光滑函数满足 $\eta(s) = 1$ 当 $s \leqslant 1$, $\eta(s) = 0$ 当 $s \geqslant 2$. 定义 $\tilde{v}_j(x) = \eta\left(\dfrac{2|x|}{j}\right) v(x)$. 则当 $j \to \infty$ 时

$$\|\tilde{v}_j - v\| \to 0 \quad \text{且} \quad \|\tilde{v}_j - v\|_{L^q} \to 0 \tag{4.2.89}$$

对 $q \in [2, 3]$ 成立. 记 $B_d := \{x \in \mathbb{R}^3 : |x| \leqslant d\}$, 我们得到存在子列 $\{v_{\varepsilon_{j_n}}\}$ 使得, 对任意 $\delta > 0$ 都存在 $r_\delta > 0$ 满足

$$\limsup_{j \to \infty} \int_{B_j \setminus B_r} |v_{\varepsilon_j}|^q dx \leqslant \delta$$

对所有 $r \geqslant r_\delta$ 成立, 其中

$$q = \begin{cases} p, & \text{当超二次非线性条件满足,} \\ 2, & \text{当渐近二次非线性条件满足,} \end{cases}$$

这里 $p \in (2, 3)$ 是条件 (g_2) 中的固定常数. 记 $z_j = v_{\varepsilon_j} - \tilde{v}_j$, 我们就有 $\{z_j\}$ 在 E 中有界, 并且

$$\lim_{j \to \infty} \left| \int_{\mathbb{R}^3} F_{\varepsilon_j}(x + x_{\varepsilon_j}, |v_{\varepsilon_j}|) - F_{\varepsilon_j}(x + x_{\varepsilon_j}, |z_j|) - F_{\varepsilon_j}(x + x_{\varepsilon_j}, |\tilde{v}_j|)dx \right| = 0, \tag{4.2.90}$$

以及

$$\lim_{j \to \infty} \left| \Re \int_{\mathbb{R}^3} \left[f_{\varepsilon_j}(x + x_{\varepsilon_j}, |v_{\varepsilon_j}|)v_{\varepsilon_j} - f_{\varepsilon_j}(x + x_{\varepsilon_j}, |z_j|)z_j \right.\right.$$
$$\left.\left. - f_{\varepsilon_j}(x + x_{\varepsilon_j}, |\tilde{v}_j|)\tilde{v}_j \right] \cdot \bar{\varphi} dx \right| = 0 \tag{4.2.91}$$

关于 $\varphi \in E$ 且 $\|\varphi\| \leqslant 1$ 一致成立 (此处证明可仿照 [49, 引理 7.10]). 利用 v 的衰减性以及事实 $\hat{V}_{\varepsilon_j}(x) \to V_0$, $F_{\varepsilon_j}(x + x_{\varepsilon_j}, |s|) \to G(s)$ 在 $\mathbb{R}^3$ 的有界集上一致成立, 我们不难验证

$$\Re \int_{\mathbb{R}^3} \hat{V}_{\varepsilon_j}(x) v_{\varepsilon_j} \cdot \tilde{v}_j dx \to \Re V_0 \int_{\mathbb{R}^3} |v|^2 dx,$$

$$\int_{\mathbb{R}^3} F_{\varepsilon_j}(x + x_{\varepsilon_j}, |\tilde{v}_j|)dx \to \int_{\mathbb{R}^3} G(|v|)dx.$$

记 $\hat{\Phi}_\varepsilon$ 为 (4.2.84) 对应的能量泛函, 当 $j \to \infty$ 时, 我们就有

$$\hat{\Phi}_{\varepsilon_j}(z_j) = \hat{\Phi}_{\varepsilon_j}(v_{\varepsilon_j}) - S_\infty(v)$$
$$+ \int_{\mathbb{R}^3} F_{\varepsilon_j}(x + x_{\varepsilon_j}, |v_{\varepsilon_j}|) - F_{\varepsilon_j}(x + x_{\varepsilon_j}, |z_j|)$$

$$- F_{\varepsilon_j}(x + x_{\varepsilon_j}, |\tilde{v}_j|)dx + o_j(1)$$

$$= o_j(1).$$

这说明 $\hat{\Phi}_{\varepsilon_j}(z_j) \to 0$. 同理, 当 $j \to \infty$ 时, 我们有

$$\hat{\Phi}'_{\varepsilon_j}(z_j)\varphi = \Re \int_{\mathbb{R}^3} \left[f_{\varepsilon_j}(x + x_{\varepsilon_j}, |v_{\varepsilon_j}|)v_{\varepsilon_j} - f_{\varepsilon_j}(x + x_{\varepsilon_j}, |z_j|)z_j \right.$$

$$\left. - f_{\varepsilon_j}(x + x_{\varepsilon_j}, |\tilde{v}_j|)\tilde{v}_j \right] \cdot \bar{\varphi} dx + o_j(1)$$

$$= o_j(1)$$

关于 $\|\varphi\| \leqslant 1$ 一致成立, 即说明 $\hat{\Phi}'_{\varepsilon_j}(z_j) \to 0$. 因此,

$$o_j(1) = \hat{\Phi}_{\varepsilon_j}(z_j) - \frac{1}{2}\hat{\Phi}'_{\varepsilon_j}(z_j)z_j = \int_{\mathbb{R}^3} \widehat{F}_{\varepsilon_j}(x + x_{\varepsilon_j}, |z_j|)dx. \tag{4.2.92}$$

由 (f$_6$) 以及正则性结论, 对于固定的 $r > 0$ 成立

$$\int_{\mathbb{R}^3} \widehat{F}_{\varepsilon_j}(x + x_{\varepsilon_j}, |z_j|)dx \geqslant C_r \int_{\{x \in \mathbb{R}^3: |z_j| \geqslant r\}} |z_j|^2 dx,$$

其中 C_r 仅依赖 r. 故当 $j \to \infty$ 时

$$\int_{\{x \in \mathbb{R}^3: |z_j| \geqslant r\}} |z_j|^2 dx \to 0$$

对任意固定的 $r > 0$ 成立. 注意到, $\{|z_j|_\infty\}$ 是有界的, 则

$$\left(1 - \frac{\|V\|_\infty}{a}\right)\|z_j\|^2$$

$$\leqslant \|z_j\|^2 + \Re \int_{\mathbb{R}^3} \widehat{V}_{\varepsilon_j}(x)z_j \cdot (z_j^+ - z_j^-)dx$$

$$= \hat{\Phi}'_{\varepsilon_j}(z_j)(z_j^+ - z_j^-) + \Re \int_{\mathbb{R}^3} f_{\varepsilon_j}(x + x_{\varepsilon_j}, |z_j|)v_j \cdot \overline{(z_j^+ - z_j^-)}dx$$

$$\leqslant o_j(1) + \frac{a - \|V\|_\infty}{2a}\|z_j\|^2 + C_\infty \int_{\{x \in \mathbb{R}^3: |z_j| \geqslant r\}} |z_j| \cdot |z_j^+ - z_j^-|dx$$

$$\leqslant o_j(1) + \frac{a - \|V\|_\infty}{2a}\|z_j\|^2,$$

即当 $j \to \infty$ 时, $\|z_j\| \to 0$. 结合 (4.2.89), 我们就有在 E 中 $v_{\varepsilon_j} \to v$.

第五步 当 $|x| \to \infty$ 时, $v_\varepsilon(x) \to 0$ 关于充分小的 $\varepsilon > 0$ 一致成立.

若不然, 即存在 $\delta > 0$ 以及 $y_\varepsilon \in \mathbb{R}^3$ 且 $|y_\varepsilon| \to \infty$, 使得

$$\delta \leqslant |v_\varepsilon(y_\varepsilon)| \leqslant C_0 \int_{B_1(y_\varepsilon)} |v_\varepsilon(y)|dy.$$

由 v_ε 在 H^1 中收敛到 v 可得, 当 $\varepsilon \to 0$ 时,

$$
\begin{aligned}
\delta &\leqslant C_0 \left(\int_{B_1(y_\varepsilon)} |v_\varepsilon|^2 dx \right)^{\frac{1}{2}} \\
&\leqslant C_0 \left(\int_{\mathbb{R}^3} |v_\varepsilon - v|^2 dx \right)^{\frac{1}{2}} + C_0 \left(\int_{B_1(x_\varepsilon)} |v|^2 dx \right)^{\frac{1}{2}} \to 0,
\end{aligned}
$$

这就得到矛盾.

由第五步, 我们可不妨假设在第三步中的序列 $\{x_\varepsilon\}$ 是 $|u_\varepsilon|$ 的最大值点. 此外, 从上面的讨论我们很容易看到, 对任意这种点 x_ε 满足 $\varepsilon x_\varepsilon$ 收敛到 $\mathscr{A}$ 中.

现在我们验证 v_j 在 H^1 中收敛到 v. 由 (4.2.84) 以及 (4.2.88), 我们有

$$
H_0(v_\varepsilon - v) = f(\varepsilon(x + x_\varepsilon), |v_j|)v_j - g(|v|)v - (\hat{V}_\varepsilon(x)v_j - V(x_0)v).
$$

从第四步以及在 (4.2.25) 中的一致估计知, 当 $\varepsilon \to 0$ 时, 有 $\|H_0(v_\varepsilon - v)\|_{L^2} \to 0$. 因此, v_j 在 H^1 中收敛到 v. ∎

上面的五步已经证明了一致衰减性质, 更进一步, 我们能证明衰减速度是指数衰减.

引理 4.2.49　*存在与 $\varepsilon > 0$ 无关的常数 $C > 0$ 使得*

$$
|u_\varepsilon(x)| \leqslant C e^{-c_0|x - x_\varepsilon|}, \quad x \in \mathbb{R}^3,
$$

其中 $c_0 = \sqrt{a^2 - \|V\|_\infty^2}$.

证明　由 (4.2.83) 以及一致衰减性, 能选取充分大的 $R > 0$ 使得

$$
\Delta |v_\varepsilon| \geqslant (a^2 - \|V\|_\infty^2) |v_\varepsilon|
$$

关于 $|x| \geqslant R$ 以及充分小的 $\varepsilon > 0$ 一致成立. 令 $\Gamma(x) = \Gamma(x, 0)$ 是 $-\Delta + (a^2 - \|V\|_\infty^2)$ 的基本解 (参见 [136]). 使用一致有界估计, 我们能够选取 Γ 使得 $|v_\varepsilon(x)| \leqslant (a^2 - \|V\|_\infty^2)\Gamma(x)$ 对 $|x| = R$ 以及任意充分小的 $\varepsilon > 0$ 成立. 令 $z_\varepsilon = |v_\varepsilon| - (a^2 - \|V\|_\infty^2)\Gamma$. 则

$$
\begin{aligned}
\Delta z_\varepsilon &= \Delta |v_\varepsilon| - (a^2 - \|V\|_\infty^2)\Delta \Gamma \\
&\geqslant (a^2 - \|V\|_\infty^2)\left(|v_\varepsilon| - (a^2 - \|V\|_\infty^2)\Gamma \right) \\
&= (a^2 - \|V\|_\infty^2) z_\varepsilon.
\end{aligned}
$$

由极大值原理可得 $z_\varepsilon(x) \leqslant 0$ 在 $|x| \geqslant R$ 上成立. 众所周知, 存在常数 $C' > 0$ 使

得 $\Gamma(x) \leqslant C'e^{-c_0|x|}$ 在 $|x| \geqslant 1$ 上成立. 因此,

$$|v_\varepsilon(x)| \leqslant Ce^{-c_0|x|}, \quad \forall x \in \mathbb{R}^3$$

关于 $\varepsilon > 0$ 充分小一致成立, 也就是

$$|u_\varepsilon(x)| \leqslant Ce^{-c_0|x-x_\varepsilon|}, \quad \forall x \in \mathbb{R}^3. \qquad \blacksquare$$

定义

$$w_\varepsilon(x) = u_\varepsilon\left(\frac{x}{\varepsilon}\right), \quad y_\varepsilon = \varepsilon x_\varepsilon.$$

则对任意的 $\varepsilon > 0$, w_ε 是下面方程的解:

$$-i\varepsilon\alpha \cdot \nabla w + a\beta w + V(x)w = f(x,|w|)w, \quad x \in \mathbb{R}^3.$$

因为 y_ε 是 $|w_\varepsilon|$ 的最大值点, 则由引理 4.2.48 以及引理 4.2.49, 我们有

$$|w_\varepsilon(x)| \leqslant Ce^{-\frac{c_0}{\varepsilon}|x-y_\varepsilon|}, \quad x \in \mathbb{R}^3$$

且当 $\varepsilon \to 0$ 时, 成立 $y_\varepsilon \to \mathscr{A}$. 此外, 从假设

$$\min_\Lambda V < \min_{\partial\Lambda} V,$$

我们能得到 $\delta := \mathrm{dist}(\mathscr{A}, \partial\Lambda) > 0$. 因此, 对充分小的 $\varepsilon > 0$, 如果 $x \notin \Lambda$, 则

$$|w_\varepsilon(x)| \leqslant Ce^{-\frac{c_0\delta}{2\varepsilon}} < \xi.$$

因此, 对充分小的 $\varepsilon > 0$, 我们有 $f(x,|w_\varepsilon|) = g(|w_\varepsilon|)$, 进而完成定理的证明.

4.2.5 非线性 Dirac 方程的非相对论极限

本节我们将研究下面的非线性 Dirac 方程的非相对论极限问题:

$$-ic\sum_{k=1}^{3}\alpha_k\partial_k\psi + mc^2\beta\psi - \omega\psi = g(|\psi|)\psi, \qquad (4.2.93)$$

其中 $\psi: \mathbb{R}^3 \to \mathbb{C}^4$, $\partial_k = \dfrac{\partial}{\partial x_k}$, c 表示光速, $m > 0$ 是电子的质量, $\omega > 0$ 是一个常数. 我们想要研究的是粒子速度远小于光速 c 的情况, 此时相对论效应可以忽略不计. 更准确地说, 我们关心的是当 $c,\omega \to \infty$ 时, 方程 (4.2.93) 的稳态解 $\psi := (u,v)^{\mathrm{T}} \in \mathbb{C}^4$ 的收敛性. 期望得到的结果是 $\psi := (u,v)^{\mathrm{T}} \in \mathbb{C}^4$ 收敛到下列

非线性 Schrödinger 型方程组的解:

$$\begin{cases} -\Delta u_1 - 2\nu u_1 = 2mg(|u|)u_1, \\ -\Delta u_2 - 2\nu u_2 = 2mg(|u|)u_2, \end{cases} \tag{4.2.94}$$

其中 $u = (u_1, u_2)^{\mathrm{T}} : \mathbb{R}^3 \to \mathbb{C}^2$, $\nu < 0$ 是一个常数.

考虑非线性项 $g(|\psi|) = |\psi|^{p-2}$. 方程 (4.2.93) 重新写为

$$-ic\alpha \cdot \nabla\psi + mc^2\beta\psi - \omega\psi = |\psi|^{p-2}\psi. \tag{4.2.95}$$

在叙述主要定理之前, 回顾一个相关结论: 对于 $\omega \in (-mc^2, mc^2)$, 通过变分法可以得到非线性 Dirac 方程 (4.2.95) 解的存在性, 证明见 [13]. 那么, 在没有初值假设条件下, 我们可以得到非线性 Dirac 方程 (4.2.93) 与非线性 Schrödinger 方程组 (4.2.94) 解之间的关系, 见 [66].

定理 4.2.50 对于 $m > 0$, $\nu < 0$, $p \in \left(2, \dfrac{5}{2}\right]$, 假设 $\{c_n\}, \{\omega_n\}$ 是两个序列满足当 $n \to \infty$ 时,

$$0 < c_n, \omega_n \to \infty, \tag{4.2.96}$$

$$0 < \omega_n < mc_n^2, \tag{4.2.97}$$

$$\omega_n - mc_n^2 \to \frac{\nu}{m}. \tag{4.2.98}$$

如果对于任意的 $n \in \mathbb{N}$, $\{\psi_n = (u_n, v_n)^{\mathrm{T}}\}$ 是非线性 Dirac 方程 (4.2.95) (其中 $\omega = \omega_n, c = c_n$) 的解, 那么存在 $m_0 > 0$, 使得对于 $0 < m \leqslant m_0$, 存在子列仍记为 $\{\psi_n = (u_n, v_n)^{\mathrm{T}}\}$, 当 $n \to \infty$ 时,

$$u_n \to u \text{ 且 } v_n \to 0 \text{ 在 } H^1(\mathbb{R}^3, \mathbb{C}^2) \text{ 中},$$

其中 $u : \mathbb{R}^3 \to \mathbb{C}^2$ 是非线性 Schrödinger 方程组 (4.2.94) 的解, 其中 $g(|u|) = |u|^{p-2}$.

方便起见, 记

$$H_n := -ic_n\alpha \cdot \nabla + mc_n^2\beta$$

为 Dirac 算子. 众所周知 H_n 是 $L^2(\mathbb{R}^3, \mathbb{C}^4)$ 上的自伴算子, 定义域为 $\mathscr{D}(H_n) = H^1(\mathbb{R}^3, \mathbb{C}^4)$, 参见 [43]. 那么, 类似于命题 4.2.1 可以得到 H_n 的谱.

引理 4.2.51 $\sigma(H_n) = \sigma_e(H_n) = \mathbb{R} \setminus (-mc_n^2, mc_n^2)$, 其中 $\sigma(\cdot)$ 和 $\sigma_e(\cdot)$ 分别表示谱和本质谱.

注 4.2.52 记 $D_n = H_n - \omega_n$, 我们有

$$\sigma(D_n) = (-\infty, -mc_n^2 - \omega_n] \cup [mc_n^2 - \omega_n, \infty).$$

在关于 c_n 和 ω_n 的假设下, 当 $n \to \infty$ 时, 我们有

$$mc_n^2 + \omega_n \to \infty, \quad mc_n^2 - \omega_n \to -\frac{\nu}{m}.$$

所以, 从谱的观点, 当 n 趋于无穷时, D_n 的表现行为趋向于一个正算子, 即 Schrödinger 算子. 这个现象也被称为 Dirac 算子的谱集中现象, 这一现象被众多学者研究, 参见 [83, 92, 147, 148].

因此, $L^2(\mathbb{R}^3, \mathbb{C}^4)$ 有如下的正交分解:

$$L^2 = L^- \oplus L^+, \quad \psi = \psi^- + \psi^+,$$

使得 H_n 在 L^- 上是负定的, 在 L^+ 上是正定的. 令 $|H_n|$ 表示 H_n 的绝对值以及 $|H_n|^{\frac{1}{2}}$ 表示 H_n 的平方根. 定义 $E := \mathscr{D}(|H_n|^{\frac{1}{2}}) = H^{\frac{1}{2}}(\mathbb{R}^3, \mathbb{C}^4)$ 是 Hilbert 空间, 内积为

$$(\psi, \tilde{\psi}) = \Re(|H_n|^{\frac{1}{2}}\psi, |H_n|^{\frac{1}{2}}\tilde{\psi})_{L^2},$$

其诱导的范数 $\|\psi\| = (\psi, \psi)^{\frac{1}{2}}$. 由于 $\sigma(H_n) = \mathbb{R} \setminus (-mc_n^2, mc_n^2)$, 所以

$$mc_n^2 \|\psi\|_{L^2}^2 \leqslant \|\psi\|^2, \quad \forall \psi \in E. \tag{4.2.99}$$

注意到, 对固定的 n, 此范数与通常的 $H^{\frac{1}{2}}$-范数等价, 所以 E 连续嵌入 $L^q(\mathbb{R}^3, \mathbb{C}^4)$, $q \in [2, 3]$, 并且紧嵌入 $L_{\text{loc}}^q(\mathbb{R}^3, \mathbb{C}^4)$, $q \in [1, 3)$. 进而, E 可分解为

$$E = E^- \oplus E^+, \quad \text{其中 } E^\pm = E \cap L^\pm,$$

且关于内积 $(\cdot, \cdot)_{L^2}$ 和 $(\cdot, \cdot)$ 都是正交的.

在 E 上, 我们定义方程 (4.2.95) 的泛函 Φ_n, 其中 $c := c_n$, $\omega := \omega_n$,

$$\begin{aligned}
\Phi_n(\psi) &= \frac{1}{2}\int_{\mathbb{R}^3} \langle \psi, H_n\psi \rangle dx - \frac{\omega_n}{2}\int_{\mathbb{R}^3} |\psi|^2 dx - \frac{1}{p}\int_{\mathbb{R}^3} |\psi|^p dx \\
&= \frac{1}{2}\|\psi^+\|^2 - \frac{1}{2}\|\psi^-\|^2 - \frac{\omega_n}{2}\int_{\mathbb{R}^3} |\psi|^2 dx - \frac{1}{p}\int_{\mathbb{R}^3} |\psi|^p dx, \tag{4.2.100}
\end{aligned}$$

对于 $\psi = \psi^+ + \psi^- \in E$. 由标准的讨论可知 $\Phi_n \in \mathcal{C}^1(E,\mathbb{R})$. 并且对任意的 $\psi, \tilde{\psi} \in E$, 我们有

$$\Phi_n'(\psi)\tilde{\psi} = \int_{\mathbb{R}^3}\langle\psi, H_n\tilde{\psi}\rangle dx - \Re\int_{\mathbb{R}^3}\omega_n\psi\cdot\tilde{\psi}dx - \Re\int_{\mathbb{R}^3}|\psi|^{p-2}\psi\cdot\tilde{\psi}dx.$$

进而, 在 [46, 引理 2.1] 中已经证明了 Φ_n 的临界点就是非线性 Dirac 方程 (4.2.95) 的弱解.

根据 [13], 我们可以得到方程 (4.2.93) 解的存在性. 这里我们只概括其证明思路. 值得注意的是, 我们需要重新构造一个更精细的环绕结构.

记 V 是由旋量

$$\eta = \begin{pmatrix}\eta^1 \\ 0\end{pmatrix}, \quad 其中\ \eta^1 \in \mathcal{C}_0^\infty(\mathbb{R}^3, \mathbb{C}^2)$$

构成的 E 的子空间. 通过简单计算可知

$$\int_{\mathbb{R}^3}\langle\eta, H_n\eta\rangle dx = mc_n^2\int_{\mathbb{R}^3}|\eta^1|^2 dx. \tag{4.2.101}$$

另外, 假设 (4.2.96), (4.2.97) 和 (4.2.98) 可推出

$$0 < C_1 \leqslant mc_n^2 - \omega_n \leqslant C_2. \tag{4.2.102}$$

显然, 存在 $\bar{\gamma} > \gamma_0 := mc_n^2 - \omega_n$, 使得 $V_0 := V\cap(E_{\bar{\gamma}} - E_{\gamma_0})L^2 \neq \varnothing$, 其中 $\{E_\gamma\}_{\gamma\in\mathbb{R}}$ 表示 H_n 的谱族. 选择一个 $e^+ \in V_0 \subset E^+$ (与 n 无关) 且 $\|e^+\| = 1$. 那么,

$$\gamma_0\|\psi^+\|_{L^2}^2 \leqslant \|\psi^+\|^2 \leqslant \bar{\gamma}\|\psi^+\|_{L^2}^2, \quad \forall\psi^+\in V_0. \tag{4.2.103}$$

定义 $\hat{E} := E^- \oplus \mathbb{R}^+ e^+$, 其中 $\mathbb{R}^+ := [0,\infty)$.

引理 4.2.53 对任意的 n, 我们有环绕结构:

(i) 存在常数 $\rho, r^* > 0$ 使得 $\kappa_n := \inf\Phi_n(\partial B_\rho\cap E^+) \geqslant r^* > 0$, 其中 $B_\rho = \{\psi\in E: \|\psi\|\leqslant\rho\}$;

(ii) $\sup\Phi_n(\hat{E}) < \infty$, 并且存在常数 $R > 0$ 使得 $\sup\Phi_n(\hat{E}\setminus B_R)\leqslant 0$, 其中 $B_R = \{\psi\in\hat{E}: \|\psi\|\leqslant R\}$.

记 $\kappa := \inf\kappa_n$, 通过引理 4.2.53 和 [13], 对任意的 n, Φ_n 有一个 $(C)_{\iota_n}$-序列 $\{\psi_n^m\}$, 其中 $\kappa\leqslant\iota_n\leqslant\sup\Phi_n(\hat{E})$. 利用集中紧原理, Φ_n 关于 $\mathbb{Z}^3$-作用的不变性可产生 Φ_n 的非平凡临界点 ψ_n 使得 $\Phi_n(\psi_n) = \iota_n$.

最后, 我们回顾 Gagliardo-Nirenberg 不等式 [123], 这将在后面用到.

引理 4.2.54 对任意的 $q \in [2,6)$, 存在 $\mu_q > 0$ 使得

$$\|\psi\|_{L^q} \leqslant \mu_q \|\psi\|_{L^2}^{q_1} \|\nabla\psi\|_{L^2}^{q_2}, \quad \forall \, \psi \in H^1(\mathbb{R}^3, \mathbb{C}^4), \tag{4.2.104}$$

其中 $q_1 = \dfrac{6-q}{2q}, q_2 = \dfrac{3q-6}{2q}$.

下面我们将证明 Dirac 方程 (4.2.95) 解的 H^1-一致有界性. 首先, 证明上一节中临界点序列 $\{\psi_n\}$ 在 $L^p(\mathbb{R}^3, \mathbb{C}^4)$ 中关于 n 一致有界.

引理 4.2.55 序列 $\{\psi_n\}$ 在 $L^p(\mathbb{R}^3, \mathbb{C}^4)$ 中关于 n 一致有界.

证明 对任意的旋量 $\psi \in \hat{E} := E^- \oplus \mathbb{R}^+ e^+$, 有 $\psi = \varphi^\perp + \lambda e$, 其中 $\lambda \in \mathbb{C}$, $e = e^- + e^+$, 并且 $\varphi^\perp \in E^-$ 与 λe 正交. 因此, 根据 (4.2.101) 和 (4.2.102),

$$
\begin{aligned}
\Phi_n(\psi) &\leqslant \frac{1}{2} \int_{\mathbb{R}^3} \langle \lambda e, (H_n - \omega_n)\lambda e\rangle dx - \frac{1}{p} \int_{\mathbb{R}^3} |\lambda e|^p dx \\
&= \frac{mc_n^2 - \omega_n}{2} \int_{\mathbb{R}^3} |\lambda e|^2 dx - \frac{1}{p} \int_{\mathbb{R}^3} |\lambda e|^p dx \\
&\leqslant \frac{C_1|\lambda|^2}{2} \int_{\mathbb{R}^3} |e|^2 dx - \frac{|\lambda|^p}{p} \int_{\mathbb{R}^3} |e|^p dx \\
&\leqslant |\lambda|^2 (C_2 - C_3|\lambda|^{p-2}) \leqslant C_4,
\end{aligned}
$$

其中 C_i 是与 n 无关的常数. 因此,

$$C \geqslant \max_{\hat{E}} \Phi_n \geqslant \iota_n = \Phi_n(\psi_n) - \frac{1}{2}\langle \Phi_n'(\psi_n), \psi_n \rangle = \left(\frac{1}{2} - \frac{1}{p}\right) \int_{\mathbb{R}^3} |\psi_n|^p dx. \quad \blacksquare$$

引理 4.2.56 $\{\psi_n\}$ 在 $L^2(\mathbb{R}^3, \mathbb{C}^4)$ 中关于 n 一致有界.

证明 注 4.2.52 提到算子 $(H_n - \omega_n)$ 的谱为

$$\sigma(H_n - \omega_n) = (-\infty, -mc_n^2 - \omega_n] \cup [mc_n^2 - \omega_n, \infty). \tag{4.2.105}$$

那么, 根据 Hölder 不等式, 我们有

$$
\begin{aligned}
0 \leqslant \int_{\mathbb{R}^3} \langle \psi_n^+, (H_n - \omega_n)\psi_n^+ \rangle dx &= \int_{\mathbb{R}^3} \langle \psi_n^+, (H_n - \omega_n)\psi \rangle dx \\
&\leqslant \int_{\mathbb{R}^3} |\psi_n|^{p-1} \psi_n^+ dx \\
&\leqslant \left(\int_{\mathbb{R}^3} |\psi_n|^p dx\right)^{\frac{p-1}{p}} \left(\int_{\mathbb{R}^3} |\psi_n^+|^p dx\right)^{\frac{1}{p}} \\
&\leqslant C \int_{\mathbb{R}^3} |\psi_n|^p dx,
\end{aligned}
$$

结合引理 4.2.55, 可以从 (4.2.105) 推出

$$(mc_n^2 - \omega_n) \int_{\mathbb{R}^3} |\psi_n^+|^2 dx \leqslant \int_{\mathbb{R}^3} \langle \psi^+, (H_n - \omega_n)\psi^+ \rangle dx \leqslant C.$$

因此, 根据 (4.2.102) 可知

$$\int_{\mathbb{R}^3} |\psi_n^+|^2 dx \leqslant C.$$

类似地讨论, 可得

$$(mc_n^2 + \omega_n) \int_{\mathbb{R}^3} |\psi_n^-|^2 dx \leqslant C. \qquad\blacksquare$$

接下来, 我们可以得到序列 $\{\psi_n\}$ 在 $H^1(\mathbb{R}^3, \mathbb{C}^4)$ 中的有界性.

引理 4.2.57 $\{\psi_n\}$ 在 $H^1(\mathbb{R}^3, \mathbb{C}^4)$ 中关于 n 一致有界.

证明   显然 ψ_n 满足

$$H_n \psi_n = \omega_n \psi_n + |\psi_n|^{p-2} \psi_n. \tag{4.2.106}$$

进而,

$$\|H_n \psi_n\|_{L^2}^2 = \|\omega_n \psi_n + |\psi_n|^{p-2} \psi_n\|_{L^2}^2. \tag{4.2.107}$$

通过简单计算可知

$$\|\omega_n \psi_n + |\psi_n|^{p-2}\psi_n\|_{L^2}^2 = \omega_n^2 \|\psi_n\|_{L^2}^2 + \int_{\mathbb{R}^3} |\psi_n|^{2p-2} dx + 2\omega_n \int_{\mathbb{R}^3} |\psi_n|^p dx. \tag{4.2.108}$$

现在, 我们估计方程 (4.2.108) 的右端. 通过引理 4.2.56 和引理 4.2.54, 其中 $q = 2p - 2$, 可以得到

$$\int_{\mathbb{R}^3} |\psi_n|^{2p-2} dx \leqslant \mu_{2p-2} \|\psi_n\|_{L^2}^{4-p} \|\nabla\psi_n\|_{L^2}^{3p-6} \leqslant C \|\nabla\psi_n\|_{L^2}^{3p-6}. \tag{4.2.109}$$

类似地, 在引理 4.2.54 中取 $q = p$,

$$\int_{\mathbb{R}^3} |\psi_n|^p dx \leqslant \mu_p \|\psi_n\|_{L^2}^{\frac{6-p}{2}} \|\nabla\psi_n\|_{L^2}^{\frac{3p-6}{2}} \leqslant C \|\nabla\psi_n\|_{L^2}^{\frac{3p-6}{2}}. \tag{4.2.110}$$

另一方面, 方程 (4.2.107) 的左端可以重新写为

$$\|H_n \psi_n\|_{L^2}^2 = c_n^2 \|\nabla\psi_n\|_{L^2}^2 + m^2 c_n^4 \|\psi_n\|_{L^2}^2. \tag{4.2.111}$$

结合 (4.2.107)—(4.2.111), 我们可以得到

$$\|\nabla\psi_n\|_{L^2}^2 \leqslant \|\nabla\psi_n\|_{L^2}^2 + \frac{m^2 c_n^4 - \omega_n^2}{c_n^2}\|\psi_n\|_{L^2}^2$$

$$\leqslant \frac{C}{c_n^2}\|\nabla\psi_n\|_{L^2}^{3p-6} + \frac{C\omega_n}{c_n^2}\|\nabla\psi_n\|_{L^2}^{\frac{3p-6}{2}}.$$

因此, 我们有

$$\|\nabla\psi_n\|_{L^2}^{8-3p} \leqslant \frac{C}{c_n^2} + Cm\|\nabla\psi_n\|_{L^2}^{-\frac{3p-6}{2}},$$

再结合 $p \in \left(2, \dfrac{5}{2}\right]$ 和 $c_n \to \infty$, 可推出

$$\|\nabla\psi_n\|_{L^2} \leqslant C. \tag{4.2.112}$$

最后, 可通过引理 4.2.56 和 (4.2.112) 得到结论. ∎

下面将致力于得到当 $n \to \infty$ 时 Dirac 方程 (4.2.95) 解 $\{\psi_n = (u_n, v_n)^{\mathrm{T}}\}$ 的极限. 我们可以得到第一个分支序列 $\{u_n\}$ 收敛到 Schrödinger 方程 (4.2.94)的一个非平凡解, 第二个分支序列 $\{v_n\}$ 收敛到 0.

另外, 定义

$$a_n := (mc_n^2 - \omega_n)b_n, \quad b_n := \frac{mc_n^2 + \omega_n}{c_n^2}, \quad \forall n \in \mathbb{N}.$$

由 (4.2.96)—(4.2.98) 和 (4.2.102) 可推知, 当 $n \to \infty$ 时,

$$b_n \to 2m, \quad a_n \to -2v. \tag{4.2.113}$$

首先我们证明序列的第二个分支 $\{\psi_n\}$ 收敛到 0, 即在 $H^1(\mathbb{R}^3, \mathbb{C}^2)$ 中, $v_n \to 0$. 值得注意的是, 我们将估计 $\{v_n\}$ 的收敛速度.

引理 4.2.58　序列 $\{v_n\}$ 在 $H^1(\mathbb{R}^3, \mathbb{C}^2)$ 中收敛到 0. 进而, 当 $n \to \infty$ 时,

$$\|v_n\|_{H^1} = \mathcal{O}\left(\frac{1}{c_n}\right). \tag{4.2.114}$$

证明　因为 $\psi_n = (u_n, v_n)^{\mathrm{T}}$ 是 Dirac 方程 (4.2.95) 的解, 对任意的 $n \in \mathbb{N}$, 那么我们可以重新将 Dirac 方程写为

$$-ic_n\sigma \cdot \nabla v_n + mc_n^2 u_n - \omega_n u_n = (|u_n|^2 + |v_n|^2)^{\frac{p-2}{2}} u_n, \tag{4.2.115}$$

$$-ic_n\sigma \cdot \nabla u_n - mc_n^2 v_n - \omega_n v_n = (|u_n|^2 + |v_n|^2)^{\frac{p-2}{2}} v_n, \tag{4.2.116}$$

其中 $\sigma = (\sigma_1, \sigma_2, \sigma_3)$ 且 $\sigma \cdot \nabla = \sum\limits_{k=1}^{3} \sigma_k \partial_k$. 在方程 (4.2.115) 两边同除 c_n, 然后两边同取 L^2-范数的平方可得

$$\|\nabla v_n\|_{L^2}^2 = \left\| \frac{mc_n^2 - \omega_n}{c_n} u_n - \frac{1}{c_n}(|u_n|^2 + |v_n|^2)^{\frac{p-2}{2}} u_n \right\|_{L^2}^2.$$

因此, 由 (4.2.102) 和引理 4.2.57, 我们有

$$
\begin{aligned}
\|\nabla v_n\|_{L^2}^2 &\leqslant \frac{(mc_n^2 - \omega_n)^2}{c_n^2}\|u_n\|_{L^2}^2 + \frac{1}{c_n^2}\int_{\mathbb{R}^3}(|u_n|^2 + |v_n|^2)^{p-2}|u_n|^2 dx \\
&\leqslant \frac{(mc_n^2 - \omega_n)^2}{c_n^2}\|u_n\|_{L^2}^2 + \frac{C}{c_n^2}\int_{\mathbb{R}^3}|u_n|^{2(p-1)} + |v_n|^{2(p-2)}|u_n|^2 dx \\
&\leqslant \frac{C}{c_n^2},
\end{aligned}
$$

也就是说

$$\|\nabla v_n\|_{L^2} = \mathcal{O}\left(\frac{1}{c_n}\right). \tag{4.2.117}$$

另一方面, 在方程 (4.2.116) 两边同除 c_n^2 并且利用引理 4.2.57, 可以推出

$$\left\| -i\frac{1}{c_n}\sigma \cdot \nabla u_n - \frac{mc_n^2 + \omega_n}{c_n^2} v_n \right\|_{L^2}^2 = \left\| \frac{1}{c_n^2}(|u_n|^2 + |v_n|^2)^{\frac{p-2}{2}} v_n \right\|_{L^2}^2 \leqslant \frac{C}{c_n^4}.$$

所以, 根据 (4.2.102) 和引理 4.2.57, 我们有

$$
\begin{aligned}
\frac{mc_n^2 + \omega_n}{c_n^2}\|v_n\|_{L^2} &\leqslant \left\| -i\frac{1}{c_n}\sigma \cdot \nabla u_n - \frac{mc_n^2 + \omega_n}{c_n^2} v_n \right\|_{L^2} + \frac{1}{c_n}\|\nabla u_n\|_{L^2} \\
&\leqslant \frac{C}{c_n^2} + \frac{C}{c_n} \\
&= \mathcal{O}\left(\frac{1}{c_n}\right),
\end{aligned}
$$

再结合 (4.2.117), 得到 $\|v_n\|_{H^1} = \mathcal{O}\left(\dfrac{1}{c_n}\right)$, 当 $n \to \infty$. ■

　　接下来, 关于第一分支 u_n 收敛到 Schrödinger 方程 (4.2.94) 的一个非平凡解的证明分为三部分. 首先证明序列 $\{u_n\}$ 在 $H^1(\mathbb{R}^3, \mathbb{C}^4)$ 中有严格一致的正下界. 然后证明, 序列 $\{u_n\}$ 是对应泛函的 (PS)-序列. 最后证明其收敛性.

　　引理 4.2.59　*存在 $\varrho > 0$ 使得*

$$\inf_{n \in \mathbb{N}}\|u_n\|_{H^1} \geqslant \varrho > 0. \tag{4.2.118}$$

　　证明　反证, 假设存在子列仍记为 $\{u_n\}$ 满足

$$\lim_{n \to \infty}\|u_n\|_{H^1} = 0. \tag{4.2.119}$$

在方程 (4.2.115) 两边同除 c_n,

$$-i\sigma \cdot \nabla v_n = \frac{1}{c_n}\left[(|u_n|^2 + |v_n|^2)^{\frac{p-2}{2}}u_n - (mc_n^2 - \omega_n)u_n\right]. \qquad (4.2.120)$$

根据 Hölder 不等式、引理 4.2.54 和引理 4.2.57, 我们可以由 (4.2.120) 推出

$$\begin{aligned}
\|\nabla v_n\|_{L^2}^2 &\leqslant \frac{(mc_n^2 - \omega_n)^2}{c_n^2}\|u_n\|_{L^2}^2 + \frac{1}{c_n^2}\int_{\mathbb{R}^3}(|u_n|^2 + |v_n|^2)^{p-2}|u_n|^2 dx\\
&\leqslant \frac{(mc_n^2 - \omega_n)^2}{c_n^2}\|u_n\|_{L^2}^2 + \frac{1}{c_n^2}\int_{\mathbb{R}^3}(|u_n|^{2(p-1)} + |v_n|^{2(p-2)}|u_n|^2)dx\\
&\leqslant \frac{C}{c_n^2}\|u_n\|_{L^2}^2 + \frac{C}{c_n^2}\|u_n\|_{L^2}^{4-p}\|\nabla u_n\|_{L^2}^{3p-6}\\
&\quad + \frac{C}{c_n^2}\left(\int_{\mathbb{R}^3}|v_n|^{2(p-1)}dx\right)^{\frac{p-2}{p-1}}\left(\int_{\mathbb{R}^3}|u_n|^{2(p-1)}dx\right)^{\frac{1}{p-1}}\\
&\leqslant \frac{C}{c_n^2}\|u_n\|_{L^2}^2 + \frac{C}{c_n^2}\|u_n\|_{H^1}^{2p-2} + \frac{C}{c_n^2}\left(\|u_n\|_{L^2}^{4-p}\|\nabla u_n\|_{L^2}^{3p-6}\right)^{\frac{1}{p-1}}\\
&\leqslant \frac{C}{c_n^2}\|u_n\|_{H^1}^2 + \frac{C}{c_n^2}\|u_n\|_{H^1}^{2p-2} + \frac{C}{c_n^2}\|u_n\|_{H^1}^2, \qquad (4.2.121)
\end{aligned}$$

再结合 $p \in \left(2, \dfrac{5}{2}\right]$ 以及 Sobolev 嵌入不等式得到

$$\|\nabla v_n\|_{L^2}^2 \leqslant \frac{C}{c_n^2}\|u_n\|_{H^1}^2.$$

另外, (4.2.116) 等价于

$$v_n\left(1 + \frac{(|u_n|^2 + |v_n|^2)^{\frac{p-2}{2}}}{mc_n^2 + \omega_n}\right) = -i\frac{c_n}{mc_n^2 + \omega_n}\sigma \cdot \nabla u_n, \qquad (4.2.122)$$

再根据 (4.2.113) 可知

$$\|v_n\|_{L^2}^2 \leqslant \frac{c_n^2}{(mc_n^2 + \omega_n)^2}\|\nabla u_n\|_{L^2}^2 \leqslant \frac{C}{c_n^2}\|u_n\|_{H^1}^2.$$

所以,

$$\|v_n\|_{H^1} \leqslant \frac{C}{c_n}\|u_n\|_{H^1}. \qquad (4.2.123)$$

接下来, 将 (4.2.122) 代入 (4.2.120), 整理可得

$$-\Delta u_n + a_n u_n = -\frac{i}{c_n}\sigma \cdot \nabla\left[(|u_n|^2 + |v_n|^2)^{\frac{p-2}{2}}v_n\right] + b_n\left[(|u_n|^2 + |v_n|^2)^{\frac{p-2}{2}}u_n\right]. \qquad (4.2.124)$$

在方程 (4.2.124) 两边同乘 $\bar{u}_n$, 再在 $\mathbb{R}^3$ 上积分, 我们有

$$\int_{\mathbb{R}^3} |\nabla u_n|^2 dx + a_n \int_{\mathbb{R}^3} |u_n|^2 dx$$
$$= -\frac{i}{c_n} \int_{\mathbb{R}^3} \sigma \cdot \nabla \left[(|u_n|^2 + |v_n|^2)^{\frac{p-2}{2}} v_n \right] \bar{u}_n dx + b_n \int_{\mathbb{R}^3} (|u_n|^2 + |v_n|^2)^{\frac{p-2}{2}} |u_n|^2 dx.$$

$$(4.2.125)$$

断言:

$$-\frac{i}{c_n} \int_{\mathbb{R}^3} \sigma \cdot \nabla \left[(|u_n|^2 + |v_n|^2)^{\frac{p-2}{2}} v_n \right] \bar{u}_n dx + b_n \int_{\mathbb{R}^3} (|u_n|^2 + |v_n|^2)^{\frac{p-2}{2}} |u_n|^2 dx$$
$$= o(\|u_n\|_{H^1}^2).$$

$$(4.2.126)$$

若断言成立, 结合 (4.2.113), 可以推出

$$o(\|u_n\|_{H^1}^2) = \int_{\mathbb{R}^3} |\nabla u_n|^2 dx + a_n \int_{\mathbb{R}^3} |u_n|^2 dx \geqslant C\|u_n\|_{H^1}^2,$$

矛盾.

现在只需要证明 (4.2.126) 成立. 事实上, 由 (4.2.119), (4.2.123) 和 Hölder 不等式可推出

$$\int_{\mathbb{R}^3} (|u_n|^2 + |v_n|^2)^{\frac{p-2}{2}} |u_n|^2 dx \leqslant \left(\int_{\mathbb{R}^3} (|u_n|^2 + |v_n|^2)^{\frac{p}{2}} dx \right)^{\frac{p-2}{p}} \left(\int_{\mathbb{R}^3} |u_n|^p dx \right)^{\frac{2}{p}}$$
$$\leqslant \left(\int_{\mathbb{R}^3} (|u_n|^p + |v_n|^p) dx \right)^{\frac{p-2}{p}} \left(\int_{\mathbb{R}^3} |u_n|^p dx \right)^{\frac{2}{p}}$$
$$\leqslant (\|u_n\|_{H^1}^{p-2} + \|v_n\|_{H^1}^{p-2}) \|u_n\|_{H^1}^2$$
$$= o(\|u_n\|_{H^1}^2).$$

$$(4.2.127)$$

另外, 我们有

$$-\frac{i}{c_n} \int_{\mathbb{R}^3} \sigma \cdot \nabla \left[(|u_n|^2 + |v_n|^2)^{\frac{p-2}{2}} v_n \right] \bar{u}_n dx$$
$$= \frac{-i}{c_n} \int_{\mathbb{R}^3} \sigma \cdot \nabla v_n (|u_n|^2 + |v_n|^2)^{\frac{p-2}{2}} \bar{u}_n dx$$
$$+ \frac{-i}{c_n} \int_{\mathbb{R}^3} \sigma \cdot \nabla \left[(|u_n|^2 + |v_n|^2)^{\frac{p-2}{2}} \right] v_n \bar{u}_n dx$$
$$= : I_1 + I_2.$$

将 (4.2.120) 代入 I_1, 可以根据 (4.2.121) 和 (4.2.127) 推出

$$|I_1| = \left| \frac{1}{c_n} \int_{\mathbb{R}^3} \frac{1}{c_n} \left[(|u_n|^2 + |v_n|^2)^{\frac{p-2}{2}} - (mc_n^2 - \omega_n) \right] |u_n|^2 (|u_n|^2 + |v_n|^2)^{\frac{p-2}{2}} dx \right|$$

$$
\begin{aligned}
&\leqslant \frac{1}{c_n^2} \int_{\mathbb{R}^3} (|u_n|^2 + |v_n|^2)^{p-2} |u_n|^2 dx + \frac{C}{c_n^2} \int_{\mathbb{R}^3} |u_n|^2 (|u_n|^2 + |v_n|^2)^{\frac{p-2}{2}} dx \\
&\leqslant \frac{C}{c_n^2} \|u_n\|_{H^1}^2 + \frac{C}{c_n^2} o(\|u_n\|_{H^1}^2) \\
&= o(\|u_n\|_{H^1}^2).
\end{aligned} \tag{4.2.128}
$$

显然, 对于 $p \in \left(2, \dfrac{5}{2}\right]$,

$$
(|u_n|^2 + |v_n|^2)^{\frac{p-4}{2}} \leqslant 2^{\frac{p-4}{2}} (|u_n||v_n|)^{\frac{p-4}{2}}.
$$

因此, 结合 Hölder 不等式和 (4.2.109), 我们可以得到

$$
\begin{aligned}
|I_2| &= \left| \frac{-i}{c_n} (p-2) \int_{\mathbb{R}^3} (|u_n|^2 + |v_n|^2)^{\frac{p-4}{2}} (\sigma \cdot (\nabla u_n \cdot u_n) + \sigma \cdot (\nabla v_n \cdot v_n)) v_n \cdot u_n dx \right| \\
&\leqslant \frac{C}{c_n} \int_{\mathbb{R}^3} |u_n|^{\frac{p}{2}} |v_n|^{\frac{p-2}{2}} |\nabla u_n| dx + \frac{C}{c_n} \int_{\mathbb{R}^3} |u_n|^{\frac{p-2}{2}} |v_n|^{\frac{p}{2}} |\nabla v_n| dx \\
&\leqslant \frac{C}{c_n} \left(\int_{\mathbb{R}^3} |u_n|^{2(p-1)} dx \right)^{\frac{p}{4(p-1)}} \left(\int_{\mathbb{R}^3} |v_n|^{2(p-1)} dx \right)^{\frac{p-2}{4(p-1)}} \left(\int_{\mathbb{R}^3} |\nabla u_n|^2 dx \right)^{\frac{1}{2}} \\
&\quad + \frac{C}{c_n} \left(\int_{\mathbb{R}^3} |v_n|^{2(p-1)} dx \right)^{\frac{p}{4(p-1)}} \left(\int_{\mathbb{R}^3} |u_n|^{2(p-1)} dx \right)^{\frac{p-2}{4(p-1)}} \left(\int_{\mathbb{R}^3} |\nabla v_n|^2 dx \right)^{\frac{1}{2}} \\
&\leqslant \frac{C}{c_n^2} \|u_n\|_{H^1}^p = o(\|u_n\|_{H^1}^2).
\end{aligned}
$$

这里 $\sigma \cdot (\nabla w \cdot w) := \sum\limits_{k=1}^3 \sigma_k (\partial_k w \cdot w)$. 再结合 (4.2.127) 和 (4.2.128), 我们可以推出此断言成立. ∎

回顾 $w : \mathbb{R}^3 \to \mathbb{C}^2$ 是 Schrödinger 方程 (4.2.94) 的解当且仅当它是 $\mathcal{C}^2$-能量泛函 $\Phi : H^1(\mathbb{R}^3, \mathbb{C}^2) \to \mathbb{R}$ 的临界点, 其中

$$
\Phi(w) := \frac{1}{2} \int_{\mathbb{R}^3} |\nabla w|^2 dx - \nu \int_{\mathbb{R}^3} |w|^2 dx - \frac{2m}{p} \int_{\mathbb{R}^3} |w|^p dx.
$$

引理 4.2.60 令 $\{w_n\}$ 是 $H^1(\mathbb{R}^3, \mathbb{C}^2)$ 中的有界序列. 对任意的 n, 我们定义线性泛函 $\mathcal{A}_n(w_n) : H^1(\mathbb{R}^3, \mathbb{C}^2) \to \mathbb{R}$,

$$
\langle \mathcal{A}_n(w_n), \phi \rangle := \Re \int_{\mathbb{R}^3} \nabla w_n \nabla \bar{\phi} dx + a_n \Re \int_{\mathbb{R}^3} w_n \bar{\phi} dx - b_n \Re \int_{\mathbb{R}^3} |w_n|^{p-2} w_n \bar{\phi} dx.
$$

那么, $\{w_n\}$ 是 Φ 的一个 (PS)-序列当且仅当

$$
\sup_{\|\phi\|_{H^1} \leqslant 1} \langle \mathcal{A}_n(w_n), \phi \rangle \to 0, \quad \text{当} \ n \to \infty. \tag{4.2.129}
$$

证明　$\{w_n\}$ 是 Φ 的一个 (PS)-序列, 即 $\Phi'(w_n) \to 0$ 在 H^{-1} 中. 这里, H^{-1} 是 H^1 的对偶空间. 另外, 我们注意到

$$\langle \mathcal{A}_n(w_n) - \Phi'(w_n), \phi \rangle = (a_n + 2\nu)\Re \int_{\mathbb{R}^3} w_n \bar{\phi} dx - (b_n - 2m)\Re \int_{\mathbb{R}^3} |w_n|^{p-2} w_n \bar{\phi} dx.$$

根据 (4.2.113) 和假设: $\{w_n\}$ 在 $H^1(\mathbb{R}^3, \mathbb{C}^2)$ 中是有界的, 我们可以得到引理. ∎

接下来, 我们证明 $\{u_n\}$ 是 Φ 的一个 (PS)-序列.

引理 4.2.61　序列 $\{u_n\}$ 是 Φ 的一个 (PS)-序列.

证明　根据引理 4.2.60, 只需要证明 (4.2.129). 任取 $\phi \in H^1$ 满足 $\|\phi\|_{H^1} \leqslant 1$. 在 (4.2.124) 上作用 ϕ 并在 $\mathbb{R}^3$ 上积分得到

$$-\Re \int_{\mathbb{R}^3} \Delta u_n \bar{\phi} dx + a_n \Re \int_{\mathbb{R}^3} u_n \bar{\phi} dx = -\frac{i}{c_n}\Re \int_{\mathbb{R}^3} \sigma \cdot \nabla \left[(|u_n|^2 + |v_n|^2)^{\frac{p-2}{2}} v_n \right] \bar{\phi} dx$$
$$+ b_n \Re \int_{\mathbb{R}^3} (|u_n|^2 + |v_n|^2)^{\frac{p-2}{2}} u_n \bar{\phi} dx$$
$$=: J_1 + J_2. \tag{4.2.130}$$

根据 Hölder 不等式、引理 4.2.57 和引理 4.2.58, 我们可以到

$$|J_1| = \left| \frac{1}{c_n} \int_{\mathbb{R}^3} \left[(|u_n|^2 + |v_n|^2)^{\frac{p-2}{2}} v_n \right] \sigma \cdot \nabla \bar{\phi} dx \right|$$
$$\leqslant \frac{1}{c_n} \int_{\mathbb{R}^3} (|u_n|^2 + |v_n|^2)^{\frac{p-2}{2}} |v_n| |\sigma \cdot \nabla \bar{\phi}| dx$$
$$\leqslant \frac{1}{c_n} \left(\int_{\mathbb{R}^3} (|u_n|^2 + |v_n|^2)^{p-2} |v_n|^2 dx \right)^{\frac{1}{2}} \left(\int_{\mathbb{R}^3} |\nabla \bar{\phi}|^2 dx \right)^{\frac{1}{2}}$$
$$\leqslant \frac{1}{c_n} \left(\left(\int_{\mathbb{R}^3} |u_n|^{2p-2} dx \right)^{\frac{p-2}{p-1}} \left(\int_{\mathbb{R}^3} |v_n|^{2p-2} dx \right)^{\frac{1}{p-1}} + \int_{\mathbb{R}^3} |v_n|^{2p-2} dx \right)^{\frac{1}{2}}$$
$$\leqslant \frac{C}{c_n} \left(\|v_n\|_{H^1}^2 + \|v_n\|_{H^1}^{2p-2} \right)^{\frac{1}{2}} \to 0. \tag{4.2.131}$$

根据引理 4.2.58 可得

$$\int_{\mathbb{R}^3} \left[(|u_n|^2 + |v_n|^2)^{\frac{p-2}{2}} - |u_n|^{p-2} \right] |u_n| |\phi| dx$$
$$\leqslant \int_{\mathbb{R}^3} |v_n|^{p-2} |u_n| |\bar{\phi}| dx$$
$$\leqslant \left(\int_{\mathbb{R}^3} |v_n|^p dx \right)^{\frac{p-2}{p}} \left(\int_{\mathbb{R}^3} |u_n|^p dx \right)^{\frac{1}{p}} \left(\int_{\mathbb{R}^3} |\bar{\phi}|^p dx \right)^{\frac{1}{p}}$$
$$\leqslant C\|v_n\|_{H^1}^{p-2} \to 0.$$

这意味着

$$J_2 = b_n \Re \int_{\mathbb{R}^3} |u_n|^{p-2} u_n \bar{\phi} dx + b_n \Re \int_{\mathbb{R}^3} \left[\left(|u_n|^2 + |v_n|^2 \right)^{\frac{p-2}{2}} - |u_n|^{p-2} \right] u_n \bar{\phi} dx$$

$$= b_n \Re \int_{\mathbb{R}^3} |u_n|^{p-2} u_n \bar{\phi} dx + o(1).$$

因此, 结合 (4.2.130) 和 (4.2.131), 我们可以推出

$$\Re \int_{\mathbb{R}^3} \nabla u_n \nabla \bar{\phi} dx + a_n \Re \int_{\mathbb{R}^3} u_n \bar{\phi} dx = b_n \Re \int_{\mathbb{R}^3} |u_n|^{p-2} u_n \bar{\phi} dx + o(1),$$

即

$$\sup_{\|\phi\|_{H^1} \leqslant 1} \langle \mathcal{A}_n(w_n), \phi \rangle \to 0, \quad n \to \infty. \qquad \blacksquare$$

定理 4.2.50 的证明 定义线性泛函 $\mathcal{B}(u) : H^1(\mathbb{R}^3, \mathbb{C}^2) \to \mathbb{R}$,

$$\mathcal{B}(u)w := \Re \int_{\mathbb{R}^3} \nabla u \nabla \bar{w} dx - 2\nu \Re \int_{\mathbb{R}^3} u\bar{w} dx.$$

根据引理 4.2.57, 序列 $\{u_n\}$ 在 $H^1(\mathbb{R}^3, \mathbb{C}^2)$ 中是有界的, 结合引理 4.2.61 可推知它是 Φ 的一个 (PS)-序列. 因此, 存在 $u \in H^1(\mathbb{R}^3, \mathbb{C}^2)$ 使得 $u_n \rightharpoonup u$ 在 $H^1(\mathbb{R}^3, \mathbb{C}^2)$ 中, 并且 $u_n \to u$ 在 $L^p_{\mathrm{loc}}(\mathbb{R}^3, \mathbb{C}^2)$ 中. 利用 (4.2.113) 和 $\{u_n\}$ 的 H^1-有界性, 我们得到

$$o(1) = \langle \mathcal{A}_n(u_n) - \mathcal{B}(u_n), u_n - u \rangle$$

$$= \int_{\mathbb{R}^3} |\nabla u_n - \nabla u|^2 dx + a_n \Re \int_{\mathbb{R}^3} u_n(\bar{u}_n - \bar{u}) dx$$

$$\quad - b_n \Re \int_{\mathbb{R}^3} |u_n|^{p-2} u_n(\bar{u}_n - \bar{u}) dx + 2\nu \Re \int_{\mathbb{R}^3} u(\bar{u}_n - \bar{u}) dx$$

$$= \int_{\mathbb{R}^3} |\nabla u_n - \nabla u|^2 dx - 2\nu \int_{\mathbb{R}^3} |u_n - u|^2 dx - 2m \Re \int_{\mathbb{R}^3} |u_n|^{p-2} u_n(\bar{u}_n - \bar{u}) dx$$

$$\geqslant C_1 \|u_n - u\|_{H^1}^2 - 2m C_p \|u_n - u\|_{H^1}^p$$

$$\geqslant \|u_n - u\|_{H^1}^2 (C_1 - 2m C_2).$$

这里我们用到了 $\nu < 0$, $p \in \left(2, \dfrac{5}{2} \right]$. 因此, 存在一个常数 $m_0 > 0$ 使得 $u_n \to u$ 在 $H^1(\mathbb{R}^3, \mathbb{C}^2)$ 中, 对所有的 $m \leqslant m_0$. 完成证明.

第 5 章　Hamilton 系统

从方程的角度看, 经典 Hamilton 系统和无穷维 Hamilton 系统都属于非线性的发展方程. 经典 Hamilton 系统最早是用来描述物理系统如行星系统、量子力学系统的一类动力系统. 该系统可以通过在辛流形上给定 Hamilton 函数 H 来确定. 对于无穷维的情形, 我们用无穷维流形来替代经典 Hamilton 系统中的偶数维流形. 如果系统是平坦的, 那么 Hamilton 场可以根据辛 Hilbert 空间 $(\mathcal{H}, \omega)$ 的线性复结构 J 唯一确定. 相比有限维的情形, 无穷维 Hamilton 系统多了更高的自由度, 二者的最大区别在于相空间的维数, 后者是无穷维的. 物理学中的很多问题对应某个 Hamilton 系统, 无穷维 Hamilton 系统唯一对应一个 Hamilton 方程, 因此, 无穷维 Hamilton 系统的理论将物理学问题转化为数学问题. 本章先介绍经典 Hamilton 系统的相关结论, 之后简单介绍一下无穷维 Hamilton 系统的内容.

5.1　经典 Hamilton 系统

在这节, 我们考虑如下的 Hamilton 系统:

$$\dot{z} = \mathcal{J} H_z(t, z), \tag{HS}$$

其中 $z = (p, q) \in \mathbb{R}^{2N}$, $\mathcal{J}$ 是 $\mathbb{R}^{2N}$ 中的标准辛结构:

$$\mathcal{J} := \begin{pmatrix} 0 & -I \\ I & 0 \end{pmatrix},$$

并且 $H \in \mathcal{C}^1(\mathbb{R} \times \mathbb{R}^{2N}, \mathbb{R})$ 有如下形式:

$$H(t, z) = \frac{1}{2} L(t) z \cdot z + R(t, z),$$

其中 $L(t)$ 是一个连续对称的 $2N \times 2N$ 矩阵值函数, 当 $z \to 0$ 时, $R_z(t, z) = o(|z|)$, 并且在无穷远处 R_z 是超线性或渐近线性的. 如果方程 (HS) 的解 z 满足

$$z(t) \neq 0 \text{ 且当 } |t| \to \infty \text{ 时 } z(t) \to 0,$$

则称这个解为同宿轨. 我们将研究同宿轨的存在性和多重性. 在本章, 我们首先处理 Hamilton 量周期性地依赖于 t 的情况, 最后, 我们处理 Hamilton 量没有周期性的情况.

5.1.1 周期假设下的结果

近年来, 通过临界点理论, 关于 (HS) 同宿轨的存在性和多重性被广泛研究. 下面我们首先来回顾一下对函数 L 和 R 做出的各种假设及得到的一些结果. 关于 L, 我们假设 L 是常数使得每个矩阵 $\mathcal{J}L$ 的特征值具有非零实部 (见 [4,12, 91,140,143]), 或者假设 L 依赖于 t 使得 0 属于 $\sigma(A)$ 的谱隙 (至少是边界), 其中 $\sigma(A)$ 是 Hamilton 算子 $A := -\mathcal{J}\dfrac{d}{dt} + L$ 的谱 (见 [50,61]).

对于超线性情形, 总是假设 R 满足 Ambrosetti-Rabinowitz 型条件 (简记为 (AR) 条件), 即存在 $\mu > 2$ 使得

$$0 < \mu R(t,z) < R_z(t,z)z \tag{5.1.1}$$

对任意的 $z \neq 0$ 成立. 另外还假设: 存在 $\kappa \in (1,2)$ 以及常数 $c > 0$ 使得对所有的 $(t,z) \in \mathbb{R} \times \mathbb{R}^N$ 满足

$$|R_z(t,z)|^\kappa \leqslant c(1 + R_z(t,z)z). \tag{5.1.2}$$

为了建立多重性, 还需要下面的条件: 存在常数 $\delta, c_0 > 0$ 和 $\varsigma \geqslant 1$ 使得当 $|h| \leqslant \delta$ 时

$$|R_z(t,z+h) - R_z(t,z)| \leqslant c_0(1 + |z|^\varsigma)|h|. \tag{5.1.3}$$

关于至少一个同宿轨的存在性结果, 可参见 [37,61,91,143]. 当 $R(t,z)$ 关于 z 是严格凸时, [132,133] 首次获得无穷多同宿轨的存在性. 之后, [50] 和 [143] 在 $R(t,z)$ 关于 z 是偶的以及 $R(t,z)$ 具有某些对称性时, 也得到无穷多同宿轨的存在性.

关于渐近线性情形, 在文献 [140] 中获得一个同宿轨的存在性. 就我们所知, 这种情况没有无穷多同宿轨存在的结果.

本章的目的是通过上一章介绍的强不定泛函的临界点理论, 建立在不同假设条件下同宿轨的存在性和多重性. 与上述提到的文献相比, 本章的主要贡献有三个方面: 首先, 我们处理比 (AR) 条件 (5.1.1) 更一般超线性的情形; 其次, 我们证

明了渐近线性系统拥有无穷多个同宿轨; 最后, 我们证明了没有假设条件 (5.1.3) 的情况下无穷多同宿轨的存在性.

为了给出我们的结果, 记下面的 $2N \times 2N$ 矩阵

$$\mathcal{J}_0 := \begin{pmatrix} 0 & I \\ I & 0 \end{pmatrix},$$

以及

$$\tilde{R}(t,z) := \frac{1}{2} R_z(t,z)z - R(t,z).$$

对于任意的矩阵值函数 $M \in \mathcal{C}(\mathbb{R}, \mathbb{R}^{2N \times 2N})$, 令 $\wp(M(t))$ 表示 $M(t)$ 的所有特征值的集合且令

$$\lambda_M := \inf_{t \in \mathbb{R}} \min \wp(M(t)), \quad \Lambda_M := \sup_{t \in \mathbb{R}} \max \wp(M(t)).$$

特别地, 对于 $M(t) = \mathcal{J}_0 L(t)$, 记 $\lambda_0 := \lambda_{\mathcal{J}_0 L}$ 以及 $\Lambda_0 := \Lambda_{\mathcal{J}_0 L}$. 我们假设:

(L_0) $L(t)$ 关于 t 是 1-周期的, 并且 $\mathcal{J}_0 L(t)$ 是正定的;

(R_0) $R(t,z)$ 关于 t 是 1-周期的, $R(t,z) \geqslant 0$ 且当 $z \to 0$ 时, $R_z(t,z) = o(|z|)$ 关于 t 一致成立.

显然, 在周期性条件下, 如果 z 是同宿轨, 则对任意的 $k \in \mathbb{Z}$, $k*z$ 也是一个同宿轨, 其中 $(k*z)(t) = z(t+k)$, $t \in \mathbb{R}$. 如果对任意的 $k \in \mathbb{Z}$, 两个同宿轨 z_1, z_2 满足 $k*z_1 \neq z_2$, 我们称 z_1, z_2 是几何意义上不同的解.

首先, 我们处理超线性情况. 假设

(S_1) 当 $|z| \to \infty$ 时, $\dfrac{R(t,z)}{|z|^2} \to \infty$ 关于 t 一致成立;

(S_2) 如果 $z \neq 0$, 则 $\tilde{R}(t,z) > 0$, 并且存在 $r_1 > 0$, $\nu > 1$ 使得当 $|z| \geqslant r_1$ 时, 成立 $|R_z(t,z)|^\nu \leqslant c_1 \tilde{R}(t,z)|z|^\nu$.

定理 5.1.1　设 (L_0), (R_0) 以及 (S_1)—(S_2) 成立. 则系统 (HS) 至少有一个同宿轨. 此外, 如果 $R(t,z)$ 关于 z 是偶的, 则系统 (HS) 有无穷多个几何意义上不同的同宿轨.

注 5.1.2　(a) 下面的函数满足 (R_0) 以及 (S_1)—(S_2), 但不满足 (5.1.1):

(1) $R(t,z) = a(t)(|z|^2 \ln(1+|z|) - \frac{1}{2}|z|^2 + |z| - \ln(1+|z|))$;

(2) $R(t,z) = a(t)\left(|z|^\mu + (\mu-2)|z|^{\mu-\epsilon} \sin^2\left(\dfrac{|z|^\epsilon}{\epsilon}\right)\right)$, $\mu > 2, 0 < \epsilon < \mu - 2$,

其中 $a(t) > 0$ 且关于 t 是 1-周期的.

(b) 若 $R(t,z)$ 满足 (5.1.1) 以及 (5.1.2), 则满足 (S_1)—(S_2). 事实上, 不难验证, $R(t,z) \geqslant c_1|z|^\mu$ 对任意的 $|z| \geqslant 1$ 成立; 以及当 $z \neq 0$ 时, $\tilde{R}(t,z) \geqslant \dfrac{\mu-2}{2\mu} R_z(t,z)z > 0$ 且

$$|R_z(t,z)|^\nu \leqslant c_2|R_z(t,z)|^{\nu-\kappa} R_z(t,z)z \leqslant c_3|z|^{\frac{\nu-\kappa}{\kappa-1}} \tilde{R}(t,z) \leqslant c_4\tilde{R}(t,z)|z|^\nu,$$

对任意的 $|z| \geqslant 1$ 以及 $1 < \nu \leqslant \dfrac{\kappa}{2-\kappa}$ 成立.

(c) 考虑假设

$(\widehat{S}_2)$ 存在 $p > 2$ 和 $\omega \in (0,2)$ 使得

$$R(t,z) \leqslant \left(\frac{1}{2} - \frac{1}{c_3|z|^\omega}\right) R_z(t,z)z$$

对任意的 $|z| \geqslant r_1$, $|R_z(t,z)| \leqslant c_2|z|^{p-1}$ 成立.

如果 $|z| \geqslant r_1$ 时, $|R_z(t,z)\|z| \leqslant c_1 R_z(t,z)z$ 且 $(\widehat{S}_2)$ 成立, 则 (S_2) 成立. 事实上, 由 $(\widehat{S}_2)$, 不难得到

$$|R_z(t,z)|^\nu \leqslant c_4\tilde{R}(t,z)|z|^\nu$$

对任意的 $|z| \geqslant r_1$ 以及 $1 < \nu \leqslant \dfrac{p-\omega}{p-2}$ 成立.

现在, 我们回到渐近线性的情形. 令

$$\mathcal{J}_1 := \begin{pmatrix} -I & 0 \\ 0 & I \end{pmatrix}.$$

我们还假设:

(L_1) $L(t)$ 和 $\mathcal{J}_1$ 是反交换的: 对所有的 $t \in \mathbb{R}$, $\mathcal{J}_1 L(t) = -L(t)\mathcal{J}_1$.

例如, 如果 $B(t)$ 是一个 $N \times N$ 对称矩阵值函数, 则函数

$$\begin{pmatrix} 0 & B(t) \\ B(t) & 0 \end{pmatrix}$$

满足 (L_1). 对于非线性项, 我们假设

(A_1) 当 $|z| \to \infty$ 时, $R_z(t,z) - L_\infty(t)z = o(|z|)$ 关于 t 是一致成立的, 其中 $L_\infty(t)$ 是一个对称的矩阵值函数满足 $\lambda_{L_\infty} > \Lambda_0$;

(A_2) $\tilde{R}(t,z) \geqslant 0$, 且存在 $\delta_0 \in (0,\lambda_0)$ 使得当 $|R_z(t,z)| \geqslant (\lambda_0-\delta_0)|z|$ 满足时, 成立 $\tilde{R}(t,z) \geqslant \delta_0$.

我们指出, Jeanjean 在文献 [96] 中首次使用类似 (A_2) 的条件研究了 $\mathbb{R}^N$ 上

某些渐近线性问题解的存在性. 我们将证明下面的结果:

定理 5.1.3　设 (L_0)—(L_1), (R_0) 以及 (A_1)—(A_2) 成立. 则系统 (HS) 至少有一个同宿轨. 此外, 如果 $R(t, z)$ 关于 z 是偶的, 并且满足

(A_3) 存在 $\delta_1 > 0$ 使得当 $0 < |z| \leqslant \delta_1$ 时, $\tilde{R}(t, z) \neq 0$,

则系统 (HS) 有无穷多个几何意义上不同的同宿轨.

正如前面所提到的, 如果 L 是常数使得 0 属于 $\sigma(A)$ 的谱隙, 也就是

$$\underline{\Lambda} := \sup(\sigma(A) \cap (-\infty, 0)) < 0 < \overline{\Lambda} := \inf(\sigma(A) \cap (0, \infty)),$$

以及 (R_0), (A_1)—(A_2) 满足, 则在文献 [140] 中获得一个同宿轨的存在性. 然而在定理 5.1.3 中得到的是解的多重性结果.

注 5.1.4　下面的函数满足 (R_0) 以及 (A_1)—(A_3).

(1) $R(t, z) := a(t)|z|^2 \left(1 - \dfrac{1}{\ln(e + |z|)}\right)$, 其中 $a(t) > \Lambda_0$ 且关于 t 是 1-周期的;

(2) $R_z(t, z) = h(t, |z|)z$, 其中 $h(t, s)$ 关于 t 是 1-周期的, 关于 $s \in [0, \infty)$ 是递增的, 且当 $s \to 0$ 时, $h(t, s) \to 0$; 当 $s \to \infty$ 时, $h(t, s) \to a(t)$ 关于 t 是一致成立的.

下一节我们研究算子 A 的谱. 通过假设 (L_0), 我们得到 $\sigma(A) \subset \mathbb{R} \backslash (-\lambda_0, \lambda_0)$. 如果 (L_1) 成立, 则 $\sigma(A)$ 关于 $0 \in \mathbb{R}$ 是对称的. 因此, (L_0) 和 (L_1) 蕴含着 $\lambda_0 \leqslant \inf(\sigma(A) \cap (0, \infty)) \leqslant \Lambda_0$, 这将用于在渐近线性的情形下得到环绕结构. 在 4.3 节, 基于对 $\sigma(A)$ 的刻画, 我们得到 (HS) 的变分结构且得到相应的泛函有如下形式: $\Phi(z) = \dfrac{1}{2}(\|z^+\|^2 - \|z^-\|^2) - \displaystyle\int_{\mathbb{R}} R(t, z)dt$, 其定义在 Hilbert 空间 $E = \mathscr{D}(|A|^{\frac{1}{2}}) \cong H^{\frac{1}{2}}(\mathbb{R}, \mathbb{R}^{2N})$ 上, 其中 E 可以分解为 $E = E^- \oplus E^+$, $z = z^- + z^+$, $\dim E^{\pm} = \infty$. 在 4.4 节, 我们得到 Φ 的环绕结构, 也就是, 存在常数 $r > 0$ 使得 $\inf \Phi(E^+ \cap \partial B_r) > 0$, 以及存在一列有限维递增子空间 $\{Y_n\} \subset E^+$ 使得在 $E_n := E^- \oplus Y_n$ 中, 当 $\|u\| \to \infty$ 时, $\Phi(u) \to -\infty$. 这与喷泉结构是不同的 (参见 [8, 154]). 在 4.5 节, 我们证明了 Φ 的 Cerami 序列的有界性, 然后在没有一般性条件 (5.1.3) 的假设下, 证明了对任意的有限区间 $I \subset \mathbb{R}$, 存在离散的 $(C)_I$-吸引集 (由 Φ 的临界点的有限和组成, 从而使得对任意的 $(C)_c$-序列 $((c \in I))$ 收敛到 $\mathscr{A}$). 在 4.6 节, 我们首先通过定理 2.3.14 构造正水平集的 Cerami 序列来证明定理 5.1.1, 并应用集中紧原理得到 Φ 的一个非平凡的临界点. 然后应用定理 2.3.17 证明无穷多同宿轨的存在性, 即证明了定理 5.1.3.

为了建立系统 (HS) 的变分框架, 我们先来研究 Hamilton 算子的谱. 注意到, 算子 $A = -\left(\mathcal{J}\dfrac{d}{dt} + L\right)$ 是在 $L^2(\mathbb{R}, \mathbb{R}^{2N})$ 上的自伴算子, 其中定义域为 $\mathscr{D}(A) = H^1(\mathbb{R}, \mathbb{R}^{2N})$. 记

$$\mu_e := \inf\{\lambda : \lambda \in \sigma(A) \cap [0, \infty)\}. \tag{5.1.4}$$

命题 5.1.5 设 (L_0) 成立. 则

(1°) A 只有连续谱: $\sigma(A) = \sigma_c(A)$;

(2°) $\sigma(A) \subset \mathbb{R} \setminus (-\lambda_0, \lambda_0)$;

(3°) 如果 (L_1) 也成立, 则 $\sigma(A)$ 是对称的: $\sigma(A) \cap (-\infty, 0) = -\sigma(A) \cap (0, \infty)$ 且 $\mu_e \leqslant \Lambda_0$.

证明 对于 (1°) 的证明, 可参见 [61], 在这篇文献中, 证明了对任意的周期对称矩阵函数 $M(t)$, 算子 $-\left(\mathcal{J}\dfrac{d}{dt} + M\right)$ 的谱都是连续谱.

为了证明 (2°), 我们考虑算子 A^2, 其定义域为 $\mathscr{D}(A^2) = H^2(\mathbb{R}, \mathbb{R}^{2N})$. 显然, $\mathcal{J}_0^2 = I$ 以及 $\mathcal{J}_0\mathcal{J} = -\mathcal{J}\mathcal{J}_0$. 对于 $z \in \mathscr{D}(A^2)$, 我们有

$$
\begin{aligned}
(A^2 z, z)_{L^2} = \|Az\|_{L^2}^2 &= \left\|\left(\mathcal{J}\dfrac{d}{dt} + \mathcal{J}_0(\mathcal{J}_0 L - \lambda_0)\right)z + \lambda_0 \mathcal{J}_0 z\right\|_{L^2}^2 \\
&= \left\|\left(\mathcal{J}\dfrac{d}{dt} + \mathcal{J}_0(\mathcal{J}_0 L - \lambda_0)\right)z\right\|_{L^2}^2 + \lambda_0^2\|\mathcal{J}_0 z\|_{L^2}^2 + (\mathcal{J}\dot{z}, \lambda_0 \mathcal{J}_0 z)_{L^2} \\
&\quad + (\lambda_0 \mathcal{J}_0 z, \mathcal{J}\dot{z})_{L^2} + (\mathcal{J}_0(\mathcal{J}_0 L - \lambda_0)z, \lambda_0 \mathcal{J}_0 z)_{L^2} \\
&\quad + (\lambda_0 \mathcal{J}_0 z, \mathcal{J}_0(\mathcal{J}_0 L - \lambda_0)z)_{L^2} \\
&= \left\|\left(\mathcal{J}\dfrac{d}{dt} + \mathcal{J}_0(\mathcal{J}_0 L - \lambda_0)\right)z\right\|_{L^2}^2 + \lambda_0^2\|z\|_{L^2}^2 + 2\lambda_0((\mathcal{J}_0 L - \lambda_0)z, z)_{L^2} \\
&\geqslant \lambda_0^2\|z\|_{L^2}^2.
\end{aligned}
$$

因此, $\sigma(A^2) \subset [\lambda_0^2, \infty)$. 令 $\{F_\lambda\}_{\lambda \in \mathbb{R}}$ 和 $\{\tilde{F}_\lambda\}_{\lambda \geqslant 0}$ 分别表示算子 A 和 A^2 的谱族. 那么, 对任意的 $\lambda \geqslant 0$, 成立

$$\tilde{F}_\lambda = F_{\lambda^{\frac{1}{2}}} - F_{-\lambda^{\frac{1}{2}}-0} = F_{[-\lambda^{\frac{1}{2}}, \lambda^{\frac{1}{2}}]}. \tag{5.1.5}$$

因此, 对 $\lambda \in [0, \lambda_0^2)$, 我们有

$$\dim(F_{[-\lambda^{\frac{1}{2}}, \lambda^{\frac{1}{2}}]}L^2) = \dim(\tilde{F}_\lambda L^2) = 0, \tag{5.1.6}$$

从而 $\sigma(A) \subset \mathbb{R} \setminus (-\lambda_0, \lambda_0)$, 这就是 (2°).

现在我们证明 (3°). 令 $\lambda \in \sigma(A) \cap (0, \infty)$. 则存在序列 $\{z_n\} \subset \mathscr{D}(A)$ 使得 $|z_n|_2 = 1$ 且 $|(A - \lambda)z_n|_2 \to 0$. 令 $\tilde{z}_n = \mathcal{J}_1 z_n$. 则 $|\tilde{z}_n|_2 = 1$. 因为 $\mathcal{J}\mathcal{J}_1 = -\mathcal{J}_1\mathcal{J}$ 以及 $\mathcal{J}_0\mathcal{J}_1 = -\mathcal{J}_1\mathcal{J}_0$, 我们得到 $A\tilde{z}_n = -\mathcal{J}_1 A z_n$ 以及

$$\|(A - (-\lambda))\tilde{z}_n\|_{L^2} = \| -\mathcal{J}_1(A - \lambda)z_n\|_{L^2} \to 0,$$

这就蕴含着 $-\lambda \in \sigma(A)$. 类似地, 如果 $\lambda \in \sigma(A) \cap (-\infty, 0)$, 则 $-\lambda \in \sigma(A) \cap (0, \infty)$. 因此, $\sigma(A)$ 关于 0 是对称的. 为了证明 $\mu_e \leqslant \Lambda_0$, 我们再次考虑算子 A^2. 令 $\tilde{\mu}_e := \inf \sigma(A^2)$. 显然, $\tilde{\mu}_e \geqslant \lambda_0^2$. 我们断言: $\tilde{\mu}_e \leqslant \Lambda_0^2$. 若不然, 也就是假设 $\tilde{\mu}_e > \Lambda_0^2$. 注意到, $\mathcal{J}\dfrac{d}{dt}$ 是在 L^2 上的自伴算子以及 $0 \in \sigma\left(\mathcal{J}\dfrac{d}{dt}\right) = \mathbb{R}$, 因此我们可以取序列 $z_n \in C_0^\infty(\mathbb{R}, \mathbb{R}^{2N})$ 满足 $\|z_n\|_{L^2} = 1$ 以及 $\left\|\mathcal{J}\dfrac{d}{dt}z_n\right\|_{L^2} \to 0$. 则

$$\Lambda_0^2 < \tilde{\mu}_e = \tilde{\mu}_e\|z_n\|_{L^2}^2 \leqslant (A^2 z_n, z_n)_{L^2} = (Az_n, Az_n)_{L^2}$$
$$= \left\|\mathcal{J}\frac{d}{dt}z_n + Lz_n\right\|_{L^2}^2 \leqslant \left(\left\|\mathcal{J}\frac{d}{dt}z_n\right\|_{L^2} + \|Lz_n\|_{L^2}\right)^2$$
$$\leqslant o_n(1) + \Lambda_0^2,$$

这就得到矛盾. 由 (5.1.5), 对任意的 $\varepsilon > 0$,

$$\dim(F_{[-(\tilde{\mu}_e+\varepsilon)^{\frac{1}{2}}, (\tilde{\mu}_e+\varepsilon)^{\frac{1}{2}}]}L^2) = \dim(\tilde{F}_{\tilde{\mu}_e+\varepsilon}L^2) = \infty,$$

再结合 (5.1.6) 就能推出 $\pm\tilde{\mu}_e^{\frac{1}{2}}$ 至少有一个属于 $\sigma(A)$, 从而由对称性可得 $\pm\tilde{\mu}_e^{\frac{1}{2}} \in \sigma(A)$. 因此, $\mu_e \leqslant \tilde{\mu}_e^{\frac{1}{2}} \leqslant \Lambda_0$, 这就完成了证明. ∎

由于命题 5.1.5, $L^2 := L^2(\mathbb{R}, \mathbb{R}^{2N})$ 将有如下的正交分解:

$$L^2 = L^- \oplus L^+, \quad z = z^- + z^+,$$

使得对于 $z \in L^- \cap \mathscr{D}(A), (Az, z)_{L^2} \leqslant -\lambda_0\|z\|_{L^2}^2$; 对于 $z \in L^+ \cap \mathscr{D}(A), (Az, z)_{L^2} \geqslant \lambda_0\|z\|_{L^2}^2$. 记 $|A|$ 为绝对值, 令 $E := \mathscr{D}(|A|^{\frac{1}{2}})$ 是 Hilbert 空间, 其内积为

$$(z_1, z_2) = (|A|^{\frac{1}{2}}z_1, |A|^{\frac{1}{2}}z_2)_{L^2},$$

以及范数为 $\|z\| = (z, z)^{\frac{1}{2}}$, 其中 $(\cdot, \cdot)_2$ 表示 L^2 中的内积. E 有正交分解

$$E = E^- \oplus E^+, \quad 其中 E^\pm = E \cap L^\pm.$$

注意到, 令 $A_0 = \mathcal{J}\dfrac{d}{dt} + \mathcal{J}_0$, 则由命题 5.1.5 可知存在 $c_1, c_2 > 0$, 使得对任意的 $z \in H^1(\mathbb{R}, \mathbb{R}^{2N})$,

$$c_1 \|A_0 z\|_{L^2} \leqslant \|Az\|_{L^2} \leqslant c_2 \|A_0 z\|_{L^2}.$$

由 Fourier 分析可知 $\|A_0 z\|_{L^2} = \|z\|_{H^1}$, 因此, $c_1 \|z\|_{H^1} \leqslant \|Az\|_{L^2} \leqslant c_2 \|z\|_{H^1}$. 从而, 对所有的 $z \in E$, $c_1' \|z\|_{H^{\frac{1}{2}}} \leqslant \|z\| \leqslant c_2' \|z\|_{H^{\frac{1}{2}}}$. 利用 $H^{\frac{1}{2}}$ 上的 Sobolev 嵌入定理, 可以直接得到下面的引理.

引理 5.1.6 在 (L_0) 的假设下, E 连续嵌入到 $L^p(\mathbb{R}, \mathbb{R}^{2N})$ 对所有的 $p \geqslant 2$ 都成立; 且 E 紧嵌入 $L^p_{\mathrm{loc}}(\mathbb{R}, \mathbb{R}^{2N})$ 对所有的 $p \in [1, \infty)$ 都成立.

注意到, 系统 (HS) 可以重新写为

$$Az = R_z(t, z). \tag{5.1.7}$$

在 E 上, 我们定义泛函

$$\Phi(z) := \frac{1}{2}\|z^+\|^2 - \frac{1}{2}\|z^-\|^2 - \Psi(z), \quad \text{其中 } \Psi(z) = \int_{\mathbb{R}} R(t, z)dt. \tag{5.1.8}$$

由 $H(t, z)$ 的假设可知 $\Phi \in \mathcal{C}^1(E, \mathbb{R})$. 此外, Φ 的临界点就是 (HS) 的同宿轨.

注意到, 如果 (S_2) 成立, 则 $|R_z(t, z)|^\nu \leqslant c_1 |R_z(t, z)||z|^{\nu+1}$, 因此, 如果 $p \geqslant \dfrac{2\nu}{\nu - 1}$, 则

$$|R_z(t, z)| \leqslant d_1 |z|^{p-1} \tag{5.1.9}$$

对任意的 $|z| \geqslant r_1$ 都成立. 此外, 如果 (A_1) 成立, 对所有的 $p \geqslant 2$, 则 (5.1.9) 仍然是成立的.

引理 5.1.7 设 (L_0) 和 (R_0) 且 (S_1)—(S_2) 或 (A_1)—(A_2) 成立. 则 Ψ 是非负的、弱序列下半连续的, 以及 Ψ' 是弱序列连续的.

证明 由于 (R_0), $R(t, z)$ 是非负的, 所以 Ψ 也是非负的. 令 $z_j \in E$ 且 z_j 在 E 中弱收敛到 z. 则由引理 1.3.21 以及引理 5.1.6 可知, $z_j(t) \to z(t)$ a.e. $t \in \mathbb{R}$. 因此, $R(t, z_j(t)) \to R(t, z(t))$ a.e. $t \in \mathbb{R}$ 成立. 进而由 Fatou 引理

$$\Psi(z) = \int_{\mathbb{R}} R(t, z)dt \leqslant \liminf_{j \to \infty} \int_{\mathbb{R}} R(t, z_j)dt = \liminf_{j \to \infty} \Psi(z_j),$$

这就证明了 Ψ 是弱序列下半连续的.

为了证明 Ψ' 是弱序列连续的, 假设 z_j 在 E 中弱收敛到 z. 由引理 5.1.6, 对任

意 $p \geqslant 1$, z_j 在 $L_{\text{loc}}^p(\mathbb{R}, \mathbb{R}^{2N})$ 中收敛到 z. 由 (R_0) 和 (5.1.9), 我们可选取 $p > 2$ 使得 $|R_z(t, z)| \leqslant c_1(|z| + |z|^{p-1})$. 显然, 对任意的 $\varphi \in \mathcal{C}_0^\infty(\mathbb{R}, \mathbb{R}^{2N})$,

$$\Psi'(z_j)\varphi = \int_\mathbb{R} R_z(t, z_j)\varphi dt \to \int_\mathbb{R} R_z(t, z)\varphi dt = \Psi'(z)\varphi. \qquad (5.1.10)$$

因为 $\mathcal{C}_0^\infty(\mathbb{R}, \mathbb{R}^{2N})$ 在 E 中稠密, 对任意的 $w \in E$, 选取 $\varphi_n \in \mathcal{C}_0^\infty(\mathbb{R}, \mathbb{R}^{2N})$ 使得当 $n \to \infty$ 时 $\|\varphi_n - w\| \to 0$. 注意到

$$\begin{aligned}
|\Psi'(z_j)w - \Psi'(z)w| &\leqslant |(\Psi'(z_j) - \Psi'(z))\varphi_n| + |(\Psi'(z_j) - \Psi'(z))(w - \varphi_n)| \\
&\leqslant |(\Psi'(z_j) - \Psi'(z))\varphi_n| + c_2 \int_\mathbb{R} (|z| + |z_j| + |z|^{p-1} \\
&\quad + |z_j|^{p-1})|w - \varphi_n| \\
&\leqslant |(\Psi'(z_j) - \Psi'(z))\varphi_n| + c_3\|w - \varphi_n\|.
\end{aligned}$$

对任意的 $\varepsilon > 0$, 固定 n 使得 $\|w - \varphi_n\| < \dfrac{\varepsilon}{2c_3}$. 由 (5.1.10) 可知, 存在 j_0, 使得当 $j \geqslant j_0$ 时, $|(\Psi'(z_j) - \Psi'(z))\varphi_n| < \dfrac{\varepsilon}{2}$. 因此, 当 $j \geqslant j_0$ 时, $|\Psi'(z_j)w - \Psi'(z)w| < \varepsilon$, 从而得到 Ψ' 是弱序列连续的. ∎

下面我们将讨论泛函 Φ 的环绕结构. 注意到, (R_0) 和 (5.1.9) 就蕴含着: 在超线性的情况下, 任意给定 $p \geqslant \dfrac{2\nu}{\nu - 1}$, 在渐近线性的情况下, 任意给定 $p \geqslant 2$, 对任意的 $\varepsilon > 0$, 存在 $C_\varepsilon > 0$ 使得, 对所有的 (t, z) 都有

$$|R_z(t, z)| \leqslant \varepsilon|z| + C_\varepsilon|z|^{p-1}, \qquad (5.1.11)$$

并且

$$R(t, z) \leqslant \varepsilon|z|^2 + C_\varepsilon|z|^p. \qquad (5.1.12)$$

首先我们有下面的引理.

引理 5.1.8   在引理 5.1.7 的假设条件下, 存在 $r > 0$ 使得 $\kappa := \inf \Phi(S_r^+) > \Phi(0) = 0$, 其中 $S_r^+ = \partial B_r \cap E^+$.

证明   选择 $p > 2$ 使得对任意的 $\varepsilon > 0$, (5.1.12) 成立. 再结合引理 5.1.6 可得, 对所有的 $z \in E$,

$$\Psi(z) \leqslant \varepsilon\|z\|_{L^2}^2 + C_\varepsilon\|z\|_{L^p}^p \leqslant C(\varepsilon\|z\|^2 + C_\varepsilon\|z\|^p).$$

从而由 Φ 的表达式可知此引理的结论成立. ∎

接下来, 在超线性的情况下, 任意固定 $\omega \geqslant 2\mu_e$(其中 μ_e 是由 (5.1.4) 定义的常数), 在渐近线性的情况下, 令 $\omega := \lambda_{L_\infty}$. 注意到, 由命题 5.1.5 以及 (A_1) 可以推出 $\lambda_0 \leqslant \mu_e \leqslant \Lambda_0 < \lambda_{L_\infty}$(这是唯一用到 (L_1) 的地方). 因此, 无论是超线性还是渐近线性的情形, 我们都可以选取常数 $\bar{\mu}$ 满足

$$\mu_e < \bar{\mu} < \omega. \tag{5.1.13}$$

因为 $\sigma(A) = \sigma_c(A)$, 子空间 $Y_0 := (F_{\bar{\mu}} - F_0)L^2$ 是无穷维的. 注意到, 对所有的 $w \in Y_0$, 我们有

$$Y_0 \subset E^+ \quad \text{且} \quad \mu_e\|w\|_{L^2}^2 \leqslant \|w\|^2 \leqslant \bar{\mu}\|w\|_{L^2}^2. \tag{5.1.14}$$

对 Y_0 的任意有限维子空间 Y, 令 $E_Y = E^- \oplus Y$.

引理 5.1.9 在引理 5.1.7 的假设条件下, 若对渐近线性情形, (L_1) 也成立. 则对 Y_0 的任意有限维子空间 Y, $\sup \Phi(E_Y) < \infty$ 以及存在 $R_Y > 0$ 使得对所有的 $z \in E_Y$ 且 $\|z\| \geqslant R_Y$ 都有 $\Phi(z) < \inf \Phi(B_r)$.

证明 只需证明当 $z \in E_Y$ 且 $\|z\| \to \infty$ 时, 成立 $\Phi(z) \to -\infty$. 通过反证, 假设存在序列 $\{z_j\} \subset E_Y$ 满足 $\|z_j\| \to \infty$, 且存在 $M > 0$ 使得对任意的 j, $\Phi(z_j) \geqslant -M$. 令 $w_j = \dfrac{z_j}{\|z_j\|}$, 则 $\|w_j\| = 1$ 且存在 $w \in E_Y$ 使得 $w_j \to w, w_j^- \rightharpoonup w^-, w_j^+ \to w^+ \in Y$, 以及

$$-\frac{M}{\|z_j\|^2} \leqslant \frac{\Phi(z_j)}{\|z_j\|^2} = \frac{1}{2}\|w_j^+\|^2 - \frac{1}{2}\|w_j^-\|^2 - \int_{\mathbb{R}} \frac{R(t, z_j)}{\|z_j\|^2} dt. \tag{5.1.15}$$

接下来断言 $w^+ \neq 0$. 若不然, 则从 (5.1.15) 可得

$$0 \leqslant \frac{1}{2}\|w_j^-\|^2 + \int_{\mathbb{R}} \frac{R(t, z_j)}{\|z_j\|^2} dt \leqslant \frac{1}{2}\|w_j^+\|^2 + \frac{M}{\|z_j\|^2} \to 0.$$

特别地, $\|w_j^-\| \to 0$. 因此, $\|w_j\| \to 0$, 这与 $\|w_j\| = 1$ 矛盾.

首先, 我们考虑超线性的情形, 也就是假设 (S_1)—(S_2) 成立. 则由 (S_1) 可知, 存在 $r_0 > 0$ 使得当 $|z| \geqslant r_0$ 时, $R(t, z) \geqslant \omega|z|^2$. 利用 (5.1.13)—(5.1.14), 我们可以得到

$$\|w^+\|^2 - \|w^-\|^2 - \omega \int_{\mathbb{R}} |w|^2 dt \leqslant \bar{\mu}\|w^+\|_{L^2}^2 - \|w^-\|^2 - \omega\|w^+\|_{L^2}^2 - \omega\|w^-\|_{L^2}^2$$

$$\leqslant -((\omega - \bar{\mu})\|w^+\|_{L^2}^2 + \|w^-\|^2) < 0.$$

因此, 存在充分大的 $a > 0$ 使得

$$\|w^+\|^2 - \|w^-\|^2 - \omega \int_{-a}^a |w|^2 dt < 0. \tag{5.1.16}$$

注意到

$$\frac{\Phi(z_j)}{\|z_j\|^2} \leqslant \frac{1}{2}\left(\|w_j^+\|^2 - \|w_j^-\|^2\right) - \int_{-a}^a \frac{R(t, z_j)}{\|z_j\|^2} dt$$

$$= \frac{1}{2}\left(\|w_j^+\|^2 - \|w_j^-\|^2 - \omega \int_{-a}^a |w_j|^2 dt\right) - \int_{-a}^a \frac{R(t, z_j) - \frac{\omega}{2}|z_j|^2}{\|z_j\|^2} dt$$

$$\leqslant \frac{1}{2}\left(\|w_j^+\|^2 - \|w_j^-\|^2 - \omega \int_{-a}^a |w_j|^2 dt\right) + \frac{a\omega r_0^2}{\|z_j\|^2}.$$

因此, 由 (5.1.15) 和 (5.1.16) 可得

$$0 \leqslant \lim_{j\to\infty}\left(\frac{1}{2}\|w_j^+\|^2 - \frac{1}{2}\|w_j^-\|^2 - \int_{-a}^a \frac{R(t, z_j)}{\|z_j\|^2} dt\right)$$

$$\leqslant \frac{1}{2}\left(\|w^+\|^2 - \|w^-\|^2 - \omega \int_{-a}^a |w|^2 dt\right) < 0,$$

这就得到矛盾. 接下来考虑渐近线性的情形, 也就是假设 (A_1) 成立. 再次由(5.1.13)—(5.1.14), 我们有

$$\|w^+\|^2 - \|w^-\|^2 - \int_{\mathbb{R}} L_\infty(t)wwdt \leqslant \|w^+\|^2 - \|w^-\|^2 - \omega\|w\|_{L^2}^2$$

$$< -((\omega - \bar\mu)\|w^+\|_{L^2}^2 + \|w^-\|^2) < 0.$$

因此, 存在 $a > 0$ 使得

$$\|w^+\|^2 - \|w^-\|^2 - \int_{-a}^a L_\infty(t)wwdt < 0. \tag{5.1.17}$$

令

$$F(t, z) := R(t, z) - \frac{1}{2}L_\infty(t)z \cdot z. \tag{5.1.18}$$

由 (A_1) 知, $|F(t, z)| \leqslant C|z|^2$ 以及当 $|z| \to \infty$ 时, $\frac{F(t, z)}{|z|^2} \to 0$ 关于 t 是一致成立的. 因此, 由 Lebesgue 控制收敛定理以及 $\|w_j - w\|_{L^2(-a, a)} \to 0$ 可得

$$\lim_{j\to\infty} \int_{-a}^a \frac{F(t, z_j)}{\|z_j\|^2} dt = \lim_{j\to\infty} \int_{-a}^a \frac{F(t, z_j)|w_j|^2}{|z_j|^2} dt = 0.$$

因此, (5.1.15) 和 (5.1.17) 蕴含了

$$0 \leqslant \lim_{j \to \infty} \left(\frac{1}{2} \|w_j^+\|^2 - \frac{1}{2} \|w_j^-\|^2 - \int_{-a}^{a} \frac{R(t, z_j)}{\|z_j\|^2} dt \right)$$

$$\leqslant \frac{1}{2} \left(\|w^+\|^2 - \|w^-\|^2 - \int_{-a}^{a} L_\infty(t) w \cdot w dt \right) < 0,$$

这就得到矛盾. ∎

作为一个特殊的情形, 我们有

引理 5.1.10　在引理 5.1.9 的假设下, 令 $e \in Y_0$ 且 $\|e\| = 1$, 则存在 $r_0 > 0$ 使得 $\sup \Phi(\partial Q) = 0$, 其中 $Q := \{u = u^- + se : u^- \in E^-, s \geqslant 0, \|u\| \leqslant r_0\}$.

下面我们研究 $(C)_c$-序列的有界性. 首先我们有

引理 5.1.11　在引理 5.1.7 的假设下, 任意的 $(C)_c$-序列是有界的.

证明　令 $\{z_j\} \subset E$ 满足

$$\Phi(z_j) \to c, \quad (1 + \|z_j\|)\Phi'(z_j) \to 0. \tag{5.1.19}$$

则对 j 充分大时

$$C_0 \geqslant \Phi(z_j) - \frac{1}{2}\Phi'(z_j)z_j = \int_{\mathbb{R}} \tilde{R}(t, z_j)dt. \tag{5.1.20}$$

通过反证, 也就是假设 $\|z_j\| \to \infty$ (子列意义下). 令 $v_j = \dfrac{z_j}{\|z_j\|}$, 则 $\|v_j\| = 1$ 且对任意的 $s \in [2, \infty)$ 有 $\|v_j\|_{L^s} \leqslant \gamma_s \|v_j\| = \gamma_s$. 注意到

$$\Phi'(z_j)(z_j^+ - z_j^-) = \|z_j\|^2 \left(1 - \int_{\mathbb{R}} \frac{R_z(t, z_j)(v_j^+ - v_j^-)}{\|z_j\|} dt \right).$$

则由 (5.1.19) 可得

$$\int_{\mathbb{R}} \frac{R_z(t, z_j)(v_j^+ - v_j^-)}{\|z_j\|} dt \to 1. \tag{5.1.21}$$

首先, 我们考虑超线性情形, 也就是假设 (S_1)—(S_2) 成立. 对任意 $r \geqslant 0$, 定义

$$g(r) := \inf \left\{ \tilde{R}(t, z) : t \in \mathbb{R}, z \in \mathbb{R}^{2N} \text{ 且 } |z| \geqslant r \right\}.$$

由 (S_2) 知, 对任意的 $r > 0$ 有 $g(r) > 0$. 进而,

$$c_1 \tilde{R}(t, z) \geqslant \left(\frac{|R_z(t, z)|}{|z|} \right)^\nu = \left(\frac{|R_z(t, z)||z|}{|z|^2} \right)^\nu$$

$$\geqslant \left(\frac{R_z(t, z)z}{|z|^2} \right)^\nu \geqslant \left(\frac{2R(t, z)z}{|z|^2} \right)^\nu,$$

结合 (S_1) 可知, 当 $|z| \to \infty$ 时, $\tilde{R}(t, z) \to \infty$ 关于 t 是一致的. 因此, 当 $r \to \infty$ 时,

$g(r) \to \infty$. 对 $0 \leqslant a < b$, 令

$$\Omega_j(a,b) = \{t \in \mathbb{R} : a \leqslant |z_j(t)| < b\},$$

以及

$$c_a^b := \inf\left\{ \frac{\tilde{R}(t,z)}{z^2} : t \in \mathbb{R}, z \in \mathbb{R}^{2N} \text{ 且 } a \leqslant |z| \leqslant b \right\}.$$

因为 $R(t,z)$ 关于 t 是周期的以及当 $t \neq 0$ 时, $\tilde{R}(t,z) > 0$, 我们有 $c_a^b > 0$ 以及

$$\tilde{R}(t,z_j(t)) \geqslant c_a^b |z_j(t)|^2, \quad t \in \Omega_j(a,b).$$

由 (5.1.20) 有

$$C_0 \geqslant \int_{\Omega_j(0,a)} \tilde{R}(t,z_j)dt + \int_{\Omega_j(a,b)} \tilde{R}(t,z_j)dt + \int_{\Omega_j(b,\infty)} \tilde{R}(t,z_j)dt$$
$$\geqslant \int_{\Omega_j(0,a)} \tilde{R}(t,z_j)dt + c_a^b \int_{\Omega_j(a,b)} |z_j|^2dt + g(b)|\Omega_j(b,\infty)|,$$

其中 $|\Omega|$ 表示 Ω 的 Lebesgue 测度. 因此, 当 $b \to \infty$ 时

$$|\Omega_j(b,\infty)| \leqslant \frac{C_0}{g(b)} \to 0$$

关于 j 是一致的. 故由 Hölder 不等式, 当 $b \to \infty$ 时, 对任意的 $s \in [2,\infty)$,

$$\int_{\Omega_j(b,\infty)} |v_j|^s dt \leqslant \gamma_{2s}^s |\Omega_j(b,\infty)|^{\frac{1}{2}} \to 0 \tag{5.1.22}$$

关于 j 是一致的. 另外, 对任意固定的 $0 < a < b$, 当 $j \to \infty$ 时

$$\int_{\Omega_j(a,b)} |v_j|^2 dt = \frac{1}{\|z_j\|^2} \int_{\Omega_j(a,b)} |z_j|^2 dt \leqslant \frac{C_0}{c_a^b \|z_j\|^2} \to 0. \tag{5.1.23}$$

令 $0 < \varepsilon < \frac{1}{3}$, 由 (R_0) 知, 存在 $a_\varepsilon > 0$ 使得对任意的 $|z| \leqslant a_\varepsilon$, 有 $|R_z(t,z)| < \frac{\varepsilon}{\gamma_2}|z|$, 因此, 对任意的 j, 下面的不等式成立:

$$\int_{\Omega_j(0,a_\varepsilon)} \frac{R_z(t,z_j)}{|z_j|}|v_j||v_j^+ - v_j^-|dt \leqslant \int_{\Omega_j(0,a_\varepsilon)} \frac{\varepsilon}{\gamma_2}|v_j^+ - v_j^-||v_j|dt$$
$$\leqslant \frac{\varepsilon}{\gamma_2}\|v_j\|_{L^2}^2 \leqslant \varepsilon. \tag{5.1.24}$$

由 (S_2) 以及 (5.1.22), 令 $\mu = \frac{2\nu}{\nu-1}$ 以及 $\nu' = \frac{\mu}{2} = \frac{\nu}{\nu-1}$, 我们可以取 $b_\varepsilon \geqslant r_0$ 充分大使得, 对任意的 j, 我们有

$$\int_{\Omega_j(b_\varepsilon,\infty)} \frac{R_z(t,z_j)}{|z_j|}(v_j^+ - v_j^-)|v_j|dt$$

$$\leqslant \left(\int_{\Omega_j(b_\varepsilon,\infty)} \frac{|R_z(t,z_j)|^\nu}{|z_j|^\nu}dt\right)^{\frac{1}{\nu}}\left(\int_{\Omega_j(b_\varepsilon,\infty)}(|v_j^+ - v_j^-||v_j|)^{\nu'}dt\right)^{\frac{1}{\nu'}}$$

$$\leqslant \left(\int_{\mathbb{R}} c_1\tilde{R}(t,z_j)dt\right)^{\frac{1}{\nu}}\left(\int_{\mathbb{R}} |v_j^+ - v_j^-|^\mu dt\right)^{\frac{1}{\mu}}\left(\int_{\Omega_j(b_\varepsilon,\infty)} |v_j|^\mu dt\right)^{\frac{1}{\mu}}$$

$$< \varepsilon. \tag{5.1.25}$$

此外, 存在只与 ε 有关的常数 $\gamma = \gamma(\varepsilon) > 0$, 使得对任意的 $x \in \Omega_j(a_\varepsilon, b_\varepsilon)$ 成立 $|R_z(t,z_j)| \leqslant \gamma|z_j|$. 由 (5.1.23), 存在 j_0, 当 $j \geqslant j_0$ 时有

$$\int_{\Omega_j(a_\varepsilon,b_\varepsilon)} \frac{R_z(t,z_j)}{|z_j|}|v_j||v_j^+ - v_j^-|dt \leqslant \gamma\int_{\Omega_j(a_\varepsilon,b_\varepsilon)} |v_j||v_j^+ - v_j^-|dt$$

$$\leqslant \gamma|v_j|_2\left(\int_{\Omega_j(a_\varepsilon,b_\varepsilon)} |v_j|^2 dt\right)^{\frac{1}{2}} < \varepsilon. \tag{5.1.26}$$

因此, 结合 (5.1.24)—(5.1.26) 知, 当 $j \geqslant j_0$ 时有

$$\int_{\mathbb{R}} \frac{R_z(t,z_j)(v_j^+ - v_j^-)}{\|z_j\|^2}dt \leqslant \int_{\mathbb{R}} \frac{|R_z(t,z_j)|}{|z_j|}|v_j||v_j^+ - v_j^-|dt < 3\varepsilon < 1,$$

这与 (5.1.21) 矛盾.

接下来我们考虑渐近线性情形, 也就是假设 (A_1)—(A_2) 成立. 由 Lions 集中紧原理[106] 知, $\{v_j\}$ 要么是消失的 (在这种情形下 $|v_j|_s \to 0 (s \in (2,\infty))$), 要么是非消失的, 也就是存在 $r, \eta > 0$ 以及 $\{a_j\} \subset \mathbb{Z}$ 使得 $\limsup\limits_{j\to\infty} \int_{a_j-r}^{a_j+r} |v_j|^2 dt \geqslant \eta$. 正如文献 [96, 140], 我们将证明 $\{v_j\}$ 既不是消失的也不是非消失的.

假设 $\{v_j\}$ 消失. 由于 (A_2), 令

$$I_j := \left\{t \in \mathbb{R} : \frac{R_z(t,z_j(t))}{z_j(t)} \leqslant \lambda_0 - \delta_0\right\}.$$

由命题 5.1.5 知, $\lambda_0|v_j|_2^2 \leqslant \|v_j\|^2 = 1$ 且对任意 j, 我们得到

$$\left|\int_{I_j} \frac{R_z(t,z_j)(v_j^+ - v_j^-)}{\|z_j\|}dt\right| = \left|\int_{I_j} \frac{R_z(t,z_j)(v_j^+ - v_j^-)|v_j|}{|z_j|}dt\right|$$

$$\leqslant (\lambda_0 - \delta_0)\|v_j\|_{L^2}^2 \leqslant \frac{\lambda_0 - \delta_0}{\lambda_0} < 1.$$

结合 (5.1.21), 我们有

$$\lim_{j\to\infty}\int_{I_j^c}\frac{R_z(t,z_j)(v_j^+-v_j^-)}{\|z_j\|}dt>1-\frac{\lambda_0-\delta_0}{\lambda_0}=\frac{\delta_0}{\lambda_0},$$

其中 $I_j^c:=\mathbb{R}\setminus I_j$. 由 (R_0) 以及 (A_1) 可得对任意的 (t,z), 我们有

$$|R_z(t,z_j)|\leqslant C|z|. \tag{5.1.27}$$

因此, 对任意固定的 $s\in(2,\infty)$ 可得

$$\int_{I_j^c}\frac{R_z(t,z_j)(v_j^+-v_j^-)}{\|z_j\|}dt\leqslant C\int_{I_j^c}|v_j^+-v_j^-||v_j|dt$$

$$\leqslant C\|v_j\|_{L^2}|I_j^c|^{\frac{s-2}{2s}}\|v_j\|_{L^s}\leqslant C\gamma_2|I_j^c|^{\frac{s-2}{2s}}|v_j|_s.$$

因为 $\|v_j\|_{L^s}\to0$, 我们有 $|I_j^c|\to\infty$. 由 (A_2), 在 I_j^c 上成立 $\tilde{R}(t,z_j)\geqslant\delta_0$, 因此

$$\int_{\mathbb{R}}\tilde{R}(t,z_j)dt\geqslant\int_{I_j^c}\tilde{R}(t,z_j)dt\geqslant\delta_0|I_j^c|\to\infty,$$

这与 (5.1.20) 矛盾.

假设 $\{v_j\}$ 非消失. 令 $\tilde{z}_j(t)=z_j(x+a_j),\tilde{v}_j(t)=v_j(t+a_j)$ 以及 $\varphi_j(t)=\varphi(t-a_j)$, 其中 $\varphi\in\mathcal{C}_0^\infty(\mathbb{R},\mathbb{R}^{2N})$. 由 (A_1), 我们有

$$\Phi'(z_j)\varphi_j=(z_j^+-z_j^-,\varphi_j)-(L_\infty z_j,\varphi_j)_{L^2}-\int_{\mathbb{R}}F_z(t,z_j)\varphi_jdt$$

$$=\|z_j\|\bigg((v_j^+-v_j^-,\varphi_j)-(L_\infty v_j,\varphi_j)_{L^2}-\int_{\mathbb{R}}F_z(t,z_j)\varphi_j\frac{|v_j|}{|z_j|}dt\bigg)$$

$$=\|z_j\|\bigg((\tilde{v}_j^+-\tilde{v}_j^-,\varphi)-(L_\infty\tilde{v}_j,\varphi)_{L^2}-\int_{\mathbb{R}}F_z(t,\tilde{z}_j)\varphi\frac{|\tilde{v}_j|}{|\tilde{z}_j|}dt\bigg).$$

因此

$$(\tilde{v}_j^+-\tilde{v}_j^-,\varphi)-(L_\infty\tilde{v}_j,\varphi)_{L^2}-\int_{\mathbb{R}}F_z(t,\tilde{z}_j)\varphi\frac{|\tilde{v}_j|}{|\tilde{z}_j|}dt\to0.$$

因为 $\|\tilde{v}_j\|=\|v_j\|=1$, 我们可假设在 E 中 $\tilde{v}_j\rightharpoonup\tilde{v}$; 在 $L_{\mathrm{loc}}^2(\mathbb{R},\mathbb{R}^{2N})$ 中 $\tilde{v}_j\to\tilde{v}$, 以及 $\tilde{v}_j(t)\to\tilde{v}(t)$ a.e. $t\in\mathbb{R}$. 由 $\lim_{j\to\infty}\int_{-r}^r|\tilde{v}_j|^2dt\geqslant\eta$ 可知 $\tilde{v}\neq0$. 此外, 由 (5.1.27) 可得

$$\bigg|F_z(t,\tilde{z}_j)\varphi\frac{|\tilde{v}_j|}{|\tilde{z}_j|}\bigg|\leqslant C|\varphi||\tilde{v}_j|.$$

因此, 由 (A_1) 以及 Lebesgue 控制收敛定理可得

$$\int_{\mathbb{R}}F_z(t,\tilde{z}_j)\varphi\frac{|\tilde{v}_j|}{|\tilde{z}_j|}dt\to0.$$

从而有

$$(\tilde{v}_j^+ - \tilde{v}_j^-, \varphi) - (L_\infty \tilde{v}_j, \varphi)_{L^2} = 0.$$

因此, $\tilde{v}$ 是算子 $\tilde{A} := \mathcal{J}\dfrac{d}{dt} + (L + L_\infty)$ 的一个特征函数. 这就与 $\tilde{A}$ 仅有连续谱矛盾 (因为 $L(t) + L_\infty(t)$ 是以 1 为周期的, 参见 [61]). ∎

下面的引理将更进一步地讨论 $(C)_c$-序列 $\{z_j\} \subset E$ 的性质. 由引理 5.1.11 知, $\{z_j\}$ 是有界的. 不失一般性, 可假设在 E 中 $z_j \rightharpoonup z$; 在 $L_{\text{loc}}^q(\mathbb{R}, \mathbb{R}^{2N})$ 中 $z_j \to z(q \geqslant 1)$, 以及 $z_j(t) \to z(t)$ a.e. $t \in \mathbb{R}$. 显然, z 是 Φ 的临界点. 令 $z_j^1 = z_j - z$.

引理 5.1.12 在引理 5.1.7 的假设下, 当 $j \to \infty$ 时, 我们有

(1) $\Phi(z_j^1) \to c - \Phi(z)$;

(2) $\Phi'(z_j^1) \to 0$.

证明 (1) 的证明类似于 [50] 的讨论可得结论. 所以我们只证明 (2).

注意到, 对任意的 $\varphi \in E$,

$$\Phi'(z_j^1)\varphi = \Phi'(z_j)\varphi + \int_{\mathbb{R}} \big(R_z(t, z_j) - R_z(t, z_j^1) - R_z(t, z)\big)\varphi dt.$$

因为 $\Phi'(z_j) \to 0$, 只需证明

$$\sup_{\|\varphi\| \leqslant 1} \left| \int_{\mathbb{R}} \big(R_z(t, z_j) - R_z(t, z_j^1) - R_z(t, z)\big)\varphi dt \right| \to 0. \tag{5.1.28}$$

注意到, 如果 R 满足 (5.1.3), 则 (5.1.28) 很容易地从文献 [4,50] 中类似的讨论得到. 然而, 在我们的情形中, 这样的条件并不满足, 因此我们需要使用其他的方法. 由 (5.1.11), 我们能选取 $p \geqslant 2$ 使得, $|R_z(t, z)| \leqslant |z| + C_1|z|^{p-1}$ 对任意的 (t, z) 成立且令 q 代表 2 或 p. 定义集合 $I_a := [-a, a]$, 其中 $a > 0$. 我们断言: 存在子列 $\{z_{j_n}\}$ 使得, 对任意的 $\varepsilon > 0$, 存在 $r_\varepsilon > 0$, 当 $r \geqslant r_\varepsilon$ 时, 我们有

$$\limsup_{n \to \infty} \int_{I_n \setminus I_r} |z_{j_n}|^q dt \leqslant \varepsilon. \tag{5.1.29}$$

为了证明 (5.1.29), 我们注意到对每一个 $n \in \mathbb{N}$, 当 $j \to \infty$ 时, $\displaystyle\int_{I_n} |z_j|^q dt \to \displaystyle\int_{I_n} |z|^q dt$. 因此, 存在 $i_n \in \mathbb{N}$ 使得

$$\int_{I_n} (|z_j|^q - |z|^q) dt < \frac{1}{n}, \quad j = i_n + m, \quad m = 1, 2, 3, \cdots.$$

不失一般性, 我们可以假设 $i_{n+1} \geqslant i_n$. 特别地, 对于 $j_n = i_n + n$, 我们有

$$\int_{I_n} (|z_{j_n}|^q - |z|^q)dt < \frac{1}{n}.$$

注意到, 存在 r_ε 使得对所有的 $r \geqslant r_\varepsilon$ 满足

$$\int_{\mathbb{R} \backslash I_r} |z|^q dt < \varepsilon. \tag{5.1.30}$$

因为

$$\int_{I_n \backslash I_r} |z_{j_n}|^q dt = \int_{I_n} (|z_{j_n}|^q - |z|^q)dt + \int_{I_n \backslash I_r} |z|^q dt + \int_{I_r} (|z|^q - |z_{j_n}|^q)dt$$

$$\leqslant \frac{1}{n} + \int_{\mathbb{R} \backslash I_r} |z|^q dt + \int_{I_r} (|z|^q - |z_{j_n}|^q)dt,$$

从而断言 (5.1.29) 成立.

类似于 [2], 取光滑函数 $\eta : [0, \infty) \to [0, 1]$ 且满足

$$\eta(t) = \begin{cases} 1, & \text{当 } t \leqslant 1, \\ 0, & \text{当 } t \geqslant 2. \end{cases}$$

定义 $\tilde{z}_n(t) = \eta\left(\dfrac{2|t|}{n}\right) z(t)$ 以及令 $h_n := z - \tilde{z}_n$. 因为 z 是同宿轨, 故由定义可知 $h_n \in H^1$ 且当 $n \to \infty$ 时满足

$$\|h_n\| \to 0, \quad \|h_n\|_\infty \to 0. \tag{5.1.31}$$

注意到, 对任意的 $\varphi \in E$,

$$\int_{\mathbb{R}} (R_z(t, z_{j_n}) - R_z(t, z_{j_n}^1) - R_z(t, z))\varphi dt$$

$$= \int_{\mathbb{R}} (R_z(t, z_{j_n}) - R_z(t, z_{j_n} - \tilde{z}_n) - R_z(t, \tilde{z}_n))\varphi dt$$

$$+ \int_{\mathbb{R}} (R_z(t, z_{j_n}^1 + h_n) - R_z(t, z_{j_n}^1))\varphi dt + \int_{\mathbb{R}} (R_z(t, \tilde{z}_n) - R_z(t, z))\varphi dt.$$

显然, 由 (5.1.31) 可得

$$\lim_{n \to \infty} \left| \int_{\mathbb{R}} (R_z(t, \tilde{z}_n) - R_z(t, z))\varphi dt \right| = 0$$

关于 $\|\varphi\| \leqslant 1$ 是一致成立的. 为了证明 (5.1.28), 还需要证明

$$\lim_{n\to\infty}\left|\int_{\mathbb{R}}(R_z(t,z_{j_n})-R_z(t,z_{j_n}-\tilde{z}_n)-R_z(t,\tilde{z}_n))\varphi dt\right|=0, \qquad (5.1.32)$$

以及

$$\lim_{n\to\infty}\left|\int_{\mathbb{R}}(R_z(t,z_{j_n}^1+h_n)-R_z(t,z_{j_n}^1))\varphi dt\right|=0 \qquad (5.1.33)$$

关于 $\|\varphi\|\leqslant 1$ 是一致成立的.

为了验证 (5.1.32), 由 (5.1.31) 和 Sobolev 嵌入的紧性可知, 对任意的 $r>0$,

$$\lim_{n\to\infty}\left|\int_{I_r}(R_z(t,z_{j_n})-R_z(t,z_{j_n}-\tilde{z}_n)-R_z(t,\tilde{z}_n))\varphi dt\right|=0$$

关于 $\|\varphi\|\leqslant 1$ 是一致成立的. 对任意的 $\varepsilon>0$, 取 $r_\varepsilon>0$ 充分大使得 (5.1.29) 以及 (5.1.30) 成立. 则对任意的 $r\geqslant r_\varepsilon$, 我们有

$$\limsup_{n\to\infty}\int_{I_n\setminus I_r}|\tilde{z}_n|^q dt\leqslant\int_{\mathbb{R}\setminus I_r}|z|^q dt\leqslant\varepsilon.$$

在 (5.1.29) 中取 $q=2,p$, 我们可以得到

$$\limsup_{n\to\infty}\left|\int_{\mathbb{R}}(R_z(t,z_{j_n})-R_z(t,z_{j_n}-\tilde{z}_n)-R_z(t,\tilde{z}_n))\varphi dt\right|$$
$$=\limsup_{n\to\infty}\left|\int_{I_n\setminus I_r}(R_z(t,z_{j_n})-R_z(t,z_{j_n}-\tilde{z}_n)-R_z(t,\tilde{z}_n))\varphi dt\right|$$
$$\leqslant c_1\limsup_{n\to\infty}\int_{I_n\setminus I_r}(|z_{j_n}|+|\tilde{z}_n|)|\varphi|dt$$
$$+c_2\limsup_{n\to\infty}\int_{I_n\setminus I_r}(|z_{j_n}|^{p-1}+|\tilde{z}_n|^{p-1})|\varphi|dt$$
$$\leqslant c_1\limsup_{n\to\infty}(\|z_{j_n}\|_{L^2(I_n\setminus I_r)}+\|\tilde{z}_n\|_{L^2(I_n\setminus I_r)})\|\varphi\|_{L^2}dt$$
$$+c_2\limsup_{n\to\infty}(t\|z_{j_n}\|_{L^p(I_n\setminus I_r)}^{p-1}+\|\tilde{z}_n\|_{L^p(I_n\setminus I_r)}^{p-1})\|\varphi\|_{L^p}dt$$
$$\leqslant c_3\varepsilon^{\frac{1}{2}}+c_4\varepsilon^{\frac{p-1}{p}},$$

进而得到 (5.1.32).

为了证明 (5.1.33), 定义 $g(t,0)=0$ 且

$$g(t,z)=\frac{R_z(t,z)}{|z|},\quad z\neq 0.$$

由 (R_0), g 在 $z=0$ 是连续的, 因此在 $\mathbb{R}\times\mathbb{R}^{2N}$ 上也是连续的且关于 t 是 1-周期的. 对任意的 $a>0$, 结合在 $[0,1]\times B_a$ 中的一致连续性可得, g 在 $\mathbb{R}\times B_a$ 上也是

一致连续的, 其中 $B_a := \{z \in \mathbb{R}^{2N} : |z| \leqslant a\}$. 此外, 由 (5.1.11) 知对所有的 (t, z), 成立 $|g(t, z)| \leqslant c_5(1 + |z|^{p-2})$. 令

$$C_n^a := \{t \in \mathbb{R} : |z_{j_n}^1(t)| \leqslant a\} \quad \text{且} \quad D_n^a := \mathbb{R} \setminus C_n^a.$$

因为 $\{z_{j_n}^1\}$ 是有界的, 故当 $a \to \infty$ 时,

$$|D_n^a| \leqslant \frac{1}{a^p} \int_{D_n^a} |z_{j_n}^1|^p dt \leqslant \frac{C}{a^p} \to 0.$$

因此, 对任意的 $\varepsilon > 0$, 存在 $\hat{a} > 0$ 使得对所有的 $a \geqslant \hat{a}$ 及所有的 n,

$$\left| \int_{D_n^a} (R_z(t, z_{j_n}^1 + h_n) - R_z(t, z_{j_n}^1)) \varphi dt \right| \leqslant \varepsilon \qquad (5.1.34)$$

关于 $\|\varphi\| \leqslant 1$ 是一致成立的. 由 g 在 $\mathbb{R} \times B_{\hat{a}}$ 上的一致连续性可知, 存在 $\delta > 0$ 满足

$$|g(t, z + h) - g(t, z)| < \varepsilon$$

对所有的 $(t, z) \in \mathbb{R} \times B_{\hat{a}}$ 以及 $|h| \leqslant \delta$ 都成立. 此外, 由 (5.1.31) 知, 存在 n_0 使得当 $n \geqslant n_0$ 时, $\|h_n\|_\infty \leqslant \delta$. 因此,

$$|g(t, z_{j_n}^1 + h_n) - g(t, z_{j_n}^1)| < \varepsilon$$

对所有的 $n \geqslant n_0$ 以及 $t \in C_n^{\hat{a}}$ 成立. 注意到

$$(R_z(t, z_{j_n}^1 + h_n) - R_z(t, z_{j_n}^1))\varphi = g(t, z_{j_n}^1 + h_n)(|z_{j_n}^1 + h_n| - |z_{j_n}^1|)\varphi$$
$$+ (g(t, z_{j_n}^1 + h_n) - g(t, z_{j_n}^1))|z_{j_n}^1|\varphi,$$

以及再次由 (5.1.31) 知, 存在 $n_1 \geqslant n_0$, 当 $n \geqslant n_1$ 时有 $\|h_n\|_{L^2} < \varepsilon$, $\|h_n\|_{L^p} < \varepsilon$. 因此, 对任意的 $\|\varphi\| \leqslant 1$ 以及 $n \geqslant n_1$, 我们有

$$\left| \int_{C_n^a} (R_z(t, z_{j_n}^1 + l_n) - R_z(t, z_{j_n}^1))\varphi dt \right|$$
$$= \int_{C_n^{\hat{a}}} c_5(1 + |z_{j_n}^1 + h_n|^{p-2})|h_n||\varphi| dt + \varepsilon \int_{C_n^{\hat{a}}} |z_{j_n}^1||\varphi| dt$$
$$\leqslant c_5 \|h_n\|_{L^2}\|\varphi\|_{L^2} + c_5 \left\|z_{j_n}^1 + h_n\right\|_{L^p}^{p-2} \|h_n\|_{L^p}\|\varphi\|_{L^p} + \varepsilon\|z_{j_n}^1\|_{L^2}\|\varphi\|_{L^2}$$
$$\leqslant c_6\varepsilon,$$

结合 (5.1.34) 就得到 (5.1.33). ∎

令 $\mathcal{K} := \{z \in E \setminus \{0\} : \Phi'(z) = 0\}$ 为 Φ 的非平凡临界点集.

引理 5.1.13 在引理 5.1.7 的假设下, 得到

(a) $\theta := \inf\{\|z\| : z \in \mathcal{K}\} > 0$;

(b) $\hat{c} := \inf\{\Phi(z) : z \in \mathcal{K}\} > 0$, 其中在渐近线性情形下还需满足 (A_3).

证明 (a) 假设存在序列 $\{z_j\} \subset \mathcal{K}$ 且 $z_j \to 0$. 则

$$0 = \|z_j\|^2 - \int_{\mathbb{R}} R_z(t, z_j)(z_j^+ - z_j^-)dt.$$

选取 $p > 2$ 使得 (5.1.11) 成立. 则对任意充分小的 $\varepsilon > 0$, 我们有

$$\|z_j\|^2 \leqslant \varepsilon \|z_j\|_{L^2}^2 + C_\varepsilon \|z_j\|_{L^p}^p,$$

这就蕴含了 $\|z_j\|^2 \leqslant c_1 \|z_j\|^p$, 因此 $\|z_j\|^{2-p} \leqslant c_1$, 这与假设矛盾.

(b) 假设存在序列 $\{z_j\} \subset \mathcal{K}$ 使得 $\Phi(z_j) \to 0$. 则

$$o_j(1) = \Phi(z_j) = \Phi(z_j) - \frac{1}{2}\Phi'(z_j)z_j = \int_{\mathbb{R}} \tilde{R}(t, z_j)dt, \qquad (5.1.35)$$

以及

$$\|z_j\|^2 = \int_{\mathbb{R}} R_z(t, z_j)(z_j^+ - z_j^-)dt. \qquad (5.1.36)$$

显然, $\{z_j\}$ 是 $(C)_{c=0}$-序列, 从而由引理 5.1.11 知 $\{z_j\}$ 是有界的.

首先我们考虑超线性情形. 由 (5.1.35) 以及引理 5.1.11 证明过程中定义的符号可知, 对任意的 $0 < a < b$, $s \in (2, \infty)$, 当 $j \to \infty$ 时, 成立 $\int_{\Omega_j(a,b)} |z_j|^2 dt \to 0$ 以及 $\int_{\Omega_j(b,\infty)} |z_j|^s dt \to 0$. 因此, 正如引理 5.1.11 的证明, 由 (5.1.36) 知, 对任意的 $\varepsilon > 0$ 有

$$\limsup_{j \to \infty} \|z_j\|^2 \leqslant \varepsilon,$$

这与 (a) 矛盾.

接下来我们考虑渐近线性情形. 由 (a), (5.1.36) 以及 (5.1.11) 知 $\|z_j\| \geqslant \theta$, 因此 $\{z_j\}$ 是非消失的. 因为 Φ 是 $\mathbb{Z}$-不变的, 平移变换意义下, 我们可假设 $z_j \rightharpoonup z \in \mathcal{K}$. 因为 z 是 (HS) 的同宿轨, 故当 $|t| \to \infty$ 时, $z(t) \to 0$. 因此由 (A_3) 知, 存在有界区间 $I \subset \mathbb{R}$ 且测度 $|I| > 0$, 使得 $0 < |z(t)| \leqslant \delta$ 对任意的 $t \in I$ 都成立. 因

此, 由 (5.1.35) 可得

$$0 \geqslant \lim_{j \to \infty} \int_I \tilde{R}(t, z_j) dt = \int_I \tilde{R}(t, z) dt > 0,$$

这就得到矛盾. ∎

令 $[r]$ 表示 $r \in \mathbb{R}$ 的整数部分且令 $\mathcal{F} := \mathcal{K}/\mathbb{Z}$ 表示任意选取的 $\mathbb{Z}$-轨道的代表元. 故由上面的引理, 可以得到下面的结果 (参见 [36, 50, 104, 133]).

引理 5.1.14 设 (L_0) 和 (R_0) 以及 (S_1)—(S_2) 或 (A_1)—(A_3) 成立. 设 $\{z_j\}$ 是 $(C)_c$-序列, 则下面结论之一成立:

(i) $z_j \to 0$(从而 $c = 0$);

(ii) $c \geqslant \hat{c}$ 且存在正整数 $\ell \leqslant \left[\dfrac{c}{\hat{c}}\right]$, 点列 $\bar{z}_1, \cdots, \bar{z}_\ell \in \mathcal{F}$, $\{z_j\}$ 的子列 (仍然表示为 $\{z_j\}$) 以及序列 $\{a_j^i\} \subset \mathbb{Z}$ 使得当 $j \to \infty$ 时

$$\left\| z_j - \sum_{i=1}^\ell (a_j^i * \bar{z}_i) \right\| \to 0,$$

$$|a_j^i - a_j^k| \to \infty \quad (i \neq k),$$

以及

$$\sum_{i=1}^\ell \Phi(\bar{z}_i) = c.$$

证明 参见 [50]. 概括如下: 首先由引理 5.1.11 可知 $\{z_j\}$ 是有界的, 也就是存在常数 $M > 0$ 使得 $\|z_j\| \leqslant M$. 此外,

$$c = \lim_{j \to \infty} \left(\Phi(z_j) - \frac{1}{2}\Phi'(z_j)z_j \right) = \lim_{j \to \infty} \int_{\mathbb{R}} \tilde{R}(t, z_j) dt \geqslant 0, \tag{5.1.37}$$

且正如引理 5.1.13 (b) 的证明, $c = 0$ 当且仅当在 E 中 $z_j \to 0$.

假设 $c > 0$. 则由集中紧原理可知 $\{z_j\}$ 要么是消失的, 要么是非消失的. 由 (5.1.11) 和 (5.1.12) 选择 $p > 2$ 使得, 对任意的 $\varepsilon > 0$, 存在 $C_\varepsilon > 0$ 满足 $\tilde{R}(t, z) \leqslant \varepsilon \lambda_0 M^{-2}|z|^2 + C_\varepsilon |z|^p$. 如果 $\{z_j\}$ 是消失的, 则由 (5.1.37) 可知, 对于 $\varepsilon < c$,

$$c = \lim_{j \to \infty} \int_{\mathbb{R}} \tilde{R}(t, z_j) dt \leqslant \lim_{j \to \infty} \int_{\mathbb{R}} \left(\frac{\varepsilon \lambda_0 |z_j|^2}{M^2} + C_\varepsilon |z_j|^p \right) dt \leqslant \varepsilon,$$

这就得到矛盾. 因此, $\{z_j\}$ 是非消失的, 且由 Φ 的 $\mathbb{Z}$-不变性知存在序列 $\{k_j^1\} \subset$

$\mathbb{Z}$ 使得 $k_j^1 * z_j \rightharpoonup z^1 \in \mathcal{K}$. 取 $\bar{z}_1 \in \mathcal{F}$ 为包含 z^1 所在轨道的代表元, 并且令 $k^1 \in \mathbb{Z}$ 使得 $k^1 * z^1 = \bar{z}_1$. 设 $\bar{k}_j^1 = k^1 + k_j^1$ 以及 $z_j^1 := \bar{k}_j^1 * z_j - \bar{z}_1$. 由 $\mathbb{Z}$-不变性和引理 5.1.12 知, $\{z_j^1\}$ 是一个 $(C)_{c-\Phi(\bar{z}_1)}$- 序列. 由 (i) 知, $c - \Phi(\bar{z}_1) \geqslant 0$, 再结合引理 5.1.13 (b) 可得 $\hat{c} \leqslant \Phi(\bar{z}_1) \leqslant c$. 下面分两种情形讨论: $c = \Phi(\bar{z}_1)$ 或 $c > \Phi(\bar{z}_1)$.

如果 $c = \Phi(\bar{z}_1)$, 重复 (i) 的讨论可以得到在 E 中 $z_j^1 \to 0$, 因此, $\ell = 1$, $a_j^1 = -\bar{k}_j^1$. 从而引理得证.

如果 $c > \Phi(\bar{z}_1)$, 分别替换上面的 $\{z_j\}$ 和 c 为 $\{z_j^1\}$ 和 $c - \Phi(\bar{z}_1)$, 则类似于上面的讨论可获得 $\bar{z}_2 \in \mathcal{F}$ 且 $\hat{c} \leqslant \Phi(\bar{z}_2) \leqslant c - \Phi(\bar{z}_1)$. 重复至多 $\left[\dfrac{c}{\hat{c}}\right]$ 步之后就能得到相应的结论. ∎

现在我们给出定理 5.1.1 和定理 5.1.3 的证明. 为了把泛函 Φ 应用到抽象的定理 2.3.14 以及定理 2.3.17中, 我们选取 $X = E^-$ 以及 $Y = E^+$. 则 $E = X \oplus Y$.

定理 5.1.1 和定理 5.1.3 的证明　(存在性) 由引理 5.1.7, 应用定理 2.3.7 可知 Φ 满足 (Φ_0). Φ 的表达式 (5.1.8) 以及 $R(t,z)$ 的非负性就蕴含着条件 (Φ_+) 满足. 此外, 由引理 5.1.8 知条件 (Φ_2) 成立, 再结合引理 5.1.10 就给出了定理 2.3.14 中的环绕结构. 因此, Φ 拥有一个 $(C)_c$-序列 $\{z_n\}$ 且满足 $\kappa \leqslant c \leqslant \sup\Phi(Q)$, 其中 $\kappa > 0$ 的定义在引理 5.1.8 中以及 Q 是引理 5.1.10 给出的子集. 由引理 5.1.11 可知, $\{z_n\}$ 是有界的. 因此, $\Phi'(z_n) \to 0$. 由标准的讨论可知 $\{z_n\}$ 是消失的, 即存在 $r, \eta > 0$ 以及 $\{a_n\} \subset \mathbb{Z}$ 使得 $\limsup\limits_{n\to\infty} \displaystyle\int_{a_n-r}^{a_n+r} |z_n|^2 \geqslant \eta$. 令 $v_n := a_n * z_n$. 则由范数和泛函在 $*$-作用下的不变性可知 $\|v_n\| = \|z_n\| \leqslant C$ 以及 $\Phi(v_n) \to c \geqslant \kappa, \Phi'(v_n) \to 0$. 因此, 在 E 中 $v_n \to v$ 且 $v \neq 0, \Phi'(v) = 0$, 也就是 v 是 (HS) 的非平凡解. 存在性证完.

(多重性) 我们现在建立多重性. 通过反证法, 也就是假设

$$\mathcal{K}/\mathbb{Z} \text{ 是有限集}, \tag{†}$$

我们将证明 Φ 有一个无界的临界值序列, 这就与假设矛盾. 因此, 接下来我们只需证: 如果 (†) 成立, 则 (Φ) 满足定理 2.3.17 的所有条件.

上面我们已经验证条件 (Φ_0) 和 (Φ_2) 成立. 由于 $R(t,z)$ 关于 z 是偶的, 因此 Φ 满足条件 (Φ_1). 注意到, $\dim(Y_0) = \infty$. 令 $\{f_k\}$ 是 Y_0 的基, 并令 $Y_n := \mathrm{span}\{f_1, \cdots, f_n\}, E_n := E^- \oplus Y_n$. 由引理 5.1.9 可知, 这样选取的一列子空间满

足条件 (Φ_4). 为了验证 (Φ_I), 假设 (†) 成立. 给定 $\ell \in \mathbb{N}$ 以及有限集 $\mathcal{B} \subset E$, 令

$$[\mathcal{B}, \ell] := \left\{ \sum_{i=1}^{j}(a_i * z_i) : 1 \leqslant j \leqslant \ell, a_i \in \mathbb{Z}, z_i \in \mathcal{B} \right\}.$$

类似于文献 [36,37] 的讨论, 可以得到

$$\inf\{\|z - z'\| : z, z' \in [\mathcal{B}, \ell], z \neq z'\} > 0. \tag{5.1.38}$$

由 $\mathcal{F} = \mathcal{K}/\mathbb{Z}$ 以及 (†) 可知 $\mathcal{F}$ 是有限集并且因为 Φ' 是奇的, 我们可假设 $\mathcal{F}$ 是对称的. 对任意的紧区间 $I \subset (0, \infty)$ 且满足 $b := \max I$, 令 $\ell = \left[\dfrac{b}{\hat{c}}\right]$ 且取 $\mathscr{A} = [\mathcal{F}, \ell]$, 则 $P^+\mathscr{A} = [P^+\mathcal{F}, \ell]$, 其中 P^+ 表示在空间 E^+ 上的投影. 由 (†) 知, $P^+\mathcal{F}$ 是有限集以及对任意的 $z \in \mathscr{A}$, 有

$$\|z\| \leqslant \ell \max\{\|\bar{z}\| : \bar{z} \in \mathcal{F}\},$$

这就蕴含着 $\mathscr{A}$ 是有界的. 另外, 由引理 5.1.14 知 $\mathscr{A}$ 是一个 $(C)_I$-吸引集, 以及由 (5.1.38) 有

$$\inf\{\|z_1^+ - z_2^+\| : z_1, z_2 \in \mathscr{A}, z_1^+ \neq z_2^+\}$$
$$= \inf\{\|z - z'\| : z, z' \in P^+\mathscr{A}, z \neq z'\} > 0,$$

这就证明了 Φ 满足条件 (Φ_I), 从而完成多重性的证明. ∎

5.1.2   非周期假设下的结果

在本节中, 我们将研究在没有周期性假设下的系统 (HS). 对于给定的两个对称实矩阵函数 $M_1(t)$ 和 $M_2(t)$, 如果

$$\max_{\xi \in \mathbb{R}^{2N}, |\xi|=1} (M_1(t) - M_2(t))\xi \cdot \xi \leqslant 0,$$

我们称 $M_1(t) \leqslant M_2(t)$. 为方便起见, 当涉及矩阵时, 任意的实数 b 被视为矩阵 bI_{2N}. 我们做出下列假设:

(H_0) 存在 $b > 0$ 使得集合 $\Lambda^b := \{t \in \mathbb{R} : \mathcal{J}_0 L(t) < b\}$ 是非空的且为有限测度;

(H_1) $R(t, z) \geqslant 0$ 且当 $z \to 0$ 时, $R_z(t, z) = o(|z|)$ 关于 t 是一致成立的;

(H_2) $R_z(t, z) = M(t)z + r_z(t, z)$, 其中 M 是有界连续对称的 $2N \times 2N$-矩阵值函数且当 $|z| \to \infty$ 时, $r_z(t, z) = o(|z|)$ 关于 t 是一致成立的;

(H$_3$) $m_0 := \inf\limits_{t\in\mathbb{R}} \left[\inf\limits_{(\xi\in\mathbb{R}^{2N},|\xi|=1)} M(t)\xi\cdot\xi \right] > \inf\sigma(A)\cap(0,\infty)$;

(H$_4$) 对所有的 (t,z), (i) $0\notin\sigma(A-M)$ 或者 (ii) $\tilde{R}(t,z)\geqslant 0$ 且存在 $\delta_0>0$ 使得 $\tilde{R}(t,z)\geqslant\delta_0$ 对任意的 t 且 $|z|$ 充分大时成立;

(H$_5$) 存在 $t_0\geqslant 0$ 使得 $\gamma<b_{\max}$, 其中 $\gamma:=\sup\limits_{|t|\geqslant t_0,z\neq 0}\dfrac{|R_z(t,z)|}{|z|}$ 且 $b_{\max}:=\sup\{b:|\Lambda^b|<\infty\}$.

我们将证明集合 $\sigma(A)\cap(0,b_{\max})$ 只有有限重特征值. 从 m_0 以及 γ 的定义, 我们有 $m_0<\gamma<b_{\max}$. 记 ℓ 为对应特征值在 $(0,m_0)$ 中的特征函数的个数.

定理 5.1.15 设 (H$_0$)—(H$_5$) 成立. 则系统 (HS) 至少有一个同宿轨. 此外, 如果 $R(t,z)$ 关于 z 是偶的, 则系统 (HS) 至少有 ℓ 对同宿轨.

注 5.1.16 设 $q\in C^1(\mathbb{R},\mathbb{R})$ 满足

(q$_0$) 存在常数 $b>0$ 使得 $0<|Q^b|<\infty$, 其中 $Q^b:=\{t\in\mathbb{R}:q(t)<b\}$.

则 $L(t)=q(t)\mathcal{J}_0$ 满足 (H$_0$).

在关于 $H(t,z)$ 是周期的文献中, 由于系统 (HS) 是定义在全空间 $\mathbb{R}$ 上, 其周期性主要用于其紧性的恢复. 在我们的假设下, 通过控制 $R(t,z)$ 和 $L(t)$ 关于 t 在无穷远处的行为来恢复紧性, 见条件 (H$_5$).

定理 5.1.15 的证明可概括如下: 首先由假设条件 (H$_0$), 我们得到算子 A 的谱满足其本质谱 $\sigma_e(A)\subset\mathbb{R}\backslash(-b_{\max},b_{\max})$. 基于对 $\sigma(A)$ 的描述, 我们得到系统 (HS) 的变分结构且把相应的泛函改写为 $\Phi(z)=\dfrac{1}{2}(\|z^+\|^2-\|z^-\|^2)-\displaystyle\int_{\mathbb{R}}R(t,z)dt$, 其中 Φ 定义在 Hilbert 空间 $E=\mathscr{D}(|A|^{\frac{1}{2}})\hookrightarrow H^{\frac{1}{2}}(\mathbb{R},\mathbb{R}^{2N})$ 上, 其可分解为 $E=E^-\oplus E^0\oplus E^+, z=z^-+z^0+z^+, \dim E^{\pm}=\infty$. 然后我们证明 Φ 满足环绕结构, 也就是, 存在 $\rho>0$ 使得 $\inf\Phi(E^+\cap\partial B_\rho)>0$ 且存在有限维子空间 $Y\subset E^+$ 使得在 $E_Y:=E^-\oplus E^0\oplus Y$ 中, 当 $\|u\|\to\infty$ 时, 成立 $\Phi(u)\to-\infty$. 随后, 我们将证明 Φ 满足 Cerami 条件, 注意到, E^0 可能是非平凡的. 最后, 我们给出定理 5.1.15 的证明.

变分框架

为了建立系统 (HS) 的变分结构, 我们首先研究对应 Hamilton 算子的谱.

回顾, 算子 $A=-\left(\mathcal{J}\dfrac{d}{dt}+L\right)$ 是在 $L^2(\mathbb{R},\mathbb{R}^{2N})$ 上的自伴算子, 如果 $L(t)$ 是有界的, 其定义域为 $\mathscr{D}(A)=H^1(\mathbb{R},\mathbb{R}^{2N})$; 如果 $L(t)$ 是无界的, 其定义域为 $\mathscr{D}(A)$

$\subset H^1(\mathbb{R}, \mathbb{R}^{2N})$. 注意到, $\mathscr{D}(A)$ 是一个 Hilbert 空间, 其内积为

$$(z, w)_A := (Az, Aw)_{L^2} + (z, w)_{L^2},$$

对应的范数为 $|z|_A := (z, z)_A^{\frac{1}{2}}$.

令 $A_0 := \mathcal{J}\dfrac{d}{dt} + \mathcal{J}_0$, 这也是一个作用在 $L^2(\mathbb{R}, \mathbb{R}^{2N})$ 上的自伴算子, 其定义域为 $\mathscr{D}(A_0) = H^1(\mathbb{R}, \mathbb{R}^{2N})$ 且满足 $A_0^2 = -\dfrac{d^2}{dt^2} + 1$. 易知, 对所有的 $z \in H^1(\mathbb{R}, \mathbb{R}^{2N})$,

$$\||A_0|z\|_2 = \|A_0 z\|_{L^2} = \|z\|_{H^1}, \tag{5.1.39}$$

其中 $|A_0|$ 表示算子 A_0 的绝对值.

引理 5.1.17　由条件 $\mathscr{D}(A) \subset H^1(\mathbb{R}^1, \mathbb{R}^{2N})$ 可知, 存在 $\gamma_1 > 0$ 使得对所有的 $z \in \mathscr{D}(A)$,

$$\|z\|_{H^1} = \||A_0|z\|_{L^2} \leqslant \gamma_1 |z|_A. \tag{5.1.40}$$

证明　记 A_r 是 A_0 在 $\mathscr{D}(A)$ 上的限制. A_r 是从 $\mathscr{D}(A)$ 到 $L^2(\mathbb{R}, \mathbb{R}^{2N})$ 的线性算子. 我们断言: A_r 是闭算子. 事实上, 令 $z_n \xrightarrow{|\cdot|_A} z$ 且 $A_r z_n \xrightarrow{|\cdot|_2} w$, 则 $z \in \mathscr{D}(A)$. 因为 A_0 是闭算子,

$$A_r z_n = A_0 z_n \to A_0 z = A_r z,$$

所以 A_r 是闭算子. 从而由闭图像定理可知 $A_r \in \mathscr{L}(\mathscr{D}(A), L^2(\mathbb{R}, \mathbb{R}^{2N}))$, 因此, 对所有的 $z \in \mathscr{D}(A)$, $\|A_0 z\|_{L^2} = \|A_r z\|_{L^2} \leqslant \gamma_1 |z|_A$. 再结合 (5.1.39) 就可得到 (5.1.40). ∎

令

$$\mu_e^- := \sup(\sigma_e(A) \cap (-\infty, 0]), \quad \mu_e^+ := \inf(\sigma_e(A) \cap [0, \infty)).$$

命题 5.1.18　设 (H$_0$) 成立. 则 $\sigma_e(A) \subset \mathbb{R} \setminus (-b_{\max}, b_{\max})$, 也就是, $\mu_e^- \leqslant -b_{\max}$ 且 $\mu_e^+ \geqslant b_{\max}$.

证明　设 $b > 0$ 使得 $|\Lambda^b| < \infty$. 令

$$(\mathcal{J}_0 L(t) - b)^+ := \begin{cases} \mathcal{J}_0 L(t) - b, & \text{当 } \mathcal{J}_0 L(t) - b \geqslant 0, \\ 0, & \text{当 } \mathcal{J}_0 L(t) - b < 0, \end{cases}$$

以及 $(\mathcal{J}_0 L(t) - b)^- := (\mathcal{J}_0 L(t) - b) - (\mathcal{J}_0 L(t) - b)^+$. 因为 $\mathcal{J}_0^2 = I$, 我们有 $A =$

$A_1 - \mathcal{J}_0(\mathcal{J}_0 L(t) - b)^-$, 其中

$$A_1 = -\left(\mathcal{J}\frac{d}{dt} + \mathcal{J}_0(\mathcal{J}_0 L - b)^+\right) - b\mathcal{J}_0.$$

注意到, $\mathcal{J}_0\mathcal{J} = -\mathcal{J}\mathcal{J}_0$. 因此, 对任意的 $z \in \mathscr{D}(A)$,

$$
\begin{aligned}
(A_1 z, A_1 z)_{L^2} &= \|A_1 z\|_{L^2}^2 = \left\|\left(\mathcal{J}\frac{d}{dt} + \mathcal{J}_0(\mathcal{J}_0 L - b)^+\right)z + b\mathcal{J}_0 z\right\|_{L^2}^2 \\
&= \left\|\left(\mathcal{J}\frac{d}{dt} + \mathcal{J}_0(\mathcal{J}_0 L - b)^+\right)z\right\|_{L^2}^2 + b^2\|z\|_{L^2}^2 \\
&\quad + (\mathcal{J}\dot{z}, b\mathcal{J}_0 z)_{L^2} + (b\mathcal{J}_0 z, \mathcal{J}\dot{z})_{L^2} \\
&\quad + (\mathcal{J}_0(\mathcal{J}_0 L - b)^+ z, b\mathcal{J}_0 z)_{L^2} + (b\mathcal{J}_0 z, \mathcal{J}_0(\mathcal{J}_0 L - b)^+ z)_{L^2} \\
&= \left\|\left(\mathcal{J}\frac{d}{dt} + \mathcal{J}_0(\mathcal{J}_0 L - b)^+\right)z\right\|_{L^2}^2 + b^2\|z\|_{L^2}^2 + 2b((\mathcal{J}_0 L - b)^+ z, z)_{L^2} \\
&\geqslant b^2\|z\|_{L^2}^2, \tag{5.1.41}
\end{aligned}
$$

其中上面我们用到 $(\mathcal{J}\dot{z}, b\mathcal{J}_0 z)_{L^2} + (b\mathcal{J}_0 z, \mathcal{J}\dot{z})_{L^2} = 0$. 事实上, 对任意的 $z = (u,v) \in C_0^\infty(\mathbb{R}, \mathbb{R}^{2N})$, 我们有

$$
\begin{aligned}
&(\mathcal{J}\dot{z}, b\mathcal{J}_0 z)_{L^2} + (b\mathcal{J}_0 z, \mathcal{J}\dot{z})_{L^2} \\
&= 2b\int_{\mathbb{R}} (\dot{u}u - \dot{v}v)dt = b\int_{\mathbb{R}} \frac{d}{dt}(u^2(t) - v^2(t))dt \\
&= b\lim_{t\to\infty}\left(|u(t)|^2 - |u(-t)|^2 - |v(t)|^2 + |v(-t)|^2\right) = 0.
\end{aligned}
$$

因此, 由 $C_0^\infty(\mathbb{R}, \mathbb{R}^{2N})$ 在 E 中的稠密性可得结果. 故由 (5.1.41) 就可得 $\sigma(A_1) \subset \mathbb{R} \setminus (-b, b)$.

接下来断言: $\sigma_e(A) \cap (-b, b) = \varnothing$. 若不然, 则存在 $\lambda \in \sigma_e(A)$ 且满足 $|\lambda| < b$. 则由 $\lambda \in \sigma_e(A)$ 可知存在 $\{z_n\} \subset \mathscr{D}(A)$ 满足 $\|z_n\|_{L^2} = 1$, 在 L^2 中 $z_n \rightharpoonup 0$ 以及 $\|(A - \lambda)z_n\|_{L^2} \to 0$. 注意到, 由 (5.1.40) 可以得到

$$
\begin{aligned}
\|z_n\|_{H^1} &\leqslant c_1|z_n|_A = c_1\left(\|Az_n\|_{L^2}^2 + \|z_n\|_{L^2}^2\right)^{\frac{1}{2}} \\
&\leqslant c_2\left(\|(A-\lambda)z_n\|_{L^2}^2 + \lambda^2 + 1\right)^{\frac{1}{2}} \leqslant c_3,
\end{aligned}
$$

从而 $\left\|\mathcal{J}_0(\mathcal{J}_0 L - b)^- z_n\right\|_{L^2} \to 0$. 我们得到

$$o(1) = \left\|(A - \lambda)z_n\right\|_{L^2} = \left\|A_1 z_n - \lambda z_n - \mathcal{J}_0(\mathcal{J}_0 L - b)^- z_n\right\|_{L^2}$$

$$\geqslant \|A_1 z_n\|_{L^2} - |\lambda| - o_n(1)$$
$$\geqslant b - |\lambda| - o_n(1),$$

这就蕴含着 $b - |\lambda| \leqslant 0$, 这与 $|\lambda| < b$ 矛盾. 由于对任意的 $b > 0$ 我们有 $|\Lambda^b| < \infty$, 上面的断言也成立. 因此, 我们可得 $\sigma_e(A) \subset \mathbb{R} \setminus (-b_{\max}, b_{\max})$. ∎

注 5.1.19　(a) 如果 $L(t)$ 满足: 对任意的 $b > 0$, $|\Lambda^b| < \infty$, 则由命题5.1.18 可知 $\mu_e^- = -\infty$ 以及 $\mu_e^+ = \infty$, 也就是, $\sigma(A) = \sigma_d(A)$.

(b) 令 $L(t) = q(t)\mathcal{J}_0$, 其中 $q(t)$ 满足 (q_0). 则 $\sigma_e(A) \subset \mathbb{R} \setminus (-b_{\max}, b_{\max})$. 此外, $\sigma(A)$ 是对称的: $\sigma(A) \cap (-\infty, 0) = -\sigma(A) \cap (0, \infty)$(其证明可参见命题 5.1.5). 特别地, 令 $0 \leqslant \lambda_1 \leqslant \lambda_2 \leqslant \cdots \leqslant \lambda_k$ 是算子 A^2 在 $\inf \sigma_e(A^2)$ 之下的所有特征值, $\{\pm\lambda_j^{\frac{1}{2}} : j = 1, \cdots, k\}$ 是算子 A 在 (μ_e^-, μ_e^+) 的所有特征值. 因此, 通过极大极小原理我们能获得算子 $A^2 = -\dfrac{d^2}{dt^2} + q^2 + \dot{q}\mathcal{J}\mathcal{J}_0$ 的特征值, 进而就可得到算子 A 的特征值.

注意到, 因为 0 可能属于 $\sigma(A)$, 我们需要更多的讨论得到适当的变分框架.

令 $\{F_\lambda\}_{\lambda \in \mathbb{R}}$ 为算子 A 的谱族. 则 A 有极分解 $A = U|A|$, 其中 $U = I - F_0 - F_{-0}$. 由命题 5.1.18 可知 0 至多是 A 的有限重孤立临界值. L^2 有下面正交分解:

$$L^2 = L^- \oplus L^0 \oplus L^+, \quad z = z^- + z^0 + z^+$$

使得 A 在 L^- 中是负定的, 在 L^+ 中是正定的, 并且 $L^0 = \ker A$. 事实上, $L^\pm = \{z \in L^2 : Uz = \pm z\}$ 且 $L^0 = \{z \in L^2 : Uz = 0\}$. 因此, 由下面的关系

$$(z^+, z^-)_{L^2} = (Uz^+, z^-)_{L^2} = (z^+, Uz^-)_{L^2}$$
$$= (z^+, -z^-)_{L^2} = -(z^+, z^-)_{L^2}$$

可得 L^+ 和 L^- 关于 L^2-内积是正交的. 类似地, $L^\pm$ 和 L^0 关于 L^2-内积也是正交的.

令 $P^0 : L^2 \to L^0$ 表示相应的投影算子. P^0 与 A 和 $|A|$ 可交换. 在 $\mathscr{D}(A)$ 上, 我们引入内积

$$\langle z, w \rangle_A := (Az, Aw)_{L^2} + (P^0 z, P^0 w)_{L^2}$$
$$= (|A|z, |A|w)_{L^2} + (P^0 z, w)_{L^2},$$

其诱导的范数记为 $\|z\|_A$. 显然, 在 $\mathscr{D}(A)$ 上的范数 $|\cdot|_A$ 和 $\|\cdot\|_A$ 是等价的且满足

$$\gamma_2 |z|_A \leqslant \|z\|_A \leqslant \gamma_3 |z|_A, \quad \forall z \in \mathscr{D}(A).$$

定义

$$\tilde{A} := |A| + P^0.$$

则 $\mathscr{D}(\tilde{A}) = \mathscr{D}(A)$. 注意到, $P^0|A| = |A|P^0 = 0$. 故对任意的 $z, w \in \mathscr{D}(A)$, 我们有

$$(\tilde{A}z, \tilde{A}w)_{L^2} = (|A|z, |A|w)_{L^2} + (|A|z, P^0w)_{L^2} + (P^0z, |A|w)_{L^2} + (P^0z, P^0w)_{L^2}$$

$$= (|A|z, |A|w)_{L^2} + (P^0z, P^0w)_{L^2} = \langle z, w \rangle_A.$$

因此,

$$\gamma_2|z|_A \leqslant \|z\|_A = \|\tilde{A}z\|_{L^2} \leqslant \gamma_3|z|_A, \quad \forall z \in \mathscr{D}(A). \tag{5.1.42}$$

令 $E := \mathscr{D}(|A|^{\frac{1}{2}})$ 是自伴算子 $|A|^{\frac{1}{2}}$ 的定义域, 其是一个 Hilbert 空间, 内积定义为

$$(z, w) = (|A|^{\frac{1}{2}}z, |A|^{\frac{1}{2}}w)_{L^2} + (P^0z, P^0w)_{L^2},$$

以及范数为 $\|z\| = (z, z)^{\frac{1}{2}}$. E 有下面的分解

$$E = E^- \oplus E^0 \oplus E^+,$$

其中 $E^\pm = E \cap L^\pm$ 且 $E^0 = L^0$ 关于内积 $(\cdot, \cdot)_{L^2}$ 和 $(\cdot, \cdot)$ 都是正交的. 注意到, 对任意的 $z \in \mathscr{D}(A)$ 以及 $w \in \mathscr{D}(|A|^{\frac{1}{2}})$,

$$(\tilde{A}^{\frac{1}{2}}z, \tilde{A}^{\frac{1}{2}}w)_{L^2} = (\tilde{A}z, w)_2 = ((|A| + P^0)z, w)_{L^2} = (|A|z, w)_{L^2} + (P^0z, w)_{L^2}$$

$$= (|A|^{\frac{1}{2}}z, |A|^{\frac{1}{2}}w)_{L^2} + (P^0z, P^0w)_{L^2} = (z, w).$$

由 $\mathscr{D}(A) = \mathscr{D}(\tilde{A})$ 知 $\mathscr{D}(A)$ 是 $\tilde{A}^{\frac{1}{2}}$ 的核, 故

$$(z, w) = (\tilde{A}^{\frac{1}{2}}z, \tilde{A}^{\frac{1}{2}}w)_{L^2}, \quad \forall z, w \in \mathscr{D}(|A|^{\frac{1}{2}}).$$

特别地,

$$\|z\| = \|\tilde{A}^{\frac{1}{2}}z\|_{L^2}, \quad \forall z \in E. \tag{5.1.43}$$

引理 5.1.20 E 连续嵌入 $H^{\frac{1}{2}}(\mathbb{R}, \mathbb{R}^{2N})$, 因此, E 连续嵌入 $L^p(\mathbb{R}, \mathbb{R}^{2N})$ 对任意的 $p \geqslant 2$ 成立且 E 紧嵌入 $L^p_{\text{loc}}(\mathbb{R}, \mathbb{R}^{2N})$ 对任意的 $p \geqslant 1$ 成立.

证明 首先, 我们有 $H^{\frac{1}{2}} = [H^1, L^2]_{\frac{1}{2}}$ (等价范数意义下). 注意到, $\mathscr{D}(|A_0|^0) = L^2, \mathscr{D}(|A_0|) = H^1$, 故

$$H^{\frac{1}{2}} = [\mathscr{D}(|A_0|), \mathscr{D}(|A_0|^0)]_{\frac{1}{2}}.$$

由插值空间的定义可得

$$H^{\frac{1}{2}} = [\mathscr{D}(|A_0|), \mathscr{D}(|A_0|^0)]_{\frac{1}{2}} = \mathscr{D}(|A_0|^{\frac{1}{2}}).$$

因此, $\|z\|_{H^{\frac{1}{2}}}$ 和 $\left\||A_0|^{\frac{1}{2}}z\right\|_{L^2}$ 是在 $H^{\frac{1}{2}}$ 上的等价范数且满足: 对任意的 $z \in H^{\frac{1}{2}}$,

$$\gamma_4\|z\|_{H^{\frac{1}{2}}} \leqslant \||A_0|^{\frac{1}{2}}z|_2 \leqslant \gamma_5\|z\|_{H^{\frac{1}{2}}}. \tag{5.1.44}$$

由 (5.1.40) 知, 对任意的 $z \in \mathscr{D}(A)$,

$$\||A_0|z\|_{L^2} \leqslant \gamma_1\|\tilde{A}z\|_{L^2} = \|(\gamma_1\tilde{A})z\|_{L^2}.$$

因此, 对任意的 $z \in \mathscr{D}(A)$, $(|A_0|z, z)_{L^2} \leqslant (\gamma_1\tilde{A}z, z)_{L^2}$(参见 [68, 命题 III 8.11]). 这就可以推出, 对所有的 $z \in \mathscr{D}(A)$,

$$\left\||A_0|^{\frac{1}{2}}z\right\|_{L^2}^2 = (|A_0|z, z)_{L^2} \leqslant (\gamma_1\tilde{A}z, z)_{L^2} = \gamma_1\|\tilde{A}^{\frac{1}{2}}z\|_{L^2}^2$$

(参见 [68, 命题 III 8.12]). 显然, $\mathscr{D}(A)$ 是 $\tilde{A}^{\frac{1}{2}}$ 的核, 故对任意的 $z \in E$, $\left\||A_0|^{\frac{1}{2}}z\right\|_{L^2}^2$ $\leqslant \gamma_1\|\tilde{A}^{\frac{1}{2}}z\|_{L^2}^2$. 结合 (5.1.43) 可知, 对任意的 $z \in E$,

$$\left\||A_0|^{\frac{1}{2}}z\right\|_{L^2}^2 \leqslant \gamma_1\|z\|^2.$$

再结合 (5.1.44), 就可以得到: 对任意的 $z \in E$,

$$\|z\|_{H^{\frac{1}{2}}} \leqslant \gamma_6\|z\|,$$

这就完成了引理 5.1.20 的证明. ∎

从现在开始, 我们固定常数 b 满足

$$\gamma < b < b_{\max}, \tag{5.1.45}$$

其中 γ 的定义在 (H₅) 给出. 令 k 是对应特征值在 $[-b, b]$ 中的特征函数的个数. 记 $f_i(1 \leqslant i \leqslant k)$ 为相应的特征函数. 令

$$L^d := \text{span}\{f_1, \cdots, f_k\},$$

我们有另外的正交分解

$$L^2 = L^d \oplus L^e, \quad u = u^d + u^e.$$

相应地, E 有下面的分解

$$E = E^d \oplus E^e, \tag{5.1.46}$$

其中 $E^d = L^d$, $E^e = E \cap L^e$, 且关于内积 $(\cdot, \cdot)_{L^2}$ 和 $(\cdot, \cdot)$ 都是正交的. 注意到, 由命题 5.1.18 知

$$b\|z\|_{L^2}^2 \leqslant \|z\|^2, \quad \forall z \in E^e. \tag{5.1.47}$$

在 E 上定义泛函

$$\Phi(z) := \frac{1}{2}\|z^+\|^2 - \frac{1}{2}\|z^-\|^2 - \Psi(z), \quad \text{其中 } \Psi(z) = \int_{\mathbb{R}} R(t, z)dt. \tag{5.1.48}$$

由 H 的假设知, $\Phi \in \mathcal{C}^1(E, \mathbb{R})$. 此外, 由 2.3 节可知 Φ 的临界点就是 (HS) 的同宿轨.

类似于引理 5.1.7 的证明, 我们能得到下面的引理.

引理 5.1.21 设 (H_0)—(H_2) 成立. 则 Ψ 是非负的、弱序列下半连续, 以及 Ψ' 是弱序列连续的.

环绕结构

我们现在研究 Φ 的环绕结构. 注意到, 在 (H_1)—(H_2) 的假设下, 给定 $p \geqslant 2$, 对任意的 $\varepsilon > 0$, 存在 $C_\varepsilon > 0$, 使得对任意的 $(t, z) \in \mathbb{R} \times \mathbb{R}^N$ 满足

$$|R_z(t, z)| \leqslant \varepsilon|z| + C_\varepsilon|z|^{p-1},$$

以及

$$R(t, z) \leqslant \varepsilon|z|^2 + C_\varepsilon|z|^p. \tag{5.1.49}$$

首先我们有下面的引理:

引理 5.1.22 设 (H_0)—(H_2) 成立. 则存在 $\rho > 0$ 使得 $\kappa := \inf\Phi(S_\rho^+) > 0$, 其中 $S_\rho^+ = \partial B_\rho \cap E^+$.

证明 对任意的 $\varepsilon > 0$, 选择 $p > 2$ 使得 (5.1.49) 成立. 则对任意的 $z \in E$,

$$\Psi(z) \leqslant \varepsilon\|z\|_{L^2}^2 + C_\varepsilon\|z\|_{L^p}^p \leqslant C(\varepsilon\|z\|^2 + C_\varepsilon\|z\|^p).$$

因此, 由 Φ 的表达形式 (5.1.48) 即可得到引理. ∎

接下来, 我们重排算子 A 在 $(0, m_0)$ 中的所有特征值为: $0 < \mu_1 \leqslant \mu_2 \leqslant$

$\cdots \leqslant \mu_\ell < m_0$ 且令 e_j 表示对应方程 $Ae_j = \mu_j e_j$, $j = 1, \cdots, \ell$ 的特征函数.
令 $Y_0 := \mathrm{span}\{e_1, \cdots, e_\ell\}$. 注意到, 对任意的 $w \in Y_0$, 我们有

$$\mu_1 \|w\|_{L^2}^2 \leqslant \|w\|^2 \leqslant \mu_\ell \|w\|_{L^2}^2. \tag{5.1.50}$$

对 Y_0 的任意有限维子空间 W, 令 $E_W = E^- \oplus E^0 \oplus W$.

引理 5.1.23　假设 (H_0)—(H_3) 成立. 则对 Y_0 的任意有限维子空间 W, $\sup \Phi(E_W) < \infty$, 以及存在 $R_W > 0$ 使得对所有的 $z \in E_W$ 且 $\|z\| \geqslant R_W$ 都有 $\Phi(z) < \inf \Phi(B_\rho \cap E^+)$, 其中 $\rho > 0$ 由引理 5.1.22 给出.

证明　只需证明当 $z \in E_W$ 且 $\|z\| \to \infty$ 时, 成立 $\Phi(z) \to -\infty$. 通过反证, 假设存在序列 $\{z_j\} \subset E_W$ 满足 $\|z_j\| \to \infty$, 且存在 $M > 0$ 使得对任意的 j, $\Phi(z_j) \geqslant -M$. 令 $w_j = \dfrac{z_j}{\|z_j\|}$, 则 $\|w_j\| = 1, w_j \rightharpoonup w, w_j^- \to w^-, w_j^0 \to w^0, w_j^+ \to w^+ \in Y$ 以及

$$-\frac{c}{\|z_j\|^2} \leqslant \frac{\Phi(z_j)}{\|z_j\|^2} = \frac{1}{2}\|w_j^+\|^2 - \frac{1}{2}\|w_j^-\|^2 - \int_\mathbb{R} \frac{R(t, z_j)}{\|z_j\|^2} dt \tag{5.1.51}$$

接下来断言 $w^+ \neq 0$. 若不然, 则由 (5.1.51) 和 (H_1) 可知 $\|w_j^-\| \to 0$, 因此, $w_j \to w = w^0$ 以及 $\displaystyle\int_\mathbb{R} \frac{R(t, z_j)}{\|z_j\|^2} dt \to 0$.

注意到, $R(t, z) = \dfrac{1}{2} M(t) z \cdot z + r(t, z)$ 以及当 $|z| \to \infty$ 时, $\dfrac{r(t, z)}{|z|^2} \to 0$ 关于 t 是一致成立的. 因此, 由 $w(t) \neq 0$ 就有 $|z_j(t)| \to \infty$, 可知

$$\begin{aligned}
\int_\mathbb{R} \frac{r(t, z_j)}{\|z_j\|^2} dt &= \int_\mathbb{R} \frac{r(t, z_j)}{|z_j|^2} |w_j|^2 dt \\
&\leqslant \int_\mathbb{R} \frac{|r(t, z_j)|}{|z_j|^2} |w_j - w|^2 dt + \int_\mathbb{R} \frac{|r(t, z_j)|}{|z_j|^2} |w|^2 dt \\
&= o_j(1) + \int_{\{t: w(t) \neq 0\}} \frac{|r(t, z_j)|}{|z_j|^2} |w|^2 dt = o_j(1),
\end{aligned} \tag{5.1.52}$$

且由 (H_3) 知

$$\frac{1}{2} \int_\mathbb{R} \frac{M(t) z_j z_j}{\|z_j\|^2} dt = \frac{1}{2} \int_\mathbb{R} \frac{M(t) z_j z_j}{|z_j|^2 |w_j|^2} dt \geqslant \frac{m_0}{2} \|w_j\|_{L^2}^2. \tag{5.1.53}$$

此外, 由 (5.1.52)—(5.1.53) 以及 $\displaystyle\int_\mathbb{R} \frac{R(t, z_j)}{\|z_j\|^2} dt \to 0$ 可得 $\|w_j\|_{L^2} \to 0$. 则 $\|w_j\| \to 0$, 这与 $\|w_j\| = 1$ 矛盾. 因此 $w^+ \neq 0$. 因为

$$\|w^+\|^2 - \|w^-\|^2 - \int_\mathbb{R} M(t) w \cdot w\, dt$$

$$\leqslant \|w^+\|^2 - \|w^-\|^2 - m_0\|w\|_{L^2}^2$$
$$\leqslant -((m_0 - \mu_\ell)|w^+|_2^2 + \|w^-\|^2 + m_0\|w^0\|_{L^2}^2) < 0,$$

则存在充分大的 $a > 0$ 使得

$$\|w^+\|^2 - \|w^-\|^2 - \int_{-a}^{a} M(t)w \cdot w dt < 0. \tag{5.1.54}$$

正如 (5.1.52), 由 $|w_j - w|_{L^2(-a,a)} \to 0$ 可得

$$\lim_{j\to\infty} \int_{-a}^{a} \frac{r(t,z_j)}{\|z_j\|^2} dt = \lim_{j\to\infty} \int_{-a}^{a} \frac{r(t,z_j)|w_j|^2}{|z_j|^2} dt = 0.$$

因此, 由 (5.1.51) 和 (5.1.54) 可得

$$0 \leqslant \lim_{j\to\infty} \left(\frac{1}{2}\|w_j^+\|^2 - \frac{1}{2}\|w_j^-\|^2 - \int_{-a}^{a} \frac{R(t,z_j)}{\|z_j\|^2} dt \right)$$
$$\leqslant \frac{1}{2} \left(\|w^+\|^2 - \|w^-\|^2 - \int_{-a}^{a} M(t)w \cdot w dt \right) < 0,$$

这就得到矛盾. ∎

作为一个特殊的情形, 我们有

引理 5.1.24 设 (H_0)—(H_3) 成立, 令 $e \in Y_0$ 且 $\|e\| = 1$, 则存在 $r_0 > 0$ 使得 $\sup \Phi(\partial Q) \leqslant \kappa$, 其中 $\kappa > 0$ 由引理 5.1.22 给出, 以及 $Q := \{u = u^- + u^0 + se : u^- + u^0 \in E^- \oplus E^0, s \geqslant 0, \|u\| \leqslant r_0\}$.

下面我们将研究 $(C)_c$-序列的有界性.

引理 5.1.25 设 (H_0)—(H_2) 以及 (H_4)—(H_5) 成立. 则任意的 $(C)_c$-序列是有界的.

证明 令 $\{z_j\} \subset E$ 满足

$$\Phi(z_j) \to c, \quad (1 + \|z_j\|)\Phi'(z_j) \to 0, \tag{5.1.55}$$

则对 j 充分大时, 存在 $C_0 > 0$, 使得

$$C_0 \geqslant \Phi(z_j) - \frac{1}{2}\Phi'(z_j)z_j = \int_{\mathbb{R}} \tilde{R}(t,z_j) dt. \tag{5.1.56}$$

为了证明 $\{z_j\}$ 的有界性, 利用反证法且我们采用文献 [96] 中的方法. 存在子列使得 $\|z_j\| \to \infty$ 且令 $v_j = \dfrac{z_j}{\|z_j\|}$. 则 $\|v_j\| = 1$ 以及对所有的 $s \in [2,\infty)$, $\|v_j\|_{L^s} \leqslant \gamma_s\|v_j\| = \gamma_s$. 此外, 存在 $v \in E$ 使得对所有的 $s \geqslant 1$, 在 E 中 $v_j \rightharpoonup v$;

在 $L_{\mathrm{loc}}^s(\mathbb{R}, \mathbb{R}^{2N})$ 中 $v_j \to v$ 以及 $v_j(t) \to v(t)$ a.e. $t \in \mathbb{R}$. 由 (H_2) 可知, 当 $|z| \to \infty$ 时 $|r_z(t, z)| = o(z)$ 关于 t 是一致成立的, 以及当 $v(t) \neq 0$ 时, $|z_j(t)| \to \infty$. 因此, 对任意的 $\varphi \in \mathcal{C}_0^\infty(\mathbb{R}, \mathbb{R}^{2N})$, 我们不难验证

$$\int_{\mathbb{R}} \frac{R_z(t, z_j)\varphi}{\|z_j\|} dt \to \int_{\mathbb{R}} M(t) v \varphi \, dt.$$

由上面这个极限以及 (5.1.55), 可得

$$\mathcal{J}\frac{d}{dt}v + (L(t) + M(t))v = 0. \tag{5.1.57}$$

将 $\mathcal{J}^{-1} = -\mathcal{J}$ 作用在 (5.1.57), 我们就可以得到

$$\frac{d}{dt}v = \mathcal{J}(L(t) + M(t))v. \tag{5.1.58}$$

我们断言: $v \neq 0$. 若不然, 也就是假设 $v = 0$. 则在 E 中 $v_j^d \rightharpoonup 0$; 在 $L_{\mathrm{loc}}^s(\mathbb{R}, \mathbb{R}^{2N})$ 中 $v_j \to 0$. 令 $I_0 := (-t_0, t_0)$ 和 $I_0^c := \mathbb{R} \setminus I_0$, 其中 $t_0 > 0$ 是由 (H_5) 中给定的数. 则由下面事实

$$\frac{\Phi'(z_j)(z_j^{e+} - z_j^{e-})}{\|z_j\|^2} = \|v_j^e\|^2 - \int_{\mathbb{R}} \frac{R_z(t, z_j)}{|z_j|}(v_j^{e+} - v_j^{e-})|v_j| dt$$

可知

$$\begin{aligned}
\|v_j^e\|^2 &= \int_{I_0} \frac{R_z(t, z_j)}{|z_j|}(v_j^{e+} - v_j^{e-})|v_j| dt + \int_{I_0^c} \frac{R_z(t, z_j)}{|z_j|}(v_j^{e+} - v_j^{e-})|v_j| dt + o_j(1) \\
&\leqslant c \int_{I_0} |v_j| |v_j^{e+} - v_j^{e-}| dt + \gamma \int_{I_0^c} |v_j| |v_j^{e+} - v_j^{e-}| dt + o_j(1) \\
&\leqslant \gamma \|v_j^e\|_{L^2}^2 + o_j(1).
\end{aligned}$$

因此, 由 (5.1.57) 可得

$$\left(1 - \frac{\gamma}{b}\right)\|v_j^e\|^2 \leqslant o_j(1),$$

再由 (5.1.55) 就可知 $\|v_j^e\|^2 \to 0$. 因此, $\|v_j\|^2 = \|v_j^d\|^2 + \|v_j^e\|^2 \to 0$, 这与 $\|v_j\|^2 = 1$ 矛盾.

因此, 若 (H_4) 中的 (i) 成立, 则 $v \neq 0$ 是不可能的. 从而, 我们假设 (H_4) 中的 (ii) 成立. 令 $\Omega_j(0, r) := \{t \in \mathbb{R} : |z_j(t)| < r\}$, $\Omega_j(r, \infty) := \{t \in \mathbb{R} : |z_j(t)| \geqslant r\}$ 以及对任意的 $r \geqslant 0$,

$$g(r) := \inf\{\tilde{R}(t, z) : t \in \mathbb{R}, z \in \mathbb{R}^{2N} \text{ 且 } |z| \geqslant r\}.$$

由假设条件, 存在 $r_0 > 0$ 使得 $g(r_0) > 0$, 因此由 (5.1.56) 可知 $|\Omega_j(r_0, \infty)| \leqslant$ $\dfrac{C_0}{g(r_0)}$. 令 $\Omega := \{t : v(t) \neq 0\}$. 因为 v 满足 (5.1.58), 由 Cauchy 唯一延拓定理得 $\Omega = \mathbb{R}$. 否则, 在 $\mathbb{R}$ 上, $v \equiv 0$, 这与 $v \neq 0$ 矛盾. 由于 $|\Omega| = \infty$, 存在 $\varepsilon > 0$ 和 $\omega \subset \Omega$ 使得对于 $t \in \omega$, 有 $|v(t)| \geqslant 2\varepsilon$ 且 $\dfrac{2C_0}{g(r_0)} \leqslant |\omega| < \infty$. 由 Egoroff 定理, 存在集合 $\omega' \subset \omega$ 满足 $|\omega'| > \dfrac{C_0}{g(r_0)}$ 使得 $v_j \to v$ 在 ω' 上是一致成立的. 因此在 ω' 上, 对几乎所有的 j, $|v_j(t)| \geqslant \varepsilon$ 且 $|z_j(t)| \geqslant r$. 则

$$\frac{C_0}{g(r_0)} < |\omega'| \leqslant |\Omega_j(r, \infty)| \leqslant \frac{C_0}{g(r_0)},$$

这就得到矛盾. ∎

下面的引理将更进一步地讨论 $(C)_c$-序列 $\{z_j\} \subset E$ 的性质. 由引理 5.1.25, $\{z_j\}$ 是有界的. 因此, 不失一般性, 可假设在 E 中 $z_j \rightharpoonup z$; 对任意的 $q \geqslant 1$, 在 L_{loc}^q 中 $z_j \to z$; $z_j(t) \to z(t)$ a.e. $t \in \mathbb{R}$. 显然, z 是 Φ 的临界点.

选取 $p \geqslant 2$ 使得, $|R_z(t, z)| \leqslant |z| + C_1|z|^{p-1}$ 对任意的 (t, z) 成立且令 q 代表 2 或 p. 定义集合 $I_a := [-a, a]$, 其中 $a > 0$. 正如 (5.1.29), 对任意的 $\varepsilon > 0$, 存在 $r_\varepsilon > 0$, 当 $r \geqslant r_\varepsilon$ 时成立

$$\limsup_{n \to \infty} \int_{I_n \setminus I_r} |z_{j_n}|^q dt \leqslant \varepsilon. \tag{5.1.59}$$

取光滑函数 $\eta : [0, \infty) \to [0, 1]$ 且满足

$$\eta(t) = \begin{cases} 1, & \text{当 } t \leqslant 1, \\ 0, & \text{当 } t \geqslant 2. \end{cases}$$

定义 $\tilde{z}_n(t) = \eta\left(\dfrac{2|t|}{n}\right) z(t)$ 以及令 $h_n := z - \tilde{z}_n$. 因为 z 是同宿轨, 故由定义可知 $h_n \in H^1$ 且当 $n \to \infty$ 时满足

$$\|h_n\| \to 0, \quad |h_n|_\infty \to 0. \tag{5.1.60}$$

重复 (5.1.32) 的讨论, 我们可以知道, 在 (H_0)—(H_2) 以及 (H_4)—(H_5) 的假设下

$$\lim_{n \to \infty} \left| \int_{\mathbb{R}} (R_z(t, z_{j_n}) - R_z(t, z_{j_n} - \tilde{z}_n) - R_z(t, \tilde{z}_n))\varphi dt \right| = 0 \tag{5.1.61}$$

关于 $\varphi \in E$ 且 $\|\varphi\| \leqslant 1$ 是一致成立的. 则我们有

引理 5.1.26　设 (H_0)—(H_2) 以及 (H_4)—(H_5) 成立. 则

(1) $\Phi(z_{j_n} - \tilde{z}_n) \to c - \Phi(z)$;

(2) $\Phi'(z_{j_n} - \tilde{z}_n) \to 0$.

证明　首先, 我们有

$$\Phi(z_{j_n} - \tilde{z}_n) = \Phi(z_{j_n}) - \Phi(\tilde{z}_n) + \int_{\mathbb{R}} (R(t, z_{j_n}) - R(t, z_{j_n} - \tilde{z}_n) - R(t, \tilde{z}_n)) dt.$$

由 (5.1.60), 不难证明

$$\int_{\mathbb{R}} \big(R(t, z_{j_n}) - R(t, z_{j_n} - \tilde{z}_n) - R(t, \tilde{z}_n) \big) dt \to 0.$$

结合 $\Phi(z_{j_n}) \to c$ 以及 $\Phi(\tilde{z}_n) \to \Phi(z)$ 就可以得到 (1).

为了证明 (2), 注意到, 对任意的 $\varphi \in E$,

$$\Phi'(z_{j_n} - \tilde{z}_n)\varphi = \Phi'(z_{j_n})\varphi - \Phi'(\tilde{z}_n)\varphi + \int_{\mathbb{R}} \big(R_z(t, z_{j_n}) - R_z(t, z_{j_n} - \tilde{z}_n)$$
$$- R_z(t, \tilde{z}_n) \big) \varphi dt.$$

由 (5.1.61), 可以得到

$$\lim_{n \to \infty} \int_{\mathbb{R}} \big(R_z(t, z_{j_n}) - R_z(t, z_{j_n} - \tilde{z}_n) - R_z(t, \tilde{z}_n) \big) \varphi dt = 0$$

关于 $\|\varphi\| \leqslant 1$ 是一致成立的, 从而就证明了 (2). ∎

引理 5.1.27　设 (H_0)—(H_2) 以及 (H_4)—(H_5) 成立. 则 Φ 满足 $(C)_c$-条件.

证明　我们将使用下面的分解 $E = E^d \oplus E^e$ (见 (5.1.46)). 注意到, $\dim(E^d) < \infty$. 记

$$y_n := z_{j_n} - \tilde{z}_n = y_n^d + y_n^e.$$

则 $y_n^d = (z_{j_n}^d - z^d) + (z^d - \tilde{z}_n^d) \to 0$, 且由引理 5.1.26, $\Phi(y_n) \to c - \Phi(z)$, $\Phi'(y_n) \to 0$. 令 $\bar{y}_n^e = y_n^{e+} - y_n^{e-}$. 注意到

$$o_n(1) = \Phi'(y_n)\bar{y}_n^e = \|y_n^e\|^2 - \int_{\mathbb{R}} R_z(t, y_n)\bar{y}_n^e dt.$$

因此,

$$\|y_n^e\|^2 \leqslant o_n(1) + \int_{I_0} \frac{|R_z(t, y_n)|}{|y_n|} |y_n| |\bar{y}_n^e| dt + \int_{I_0^c} \frac{|R_z(t, y_n)|}{|y_n|} |y_n| |\bar{y}_n^e| dt$$

$$\leqslant o_n(1) + c \int_{I_0} |y_n||\bar{y}_n^e|dt + \gamma \int_{I_0^c} |y_n||\bar{y}_n^e|dt$$

$$\leqslant o_n(1) + \gamma\|y_n^e\|_{L^2}^2 \leqslant o_n(1) + \frac{\gamma}{b}\|y_n^e\|^2.$$

因此, $(1 - \frac{\gamma}{b})\|y_n^e\|^2 \to 0$, 进而 $\|y_n\| \to 0$. 由于 $z_{j_n} - z = y_n + (\tilde{z}_n - z)$, 故 $\|z_{j_n} - z\| \to 0$. ∎

下面我们开始证明定理 5.1.15. 首先我们有下列引理.

引理 5.1.28 Φ 满足 (Φ_0).

证明 我们首先证明对任意的 $a \in \mathbb{R}$, Φ_a 是 $\mathcal{T}_\mathcal{S}$-闭的. 考虑 Φ_a 中的序列 $\{z_n\}$ 使得 $\mathcal{T}_\mathcal{S}$-收敛到 $z \in E$, 且记 $z_n = z_n^- + z_n^0 + z_n^+, z = z^- + z^0 + z^+$. 注意到, z_n^+ 按范数收敛到 z^+. 因为 Ψ 是下有界的, 故

$$\frac{1}{2}\|z_n^-\|^2 = \frac{1}{2}\|z_n^+\|^2 - \Phi(z_n) - \Psi(z_n) \leqslant C,$$

也就是, $\{z_n^-\}$ 是有界的, 因此 $z_n^- \rightharpoonup z^-$. 因为 $\dim E^0 < \infty$, $\mathcal{T}_\mathcal{S}$-收敛和弱收敛是一样的, 从而 $z_n \rightharpoonup z$. 从引理 5.1.21 以及 Φ 的表达形式可知 $\Phi(z) \geqslant \liminf_{n\to\infty} \Phi(z_n) \geqslant a$, 因此 $z \in \Phi_a$. 接下来我们将证明 $\Phi': (\Phi_a, \mathcal{T}_\mathcal{S}) \to (E^*, \mathcal{T}_{w^*})$ 是连续的. 假设在 Φ_a 中, $z_n \xrightarrow{\mathcal{T}_\mathcal{S}} z$. 正如上面可知 $\{z_n\}$ 是有界的且弱收敛到 z. 则由引理 5.1.21 可知, $\Phi'(z_n) \xrightarrow{w^*} \Phi'(z)$. ∎

引理 5.1.29 在 (H_0)—(H_2) 的假设下, 对任意的 $c > 0$, 存在 $\zeta > 0$ 使得对所有的 $z \in \Phi_c$,

$$\|z\| < \zeta\|z^+\|.$$

证明 若不然, 也就是假设存在 $c > 0$ 以及序列 $\{z_n\}$ 满足 $\Phi(z_n) \geqslant c$ 且 $\|z_n\|^2 \geqslant n\|z_n^+\|^2$. 则

$$\|z_n^- + z_n^0\|^2 \geqslant (n-1)\|z^+\|^2 \geqslant (n-1)\left(2c + \|z_n^-\|^2 + 2\int_{\mathbb{R}} R(t, z_n)dt\right)$$

或

$$\|z_n^0\|^2 \geqslant (n-1)2c + (n-2)\|z_n^-\|^2 + 2(n-1)\int_{\mathbb{R}} R(t, z_n)dt.$$

因为 $c > 0$ 以及 $R(t, z) \geqslant 0$, 故 $\|z_n^0\| \to \infty$, 因此, $\|z_n\| \to \infty$. 令 $w_n = \frac{z_n}{\|z_n\|}$. 则我们有 $\|w_n^+\|^2 \leqslant \frac{1}{n} \to 0$. 由

$$1 \geqslant \|w_n^0\|^2 \geqslant \frac{(n-1)2c}{\|z_n\|^2} + (n-2)\|w_n^-\|^2 + 2(n-1)\int_{\mathbb{R}} \frac{R(t,z_n)}{\|z_n\|^2} dt,$$

可以得到 $\|w_n^-\|^2 \leqslant \dfrac{1}{n-2} \to 0$. 因此, 在 E 中 $w_n \to w = w^0$ 且 $\|w^0\| = 1$. 注意到, $R(t,z) = \dfrac{1}{2}M(t)zz + r(t,z)$ 以及当 $|z| \to \infty$ 时, $\dfrac{r(t,z)}{|z|^2} \to 0$ 关于 t 是一致成立的. 因此, 由 $w(t) \neq 0$ 就有 $|z_j(t)| \to \infty$, 可知

$$\int_{\mathbb{R}} \frac{r(t,z_n)}{\|z_n\|^2} dt = \int_{\{t:w(t)\neq 0\}} \frac{r(t,z_n)}{|z_n|^2}|w_n|^2 dt + \int_{\{t:w(t)=0\}} \frac{r(t,z_n)}{|z_n|^2}|w_n-w|^2 dt$$
$$\leqslant 2\int_{\{t:w(t)\neq 0\}} \frac{|r(t,z_n)|}{|z_n|^2}|w|^2 dt + c\|w_n-w\|_{L^2}^2 \to 0,$$

这就蕴含了

$$\frac{1}{2(n-1)} \geqslant \int_{\mathbb{R}} \frac{R(t,z_n)}{\|z_n\|^2} dt = \frac{1}{2}\int_{\mathbb{R}} M(t)w_n w_n dt + \int_{\mathbb{R}} \frac{r(t,z_n)}{\|z_n\|^2} dt$$
$$\geqslant \frac{m_0}{2}\|w_n\|_{L^2}^2 + o_n(1).$$

因此, $w^0 = 0$, 这就得到矛盾. ∎

定理 5.1.15 的证明 (存在性) 记 $X = E^- \oplus E^0$ 且 $Y = E^+$, 由引理 5.1.28 知, 条件 (Φ_0) 成立, 且由引理 5.1.29 知, 条件 (Φ_+) 成立. 此外, 由引理 5.1.22 知条件 (Φ_2) 成立, 引理 5.1.24 说明 Φ 拥有定理 2.3.14 中的环绕结构. 最后, 由引理 5.1.27 知, Φ 满足 $(C)_c$-条件. 因此, Φ 至少有一个临界点 z 且满足 $\Phi(z) \geqslant \kappa > 0$.

(多重性) 进一步, 假设 $R(t,z)$ 关于 z 是偶的. 则 Φ 是偶的, 因此满足 (Φ_1). 引理 5.1.23 说明 Φ 满足 (Φ_3), 其中 $\dim Y_0 = \ell$. 因此, 由定理 2.3.16, Φ 至少有 ℓ 对非平凡临界点. ∎

5.2 无穷维 Hamilton 系统

对于无穷维 Hamilton 系统, 我们用无穷维流形来替代经典 Hamilton 系统中的偶数维流形. 如果系统是平坦的, 那么 Hamilton 场可以根据辛 Hilbert 空间 $(\mathcal{H}, \omega)$ 的线性复结构 J 唯一确定, 因此我们称 $(\mathcal{H}, \omega, J, H)$ 是一个无穷维 Hamilton 系统. 更一般地, 我们不再需要无穷维流形 M (模空间为 $\mathcal{H}$) 上的近复结构来定义 Hamilton 向量场, 此时称 $(M, \mathcal{H}, \omega, H)$ 是一般的无穷维 Hamilton 系统 (记

作 IDHS). 相比有限维的情形, IDHS 多了更高的自由度, 二者的最大区别在于相空间的维数, 后者是无穷维的.

Marsden 等曾经讨论过 IDHS 的一般理论. 他们从非线性波方程的角度出发, 讨论了 IHDS 的一般性质, 比如局部和整体存在性定理、Noether 定理和一些局部守恒律等. 他们的工作主要将有限维的理论推广为无穷维的情形, 在他们工作的基础上, 我们对无穷维特有的性质展开研究, 这使得更多的例子被考虑进来. 在数学上, 很多相关问题没有完全从 IDHS 角度来研究, 这就导致结果具有很大的局限性. 比如对于 Dirac 场、Klein-Gordon 场、电磁场之间的相互作用, 在不同的介质中, 量子场为非线性场, 通常采取的局部方法不适用于这类问题. 实际上, 还有很多问题都可以看作 IDHS. 比如流体力学方程、量子色动力学 (QCD) 方程、Yang-Mills 方程. IDHS 也有其他的应用, 比如可以建立自旋 Hamilton 系统来研究几何上的问题, 通过研究无穷维球面上的 IDHS 可以得到相关约束问题的解.

我们通过给定 Hilbert 流形来确定物理对象状态的存在空间, 进一步缩小状态的搜索范围; 通过给定 Hilbert 流形上的辛结构与 Hamilton 函数把物理模型固定下来; 通过得到的 Hamilton 方程从数学上来确定物理模型的解并进一步研究其运行规律. 因此, 从数学的角度来看, 建立无穷维 Hamilton 系统有诸多好处, 这使得我们可以从更广的角度来看不同的问题, 将很多方程的理论统一起来, 并且可以解释:

- 为何很多不同的方程有同样的解决方案与同样的性质;
- 为何有的问题在不同的空间中解的性质完全不同, 甚至同一问题在某类空间中存在非平凡解, 而在其他空间中却不存在;
- 对于某类未知的问题我们是否可以用其他问题的研究方法来进行研究.

变分方法是处理泛函极值问题的一个数学分支, 是处理经典 Hamilton 系统的有力工具. IDHS 具有自然的变分结构, 因此我们可以类比经典 Hamilton 系统的变分方法来处理 IDHS. 对于经典 Hamilton 系统, 其 Hamilton 方程为

$$\dot{z}(t) = J\nabla_z H(t, z),$$

其中 $z = (p, q) \in \mathbb{R}^{2N}$. 空间 $\mathbb{R}^{2N}$ 上的复结构

$$J = \begin{pmatrix} 0 & I_N \\ -I_N & 0 \end{pmatrix}$$

给出 $\mathbb{R}^{2N}$ 上的标准辛结构 ω, 即 $\omega(z_1, z_2) = z_2 J z_1^{\mathrm{T}}$, $\forall z_1, z_2 \in \mathbb{R}^{2N}$. 假设 Hamilton 函数 $H(t, z) = L(t)z \cdot z/2 + R(t, z)$, 这里 $L(t)$ 是连续对称的矩阵值函数. 那么 $A = -J d/dt - L$ 是 $L^2(\mathbb{R}, \mathbb{R}^{2N})$ 上的自伴算子, 定义域为 $H^1(\mathbb{R}, \mathbb{R}^{2N})$. 根据算子 A 的谱性质, 我们可以建立经典 Hamilton 系统的变分框架, 进而利用变分方法, 得到经典 Hamilton 系统同宿解与周期解的存在性与多重性. 对于平坦的 IDHS$(\mathcal{H}, \omega, J, H)$, 其 Hamilton 方程为

$$\dot{z}(t) = X_H(z),$$

其中 $z \in \mathcal{H}$. 假设 Hamilton 函数 $H(t, z) = (Lz, z)/2 + R(t, z)$, 这里 L 是 $\mathcal{H}$ 上的线性自伴算子. 此时, IDHS 的 Hamilton 方程等价于

$$-J\dot{z}(t) - Lz = \nabla_z R(t, z).$$

类似地, 令 $A = -J d/dt - L$ 为 $L^2(\mathbb{R}, \mathcal{H})$ 上的自伴算子. 根据 A 的谱性质, 我们也可以建立相应的变分框架来处理此系统, 进而得到同宿解和周期解的结果. 物理上也经常考虑一类驻波型解, 即假设 $z(t) = e^{\lambda J t}u$, 其中 $\lambda \in \mathbb{R}$. 进一步假设 $R(t, z)$ 满足 $R(t, e^{\lambda J t}u) = e^{\lambda J t}R(u)$. 此时系统的 Hamilton 方程等价于

$$-Lu + \lambda u = \nabla_u R(u).$$

特别地, 如果 $\lambda = 0$, 那么系统的解 $z(t) = u$ 不依赖于 t, 相空间 $\mathcal{H}$ 上的点 u 即为系统的不动点. 除此之外, 我们也考虑 Hamilton 函数关于参数的依赖性, 这可以给出不同类型的 IDHS 之间的关系. 不妨假设 Hamilton 函数 $H_{ch}(t, z) = (L_c z, z)/2 + R_h(t, z)$. 这里 $L_c(z)$ 是依赖于参数 c 的一族算子, $R_h(t, z)$ 是依赖于参数 h 的, c 与 h 是独立参数. 那么, 此时 IDHS 在参数 $c \to +\infty$, $h \to 0$ 的情况下会产生何种变化, 系统的解会有哪些性质?

5.2.1   Hilbert 空间上的近复结构与辛结构

我们先回顾 Hilbert 空间上的近复结构与辛结构的定义以及相关性质. 令 $\mathcal{H}$ 是以 $(\cdot, \cdot)$ 为内积的实 Hilbert 空间, $\mathcal{H}_{\mathbb{C}} = \mathcal{H} \otimes_{\mathbb{R}} \mathbb{C}$ 是 $\mathcal{H}$ 的复化, 并且其上内积记作 $(\cdot, \cdot)_{\mathbb{C}}$. 在这一节中, 我们只考虑可分的 Hilbert 空间.

首先, 我们考虑 Banach 空间上的双线性形式. 记 $\mathcal{E}$ 为 Banach 空间, $B : \mathcal{E} \times \mathcal{E} \to \mathbb{R}$ 是一个连续的双线性映射. 那么 B 诱导了一个连续的线性映射 $B^{\flat}$:

$\mathcal{E} \to \mathcal{E}^*$, 定义为 $B^b(e) \cdot f = B(e, f)$.

定义 5.2.1 (非退化性) 如果 B^b 是单射, 即 $B(e, f) = 0, \forall f \in \mathcal{E}$ 蕴含 $e = 0$, 则称 B 是弱非退化的. 如果 B^b 是同构映射, 则称 B 是非退化的或强非退化的.

根据开映射定理, 我们知道 B 是非退化的等价于 B 是弱非退化并且 B^b 是满射. 对于有限维空间, 强弱非退化性是一致的, 而对于无穷维空间这是有本质区别的.

定义 5.2.2 (近复结构) $\mathcal{H}_{\mathbb{C}}$ 上的近复结构 J 是使得对任意的 $z \in \mathcal{H}_{\mathbb{C}}$, $J^2(z) = -\mathrm{Id}$ 的连续映射 $J : \mathcal{H}_{\mathbb{C}} \to \mathcal{L}(\mathcal{H}_{\mathbb{C}})$.

如果 $J(z)$ 不依赖于 z, 那么我们可以确定 $\mathcal{H}_{\mathbb{C}}$ 在 z 点的切空间, 并且将 J 视为 $\mathcal{H}_{\mathbb{C}}$ 上的线性复结构. 显然, $J_{st}(z) = iz$ 给出了 $\mathcal{H}_{\mathbb{C}}$ 上的线性复结构, 我们称 J_{st} 为典则近复结构. 对于有限维的情况, 比如 $\dim_{\mathbb{C}} \mathcal{H}_{\mathbb{C}} = n$, 那么 J_{st} 诱导了 $\mathbb{C}^n$ 上通常意义下的复结构. 对于实 Hilbert 空间 $\mathcal{H}$, 其上如果有一族实线性变换构成的群 U_t, 那么其上可以自然赋予一个复结构, 同样也可以自然诱导一个辛形式, 见 [40].

令 ω 为 $\mathcal{H}_{\mathbb{C}}$ 的一个非退化反对称的双线性形式. 如果双线性形式 $\omega(x, Jx)$ 是正定的, 则称线性近复结构 J 和 ω 相容. 如果 J 是 ω-等距同构, 即对于任意的 $x, y \in \mathcal{H}_{\mathbb{C}}, \omega(Jx, Jy) = \omega(x, y)$ 成立, 则称 J 被 ω 确定.

定义 5.2.3 (线性辛结构) $\omega : \mathcal{H}_{\mathbb{C}} \times \mathcal{H}_{\mathbb{C}} \to \mathbb{R}$ 是 $\mathcal{H}_{\mathbb{C}}$ 上的线性辛结构, 如果

(a) ω 是连续反对称的双线性形式;

(b) ω 是闭的: $d\omega = 0$;

(c) ω 是非退化的.

在上述定义中, ω 是非退化的含义是其作为双线性形式是非退化的, 即对应的有界线性算子 $\Omega : \mathcal{H}_{\mathbb{C}} \to \mathcal{H}_{\mathbb{C}}^*$, 定义为 $(\Omega x, y) = \omega(x, y)$, 是一个同构. 如果 ω 是弱非退化的, 则称 ω 为弱辛形式. 线性辛结构有时也被称为辛乘积, 这是因为 ω 是反对称与非退化的, 而内积是对称与正定的 (因此也是非退化的). 根据 (a), 我们有 $\Omega^* = -\Omega$, 这里 Ω^* 为 Ω 的伴随算子. 如果 Ω 是一个等距同构, 则称辛结构 ω 与内积相容. 因此, $\mathcal{H}_{\mathbb{C}}$ 上的内积定义了一个有界线性算子 $J : \mathcal{H}_{\mathbb{C}} \to \mathcal{H}_{\mathbb{C}}$ 使得

$$(Jx, y) = \omega(x, y), \quad \forall x, y \in \mathcal{H}_{\mathbb{C}}.$$

命题 5.2.4 下面的陈述是等价的:

(i) ω 与 $\mathcal{H}_{\mathbb{C}}$ 上的内积相容;

(ii) J 是一个等距同构;

(iii) J 是一个复结构 (即 $J^2 = -\text{Id}$).

(i) 和 (ii) 的等价性是显然的, 因为由内积诱导的同构 $\mathcal{H}_\mathbb{C}^* \cong \mathcal{H}_\mathbb{C}$ 是等距同构. (ii) 和 (iii) 的等价性来自于 $J^\text{T} = -J$. 如果线性同构 $\Phi : (\mathcal{H}_1, \omega_1) \to (\mathcal{H}_2, \omega_2)$ 满足 $\Phi^* \omega_2 = \omega_1$, 则称 Φ 是对称的. 如果 $\Omega_1 : \mathcal{H}_1 \to \mathcal{H}_1^*$ 与 $\Omega_2 : \mathcal{H}_2 \to \mathcal{H}_2^*$ 分别关于 ω_1 与 ω_2 同构, 则 Φ 是辛的等价于 $\Phi^\text{T} \Omega_2 \Phi = \Omega_1$. 实际上, 辛形式本质上是内积的虚部.

定理 5.2.5 对于实 Hilbert 空间 $\mathcal{H}$, B 是其上的反对称的弱非退化的连续双线性形式. 那么 H 上存在复结构 J 以及实内积 s, 使得

$$s(x, y) = -B(Jx, y).$$

令 $h(x, y) = s(x, y) + iB(x, y)$, 那么 h 是一个 Hermite 内积, 并且 $\mathcal{H}$ 关于 h (或 s) 完备当且仅当 B 是非退化的.

因此, 我们知道对于 $\mathcal{H}_\mathbb{C}$, 记 $(\cdot, \cdot)_\mathbb{C}$ 为其 Hermite 内积, 那么有 $(x, y)_\mathbb{C} = -\omega(Jx, y) + i\omega(x, y)$.

5.2.2　Hamilton 向量场

令 H 是 Hilbert 空间 $\mathcal{H}$ 的开子集 A 上的一个可微实值函数.

定义 5.2.6 (Hamilton 向量场) 如果向量场 $X_H : A \to \mathcal{H}$ 满足 $\iota_{X_H} \omega = -dH$, 即对任意的 $v \in \mathcal{H}$, 都有 $\omega(X_H(x), v) = -dH_x \cdot v$, 则称 X_H 为 Hamilton 向量场. 此时, 称 H 为 Hamilton 函数.

辛形式 ω 的非退化性保证了向量场 X_H 可以由 H 唯一确定. Hamilton 向量场也被称为辛梯度, 我们可以记

$$D_v H(x) = \omega(X_H(x), v) = -\nabla H(x) \cdot v, \quad \forall v \in \mathcal{H}.$$

假设 J 是 $\mathcal{H}$ 上的复结构, 则 X_H 是 Hamilton 向量场等价于 $X_H = J\nabla H$. 因此, Hamilton 方程

$$\dot{x}(t) = J\nabla H(x)$$

可以表示为

$$\dot{x}(t) = X_H(x).$$

接下来, 我们给出几个 Hamilton 向量场的例子.

例 5.2.7 (非线性 Schrödinger 方程) 令 $\mathcal{H}_{\mathbb{C}}$ 是内积为 $(\cdot, \cdot)_{\mathbb{C}}$ 的复 Hilbert 空间, 并且其上的 Hilbert 范数为 $\|x\|_{\mathbb{C}} := \sqrt{(x,x)_{\mathbb{C}}}$. 于是 $\mathcal{H}_{\mathbb{C}}$ 上的实内积由 $(x,y) := \Re(x,y)_{\mathbb{C}}$ 来定义. 并且我们有辛形式

$$\omega(x,y) := -\Im(x,y)_{\mathbb{C}} = (Jx, y)$$

与这个实内积相容. 令 $\mathcal{H}_{\mathbb{C}} = L^2(\mathbb{T}^n, \mathbb{C})$, 那么

$$\omega(u,v) := -\Im(x,y)_{\mathbb{C}} = -\Im \int_{\mathbb{T}^n} u(x)\bar{v}(x)dx$$

就是 $L^2(\mathbb{T}^n, \mathbb{C})$ 作为实 Hilbert 空间上的辛形式. 于是周期的非线性 Schrödinger 方程

$$-i\partial_t u + \Delta u + V(x)u = f(|u|)u, \quad u = u(t,x) \in \mathbb{C}, \quad t \in \mathbb{R}, \quad x \in \mathbb{T}^n,$$

就可以看成由下面 Hamilton 函数诱导的 Hamilton 方程

$$H(u) := \int_{\mathbb{T}^n} \left(\frac{1}{2}(|\nabla u|^2 + V(x)|u|^2) + F(|u|) \right)dx,$$

其中 $F'(s) = sf(s)$. 其对应的 Hamilton 向量场 $X_H(u) = i(-\Delta u - V(x)u + f(|u|)u)$. 这里 $\mathbb{T} = \mathbb{R}/\mathbb{Z}$, f 是一个光滑实值函数. 这意味着周期的非线性 Schrödinger 方程有如下的形式:

$$\partial_t u = X_H(u).$$

例 5.2.8 (反应-扩散方程) 记 $\mathcal{H} = L^2((a,b),\mathbb{R}) \times L^2((a,b),\mathbb{R})$, 其上内积为

$$(z_1, z_2) = \int_a^b u_1 u_2 + v_1 v_2 dx.$$

这里 $z_k = (u_k, v_k) \in \mathcal{H}$, $k = 1, 2$. 那么

$$\omega(z_1, z_2) = (Jz_1, z_2) = \int_a^b v_1 u_2 - u_1 v_2 dx$$

是 $\mathcal{H}$ 上与内积相容的辛形式. 于是下面的扩散系统

$$\begin{cases} \partial_t u = Au + \hat{H}_v, \\ \partial_t v = -A^*v - \hat{H}_u \end{cases}$$

可以视为一个无穷维 Hamilton 系统对应的 Hamilton 函数

$$H(z) = \frac{1}{2}(\mathbb{A}z, z) + \int_a^b F(z)dx,$$

其中

$$\mathbb{A} = \begin{pmatrix} 0 & A^* \\ A & 0 \end{pmatrix}, \quad F'(z) = \hat{H}_z.$$

对应的 Hamilton 向量场为

$$X_H(z) = \mathbb{A}z + \hat{H}_z.$$

例 5.2.9 (波方程)　考虑 $\mathcal{H} = L^2(\mathbb{R}^n, \mathbb{R}) \times L^2(\mathbb{R}^n, \mathbb{R})$, 其上内积为标准内积, 即

$$\langle (f_1, g_1), (f_2, g_2) \rangle = \int_{\mathbb{R}^n} [f_1(x)f_2(x) + g_1(x)g_2(x)]dx.$$

那么 $\omega((\alpha, \beta), (\alpha', \beta')) = (\alpha, \beta')_{L^2} - (\alpha', \beta)_{L^2}$ 是 $\mathcal{H}$ 上与内积相容的辛形式. 考虑 Hamilton 函数

$$H(\varphi, \psi) = \int_{\mathbb{R}^n} \frac{1}{2}(\psi^2 + |\nabla\varphi|^2 + m^2\varphi^2) + F(\varphi)dx,$$

于是, 我们有

$$dH(\varphi, \psi) \cdot (\alpha, \beta) = \int_{\mathbb{R}^n} \psi\beta + \nabla\varphi \cdot \nabla\alpha + m^2\varphi\alpha + F'(\varphi)\alpha dx.$$

其对应的 Hamilton 向量场为

$$X_H(\varphi, \psi) = (\psi, \Delta\varphi - m^2\varphi - F'(\varphi)).$$

那么 Hamilton 方程 $\partial_t z = X_H(z)$ 即为

$$\frac{d}{dt}(\varphi(t, x), \psi(t, x)) = (\psi, \Delta\varphi - m^2\varphi - F'(\varphi)).$$

这个方程可以写成关于 t 是二次微分的形式, 于是上面的 Hamilton 方程可以转化为

$$\Box\varphi + m^2\varphi + F'(\varphi) = 0,$$

其中 $\Box\varphi = \dfrac{\partial^2}{\partial t^2}\varphi - \Delta\varphi = \dfrac{\partial^2}{\partial t^2}\varphi - \sum_{i=1}^n \dfrac{\partial^2}{\partial x_i^2}\varphi.$

例 5.2.10 (非线性 Dirac-Klein-Gordon 系统) 考虑 Hilbert 空间 $\mathcal{H} = L^2(\mathbb{R}^3, \mathbb{C}^4) \times L^2(\mathbb{R}^3, \mathbb{R}) \times L^2(\mathbb{R}^3, \mathbb{R})$, 其上定义如下的实内积: $\forall (\psi_1, f_1, g_1), (\psi_2, f_2, g_2) \in \mathcal{H}$,

$$((\psi_1, f_1, g_1), (\psi_2, f_2, g_2)) := \Re(\psi_1, \psi_2)_{\mathbb{C}} + (f_1, f_2) + (g_1, g_2).$$

这里 $(\psi_1, \psi_2)_{\mathbb{C}} = \int_{\mathbb{R}^3} \psi_1(x) \overline{\psi_2(x)} dx$, $(f, g) = \int_{\mathbb{R}^3} f(x) g(x) dx$. 令

$$J : \mathcal{H} \to \mathcal{H}, \quad (\psi, f, g) \to (i\psi, g, -f),$$

于是我们有 $J^2 = -\mathrm{id}$, 即 J 是 $\mathcal{H}$ 上的一个复结构. 考虑 $\mathcal{H}$ 上的 2-形式 $\omega :$ $\mathcal{H} \times \mathcal{H} \to \mathbb{R}$,

$$\omega((\psi_1, f_1, g_1), (\psi_2, f_2, g_2)) = -\Im(\psi_1, \psi_2)_{\mathbb{C}} + (f_1, g_2) - (f_2, g_1).$$

那么 ω 是 $\mathcal{H}$ 上与内积相容的辛形式. 考虑 Hamilton 函数

$$
\begin{aligned}
H(\psi, \varphi, \zeta) = {} & \frac{1}{2}\left(-i\sum_{k=1}^3 \alpha_k \partial_k \psi, \psi\right) + \frac{1}{2}((m+V)\beta\psi, \psi) - \frac{1}{p}\int_{\mathbb{R}^3} K(x)|\psi|^p dx \\
& + \frac{1}{4}\int_{\mathbb{R}^3} |\nabla\varphi|^2 dx + \frac{1}{4}\int_{\mathbb{R}^3} (M^2 + \hat{V})\varphi^2 dx - \frac{1}{2q}\int_{\mathbb{R}^3} \hat{K}(x)|\varphi|^q dx \\
& - \frac{1}{2}(\varphi\beta\psi, \psi) + \int_{\mathbb{R}^3} |\zeta|^2 dx.
\end{aligned}
$$

那么 H 对应的 Hamilton 向量场 $X_H(\psi, \varphi, \zeta) = (R, S, T)$, 其中

$$R = -\sum_{k=1}^3 \alpha_k \partial_k \psi - i(m+V)\beta\psi + i\varphi\beta\psi + iK|\psi|^{p-2}\psi,$$

$$S = 2\zeta,$$

$$T = \frac{1}{2}(\Delta\varphi - (M^2 + \hat{V})\varphi + \psi^\dagger \beta\psi + \hat{K}|\varphi|^{q-2}\varphi).$$

于是 Hamilton 方程为

$$
\begin{cases}
\dfrac{d}{dt}\psi = -\sum\limits_{k=1}^3 \alpha_k \partial_k \psi - i(m+V)\beta\psi + i\varphi\beta\psi + iK|\psi|^{p-2}\psi, \\[2mm]
\dfrac{d}{dt}\varphi = 2\zeta, \\[2mm]
\dfrac{d}{dt}\zeta = \dfrac{1}{2}\dfrac{d^2}{dt^2}\varphi = \dfrac{1}{2}(\Delta\varphi - (M^2 + \hat{V})\varphi + \psi^\dagger \gamma^0 \psi + \hat{K}|\varphi|^{q-2}\varphi).
\end{cases}
$$

容易看出上述方程的解也是下面非线性 Dirac-Klein-Gordon 方程的解:

$$\begin{cases} i\!\!\not{D}\psi - (m+V)\gamma^0\psi + \gamma^0\varphi\psi + K|\psi|^{p-2}\psi = 0, \\ \Box\varphi + (M^2 + \hat{V})\varphi - \psi^\dagger\gamma^0\psi - \hat{K}|\varphi|^{q-2}\varphi = 0, \end{cases}$$

其中 $\not{D} = \gamma^0 D = \gamma^0\gamma^\mu\partial_\mu$.

例 5.2.11 (非线性 Dirac-Maxwell 系统)　考虑 Hilbert 空间 $\mathcal{H} = L^2(\mathbb{R}^3, \mathbb{C}^4)$ $\times L^2(\mathbb{R}^3, \mathbb{R}^4) \times L^2(\mathbb{R}^3, \mathbb{R}^4)$, 其上定义如下的实内积: $\forall (\psi_1, \boldsymbol{A}, \boldsymbol{B}), (\psi_2, \boldsymbol{C}, \boldsymbol{D})$ $\in \mathcal{H}$,

$$((\psi_1, \boldsymbol{A}, \boldsymbol{B}), (\psi_2, \boldsymbol{C}, \boldsymbol{D})) := \Re(\psi_1, \psi_2)_{\mathbb{C}} + (\boldsymbol{A}, \boldsymbol{C}) + (\boldsymbol{B}, \boldsymbol{D}).$$

这里 $(\psi_1, \psi_2)_{\mathbb{C}} = \int_{\mathbb{R}^3}\langle\psi_1(x), \psi_2(x)\rangle_{\mathbb{C}} dx$, $(\boldsymbol{A}, \boldsymbol{B}) = \int_{\mathbb{R}^3}\langle\boldsymbol{A}(x), \boldsymbol{B}(x)\rangle dx$. 令

$$J: \mathcal{H} \to \mathcal{H}, \quad (\psi, \boldsymbol{A}, \boldsymbol{B}) \to (i\psi, \boldsymbol{B}, -\boldsymbol{A}),$$

于是 J 是 $\mathcal{H}$ 上的一个复结构. 考虑 $\mathcal{H}$ 上的 2-形式 $\omega: \mathcal{H} \times \mathcal{H} \to \mathbb{R}$,

$$\omega((\psi_1, \boldsymbol{A}, \boldsymbol{B}), (\psi_2, \boldsymbol{C}, \boldsymbol{D})) = -\Im(\psi_1, \psi_2)_{\mathbb{C}} + (\boldsymbol{A}, \boldsymbol{D}) - (\boldsymbol{B}, \boldsymbol{C}).$$

那么 ω 是 $\mathcal{H}$ 上与内积相容的辛形式. 考虑 Hamilton 函数

$$\begin{aligned} H(\psi, \boldsymbol{A}, \boldsymbol{B}) =& \frac{1}{2}\left(-i\sum_{k=1}^3\alpha_k\partial_k\psi, \psi\right)_{\mathbb{C}} + \frac{1}{2}((m+V)\beta\psi, \psi) - \frac{1}{p}\int_{\mathbb{R}^3}K(x)|\psi|^p dx \\ &+ \frac{1}{4}\int_{\mathbb{R}^3}|\nabla\boldsymbol{A}|^2 dx + \frac{1}{4}\int_{\mathbb{R}^3}\hat{V}|\boldsymbol{A}|^2 dx - \frac{1}{2q}\int_{\mathbb{R}^3}\hat{K}(x)|\boldsymbol{A}|^q dx \\ &- \frac{1}{2}\sum_{k=0}^3(\alpha_k\boldsymbol{A}_k\psi, \psi)_{\mathbb{C}} + \int_{\mathbb{R}^3}|\boldsymbol{B}|^2 dx. \end{aligned}$$

那么 H 对应的 Hamilton 向量场 $X_H(\psi, \boldsymbol{A}, \boldsymbol{B}) = (R, S, T)$, 其中

$$R = -\sum_{k=1}^3\alpha_k\partial_k\psi - i(m+V)\beta\psi + i\sum_{k=0}^3\alpha_k\boldsymbol{A}_k\psi + iK|\psi|^{p-2}\psi,$$

$$S = 2\boldsymbol{B},$$

$$T = \frac{1}{2}(\Delta\boldsymbol{A} - \hat{V}\boldsymbol{A} + \boldsymbol{j} + \hat{K}|\boldsymbol{A}|^{q-2}\boldsymbol{A}),$$

这里 $\boldsymbol{j} = (\boldsymbol{j}_0, \boldsymbol{j}_1, \boldsymbol{j}_2, \boldsymbol{j}_3)^{\mathrm{T}}$, $\boldsymbol{j}_k = (\alpha_k\psi, \psi)_{\mathbb{C}}$. 于是 Hamilton 方程为

$$\begin{cases} \dfrac{d}{dt}\psi = -\sum_{k=1}^{3}\alpha_k\partial_k\psi - i(m+V)\beta\psi + i\sum_{k=0}^{3}\alpha_k\boldsymbol{A}_k\psi + iK|\psi|^{p-2}\psi, \\[3mm] \dfrac{d}{dt}\boldsymbol{A} = 2\boldsymbol{B}, \\[2mm] \dfrac{d}{dt}\boldsymbol{B} = \dfrac{1}{2}\dfrac{d^2}{dt^2}\boldsymbol{A} = \dfrac{1}{2}(\Delta\boldsymbol{A} - \hat{V}\boldsymbol{A} + \boldsymbol{j} + \hat{K}|\boldsymbol{A}|^{q-2}\boldsymbol{A}). \end{cases}$$

容易看出上述方程的解也是下面非线性 Dirac-Maxwell 方程的解:

$$\begin{cases} i\not{D}\psi - (m+V)\gamma^0\psi + (\alpha\cdot\boldsymbol{A})\psi + K|\psi|^{p-2}\psi = 0, \\[2mm] \Box\boldsymbol{A}_k + \hat{V}\boldsymbol{A}_k - \langle\alpha_k\psi,\psi\rangle - \hat{K}|\boldsymbol{A}|^{q-2}\boldsymbol{A}_k = 0. \end{cases}$$

其中 $\boldsymbol{A} = (\boldsymbol{A}_0,\boldsymbol{A}_1,\boldsymbol{A}_2,\boldsymbol{A}_3)$.

5.2.3 Hilbert 空间上的无穷维 Hamilton 系统

令 $\mathcal{H}$ 为一个 Hilbert 空间, $\omega : \mathcal{H} \times \mathcal{H} \to \mathbb{R}$ 是 $\mathcal{H}$ 上的一个辛形式, $J : \mathcal{H} \to \mathcal{H}$ 是其上与辛形式相容的近复结构, 即 $\omega(x, Jx)$ 是正定的. 给定 $H \in \mathcal{C}^1(\mathcal{H},\mathbb{R})$ 为 $\mathcal{H}$ 上的 Hamilton 函数.

定义 5.2.12 (平坦的无穷维 Hamilton 系统) 如果 Hilbert 空间 $\mathcal{H}$ 上的辛形式 ω 与内积相容, 即

$$(Jx, y) = \omega(x, y), \quad \forall x, y \in \mathcal{H}.$$

那么我们称 $(\mathcal{H},\omega,J,H)$ 是一个无穷维 Hamilton 系统 (IDHS).

容易看出例 5.2.7—例5.2.10 都是无穷维 Hamilton 系统. 实际上, 给定一个无穷维 Hamilton 系统, 它都对应于一个 Hamilton 方程. 对于有限维的情况, 我们知道牛顿第二定律等价于系统满足 Hamilton 方程. 因此, 粒子运动满足物理系统的运动学规律等价于其满足 Hamilton 方程. 无穷维的情况也是类似的, 我们可以用无穷维 Hamilton 系统来描述物理系统中粒子的动力学规律.

定义 5.2.13 (量子力学系统) 如果 $\mathcal{H}$ 上的 Hamilton 向量场 X 是复线性的并且 X 诱导了一个复的线性流 F_t, 那么我们称 $(\mathcal{H}, X)$ 是一个量子力学系统.

5.2.4 流形上的辛结构

令 $\mathcal{H}$ 为可分的 Hilbert 空间, M 是模空间为 $\mathcal{H}$ 的 Hilbert 流形. 如果 Hilbert 流形在每点切空间上的实值映射 $(\cdot,\cdot)_x$ 都是 (强) 非退化的, 则称 Hilbert 流形具有 Riemann 结构. 如果这个映射是弱非退化的, 则称为弱 Riemann 结构. 切

从 TM 上的光滑二形式 $x \to \langle \cdot, \cdot \rangle_x$ 给出了其上的弱 Riemann 结构. 弱 Riemann 结构与 Riemann 结构的差别主要在于模空间的完备性. 比如 $\mathcal{E} = L^2([0,1],$ $\mathbb{R})$, $\langle f, g \rangle_1 = \displaystyle\int_0^1 x f(x) g(x) dx$ 就是 $\mathcal{E}$ 上的弱 Riemann 内积但不是 Riemann 内积.

Hilbert 流形 M 上的近复结构 J 是其切丛上的自同态 $\mathrm{End}(TM)$ 的一个元素, 使得 $J^2 = -\mathrm{Id}$. 记 $\mathcal{L}(\mathcal{H}_{\mathbb{C}})$ 为 $\mathcal{H}_{\mathbb{C}}$ 上有界线性算子构成的空间. 我们知道有限维向量空间上存在很多的和辛结构相容的近复结构, 并且在某种意义下它们构成了一个可缩集.

定义 5.2.14 (辛形式)   给定 Hilbert 流形 M, 其上的 2-形式 $\omega : TM \times TM \to \mathbb{R}$ 如果满足

(a) ω 是闭的: $d\omega = 0$;

(b) ω 是非退化的: 对于 $m \in M$, $\omega_\flat : T_m M \to T_m^* M$ 为一同构, 其中 $\omega_\flat(v) \cdot w := \omega(m)(v, w)$,

那么我们称 ω 为 M 上的辛形式.

如果 ω 为 M 上的辛形式, 那么我们称 (M, ω) 为辛 Hilbert 流形. 同样地, 如果 ω 是弱非退化的, 我们称其为弱辛形式. 弱辛形式在一些物理模型中有应用, 比如波方程、流体力学模型等. 弱辛形式和辛形式的一个重要区别是弱辛形式不满足 Darboux 定理.

定理 5.2.15 (Darboux 定理)   令 ω 是 Hilbert 流形 M 上的辛形式. 对任意 $x \in M$, 存在局部坐标卡 (U_x, ϕ_x), 使得 $\omega|_{U_x}$ 是常数.

对于 Hilbert 流形 M 的余切丛 $T^* M$, 记 $\tau^* : T^* M \to M$ 为自然投影. 考虑 $T^* M$ 上的典则 1-形式 $\theta : T^* M \to T^*(T^* M)$, 定义为

$$\theta(\alpha_m) \cdot w = -\alpha_m \cdot (T\tau^*)(w), \quad \forall \alpha_m \in T_m^* M, \quad w \in T_{\alpha_m}(T^* M).$$

在图册 $U \subset H$ 上, 我们有

$$\theta(x, \alpha) \cdot (e, \beta) = -\alpha(e), \quad \forall (x, \alpha) \in U \times H^*, \quad (e, \beta) \in H \times H^*.$$

特别地, 如果 M 是有限维的, $\theta = -\displaystyle\sum_{i=1}^n p_i dq^i$, 其中 $q^1, \cdots, q^n, p_1, \cdots, p_n$ 是 $T^* M$ 的坐标. 令 $\omega = d\theta$, 在局部坐标图上,

$$\omega(x, \alpha) \cdot ((e_1, \alpha_1), (e_2, \alpha_2)) = \alpha_2(e_1) - \alpha_1(e_2).$$

如果 M 是有限维的, $\omega = \sum_{i=1}^{n} dq^i \wedge dp_i$. 我们称 ω 为余切丛上的典则 2-形式.

关于 Hilbert 流形 M, 我们有

定理 5.2.16 典则 2-形式 ω 是 T^*M 上的辛形式.

对于 Banach 流形, 我们有 ω 是一个弱辛形式, ω 是辛形式等价于模空间是自反的.

定义 5.2.17 (辛映射) 我们称映射 $f : M \to M$ 为辛映射, 如果

(a) 对于 $m \in M$, $Tf(m) : T_m M \to T_{f(m)} M$ 是连续的;

(b) $f_* \omega = \omega$, 即 $\omega_p(v, w) = \omega_{f(p)}(df_p(v), df_p(w))$.

因此, 我们有 $f^*(\omega \wedge \cdots \wedge \omega) = \omega \wedge \cdots \wedge \omega$. 在有限维的情况中, 这条性质就是辛映射保持体积形式不变.

定理 5.2.18 考虑 Hilbert 流形 M 上的微分同胚 $f : M \to M$. 令 $T^*f : T^*M \to T^*M$ 为 f 的提升, 定义为

$$T^*f(\alpha_m) \cdot v = \alpha_m \cdot (Tf \cdot v), \ v \in T^*_{f^{-1}(m)} M.$$

那么, T^*f 是辛映射, 并且 $(T^*f)^* \theta = \theta$, 这里 θ 是典则 1-形式.

实际上, 流形 T^*M 上保持典则 1-形式的微分同胚一定是 M 上某个微分同胚的提升, 但是, T^*M 上的微分同胚有很多不一定是提升映射. 对于流形 M 上的等距微分同胚 f, 即 $\langle v, w \rangle_x = \langle Tf \cdot v, Tf \cdot w \rangle_{f(x)}$. 记 $\phi : TM \to T^*M$ 为由距离诱导的自然变换. 于是, $T^*f \circ \phi \circ Tf = \phi$. 根据上面的结论, 我们有 $Tf : TM \to TM$ 是辛同胚.

5.2.5 Hilbert 流形上的 Hamilton 向量场

本节中考虑辛 Hilbert 流形 M, 其上的辛形式为 ω. 记 $\phi : TM \to T^*M$ 为由 ω 诱导的自然同构 (是微分同胚的丛映射), $\pi : TM \to M$ 为切丛 TM 到 M 的自然投影.

回忆对于 M 是 Hilbert 流形, 其上有唯一确定的光滑结构, 对于 M 上任意的开子集 U, U 上的向量场 X 为切丛 TM 在 U 上的截面, 即 $X : U \to TM$, 使得 $\pi \circ X = \mathrm{id}_U$ ($X(p) \in T_p M, \forall p \in U$). 我们也称 X 为 U 到 TM 的提升. 如果 X 是 $\mathcal{C}^k$-映射, 那么我们称 X 为 $\mathcal{C}^k$-向量场. 子集 U 上的所有 $\mathcal{C}^k$-向量场的集合记为 $\Gamma^{(k)}(U, TM)$. 显然, $\Gamma^{(k)}(U, TM)$ 是一个 $\mathcal{C}^k(U)$-模. 如果 $U = M$, 此空间简记为 $\Gamma^{(k)}(TM)$(或者 $\mathfrak{X}^{(k)}(M)$).

Hilbert 流形 M 上的 C^k-向量场 X 的初值 p_0 的积分曲线 (或轨线) $\gamma \in C^k(I, M)$ 是满足下面条件的曲线:

$$\dot{\gamma}(t) = X_{\gamma(t)}, \quad \forall t \in I, \quad \gamma(0) = p_0,$$

其中 $I = (a, b)$ 是 $\mathbb{R}$ 中包含 0 的开子区间. 显然, 积分曲线 γ 过点 p_0, 并且对于曲线上每个点 p, 这点关于曲线的切向量 $\dot{\gamma}(t)$ 与向量场 X 在 p 点的值重合.

向量场 X 在 p_0 点的局部流 $\varphi : J \times U \to M$ 是使得对于任意点 $p \in U$, $t \to \varphi(t, p)$ 是 X 的初值 p 的积分曲线, 其中 $J \subset \mathbb{R}$ 是包含 0 的开区间, U 是 M 上包含 p_0 的开子集. 我们有

定理 5.2.19 (局部流的存在唯一性) 对于流形 M 上的 C^k-向量场 $X, k \geqslant 1$, $p_0 \in M$, 存在 $\mathbb{R}$ 上包含 0 的开区间 J, 以及 M 上包含 p_0 的开子集 U, 使得在 p_0 点, 存在唯一的向量场 X 的局部流 $\varphi \in C^k(J \times U, M)$.

根据存在唯一性定理, 存在初值 p 的唯一的最大积分曲线, 记为 γ_p. 实际上, 如果 $\{\gamma_j \in C^k(I_j, M) : \gamma(0) = p\}$ 为所有初值 p 的积分曲线, 我们可以取 $I(p) = \bigcup_j I_j, \gamma_p(t) = \gamma_j(t), t \in I_j$. 考虑集合 $\mathcal{D}_t(X) = \{p \in M : t \in I(p)\}$, 以及 $\mathcal{D}(X) = \{(t, p) \in \mathbb{R} \times M : t \in I(p)\}$. 显然 $\mathcal{D}_t(X), \mathcal{D}(X)$ 是 M 上的开集 (可能为空集). 考虑 $\Phi^X : \mathcal{D}(X) \to M$, 定义为

$$\Phi^X(t, p) = \gamma_p(t).$$

映射 Φ^X 称为向量场 X 的流, $\mathcal{D}(X)$ 称为其定义域. 令 $\Phi_t^X : \mathcal{D}_t(X) \to M$, 定义为

$$\Phi_t^X(p) = \gamma_p(t).$$

如果 $\mathcal{D}(X) = \mathbb{R} \times M$, 我们称向量场 X 是完备的. 此时, 集合 $\{\Phi_t^X\}_{t \in \mathbb{R}}$ 称为向量场 X 的单参群. Φ^X 诱导了 $(\mathbb{R}, +) \to \text{Diff}(M)$ 的群同态. 如果 X 不是完备的, 集合 $\{\Phi_t^X\}_{t \in \mathbb{R}}$ 不是一个群, 但是我们依然称之为局部单参群.

定义 5.2.20 (Hamilton 向量场) 令 $D \subset M$ 为开子集, 给定 $H \in C^1(D, \mathbb{R})$, 流形 M 上的向量场 X_H 称为 Hamilton 向量场, 如果它满足

$$\iota_{X_H}\omega = -dH,$$

即 $\omega_x(X_H(x), v) = -dH_x \cdot v, \forall x \in D, v \in T_xM$. H 称为 M 上的 Hamilton 函数.

对于流形 M 上的向量场 X, 我们称其是 Hamilton 的, 如果存在 $H \in \mathcal{C}^1(M, \mathbb{R})$, 使得 $\iota_X \omega = -dH$. 我们称 X 是局部 Hamilton 的, 如果 $\iota_X \omega$ 是闭的 1-形式.

例 5.2.21 对于 Hilbert 空间 $\mathcal{H}$, ω 是其上非退化反对称的双线性形式, $X : D \subset \mathcal{H} \to \mathcal{H}$ 是闭线性算子, 并且是 ω-对称的 (即 $\omega(X(x), v) = \omega(X(v), x)$). 假设 $B : D \times D \to \mathcal{H}$ 是连续双线性映射, 满足

(1) $\omega(B(x, y), x) = \omega(B(x, x), y)$;

(2) $\omega(B(y, x), x) = \omega(B(x, x), y)$,

那么向量场 $Y : D \times \mathcal{H}$, $Y(x) = X(x) + B(x, x)$ 是 Hamilton 的, 并且其 Hamilton 函数为

$$H(x) = \frac{1}{2}\omega(X(x), x) + \frac{1}{3}\omega(B(x, x), x).$$

例 5.2.22 对于 Hilbert 空间 $\mathcal{H}$, ω 是其上非退化反对称的双线性形式, $X : D \to \mathcal{H}$ 是闭线性算子, 并且是 ω-反对称的. 假设 $T : D \times D \times D \to \mathcal{H}$ 是连续的三线性形式, 满足

$$\omega(T(x, x, v), x) = \omega(T(x, x, x), v),$$

并且上式对于 (x, x, v) 的任意重排都成立. 那么向量场 $Y(x) = X(x) + T(x, x, x)$ 是 Hamilton 向量场, 其 Hamilton 函数为

$$H(x) = \frac{1}{2}\omega(X(x), x) + \frac{1}{4}\omega(T(x, x, x), x).$$

定理 5.2.23 令 $c(t)$ 为 Hamilton 向量场 X_H 生成的积分曲线. 那么, $H(c(t))$ 不依赖于 t.

证明 根据链式法则, 我们有

$$\frac{d}{dt}H(c(t)) = dH_{c(t)} \cdot c'(t) = \omega_{c(t)}(X_H(c(t)), X_H(c(t))) = 0.$$

因此, $H(c(t))$ 不依赖于 t. ∎

定义 5.2.24 (Hamilton 方程) 关于 X_H 的 Hamilton 方程为

$$\dot{x}(t) = X_H(x).$$

定义 5.2.25 (李导数) $L_X g = X(g) = dg \cdot X$ 为函数 g 关于 X 的李导数.

显然, 李导数满足 Leibniz 性质, 即 $L_X(fg) = L_X(f)g + fL_X(g)$. 对于 $\mathcal{C}^k$-向

量场 X, Y, 向量场 Y 关于 X 在 p 点的李导数定义为

$$(L_X Y)_p = \frac{d}{dt}\left((\Phi_t^X)^* Y\right)(p)\Big|_{t=0} = [X, Y]_p.$$

定理 5.2.26 设 X 生成流 $F_t : M \to M$. 那么下面结论等价:

(1) $L_X \omega = 0$;

(2) $i_X \omega$ 是闭的;

(3) 存在 H, 使得 $X = X_H$;

(4) F_t 是辛映射, $\forall t \in \mathbb{R}$.

5.2.6 Hilbert 流形上的无穷维 Hamilton 系统

定义 5.2.27 (无穷维 Hamilton 系统) 令 $\mathcal{H}$ 为可分的 Hilbert 空间, M 是模空间为 $\mathcal{H}$ 的 Hilbert 流形. ω 是其上的辛形式, 给定 M 上的 $\mathcal{C}^1$ Hamilton 函数 H, 我们称 $(M, \mathcal{H}, \omega, H)$ 为 Hilbert 流形上的无穷维 Hamilton 系统 (IDHS).

相比于线性的情况, 我们为了更一般的讨论, 不再对流形上的近复结构提出要求, 这依然是一个确定的系统, 根据平坦的无穷维 Hamilton 系统的情况, 我们可以考虑乘积空间的例子. 给定两个无穷维 Hamilton 系统 $(M_1, \mathcal{H}_1, \omega_1, H_1)$, $(M_2, \mathcal{H}_2, \omega_2, H_2)$. 考虑乘积流形 $M_1 \times M_2$, 显然它是辛 Hilbert 流形, 其上可以自然诱导辛形式

$$\Omega = \pi_1^* \omega_1 + \pi_2^* \omega_2,$$

其中 $\pi_j : M_1 \times M_2 \to M_j$ 为自然投影. 记 $H = H_1 + H_2 + H_{12}$, 这里的 H_{12} 表示两个系统的相互作用项 (或相交项), 通常情况下具有简单的形式或者在某些意义下很小.

例 5.2.28 令 $M_1 = M_2 = L^2(\mathbb{R}, \mathbb{C})$, 其上赋予标准辛形式, 即复内积的虚部. 那么 $M = L^2(\mathbb{R}, \mathbb{C}) \times L^2(\mathbb{R}, \mathbb{C})$ 上有自然诱导的辛形式

$$\Omega((f_1, g_1), (f_2, g_2)) = \Im(f_1, f_2)_{\mathbb{C}} + \Im(g_1, g_2)_{\mathbb{C}}.$$

给定 $L^2(\mathbb{R}, \mathbb{C})$ 上的两个自伴算子 A, B. 取

$$H_1(f) = \frac{1}{2}(Af, f), \quad H_2(g) = \frac{1}{2}(Bg, g), \quad H_{12}(f, g) = \frac{\lambda}{2}\int_{\mathbb{R}} |f(x)g(x)|^2 dx.$$

那么, Hamilton 函数生成的 Hamilton 向量场 X_H 为

$$X_H(f, g) = (-iAf - i\lambda f|g|^2, -iBg - i\lambda g|f|^2).$$

那么我们得到了如下的 Hamilton 方程

$$\begin{cases} \dfrac{df}{dt} = -iAf - i\lambda f|g|^2, \\ \dfrac{dg}{dt} = -iBg - i\lambda g|f|^2. \end{cases}$$

特别地, 我们选 $A = B = i\dfrac{d}{dx}$, 定义域为 $H^1(\mathbb{R}, \mathbb{C})$ 时, Hamilton 方程变为

$$\begin{cases} \dfrac{df}{dt} = \dfrac{df}{dx} - i\lambda f|g|^2, \\ \dfrac{dg}{dt} = \dfrac{dg}{dx} - i\lambda g|f|^2. \end{cases}$$

如果我们取 $A = B = \Delta = \dfrac{d^2}{dx^2}$, 定义域为 $H^2(\mathbb{R}, \mathbb{C})$ 时, Hamilton 方程变为如下的 Schrödinger 系统:

$$\begin{cases} i\dfrac{df}{dt} = -\Delta f + \lambda f|g|^2, \\ i\dfrac{dg}{dt} = -\Delta g + \lambda g|f|^2. \end{cases}$$

实际上, 还有很多问题都可以看成某类无穷维 Hamilton 系统. 比如流体力学方程、量子色动力学 (QCD)、Yang-Mills 方程. 无穷维 Hamilton 系统可以唯一确定某一物理模型, 通过给定 Hilbert 流形, 我们可以确定物理对象状态的存在空间, 进一步缩小状态的搜索范围. 通过给定 Hilbert 流形上的辛结构与 Hamilton 函数, 我们可以把物理模型固定下来, 进而得到的 Hamilton 方程, 可以利用数学上的讨论来确定物理模型的解, 并且可以进一步研究其运行规律. 从数学的角度来看, 建立无穷维 Hamilton 系统也有诸多好处, 这使得我们可以从更广的角度来看不同的问题, 将很多方程的理论统一起来, 并且可以解释为何很多不同的方程有同样的解决方案与同样的性质, 为何有的问题在不同的空间中解的性质完全不同, 甚至同一问题在某类空间中存在非平凡解, 而在其他空间中却不存在, 对于某类未知的问题我们是否可以用其他问题的研究方法来进行研究. 无穷维 Hamilton 系统也有其他的应用, 比如可以建立自旋 Hamilton 系统来研究几何问题, 通过研究 Hilbert 空间中球面上的无穷维 Hamilton 系统可以研究对应的正规解问题.

第 6 章   孤立波解的存在性和稳定性

6.1   背 景 知 识

1834 年英国科学家 Russell [131] 首先观测到水中的孤立波现象, 并且他在对波形的研究中发现, 这些波都有各自稳定的运动状态. 它们沿着均匀的方向传播, 且波浪表现出显著的持久性. 随后, 英国科学家 Rayleigh 和法国科学家 Boussinesq [24] 对这种波进行了理论分析. 1895 年, 荷兰科学家 Korteweg 和 de Vries [101] 在研究浅水波的运动中提出了如下的无量纲波的 Korteweg-de Vries 方程 (KdV 方程)

$$u_t + u_{xxx} + 6uu_x = 0, \tag{KdV}$$

并对孤立波现象作了较完整的分析. 他们从 KdV 方程中得到与 Russel 描述一致, 且具有如下形状不变的脉冲状的孤立波:

$$\varphi_c(t,x) = \frac{c}{2}\text{sech}^2 \frac{\sqrt{c}}{2}(x-ct),$$

其中 c 为波速. 从而在理论上证实了孤立波的存在性. 实际上, Boussinesq [25] 已明确给出了 KdV 方程及其基本孤立波解, 其中也得到了 "Russell 孤立波". 普林斯顿等离子体物理实验室在一系列的研究中证实了 KdV 方程蕴含着丰富的新特性, 其中包括 1965 年, Zabusky 和 Kruskal [158] 通过数值计算发现的 KdV 方程孤立波之间的弹性碰撞. 随后, Gardner 等 [79] 提出了反散射理论, 并证明了 KdV 方程的初值问题解的存在性以及 KdV 方程具有无限多守恒量 [120], 从而开拓了孤立波理论和完全可积系统研究的先河. KdV 方程对各种物理现象是一个非常重要而有效的模型 [39,101]. 关于孤立波的稳定性, Benjamin [21] 在 1972 年首次给出了严格性数学证明. 他的原始理论最初应用于 KdV 方程和 Benjamin-Bona-Mahony 方程. 之后被许多作者以各种方式重新完善和推广 [31,81,82,111,125,134,135,150,152].

在孤立波解的应用中, 首先孤立波解的稳定性定义需要引起特别的关注. 一个直

接的考虑因素就是, 建立这些解的稳定性 (例如 (KdV) 方程的孤立波解 $\varphi_c(t,x)$),
即: 考虑当孤立波解 $\varphi_c(t,x)$ 与方程的初始解 $u(0,x)$ 很靠近时, 演化方程的解与
孤立波解的距离关系. 从而在研究孤立波解的稳定时需要先证明非线性发展方程
初值问题的解的适定性. 在本章中, 我们对方程解的适定性问题不做过多说明, 假
设考虑的这些方程的解都具有适定性. 下面我们在 6.2 节介绍孤立波解的稳定性
定义; 在 6.3 节介绍由 Cazenave 和 Lions 首先给出的利用变分法证明孤立波解的
存在性和稳定性方法; 在 6.4 节介绍由 Grillakis, Shatah 和 Strauss 引入的抽象
的稳定性理论和谱分析的方法证明孤立波解的轨道稳定性问题; 在 6.5 节介绍高
维情况下广义 KdV 类型的方程和广义 Benjamin-Bona-Mahony 方程孤立波解的
轨道稳定性和不稳定问题; 最后在 6.6 节简单介绍孤立波解在某些条件下渐近稳
定性的一些最新结果.

6.2 稳定性的定义

本章我们所讨论的稳定性都依赖于 Lyapunov (参考 [21]) 提出的概念. 如果
我们将 φ_c 看作下列 KdV 方程

$$u_t + u_{xxx} + uu_x = 0 \tag{6.2.1}$$

的孤立波解, 那么就必须将稳定性有关的特定运动 $\varphi_c(x-ct)$ 与从某种意义上接
近孤立波解 φ_c 的初始条件演变而来的运动 $u = u(t,x)$ 进行比较. 孤立波解的稳
定性可以理解为: 如果初始时刻 $u(0,x) = u_0(x)$ 接近于 φ_c, 那么在之后的任意时
刻, 方程的解 $u(t,x)$ 都接近于 φ_c. 因此我们需要指定一些 φ_c 与 $u(t,x)$ 之间的距
离度量. 如果我们考虑两个定义在 $\mathbb{R}$ 上函数的 Banach 空间 X 和 Y 使得 Y 连
续嵌入到 X 空间, 并且 d_1 和 d_2 是 X 上的度量, 那么有下列关于方程 (6.2.1) 的
孤立波解的稳定性定义.

定义 6.2.1 (Lyapunov 稳定) 令 $\varphi_c \in X$ 是方程 (6.2.1) 的孤立波解. 我们
说 φ_c 关于方程 (6.2.1) 和距离 d_1, d_2 是 X-稳定的, 如果下列条件被满足: 对每个
$\epsilon > 0$, 存在 $\delta = \delta(\epsilon) > 0$ 使得如果 $u_0(x) \in Y$, 且

$$d_1(u_0, \varphi_c) < \delta,$$

那么对所有时间 t, 方程 (6.2.1) 的解 $u(t,x)$ 存在, $u(0,x) = u_0(x)$, 并且对 $\forall t \in \mathbb{R}$,

$$d_2(u(t), \varphi_c) < \epsilon.$$

否则, 我们称孤立波解 φ_c 是 X-不稳定的.

注意到, 在定义 6.2.1 中, 一方面我们先验的假设方程的解 $u(t)$ 在空间 Y 中, 且初值问题 (6.2.1) 的局部适定性理论是存在性的. 另一方面, d_1 和 d_2 的选择对稳定性分析的实际目的始终是非常重要的. 这里我们考虑 $d_1 = d_2$, 并且选择 d_2 是最简单的度量, 这为我们提供了适用于非线性发展方程 (例如方程 (6.2.1)) 孤立波解稳定性分析的实用性准则. 如果我们在定义 6.2.1 中要求有更强的条件

$$\text{当 } t \to \infty \text{ 时,} \quad d_2(u(t), \varphi_c) \to 0, \tag{6.2.2}$$

那么所讨论的稳定性就称为渐近稳定性. 这类稳定性对于 (6.2.1) 类型的方程是更难证明的, 见 6.6 节, 或参考文献 [111, 113—115, 125].

简单地分析, 我们不能期待证明孤立波解在 $H^s(\mathbb{R})$ ($s \geqslant 0$) 上的渐近稳定性. 确切地说, 就下列广义 Korteweg-de Vries 方程为例:

$$u_t + u_{xxx} + \frac{1}{p} u^{p-1} u_x = 0, \quad p > 1. \tag{6.2.3}$$

考虑方程 (6.2.3) 的孤立波解

$$u = \varphi_c(x - ct). \tag{6.2.4}$$

将 (6.2.4) 代入方程 (6.2.3) 中可得

$$\varphi_{cxx} + \varphi_c^p = c\varphi_c,$$

或者等价于, 通过积分有

$$(\varphi_{cx})^2 + \frac{2}{p+1} \varphi_c^{p+1} = c\varphi_c^2.$$

于是 φ_c 有显示表达式:

$$\varphi_c(x) = \left(\frac{c(p+1)}{2\cosh^2\left(\dfrac{p-1}{2}\sqrt{c}x\right)} \right)^{1/(p-1)}. \tag{6.2.5}$$

现在考虑 $d_1(u, \varphi_c) = \|u - \varphi_c\|_{H^1}$. 如果令 $u_0(x) = \varphi_\eta$, 其中 $\eta \neq c$, 那么对任意 $s \geqslant 0$, 当 $\eta \to c$ 时, 在范数 $H^1(\mathbb{R})$ 下 $\varphi_\eta \to \varphi_c$. 另一方面, 在这种情况下, 方程

(6.2.3) 的解有精确的表达式 $u_\eta(t,x) = \varphi_\eta(x - \eta)$, 并且无论 η 距离 c 有多近, 当 $t \to \infty$ 时, $\|u_\eta(t) - \varphi_c\|_{H^1}$ 收敛到一个正的常数. 实际上, 利用 Lebesgue 测度的平移不变性和孤立波解的衰减性可得, 当 $t \to \infty$ 时,

$$\|u_\eta(t) - \varphi_c\|_{H^1}^2 \to \|\varphi_\eta\|_{H^1}^2 + \|\varphi_c\|_{H^1}^2.$$

注意, 在这种情况下, 我们也可以证明更强的结果, 即: 当 $t \to \infty$ 时,

$$\|\varphi_\eta(x - \eta t) - \varphi_c(x - ct)\|_{H^1}^2 \to \|\varphi_\eta\|_{H^1}^2 + \|\varphi_c\|_{H^1}^2.$$

因此这里提出的更强的稳定性在目前情况下预计不会发生. 这种稳定性的结果通常是不正确的, 因为孤立波解 φ_c 的传播速度和初始值演化的解 $u(t,x)$ 的传播速度可能是不同的. 因此速度上的微小差异最终会使两个相邻的状态移动得很远.

为避免这种困难, 我们引入下面轨道稳定性定义. 首先令 T_r 表示平移算子, 即对 $r \in \mathbb{R}$, $T_r f(x) = f(x + r)$. 那么对 $f, g \in X$, 定义

$$d_2(f,g) = \inf_{r \in \mathbb{R}} \|f - \tau_r g\|_X. \tag{6.2.6}$$

这个 "距离" 是 f 和 g 在平移下最近的距离. 从 X 出发, 我们通过识别每个 f 的平移 Tf 来定义空间 X/T. 如果我们考虑 f, g 为 X/T 中的元素, 则 d_2 表示这个集合中的一个度量. 注意, 在 X/τ 中, φ_c 与扰动解 u 之间的差 $u - \varphi_c$ 代表这两种波形之间的最重要的差异, 即波形.

根据 X 中的度量 (6.2.6), 我们重新表述稳定性的定义, 这也将在下面 6.4 节中被研究. 在研究这个定义之前, 我们注意, 如果 $\varphi_c \in X$ 是方程 (6.2.1) 的孤立波解, 那么用映射 $t \to T_{ct}\varphi_c$ 表示 X 中的轨迹, 我们称之为由 φ_c 生成的 φ_c-轨道, 记为 Ω_φ,

$$\Omega_\varphi = \{\varphi_c(\cdot + r) : r \in \mathbb{R}\}. \tag{6.2.7}$$

因此, 我们有下列定义:

定义 6.2.2 (轨道稳定) 令 $\varphi_c \in X$ 是方程的 (6.2.1) 孤立波解. 我们说 φ_c 是轨道稳定的, 如果下列条件被满足: 对每个 $\epsilon > 0$, 存在 $\delta = \delta(\epsilon) > 0$ 使得如果 $u_0 \in Y$, 且

$$\inf_{r \in \mathbb{R}} \|u_0 - T_r \varphi_c\|_X < \delta,$$

那么方程 (6.2.1) 的解 $u(t)$ 是整体存在的, $u(0, x) = u_0(x)$, 并且满足

$$\sup_{t \in \mathbb{R}, r \in \mathbb{R}} \|u(t) - T_r \varphi_c\|_X < \epsilon.$$

否则, 我们称 φ_c 是轨道不稳定的.

　　换句话说, 对于方程 (6.2.1), φ_c-轨道稳定就是: 在 X 范数下, 如果每当初始值 u_0 足够接近 φ_c 轨道, 那么对每个时刻 t_0 都存在一个平移 $\gamma(t_0)$, 使得函数 $x \to u(x + \gamma(t_0), t_0)$ 在 X 范数下接近 φ_c. 注意, 如果在 (6.2.6) 中 $d_2(f, g)$ 很小, 则 f 的某些平移在 X 范数下靠近 g, 反之亦然.

　　最后, 这里将介绍一个更一般的稳定性定义, 当我们使用非局部方法来证明稳定性时, 这将很有用. 同时如果我们使用变分法来分析孤立波解的存在性和稳定性, 这个定义会自然出现 (见 6.3 节). 在给出稳定性定义之前我们先引入一些符号. 对任意 $\mathcal{O} \subseteq X, \delta > 0$, 我们定义集合 $U_\delta(\mathcal{O})$:

$$U_\delta(\mathcal{O}) = \bigcup_{v \in \mathcal{O}} B_\delta(v) = \left\{ z \in X : \inf_{g \in \mathcal{O}} \|z - g\|_X < \delta \right\},$$

其中 $B_\delta(v) = \{z \in X : \|z - v\|_X < \delta\}$. 集合 $U_\delta(\mathcal{O})$ 称为在空间 X 中 $\mathcal{O}$ 的 δ 邻域.

　　定义 6.2.3　我们说 $\mathcal{O} \subset X$ 是 X-稳定的, 当且仅当, 对任意 $\epsilon > 0$, 存在 $\delta > 0$ 使得对所有 $u_0 \in Y \cap U_\delta(\mathcal{O})$, 我们有方程 (6.2.1) 的解 $u(t)$ 是整体存在的, $u(0, x) = u_0$, 并且满足, 对所有 $t \geqslant 0, u(t) \in U_\epsilon(\mathcal{O})$.

　　否则, 我们称 $\mathcal{O}$ 是 X-不稳定的.

　　使用定义 6.2.3, 我们可以用下列形式重新表述定义 6.2.2: 由方程 (6.2.1) 的孤立波解 φ_c 产生的轨道 Ω_φ 是稳定的, 如果对每个 $\epsilon > 0$, 存在 $\delta > 0$, 使得, 如果 $u_0 \in Y$, 那么

$$\inf_{g \in \Omega_\varphi} \|u_0 - g\|_X < \delta \Rightarrow \sup_{t \in \mathbb{R}} \inf_{g \in \Omega_\varphi} \|u(t) - g\|_X < \epsilon. \tag{6.2.8}$$

注意, 相比较轨道稳定性定义 (定义 6.2.2), 定义 6.2.3 更弱一些. 特别地, 当孤立波解是唯一时, 定义 6.2.3 与定义 6.2.2 等价.

　　另外, 我们简单介绍下列非线性 Schrödinger 方程

$$iu_t + u_{xx} + \frac{1}{2}|u|^2 u = 0 \tag{NLS}$$

驻波解的轨道稳定性定义. 考虑非线性 Schrödinger 方程驻波解为 $u = e^{i\omega t} Q_\omega(x)$,

其中 $Q_\omega = 2\sqrt{\omega}\operatorname{sech}(\sqrt{\omega}x)$. 这里我们研究的轨道是

$$\mathcal{O}_{Q_\omega} = \{e^{i\theta}Q_\omega(\cdot + x_0) : (x_0, \theta) \in \mathbb{R}^n \times [0, 2\pi)\}$$

(见 6.3 节). 因此, 我们有下列定义.

定义 6.2.4 对非线性 Schrödinger 方程的驻波解, 我们说它是 $\mathcal{O}_{\varphi_\omega}$ 稳定的, 如果对任意 $\varepsilon > 0$, 存在 $\delta(\varepsilon) > 0$ 使得, 若

$$\|u_0 - e^{i\theta_0}\varphi_\omega(\cdot + y)\|_{H^1} < \delta, \tag{6.2.9}$$

那么相应的非线性 Schrödinger 方程的解 $u(t, x)$, $u(0, x) = u_0(x)$ 满足

$$\inf_{(y, \theta) \in \mathbb{R} \times [0, 2\pi)} \|u(t, \cdot) - e^{i\theta(t)}\varphi_\omega(\cdot + y)\|_{H^1} < \varepsilon, \tag{6.2.10}$$

对任意 $t \in \mathbb{R}$.

6.3 稳定性 Cazenave-Lions 方法

本节我们主要介绍 Cazenave 和 Lions [31] 利用变分法和集中紧原理证明的关于线性 Schrödinger 方程驻波解的存在性和稳定性结果. 为了解释相关结果, 我们举三个例子.

a. 带局部非线性位势的 Schrödinger 方程

$$i\frac{\partial\Phi}{\partial t}(t, x) + \Delta\Phi(t, x) + |\Phi(t, x)|^{p-2}\Phi(t, x) = 0,$$

其中 $(t, x) \in \mathbb{R}_+ \times \mathbb{R}^n$, $p > 2$.

b. 带 Hartree 型位势的 Schrödinger 方程

$$i\frac{\partial\Phi}{\partial t}(t, x) + \Delta\Phi(t, x) + \sum_{i=1}^{m}\frac{z_i}{|x - x_i|}\Phi(t, x) - \left(\int_{\mathbb{R}^3}|\Phi(t, y)|^2\frac{1}{|x - y|}dy\right)\Phi(t, x) = 0,$$

其中 $(t, x) \in \mathbb{R}_+ \times \mathbb{R}^3$, $x_1, \cdots, x_m$ 是 $\mathbb{R}^3$ 中给定的点, $z_1, \cdots, z_m$ 是给定的正常数.

c. 带 Pekar-Choquard 型位势的 Schrödinger 方程

$$i\frac{\partial\Phi}{\partial t}(t, x) + \Delta\Phi(t, x) + \left(\int_{\mathbb{R}^3}|\Phi(t, y)|^2\frac{1}{|x - y|}dy\right)\Phi(t, x) = 0,$$

其中 $(t, x) \in \mathbb{R}_+ \times \mathbb{R}^3$.

在这三种情况下, 我们寻找一个复值解 $\Phi(t, x)$. 为了解决这个问题, 我们将设

置一个初始条件

$$\Phi(0, x) = \Phi_0(x), \quad x \in \mathbb{R}^n,$$

这里 Φ_0 为给定的 $\mathbb{R}^n$ 上的函数. 此外, 我们至少需要对任意的 t 都有

$$\Phi(t, \cdot) \in L^2(\mathbb{R}^n, \mathbb{C})$$

成立. 那么可以找到 (在适当的条件下) 问题 (1), (2) 或 (3) 的驻波解, 即寻找具有如下表达形式的解 $\Phi(t, x)$:

$$\Phi(t, x) = e^{i\lambda t} u(x), \quad \lambda \in \mathbb{R}.$$

这意味着复值函数 $u(x)$ 分别满足如下的方程:

$$-\Delta u + \lambda u = |u|^{p-2} u, \quad x \in \mathbb{R}^n, \tag{6.3.1}$$

$$-\Delta u - \sum_{i=1}^{m} \frac{z_i}{|x - x_i|} u + \lambda u + \left(|u|^2 * \frac{1}{|x|} \right) u = 0, \quad x \in \mathbb{R}^3, \tag{6.3.2}$$

$$-\Delta u + \lambda u - \left(|u|^2 * \frac{1}{|x|} \right) u = 0, \quad x \in \mathbb{R}^3. \tag{6.3.3}$$

在这种情况下，我们将定义非线性 Schrödinger 方程 (6.3.1), (6.3.2) 和 (6.3.3) 的基态解 $u_0(x)$, 并且我们证明基态解 u_0 的轨道稳定性:

(1) 在带局部非线性位势的问题中, 我们假设 $p < 2 + \dfrac{4}{n}$, 那么对于任意的 $\varepsilon > 0$, 存在 $\delta > 0$, 使得如果

$$\inf_{\theta \in \mathbb{R}, y \in \mathbb{R}^n} \left\| \Phi_0(\cdot) - e^{i\theta} u_0(\cdot + y) \right\|_{H^1} < \delta,$$

那么考虑初值问题时, 非线性 Schrödinger 方程的解 $\Phi(t, x)$ 满足 ($\forall t \geqslant 0$):

$$\inf_{\theta \in \mathbb{R}, y \in \mathbb{R}^n} \left\| \Phi(t, \cdot) - e^{i\theta} u_0(\cdot + y) \right\|_{H^1} < \varepsilon.$$

(2) 在带 Hartree 型位势的问题中, 我们有, 对任意的 $\varepsilon > 0$, 存在 $\delta > 0$, 使得如果

$$\inf_{\theta \in \mathbb{R}} \left\| \Phi_0 - e^{i\theta} u_0 \right\|_{H^1} < \delta,$$

那么考虑初值问题时, 非线性 Schrödinger 方程的解 $\Phi(t, x)$ 满足 ($\forall t \geqslant 0$):

$$\inf_{\theta \in \mathbb{R}} \left\| \Phi(t, \cdot) - e^{i\theta} u_0(\cdot) \right\|_{H^1} < \varepsilon.$$

(3) 在带 Pekar-Choquard 型位势的问题中, 我们有, 对任意的 $\varepsilon > 0$, 存在 $\delta > 0$, 使得如果

$$\inf_{\theta \in \mathbb{R}, y \in \mathbb{R}^3} \left\| \Phi_0(\cdot) - e^{i\theta} u_0(\cdot + y) \right\|_{H^1} < \delta,$$

那么考虑初值问题时, 非线性 Schrödinger 方程的解 $\Phi(t, x)$ 满足 ($\forall t \geqslant 0$):

$$\inf_{\theta \in \mathbb{R}, y \in \mathbb{R}^3} \left\| \Phi(t, \cdot) - e^{i\theta} u_0(\cdot + y) \right\|_{H^1} < \varepsilon.$$

现在我们考虑一类具有如下形式的非线性 Schrödinger 方程:

$$\begin{cases} i\dfrac{\partial \Phi}{\partial t} + \Delta \Phi + F(\Phi) = 0, & \text{在} \mathbb{R}_+ \times \mathbb{R}^n, \\ \Phi(0, x) = \Phi_0(x), \end{cases} \tag{6.3.4}$$

其中 $F(\Phi)$ 是从 Hilbert 空间 E 到 H 的非线性映射, Φ 的初值条件取在 E 中. 我们假设:

(A1) 存在泛函 $\mathscr{E} \in \mathcal{C}^1(E, \mathbb{R})$, 使得

$$\mathscr{E} = \frac{1}{2} \int_{\mathbb{R}^n} |\nabla \Phi|^2 dx - G(\Phi), \quad \mathscr{E}'' = -\Delta - F(\cdot) \text{ 在 } E \text{ 上,}$$

其中 $G' = F$.

(A2) 对某个 $\mu > 0$, 下面的极小化问题:

$$I_\mu = \min \left\{ \mathscr{E}(u) : u \in E, \ \|u\|_{L^2}^2 = \mu \right\}$$

可解, 并且我们有下列两种情况.

情况 I. $\mathscr{E}$ 是平移不变的. 那么我们假设对于任意的极小化序列 $\{u_k\}$, 即

$$u_k \in E, \quad \|u_k\|_{L^2} = \mu, \quad \mathscr{E}(u_k) \to I_\mu -,$$

我们有, 存在序列 $\{y_k\} \subset \mathbb{R}^n$ 使得 $u_k(\cdot + y_k)$ 在 $E \cap L^2(\mathbb{R}^n)$ 中是相对紧的.

情况 II. $\mathscr{E}$ 不是平移不变的. 那么我们假设对于任意的极小化序列 $\{u_k\}$, 其在 $E \cap L^2(\mathbb{R}^n)$ 中是相对紧的.

(A3) 对任意的 $\Phi_0 \in E$, Cauchy 问题 (6.3.4) 存在唯一解 $\Phi(t, x)$ 满足对任意的 $t \geqslant 0$, 都有

$$\|\Phi(t,\cdot)\|_{L^2} = \|\Phi_0\|_{L^2}, \tag{6.3.5}$$

$$\mathscr{E}(\Phi(t,\cdot)) = \mathscr{E}(\Phi_0). \tag{6.3.6}$$

注 6.3.1　(A2) 中情况 I 和情况 II 的假设意味着

(i) 极小化问题是可解的 (I_μ 是可达的);

(ii) 极小化问题的解 u 构成的集合 S 在 $E \cap L^2(\mathbb{R}^n)$ (情况 I. 商掉平移作用) 是紧的.

这个假设在一般的情况下等价于下面的次可加条件:

$$I_\mu < I_\alpha + I_{\mu-\alpha}, \quad \forall \alpha \in (0,\mu). \tag{S1}$$

注 6.3.2　对于 $\mathscr{E}(u) = \displaystyle\int_{\mathbb{R}^n} e(x, Au(x))dx$, 其中 $e(x,p)$ 是从 $\mathbb{R}^n \times \mathbb{R}^p$ 到 $\mathbb{R}$ 的实值映射, A 是具有平移不变性质的线性算子, 如果我们有

$$e(x,p) \to e^\infty(p), \quad |x| \to \infty,$$

那么之前的假设条件等价于下面的次可加条件:

$$I_\mu < I_\alpha + I_{\mu-\alpha}^\infty, \quad \forall \alpha \in [0,\mu), \tag{S2}$$

其中 $I_\lambda^\infty = \inf\left\{\displaystyle\int_{\mathbb{R}^n} e^\infty(Au(x))dx : u \in E \cap L^2, \|u\|_{L^2}^2 = \mu\right\}$.

我们简要地说明一下为什么 (S1) 或 (S2) 暗示了极小化序列的某种紧性. 这一点可以用集中紧原理来说明. 基于如下的讨论: 取 $L^1_+(\mathbb{R}^n)$ (或有界非负测度) 中的一族数列 v_k, 使得

$$\|v_k\|_{L^1} = \mu,$$

那么在子列意义下, 下面情况之一成立:

- (vanishing) $\sup\limits_{y \in \mathbb{R}^n} \displaystyle\int_{B_R(y)} v_k dx \to 0$, $k \to \infty$, 对任意的 $R < \infty$ 都成立;
- (compactness) $\exists y_k \in \mathbb{R}^n$, $\forall \varepsilon > 0$, $\exists R > 0$, 使得

$$\mu \geqslant \int_{B_R(y)} v_k dx \geqslant \mu - \varepsilon;$$

- (dichotomy) $\exists a \in (0,\mu), \forall \varepsilon > 0, \exists v_k^1, v_k^2 \in L^1_+(\mathbb{R}^n)$, 使得

$$\overline{\lim_{k\to\infty}} \left\|v_k - (v_k^1 + v_k^2)\right\|_{L^1} \leqslant \varepsilon,$$

$$\lim_{k\to\infty} \left\|v_k^1\right\|_{L^1} = a,$$

$$\text{dist}\left(\text{supp}\, v_k^1, \text{supp}\, v_k^2\right) \to +\infty.$$

取极小化序列 $\{u_k\}$, 应用前面的结论: $v_k = u_k^2$, 如果 (S1) 或者 (S2) 成立, 那么第一种和第三种情形就被排除了. 最后即使 $\mathscr{E}$ 不是平移不变的, 我们也可以发现第二种情况找到的 y_k 仍然是有界的.

注 6.3.3 对于假设 (A3), 公式 (6.3.5) 可以由公式 (6.3.4) 乘 $\bar{\Phi}$ 得到. 实际上, 根据 $G\left(e^{i\theta}\Phi\right) = G(\Phi)(\forall \theta \in \mathbb{R})$, 我们有

$$F\left(e^{i\theta}\Phi\right) = e^{i\theta}F(\Phi), \quad \int_{\mathbb{R}^n} F(\Phi)\bar{\Phi} \in \mathbb{R}.$$

公式 (6.3.4) 乘 $\bar{\Phi}$ 后在 $\mathbb{R}^n$ 上积分取虚部, 我们有

$$\frac{d}{dt}\left(\|\Phi(t, \cdot)\|_{L^2}\right) = 0.$$

类似地, 公式 (6.3.4) 乘 $\dfrac{\partial}{\partial t}(\bar{\Phi})$ 后在 $\mathbb{R}^n$ 上积分取实部, 我们就得到

$$\frac{d}{dt}(\mathscr{E}(\Phi(t, \cdot))) = 0.$$

根据假设条件 (A1)—(A3), 我们能证明 Cauchy 问题的解集 S 是轨道稳定的, 即 $\forall \varepsilon > 0, \exists \delta > 0, \forall \Phi_0 \in E, \inf\limits_{u \in S}\|\Phi_0 - u\|_{E \cap L^2} < \delta$, 都有

$$\forall t \geqslant 0, \quad \inf_{u \in S}\|\Phi(t, \cdot) - u\|_{E \cap L^2} < \varepsilon.$$

注意到如果 $u \in S$, 那么 $e^{i\theta}u \in S, \forall \theta \in \mathbb{R}$. 轨道稳定性在 $\|\Phi_0\|_{L^2}^2 = \mu$ 的时候是显然的. 实际上, 如果解集 S 不是轨道稳定的, 那么存在 $\varepsilon_0 > 0, \Phi_0^k$, 以及 $t_k \geqslant 0$ 使得

$$\begin{cases} \Phi_0^k \in E, \quad \left\|\Phi_0^k\right\|_{L^2}^2 = \mu, \quad \mathscr{E}\left(\Phi_0^k\right) \to I_\mu, \\ \inf\limits_{u \in S}\left\|\Phi^k\left(t_k, \cdot\right) - u\right\|_{E \cap L^2} \geqslant \varepsilon_0. \end{cases}$$

然而根据假设 (A3),

$$\mathscr{E}\left(\Phi^k\left(t_k, \cdot\right)\right) \to I_\mu, \quad \left\|\Phi^k\left(t_k, \cdot\right)\right\|_{L^2}^2 = \mu.$$

因此, $\left\{\Phi^k\left(t_k, \cdot\right)\right\}$ 是一极小化序列, 根据 (A2), 我们有要么 $\left\{\Phi^k\left(t_k, \cdot\right)\right\}$ 在 $\mathscr{E} \cap L^2(\mathbb{R}^n)$ 中商掉平移作用后是相对紧的, 要么 $\left\{\Phi^k\left(t_k, \cdot\right)\right\}$ 在 $\mathscr{E} \cap L^2(\mathbb{R}^n)$ 中相对紧. 不论哪种情况, 都有

$$\inf_{u \in S}\left\|\Phi^k\left(t_k, \cdot\right) - u\right\|_{E \cap L^2} \to 0,$$

这与假设条件矛盾.

从上面的讨论我们可以看出解集 S 的轨道稳定性来自:

- 极小化问题是适定的;
- 守恒律成立.

下面解释轨道稳定的现象. 我们先证明任意的极小化问题的解 u 都满足

$$-\Delta u - F(u) = \theta u, \quad x \in \mathbb{R}^n, \quad u \in E \cap L^2\left(\mathbb{R}^n\right), \quad \|u\|_{L^2}^2 = \mu,$$

对某个 Lagrange 乘子 $\theta \in \mathbb{R}$. 因此, $e^{i\theta t}u(x) = \Phi(t, x)$ 是 Cauchy 问题初值为 $\Phi_0(x) = u(x)$ 的解, 即 $e^{i\theta t}u(\cdot)$ 是 u 的轨道 ($e^{i\theta t}u \in S, \forall t \geqslant 0$).

下面我们解释为什么这个结果通常是最好的. 首先, 对于线性 Schrödinger 方程, 这表明没有更强形式的稳定性定理是成立的. 除此之外, 我们不能将极小化问题的解集 S 替换为 $\left\{e^{i\theta}u(\cdot)\right\}_{\theta \in \mathbb{R}}$: 如果假定 F 是平移不变的, 那么对于 $u \in S$, $y \in \mathbb{R}^n$, $|y| = 1$, $k \geqslant 1$, 有

$$\Phi_0^k(t, x) = \exp\left\{\frac{i}{k}\left((x, y) - \frac{t}{k}\right)\right\} e^{i\theta t}u\left(x - \frac{2t}{k}y\right).$$

易见 $\Phi^k(t, x)$ 是 Cauchy 问题对应初值为 $\Phi_0^k = \exp\left\{\frac{i}{k}(x, y)\right\}u(x)$ 的解. 在我们的例子中, 有 $E = H^1(\mathbb{R}^n, \mathbb{R}^2)$, 并且在 E 中 $\Phi_0^k \to u$, 而 $\inf_{\theta \in \mathbb{R}}\left\|\Phi^k - e^{i\theta}u\right\|_{H^1}$ 是严格正的.

问题 1. 带非局部非线性位势的 Schrödinger 方程

考虑如下的非线性 Schrödinger 方程:

$$\begin{cases} i\dfrac{\partial \Phi}{\partial t}(t, x) + \Delta \Phi(t, x) + |\Phi(t, x)|^{p-2}\Phi(t, x) = 0, & \text{在 } \mathbb{R}_+ \times \mathbb{R}^n, \\ \Phi(0, x) = \Phi_0(x), & \text{在 } \mathbb{R}^n, \end{cases} \tag{6.3.7}$$

其中 $\Phi_0 \in H^1(\mathbb{R}^n)$, $p > 2$. 如果 $2 < p < 2 + \dfrac{4}{n}$, 那么 Cauchy 问题 (6.3.7) 在 $\mathcal{C}\left([0, \infty), H^1(\mathbb{R}^n)\right)$ 中有唯一解 $\Phi(t, x)$, 并且 Φ 满足

$$\|\Phi(t, \cdot)\|_{L^2} = \|\Phi_0\|_{L^2}, \quad \mathscr{E}(\Phi(t, \cdot)) = \mathscr{E}(\Phi_0),$$

对任意的 $t \geqslant 0$ 都成立, 这里 $\mathscr{E} \in \mathcal{C}^1(H^1, \mathbb{R})$ 定义为

$$\mathscr{E}(u) = \frac{1}{2}\int_{\mathbb{R}^n} |\nabla u|^2 dx - \frac{1}{p}\int_{\mathbb{R}^n} |u|^p dx.$$

注 6.3.4 如果 $p \geqslant 2 + \dfrac{4}{n}$, Cauchy 问题 (6.3.7) 的解不一定存在.

我们先寻找 Cauchy 问题第一个方程的驻波解, 即考虑如下的方程:

$$-\Delta u + \lambda u = |u|^{p-2}u \ \text{在} \ \mathbb{R}^n, \quad u \in H^1(\mathbb{R}^n).$$

根据解的约束条件, 自然需要

$$\|u\|_{L^2}^2 = \mu,$$

其中 μ 为给定的正数, λ 是对应的 Lagrange 乘子.

处理 L^2-约束问题的方法是考虑如下的极小化问题:

$$I_\mu = \inf \left\{ \mathscr{E}(u) : u \in H^1(\mathbb{R}^n), \|u\|_{L^2}^2 = \mu \right\}. \tag{6.3.8}$$

我们称此极小化问题的解为 Cauchy 问题 (6.3.7) 的基态解. 对于这类极小化问题, 有如下结论:

定理 6.3.5 如果 $p > 2 + \dfrac{4}{n}$, 那么 $I_\mu = -\infty$. 如果 $p < 2 + \dfrac{4}{n}$, 那么 $-\infty < I_\mu < 0, \forall \mu > 0$, 并且

(i) 令 $\{u_n\}$ 为极小化问题 I_μ 的极小化序列, 即 $u_k \in H^1(\mathbb{R}^n)$, $\|u_k\|_{L^2}^2 \to \mu$ 并且 $\mathscr{E}(u_k) \to I_\mu$, 那么存在 $\{y_k\} \subset \mathbb{R}^n$ 使得 $\{u_k(\cdot + y_k)\}$ 在 $H^1(\mathbb{R}^n)$ 中是相对紧的.

(ii) 令 u 是极小化问题 I_μ 的一个解, 那么对某个 $\theta \in \mathbb{R}, y \in \mathbb{R}^n$, 都有 $u(\cdot) = e^{i\theta}u_0(\cdot + y)$, 这里 u_0 是极小化问题满足如下条件的解:

$$\begin{cases} u_0(x) = u_0(|x|) \in \mathbb{R}, \ u_0(x) > 0, \ \text{并且} \ u_0(|x|) \ \text{关于} \ |x| \ \text{是单调递减的}, \\ -\Delta u_0 + \lambda u_0 = u_0^p, \ \text{在} \ \mathbb{R}^n, \ \text{这里} \ \lambda > 0, \ u_0 \in \mathcal{C}^2(\mathbb{R}^n). \end{cases}$$

实际上, 如果 u 是极小化问题的复值解, 那么 $u(\cdot) = e^{i\theta}v(\cdot)$, 其中 $\theta \in \mathbb{R}$, v 是极小化问题的实值解. 如果 $u = u^1 + iu^2$, 其中 $u^1, u^2 \in H^1(\mathbb{R}^n, \mathbb{R})$, 那么 $\tilde{u} = |u^1| + i|u^2|$ 仍然是极小化问题的解, 这蕴含着

$$\begin{cases} -\Delta u^i + \lambda u^i = |u|^{p-1}u^i, & \text{在} \ \mathbb{R}^n \ \text{上}, \\ -\Delta |u^i| + \lambda |u^i| = |u|^{p-1}|u^i|, & \text{在} \ \mathbb{R}^n \ \text{上}, \end{cases}$$

其中 $\lambda \in \mathbb{R}$ 是某个 Lagrange 乘子. 这意味着 $-\lambda$ 是算子 $-\Delta - |u|^{p-1}$ 在 $H^1(\mathbb{R}^n)$ 上的第一特征值. 因此, $u^1, u^2, |u^1|, |u^2|$ 都是 $-\Delta - |u|^{p-1}$ 的正的正规特征函数 $\bar{u}$ 的

某个倍数. 其中 $\bar{u}$ 满足

$$
\begin{cases}
-\Delta \bar{u} + \lambda \bar{u} = |u|^{p-1}\bar{u}, & \bar{u} \in \mathcal{C}^2\left(\mathbb{R}^n\right) \cap H^1\left(\mathbb{R}^n\right), \\
\bar{u} > 0, \quad \text{在 } \mathbb{R}^n \text{ 上}, \\
\|\bar{u}\|_{L^2}^2 = \mu.
\end{cases}
$$

因此, 我们有 $u = e^{i\theta}\bar{u}$, 并且 $\bar{u}$ 仍然是极小化问题的解. 对任意的 $\mu > 0$, 我们记 S_μ 为极小化问题 (6.3.8) 的解集. 因此, 我们有如下的轨道稳定性的结论:

定理 6.3.6　令 $2 < p < 2 + \dfrac{4}{n}$, $\mu > 0$, 那么对于任意的 $\varepsilon > 0$, 存在 $\delta > 0$, 使得对任意的满足如下条件的初值 Φ_0:

$$
\Phi_0 \in H^1\left(\mathbb{R}^n\right), \quad \inf_{u \in S_\mu} \|u - \Phi_0\|_{H^1} < \delta,
$$

我们有以 Φ_0 为初值的 Cauchy 问题 (6.3.7) 的解 $\Phi(t,x)$ 满足

$$
\inf_{u \in S_\mu} \|u - \Phi(t, \cdot)\|_{H^1} < \varepsilon, \quad \forall t \geqslant 0.
$$

证明　与之前的讨论不同的是, 我们没有假设 $\|\Phi_0\|_{L^2}^2 = \mu$. 但是根据对初值 Φ_0 的假设条件, 我们有

$$
\mu - \delta < \|\Phi_0\|_{L^2} < \mu + \delta.
$$

类似之前的讨论, 如果结论不成立, 那么存在 $\varepsilon_0 > 0$, Φ_0^k, 以及 $t_k \geqslant 0$, 使得

$$
\begin{cases}
\Phi_0^k \in H^1(\mathbb{R}^n), \quad \|\Phi_0^k\|_{L^2} \to \mu, \quad \mathscr{E}\left(\Phi_0^k\right) \to I_\mu, \\
\inf_{u \in S_\mu} \left\|\Phi^k\left(t_k, \cdot\right) - u\right\|_{H^1} \geqslant \varepsilon_0,
\end{cases}
$$

其中 $\mathscr{E}(u) = \dfrac{1}{2}\displaystyle\int_{\mathbb{R}^n} |\nabla u|^2 dx - \dfrac{1}{p}\displaystyle\int_{\mathbb{R}^n} |u|^p dx$. 然而根据 Cauchy 问题 (6.3.7) 的守恒律, 我们有

$$
\mathscr{E}\left(\Phi^k\left(t_k, \cdot\right)\right) \to I_\mu, \quad \left\|\Phi^k\left(t_k, \cdot\right)\right\|_{L^2}^2 \to \mu, \quad k \to \infty.
$$

因此, $\left\{\Phi^k\left(t_k, \cdot\right)\right\}$ 是一极小化序列, 根据定理 6.3.5 (i), 存在 $\{y_k\} \subset \mathbb{R}^n$, 使得 $\left\{\Phi^k\left(t_k, \cdot + y_k\right)\right\}$ 在 $H^1\left(\mathbb{R}^n\right)$ 中是相对紧的, 于是

$$
\inf_{u \in S_\mu} \left\|\Phi^k\left(t_k, \cdot + y_k\right) - u\right\|_{H^1} \to 0,
$$

这与假设条件矛盾.　∎

注 6.3.7 如果 $2^\circ \leqslant p < 2^*$, 其中 $2^\circ = 2 + \dfrac{4}{n}$, $2^* := \dfrac{2n}{n-2}$ ($= \infty$ 如果 $n \leqslant 2$), 那么如下的方程有正的实数解:

$$\begin{cases} -\Delta u + \lambda u = |u|^{p-2}u, \quad u \in H^1(\mathbb{R}^n), \\ \|u\|_{L^2}^2 = \mu > 0, \end{cases}$$

但是容易看出这些解是轨道不稳定的, 实际上, 我们能够找到初值 $\Phi_0 \in H^1(\mathbb{R}^n)$, 当 Φ_0 充分靠近这些解时, 对应 Cauchy 问题的解会有限时间爆破.

这里, 我们也可以把非线性项 $|\Phi|^{p-1}$ 换为更一般的非线性项 $f(\Phi)$, 其中 $f \in \mathcal{C}(\mathbb{C})$, 满足 $f\left(re^{i\theta}\right) = e^{i\theta}f(r)$, $\forall r \in \mathbb{R}$, $\theta \in \mathbb{R}$. 下面我们假设:

(i) $\exists u_0 \in H^1(\mathbb{R}^n)$, $\|u_0\|_{L^2} \leqslant \mu$, $\mathscr{E}(u_0) < 0$;

(ii) $\varlimsup\limits_{t \to +\infty} f(t)t^{-\left(2 + \frac{4}{n}\right)} < \varepsilon_0$;

(iii) $\varlimsup\limits_{t \to 0_+} F(t)t^{-2} < +\infty$, 其中 $F(t) = \displaystyle\int_0^t f(s)ds$.

在这些假设下, 定理 6.3.5 与定理 6.3.6 依然成立. 对于这类非线性的例子, 比如 $f(z) = z\ln|z|^2$, 此时假设条件 (i)—(iii) 成立. 通过计算, 我们可以得到此时的 Cauchy 问题存在唯一的正解 u_0, 并且

$$S_\mu = \left\{e^{i\theta}u_0(\cdot + y) : \theta \in \mathbb{R}, y \in \mathbb{R}^n\right\}.$$

如果 $N \leqslant 4$, 并且 $2 < p < 2^\circ$, 那么根据解的唯一性, 我们有

$$S_\mu = \left\{e^{i\theta}u_0(\cdot + y) : \theta \in \mathbb{R}, y \in \mathbb{R}^n\right\},$$

其中 u_0 是方程 $-\Delta u_0 + \lambda u_0 = u_0^{p-1}$ 在 $H^1(\mathbb{R}^n)$ 中满足 $\|u_0\|_{L^2}^2 = \mu$ 的唯一正的径向对称解. 实际上, 方程

$$-\Delta u + \lambda u = u^{p-1}, \quad u \in H^1(\mathbb{R}^n), \quad u > 0$$

的任何正的径向对称解都有如下形式:

$$u(x) = \lambda^{1/(p-2)}u_1(\sqrt{\lambda}x),$$

其中 u_1 是如下方程的唯一径向对称解:

$$-\Delta u_1 + u_1 = u_1^{p-1}, \quad u_1 \in H^1(\mathbb{R}^n), \quad u_1 > 0.$$

因此,

$$\|u\|_{L^2} = \lambda^{\frac{1}{p-2}-\frac{n}{4}} \|u_1\|_{L^2} := \lambda^{\alpha} \|u_1\|_{L^2},$$

其中 $\alpha = \dfrac{1}{p-2} - \dfrac{n}{4}$. 这给出了集合 S_μ 的构造.

问题 2. 带 Hartree 型位势的非线性 Schrödinger 方程

考虑如下的非线性 Schrödinger 方程:

$$
\begin{cases}
i\dfrac{\partial \Phi}{\partial t}(t,x) + \Delta\Phi(t,x) + \displaystyle\sum_{i=1}^{m}\dfrac{z_i}{|x-x_i|}\Phi(t,x) \\
\quad - \left(\displaystyle\int_{\mathbb{R}^3}|\Phi(t,y)|^2\dfrac{1}{|x-y|}dy\right)\Phi(t,x) = 0, \quad \text{在 } \mathbb{R}_+ \times \mathbb{R}^3, \\
\Phi(0,x) = \Phi_0(x), \qquad\qquad\qquad\qquad\qquad\qquad \text{在 } \mathbb{R}^3,
\end{cases}
$$

其中 $x_1, \cdots, x_m$ 为 $\mathbb{R}^3$ 中的点, $z_i > 0$. 我们记 $Z = \sum_i z_i$. 如果 $\Phi_0 \in H^1(\mathbb{R}^3)$, 那么上述问题存在唯一解 $\Phi \in \mathcal{C}([0,\infty); H^1(\mathbb{R}^3))$. 并且 Φ 满足

$$\|\Phi(t,\cdot)\|_{L^2} = \|\Phi_0\|_{L^2}, \quad \mathscr{E}(\Phi(t,\cdot)) = \mathscr{E}(\Phi_0)$$

对任意的 $t \geqslant 0$ 都成立, 这里 $\mathscr{E} \in \mathcal{C}^1(H^1, \mathbb{R})$ 定义为

$$
\mathscr{E}(u) = \frac{1}{2}\int_{\mathbb{R}^3}|\nabla u|^2 dx - \frac{1}{2}\sum_{i=1}^{m}\int_{\mathbb{R}^3}\frac{z_i}{|x-x_i|}|u|^2 dx
$$
$$
+ \frac{1}{4}\iint_{\mathbb{R}^3\times\mathbb{R}^3}|u(x)|^2|u(y)|^2\frac{1}{|x-y|}dxdy.
$$

我们先寻找带 Hartree 型位势的非线性 Schrödinger 方程 Cauchy 问题的驻波解, 即考虑如下的稳态方程:

$$
\begin{cases}
-\Delta u - \displaystyle\sum_{i=1}^{m}\dfrac{z_i}{|x-x_i|}u + \lambda u + \left(|u|^2 * \dfrac{1}{|x|}\right)u = 0, \quad u \in H^1(\mathbb{R}^3), \\
\|u\|_{L^2}^2 = \mu.
\end{cases}
$$

引入如下的极小化问题:

$$I_\mu = \inf\left\{\mathscr{E}(u) : u \in H^1(\mathbb{R}^3), \|u\|_{L^2}^2 = \mu\right\}.$$

首先, 我们引入算子 $-\Delta - \sum_{i=1}^{m}\dfrac{z_i}{|x-x_i|}$ 的第一特征值 λ_1, 即

$$\lambda_1 = \min\left\{\int_{\mathbb{R}^3} |\nabla u|^2 dx - \sum_{i=1}^{m}\int_{\mathbb{R}^3}\frac{z_i}{|x-x_i|}|u|^2 dx : u \in H^1\left(\mathbb{R}^3\right),\ \|u\|_{L^2}=1\right\},$$

容易验证 $\lambda_1 < 0$.

定理 6.3.8 (i) 如果 $\lambda < 0$ 或者 $\lambda \geqslant -\lambda_1$, 那么稳态方程的正解不存在.

(ii) 如果 $\lambda \in [0, -\lambda_1)$, 那么稳态方程存在唯一的正解 u_λ. 并且, 我们有

$$u_\lambda \in \mathcal{C}^1\left((0,-\lambda_1), H^1\left(\mathbb{R}^3\right)\right) \cap \mathcal{C}\left([0,-\lambda_1], H^1\left(\mathbb{R}^3\right)\right),$$

$\|u_\lambda\|_{L^2}$ 关于 $\lambda \in [0, -\lambda_1]$ 是严格单调递减的, $\lim_{\lambda \to -\lambda_1}\|u_\lambda\|_{H^1} = 0$. 记 $\mu_0 = \|u_0\|_{L^2}^2$, 因此,

$$\mu_0 > Z = \sum_{i=1}^{m} z_i.$$

(iii) 如果 $\{u_k\}$ 是极小化问题 I_μ 的极小化序列, 即

$$u_k \in H^1\left(\mathbb{R}^3\right),\quad \|u_k\|_{L^2}^2 \to \mu \in (0, \mu_0],\quad \mathscr{E}\left(u_k\right) \to I_\mu, \tag{6.3.9}$$

或者

$$u_k \in H^1\left(\mathbb{R}^3\right),\quad \varliminf_{k\to\infty}\|u_k\|_{L^2}^2 \geqslant \mu_0,\quad \mathscr{E}\left(u_k\right) \to I_{\mu_0}, \tag{6.3.10}$$

那么 $\{u_k\}$ 在 $X = \{u \in L^6(\mathbb{R}^3) : Du \in L^2(\mathbb{R}^3)\}$ 中是相对紧的, 并且如果 (6.3.9) 成立, 那么 $\{u_k\}$ 在 $H^1(\mathbb{R}^3)$ 中是相对紧的. 如果 (6.3.10) 成立, 并且 $\varliminf_{k\to\infty}\|u_k\|_{L^2}^2 > \mu_0$, 那么所有的极限点 (关于 X 中的强拓扑以及 L^2 中的弱拓扑) 都在 S_{μ_0} 中.

(iv) 对任意的 $\mu \in (0, \mu_0]$, 极小化问题的解集可表示为 $S_\mu = \left\{e^{i\theta}u_\lambda : \theta \in \mathbb{R}\right\}$, 其中 u_λ 由 $\|u_\lambda\|_{L^2}^2 = \mu$ 确定.

对于解集 S_μ, 我们考虑如下的稳定性结论.

定理 6.3.9 令 $\mu \in (0, \mu_0]$. 对任意的 $\varepsilon > 0$, 存在 $\delta > 0$ 使得对任意的初值 Φ_0 满足

• $\Phi_0 \in H^1(\mathbb{R}^3)$, $\inf_{u \in S_\mu}\|u - \Phi_0\|_{H^1(\mathbb{R}^3)} < \delta$, 那么 Cauchy 问题的解 $\Phi(t, x)$ 满足

$$\inf_{u \in S_\mu}\|u - \Phi(t, \cdot)\|_{H^1} < \varepsilon,\quad \forall t \geqslant 0.$$

• $\Phi_0 \in H^1(\mathbb{R}^3)$, $\inf_{u \in S_\mu}\{\|u - \Phi_0\|_X + d_R(u, \Phi_0)\} < \delta$, $\|\Phi_0\|_{L^2} \leqslant R$, 其中 d_R 为考虑弱拓扑的 $L^2(\mathbb{R}^3)$ 中半径为 R 的球对应的度量, R 是某个大于 $\sqrt{\mu_0}$ 的常

数, 那么 Cauchy 问题的解 $\Phi(t, x)$ 满足

$$\inf_{u \in S_\mu} \|u - \Phi(t, \cdot)\|_{H^1} < \varepsilon, \quad \forall t \geqslant 0.$$

问题 3. 带 Pekar-Choquard 型位势的非线性 Schrödinger 方程

考虑如下的非线性 Schrödinger 方程:

$$\begin{cases} i\dfrac{\partial \Phi}{\partial t}(t, x) + \Delta\Phi(t, x) + \left(\displaystyle\int_{\mathbb{R}^3} |\Phi(t, y)|^2 \dfrac{1}{|x-y|} dy \right)\Phi(t, x) = 0, & \text{在 } \mathbb{R}_+ \times \mathbb{R}^3, \\ \Phi(0, x) = \Phi_0(x), & \text{在 } \mathbb{R}^3, \end{cases}$$

如果 $\Phi_0 \in H^1(\mathbb{R}^3)$, 那么上述问题存在唯一解 $\Phi \in \mathcal{C}([0, \infty), H^1(\mathbb{R}^3))$, 并且 Φ 满足

$$\|\Phi(t, \cdot)\|_{L^2} = \|\Phi_0\|_{L^2}, \quad \mathscr{E}(\Phi(t, \cdot)) = \mathscr{E}(\Phi_0)$$

对任意的 $t \geqslant 0$ 都成立, 这里 $\mathscr{E} \in \mathcal{C}^1(H^1, \mathbb{R})$ 定义为

$$\mathscr{E}(u) = \frac{1}{2}\int_{\mathbb{R}^3} |\nabla u|^2 dx - \frac{1}{4}\iint_{\mathbb{R}^3 \times \mathbb{R}^3} |u(x)|^2 |u(y)|^2 |x-y|^{-1} dxdy.$$

类似前面的讨论, 我们先考虑下面的稳态方程:

$$\begin{cases} -\Delta u + \lambda u - \left(|u|^2 * \dfrac{1}{|x|} \right)u = 0, & u \in H^1(\mathbb{R}^3), \\ \|u\|_{L^2}^2 = \mu, \end{cases}$$

以及下面的极小化问题:

$$I_\mu = \inf \left\{ \mathscr{E}(u) : u \in H^1(\mathbb{R}^3), \|u\|_{L^2}^2 = \mu \right\}.$$

于是, 我们有

定理 6.3.10 令 $\mu > 0$, 那么

(i) 令 $\{u_k\}$ 为极小化问题对应的极小化序列, 即

$$u_k \in H^1(\mathbb{R}^3), \quad \|u_k\|_{L^2} \to \mu, \quad \mathscr{E}(u_k) \to I_\mu.$$

那么存在 $\{y_k\} \subset \mathbb{R}^3$ 使得 $\{u_k(\cdot + y_k)\}$ 在 $H^1(\mathbb{R}^3)$ 中是相对紧的.

(ii) 极小化问题的解集 S_μ 有如下的形式:

$$S_\mu = \left\{ e^{i\theta} u_\lambda(\cdot + y) : \theta \in \mathbb{R}, y \in \mathbb{R}^3 \right\},$$

其中 $(\lambda, u_\lambda) \in (0, +\infty) \times H^1(\mathbb{R}^3)$ 是使得 u_λ 为正的实径向对称解的稳态问题的

唯一解.

于是, 我们有

定理 6.3.11 令 $\mu > 0$, 对于任意的 $\varepsilon > 0$, 存在 $\delta > 0$, 使得对每个满足下面条件的初值 Φ_0, 有

$$\Phi_0 \in H^1\left(\mathbb{R}^3\right), \quad \inf_{u \in S_\mu} \|u - \Phi_0\|_{H^1} < \delta,$$

那么 Cauchy 问题的解 $\Phi(t, x)$ 满足对任意的 $t \geqslant 0$, 有

$$\inf_{u \in S_\mu} \|u - \Phi(t, \cdot)\|_{H^1} < \varepsilon.$$

类似的结果对于如下形式的方程依然成立:

$$\begin{cases} i\dfrac{\partial \Phi}{\partial t}(t, x) + \Delta\Phi(t, x) + V(x)\Phi(t, x) \\ \qquad + \left(\displaystyle\int |\Phi(t, y)|^2 f(x - y) dy\right)\Phi(t, x) = 0, \quad (t, x) \in \mathbb{R}_+ \times \mathbb{R}^n, \\ \Phi(0, x) = \Phi_0(x), \hspace{5.5cm} x \in \mathbb{R}^n, \end{cases}$$

其中 $V \in L^p\left(\mathbb{R}^n\right) + L^q\left(\mathbb{R}^n\right)$, $\dfrac{n}{2} < p, q \leqslant +\infty$, 并且 $f \in L^\alpha\left(\mathbb{R}^n\right) + L^\beta\left(\mathbb{R}^n\right)$, $\dfrac{n}{2} < \alpha, \beta < +\infty$.

6.4 轨道稳定性 Grillakis-Shatah-Strauss 方法

在本节, 我们介绍由 Grillakis, Shatah 和 Strauss [81] 提出的具有 Hamilton 形式

$$u_t = JE'(u(t)) \tag{6.4.1}$$

的非线性发展方程孤立波解的轨道稳定性理论的一些基本想法. 我们知道, 这一理论已经得到广泛应用. 如关于导数非线性 Schrödinger 方程 [87, 102]、非线性 Schrödinger 方程与 KdV 耦合方程组 [88]、耦合 KdV 方程组 [86], 以及 Hirota 方程 [156] 等. 这里我们主要通过下面非线性发展方程来说明孤立波解轨道稳定性的证明方法. 一类非线性发展方程如下:

$$u_t - Mu_x + u^p u_x = 0, \tag{6.4.2}$$

其中 $u = u(t, x)$ 是实值函数, $t, x \in \mathbb{R}$, $p \geqslant 1$, M 是一个线性算子且其 Fourier 乘子算子的定义为 $\widehat{Mu}(\xi) = \alpha(\xi)\hat{u}(\xi)$, 这里的象征 $\alpha(\xi)$ 是 $\mathbb{R}$ 上的一个可测的偶函

数且满足

$$a_1|\xi|^{\beta_1} \leqslant \alpha(\xi) \leqslant a_2(1+|\xi|)^{\beta_2}, \tag{6.4.3}$$

其中 $\xi \in \mathbb{R}$, $a_1, a_2 > 0$ 且 $\beta_2 \geqslant \beta_1 \geqslant 1$. 另外,

$$\begin{aligned}
E(u) &= \int_{\mathbb{R}} \frac{1}{2}uMu - \frac{1}{(p+2)(p+1)}u^{p+2}dx, \\
F(u) &= \frac{1}{2}\int_{\mathbb{R}} u^2 dx, \\
V(u) &= \int_{\mathbb{R}} u dx
\end{aligned} \tag{6.4.4}$$

在方程 (6.4.2) 下是守恒的.

注意到, 方程 (6.4.2) 包含下列基本模型: 广义 KdV 方程 (6.2.3)、广义 Benjamin-Ono 方程

$$u_t - \mathcal{H}u_{xx} + u^p u_x = 0, \tag{6.4.5}$$

以及中间的长波方程 (Intermediate Long-Wave 方程)

$$u_t - M_H u_x + u^p u_x = 0, \tag{6.4.6}$$

其中 $\mathcal{H}$ 表示 Hilbert 算子

$$\mathcal{H}f(x) = \frac{1}{\pi}p.v.\int \frac{f(y)}{x-y}dy = \frac{1}{\pi}\lim_{\epsilon\to 0}\int_{|y-x|\geqslant\epsilon}\frac{f(y)}{x-y}dy,$$

$$\widehat{\mathcal{H}f}(\xi) = -i\mathrm{sgn}\,\hat{f}(\xi).$$

$$\alpha_H(\xi) = \xi\coth(\xi H) - \frac{1}{H}, \quad H \in (0,\infty),$$

M_H 是由 α_H 生成的伪微分算子.

通过考虑 $c > \inf_{\xi\in\mathbb{R}}\alpha(\xi)$, 可得 $M + c$ 表示一个正算子. 方程 (6.4.2) 的孤立波解 $u(x,t) = \varphi_c(x - ct)$ 一定满足

$$M\varphi_c + c\varphi_c - \frac{1}{p+1}\varphi_c^{p+1} = 0. \tag{6.4.7}$$

6.4.1　稳定性理论概述

假定系统 (6.4.1) 中的 E 是定义在 Hilbert 空间 X 上的光滑实值函数, 其中 $X \hookrightarrow L^2(\mathbb{R})$. 我们假设系统 (6.4.1) 的解具有平移不变性, 即, 如果 $u(t,x)$ 是系统

(6.4.1)的解, 那么 $T_r u(t,x) = u(t, x+r)$ 也是系统 (6.4.1) 的解. 假设系统 (6.4.1) 具有如下光滑曲线的孤立波解:

$$u(t,x) = \varphi_c(x - ct), \tag{6.4.8}$$

其中 $\varphi_c: \mathbb{R} \to \mathbb{R}, c \in I \subseteq \mathbb{R}$. 甚至, 我们还假设存在另一个光滑泛函 $F: X \to \mathbb{R}$ 使得 E 和 F 是系统 (6.4.1) 的守恒量, 并且满足平移不变性. 对每个波速 c, 假设 φ_c 是泛函 $H = E + cF$ 的临界点, 即 $H'(\varphi_c) = 0$. 因此根据形式关系 $H'(T(r)\varphi_c) = T(r)H'(\varphi_c)$ 可得, 对每个 $r \in \mathbb{R}$,

$$H'(T(r)\varphi_c) = 0. \tag{6.4.9}$$

接下来, 由于 $\{T_r\}_{r \in \mathbb{R}}$ 表示 X 上的一个单参数酉正算子, 具有无穷小生成元 $T'(0) = \dfrac{d}{dx}$, 那么根据 (6.4.9) 可得, 对于 $\mathcal{L} = H''(\varphi_c)$,

$$\mathcal{L}\left(\frac{d}{dx}\varphi_c\right) = 0. \tag{6.4.10}$$

因此, $\dfrac{d}{dx}\varphi_c$ 属于线性算子 $\mathcal{L}$ 的核. 算子 $\mathcal{L}$ 是闭的, 自伴, 无界, 并且定义在 L^2 的密子空间上.

我们知道证明行波解 φ_c 的轨道稳定性的关键点是满足下列性质:

$$\begin{cases} \text{存在 } \eta > 0 \text{ 和 } D > 0 \text{ 使得} \\ \quad E(u) - E(\varphi_c) \geqslant D[d(u; \Omega_{\varphi_c})]^2, \\ \text{其中 } d(u; \Omega_{\varphi_c}) < \eta, \quad F(u) = F(\varphi_c). \end{cases} \tag{6.4.11}$$

换句话说, φ_c 是 E 的局部极小值. 因此, 根据 (6.4.11) 和泛函 E 和 F 的连续性、通过在流形 $\mathcal{M} = \{u \in \mathbb{R}: F(u) = F(\varphi_c)\}$ 中的初始扰动, 我们立即可得 Ω_{φ_c} 的轨道稳定性. 对于一般的扰动, 我们可以利用曲线 $c \to \varphi_c$ 的连续性、$c \to F(\varphi_c)$ 的递增性以及三角不等式 (见引理 6.4.11).

现在, 为了得到 (6.4.11), 我们需要得到二次型 $\langle \mathcal{L}f, f \rangle$ 的正定性这个充分条件. 从变分来看, 一个可能的条件是, 对 $f \in T_{\varphi_c}\mathcal{M}$,

$$\langle \mathcal{L}f, f \rangle \geqslant \beta \|f\|_X^2, \tag{6.4.12}$$

其中 $T_{\varphi_c}\mathcal{M}$ 表示 φ_c 中 $\mathcal{M}$ 的切空间. 因为曲线 $t \to T(t)\varphi_c$ 属于 $\mathcal{M}$, 并且

$$\frac{d}{dt}T(t)\varphi_c|_{t=0} = \frac{d}{dx}\varphi_c \in T_{\varphi_c}\mathcal{M},$$

我们有

$$\mathrm{Ker}(\mathcal{L}) \cap T_{\varphi_c}\mathcal{M} \neq \{0\}.$$

因此条件 (6.4.12) 是不够的. 然而, 在轨道稳定性分析中还有另外两个信息. 首先, 区间 $R(\mathcal{L})$ 是闭的, 因此 $\mathrm{Ker}(\mathcal{L})^{\perp} = R(\mathcal{L})$. 其次, 零空间 $\mathrm{Ker}(\mathcal{L})$ 是 φ_c 中临界点 Ω_{φ_c} 族的切空间. 因此, 我们有, 对每个 $f \in T_{\varphi_c}\mathcal{M} \cap \mathrm{Ker}(\mathcal{L})^{\perp}$,

$$\langle \mathcal{L}f, f \rangle \geqslant \beta \|f\|_X^2 \tag{6.4.13}$$

可以充分暗示性质 (6.4.11). 然而, 直接计算条件 (6.4.13) 通常是不方便的, 部分原因是没有要求与算子 $\mathcal{L}$ 直接相关的负特征值的数量. 另外, 一般来说算子 $\mathcal{L}$ 有一个非平凡的负特征空间. 实际上, 考虑

$$\mathcal{L} = M + c - \varphi_c^p,$$

并且孤立波 φ_c 满足方程 (6.4.7). 假定 $\varphi_c > 0$, 那么

$$\langle \mathcal{L}\varphi_c, \varphi_c \rangle = -\frac{p}{p+1}\int \varphi_c^{p+2}(x)dx < 0.$$

因此, 本章的核心将描述由 Weinstein [153], Grillakis, Shatah 和 Strauss [81] 给出的方法, 即如何巧妙地解决这一难题, 并提供一个可计算的式子来保证 (6.4.13) 何时被满足.

6.4.2   轨道稳定性的证明

现在我们建立方程 (6.4.7) 解的轨道稳定性. 为考虑方程 (6.4.2), 我们定义线性空间 $\mathcal{W}$:

$$\mathcal{W} = \left\{ f \in L^2(\mathbb{R}) : \|f\|_{\mathcal{W}} = \left(\int_{-\infty}^{+\infty} (1 + \alpha(\xi)) |\hat{f}(\xi)|^2 d\xi \right)^{1/2} < +\infty \right\},$$

其对偶空间 $\mathcal{W}^*$ 可以理解为所有缓增分布 Φ 的空间, 其 Fourier 变换为 $\hat{\Phi}$:

$$\|\Phi\|_{\mathcal{W}^*} = \left(\int_{-\infty}^{+\infty} \frac{|\hat{\Phi}(\xi)|}{1 + \alpha(\xi)} d\xi \right)^{1/2} < +\infty.$$

注意这是经典 Sobolev 空间 $H^s(\mathbb{R})$ 的自然延拓. $\mathcal{W}$ 和 $\mathcal{W}^*$ 在下文将要被使用, $\Phi(f)$ 表示 $f \in \mathcal{W}$, $\Phi \in \mathcal{W}^*$, 并且写作 (Φ, f). 另外, 因为算子 M 的象征 α 满足条件 (6.4.3), 则空间 $\mathcal{W}$ 连续嵌入到 $H^{1/2}(\mathbb{R})$.

方程 (6.4.2) 可写为下列 Hamilton 形式:

$$\frac{du}{dt} = J\frac{\delta E(u)}{\delta u}, \tag{6.4.14}$$

其中 Hamilton 算子 $J = -\partial_x$, $\delta E(u)/\delta u$ 表示 Hamilton 量 E 的变分导数. 下面我们给出 Grillakis 等 [81] 在方程 (6.4.2) 上理论的基本假设.

假设 6.4.1 (解的存在性) 存在一个 Banach 空间 $(Y, \|\cdot\|_Y)$ 连续嵌入 $\mathcal{W}$, 使得对每个 $u_0 \in Y$, 方程 (6.4.2) 存在 $T = T(\|u_0\|_Y)$ 和唯一解 $u \in \mathcal{C}([-T,T];Y)$ 满足

(1) $u(0) = u_0$;

(2) 对 $t \in [0,T]$, 有 $E(u(t)) = E(u_0)$, $F(u(t)) = F(u_0)$.

假设 6.4.2 (孤立波解的存在性) 存在实数 ω_1, ω_2 使得

(1) 从开区域 (ω_1, ω_2) 到 $\mathcal{W} \subseteq H^{\beta_1/2}(\mathbb{R})$ 的映射 $c \to \varphi_c$ 是 $\mathcal{C}^1$;

(2) $E'(\varphi_c) + cF'(\varphi_c) = 0$, 即 φ_c 是泛函 $E(\varphi_c) + cF(\varphi_c)$ 的临界点.

假设 6.4.3 (谱结构) 对每个 $c \in (\omega_1, \omega_2)$, 定义 $L^2(\mathbb{R})$ 的密子空间上的自伴、闭无界线性算子 $\mathcal{L}_c$

$$\mathcal{L}_c \equiv M + c - \varphi_c^p \tag{6.4.15}$$

满足下列谱性质: 具有一个单的负特征值; 零特征值是单的, 相应的特征函数是 φ_c'; 其余的谱是正的, 且远离 0.

对任意 $\eta > 0$, 定义由 φ_c 生成的轨道 Ω_{φ_c} 的 η-邻域 U_η 记作

$$U_\eta = \left\{ u : u \in \mathcal{W}, \ \inf_{r \in \mathbb{R}} \|u - T_r\varphi_c\|_{\mathcal{W}} < \eta \right\}.$$

那么定义函数 $d(c) = E(\varphi_c) + cF(\varphi_c)$, 对方程 (6.4.2), 我们有下列主要稳定性结果:

定理 6.4.4 假设 6.4.1—假设 6.4.3 成立, 那么 φ_c-轨道是稳定的当且仅当泛函 $d(c)$ 严格凸, 即 $d''(c) > 0$.

注 6.4.5 我们定义区间 (ω_1, ω_2) 形式为 $(-\infty, a)$ 或者 $(b, +\infty)$ 或者 $(\alpha, \beta) \cup (\gamma, \theta)$.

注 6.4.6 如果 φ_c 满足 (6.4.7), 那么通过简单的 Bootstrap 理论可以得到 $\varphi_c \in H^s(\mathbb{R})$ $(s \in \mathbb{R})$. 甚至关于空间变量 x 对方程 (6.4.7) 微分可得

$$\mathcal{L}_c(\varphi_c') = 0. \tag{6.4.16}$$

因此 φ_c' 是 $\mathcal{L}_c$ 的特征向量, 对应的特征值为 0.

注 6.4.7 通过假设 6.4.2 可得 $d'(c) = F(\varphi_c)$, 在定理 6.4.4 中的轨道稳定性的条件可退化为证明

$$d''(c) = \frac{1}{2}\frac{d}{dc}\|\varphi_c\|_{L^2}^2 > 0. \tag{6.4.17}$$

注 6.4.8 方程 (6.4.7) 关于变量 c 微分可得

$$\mathcal{L}_c\left(-\frac{d}{dc}\varphi_c\right) = \varphi_c. \tag{6.4.18}$$

注意, (6.4.18) 暗示了, 对每个 $s \in \mathbb{R}$, $\dfrac{d}{dc}\varphi_c \in H^s(\mathbb{R})$. 现在, 如果对一些 $\psi \in L^2(\mathbb{R})$, 我们有 $\mathcal{L}_c(\psi) = \varphi_c$, 那么通过 (6.4.18) 可得

$$\mathcal{L}_c\left(\frac{d}{dc}\varphi_c + \psi\right) = 0.$$

因此 $\dfrac{d}{dc}\varphi_c + \psi = \theta\varphi_c'$, 并且

$$\langle \psi, \varphi_c \rangle = -\frac{1}{2}\frac{d}{dc}\|\varphi_c\|_{L^2}^2.$$

于是我们可得, 定理 6.4.4 中的条件 $d''(c) > 0$ 换为

$$\text{如果 } \mathcal{L}_c\psi = \varphi_c, \quad \text{那么 } \langle\psi, \varphi_c\rangle = \langle\mathcal{L}_c^{-1}\varphi_c, \varphi_c\rangle < 0, \tag{6.4.19}$$

定理 6.4.4 的结论仍然成立.

下面我们开始证明定理 6.4.4, 这里我们将要把证明分解成几个引理的形式. 首先给出第一个引理.

引理 6.4.9 令 $\epsilon > 0$, 存在一个 C^1 映射 α: $U_\epsilon \to \mathbb{R}$ 使得, 对所有 $u \in U_\epsilon$, $r \in \mathbb{R}$, 有下列性质成立:

(1) $\langle u(\cdot + \alpha(u)), \varphi_c' \rangle = 0$;

(2) $\alpha(u(\cdot + r)) = \alpha(u) - r$;

(3) $\alpha(\varphi_c) = 0$.

证明 对 $(u, \alpha) \in \mathcal{W} \times \mathbb{R}$, 考虑泛函

$$G(u, \alpha) = \int_{-\infty}^{+\infty} u(x + \alpha) \varphi_c'(x) dx.$$

因为 $G(\varphi_c, 0) = 0$, 并且

$$\partial_\alpha G(\varphi_c, 0) = \|\varphi_c'\|_{L^2}^2 \neq 0,$$

则根据隐函数定理, 存在唯一一个 C^1 函数 $\alpha(u)$ 满足 $G(u, \alpha(u))$, 其中 u 属于 φ_c 的球 $B_\epsilon(\varphi_c)$. 现在我们证明引理中 (2) 在 $B_\epsilon(\varphi_c)$ 里也是成立的. 令 $u \in B_\epsilon(\varphi_c)$, $\eta \in \mathbb{R}$ 使得 $u(\cdot + \eta) \in B_\epsilon(\varphi_c)$. 那么根据 $\alpha(u)$ 的唯一性有 $0 = G(u, \alpha(u)) = G(\tau_\eta u, \alpha(u) - \eta)$ 成立, 其中 $\alpha(\tau_\eta u) = \alpha(u) - \eta$.

最后我们将 $\alpha(u)$ 的定义扩展到 $u \in U_\epsilon$. 如果对一些 $s_0 \in \mathbb{R}$, $\|u - \tau_{s_0} \varphi_c\|_{H^{\beta/2}} \leqslant \epsilon$, 我们定义 $\alpha(u) \equiv \alpha(\tau_{-s_0} u) - s_0$. 此定义不依赖于 s_0 的选择. 实际上, 选择 s_1 使得 $\|u - \tau_{s_1} \varphi_c\|_{H^{\beta/2}} \leqslant \epsilon$, 那么 $\tau_{-s_0} u$ 和 $\tau_{-s_1} u$ 属于 $B_\epsilon(\varphi_c)$. 因为 (2) 在 $B_\epsilon(\varphi_c)$ 里成立, 于是我们有 $\alpha(\tau_{s_0 - s_1} \tau_{-s_0} u) = \alpha(\tau_{-s_0} u) - (s_0 - s_1)$. 因此, $\alpha(\tau_{-s_1} u) - s_1 = \alpha(\tau_{-s_0} u) - s_0$. 所以, 对所有 $u \in U_\epsilon$, $\alpha(u)$ 有定义, 并且满足性质 (1) 和 (2). ■

在下一个引理中, 我们将使用由假设 6.4.3 给出的算子 $\mathcal{L}_c$ 的特殊结构.

引理 6.4.10 令 $d''(c) > 0$, 定义

$$\mathcal{A} = \{\psi \in \mathcal{W} : \langle \psi, \varphi_c \rangle = \langle \psi, \varphi_c' \rangle = 0, \ \text{并且} \ \langle \psi, \psi \rangle = 1\}.$$

那么 $\langle \mathcal{L}_c \psi, \psi \rangle > 0$. 甚至有

$$\zeta = \inf\{(\mathcal{L}_c \psi, \psi) | \psi \in \mathcal{A}\} > 0.$$

因此, 存在一个正常数 C 使得对所有 $\psi \in \mathcal{A}$, 有

$$(\mathcal{L}_c \psi, \psi) \geqslant C\|\psi\|_{\mathcal{W}}^2.$$

证明 首先我们证明 $\zeta \geqslant 0$. 实际上, 通过 (6.4.17) 和 (6.4.18), 我们有

$$0 < d''(c) = -\left\langle \mathcal{L}_c \frac{d}{dc} \varphi_c, \frac{d}{dc} \varphi_c \right\rangle. \tag{6.4.20}$$

通过假设 6.4.3, 我们可得 $L^2(\mathbb{R})$ 有下列直和分解:

$$L^2(\mathbb{R}) = [\chi_c] \oplus [\varphi_c'] \oplus P \tag{6.4.21}$$

(参考 [99]), 其中 $\chi_c \in \mathscr{D}(\mathcal{L}_c)$ 满足 $\|\chi_c\|_{L^2} = 1$ 和 $\mathcal{L}_c\chi_c = -\lambda^2\chi_c$, $\lambda > 0$. $P_c = \mathscr{D}(\mathcal{L}_c) \cap P$ 记作 $\mathcal{L}_c$ 的正子空间. 存在 $\eta > 0$ 使得, 对 $p \in P_c$,

$$\langle \mathcal{L}_c p, p \rangle \geqslant \eta \|p\|_{L^2}.$$

现在进行谱分解

$$\frac{d}{dc}\varphi_c = a_0\chi_c + b_0\varphi_c' + p_0,$$

其中 $p_0 \in P_c$, $a_0, b_0 \in \mathbb{R}$, 通过关系 $\mathcal{L}_c\varphi_c' = 0$ 可得

$$\langle \mathcal{L}_c p_0, p_0 \rangle = \left\langle \mathcal{L}_c \frac{d}{dc}\varphi_c, p_0 \right\rangle = \left\langle \frac{d}{dc}\varphi_c, \mathcal{L}_c \frac{d}{dc}\varphi_c \right\rangle + a_0^2\lambda^2.$$

因此根据 (6.4.20), 有 $\langle \mathcal{L}_c p_0, p_0 \rangle < a_0^2\lambda^2$. 现在, 令 $\psi = a\chi_c + p$, 其中 $p \in P$. 因此, $p \in W$. 那么根据 (6.4.18) 可得

$$0 = -\langle \varphi_c, \psi \rangle = \left\langle \mathcal{L}_c \frac{d}{dc}\varphi_c, \psi \right\rangle = -a_0 a\lambda^2 + \langle \mathcal{L}_c p_0, p \rangle.$$

因此, 利用事实 $(\mathcal{L}_c p, \chi_c) = \langle p, \mathcal{L}_c\chi_c \rangle = 0$, 可推断

$$\begin{aligned}(\mathcal{L}_c\psi, \psi) &= -a^2\lambda^2 + (\mathcal{L}_c p, p) \\ &\geqslant -a^2\lambda^2 + \frac{|(\mathcal{L}_c p_0, p)|^2}{(\mathcal{L}_c p_0, p_0)} \\ &> -a^2\lambda^2 + \frac{(a_0 a\lambda^2)^2}{a_0^2\lambda^2} = 0,\end{aligned} \tag{6.4.22}$$

其中我们使用了事实 $\Phi(f,g) = (\mathcal{L}_c f, g)$, $f, g \in W \cap P$ 是 P 上的非负二次型. 因此我们有 Schwarz 不等式

$$|\Phi(f,g)|^2 \leqslant (\mathcal{L}_c f, f)(\mathcal{L}_c g, g).$$

因此, 可得 $\zeta \geqslant 0$.

为了证明 $\zeta > 0$, 我们假定 $\zeta = 0$. 则存在一个子序列 $\{\psi_n\} \subseteq \mathcal{A}$ 使得 $(\mathcal{L}_c\psi_n, \psi_n) \to 0$. 那么对 $\psi_n = a_n\chi_c + p_n$, $(\mathcal{L}_c p_n, p_0) = a_0 a_n\lambda^2$, 其中 $p_n \in P$, 根据 (6.4.22), 我们有

$$(\mathcal{L}_c\psi_n, \psi_n) \geqslant a_n^2\left(\frac{a_0^2\lambda^4}{(\mathcal{L}_c p_0, p_0)} - \lambda^2\right) > 0.$$

因此 $a_n^2 \to 0$, 从而 $(\mathcal{L}_c p_n, p_n) \to 0$, 并且它暗示了 $\|p_n\|_{L^2} \to 0$. 因此

$$1 = \|\psi_n\|_{L^2}^2 = a_n^2 \|\chi_c\|_{L^2}^2 + \|p_n\|_{L^2}^2 \to 0,$$

这是矛盾的. 于是对 $\psi \in \mathcal{W}$ 使得 $\langle \psi, \varphi_c \rangle = \langle \psi, \varphi_c' \rangle = 0$, 我们有

$$(\mathcal{L}_c \psi, \psi) \geqslant \zeta \|\psi\|_{L^2}^2. \tag{6.4.23}$$

最后, 从 $\mathcal{L}_c$ 的形式出发, 我们可以用 $\mathcal{W}$ 范数改变 (6.4.23) 右侧的 $L^2(\mathbb{R})$ 范数. 于是完成了引理的证明. ∎

现在, 我们给出证明稳定性定理所需的关键性不等式.

引理 6.4.11 令 $d''(c) > 0$. 那么存在常数 $C > 0$ 和 $\epsilon > 0$ 使得

$$E(u) - E(\varphi_c) \geqslant C \|u(\cdot + \alpha(u)) - \varphi_c\|_{\mathcal{W}}^2, \tag{6.4.24}$$

其中 $u \in U_\epsilon$ 且满足 $F(u) = F(\varphi_c)$.

证明 我们写 u 为下列形式 $u(\cdot + \alpha(u)) = (1 + a)\varphi_c + \psi$, 其中 $\langle \psi, \varphi_c \rangle = 0$, a 是标量. 那么通过 F 的平移不变性和泰勒展示可得

$$F(\varphi_c) = F(u) = F(\varphi_c) + \langle \varphi_c, u(\cdot + \alpha(u)) - \varphi_c \rangle + \mathcal{O}(\|u(\cdot + \alpha(u)) - \varphi_c\|_{\mathcal{W}}^2).$$

中间项正好是 $a\|\varphi_c\|_{L^2}^2$, 所以 $a = \mathcal{O}(\|u(\cdot + \alpha(u)) - \varphi_c\|_{\mathcal{W}}^2)$. 现在定义 $L \colon \mathcal{W} \to \mathbb{R}$,

$$L(u) = E(u) + cF(u).$$

那么另一个泰勒展示给出

$$\begin{aligned}
L(u) &= L(u(\cdot + \alpha(u))) \\
&= L(\varphi_c) + (L'(\varphi_c), v) + \frac{1}{2}(L''(\varphi_c)v, v) + o(\|v\|_{\mathcal{W}}^2),
\end{aligned} \tag{6.4.25}$$

其中 $v \equiv u(\cdot + \alpha(u)) - \varphi_c = a\varphi_c + \psi$. 因为 $F(u) = F(\varphi_c)$, $L'(\varphi_c) = 0$, $L''(\varphi_c) = \mathcal{L}_c$, (6.4.25) 可重新写为

$$\begin{aligned}
E(u) - E(\varphi_c) &= \frac{1}{2}(\mathcal{L}_c \psi, \psi) + \mathcal{O}(a^2) + \mathcal{O}(a\|v\|_{\mathcal{W}}) + o(\|v\|_{\mathcal{W}}^2) \\
&= \frac{1}{2}(\mathcal{L}_c \psi, \psi) + o(\|v\|_{\mathcal{W}}^2).
\end{aligned}$$

通过引理 6.4.9, 我们有 $\langle \psi, \varphi_c' \rangle = 0$. 因此引理 6.4.10 暗示了

$$E(u) - E(\varphi_c) \geqslant \frac{1}{2}C_1 \|\psi\|_{H^{\beta/2}}^2 + o(\|v\|_{\mathcal{W}}^2),$$

其中常数 $C_1 > 0$. 因为 $\|\psi\|_{\mathcal{W}} \geqslant \|v\|_{\mathcal{W}} - |a|\|\varphi_c\|_{\mathcal{W}} \geqslant \|v\|_{\mathcal{W}} - \mathcal{O}(\|v\|_{\mathcal{W}}^2)$, 我们有当 $\|v\|_{\mathcal{W}}$ 充分小时,

$$E(u) - E(\varphi_c) \geqslant C\|v\|_{\mathcal{W}}^2,$$

从而证明了 (6.4.24), 于是我们完成了引理 6.4.11 的证明. ∎

下面我们开始证明定理 6.4.4.

定理 6.4.4 的证明　反证法. 假设 $d''(c) > 0$, Ω_{φ_c} 是 $\mathcal{W}$-不稳定 (参考定义 6.2.2). 那么我们可以选择初值 $w_k \equiv u_k(0) \in U_{1/k} \cap Y$ 和 $\epsilon > 0$ 使得

$$\inf_{r \in \mathbb{R}} \|w_k - \varphi_c(\cdot + r)\|_{\Omega} \to 0.$$

但是

$$\sup_{t \in \mathbb{R}} \inf_{r \in \mathbb{R}} \|u_k(t) - \varphi_c(\cdot + r)\|_{\Omega} \geqslant \epsilon,$$

其中 $u_k(t)$ 是以初值为 w_k 的 Cauchy 问题的方程 (6.4.2) 的解. 现在, 通过时间 t 的连续性, 我们可以选择第一个时间 t_k 使得

$$\inf_{r \in \mathbb{R}} \|u_k(t_k) - \varphi_c(\cdot + r)\|_{\Omega} = \frac{\epsilon}{2}. \tag{6.4.26}$$

因为 E 和 F 是 Ω 上的连续函数, 通过守恒量和平移不变性可得, 当 $k \to \infty$ 时,

$$E(u_k(t_k)) = E(w_k) \to E(\varphi_c), \quad F(u_k(t_k)) \to F(\varphi_c).$$

下面, 选择 $u_k \in U_\epsilon$ 使得当 $k \to \infty$ 时, $F(v_k) = F(\varphi_c)$, $\|v_k - u_k(t_k)\|_{\Omega} \to 0$. 事实上, 因为当 k 充分大时, $F(w_k) \neq 0$. 定义 $\{\alpha_k\} \subset \mathbb{R}$ 使得 $F(\alpha_k w_k) = F(\varphi_c)$. 那么当 $k \to \infty$ 时, $\alpha_k^2 \to 1$. 现在定义 $v_k \equiv \alpha_k u_k(t_k)$. 那么我们有下列成立:

(1) $F(v_k) = \alpha_k^2 F(u_k(t_k)) = \alpha_k^2 F(w_k) = F(\varphi_c)$.

(2) 因为 $\|u_k(t_k)\|_{\Omega} \leqslant C_0$, $k \in \mathbb{N}$, 我们有当 $k \to \infty$ 时,

$$\|v_k - u_k(t_k)\|_{\Omega} = |\alpha_k - 1|\|u_k(t_k)\|_{\Omega} \to 0.$$

(3) 我们有 $v_k \in U_\epsilon$. 实际上, $\|v_k - \varphi_c(\cdot + r)\|_{\Omega} \leqslant \frac{\epsilon}{3} + \|u_k(t_k) - \varphi_c(\cdot + r)\|_{\Omega}$ 暗示了

$$\inf_{r \in \mathbb{R}} \|v_k - \varphi_c(\cdot + r)\|_{\Omega} \leqslant \frac{\epsilon}{3} + \inf_{r \in \mathbb{R}} \|u_k(t_k) - \varphi_v(\cdot + r)\|_{\Omega} = \frac{5\epsilon}{6} < \epsilon.$$

通过引理 6.4.11, 我们有

$$0 \leftarrow E(v_k) - E(\varphi_c) \geqslant C\|v_k(\cdot + \alpha(v_k)) - \varphi_c\|_\Omega^2 = C\|v_k - \varphi_c(\cdot - \alpha(v_k))\|_\Omega^2.$$

因此, 不等式

$$\|u_k(t_k) - \varphi_c(\cdot - \alpha(v_k))\|_\Omega \leqslant \|u_k(t_k) - v_k\|_\Omega + \|v_k - \varphi_c(\cdot - \alpha(v_k))\|_\Omega$$

暗示了当 $k \to \infty$ 时,

$$\|u_k(t_k) - \varphi_c(\cdot - \alpha(v_k))\|_\Omega \to 0,$$

与 (6.4.26) 矛盾. 因此我们一定有 Ω_{φ_v} 是 $\mathcal{W}$-稳定的. 于是完成了定理的证明. ∎

注 6.4.12 我们注意到, 利用条件 (6.4.19) 代替条件 $d''(c) > 0$ 时, 引理 6.4.10 和引理 6.4.11 仍然成立.

6.4.3 KdV 类型方程孤立波解的轨道稳定性

本小节, 我们应用定理 6.4.4 给出方程 (6.4.2) 中伪微分算子 M 是齐次时的轨道稳定性. 具体地说, 方程 (6.4.2) 中 M 满足

$$\widehat{Mu}(\xi) = |\xi|^\beta \hat{u}(\xi), \tag{6.4.27}$$

$\beta \geqslant 1$. 如果假设 6.4.1—假设 6.4.3 成立, 那么根据定理 6.4.4, 我们只需要找 $d''(c)$ 的表达式即可. 实际上, 通过考虑新的变量 $\varphi(\xi) = c^{-1/p}\varphi_c(c^{-1/\beta}\xi)$, 可得 φ 是方程

$$M\varphi + \varphi - \frac{1}{p+1}\varphi^{p+1} = 0$$

的解. 注意 φ 不依赖于波速 c. 因此我们有下列结果.

定理 6.4.13 令 M 满足 (6.4.27). 如果 $p < 2\beta$, 那么由孤立波解 φ_c 产生的轨道是 $H^{\beta/2}$ 稳定的.

证明 因为 $\varphi(\xi) = c^{1/p}\varphi_c(c^{1/\beta}\xi)$, 根据 (6.4.20) 可得

$$\begin{aligned}
d''(c) &= \frac{1}{2}\frac{d}{dc}\int_{-\infty}^{+\infty} c^{2/p}\varphi_c^2(c^{1/\beta}\xi)d\xi \\
&= \frac{1}{2}\|\varphi\|_{L^2}^2 \frac{d}{dc}c^{2/p-1/\beta} \\
&= \frac{1}{2}\left(\frac{2}{p} - \frac{1}{\beta}\right)c^{\frac{2}{p}-\frac{1}{\beta}-1}\|\varphi\|_{L^2}^2. \tag{6.4.28}
\end{aligned}$$

因此, $d''(c) > 0 \Leftrightarrow p < 2\beta$. ■

6.5 孤立波解的轨道稳定性和不稳定性

本节我们主要介绍由 De Bouard [44] 提出的关于高维广义 KdV 类型的方程和二维广义 Benjamin-Bona-Mahony (BBM) 类型的方程的一些正的且径向对称的孤立波解的轨道稳定性和不稳定性结果. 首先考虑下列 Zakharov-Kuznetsov (ZK) 类型的方程:

$$\partial_t u + \Delta \partial_{x_1} u + \partial_{x_1}(f(u)) = 0, \tag{ZK}$$

其中 $x = (x_1, x') \in \mathbb{R}^n = \mathbb{R} \times \mathbb{R}^{n-1}$, $n \geqslant 2$. 方程 (ZK) 是一维 KdV 方程在高维情况下的广义形式. 特别地, 当 $f(u) = \frac{1}{2}u^2$ 时, 第一次被 Zakharov 和 Kuznetsov [159] 以三维的形式推导出, 用来描述磁化等离子体中的离子声波. 于是方程 (ZK) 称作 ZK 类型的方程. 在二维情况时, Melkonian 和 Malsowe [116] 也证明了沿垂直平面流动的薄膜自由表面的二维长波的振幅方程, 用来降低表面流体的张力和增加黏度的方程.

其次考虑

$$\partial_t u - \Delta \partial_t u + (f(u))_{x_1} = 0, \tag{BBM}$$

其中 $x = (x_1, x_2) \in \mathbb{R}^2$. 很自然, (BBM) 是 BBM 方程在二维下的广义形式, 描述了长波在通道中的单向传播, 是 KdV 方程的另一种模型.

这里我们主要考虑正的、径向对称的且以波速 c 沿着 x_1 方向传播的孤立波解, 即 $u(t, x) = \varphi_c(x_1 - ct, x')$. 对方程 (ZK), 这些特殊构造的解扮演了非常重要的作用, 特别对 $f(u) = \frac{1}{2}u^2$ 时的情况. 根据 Iwasaki, Toh 和 Kawahara [97] 的数值计算, KdV 方程的一维孤立子是二维不稳定的. 也就是说, 考虑方程 (ZK) $(n = 2)$ 的解, 就像在这里考虑的一样, 它的扰动导致了一个 "钟形" 孤立波解的形成. 因为 KdV 方程的一维孤立子本身似乎是 KdV 方程局部解演化的基本结构, 这表明 "钟形脉冲" 也是如此, 它们是方程 (ZK) 在高维下的解.

另外, 这一数值结果也表明, 孤立波解在 $f(u) = \frac{1}{2}u^2$ 情况下是稳定的. 在这里, 我们考虑一般的一个半线性项 $f(u)$ 满足一些增长条件 (具体说明见 6.5.1 节). 文献 [19] 中证明了广义 KdV 方程 (ZK) $(n = 1)$, 在下列特殊情况下

$$f(u) = \frac{u^{p+1}}{p+1}, \quad p \geqslant 1,$$

当且仅当 $p < 4$ 时孤立波解是稳定的. 本节介绍的结果是将他们的结果推广到了二维和三维中, 得到如果

$$f(u) = \frac{u^{p+1}}{p+1}, \quad 1 \leqslant p < \frac{4}{n-2},$$

当且仅当 $p < 4/n$ 时孤立波解是稳定的.

对于方程 (BBM), $n = 2$, $f(u) = u + u^p$. De Bouard [44] 证明了当且仅当 $p > 3$, $1 < c \leqslant c_0$ 时孤立波解是不稳定的, 其中 c_0 是依赖于 p 的临界速度. 这一结果在定性上与一维的情况是相同的: 文献 [137] 中证明了, 当且仅当 $p > 5$, $1 < c \leqslant c_0'$ 时, 方程 (BBM) ($n = 1$, $f(u) = u + u^p$) 的孤立波解是不稳定的. 注意在 $n = 1$ 或 $n = 2$ 的情况下, 临界 $p = 1 + 4/n$, 临界速度如果存在, 则是下列等式的正根

$$\delta(c) = (\sigma + \sigma^2)c^2 - \sigma nc + \frac{n}{2}\left(\frac{n}{2} - 1\right),$$

其中 $\sigma = 2/(p-1)$.

根据 6.4 节提到的孤立波解稳定性的方法, 应用方程 (ZK) 的守恒量

$$E(u) = \frac{1}{2}\int_{\mathbb{R}^n}(|\nabla u|^2 - F(u))dx, \quad Q(u) = \frac{1}{2}\int_{\mathbb{R}^n}u^2 dx$$

和方程 (BBM) 的守恒量

$$E(u) = -\int_{\mathbb{R}^2}F(u)dx, \quad Q(u) = \frac{1}{2}\int_{\mathbb{R}^2}(|\nabla u|^2 + u^2)dx,$$

其中 $F' = f$, $F(0) = 0$, 同样在两个方程中, 孤立子 φ_c 是 $E(u) + cQ(u)$ 的临界点, 孤立波是稳定的充要条件是: $d''(c) > 0$. 但是为了证明不稳定性, 这里引入文献 [19,137] 中的方法, 我们需要得到解的原始的估计. 对于方程 (ZK) ($n = 2$ 或者 $n = 3$), De Bouard 利用线性发展方程的基本解得到了这些估计. 注意当 $n > 3$ 时, 这些基本解不能对方程 (ZK) 的解得到适当的界, 这也是这里介绍的不稳定性结果限制在二维和三维上的原因 (见注 6.5.5). 对于方程 (BBM), De Bouard 利用 Biler, Dziubanski 和 Hebisch [17] 的结果, 并进行一些适当的修改, 得到了线性发展方程的解的 L^∞ 衰减估计. 同样, 当 $n > 2$ 时, 这个 L^∞ 衰减估计是否有效是不清楚的 (见注 6.5.21).

6.5.1　方程 (ZK) 孤立波解的轨道稳定性和不稳定性

本小节研究 Zakharov-Kuznetsov 类型的方程 (ZK). 这里考虑 $n = 2$ 或 $n = 3$ 并且我们假设 f 是正则实值函数满足 $f(0) = f'(0) = 0$. 更精确地说, 考虑对于 $s > 1 + (n/2)$, $f \in \mathcal{C}^{s+1}(\mathbb{R}^n)$. 另外, 假设当 $s \to \infty$ 时, $f(s) = \mathcal{O}(|s|^{p+1})$ 且 $0 < p < 4/(n - 2)$. 这个假设确保了孤立波解 $\varphi_c(x)$ 的存在性.

现在我们给出方程 (ZK) 孤立波解的存在性和唯一性结果, 并且给出一个在得到不稳定时需要的估计. 首先给出适定性结果, 这通过 Kato 定理 (参考 [98]) 很容易被得到.

命题 6.5.1　令 $s > 1 + n/2$ 使得 $f \in \mathcal{C}^{s+1}(\mathbb{R}^n)$. 那么对任意 $u_0 \in H^s(\mathbb{R}^n)$, $\exists t_*(\|u_0\|_s) > 0$ 使得方程 (ZK) 存在唯一解 $u \in \mathcal{S}([0, t_*), H^s(\mathbb{R}^n))$, 其中 $u(0) = u_0$. 另外, 对所有 $t \in [0, t_*)$, $u(t)$ 满足 $E(u(t)) = E(u_0)$, $Q(u(t)) = Q(u_0)$, 其中

$$E(u) = \frac{1}{2}\int_{\mathbb{R}^n} |\nabla u|^2 dx - \int_{\mathbb{R}^n} F(u) dx, \quad Q(u) = \frac{1}{2}\int_{\mathbb{R}^n} u^2 dx.$$

$F' = f$, $F(0) = 0$.

如在文献 [19] 中, 为了估计不稳定性结果, 我们需要估计 $\int_{x_1}^{+\infty} u(z, x', t) dz$, 但是命题 6.5.1 没有得到解在无穷远处的快速衰减结果. 于是下面的引理 6.5.2 先证明解在加权空间的存在性结果, 定理 6.5.3 给出 $\int_{x_1}^{+\infty} u(z, x', t) dz$ 的估计.

引理 6.5.2　令 $s > 1 + n/2$, $u_0 \in H^s \cap L^2(w^2 dx)$, 且 $w(x) = w(x_1) = (1 + |x_1|^2)^{1/4}$. 那么, 方程 (ZK) 的解 $u \in L^\infty(0, t_*; L^2(w^2 dx)) \cap \mathcal{C}([0, t_*); H^s)$, 且满足

$$\|u(t)\|_{L^2(w^2 dx)} \leqslant C(1 + t)^{1/2},$$

并对任意时间 t, $0 \leqslant t \leqslant t_1 < t_*$, 其中 C 是仅依赖于

$$\sup_{0 \leqslant t \leqslant t_1} \|u(t)\|_{H^1} + \|u_0\|_{L^2(w^2 dx)}$$

的常数.

证明　令 $v(x, t) = w(x)u(x, t)$, 那么 v 满足

$$v_t + w\Delta u_{x_1} + w(f(u))_{x_1} = 0.$$

将上述方程与 $v = wu$ 作内积, 并利用分部积分可得

$$\frac{1}{2}\frac{d}{dx}\int_{\mathbb{R}^n} v^2(x,t)dx + \frac{1}{2}\int_{\mathbb{R}^n}(w^2)_{x_1}|\nabla u|^2 dx + \int_{\mathbb{R}^n}(w^2)_{x_1}|u_{x_1}|^2 dx$$

$$+ \int_{\mathbb{R}^n}(w^2)_{x_1 x_1}u_{x_1}udx + \int_{\mathbb{R}^n}(w^2)_{x_1}F(u)dx - \int_{\mathbb{R}^n}(w^2)_{x_1}uf(u)dx = 0.$$

因为 $(w^2)_{x_1}$ 和 $(w^2)_{x_1 x_1}$ 在 $\mathbb{R}^n$ 上是有界的, 我们有

$$\int_{\mathbb{R}^n} v^2(x,t)dx \leqslant C(1+t),$$

其中 C 仅依赖于 $\|wu_0\|_{L^2}$ 和 $\sup\limits_{x \leqslant t_1}\|u(t)\|_{H^1}$. ∎

下面我们展示 $\displaystyle\int_{x_1}^{\infty} u(z,x',t)dz$ 的估计.

定理 6.5.3 令 $s > 2 + n/2$, $n = 2$ 或 3, 并且 $u_0 \in H^s(\mathbb{R}^n)$,

$$\int_{\mathbb{R}^n}(1+|x_1|^{5/4})|u_0(x)|dx < \infty, \quad \int_{\mathbb{R}^n}(1+|x_1|^2)^{1/2}|u_0(x)|^2 dx < +\infty.$$

那么, 如果 $u(t)$ 是方程 (ZK) 的解, $u(0) = u_0$, 我们有

$$\left\|\int_{x_1}^{+\infty} u(z,x',t)dz\right\|_{L^r(\mathbb{R}^{n-1}_{x'})} \leqslant C[t^{-3/4}(1+|x_1|^{5/4}) + t^{1/4}(1+t^{1/4}+|x_1|^{1/4})],$$

其中 $\begin{cases} r = \infty, & \text{如果} n = 2, \\ r = 2, & \text{如果} n = 3, \end{cases}$ $0 \leqslant t \leqslant t_1, t_1 \in [0, t_*)$, 常数 C 仅依赖于

$$\sup\limits_{0 \leqslant t \leqslant t_1}\|u(t)\|_{H^1} + \int_{\mathbb{R}^n}(1+|x_1|^{5/4})|u_0(x)|dx + \int_{\mathbb{R}^n}(1+|x_1|^2)^{1/2}|u_0(x)|^2 dx.$$

证明 如文献 [19, 命题 2.1] 的证明一样, 如果 $u_0 \in H^s(\mathbb{R}^n)$, 对每个 $x' \in \mathbb{R}^{n-1}$, $\displaystyle\int_{-\infty}^{+\infty} u_0(z,x')dz$ 收敛, 那么对每个 $x' \in \mathbb{R}^{n-1}$, $t \in [0, t_*)$, $\displaystyle\int_{-\infty}^{+\infty} u(z,x',t)dz$ 收敛并且等于 $\displaystyle\int_{-\infty}^{+\infty} u_0(z,x')dz$. 因此在定理 6.5.3 的假设下 $\displaystyle\int_{x_1}^{+\infty} u(z,x',t)dz$ 有定义. 如果 $u(x_1,x',t)$ 是方程 (ZK) 的解, 那么 $\displaystyle\int_{x_1}^{+\infty} u(z,x',t)dz$ 是下列方程

$$\begin{cases} U_t + \Delta U_{x_1} - f(u) = 0, \\ U(0) = \displaystyle\int_{x_1}^{+\infty} u_0(z,x')dz \end{cases} \tag{6.5.1}$$

的解. 定义 $G(x,t)$ 是下列方程:

$$\begin{cases} G_t + \Delta G_{x_1} = 0, \\ U(0) = \delta_0 \end{cases} \tag{6.5.2}$$

的基本解. 我们需要证明下列引理.

引理 6.5.4　若 $\begin{cases} r = \infty, & \text{如果} n = 2, \\ r = 2, & \text{如果} n = 3, \end{cases}$ 那么对任意 $t > 0$, 有

$$\|G(x_1, \cdot, t)\|_{L^r(\mathbb{R}^{n-1})} \leqslant Ct^{-2/3} \exp\left(-\frac{2}{3}\frac{x_1^{3/2}}{t^{1/2}}\right), \quad \text{当} x_1 \geqslant 0,$$

$$\|G(x_1, \cdot, t)\|_{L^r(\mathbb{R}^{n-1})} \leqslant C(t^{-3/4}|x_1|^{1/4} + t^{-2/3}), \quad \text{当} x_1 \leqslant 0.$$

引理6.5.4 的证明放在后面, 现在我们继续证明定理 6.5.3. 令 $\mathcal{H}$ 是 Heaviside 函数, 并且 $\beta(x') = \displaystyle\int_{\mathbb{R}} u_0(z, x')dz$. 那么方程(6.5.1) 的解 $U(x_1, x', t) = \displaystyle\int_{x_1}^{+\infty} u(z, x', t)dz$ 满足

$$U(x_1, x', t) = \int_{\mathbb{R}^n} G(x - y, t)U(y, 0)dy - \int_0^t \int_{\mathbb{R}^n} G(x - y, t - \tau)f(u(y, \tau))dyd\tau.$$

首先上式等号右边的第一项可重新写为

$$\int_{\mathbb{R}^n} G(x - y, t)\beta(y')\mathcal{H}(-y_1)dy + \int_{\mathbb{R}^n} G(x - y, t)[U(y, 0) - \beta(y')\mathcal{H}(-y_1)]dy.$$

令 $K_1(x_1, x', t) = \displaystyle\int_{\mathbb{R}^n} G(x_1 - y_1, x' - y', t)\beta(y')\mathcal{H}(-y_1)dy$, 那么, 利用引理 6.5.4 可得

$$\begin{aligned} &\|K_1(x_1, \cdot, t)\|_{L^r(\mathbb{R}^{n-1})} \\ &\leqslant \int_{\mathbb{R}} \mathcal{H}(-y_1)\|G(x_1 - y_1, \cdot, t) * \beta\|_{L^r(\mathbb{R}^{n-1})}dy_1 \\ &\leqslant \int_{-\infty}^0 \|\beta\|_{L^1(\mathbb{R}^{n-1})}\|G(x_1 - y_1, \cdot, t)\|_{L^r(\mathbb{R}^{n-1})}dy_1 \\ &\leqslant C\|u_0\|_{H^1}\int_{-\infty}^0 t^{-2/3}e^{-2/3(x_1 - y_1)^{3/2}t^{-1/2}}\mathcal{H}(x_1 - y_1)dy_1 \\ &\quad + C\|u_0\|_{H^1}\int_{-\infty}^0 (t^{-2/3} + t^{-3/4}|x_1 - y_1|^{1/4})\mathcal{H}(y_1 - x_1)dy_1 \\ &\leqslant C\|u_0\|_{H^1}t^{-2/3}\int_{\max(x_1, 0)}^{+\infty} e^{-2/3z^{3/2}t^{-1/2}}dz \end{aligned}$$

$$+ C\|u_0\|_{H^1} \int_{\min(x_1,0)}^0 (t^{-2/3} + t^{-3/4} z^{1/4}) dz$$

$$\leqslant C\|u_0\|_{H^1} (t^{-2/3}(1 + |x_1|) + t^{-1/3} + t^{-3/4}|x_1|^{5/4}).$$

现在, 令 $K_2(x_1, x', t) = \int_{\mathbb{R}^n} G(x_1 - y_1, x' - y', t)[U(y, 0) - \mathcal{H}(-y_1)\beta(y')] dy_1 dy'$, 那么根据引理 6.5.4 有

$$\|K_2(x_1, \cdot, t)\|_{L^r(\mathbb{R}^{n-1})}$$

$$\leqslant \int_{\mathbb{R}} \|G(x_1 - y_1, \cdot, t)\|_{L^r} \|U(y_1, \cdot, 0) - \mathcal{H}(-y_1)\beta\|_{L^1} dy_1$$

$$\leqslant Ct^{-2/3} \|U - \mathcal{F}^{-1}\mathcal{H} \otimes \beta\|_{H^1}$$

$$+ Ct^{-3/4} \int_{\mathbb{R}} \int_{\mathbb{R}^{n-1}} |x_1 - y_1|^{1/4} |U(y_1, y', 0) - \beta(y')\mathcal{H}(-y_1)| dy' dy_1$$

$$\leqslant Ct^{-2/3} |U - \mathcal{F}^{-1}\mathcal{H} \otimes \beta\|_{H^1}$$

$$+ Ct^{-3/4} \int_{\mathbb{R}} \int_{\mathbb{R}^{n-1}} |x_1|^{1/4} |U(y_1, y', 0) - \beta(y')\mathcal{H}(-y_1)| dy' dy_1$$

$$+ Ct^{-3/4} \int_{\mathbb{R}} \int_{\mathbb{R}^{n-1}} (1 + |y_1|^{1/4}) |U(y_1, y', 0) - \beta(y')\mathcal{H}(-y_1)| dy' dy_1,$$

其中 $(\check{\mathcal{H}} \otimes \beta)(y) = \check{\mathcal{H}}(y_1)\beta(y')$, $\check{\mathcal{H}}(y_1) = \mathcal{H}(-y_1)$. 另一方面, 很容易看到

$$\int_{\mathbb{R}^n} (1 + |y_1|^{1/4}) |U(y, 0) - \mathcal{H}(-y_1)\beta(y')| dy_1 dy'$$

$$\leqslant \int_{\mathbb{R}^{n-1}} \int_0^{+\infty} \int_0^x (1 + |y_1|^{1/4}) |u_0(z, y')| dy_1 dz dy'$$

$$+ \int_{\mathbb{R}^{n-1}} \int_{-\infty}^0 \int_z^0 (1 + |y_1|^{1/4}) |u_0(z, y')| dy_1 dz dy'$$

$$\leqslant C \int_{\mathbb{R}^n} (1 + |z|^{5/4}) |u_0(z, y')| dz dy',$$

并且我们推导出

$$\|K_2(x_1, \cdot, t)\|_{L^r(\mathbb{R}^{n-1})} \leqslant C\|(1 + |y_1|^{5/4}) u_0\|_{H^1} (t^{-2/3} + t^{-3/4}(1 + |x_1|^{1/4})).$$

因此仍需要估计这一项 $K_3(x_1, x', t) = \int_0^t \int_{\mathbb{R}^n} G(x_1 - y_1, x' - y', t - \tau) f(u(y_1, y', \tau)) dy d\tau$. 通过引理 6.5.4, 我们有

$$\|K_3(x_1, \cdot, t)\|_{L^r(\mathbb{R}^{n-1})}$$

$$\leqslant \int_0^t \int_{\mathbb{R}} \|G(x_1 - y_1, \cdot, t - \tau) * f(u(y_1, \cdot, \tau))\|_{L^r(\mathbb{R}^{n-1})} dy_1 d\tau$$

$$\leqslant \int_0^t \int_{\mathbb{R}} \|G(x_1 - y_1, \cdot, t - \tau)\|_{L^r(\mathbb{R}^{n-1})} \|f(u(y_1, \cdot, \tau))\|_{L^1(\mathbb{R}^{n-1})} dy_1 d\tau$$

$$\leqslant C \int_0^t (t - \tau)^{-2/3} \|f(u(\cdot, \tau))\|_{H^1} d\tau$$

$$+ C \int_0^t \int_{\mathbb{R}} |x_1 - y_1|^{1/4} (t - \tau)^{-3/4} \|f(u(y_1, \cdot, \tau))\|_{L^1(\mathbb{R}^{n-1})} dy_1 d\tau,$$

记 $f(s) = s^2 g(s)$, 其中 $g(s)$ 有关于 s 的界, 且满足 $|g(s)| \leqslant C|s|^{p-1}$ 当 $|s| \leqslant 1$, $1 \leqslant p < 4/(n-2)$ 时, 因此

$$\int_{\mathbb{R}^n} |f(u(x, \tau))| dx \leqslant C(\|u(\tau)\|_{H^1}).$$

于是

$$\|K_3(x_1, \cdot, t)\|_{L^r(\mathbb{R}^{n-1})}$$

$$\leqslant C \left(\sup_{0 \leqslant \tau \leqslant t_1} \|u(\tau)\|_{H^1} \right) (t^{1/3} + |x_1|^{1/4} t^{1/4})$$

$$+ C \int_0^t \int_{\mathbb{R}^n} (1 + |y_1|^2)^{1/8} (t - \tau)^{-3/4} |f(u(y_1, y', \tau))| dy d\tau.$$

同样的方式, 通过引理 6.5.2, 我们有

$$\int_{\mathbb{R}^n} (1 + |y_1|^2)^{1/8} |f(u(y_1, y', \tau))| dy$$

$$\leqslant \left(\int_{\mathbb{R}^n} (1 + |y_1|^2)^{1/2} |u|^2 dy \right)^{1/4} \left(\int_{\mathbb{R}^n} |u(y, \tau)|^2 |g(u(y, \tau))|^{4/3} dy \right)^{3/4}$$

$$\leqslant C \|u(\tau)\|_{H^1} \left(\int_{\mathbb{R}^n} (1 + |y_1|^2)^{1/2} |u|^2 dy \right)^{1/4}$$

$$\leqslant C \left(\sup_{0 \leqslant s \leqslant t_1} \|u(s)\|_{H^1} \right) (1 + \tau)^{1/4}.$$

因此

$$\int_0^t (t - \tau)^{-3/4} \int_{\mathbb{R}^n} (1 + |y_1|^2)^{1/8} |f(u(y_1, y', \tau))| dy d\tau$$

$$\leqslant C \left(\sup_{0 \leqslant s \leqslant t_1} \|u(s)\|_{H^1} \right) t^{1/4} (1 + t^{1/4}).$$

综上可得

$$\|K_3(x_1,\cdot,t)\|_{L^r(\mathbb{R}^{n-1})} \leqslant C(t^{1/3} + t^{1/4} + |x_1|^{1/4}).$$

从而我们完成了定理 6.5.3 的证明. ∎

现在, 我们给出引理 6.5.4 的证明.

证明　这里, 我们仅仅证明 $n = 2$ 的情况. 因为 $n = 3$ 的情况是类似的, 甚至更简单. 对任意 $x = (x_1, x_2) \in \mathbb{R}^2$, $t > 0$, 利用 Fourier 变换和变量替换, 我们有

$$G(x_1,\cdot,t) = Ct^{-2/3}\int_{\mathbb{R}} A_i(t^{-1/3}x_1 + \eta^2)e^{it^{-1/3}x_2\eta}d\eta,$$

其中 A_i 表示 Airy 函数, 定义为

$$A_i(x) = \int_{\mathbb{R}} e^{i\xi^3 + iy\xi^2}d\xi, \quad y \in \mathbb{R}.$$

因此

$$\|G(x_1,\cdot,t)\|_{L^\infty(\mathbb{R}_{x_2})} \leqslant Ct^{-2/3}\int_{\mathbb{R}} |A_i(t^{-1/3}x_1 + \eta^2)|d\eta.$$

令 $B(x_1, t) = \int_{\mathbb{R}} |A_i(t^{-1/3}x_1 + \eta^2)|d\eta$. 为得到 B 的估计, 下面分两种情况考虑.

(a) $x_1 \geqslant 0$. 对任意 $z \geqslant 0$, 易知 $|A_i(z)| \leqslant C\exp(-2/3z^{3/2})$ (可以参考文献 [74]), 使得对于 $x_1 \geqslant 0$, $t > 0$, 有 $B(x_1, t)| \leqslant C\exp(-2/3t^{-1/2}x_1^{3/2})$. 因此

$$\|G(x_1,\cdot,t)\|_{L^\infty(\mathbb{R}_{x_2})} \leqslant Ct^{-2/3}\exp(-2/3t^{-1/2}x_1^{3/2}), \quad \forall x_1 \geqslant 0, \quad t > 0.$$

(b) $x_1 \leqslant 0$. 令

$$B_1(x_1, t) = \int_{\eta^2 + t^{-1/3}x_1 \geqslant 0} |A_i(t^{-1/3}x_1 + \eta^2)|d\eta.$$

那么根据 Airy 函数的界易得 B_1 是有界的且不依赖于 x_1 和 $t > 0$. 因此, 我们考虑

$$\begin{aligned} B_2(x_1, t) &= \int_{\eta^2 + t^{-1/3}x_1 < 0} |A_i(\eta^2 + t^{-1/3}x_1)|d\eta \\ &= \frac{1}{2}\int_{t^{-1/3}x_1}^0 |A_i(z)|(z - t^{-1/3}x_1)^{-1/2}dz. \end{aligned}$$

现在, 对 $z \leqslant 0$, $A_i(z) \leqslant C|z|^{-1/4}$ (参考文献 [74]), 有

$$|B_2(x_1, t)| \leqslant C\int_{t^{-1/3}x_1}^0 |z|^{-1/4}(z - t^{-1/3}x_1)^{-1/2}dz \leqslant Ct^{-1/12}|x_1|^{1/4}.$$

因此当 $x_1 \leqslant 0$ 时,

$$\|G(x_1, \cdot, t)\|_{L^\infty(\mathbb{R}^{x_2})} \leqslant Ct^{-2/3(1+t^{-1/12}|x_1|^{1/4})}. \quad\blacksquare$$

注 6.5.5 同样的方式, 我们很容易得到, 当 $n \geqslant 3$ 且 $x_1 \leqslant 0$ 时,

$$\|G(x_1, \cdot, t)\|_{L^2(\mathbb{R}^{n-1})} \leqslant C(t^{-(n+1)/6} + t^{-n/4}|x_1|^{n/6-1/4}).$$

当 $n \geqslant 4$ 时, 利用这些估计我们努力证明与定理 6.5.3 等价的结果. 然而问题出现在 K_3 包含一项 $t^{-\alpha}$, 其中 $\alpha \geqslant 1$, 关于时间 t 是不可积的.

孤立波和线性算子的谱

考虑方程 (ZK) 具有下列形式的光滑解

$$u(x,t) = \varphi_c(x_1 - ct, x'), \quad x' \in \mathbb{R}^{n-1},$$

那么 φ_c 满足

$$-c\varphi_c\partial_{x_1}\varphi_c + \Delta\partial_{x_1}\varphi_c + (f(\varphi_c))_{x_1} = 0.$$

假设 φ_c 和 $\Delta\varphi_c$ 在无穷远处衰减到 0, 可得

$$-c\varphi_c + \Delta\varphi_x + f(\varphi_c) = 0. \tag{6.5.3}$$

在关于 f 的假设下, 对于 $c > 0$, 方程 (6.5.3) 解的存在性, 可参考 Berestycki 和 Lions 的结果 [16]. 这里我们考虑的是正的且径向对称的解. 回忆下列结果.

定理 6.5.6 假如 f 满足 6.5.1 节中的假设. 令 $c > 0$, 那么方程 (6.5.3) 有正的, 径向对称的解 $\varphi_c \in H^1(\mathbb{R}^n)$, 称为方程 (6.5.3) 的基态解. 此外, 对任意的 $x \neq 0$, $\varphi_c \in \mathcal{C}^\infty(\mathbb{R}^n)$, $\partial_r\varphi_c(r) < 0$, 其中 $r = |x|$. 并且存在 $\delta > 0$ 使得对于多重指标 $\alpha \in \mathbb{N}^n$, $|\alpha| \leqslant 2$, 有 $|\partial^\alpha\varphi_c(x)| \leqslant C_\alpha e^{-\delta|x|}$.

下面考虑定理 6.5.6 中的解 φ_c. 就命题 6.5.1 中 $E(u)$ 和 $Q(u)$ 在 $H^1(\mathbb{R}^n)$ 中的 Fréchet 导数而言, 可得 φ_c 满足

$$E'(\varphi_c) + cQ'(\varphi_c) = 0. \tag{6.5.4}$$

定义线性算子 L_c,

$$L_c = E''(\varphi_c) + cQ''(\varphi_c) = -\Delta + c - f'(\varphi_c), \tag{6.5.5}$$

显然它是从 $H^1(\mathbb{R}^n)$ 到 $H^{-1}(\mathbb{R}^n)$ 的自伴算子. 对方程 (6.5.3) 或者 (6.5.4) 关于 x_j 微分可得

$$L_c \partial_{x_j} \varphi_c = 0, \quad 1 \leqslant j \leqslant n.$$

现在研究定理 6.5.6 中给出的 $c \to \varphi_c$ 曲线的正则性和算子 L_c 的谱问题. 首先我们给出下列假设.

假设 6.5.7 (1) 定理 6.5.6 中关于方程 (6.5.3) 的解是唯一的;

(2) 对于 $c > 0$, 曲线 $c \to \varphi_c$ 是 $\mathcal{C}^1$, 且其值属于 $H^2(\mathbb{R}^n)$;

(3) 对任意 $x \in \mathbb{R}^n$, $c > 0$, 存在正常数 C 和 δ_1 使得 $\left| \dfrac{d\varphi_c}{dc}(x) \right| \leqslant Ce^{-\delta_1|x|}$;

(4) 算子 L_c 的核由 $\{\partial_{x_j}\varphi_c, 1 \leqslant j \leqslant n\}$ 生成.

引理 6.5.8 如果 $f(u) = u^{p+1}/(p+1)$, 其中 p 是整数且 $1 \leqslant p < 4/(n-2)$, 那么上述假设 6.5.7 成立.

证明 通过定理 6.5.6 可立即得到 φ_c 关于 c 的正则性, 并且满足 $\varphi_c(x) = c^{1/p}\varphi_1(\sqrt{c}x)$. Coffman[35] 证明了当 $n = 3$, $p = 2$ 时基态解是唯一的. 文献 [103] 得到了更广义的 n 和 p 下解的唯一性.

为了证明 $\partial_{x_j}\varphi_c$ 是算子 L_c 的唯一零元, 我们使用与文献 [151] 相同的理论和 Kwong 的结果: 算子 L_c 的任意零元可以分解为一系列径向函数与球谐波的乘积. 因为 $\partial_{x_j}\varphi_c$ 对应于度为 1 的球谐波, 即, $\partial_{x_j}\varphi_c = x_j/r\partial_r\varphi_c$, $\partial_r\varphi_c$ 在 $(0, +\infty)$ 处不会消失. 由此可见, 其他可能的 0 模对应于度为 0 的球谐波, 即, 径向函数. 因此, 我们可知 L_c 没有径向零模, 或者说下列 ODE

$$\begin{cases} u_{rr} + \dfrac{n-1}{r}u_r - cu + u^p = 0, \\ u(0) = 1, u'(0) = 0 \end{cases} \tag{6.5.6}$$

的解在 $r \to +\infty$ 时不会消失. 但是在方程

$$u_{rr} + \frac{n-1}{r}u_r - u + \frac{u^{p+1}}{p+1} = 0 \tag{6.5.7}$$

的基态解的唯一性的研究中, Kwong 已经证明, 如果 $u(r, \alpha)$ 是 ODE (6.5.6) 的解, 且 $u_r(0, \alpha) = 0$, $u(0, \alpha) = \alpha$, 并且如果 α_0 是生成基态的初始值, 那么

$$\lim_{r \to +\infty} \frac{\partial u}{\partial \alpha}(r, \alpha_0) = +\infty.$$

另一方面, $(\partial/\partial\alpha)(r, \alpha_0)$ 是方程 (6.5.7) 的解, 因此当 $\alpha \to +\infty$ 时, 解不会

消失. ∎

在假设 6.5.7 下, 我们可以展示线性算子 L_c 的谱具有下列性质, 其中这些性质在文献 [152, 命题 4.2] 中已被证明. 首先考虑 $f(u) = u^{p+1}/(p+1)$, 其次, 通过一个变形, 考虑一般的 f.

命题 6.5.9 令 $c > 0$, 算子 L_c 有唯一一个单的负特征值 λ_c, 且相应的正的、径向对称的特征函数为 χ_c. 甚至, 存在正常数 C 和 δ_2 使得对于任意 $x \in \mathbb{R}^n$, 有 $|\chi_c(x)| \leqslant Ce^{-\delta_2|x|}$. 另外, L_c 的本质谱是正的且远离 0.

对线性算子 L_c 的研究结束后, 利用与文献 [19] 相同的方法, 我们继续考虑孤立波解 φ_c 的轨道稳定性和不稳定性. 定义 $d(c) := E(\varphi_c) + cQ(\varphi_c)$. 令 χ_c 是算子 L 的正径向特征函数, 且具有相应的负特征值 λ_c. 那么, 通过定义具有形式 $\psi_\omega = \varphi_\omega + s(\omega)\chi_c$ 的 ψ_ω, 其中 $s(\omega)$ 表示一个近似函数, 如文献 [19, 定理 3.1], 我们可以证明下列命题:

命题 6.5.10 假设 $d''(c) < 0$, 那么存在曲线 $\omega \mapsto \psi_\omega$ 通过 φ_c 位于 $\{Q(u) = Q(\varphi_c)\}$ 的表面, 其中 $E(u)$ 在 $u = \varphi_c$ 上有严格局部极大值.

轨道稳定性与不稳定性的证明

考虑到发展方程具有空间的平移不变性, 我们用通常的方式定义孤立波解的稳定性. 令 $\varepsilon > 0$, 定义

$$U_\varepsilon = \left\{ u \in H^1(\mathbb{R}^n), \inf_{x \in \mathbb{R}^n} \|u - \varphi_c(\cdot - \alpha)\|_{H^1} < \varepsilon \right\}.$$

定义 6.5.11 孤立波解 φ_c 是稳定的, 如果对所有的 $\varepsilon > 0$, 存在 $\delta > 0$, 使得如果 $u_0 \in U_\delta$, $u(\cdot, t)$ 是方程 (ZK) 的解, $u(\cdot, t) = u_0$, 那么对任意 $t > 0$, $u(\cdot, t) \in U_\varepsilon$.

定理 6.5.12 令 $n = 2$ 或者 $n = 3$, $f \in \mathcal{C}^{s+1}(\mathbb{R}^n)$, $s > 1 + n/2$, 满足 6.5.1 节中的假设. 令 $c > 0$, φ_c 是方程 (6.5.3) 的解. 那么 φ_c 是轨道稳定的当且仅当 $d''(c) > 0$.

注 6.5.13 如果 $f(u) = u^{p+1}/(p+1)$, 那么 $\varphi_c(x) = c^{1/p}\varphi_1(\sqrt{c}x)$, $Q(\varphi_c) = c^{2/p-n/2}Q(\varphi_1)$, 因此 φ_c 是稳定的当且仅当 $p < 4/n$ (这和非线性 Schrödinger 方程有相同的临界指标).

轨道稳定性的证明与文献 [19] 中的证明完全相同, 并且也遵循 6.4 节的证明, 于是在这里我们省略. 为了证明不稳定性, 和文献 [19] 一样, 我们需要一些初步的结果, 并在下面引理中说明. 由于我们这里是证明 n 维的情况, 存在一些差异, 于

是仅证明前两个引理.

引理 6.5.14 存在 $\varepsilon > 0$ 和一个 C^1 映射 $\alpha : U_\varepsilon \to \mathbb{R}^n$ 使得对任意 $u \in U_\varepsilon$, $r \in \mathbb{R}^n$:

(1) $\langle u(\cdot + \alpha(u)), \partial_{x_i}\varphi \rangle = 0, \ 1 \leqslant i \leqslant n$;

(2) $\alpha(u(\cdot + r)) = \alpha(u) - r$;

(3) 如果 u 是柱状对称的, 即如果 $u(x) = u(x_1, |x'|)$, $x' \in \mathbb{R}^{n-1}$, 那么 $\alpha(u) = \alpha(\alpha_1(u), 0, \cdots, 0)$,

$$\alpha_1'(u) = \frac{\partial_{x_1}\varphi_c(\cdot - \alpha(u))}{\displaystyle\int_{\mathbb{R}^n} u(x)\partial_{x_1}^2\varphi_c(x - \alpha(u))dx}.$$

证明 利用隐函数定理

$$(\alpha, u) \mapsto \int_{\mathbb{R}^n} u(x + \alpha)\nabla\varphi_c(d)dx,$$

$$\mathbb{R}^n \times B_\varepsilon \to \mathbb{R}^n.$$

并且注意到在 $\alpha = 0$, $u = \varphi$ 处它的雅可比矩阵是可逆的, 因为

$$\langle \partial_{x_i}\varphi_c, \partial_{x_j}\varphi_c \rangle = 0,$$

当 $i \neq j$ 时, 于是我们得到 φ_c 是径向对称解.

如果 u 是柱状对称的, 那么再次利用隐函数定理, 可得对于 $u \in B_\varepsilon$, 有 $\alpha_1(u)$ 使得

$$\int_{\mathbb{R}^n} u(x_1 + \alpha_1(u), x')\partial_{x_1}\varphi_c(x_1, x')dx_1dx' = 0.$$

另外, 由于 u 是柱状对称的, φ_c 是径向对称的, 可得对 $j \geqslant 2$,

$$\int_{\mathbb{R}^n} u(x_1 + \alpha_1(u), x')\partial_{x_j}\varphi_c(x_1, x')dx_1dx' = 0.$$

因此, 根据隐函数定理的唯一性, 我们有 $\alpha(u) = (\alpha_1(u), 0, \cdots, 0)$, 取 ε 充分小. 如文献 [19], 通过平移不变性可得 (2) 成立. 根据微分关系有

$$\int_{\mathbb{R}^n} u(x_1, x')\partial_{x_1}\varphi_c(x_1 - \alpha_1(u), x')dx_1dx' = 0, \quad 在 \ H^1(\mathbb{R}^n),$$

从而可得 (3) 成立. 因此我们完成了引理 6.5.14 的证明. ∎

对 $\varepsilon > 0$, $U_\varepsilon^c = \{u \in U_\varepsilon, u$ 是柱状对称的$\}$, 下一个结果来自文献 [20] 的理论,

他们证明了关于广义 KDV 方程的结果. 在文献 [20] 中, 因为研究了对 ε 的依赖性, 他们的结果以更精确的形式给出, 但是在我们这里是不需要的. 为方便, 我们简单回忆一下证明.

引理 6.5.15　令 $u_0 \in H^s(\mathbb{R}^n) \cap U_\varepsilon^c$, $s > 2 + n/2$ 并且

$$\varepsilon < \inf\left(\|\varphi_c\|_{L^2}, \frac{\|\partial_{x_1}\varphi_c\|_{L^2}^2}{\|\partial_{x_1}^2\varphi_c\|_{L^2}} \right);$$

令 u 是方程 (ZK) 的解, $u(0) = u_0$. 那么, 只要 $u(t) \in U_\varepsilon^c$, 我们有

$$\|u(\cdot, t) - \varphi_c(\cdot - \gamma(t), \cdot)\|_{L^2} = \inf_{s \in \mathbb{R}} \|u(\cdot, t) - \varphi_c(\cdot - s, \cdot)\|_{L^2},$$

其中 $\gamma(t) = \alpha_1(u(t))$.

另外, 我们有 $|\gamma(t)| \leqslant |\gamma(0)| + C|t|$, 其中 C 仅依赖于 ε, 不依赖于解 u 在 U_ε^c 中的存在时间.

证明　首先, 注意到方程 (ZK) 在 $\mathbb{R}_{x'}^{n-1}$ 空间是旋转不变的, 并且解 u 是柱状对称的. 根据 φ_c 的正则性, 函数 $s \mapsto \|u(\cdot, t) - \tau_s\varphi_c\|_{L^2}^2$ 在 $\mathbb{R}$ 上是 $\mathcal{C}^1$ 的, 其中 τ_s 是关于向量 $(s, 0) \in \mathbb{R} \times \mathbb{R}^{n-1}$ 的平移. 另外, 因为 $u \in L^\infty(\mathbb{R}^n)$,

$$\lim_{|s| \to \infty} \|u(\cdot, t) - \tau_s\varphi_c\|_{L^2}^2 = \|u(t)\|_{L^2}^2 + \|\varphi_c\|_{L^2}^2,$$

所以, 对于 $s(t) \in \mathbb{R}$,

$$\inf_{s \in \mathbb{R}} \|u(\cdot, t) - \tau_s\varphi_c\|_{L^2}^2 = \|u(\cdot, t) - \tau_{s(t)}\varphi_c\|_{L^2}^2.$$

对函数 $s \mapsto \|u(\cdot, t) - \tau_s\varphi_c\|_{L^2}^2$ 进行微分, 并且设 $s = s(t)$, 很容易得到, 当 ε 充分小时, $s(t) = \gamma(t) = \alpha_1(u(t))$. 因为 $u \in \mathcal{C}^1([0, t_*), L^2(\mathbb{R}^n))$, $\varepsilon < \|\partial_{x_1}\varphi_c\|_{L^2}^2 / \|\partial_{x_1}^2\varphi_c\|_{L^2}^2$, 只要 $u \in U_\varepsilon^c$, 函数 γ 是连续可微的. 于是我们完成了引理的第一部分的证明.

下面证明第二部分. 考虑

$$G(t, r) = \int_{\mathbb{R}^n} u(x, t)\partial_{x_1}\varphi_c(x_1 - r, x')dx, \quad r \in \mathbb{R}.$$

那么将 $G(t, \gamma(t))$ 关于 t 进行微分, 并利用方程 (ZK) 可得

$$\gamma'(t) = \frac{-\displaystyle\int_{\mathbb{R}^n} [\Delta u_{x_1} + (f(u))_{x_1}]\partial_{x_1}\varphi_c(x_1 - \gamma(t), x')dx}{\displaystyle\int_{\mathbb{R}^n} u(x, t)\partial_{x_1}^2\varphi_c(x_1 - \gamma(t), x')dx}.$$

令 $u(x,t) = \varphi_c(x_1 - \gamma(t), x') + h(x,t)$, 其中 $\|h(\cdot,t)\|_{H^1} \leqslant \varepsilon$. 那么上式的分母可写为

$$- \int_{\mathbb{R}^n} |\partial_{x_1} \varphi_c(x)|^2 dx + \int_{\mathbb{R}^n} h(x,t) \partial_{x_1}^2 \varphi_c(x_1 - \gamma(t), x') dx$$

$$\leqslant - \|\partial_{x_1} \varphi_c\|_{L^2}^2 + \varepsilon \|\partial_{x_1}^2 \varphi_c\|_{L^2} < 0.$$

另一方面, 我们有

$$\int_{\mathbb{R}^n} (\Delta u_{x_1} + (f(u))_{x_1}) \partial_{x_1} \varphi_c(x_1 - \gamma(t), x') dx$$

$$= \int_{\mathbb{R}^n} [\partial_{x_1}(f(\varphi_c(x_1 - \gamma(t), x') + h(x,t))) - \partial_{x_1}(f(\varphi_c(x_1 - \gamma(t), x')))$$

$$+ c \partial_{x_1} \varphi_c(x_1 - \gamma(t), x') + \Delta h_{x_1}(x,t)] \partial_{x_1} \varphi_c(x_1 - \gamma(t), x') dx,$$

这里我们用了下列事实

$$\Delta \partial_{x_1} \varphi_c - c \partial_{x_1} \varphi_c + \partial_{x_1} f(\varphi_c) = 0.$$

因此

$$\int_{\mathbb{R}^n} (\Delta u_{x_1} + (f(u))_{x_1}) \partial_{x_1} \varphi_c(x_1 - \gamma(t), x') dx = c \int_{\mathbb{R}^n} |\partial_{x_1} \varphi_c(x)|^2 dx + C(t),$$

其中

$$C(t) = - \int_{\mathbb{R}^n} h(x,t) \Delta \partial_{x_1}^2 \varphi_c(x_1 - \gamma(t), x') dx + \int_{\mathbb{R}^n} (f(\varphi_c(x_1 - \gamma(t), x')$$

$$+ h(x,t)) - f(\varphi_c(x_1 - \gamma(t), x')) \partial_{x_1}^2 \varphi_c(x_1 - \gamma(t), x')) dx$$

$$= - \int_{\mathbb{R}^n} h(x,t) [\Delta \partial_{x_1}^2 \varphi_c(x_1 - \gamma(t), x') + g(h, \varphi_c) \partial_{x_1}^2 \varphi(x_1 - \gamma(t), x')] dx,$$

$g(h, \varphi_c) = \int_0^1 f'(\varphi_c + sh) ds.$ 因为

$$|f'(s)| \leqslant C(|s| + |s|^p), \quad 1 \leqslant p < \frac{4}{n-2},$$

可得

$$|C(t)| \leqslant C_1 \|h\|_{L^2} + C_2 \|h\|_{L^p}^p \|\partial_{x_1}^2 \varphi_c\|_{L^\infty} \leqslant C_1' + C_2' \varepsilon^p,$$

因此 $|\gamma'(t)| \leqslant C(\varepsilon)$. 这就完成了引理的证明. ∎

现在, 定义

$$y = \frac{d\psi_\omega}{d\omega}\Big|_{\omega=c},$$

并且对于 $u \in U_\varepsilon^c$, 定义

$$B(u) = y(\cdot - \alpha(u)) - \langle u, y(\cdot - \alpha(u))\rangle \partial_{x_1}\alpha_1'(u)$$
$$= y(\cdot - \alpha(u)) - \frac{\langle u, y(\cdot - \alpha(u))\rangle}{\langle u, \partial_{x_1}^2\varphi_c(\cdot - \alpha(u))\rangle}\partial_{x_1}^2\varphi_c(\cdot - \alpha(u)).$$

引理 6.5.16   令 B 是从 U_ε^c 到 $H^1(\mathbb{R}^n)$ 的 $\mathcal{C}^1$ 函数, 那么 B 在变量 x_1 方向是平移可交换的, $B(\varphi_c) = y$, 并且对任意 $u \in U_\varepsilon^c$ 有 $\langle B(u), u\rangle = 0$.

引理 6.5.17   存在一个 $\mathcal{C}^1$ 函数 $\Lambda: \{v \in U_\varepsilon^c, Q(v) = Q(\varphi_c)\} \to \mathbb{R}$, 使得如果 $v \in U_\varepsilon^c, Q(v) = Q(\varphi_c)$, 并且 v 不是 φ_c 的一个平移, 那么

$$E(\varphi_c) < E(v) + \Lambda(v)\langle E'(v), B(v)\rangle.$$

引理 6.5.18   定义在命题 6.5.10 中的曲线 $\omega \mapsto \psi_\omega$ 满足, 对于 $\omega \neq c$, $E(\psi_\omega) < E(\varphi_c)$, $Q(\psi_\omega) = Q(\varphi_c)$, 并且当 ω 通过 c 时 $\langle E'(\psi_\omega), B(\psi_\omega)\rangle$ 改变符号.

下面给出轨道不稳定的证明.

证明   取 $\varepsilon > 0$ 充分小, φ_c 的轨道的邻域为 $U_\varepsilon^c = \{u \in U_\varepsilon, u$ 是柱状对称的$\}$. 选择 $u_0 = \psi_\omega$, 且 ω 充分接近 c, 因此 $u_0 \in U_\varepsilon^c$ (u_0 径向对称, 且在无穷远处是指数衰减). 甚至, 通过引理 6.5.18, 我们能选择 $u_0 = \psi_\omega$ 使得 $\langle E'(u_0), B(u_0)\rangle > 0$. 定义 $[0, t_1)$ 为 $u(t) \in U_\varepsilon^c$ 的最大存在区间, 我们的目标是证明 $t_1 < +\infty$. (这里, 我们假设 $t_1 \leqslant t_\star$, 其中 $t_\star$ 是命题 6.5.1 中给出的解 $u(t) \in H^s(\mathbb{R}^n)$ 的存在时间. 甚至, 我们可以猜想

$$t_\star < +\infty \Rightarrow \limsup_{t \to t_\star}\|u(t)\|_{H^1} = \infty,$$

但是这里还没有能力证明.)

如文献 [19] 中的方法, 设

$$\gamma(t) = \alpha_1(u(t)), \quad Y(x) = \int_{-\infty}^{x_1} y(z, x')dz,$$

并且

$$A(t) = \int_{\mathbb{R}^n} Y(x_1 - \gamma(t), x')u(x_1, x', t)dx_1 dx'. \tag{6.5.8}$$

那么我们有

$$A(t) = \int_{\mathbb{R}^n} [Y(x_1 - \gamma(t), x') - \alpha(x')\mathcal{H}(x_1 - \gamma(t))]u(x,t)dx$$
$$+ \int_{\gamma(t)}^{+\infty} \int_{\mathbb{R}^{n-1}} \alpha(x')u(x_1,x',t)dx'dx_1,$$

其中 $\mathcal{H}$ 是 Heaviside 函数, 且对于 p, $1 \leqslant p \leqslant +\infty$, $\alpha(x') = \int_{-\infty}^{+\infty} y(z,x')dz \in L^p(\mathbb{R}_{x'}^{n-1})$, 因为从假设 6.5.7、命题 6.5.9 和 y 的定义, y 在无穷远处为指数衰减. 取 r' 使得 $1/r + 1/r' = 1$, 很容易得到

$$|A(t)| \leqslant \|Y - \mathcal{H} \otimes \alpha\|_{L^2}\|u\|_{L^2} + \|\alpha\|_{L^{r'}(\mathbb{R}_{x'}^{n-1})}\left\|\int_{\gamma(t)}^{+\infty} u(x_1,\cdot,t)dx_1\right\|_{L^r(\mathbb{R}_{x'}^{n-1})},$$

其中 $(\mathcal{H} \otimes \alpha)(x) = \mathcal{H}(x_1)\alpha(x')$. 为了估计 $\|Y - \mathcal{H} \otimes \alpha\|_{L^2}$, 令 $g \in \mathcal{C}_0^\infty$, 那么

$$\left|\int_{\mathbb{R}^n} [Y(x) - (\mathcal{H} \otimes \alpha)(x)]g(x)dx\right|$$
$$= \left|\int_{\mathbb{R}^n} \left(\int_{-\infty}^{x_1} y(z,x')dz - \mathcal{H}(x_1)\alpha(x')\right)g(x_1,x')dx_1dx'\right|$$
$$\leqslant \left|\int_{\mathbb{R}^{n-1}} \int_{-\infty}^0 \left(\int_{-\infty}^{x_1} y(z,x')dz\right)g(x_1,x')dx_1dx'\right|$$
$$+ \left|\int_{\mathbb{R}^{n-1}} \int_0^{+\infty} \left(\int_{x_1}^{+\infty} y(z,x')dz\right)g(x_1,x')dx_1dx'\right|.$$

上式中第一项可以通过下式估计

$$\left|\int_{\mathbb{R}^{n-1}} \int_{-\infty}^0 \left(\int_z^0 g(x_1,x')dx_1\right)y(z,x')dzdx'\right|$$
$$\leqslant \int_{\mathbb{R}^{n-1}} \int_{-\infty}^0 |z|^{1/2}\|g(\cdot,x')\|_{L^2(\mathbb{R}_{x_1})}|y(z,x')|dzdx'$$
$$\leqslant \int_{\mathbb{R}^{n-1}} \|g(\cdot,x')\|_{L^2(\mathbb{R}_{x_1})}\|y(\cdot,x')\|_{L^1((1+|x_1|^2)^{1/4}dx_1)}dx'$$
$$\leqslant \|g\|_{L^2}\|y\|_{L^2(\mathbb{R}_{x'}^{n-1},L^1((1+|x_1|^2)^{1/4}dx_1))}.$$

同样的方法可估计第二项. 因此

$$\|Y - \mathcal{H} \otimes \alpha\|_{L^2} \leqslant \|y\|_{L^2(\mathbb{R}_{x'}^{n-1},L^1((1+|x_1|^2)^{1/4}dx_1))}.$$

现在利用定理 6.5.3 和引理 6.5.15, 可得, 对于不依赖于 t_1 的常数 C, 有

$$|A(t)| \leqslant C(t^{-3/4} + t^{1/2}). \tag{6.5.9}$$

另一方面, 回顾 (6.5.8), 可得

$$\frac{dA}{dt} = -\gamma'(t) \int_{\mathbb{R}^n} y(x_1 - \gamma(t), x') u(x, t) dx + \int_{\mathbb{R}^n} Y(x_1 - \gamma(t), x') \frac{\partial u}{\partial t}(x, t) dx$$

$$= -\left\langle \alpha_1'(u), \frac{\partial u}{\partial t} \right\rangle \int_{\mathbb{R}^n} y(x_1 - \gamma(t), x') u(x, t) dx$$

$$+ \int_{\mathbb{R}^n} Y(x_1 - \gamma(t), x') \partial_{x_1} E'(u(t)) dx.$$

由 B 的定义, 通过分部积分可得

$$\frac{dA}{dt} = \langle B(u(t)), E'(u(t)) \rangle.$$

但是由于 $0 < E(\varphi_c) - E(u_0) = E(\varphi_c) - E(u(t))$, 通过命题 6.5.10 和引理 6.5.17 有

$$E(\varphi_c) - E(u_0) < \Lambda(u(t)) \langle E'(u(t)), B(u(t)) \rangle.$$

因此, $\Lambda(u(t)) \langle E'(u(t)), B(u(t)) \rangle > 0$, 并且因为 $\langle E'(u_0), B(u_0) \rangle > 0$, 从而只要 $u(t) \in U_\varepsilon^c$, 那么有 $\langle E'(u(t)), B(u(t)) \rangle > 0$ 和 $\Lambda(u(t)) > 0$. 取 ε 充分小, 假设 $\Lambda(u(t)) \leqslant 1$, 因此我们可得

$$\frac{dA}{dt} \geqslant E(\varphi_c) - E(u_0) > 0,$$

与 (6.5.9) 相比, 可得 $t_1 < +\infty$, 于是我们完成了不稳定性的证明. ∎

6.5.2　BBM 类型的方程的孤立波解的轨道稳定性和不稳定性

我们应用前面提到的方法证明方程 (BBM) 孤立波解的轨道稳定性. 本小节, 我们假设 $n = 2$, $f \in \mathcal{C}^2(\mathbb{R})$, $f(0) = 0$, $f'(0) > 0$ 并且当 $s \to \infty$ 时, $f(s) = O(|s|^p)$, 其中 $1 < p < +\infty$.

利用与文献 [137] 相同的理论, 对于发展方程, 我们可以证明下列结果.

命题 6.5.19　*如果 $u_0 \in H^1(\mathbb{R}^2)$, 那么方程 (BBM) 存在一个唯一的解 $u \in \mathcal{C}(\mathbb{R}, H^1(\mathbb{R}^2))$, $u(0) = u_0$. 甚至, 对于所有 $t \in \mathbb{R}$, $u(t)$ 满足 $E(u(t)) = E(u_0)$, $Q(u(t)) = Q(u_0)$, 且*

$$E(u) = -\int_{\mathbb{R}^2} F(u) dx, \quad Q(u) = \frac{1}{2} \int_{\mathbb{R}^2} (u^2 + |\nabla u|^2) dx,$$

其中 $F' = f$, $F(0) = 0$.

为了估计方程 (BBM) 的孤立波解, 就像在上一小节中对方程 (ZK) 所作的一样, 我们利用下面引理 (证明与文献 [17, 命题 1] 的证明完全一致.) 考虑下面线性方程

$$v_t - \Delta v_t + v_{x_1} = 0, \quad x = (x_1, x_2) \in \mathbb{R}^2$$

的半群 $S(t)$, 下面引理给出半群 $S(t)$ 的 L^∞ 衰减估计.

引理 6.5.20 对一些不依赖于 t, v 的常数 C, 有

$$\|S(t)v\|_{L^\infty} \leqslant C[(1+t)^{-1/9}\|v\|_{H^2} + (1+t)^{-2/3}\|v\|_{L^1}].$$

证明 正如文献 [17] 中的证明. 令 $\psi \in \mathcal{C}_0^\infty$ 使得 $0 \leqslant \psi \leqslant 1$, 在 $\{|\zeta|, |\zeta| \leqslant 1\}$ 上 $\psi = 1$, 当 $|\zeta| \geqslant 2$ 时, $\psi = 0$. 那么对 $t \geqslant 1$, 我们有

$$|S(t)v(x)| \leqslant \sup_x \left| \int_{\mathbb{R}^2} (1 - \psi(\zeta/t^{1/9}))e^{it\phi(\zeta)}\hat{v}(\zeta)d\zeta \right|$$
$$+ \sup_x \left| \int_{\mathbb{R}^2} \psi(\zeta/t^{1/9})e^{it\phi(\zeta)}\hat{v}(\zeta)d\zeta \right|,$$

其中

$$\phi(\zeta) = \frac{\zeta_1}{1+|\zeta|^2} + \frac{1}{t}x \cdot \zeta.$$

上式中第二项, 由文献 [17] 的证明可得

$$\sup_x \left| \int_{\mathbb{R}^2} \psi(\zeta/t^{1/9})e^{it\phi(\zeta)}\hat{v}(\zeta)d\zeta \right| \leqslant Ct^{-2/3}\|v\|_{L^1}.$$

下面估计第一项

$$\sup_x \left| \int_{\mathbb{R}^2} (1 - \psi(\zeta/t^{1/9}))e^{it\phi(\zeta)}\hat{v}(\zeta)d\zeta \right|$$
$$\leqslant C \int_{|\zeta| \geqslant t^{1/9}} |\hat{v}(\zeta)|d\zeta$$
$$\leqslant C \left(\int_{|\zeta| \geqslant t^{1/9}} (1+|\zeta|^2)^{-2}d\zeta \right)^{1/2} \left(\int_{\mathbb{R}^2} (1+|\zeta|^2)^2|\hat{v}(\zeta)d\zeta| \right)^{1/2}$$
$$\leqslant C(1+t)^{-1/9}\|v\|_{H^2}.$$

于是, 我们完成了引理的证明. ∎

注 6.5.21　事实上, 在文献 [17, 命题 1] 证明了 $(n = 2)$

$$\|S(t)v\|_{L^\infty} \leqslant C(1+t)^{-2/3}(\|v\|_{L^1} + \|v\|_{H^7}).$$

由于 Sobolev 空间的高阶性, 这个估计不方便得到方程 (BBM) 的解的原始的适当界. 但是证明上面引理过程中, 通过允许 t 的一个较弱的阶, 很容易减少这个阶数. 现在对于三维情况, 文献 [17] 中的命题 2 给出了下列估计:

$$\|S(t)v\|_{L^\infty} \leqslant C(1+t)^{-1+\delta}(\|v\|_{L^1} + \|v\|_{H^s}),$$

其中 $0 < \delta < \dfrac{1}{4}$, $s \geqslant \dfrac{4(1-\delta)}{2\delta}$. 注意到, 这些条件暗示了 $s \geqslant 6$. 甚至, 固定 δ, 条件 $s \geqslant \dfrac{4(1-\delta)}{2\delta}$ 是最佳的 (参考 [17, 例子 3]). 这就解释了为什么在大于二维时似乎不可能得到与下面的定理 6.5.22 的等价性结果.

下面给出在证明不稳定时需要的重要的定理.

定理 6.5.22　令 $u_0 \in H^1(\mathbb{R}^2) \cap L^1(\mathbb{R}^2) \cap L^\infty(\mathbb{R}_{x_2}, L^1(\mathbb{R}_{x_1}))$. 如果 $u(x,t)$ 是方程 (BBM) 的解, $u(0) = u_0$, 那么存在常数 c 使得

$$\left\| \int_{x_1}^{+\infty} u(z, x_2, t)dz \right\|_{L^\infty} \leqslant C(1+t)^{8/9}.$$

证明　注意, 根据文献 [137] 中的相同的理论可得 $\displaystyle\int_{-\infty}^{+\infty} u(z, x_2, t)dz$ 不依赖于 t, 因此对任意 $x_1 \in \mathbb{R}$, $\displaystyle\int_{x_1}^{+\infty} u(z, x_2, t)dz$ 有很好的定义. 为简单起见, 我们假设 $f'(0) = 1$, 定义 $g(u) = f(u) - u$. 那么, 积分方程

$$u(x,t) = S(t)u_0 - \int_0^t S(t-\tau)(I-\Delta)^{-1}\partial_{x_1}g(u(\tau))d\tau,$$

其中

$$U_0(x_1, x_2) = \int_{x_1}^{+\infty} u_0(z, x_2)dx.$$

通过引理 6.5.20,

$$\left\| \int_0^t S(t-\tau)(I-\Delta)^{-1}g(u(\tau))d\tau \right\|_{L^\infty}$$

$$\leqslant C \int_0^t (1+t-\tau)^{-1/9}\|(I-\Delta)^{-1}g(u(\tau))\|_{H^2}d\tau$$

$$+ C \int_0^t (1+t-\tau)^{-2/3}\|(I-\Delta)^{-1}g(u(\tau))\|_{L^1}d\tau$$

$$\leqslant C \int_0^t (1 + t - \tau)^{-1/9} \|g(u(\tau))\|_{L^2} d\tau$$

$$+ C \int_0^t (1 + t - \tau)^{-2/3} \|K\|_{L^1} \|g(u(\tau))\|_{L^1} d\tau,$$

其中 K 定义为 $K(x) = \dfrac{1}{4\pi} \int_0^{+\infty} e^{-z} e^{-|x|^2/(4x)} \dfrac{1}{z} dz$, 因此 $\hat{K}(\zeta) = \dfrac{1}{1 + |\zeta|^2}$, 即 $K * u (I - \Delta)^{-1} u$. 因为对于 $|u| \leqslant 1$ 有 $|g(u)| \leqslant C|u|^2$, 当 $|u| \geqslant 1$ 时, $|g(u)| \leqslant C|u|^p$,

$$\int_{\mathbb{R}^2} |g(u)| dx \leqslant C \left(\int_{|u| \leqslant 1} |u|^2 dx + \int_{|u| \geqslant 1} |u|^p dx \right)$$

$$\leqslant C \left(\|u\|_{L^2}^2 + \int_{\mathbb{R}^2} |u|^{p+1} dx \right)$$

$$\leqslant C(\|u\|_{H^1}).$$

因此,

$$\left\| \int_0^t S(t - \tau)(I - \Delta)^{-1} g(u(\tau)) d\tau \right\|_{L^\infty} \leqslant C(1 + t)^{8/9},$$

其中 C 仅依赖于 $\|u(t)\|_{H^1} = \|u_0\|_{H^1}$ (见命题 6.5.19). 为了估计 $S(t)U_0$, 我们写

$$S(t)U_0 = \int_{x_1}^{+\infty} S(t) u_0(z, x_2) dz$$

$$= \int_{x_1}^{+\infty} \left[u_0(z, x_2) + \int_0^t \partial_{x_1} (I - \Delta)^{-1} (S(\tau) u_0) \right] dz$$

$$\leqslant \|u_0\|_{L^\infty(\mathbb{R}_{x_2}, L^1(\mathbb{R}_{x_1}))} + \int_0^t \|S(\tau)(I - \Delta)^{-1} u_0\|_{L^\infty} d\tau$$

$$\leqslant \|u_0\|_{L^\infty(\mathbb{R}_{x_2}, L^1(\mathbb{R}_{x_1}))}$$

$$+ C \int_0^t (1 + \tau)^{-1/9} (\|(I - \Delta)^{-1} u_0\|_{H^2} + \|(I - \Delta)^{-1} u_0\|_{L^1}) d\tau$$

$$\leqslant \|u_0\|_{L^\infty(\mathbb{R}_{x_2}, L^1(\mathbb{R}_{x_1}))} + C(1 + t)^{8/9} (\|u_0\|_{L^1} + \|u_0\|_{L^2}). \quad\blacksquare$$

正如前面 Zakharov-Kuznetsov 类型的方程一样, 这里考虑方程 (BBM) 具有形式为 $u(x, t) = \varphi_c(x_1 - ct, x_2)$ 的孤立波解. 因此 φ_c 满足方程

$$c\Delta\varphi_c - c\varphi_c + f(\varphi_c) = 0. \tag{6.5.10}$$

假设 $c > f'(0)$, 因此定理 6.5.6 的类比也适用于方程 (6.5.10) (二维情况可以看作文献 [15] 中的一个特殊情况), 这里通过定理 6.5.6 我们考虑正的、径向对称解 φ_c.

再一次, 利用守恒量 $E(u)$ 和 $Q(u)$, φ_c 满足

$$E'(\varphi_c) + cQ'(\varphi_c) = 0, \tag{6.5.11}$$

并且线性算子 $L_c = E''(\varphi_c) + cQ''(\varphi_c) = -c\Delta + c - f'(\varphi_c)$ 是从 $H^1(\mathbb{R}^2)$ 到 $H^{-1}(\mathbb{R}^2)$ 上的自同构算子. 假设当 $c > f'(0)$ 时 L_c 满足假设 6.5.7, 因此类比命题 6.5.9, 这里线性算子 L_c 也有相同的结果. 正如我们在定义 6.5.11 做的一样来定义方程 (BBM) 孤立波解 φ_c 的稳定性, 那么方程 (ZK) 的结果对方程 (BBM) 也成立.

定理 6.5.23 令 $f \in C^2$ 满足本节中提到的假设, $c > f'(0)$, φ_c 是定理 6.5.6 中给出的方程 (6.5.10) 的解, 并且对 $c > f'(0)$, 假设 6.5.7 成立. 那么 φ_c 是稳定的当且仅当 $d''(c) > 0$, 其中 $d(c) = E(\varphi_c) + cQ(\varphi_c)$.

证明 和前面一样, 这里我们只证明不稳定性.

$$B(u) = y(\cdot - \alpha(u)) - \langle u - \Delta u, y(\cdot - \alpha(u)) \rangle (I - \Delta)^{-1}\partial_{x_1}\alpha_1'(u),$$

其中

$$y = \frac{d\psi_\omega}{d\omega}\Big|_{\omega=c}, \tag{6.5.12}$$

并且我们有下列引理

引理 令 B 是一个从 U_ε^c 到 $H^1(\mathbb{R}^2)$ 中的 C^1 函数. 那么对任意 $u \in U_\varepsilon^c, B(\varphi_c) = y, \langle B(u), u - \Delta u \rangle = 0$.

我们也有引理 6.5.18 和引理 6.5.19 的类似引理. 现在, 我们选取 $\varepsilon > 0$, 充分小, 并且 $u_0 = \Psi_\omega$, 其中 ω 充分接近 c 使得 $u_0 \in U_\varepsilon^c$, $\langle E'(u_0), B(u_0) \rangle > 0$. 那么我们考虑方程 (BBM) 的解 $u(x,t)$, 定义 t_1 为 $u(x,t) \in U_\varepsilon^c$ 的最大时间, 其中 $0 \leqslant t \leqslant t_1$. 令 $\gamma(t) = a_1(t)$,

$$A(t) = \int_{\mathbb{R}^2} Y(x_1 - \gamma(t), x_2) u(x_1, x_2, t) dx_1 dx_2,$$

其中

$$Y(x) = \int_{-\infty}^{x_1} [(I - \Delta)y](z, x_2) dz;$$

那么, 如果

$$\alpha(x_2) = \int_{-\infty}^{+\infty} [(I - \Delta)y](z, x_2) dz,$$

我们有

$$A(t) = \int_{\mathbb{R}^2} [Y(x_1 - \gamma(t), x_2) - \alpha(x_2)\mathcal{H}(x_1 - \gamma(t))]u(x_1, x_2, t)dx_1 dx_2$$
$$+ \int_{\gamma(t)}^{+\infty} \int_{\mathbb{R}} \alpha(x_2)u(x_1, x_2, t)dx_1 dx_2$$

和

$$|A(t)| \leqslant \|Y - \mathcal{H} \otimes \alpha\|_{L^2} \|u\|_{L^2} + \left\| \int_{\gamma(t)}^{+\infty} u(x_1, x_2, t)dx \right\|_{L^\infty(\mathbb{R}_{x_2})} \|\alpha\|_{L^1(\mathbb{R})}.$$

$$(6.5.13)$$

为了估计第一项, 我们需要下列引理.

引理 6.5.24 存在正常数 C 和 δ_3 使得, 对任意 $x \in \mathbb{R}^2$, $|(I - \Delta)y(x)| \leqslant Ce^{-\delta_3|x|}$.

证明 回忆 y 的定义, 对一些实值函数 s, $y = \dfrac{d\varphi_c}{dc} + s'(c)\chi_c$. 通过定理 6.5.6, 我们知道对 $\delta > 0$, $|\alpha| \leqslant 2$, 有 $|\partial^\alpha \varphi_c(x)| \leqslant c_\alpha e^{-\delta|x|}$. 因为 $E'(\varphi_c) + cQ'(\varphi_c) = 0$, 有

$$(E''(\varphi_c) + cQ''(\varphi_c))\frac{\varphi_c}{dc} + Q'(\varphi_c) = 0,$$

从而可得

$$c\Delta \frac{\varphi_c}{dc} = -f'(\varphi_c)\frac{\varphi_c}{dc} + c\frac{\varphi_c}{dc} + c\varphi_c - c\Delta\varphi_c.$$

因此, 通过假设 6.5.7, 有

$$\left| (I - \Delta)\frac{\varphi_c}{dc}(x) \right| \leqslant Ce^{-\delta_1|x|}.$$

对 χ_c 来说也是成立的, 因为 χ_c 是下列方程

$$\begin{cases} c\chi_{rr} + \dfrac{1}{r}\chi_r - c\chi + f'(\varphi_c)\chi = 0, \\ \chi(0) = 1, \ \chi_r(0) = 0 \end{cases}$$

的解, 于是, 我们完成了引理 6.5.24 的证明. 下面接着证明定理 6.5.23. 现在估计不等式 (6.5.13) 中的第一项. 由

$$\|Y - \mathcal{H} \otimes \alpha\|_{L^2}^2 = \int_{\mathbb{R} \times \mathbb{R}^-} \left| \int_{-\infty}^{x_1} (I - \Delta)y(z, x_2)dz \right|^2 dx_1 dx_2$$
$$+ \int_{\mathbb{R} \times \mathbb{R}^+} \left| \int_{x_1}^{+\infty} (I - \Delta)y(z, x_2)dz \right|^2 dx_1 dx_2,$$

设 $g \in \mathcal{C}_0^\infty(\mathbb{R}^2)$, 那么

$$
\int_{\mathbb{R} \times \mathbb{R}^-} \left(\int_{-\infty}^{x_1} (I - \Delta) y(z, x_2) dz \right) g(x_1, x_2) dx_1 dx_2
$$

$$
= \int_{\mathbb{R}} \int_{-\infty}^0 \int_z^0 (I - \Delta) y(z, x_2) g(x_1, x_2) dx_1 dz dx_2
$$

$$
\leqslant \int_{\mathbb{R}} \left(\int_{-\infty}^0 g^2(x_1, x_2) dx_1 \right)^{1/2} \int_{-\infty}^0 |z|^{1/2} |(I - \Delta) y(z, x_2)| dz dx_2
$$

$$
\leqslant \|g\|_{L^2} \||x_1|^{1/2} (I - \Delta) y\|_{L^2(\mathbb{R}_{x_2}, L^1(\mathbb{R}_{x_1}))}
$$

$$
< +\infty.
$$

根据引理 6.5.24 可得另一项同样成立. 因此, 通过定理 6.5.22, 有

$$
|A(t)| \leqslant C(1+t)^{8/9}, \quad \forall t, \quad 0 \leqslant t \leqslant t_1,
$$

其中 C 不依赖 t_1. 另一方面, 我们有

$$
\frac{dA}{dt} = - \langle \alpha_1'(u), \partial_t u \rangle \langle (y - \Delta y)(\cdot - \gamma(t)), u \rangle + \langle Y(\cdot - \gamma, \cdot), \partial_t u \rangle
$$

$$
= \langle \partial_t u, Y(\cdot - \gamma, \cdot) - \langle y(\cdot - \gamma, \cdot), (I - \Delta) u \rangle \alpha_1'(u) \rangle
$$

$$
= \langle \partial_{x_1} (I - \Delta)^{-1} f(u), Y(\cdot - \gamma, \cdot) - \langle y(\cdot - \gamma, \cdot), (I - \Delta) u \rangle \alpha_1'(u) \rangle
$$

$$
= - \langle f(u), y(\cdot - \gamma, \cdot) - \langle y(\cdot - \gamma, \cdot), (I - \Delta) u \rangle \partial_{x_1} (I - \Delta)^{-1} \alpha_1'(u) \rangle
$$

$$
= - \langle f(u), B(u(t)) \rangle = \langle E'(u(t)), B(u(t)) \rangle,
$$

如上一节证明一样, 可得

$$
\frac{dA}{dt} \geqslant E(\varphi_c) - E(u_0) > 0,
$$

因此 $t_1 < +\infty$. 于是我们完成了定理 6.5.23 的证明. ∎

注 6.5.25　适用于情况 $f(u) = u + u^p$: 令 ψ 是方程 $\Delta \psi - \psi + \psi^p = 0$ 的正且径向对称的解, 那么对 $c > 1$, φ_c 可被定义为

$$
\varphi_c(x) = (c-1)^{1/(p-1)} \psi \left(\sqrt{\frac{c-1}{c}} x \right).
$$

在引理 6.5.8 中已经证明了假设 6.5.7 在这个情况下成立. 令 $\lambda > 0$, $\varphi^\lambda(x) =$

$\varphi_c(x/\lambda)$, 那么我们有

$$\frac{d}{d\lambda}[E(\varphi^\lambda) + cQ(\varphi^\lambda)]\Big|_{\lambda=1} = \left\langle E'(\varphi_c) + cQ'(\varphi_c), \frac{d\varphi^\lambda}{d\lambda}\Big|_{\lambda=1} \right\rangle$$

$$= 2\int_{\mathbb{R}^2} \left(-F(\varphi_c) + \frac{c}{2}\varphi_c^2\right) dx.$$

因为 $\left\langle E'(\varphi_c) + cQ'(\varphi_c), \dfrac{d\varphi^\lambda}{d\lambda}\Big|_{\lambda=1} \right\rangle = 0$, 于是 $\displaystyle\int_{\mathbb{R}^2} \left(-F(\varphi_c) + \frac{c}{2}\varphi_c^2\right) dx = 0$.

$$d(x) = E(\varphi_c) + cQ(\varphi_c) = \int_{\mathbb{R}^2} \left(-F(\varphi_c) + \frac{c}{2}\varphi_c^2 + \frac{c}{2}|\nabla\varphi_c|^2\right) dx$$

$$= \frac{c}{2}\int_{\mathbb{R}^2} |\nabla\varphi_c|^2 dx.$$

因此

$$d(x) = \frac{c}{2}(c-1)^{2/(p-1)}\|\nabla\psi\|_{L^2}^2,$$

于是,

(1) 如果 $p = 3$, 那么对任意 $c > 1$ 有 $d''(c) = \|\nabla\psi\|_{L^2}^2 > 0$;

(2) 如果 $p \neq 3$,

$$d''(c) = \frac{1}{p-1}(c-1)^{(2/(p-1))-2}\|\nabla\psi\|_{L^2}^2 \left(\left(1 + \frac{2}{p-1}\right)c - 2\right)$$

是正的当且仅当 $c > \dfrac{2(p-1)}{(p+1)} = c_0$. 因为 $c_0 \leqslant 1 \Leftrightarrow p \geqslant 3$, 于是我们得到当 $p \leqslant 3$ 或者 $p > 3$ 且 $c > c_0$ 时 φ_c 是轨道稳定的, 否则是轨道不稳定的.

6.6　孤立波解的渐近稳定性

本节我们主要引入非线性发展方程孤立波解的渐近稳定性. 这里介绍的渐近稳定性主要是根据 Martel 和 Merle 提出的方法 (可参考文献 [38, 73, 84, 110—113]). 其中我们以文献 [73, 84, 113] 为例给出非线性次临界 KdV 方程、三维 ZK 方程的孤立波解及 Gross-Pitaevskii 方程 black 孤立波解的渐近稳定性结果.

6.6.1　一维非线性次临界 KdV 方程孤立波解的渐近稳定性

一维非线性次临界 KdV 方程:

$$u_t + (u_{xx} + u^p)_x = 0, \quad t, x \in \mathbb{R} \tag{6.6.1}$$

在次临界的情况 $p = 2, 3, 4$. 方程 (6.6.1) 的 Cauchy 问题在能量空间 $H^1(\mathbb{R})$ 上是整体适定的 (可参考 Kenig 等的结果 [100]): 如果初值 $u(0) = u_0 \in H^1(\mathbb{R})$, 那么方程 (6.6.1) 在 $H^1(\mathbb{R})$ 上存在唯一整体解 $u(t)$. 另外, 下列等式对方程 (6.6.1) 的 $H^1(\mathbb{R})$ 解是守恒的:

$$\int_{\mathbb{R}} u^2(t) dx = \int_{\mathbb{R}} u^2(0) dx, \tag{6.6.2}$$

$$\begin{aligned} E(u(t)) &= \frac{1}{2} \int_{\mathbb{R}} u_x^2(t) dx - \frac{1}{p+1} \int_{\mathbb{R}} u^{p+1}(t) dx \\ &= \frac{1}{2} \int_{\mathbb{R}} u_x^2(0) dx - \frac{1}{p+1} \int_{\mathbb{R}} u^{p+1}(0) dx. \end{aligned} \tag{6.6.3}$$

在次临界情况下, 方程 (6.6.1) 的整体适定性来自局部适定性、(6.6.2) 和 (6.6.3) 的不变性和下列 Gagliardo-Nirenberg 不等式

$$\forall v \in H^1(\mathbb{R}), \quad \int_{\mathbb{R}} |v|^{p+1} dx \leqslant C(p) \left(\int_{\mathbb{R}} v^2 dx \right)^{(p+3)/4} \left(\int_{\mathbb{R}} v_x^2 dx \right)^{(p-1)/4}. \tag{6.6.4}$$

一个非常重要的特征是行波解 (孤立波解) (6.2.5) 的存在性: 令 Q 是 $Q_{xx} + Q^p = Q$ 的唯一解, 其中 $Q > 0$, $Q \in H^1(\mathbb{R})$,

$$Q(x) = \left(\frac{p+1}{2 \cosh^2((p-1)x/2)} \right)^{1/(p-1)}. \tag{6.6.5}$$

那么, 对任意 $c_0 > 0$, $x_0 \in \mathbb{R}$, $R_{c_0, x_0}(t, x) = Q_{c_0}(x - x_0 - c_0 t)$ 是方程 (6.6.1) 的解, 其中 $Q_{c_0}(x) = c_0^{1/(p-1)} Q(\sqrt{c_0} x)$. 注意到,

$$\|Q_{c_0}\|_{L^2}^2 = c_0^{(5-p)/(2(p-1))} \|Q\|_{L^2}^2, \quad \|(Q_{c_0})_x\|_{L^2}^2 = c_0^{(p+3)/(2(p-1))} \|Q_x\|_{L^2}^2, \tag{6.6.6}$$

使得当 $c_0 \to 0$ 时, $\|Q_{c_0}\|_{H^1} \to 0$. 从 Eckhaus 和 Schuur [67] 证明的分解结果看, 这些解对于 $p = 2$ 是明确的, 即: 当 $t \to +\infty$ 时, 任意光滑和充分衰减的解可以分解为孤立子的有限和加上某种意义下收敛的色散部分. 另外, 方程满足 scaling 不变性, 即如果 $u(t, x)$ 是方程 (6.6.1) 的解, 那么对于 $c_0 > 0$, $c_0^{1/(p-1)} u(c_0^{3/2} t, c_0^{1/2} x)$ 也是方程的解. 为方便, 下面我们限制 $c_0 = 1$.

当 $1 < p < 5$ 时, 通过变分原理和两个不变量 (6.6.2) 和 (6.6.3), 在下列意义下孤立子解在 $H^1(\mathbb{R})$ 上是轨道稳定的 (可参考 [18, 21, 151]). 对任意 $\epsilon > 0$, 存在

$\delta > 0$ 使得如果 $\|u(0) - Q\|_{H^1} \leqslant \delta$, 那么 $\forall t \in \mathbb{R}$, 存在 $x(t) \in \mathbb{R}$, 使得

$$\|u(t, \cdot + x(t)) - Q\|_{H^1} \leqslant \epsilon.$$

定理 6.6.1 令 $c_0 > 0$. 存在 $K_0 > 0$ 和任意 $\beta > 0$, $\alpha_0 = \alpha_0(\beta) > 0$ 使得下列内容成立. 令 $u(t)$ 是方程 (6.6.1) 的整体 H^1 解, 且满足

$$\|u(0) - Q_{c_0}\|_{H^1} \leqslant \alpha_0,$$

那么存在 $c^+ > 0$ 且 $|c^+ - c_0| \leqslant K_0\alpha_0$ 和一个 $\mathcal{C}^1$ 函数 $x: [0, +\infty) \to \mathbb{R}$ 使得

$$v(t, x) = u(t, x) - Q_{c^+}(x - x(t)) \quad 满足 \quad \lim_{t \to +\infty} \|v(t)\|_{H^1_{(x > \beta t)}} = 0. \tag{6.6.7}$$

另外, $\lim\limits_{t \to +\infty} (dx(t)/dt) = c^+$.

局部 virial 不等式和局部质量的单调性 现在我们给出在证明渐近稳定性时需要的技巧性工具. 考虑方程 (6.6.1) 在 $H^1(\mathbb{R})$ 上的解 $u(t)$. 假设

$$\alpha_0 = \|u(0) - Q\|_{H^1} \tag{6.6.8}$$

足够小. 根据 $H^1(\mathbb{R})$ 的轨道稳定性结果可得, 存在常数 $A_0 > 0$, α_0 足够小使得下列内容成立. 对任意 $t \in \mathbb{R}$, $\mathcal{C}^1$ 函数 $y(t)$, 有

$$\|u(t) - Q(\cdot - y(t))\|_{H^1} \leqslant A_0\alpha_0. \tag{6.6.9}$$

满足 (6.6.9) 的解 $u(t)$ 可以按以下意义进行分解.

引理 6.6.2 存在 $K_1, \alpha_1 > 0$ 使得如果 $\alpha_0 \leqslant \alpha_1$, 那么存在 $\mathcal{C}^1$ 函数 $c: \mathbb{R} \to (0, +\infty)$, $x: \mathbb{R} \to \mathbb{R}$, 使得

$$\varepsilon(t, x) = u(t, x) - R(t, x), \quad 其中 \; R(t, x) = Q_{c(t)}(x - x(t)), \tag{6.6.10}$$

满足, 对任意 $t \in \mathbb{R}$,

$$\int_{\mathbb{R}} R(t, x)\varepsilon(t, x)dx = \int_{\mathbb{R}} (x - x(t))R(t, x)\varepsilon(t, x)dx = 0, \tag{6.6.11}$$

$$|c(t) - 1| + |c'(t)| + |x'(t) - c(t)| + \|\varepsilon(t)\|_{H^1} \leqslant K_1\alpha_0. \tag{6.6.12}$$

另外, 对一些 $K_2 > 0$,

$$|c'(t)| + |x'(t) - c(t)|^2 \leqslant K_2 \int_{\mathbb{R}} \varepsilon^2(t, x)e^{-(1/2)|x - x(t)|}dx. \tag{6.6.13}$$

注 6.6.3　函数 $c(t)$ 和 $x(t)$ 的存在性和正则性以及 (6.6.12) 的估计依赖于隐函数定理, 其证明过程是标准的. 一旦函数 $c(t)$ 和 $x(t)$ 已知后, 通过 Q 和 u 的方程, ε 的方程很容易得到:

$$\varepsilon_t + \varepsilon_{xxx} = -\frac{c'(t)}{2c(t)}\left(\frac{2R}{p-1} + (x-x(t))R_x\right) + (x'(t)-c(t))R_x - ((\varepsilon+R)^p - R^p)_x.$$

局部 virial 不等式　现在给出本节证明渐近稳定性的主要技术性工具. 实际上, 我们展示了一个关于 ε 的 Lyapunov 泛函, 这确保了 ε 收敛到 0. 为了陈述这个结果, 我们先引入函数 Φ, 令 $\Phi \in \mathcal{C}(\mathbb{R})$, $\Phi(x) = \Phi(-x)$, 在 $\mathbb{R}^+$ 上 $\Phi' \leqslant 0$ 使得

$$\text{在 } [0,1] \text{上 } \Phi(x) = 1;$$

$$\text{在 } [2,+\infty) \text{上 } \Phi(x) = e^{-x};$$

$$\text{在 } \mathbb{R}^+ \text{上 } e^{-x} \leqslant \Phi(x) \leqslant 3e^{-x}.$$

令 $\Psi(x) = \displaystyle\int_0^x \Phi(y)dy$, $A > 0$, 设 $\Psi_A(x) = A\Psi(x/A)$.

引理 6.6.4　存在 $A_0 > 2$, $\alpha_2 > 0$ 和 $\delta_0 > 0$ 使得如果 $\alpha_0 < \alpha_2$, 那么对任意 $t \in \mathbb{R}$,

$$\frac{d}{dt}\int_{\mathbb{R}} \varepsilon^2(t,x)\Psi_{A_0}(x-x(t))dx$$

$$\leqslant -\delta_0\int_{\mathbb{R}}(\varepsilon_x^2 + \varepsilon^2)(t,x)e^{-(|x-x(t)|/A_0)}dx. \tag{6.6.14}$$

这里 $\displaystyle\int_{\mathbb{R}} \varepsilon^2(t,x)\Psi_{A_0}(x-x(t))dx$ 为 Lyapunov 泛函.

局部质量和能量的单调性　令 $K > 0$. 对 $x \in \mathbb{R}$, 令

$$\phi(x) = \frac{K}{\pi}\arctan\left(\exp(x/K)\right),$$

因此 $\displaystyle\lim_{x\to+\infty}\phi = 1$, $\displaystyle\lim_{x\to-\infty}\phi = 0$, 并且对所有 $x \in \mathbb{R}$, $\phi(-x) = 1 - \phi(x)$. 另外, 我们也有

$$\phi'(x) = \frac{1}{K\pi\cosh(x/K)}, \quad \phi'''(x) \leqslant \frac{1}{K^2}\phi'(x).$$

令 $\sigma > 0$, $x_0 > 0$. 定义, 对 $t_0 \in \mathbb{R}$, 对所有 $t \leqslant t_0$:

$$I_{x_0,t_0}(t)\int_{\mathbb{R}} u^2(t,x)\phi(x-x(t_0)+\sigma(t_0-t)-x_0)dx,$$

$$J_{x_0,t_0}(t) = \int_{\mathbb{R}}\left(u_x^2 - \frac{2}{p+1}u^{p+1} + u^2\right)(t,x)\phi(x-x(t_0)+\sigma(t_0-t)-x_0)dx.$$

注意对于 $\delta > 0$, $J_\delta = \int_{\mathbb{R}} (u_x^2 - (2/(p+1))u^{p+1} + \delta u^2)(t,x)dx$ 将要有同样的性质.

引理 6.6.5 对所有 $0 < \sigma < \dfrac{1}{2}$, $K > \sqrt{2/\sigma}$, 存在 $\alpha_3 = \alpha_3(\sigma) > 0$, $\theta = \theta(\sigma, K) > 0$ 使得如果 $\alpha_0 < \alpha_3$, 对所有 $t, t_0 \in \mathbb{R}$, $t \leqslant t_0$,

$$I_{x_0,t_0}(t_0) - I_{x_0,t_0}(t) \leqslant \theta \exp(-x_0/K),$$

$$J_{x_0,t_0}(t_0) - I_{x_0,t_0}(t) \leqslant \theta \exp(-x_0/K).$$

证明渐近稳定性的基本步骤如下: 首先, 我们利用局部 virial 不等式 (引理 6.6.4) 可得

$$\int_{-\infty}^{+\infty} \int_{\mathbb{R}} (\varepsilon_x^2 + \varepsilon^2)(t,x)e^{-(|x-x(t)|/A_0)} dx dt \leqslant C\alpha_0^2.$$

这意味着当时间的子序列 $t_n \to +\infty$ 时, $\varepsilon(t)$ 在孤立子附近局部收敛到 0. 根据 (6.6.13) (c' 关于 ε 是二次型的), 它也直接暗示了当 $t \to +\infty$ 时, $c(t)$ 收敛到一些 c^+.

其次, 我们利用局部质量和能量的单调性 (引理 6.6.5), 也就是说 $\varepsilon(t)$ 在 H^1 范数下只能向孤立子的左边移动. 将上面这些信息放在一起, 我们可得在孤立子周围的整个时间序列上 $\varepsilon(t)$ 收敛到零.

注 6.6.6 注意, 这与文献 [111] 的证明有很大不同. 在文献 [111] 中, 从接近孤立子的解的渐近行为来看, 可以定义一个渐近量, 它本身是 KdV 方程的解, 并且具有 L^2 质量的一致局部化性质. 这个性质非常特殊. 实际上, 通过 Liouville 定理, Martel 和 Merle 证明了它必然是一个孤立子, 再回到方程的原始解, 可得当 $t \to +\infty$ 时, 方程的原始解收敛到孤立子. 证明 Liouville 类型定理的主要工具是一个 virial 性质, 它适用于解在空间中有一些衰减, 而不是一般的 H^1 解. 渐近稳定性的关键点是渐近量在空间中具有指数衰减性.

6.6.2 三维情况下 ZK 方程孤立波解的渐近稳定性

本小节我们给出三维情况下 ZK 方程孤立子的渐近稳定性结果. 我们知道在 6.5 节介绍了二维和三维情况下 ZK 方程孤立波解的轨道稳定性, 这里只引入三维 ZK 方程的孤立波解的渐近稳定性结果. 关于二维 ZK 方程的孤立波解的渐近稳定性结果可参考文献 [38].

Farah, Holmer, Roudenko 和 Yang [73] 研究了三维 ZK 方程

$$\partial_t u + \partial_x \Delta u + \partial_x(u^2) = 0. \qquad \text{(3D ZK)}$$

孤立波解 $Q(x - t, y, z)$, 其中 Q 是下列方程的基态解.

$$-Q + \Delta Q + Q^2 = 0.$$

他们证明了下列孤立波解的无条件渐近稳定性.

定理 6.6.7 令 $\alpha \ll 1$, 下列内容成立: 如果初始条件 $u_0 \in H^1$, 且

$$\|u_0 - Q\|_{H^1} \leqslant \alpha,$$

那么方程 (3D ZK) 相应的解 $u(x, t)$ 在下列意义下是渐近稳定的.

(1) (轨道稳定) 存在 $c(t) > 0$ 和 $a(t) \in \mathbb{R}^3$ 使得

$$\|c^2(t)u(c(t)x + a(t), t) - Q(t)\|_{H^1} \lesssim \alpha.$$

(2) (依轨道收敛) 存在 c_* 使得 $|c_* - 1| \lesssim \alpha$, 并且当 $t \to +\infty$ 时, $c(t) \to c_*$, $a'(t) \to c_*^{-2}i$.

(3) (弱收敛) 当 $t \to +\infty$ 时, 在 $H^1(\mathbb{R}^3)$ 上, $c^2(t)u(c(t)x + a(t), t) \rightharpoonup Q(x)$.

(4) (L^2 强收敛) 对任意 $\delta \gtrsim \alpha$, 在圆锥右半空间上的 L^2 强收敛成立: 当 $t \to +\infty$ 时,

$$\left\|c^2(t)u\left(c(t)x + a(t), t\right) - Q(x)\right\|_{L^2\left(x > (\delta - 1)t - \sqrt{y^2 + z^2}\tan\theta\right)} \to 0,$$

对所有的 θ 使得

$$0 \leqslant \theta \leqslant \frac{\pi}{3} - \delta.$$

6.6.3　GP 方程 black 孤立波解的渐近稳定性

本小节我们给出 Gravejat 和 Smets [84] 证明的 Gross-Pitaevskii 方程 black 孤立子渐近稳定性结果. 一维 Gross-Pitaevskii (GP) 方程如下:

$$i\partial_t U + \partial_{xx} U + U(1 - |U|^2) = 0, \qquad \text{(GP)}$$

其中函数 $U : \mathbb{R} \times \mathbb{R} \to \mathbb{C}$, 并且满足, 当 $|x| \to +\infty$ 时, $|U(x, t)| \to 1$. 方程 (GP) 在文献 [85, 126] 中作为 Bose-Einstein 模型被引入. 从数学层面上看, 方程 (GP) 是一个散焦的非线性 Schrödinger 方程. 它的 Hamilton 能量为

$$E(U) := \frac{1}{2}\int_{\mathbb{R}} |\partial_x U|^2 dx + \frac{1}{4}\int_{\mathbb{R}} (1 - |U|^2)^2 dx.$$

本节中, 仅考虑方程 (GP) 具有有限能量的解 U. 也就是说, 所考虑的能量空间为

$$\mathcal{E}(\mathbb{R}) := \{U : \mathbb{R} \to \mathcal{C}, \ \text{使得} \ U' \in L^2(\mathbb{R}), \ 1 - |U|^2 \in L^2(\mathbb{R})\}.$$

另外, 这里给出距离度量

$$d(U_1 - U_2) := \|U_1 - U_2\|_{L^\infty} + \|U_1' - U_2'\|_{L^2} + \|\eta_1 - \eta_2\|_{L^2},$$

其中 $\eta_j = 1 - |U_j|^2$, $j \in \{1, 2\}$. 对这个度量空间, 可知能量 E 在 $\mathcal{E}(\mathbb{R})$ 上是连续的. 另外, Zhidkov [160] 证明了当 $U^0 \in \mathcal{E}(\mathbb{R})$ 时, 方程 (GP) 存在唯一整体解 $U \in \mathcal{C}^0(\mathbb{R}, \mathcal{E}(\mathbb{R}))$.

　　GP 方程有下列形式的行波解 $U(t, x) := \Psi_c(x - ct)$. 孤立波解 Ψ_c 满足下列常微分方程

$$-ic\Psi_c' + \Psi_c'' + \Psi_c(1 - |\Psi_c|^2) = 0. \tag{6.6.15}$$

特别地, 当波速 $|c| < \sqrt{2}$ 时, 方程 (6.6.15) 有唯一显示解

$$\Psi_c(x) := \left(\frac{2 - c^2}{2}\right)^{1/2} \tanh\left(\frac{(2 - c^2)^{1/2}}{2} x\right) + i\frac{c}{\sqrt{2}}. \tag{6.6.16}$$

当波速 $c \neq 0$ 时, 孤立子 Ψ_c 在 $\mathbb{R}$ 上不会消失. 这种情况称为 dark 孤立子, 可参考非线性光学, 其中 $|U|^2$ 表示光的强度. 相反, Ψ_0 称为 black 孤立子. 另外, 当波速 $|c| \geqslant \sqrt{2}$ 时, 方程 (GP) 不存在非常数显示解.

　　下面给出 black 孤立子的稳定性. 然而, 值得注意的是, 在证明孤立子的稳定性时, 上面提到的度量 d 不是最合适的选择. 于是 Gravejat 和 Smets 引入下列加权空间 $\mathcal{H}_c$, $c \in (-\sqrt{2}, \sqrt{2})$,

$$\mathcal{H}_c(\mathbb{R}) := \{f \in \mathcal{C}^0(\mathbb{R}, \mathbb{C}), \ \text{使得} \ f' \in L^2(\mathbb{R}), \ (1 - |\Psi_c|^2)^{1/2} f \in L^2(\mathbb{R})\},$$

并且赋予了 Hilbert 结构相应的范数

$$\|f\|_{\mathcal{H}_c} := \left(\int_{\mathbb{R}} (|f'|^2 + (1 - |\Psi_c|^2)|f|^2) dx\right)^{1/2}.$$

一方面, 根据函数 $1 - |\Psi_c|^2$ 的指数衰减; 另一方面, 根据在 $\mathcal{E}(\mathbb{R})$ 上的 $\frac{1}{2}$-Hölder 连续可得所有的 $\|\cdot\|_{\mathcal{H}_c}$ 是等价的. 因此, $\mathcal{H}_c$ 不依赖于 c. 为简单起见, 我们记

$\mathcal{H}(\mathbb{R}) := \mathcal{H}_c(\mathbb{R})$. 另外, 能量空间 $\mathcal{E}(\mathbb{R})$ 作为 $\mathcal{H}(\mathbb{R})$ 的子空间可表示为下列形式

$$\mathcal{E}(\mathbb{R}) = \{U \in \mathcal{H}(\mathbb{R}) \text{ 使得 } \eta := 1 - |U|^2 \in L^2(\mathbb{R})\}.$$

特别地, 可以赋予它与距离相对应的度量结构为

$$d_c(U_1, U_2) := (\|U_1 - U_2\|_{\mathcal{H}}^2 + \|\eta_1 - \eta_2\|_{L^2}^2)^{1/2}.$$

注意, 相应的拓扑比距离 d 提供的拓扑弱. 从而能量 E 在 $\mathcal{E}(\mathbb{R})$ 上仍然是连续的, 并且初值问题的适定性仍然是成立的.

这里给出 black 孤立子轨道稳定性和渐近稳定性结果.

定理 6.6.8 (轨道稳定性定理)　令 $U^0 \in \mathcal{E}(\mathbb{R})$ 给定, U 是以 U^0 为初值的方程 (GP) 的唯一解. 存在两个正常数 α_* 和 A_* 使得, 如果

$$\alpha^0 := d_0(U^0, \Psi_0) < \alpha_*,$$

那么存在两个函数 $a \in \mathcal{C}^1(\mathbb{R}, \mathbb{R})$ 和 $\theta \in \mathcal{C}^1(\mathbb{R}, \mathbb{R})$, 使得对任意 $t \in \mathbb{R}$,

$$|a'(t)| + |\theta'(t)| < A_* \alpha^0$$

和

$$d_0(e^{-i\theta(t)} U(\cdot + a(t), t), \Psi_0) < A_* \alpha^0$$

成立.

定理 6.6.9 (渐近稳定性定理)　令 $U^0 \in \mathcal{E}(\mathbb{R})$ 给定, U 是以 U^0 为初值的方程 (GP) 的唯一解. 存在一个正常数 $\beta_* \leqslant \alpha_*$ 使得, 如果

$$d_0(U^0, \Psi_0) < \beta^*,$$

那么存在 $c_* \in (-\sqrt{2}, \sqrt{2})$, $a \in \mathcal{C}^1(\mathbb{R}, \mathbb{R})$ 和 $\theta \in \mathcal{C}^1(\mathbb{R}, \mathbb{R})$, 使得当 $t \to +\infty$ 时,

$$a'(t) \to c_*, \quad \theta'(t) \to 0,$$

并且我们有, 当 $t \to +\infty$ 时,

$$e^{-i\theta(t)} U(\cdot + a(t), t) \to \Psi_{c_*}, \quad \text{在 } \mathcal{H}(\mathbb{R}) \text{ 上}$$

和

$$1 - |U(\cdot + a(t), t)|^2 \rightharpoonup 1 - |\Psi_{c_*}|^2, \quad \text{在 } L^2(\mathbb{R}) \text{ 上.}$$

特别地, 当 $t \to +\infty$ 时,

$$e^{-i\theta(t)} U(\cdot + a(t), t) \to \Psi_{c_*}, \quad \text{在 } L^\infty_{\text{loc}}(\mathbb{R}) \text{ 上.}$$

参 考 文 献

[1] 张恭庆, 林源渠. 泛函分析讲义 (上、下册). 北京: 北京大学出版社, 2001.

[2] Ackermann N. On a periodic Schrödinger equation with nonlocal superlinear part. Math. Z., 2004, 248(2): 423-443.

[3] Ackermann N. A nonlinear superposition principle and multibump solutions of periodic Schrödinger equations. J. Funct. Anal., 2006, 234(2): 277-320.

[4] Arioli G, Szulkin A. Homoclinic solutions of Hamiltonian systems with symmetry. J. Differential Equations, 1999, 158(2): 291-313.

[5] Alama S, Li Y. Existence of solutions for semilinear elliptic equations with indefinite linear part. J. Differential Equations, 1992, 96(1): 89-115.

[6] Alama S, Li Y. On multibump bound states for certain semilinear elliptic equations. Indiana Univ. Math. J., 1992, 41(4): 983-1026.

[7] Bartsch T. Topological Methods for Variational Problems with Symmetries. volume 1560 of Lecture Notes in Mathematics. Berlin: Springer-Verlag, 1993.

[8] Bartsch T. Infinitely many solutions of a symmetric Dirichlet problem. Nonlinear Anal., 1993, 20(10): 1205-1216.

[9] Bartsch T, Pankov A, Wang Z. Nonlinear Schrödinger equations with steep potential well. Commun. Contemp. Math., 2001, 3: 549-569.

[10] Bartsch T, Ding Y. On a nonlinear Schrödinger equation with periodic potential. Math. Ann., 1999, 313(1): 15-37.

[11] Bartsch T, Ding Y. Homoclinic solutions of an infinite-dimensional Hamiltonian system. Math. Z., 2002, 240(2): 289-310.

[12] Bartsch T, Ding Y. Deformation theorems on non-metrizable vector spaces and applications to critical point theory.Math. Nachr., 2006, 279(12): 1267-

1288.

[13] Bartsch T, Ding Y. Solutions of nonlinear Dirac equations. J. Differential Equations, 2006, 226(1): 210-249.

[14] Balabane M, Cazenave T, Douady A, Merle F. Existence of excited states for a nonlinear Dirac field. Comm. Math. Phys., 1988, 119(1): 153-176.

[15] Berestycki H, Gallouet T, Kavian O. Equations de champs scalaires Eucli-diens non linéaires dans le plan. C. R. Acad. Sci. Paris Ser. I, 1983, 297: 307-317.

[16] Berestycki H, Lions P L. Nonlinear scalar field equations, existence of a ground state. Arch. Rational Mech. Anal., 1983, 82: 313-346.

[17] Biler P, Dziubanski J, Hebisch W. Scattering of small solutions to general-ized Benjamin-Bona-Mahony equation in several space dimensions. Comm. Partial Differential Equations, 1992, 17: 1737-1758.

[18] Bona J L. On the stability theory of solitary waves. Proc. R. Soc., 1975, A349: 363-374.

[19] Bona J L, Souganidis P E, Strauss W A. Stability and instability of solitary waves of Korteweg-de Vries type. Proc. Roy. Soc. London Ser. A, 1987, 411: 395-412.

[20] Bona J L, Soyeur A. On the stability of solitary wave solutions of model equations for long waves. J. Nonlinear Sci., 1994, 4: 449-470.

[21] Benjamin T B. The stability of solitary waves. Proc. R. Soc., 1972, A338: 153-183.

[22] Benjamin T B. A new kind of solitary wave. J. Fluid Mech., 1992, 245: 401-411.

[23] Besov O, Nikol'skii S. Integral Representations of Functions and Embedding Theorems. Moscow: Izdat. "Nauka", 1975.

[24] Boussinesq J. Théorie de l'intumescence liquide a appelée "onde solitaire" ou "de translation", se propageant dans un canal rectangulaire. C.R. Acad. Sci. Paris, 1871, 72: 755-759.

[25] Boussinesq J. Théorie des ondes et des remous qui se propagent le long d'un

canal rectangulaire horizontal, en communiquant au liquide contenu dans ce canal des vitesses sensiblement pareilles de la surface au fond. J. Math. Pures Appl., 1872, 17: 55-108.

[26] Brascamp H, Lieb E. Best constants in Young's inequality, its converse, and its generalization to more than three functions. Advances in Mathematics, 1976, 20 (2): 151-173.

[27] Brézis H, Nirenberg L. Characterizations of the ranges of some nonlinear operators and applications to boundary value problems. Ann. Scuola Norm. Sup. Pisa Cl. Sci., 1978, 5(2): 225-326.

[28] Brézis H. Analyse Fonctionnelle, Théorie et Applications. Paris: Masson, 1983.

[29] Buffoni B, Jeanjean L, Stuart C. Existence of a nontrivial solution to a strongly indefinite semilinear equation. Proc. Amer. Math. Soc., 1993, 119(1): 179-186.

[30] Cazenave T. An introduction to nonlinear Schrödinger equations. Textos de Métodos Matemáticos 22, IM-UFRJ, Rio de Janeiro, 1989.

[31] Cazenave T, Lions P L. Orbital stability of standing waves for some non-linear Schrödinger equations. Comm. Math. Phys., 1982, 85: 549-561.

[32] Cazenave T, Vázquez L. Existence of localized solutions for a classical non-linear Dirac field. Comm. Math. Phys., 1986, 105(1): 35-47.

[33] Chang K C. Critical Piont Theory and its Applications. Shanghai: Shanghai Sci. Techn. Press, 1986.

[34] Chabrowski J, Szulkin A. On a semilinear Schrödinger equation with critical Sobolev exponent. Proc. Amer. Math. Soc., 2002, 130(1): 85-93.

[35] Coffman C V. Uniqueness of the ground state solution for $\Delta u - u + u^3 = 0$, and a variational characterization of other solutions. Arch. Rational Mech. Anal., 1972, 46(2): 81-95.

[36] Zelati V C, Rabinowitz P H. Homoclinic type solutions for a semilinear elliptic PDE on $\mathbb{R}^n$. Comm. Pure Appl. Math., 1992, 45(10): 1217-1269.

[37] Zelati V C, Ekeland I, Séré E.A variational approach to homolinic orbits in

Hamiltonian systems. Math. Ann., 1990, 288(1): 133-160.

[38] Côte R, Muñoz C, Pilod D, Simpson G. Asymptotic Stability of high-dimensional Zakharov-Kuznetsov solitons. Archive for Rational Mechanics Analysis, 2016, 220(2): 639-710.

[39] Crighton D G. Applications of KdV. Acta Appl. Math., 1995, 39: 39-67.

[40] Chernoff P, Marsden J. Properties of Infinite Dimensional Hamiltonian Systems. Lecture Notes in Mathematics, 425. Berlin, New York: Springer-Verlag, 1974: 166.

[41] Costa D G, Tehrani H. On a class of asymptotically linear elliptic problems in $\mathbb{R}^N$. J. Differential Equations, 2001, 173(2): 470-494.

[42] Clément P, Felmer P, Mitidieri E. Homoclinic orbits for a class of infinite-dimensional Hamiltonian systems. Ann. Scuola Norm. Sup. Pisa Cl. Sci., 1997, 24(2): 367-393.

[43] Dautray R, Lions J L. Mathematical Analysis and Numerical Methods for Science and Technology. Vol.3. Spectral Theory and Applications. Berlin: Springer-Verlag, 1990.

[44] De Bouard A. Stability and instability of some nonlinear dispersive solitary waves in higher dimension. Proceedings of the Royal Society of Edinburgh, 1996, 126(1): 89-112.

[45] del Pino M D, Felmer P L. Local mountain passes for semilinear elliptic problems in unbounded domains. Calc. Var. Partial Differential Equations, 1996, 4(2): 121-137.

[46] Ding Y, Liu X. Semi-classical limits of ground states of a nonlinear Dirac equation. J. Differential Equations, 2012, 252(9): 4962-4987.

[47] Ding Y, Ruf B. Solutions of a nonlinear Dirac equation with external fields. Arch. Ration. Mech. Anal., 2008, 190(1): 57-82.

[48] Ding Y, Wei J. Stationary states of nonlinear Dirac equations with general potentials. Rev. Math. Phys., 2008, 20(8): 1007-1032.

[49] Ding Y. Variational Methods for Strongly Indefinite Problems. volume 7 of Interdisciplinary Mathematical Sciences. Hackensack: World Scientific

Publishing Co, 2007.

[50] Ding Y, Girardi M. Infinitely many homoclinic orbits of a Hamiltonian system with symmetry. Nonlinear Anal., 1999, 38: 391-415.

[51] Ding Y, Wei J. Stationary states of nonlinear Dirac equations with general potentials. Rev. Math. Phys., 2008, 20(8): 1007-1032.

[52] Ding Y, Yu Y, Li J. Variational Methods and Interdisciplinary Science. Beijing: China Science Publishing and Media LTD, 2021.

[53] Ding Y, Li S. The existence of infinitely many periodic solutions to Hamiltonian systems in a symmetric potential well. Ricerche Mat., 1995, 44(1): 163-172.

[54] Ding Y, Li S. Some existence results of solutions for the semilinear elliptic equations on $\mathbf{R}^N$. J. Differential Equations, 1995, 119(2): 401-425.

[55] Ding Y, Lin F. Semiclassical states of Hamiltonian system of Schrödinger equations with subcritical and critical nonlinearities. J. Partial Differential Equations, 2006, 19(3): 232-255.

[56] Ding Y, Lin F. Solutions of perturbed schrödinger equations with critical nonlinearity. Calc. Var. Partial Differential Equations, 2007, 30: 231-249.

[57] Ding Y, Luan S. Multiple solutions for a class of nonlinear Schrödinger equations. J. Differential Equations, 2004, 207(2): 423-457.

[58] Ding Y. Semi-classical ground states concentrating on the nonlinear potential for a Dirac equation. J. Differential Equations, 2010, 249(5): 1015-1034.

[59] Ding Y, Xu T. Concentrating patterns of reaction-diffusion systems: A variational approach. Trans. Amer. Math. Soc., 2017, 369(1): 97-138.

[60] Ding Y, Xu T. Localized concentration of semi-classical states for nonlinear Dirac equations. Arch. Ration. Mech. Anal., 2015, 216(2): 415-447.

[61] Ding Y, Willem M. Homoclinic orbits of a Hamiltonian system. Z. Angew. Math. Phys., 1999, 50(5): 759-778.

[62] Ding Y, Ruf B. Existence and concentration of semiclassical solutions for Dirac equations with critical nonlinearities. SIAM J. Math. Anal., 2012, 44(6): 3755-3785.

[63] Ding Y, Wei J, Xu T. Existence and concentration of semi-classical solutions for a nonlinear Maxwell-Dirac system. J. Math. Phys., 2013, 54(6): 061505.

[64] Ding Y, Luan S, Willem M. Solutions of a system of diffusion equations. J. Fixed Point Theory Appl., 2007, 2(1): 117-139.

[65] Ding Y, Guo Q. Homoclinic solutions for an anomalous diffusion system. J. Math. Anal. Appl., 2018, 466(1): 860-879.

[66] Ding Y, Dong X, Guo Q. Nonrelativistic limit and some properties of solutions for nonlinear Dirac equations. Calc. Var. Partial Differential Equations, 2021, 60(4): 144.

[67] Eckhaus W, Schuur P. The emergence of solitons of the Korteweg–de Vries equation from arbitrary initial conditions. Math. Methods Appl. Sci., 1983, 5: 97-116.

[68] Edmunds D E, Evans W D. Spectral Theory and Differential Operators. Oxford: Oxford University Press, 2018.

[69] Dolbeault J, Esteban M, Séré E. On the eigenvalues of operators with gaps. Application to Dirac operators. J. Funct. Anal., 2000, 174: 208-226.

[70] Dolbeault J, Esteban M, Séré E. General results on the eigenvalues of operators with gaps, arising from both ends of the gaps. Application to Dirac operators. J. Eur. Math. Soc., 2006, 8(2): 243-251.

[71] Esteban M J, Lewin M, Séré E. Which nuclear shape generates the strongest attraction on a relativistic electron? An open problem in relativistic quantum mechanics // Mathematics Going Forward. Cham: Springer, 2023: 487-497.

[72] Esteban M, Séré E. Stationary states of the nonlinear Dirac equation: A variational approach. Comm. Math. Phys., 1995, 171(2): 323-350.

[73] Farah L G, Holmer J, Roudenko S, Yang K. Asymptotic stability of solitary waves of the 3D quadratic Zakharov-Kuznetsov equation. American Journal of Mathematics, 2023, 145(6): 1695-1775.

[74] Fedoriouk M. Methodes Asymptotiques Pour les Equations Differentielles Ordinaires Lineaires. Moscow: Mir, 1987.

[75] Fournier J. Sharpness in Young's inequality for convolution. Pacific Journal of Mathematics, 1977, 72 (2): 383-397.

[76] Figueiredo G M, Pimenta M T . Existence of ground state solutions to Dirac equations with vanishing potentials at infinity. J. Differential Equations, 2017, 262(1): 486-505.

[77] Finkelstein R, Fronsdal C, Kaus P. Nonlinear spinor field. Phys. Rev., 1956, 103: 1571-1579.

[78] Finkelstein R, LeLevier R, Ruderman M. Nonlinear spinor fields. Phys. Rev., 1951, 83: 326-332.

[79] Gardner C S, Greene J M, Kruskal M D, Miura R M. Method for solving the Korteweg-de Vries equation. Phys. Rev. Lett., 1967, 19: 1095-1097.

[80] Gilbarg D, Trudinger N. Elliptic Partial Differential Equations of Second Order. Berlin: Springer, 1983.

[81] Grillakis M, Shatah J, Strauss W. Stability theory of solitary waves in the presence of symmetry I. J. Fund. Anal., 1987, 74: 160-197.

[82] Grillakis M, Shatah J, Strauss W. Stability theory of solitary waves in the presence of symmetry II. J. Fund. Anal., 1990, 94: 308-348.

[83] Grigore D, Nenciu G, Purice R. On the nonrelativistic limit of the Dirac Hamiltonian. Ann. Inst. H. Poincará Phys. Théor., 1989, 51(3): 231-263.

[84] Gravejat P, Smets D. Asymptotic stability of the black soliton for the Gross-Pitaevskii equation. Proceedings of the London Mathematical Society, 2015, 111(2): 305-353.

[85] Gross E P. Hydrodynamics of a superfluid condensate. J. Math. Phys., 1963, 4: 195-207.

[86] Guo B L, Chen L. Orbital stability of solitary waves of coupled KdV equations. Differential and Integral Equations, 1999, 12: 295-308.

[87] Guo B L, Wu Y P. Orbital stability of solitary waves for the nonlinear derivative Schrödinger equation. J. Differential Equations, 1995, 123: 35-55.

[88] Guo B L, Xiao Y M, Ban Y Z. Orbital stability of solitary waves for the

nonlinear Schrödinger-KdV system. Journal of Applied Analysis and Computation, 2022, 12: 245-255.

[89] van Heerden F A. Homoclinic solutions for a semilinear elliptic equation with an asymptotically linear nonlinearity. Calc. Var. Partial Differential Equations, 2004, 20(4): 431-455.

[90] Heinz H P, Küpper T, Stuart C A. Existence and bifurcation of solutions for nonlinear perturbations of the periodic Schrödinger equation. J. Differential Equations, 1992, 100(2): 341-354.

[91] Hofer H, Wysocki K. First order elliptic systems and the existence of homoclinic orbits in Hamiltonian systems. Math. Ann., 1990, 288(3): 483-503.

[92] Ito H, Yamada O. A note on the nonrelativistic limit of Dirac operators and spectral concentration. Proc. Jpn. Acad., 2005, 81: 157-161.

[93] Ivanenko D. Non-linear generalizations of the field theory and the constant of minimal length. Nuovo Cimento Suppl. v.Vl, Serie X, 1957, 1057: 349-355.

[94] Jeanjean L. Solutions in spectral gaps for a nonlinear equation of Schrödinger type. J. Differential Equations, 1994, 112(1): 53-80.

[95] Jeanjean L, Tanaka K. Singularly perturbed elliptic problems with superlinear or asymptotically linear nonlinearities. Calc. Var. Partial Differential Equations, 2004, 21(3): 287-318.

[96] Jeanjean L. On the existence of bounded Palais-Smale sequences and application to a Landesman-Lazer-type problem set on $\mathbb{R}^N$. Proc. Roy. Soc. Edinburgh Sect. A, 1999, 129: 787-809.

[97] Iwasaki H, Toh S, Kawahara T. Cylindrical quasi-solitons of the Zakharov-Kuznetsov equation. Phys. D, 1990, 43: 293-303.

[98] Kato T. Quasi-linear equations of evolution with application to partial differential equations. Lecture Notes in Mathematics, 1975, 448: 25-70.

[99] Kato T. Perturbation Theory for Linear Operators. 2nd. Berlin: Springer, 1984.

[100] Kenig C E, Ponce G, Vega L. Well-posedness and scattering results for

the generalized Korteweg-de Vries equation via the contraction principle. Commun. Pure Appl. Math., 1993, 46: 527-620.

[101] Korteweg D J, de Vries G. On the change of form of long waves advancing in a rectangular canal, and on a new type of long stationary waves. Philosophical Magazine, 1895, 39(240): 422-443.

[102] Kwon S, Wu Y F. Orbital stability of solitary waves for derivative nonlinear Schrödinger equation. Journal d'Analyse Mathématique, 2018, 135(2): 473-486.

[103] Kwong M K. Uniqueness of positive radial solutions of $\Delta u - u + u^p = 0$ in $\mathbb{R}^n$. Arch. Rational Mech. Anal., 1989, 105: 243-309.

[104] Kryszewski W, Szulkin A. Generalized linking theorem with an application to a semilinear Schrödinger equation. Adv. Differential Equations, 1998, 3(3): 441-472.

[105] Li G, Szulkin A. An asymptotically periodic Schrödinger equation with indefinite linear part. Commun. Contemp. Math., 2002, 4(4): 763-776.

[106] Lions P L. The concentration-compactness principle in the calculus of variations. The locally compact case. II. Ann. Inst. H. Poincaré Anal. Non Linéaire, 1984, 1(4): 223-283.

[107] Lions J. Optimal Control of Systems Governed by Partial Differential Equations. Grundlehren der Mathematischen Wissenschaften. Berlin: Springer, 1971.

[108] Lions J, Magenes E. Problemes aux Limites non Homogenes et Application, 1,2,3. Note Lincei, Dunod, Paris, 1968.

[109] Maini P K, Painter K J, Chau H. Spatial pattern formation in chemical and biological systems. Journal of the Chemical Society, Faraday Transactions, 1997, 93: 3601-3610.

[110] Martel Y, Merle F. A liouville theorem for the critical Generalized Korteweg-de Vries equation. J. Math. Pures Appl., 2000, 79(4): 339-425.

[111] Martel Y, Merle F. Asymptotic stability of solitons for subcritical generalized KdV equations. Arch. Ration. Mech. Anal., 2001, 157: 219-254.

[112] Martel Y, Merle F. Instability of solitons for the critical Generalized Korteweg-de Vries equation. Geom. Funct. Anal., 2001, 11: 74-123.

[113] Martel Y, Merle F. Asymptotic stability of solitons of the subcritical gKdV equations revisited. Nonlinearity, 2005, 18: 55-80.

[114] Martel Y, Merle F. Refined asymptotics around solitons for the gKdV equations. Discrete and Continuous Dynamical Systems Series A, 2008, 20(2):177-218.

[115] Merle F, Vega L. L^2 stability of solitons for KdV equation. IMRN, 2003, 13: 735-753.

[116] Melkonian S, Maslowe S A. Two dimensional amplitude evolution equations for nonlinear dispersive waves on thin films. Phys. D, 1989, 34: 255-269.

[117] Merle F. Existence of stationary states for nonlinear Dirac equations. J. Differential Equations, 1988, 74(1): 50-68.

[118] Ramos M, Tavares H. Solutions with multiple spike patterns for an elliptic system. Calc. Var. Partial Differential Equations, 2008, 31: 1-25.

[119] Ramos M, Yang J. Spike-layered solutions for an elliptic system with Neumann boundary conditions. Trans. Amer. Math. Soc., 2005, 357: 3265-3285.

[120] Miura R M, Gardner C S, Kruskal M D. Korteweg-de Vries equation and generalizations. II. Existence of conservation laws and constants of motion. J. Math. Phys., 1968, 9(8): 1204-1209.

[121] Murray J. Mathematical Biology. Berlin: Springer-Verlag, 1989.

[122] Nagasawa M. Schrödinger equations and diffusion theory, volume 86 of Monographs in Mathematics. Basel: Birkhäuser Verlag, 1993.

[123] Nirenberg L. On elliptic partial differential equations. Ann. Sc. Norm. Super. Pisa, Sci. Fis. Mat., 1959, 13: 115-162.

[124] Pankov A. Periodic nonlinear Schrödinger equation with application to photonic crystals. Milan J. Math., 2005, 73: 259-287.

[125] Pego R L, Weinstein M I. Asymptotic stability of solitary waves. Comm. Math. Phys., 1994, 164: 305-349.

[126] Pitaevskii L P. Vortex lines in an imperfect Bose gas. Sov. Phys. JETP, 1961, 13: 451-454.

[127] Rabinowitz P H. Minimax Methods in Critical Point Theory with Applications to Differential Equations. Volume 65 of CBMS Regional Conference Series in Mathematics. Providence: American Mathematical Society, 1986.

[128] Reed M, Simon B. Methods of Modern Mathematical Physics. III. Scattering Theory. New York, London: Academic Press, 1979.

[129] Reed M, Simon B. Methods of modern mathematical physics. IV. Analysis of operators. New York, London: Academic Press, 1978.

[130] Rothe F. Global Solutions of Reaction-diffusion Systems. volume 1072 of Lecture Notes in Mathematics. Berlin: Springer-Verlag, 1984.

[131] Russell J S. Report on waves. Rep. 14th Meet. Brit. Assoc. Adv. Sci., York, 1844: 311-390.

[132] Séré E. Looking for the Bernoulli shift. Ann. Inst. H. Poincaré Anal. Non Linéaire, 1993, 10(5): 561-590.

[133] Séré E. Existence of infinitely many homoclinic orbits in Hamiltonian systems. Math. Z., 1992, 209(1): 27-42.

[134] Shatah J. Stable standing waves of nonlinear Klein-Gordon equations. Comm. Math. Phys., 1983, 91: 313-327.

[135] Shatah J, Strauss W. Instability of nonlinear bound states. Comm. Math. Phys., 1985, 100: 173-190.

[136] Simon B. Schrödinger semigroups. Bull. Amer. Math. Soc. (N.S.), 1982, 7(3): 447-526.

[137] Souganidis P E, Strauss W A. Instability of a class of dispersive solitary waves. Proc. Roy. Soc. Edinburgh Sect. A, 1990, 114: 195-212.

[138] Szulkin A, Weth T. The Method of Nehari Manifold. Handbook of Nonconvex Analysis and Applications. Somerville: Int. Press, 2010: 597-632.

[139] Szulkin A, Weth T. Ground state solutions for some indefinite variational problems. J. Funct. Anal., 2009, 257(12): 3802-3822.

[140] Szulkin A, Zou W.Homoclinic orbits for asymptotically linear Hamiltonian

systems. J. Funct. Anal., 2001, 187(1): 25-41.

[141] Soler M. Classical, stable, nonlinear spinor field with positive rest energy. Phy. Rev. D, 1970, 1(10): 2766-2769.

[142] Struwe M. Variational Methods: Applications to Nonlinear Partial Differential Equations and Hamiltonian Systems. Berlin: Springer, 2008.

[143] Tanaka K. Homoclinic orbits in a first order superquadratic Hamiltonian system: Convergence of subharmonic orbits. J. Differential Equations, 1991, 94(2): 315-339.

[144] Thaller B. The Dirac Equation. Texts and Monographs in Physics. Berlin: Springer-Verlag, 1992.

[145] Turing A M. The chenical basis of morphogenesis. Philos. Trans. R. Soc. London Ser. B, 1952, 237: 37-72.

[146] Troestler C, Willem M. Nontrivial solution of a semilinear Schrödinger equation. Comm. Partial Differential Equations, 1996, 21(9-10): 1431-1449.

[147] Titchmarsh E. A problem in relativistic quantum mechanics. Proc. Lond. Math. Soc., 1961, 11(24): 169-192.

[148] Veselié K. The nonrelativistic limit of the Dirac equation and the spectral concentration. Glasnik Mat. Ser. III, 1969, 4(24): 231-241.

[149] Wang Z, Zhang X. An infinite sequence of localized semiclassical bound states for nonlinear Dirac equations. Calc. Var. Partial Differential Equations, 2018, 57(2): 56, 30.

[150] Weinstein M I. Nonlinear Schrödinger equations and sharp interpolation estimates. Comm. Math., 1983, 87: 567-576.

[151] Weinstein M I. Modulational stability of ground states of nonlinear Schrödinger equations. SIAM J. Math. Anal., 1985, 16: 472-491.

[152] Weinstein M I. Lyapunov stability of ground states of nonlinear dispersive evolution equations. Comm. Pure Appl. Math., 1986, 39: 51-67.

[153] Weinstein M I. Existence and dynamic stability of solitary wave solutions of equations arising in long wave propagation. Comm. PDE, 1987, 12: 1133-1173.

[154] Willem M. Minimax Theorems. Volume 24 of Progress in Nonlinear Differential Equations and Their Applications. Boston: Birkhäuser, 1996.

[155] Willem M, Zou W. On a Schrödinger equation with periodic potential and spectrum point zero. Indiana Univ. Math. J., 2003, 52(1): 109-132.

[156] Xiao Y M, Guo B L, Wang Z. Nonlinear stability of multi-solitons for the Hirota equation. J. Differential Equations, 2023, 342: 369-417.

[157] Yosida K. Functional Analysis. New York: Springer, 1965.

[158] Zabusky N J, Kruskal M D. Interaction of "solitons" in a collisionless plasma and the recurrence of initial states. Phys. Rev. Lett., 1965, 15: 240-243.

[159] Zakharov V E, Kuznetsov E A. Three-dimensional solitons. Sov. Phys. JETP, 1974, 39: 285-291.

[160] Zhidkov P E. Korteweg-De Vries and Nonlinear Schrödinger Equations: Qualitative Theory. Lecture Notes in Mathematics 1756. Berlin: Springer, 2001.

"非线性发展方程动力系统丛书" 已出版书目